博文视点AI系列

深度学习之美
AI时代的数据处理与最佳实践

张玉宏 著

电子工业出版社
Publishing House of Electronics Industry
北京·BEIJING

内容简介

深度学习是人工智能的前沿技术。本书深入浅出地介绍了深度学习的相关理论和实践,全书共 16 章,采用理论和实践双主线写作方式。第 1 章给出深度学习的大图。第 2 章和第 3 章,讲解了机器学习的相关基础理论。第 4 章和第 5 章,讲解了 Python 基础和基于 Python 的机器学习实战。第 6 至 10 章,先后讲解了 M-P 模型、感知机、多层神经网络、BP 神经网络等知识。第 11 章讲解了被广泛认可的深度学习框架 TensorFlow。第 12 章和第 13 章详细讲解了卷积神经网络,并给出了相关的实战项目。第 14 章和第 15 章,分别讲解了循环递归网络和长短期记忆(LSTM)网络。第 16 章讲解了神经胶囊网络,并给出了神经胶囊网络设计的详细论述和实践案例分析。

本书结构完整、行文流畅,是一本难得的零基础入门、图文并茂、通俗易懂、理论结合实战的深度学习书籍。

未经许可,不得以任何方式复制或抄袭本书之部分或全部内容。
版权所有,侵权必究。

图书在版编目(CIP)数据

深度学习之美:AI 时代的数据处理与最佳实践/张玉宏著. —北京:电子工业出版社,2018.7
(博文视点 AI 系列)
ISBN 978-7-121-34246-2

Ⅰ. ①深… Ⅱ. ①张… Ⅲ. ①机器学习 Ⅳ. ①TP181

中国版本图书馆 CIP 数据核字(2018)第 106119 号

策划编辑:孙奇俏
责任编辑:刘 舫
印　　刷:三河市双峰印刷装订有限公司
装　　订:三河市双峰印刷装订有限公司
出版发行:电子工业出版社
　　　　　北京市海淀区万寿路 173 信箱　　　　邮编:100036
开　　本:787×980　1/16　　印张:42.5　　字数:892 千字
版　　次:2018 年 7 月第 1 版
印　　次:2022 年 9 月第 8 次印刷
定　　价:128.00 元

凡所购买电子工业出版社图书有缺损问题,请向购买书店调换。若书店售缺,请与本社发行部联系,联系及邮购电话:(010) 88254888,88258888。
质量投诉请发邮件至 zlts@phei.com.cn,盗版侵权举报请发邮件至 dbqq@phei.com.cn。
本书咨询联系方式:010-51260888-819,faq@phei.com.cn。

推荐序一
通俗也是一种美德

这是一个大数据时代。

这也是一个人工智能时代。

如果说大数据技术是还有待人们去研究、去挖掘、去洞察的问题,那么人工智能无疑是这个问题的解决方案,至少是方案之一。

人的智能,无疑是学习的产物。那么机器的智能呢,它何尝不是学习的产物?只不过在当下,它被深深地打上了"深度学习"的烙印。通过深度学习,我们可以把大数据挖掘的技术问题转换为可计算的问题。

有人说,深度学习不仅是一种算法的升级,更是一种思维模式的升级。其带来的颠覆性在于,它把人类过去痴迷的算法问题演变成数据和计算问题。吴军博士更是断言,未来只有 2% 的人有能力在智能时代独领风骚,成为时代的弄潮儿。所以,拥抱人工智能,携手深度学习,不仅是一种时代的召唤,而且顺应了当前科学技术对人才的紧迫需求。

深度学习矗立于人工智能的前沿。我们远眺它容易,但近爱它却不易。在信息过剩的时代,我们可能会悲哀地发现,知识鸿沟横在我们面前。的确,大量有关深度学习的书籍占据着我们的书架,数不尽的博客充斥着我们的屏幕。然而,很多时候,我们依然对深度学习敬而远之。

这个"敬"是真实的,这个"远"通常是被迫的。因为找到一本通俗易懂的有关深度学习的读物,并非易事。

张玉宏博士所著的《深度学习之美:AI 时代的数据处理与最佳实践》,正是在这种背景下以通俗易懂的姿态面世的书籍。如果用一句话来形容这本书，那就是"通俗易懂也是一种美德"。

在任何时代，能把复杂的事情解释清楚，都是一项非常有用的本领。张玉宏博士是一名高校教师，加之他还是一名科技作家，因此，通俗易懂、行文流畅、幽默风趣，便成了这本书的特征。

这里有一个比喻：如果你爱好明史，且古文基础深厚，去阅读《明史》可能是你的不二选择；但倘若你不太喜欢学究气的著作，那就推荐你去读读当年明月所写的《明朝那些事儿》。本书仿佛就是《明朝那些事儿》版的"深度学习"。巧妙的比喻、合理的推断、趣味的故事，时不时地散落在书里，妙趣横生。

当然，这本书也不是十全十美的，但瑕不掩瑜，如果你想零基础入门深度学习，那么相信这本书一定能够给你提供很多帮助。

黄文坚
墨宽投资创始人、《TensorFlow 实战》作者
2018 年 5 月于北京

推荐序二
技术，也可以"美"到极致

和张玉宏博士认识是在 2015 年，那个时候我还在 CSDN&《程序员》杂志做编辑。结缘的过程颇为巧合，仅仅是因为一次无意浏览，看到他在 CSDN 论坛义务回答网友的问题，被其认真、高水平和深入浅出的回答所吸引，倾慕之下，我策划了一次采访。而这次采访奠定了我们的友谊，文章在 CSDN 作为头条发布并获得 3 万多的阅读量后，我们在论文翻译、《程序员》杂志供稿上开始了合作。

仅仅牛刀小试，张博士翻译的文章就篇篇阅读量破万。对于晦涩难懂的技术文章而言，阅读量破万是很高的数字，无异于如今朋友圈的 10 万阅读量。其中最值得一提的是《PayPal 高级工程总监：读完这 100 篇论文就能成大数据高手》这篇文章，在 2015 年阅读量近 6 万后，2017 年又被某大数据公众号转载，在朋友圈刷屏。为此，我在微博上有感而发："有价值的内容，是经得起时间冲刷的。"然而，文章被追捧的背后，则是张博士呕心沥血的付出，也许只有我知道——为了保障质量，那 100 篇论文张博士全部下载并看了一遍，独立注解超过 50%，前后花了整整一周时间，通宵达旦，聚沙成塔。

2016 年我来到阿里巴巴做云栖社区的内容运营，和张博士的合作也来到了这里。云栖社区是阿里云运营、阿里技术协会和集团技术团队支持的开放技术社区，是云计算、大数据和人工智能顶级社区之一。在这个阶段，张博士在技术文章翻译上又有了另外一种风格：局部放大翻译，就某个点深度解读，并加入自己的认识，这种类似"书评"式的写作方式，让原本枯燥的技术文章显得很有趣，在阅读量上也是立竿见影——他的文章的阅读量比一般技术文章的阅读量多好几倍，这在彼时的社区是极为少见的。

后来，张博士和我说，他想发表系列文章，细致地讲一讲深度学习，我非常认同和支持他做这件事。

于是接下来的几个月，张博士不断受到以下赞誉：

"文章形象生动，耐人寻味，重燃深度学习的欲望。"

"这个系列写得太棒了！！！谢谢您愿意分享。"

"大神，更新的频率可以稍微快点吗？万分感谢！"

有人甚至用追剧来形容自己的感受，并评论："期待好久了，终于更新了，作者辛苦了，感谢作者提供该优秀文章以供学习。"

"容易理解，害怕大神不更新。"

……

这些赞誉，说的是在社区篇篇 10 多万阅读量的文章：

一入侯门"深"似海，深度学习深几许（深度学习入门系列之一）

人工"碳"索意犹尽，智能"硅"来未可知（深度学习入门系列之二）

神经网络不胜语， M-P 模型似可寻（深度学习入门系列之三）

"机器学习"三重门，"中庸之道"趋若人（深度学习入门系列之四）

Hello World 感知机，懂你我心才安息（深度学习入门系列之五）

损失函数减肥用，神经网络调权重（深度学习入门系列之六）

山重水复疑无路，最快下降问梯度（深度学习入门系列之七）

BP 算法双向传，链式求导最缠绵（深度学习入门系列之八）

全面连接因何处，卷积网络见解深（深度学习入门系列之九）

卷地风来忽吹散，积得飘零美如画（深度学习入门系列之十）

局部连接来减参，权值共享肩并肩（深度学习入门系列之十一）

激活引入非线性，池化预防过拟合（深度学习入门系列之十二）

循环递归RNN，序列建模套路深（深度学习入门系列之十三）

LSTM长短记，长序依赖可追忆（深度学习入门系列之十四）

上面这些文章，光看标题就非同凡响，是的，能把技术文章的标题写得这么文艺和生动，一看文学功力就十分深厚。内容更不用说，通俗易懂、图文并茂、形象生动。"用这么幽默的语言，将那么高大上的技术讲得一个过路人都能够听懂，这是真的好文章。"身边的一位朋友如此述说。而更值得一提的是，在每篇博文后面，除了小结，还有"请你思考"，考察读者对知识的掌握情况，锻炼读者的思辨能力，让读者能够进一步主动学习，触类旁通。

这样出色的文章，也许只有张博士才能写出来。为什么呢？我想，一方面得益于其读博士时，在美国西北大学有过两年访学经历，他在中美教育差异上有过深刻的思考；另一方面，也源自他丰富的教学经验——是的，他在河南工业大学执教多年，懂得"教"与"授"的拿捏。对于张博士的教学，学生袁虎是这么谈论自己的感受的："他的课跟美国高校的课堂比较接近——开放、平等、互动性强，鼓励学生去思考。上课的时候，他并不死守课本知识，而是特别注重教授给我们学习方法。"袁虎还特别指出，他们专业出来的几个技术大神多多少少都算是张博士的门徒。

在云栖社区的连载，从2017年5月17日开始，到8月17日结束，一共14篇文章，很多读者"追剧"至此，仍意犹未尽。有读者说："作为机器学习小白，楼主的文章真是赞。楼主，出书吧！！！看博客真担心哪天突然就没有了。"因为一些原因，社区的博客篇幅有限，内容浅尝辄止……他觉得自己可以做得更多、更好。

因此，《深度学习之美：AI时代的数据处理与最佳实践》在这里和大家见面了。可以说，拿到这本书的读者是非常幸运的，因为你们不需要每天刷博客"追剧"，也不需要苦苦等待。你们可以边捧书边喝咖啡，在橘黄色的台灯下、在安静的深夜里看个尽兴。

人工智能在当下非常火爆。不可否认，也许你可以从汗牛充栋的网上获得深度学习的一些知识点或技巧，但网络中的知识是碎片化的。尤其对于初学者，如果想走得更远，需要一本书系统地进行指导，并从底层思考这些知识的来龙去脉，以及知识之间的关联，本书正是这样一本书。

结集成册的《深度学习之美：AI时代的数据处理与最佳实践》除了继承之前博文趣味性、通俗易懂等诸多优点之外，篇幅更宏大（此前的连载只是一个起步），内容上还增加了实战环节，让大家能够学以致用，在实践中与理论印证。另外，相比此前连载的博文，书籍中增加了许多张老师亲自绘制的趣图，诙谐地说明了不同知识点或概念间的区别。在理论上，张博士也对公式的前因后果给出了详细的推导过程，只有知道它是怎么来的，才能更好地运用它。学习知识不正是这样吗？

社会变化非常快，因此人们总爱反复核算事物的价值，喜欢性价比高的东西。如何衡量一本书的价值，除了看它是否能帮到你之外（技能价值），还要看它的社会价值。本书是张博士深度学习的思想随笔，兴之所至的内容，往往也是精彩至极、深度思考的结晶。

我非常佩服张博士，他不仅博览群书，还能够将不同类型的书籍内化，并结合生活案例，以一种非常有趣的形式将深奥的知识表达出来，比如用"求婚""耳光"等例子讲解"激活函数"和"卷积函数"。尤其是"中庸之道"的例子，让大家在悟透一个很难弄懂的知识点的同时，自己的思想也从富有哲理的故事中变得不一样。

这种技术领域的人文情怀，绝非一般高手能做到的。上述认识，相信手握此书的您，也会很快感受到。

——@我是主题曲哥哥，网易高级编辑

前阿里云资深内容运营、CSDN&《程序员》杂志编辑

2018 年 5 月

自序
深度学习的浅度梦想

这是一本有关"深度学习"的图书!

这是一本有关"深度学习"通俗易懂的图书!

这是一本有关"深度学习"的、有些人文情怀的图书!

我希望,我的读者在读这本书时,能给它这三种不同境界的渐进式的评价。第一个评价,说明它"有料"。第二个评价,说明它"有用"。第三个评价,说明它"有趣"。"有料、有用且有趣"是我对本书的定位,也是写作本书的浅度梦想,不是有大咖说过吗,"梦想还是要有的,万一实现了呢?"

写一本好书,真的很难!

但并非不能达成。窃以为,写成一本好书,通常有两条途径。第一条我称之为"自上而下大家传道法"。也就是说,有些学术大家已在领域内功成名就,名声斐然,他们俯下身段,抽出时间,高屋建瓴,精耕细作,必出精品。比如,卡耐基梅隆大学的 Tom Mitchell 教授编写的《机器学习》、南京大学周志华老师编写的《机器学习》,都是业内口碑极好的畅销常青树,实为我辈楷模。

但"大家写好书"并不是充分条件,因为大家通常都非常忙,他们可能非常"有料、有钱(有经费)",但却未必"有闲"。要知道,写作不仅仅是一项脑力活,它还是一项极花费时间的体力活。

好在还有写成好书的第二条途径，我且称之为"自下而上小兵探道法"。也就是说，写书的作者本身并非领域专家，而是来自科研实战一线，他们的眼前也时常迷茫一片，不得不肉搏每一个理论困惑，手刃每一个技术难题，一路走来，且泣且歌，终于爬上一个小山丘。松了口气，渴了口水，嗯，我要把自己趟过的河、踩过的坑，写出来总结一下，除了自勉，也能让寻路而来的同门或同道中人，不再这么辛苦。

很显然，我把自己定位为第二类（至少梦想是）。

我是一个科技写作爱好者，我在网络上写过很多有关于大数据主题的（主要发表在CSDN）文章，也有关于深度学习的（主要发表于阿里云-云栖社区）。出于爱好写作的原因，有时我也关注写作的技巧。直到有一天，一位知名人士的一席话，一下子"电着"我了。他说，"写作的终极技巧，就是看你写的东西对读者有没有用。"拿这个标准来衡量一下，什么辞藻华丽、什么文笔优美，都可能是绿叶与浮云。在这一瞬间，我也明白了，为什么我所在的城市，地铁时刻表的变更通知，寥寥几百字，短短没几天，阅读量也可以轻易达到10万。嗯，这样的写作，有干货，对读者有用。好作品的要素，它都有！

于是，"对读者有用"，就成为指导我写作这本书的宗旨。以用户的思维度量，就可以比较清晰地知道，什么对读者有用。

当前，人工智能非常火爆。自从AlphaGo点燃世人对人工智能的极大热情后，学术界和产业界都积极投身于此，试图分得一杯羹。而当前（至少是当前）人工智能的当红主角就是"深度学习"，它不仅仅表现在AlphaGo一战成名的技术上，还表现在图像识别、语音识别、自然语言处理性能提升上，总总而生，林林而群。

当然，想投身于此并非易事，因为深度学习的门槛比较高。为了搞懂深度学习，我把国内市面上大部分与深度学习相关的书籍都买来拜读了（在后记中，我会感谢支持的各种基金），受益匪浅，但至少于我而言，它们大部分的学习曲线都是陡峭的，或者说它们大多高估了初学者的接受程度，为了读懂它们，读者真的需要"深度学习"。

在深度学习领域，的确也有一批高水平的读者，但他们可能并不需要通过相对滞后的书籍来提高自己的知识水平，新鲜出炉的arXiv论文，才是他们的"菜"。但高手毕竟有限，懵懵懂懂的初学者，数量还是相当庞大的。

于是，我想，写一本零基础入门的、通俗易懂的、图文并茂的、理论结合实战的深度学习书籍，对广大的深度学习初学者来说，应该是有用的。

本书的写作风格，也紧扣前面的四个修饰词，章节的安排也是按照循序渐进的节奏展开的。为了降低门槛和强调实践性，本书采用了双主线写作方式，一条主线是理论脉络，从基础的机器学习概念，到感知机、M-P 模型、全连接网络，再到深度学习网络，深入浅出地讲解相关的理论。另外一条主线是实战脉络，从 Python 零基础入门说起，直到 TensorFlow 的高级应用。

全书共分 16 章，具体来说，第 1 章给出深度学习的大图（Big Picture），让读者对其有一个宏观认知。第 2 章和第 3 章，给出了机器学习的相关基础理论。仅仅懂理论是不够的，还需要动手实践，用什么实践呢？最热门的机器学习语言非 Python 莫属了。于是我们在第 4 章添加了 Python 基础，以边学边用边提高为基调，并在第 5 章讲解了基于 Python 的机器学习实战。

有了部分 Python 基础，也有了部分机器学习基础，接下来，我们该学习与神经网络相关的理论了。于是在第 6 章至第 10 章，我们先后讲解了 M-P 模型、感知机、多层神经网络、BP 神经网络等知识。其中大部分的理论都配有 Python 实战讲解，就是让读者有"顶天（上接理论）立地（下接实战）"的感觉。接下来的问题就是，如果所有神经网络学习的项目都是 Python 手工编写的，是不是效率太低了呢？

是的，是该考虑用高效率框架的时候了，于是在第 11 章，我们讲解了被广泛认可的深度学习框架 TensorFlow。有了这个基础，后面的深度学习理论就以此做实战基础。第 12 章详细讲解了卷积神经网络。随后，在第 13 章，我们站在实战的基础上，对卷积神经网络的 TensorFlow 实践进行了详细介绍。

任何一项技术都有其不足。在第 14 章，我们讲解了循环递归网络（RNN）。在第 15 章，我们讲解了长短期记忆（LSTM）网络。以上两章内容，并非都是高冷的理论，除了给出理论背后有意思的小故事，还结合 TensorFlow 进行了实战演练。在第 16 章，我们顺便"惊鸿一瞥"解读了 Hinton 教授的新作"神经网络胶囊（CapsNet）"，点出卷积神经网络的不足，并给出了神经胶囊的详细论述和实践案例分析。

本书中的部分内容（共计 14 篇），先后发表在技术达人云集的云栖社区（https://yq.aliyun.com/topic/111），然后被很多热心的网友转载到 CSDN、知乎、微信公众号、百度百家等自媒体中，受到了很多读者的认可。于吾心，有乐陶然。

当然，从我对自己的定位——"小兵探道"可知，我对深度学习的认知，仍处于一种探索阶段，我仍是一个深度学习的学习者。在图书中、在网络中，我学习并参考了很多有价值的资料。这里，我对这些有价值的资料的提供者、生产者，表示深深的敬意和谢意。

有时候，我甚至把自己定位为一个"知识的搬运工"、深度学习知识的梳理者。即使如此，由于学术水平尚浅，我对一些理论或技术的理解，可能是肤浅的，甚至是错误的，所以，如果本书有误，且如果读者"有闲"，不妨给出您的宝贵建议和意见，我在此表示深深的感谢。同时，由于时间和精力有限，很多有用的深度学习理论和技术还没有涉及，只待日后补上。

我的联系信箱为：zhangyuhong001@gmail.com。

张玉宏
2018 年 3 月

读者服务

轻松注册成为博文视点社区用户（www.broadview.com.cn），扫码直达本书页面。

- **下载资源**：本书如提供示例代码及资源文件，均可在 <u>下载资源</u> 处下载。
- **提交勘误**：您对书中内容的修改意见可在 <u>提交勘误</u> 处提交，若被采纳，将获赠博文视点社区积分（在您购买电子书时，积分可用来抵扣相应金额）。
- **交流互动**：在页面下方 <u>读者评论</u> 处留下您的疑问或观点，与我们和其他读者一同学习交流。

页面入口：http://www.broadview.com.cn/34246

目录

第1章 一入侯门"深"似海,深度学习深几许 1
 1.1 深度学习的巨大影响 2
 1.2 什么是学习 4
 1.3 什么是机器学习 4
 1.4 机器学习的4个象限 5
 1.5 什么是深度学习 6
 1.6 "恋爱"中的深度学习 7
 1.7 深度学习的方法论 9
 1.8 有没有浅层学习 13
 1.9 本章小结 14
 1.10 请你思考 14
 参考资料 14

第2章 人工"碳"索意犹尽,智能"硅"来未可知 16
 2.1 信数据者得永生吗 17
 2.2 人工智能的"江湖定位" 18
 2.3 深度学习的归属 19
 2.4 机器学习的形式化定义 21
 2.5 为什么要用神经网络 24
 2.6 人工神经网络的特点 26

- 2.7 什么是通用近似定理 ... 27
- 2.8 本章小结 ... 31
- 2.9 请你思考 ... 31
- 参考资料 ... 31

第 3 章 "机器学习"三重门，"中庸之道"趋若人 ... 33

- 3.1 监督学习 ... 34
  - 3.1.1 感性认知监督学习 ... 34
  - 3.1.2 监督学习的形式化描述 ... 35
  - 3.1.3 k-近邻算法 ... 37
- 3.2 非监督学习 ... 39
  - 3.2.1 感性认识非监督学习 ... 39
  - 3.2.2 非监督学习的代表——K 均值聚类 ... 41
- 3.3 半监督学习 ... 45
- 3.4 从"中庸之道"看机器学习 ... 47
- 3.5 强化学习 ... 49
- 3.6 本章小结 ... 52
- 3.7 请你思考 ... 53
- 参考资料 ... 53

第 4 章 人生苦短对酒歌，我用 Python 乐趣多 ... 55

- 4.1 Python 概要 ... 56
  - 4.1.1 为什么要用 Python ... 56
  - 4.1.2 Python 中常用的库 ... 58
- 4.2 Python 的版本之争 ... 61
- 4.3 Python 环境配置 ... 65
  - 4.3.1 Windows 下的安装与配置 ... 65
  - 4.3.2 Mac 下的安装与配置 ... 72
- 4.4 Python 编程基础 ... 76
  - 4.4.1 如何运行 Python 代码 ... 77

	4.4.2 代码缩进 79
	4.4.3 注释 80
	4.4.4 Python 中的数据结构 81
	4.4.5 函数的设计 93
	4.4.6 模块的导入与使用 101
	4.4.7 面向对象程序设计 102
4.5	本章小结 112
4.6	请你思考 112
参考资料 113

第 5 章 机器学习终觉浅，Python 带我来实践 114

5.1	线性回归 115
	5.1.1 线性回归的概念 115
	5.1.2 简易线性回归的 Python 实现详解 119
5.2	k-近邻算法 139
	5.2.1 k-近邻算法的三个要素 140
	5.2.2 k-近邻算法实战 143
	5.2.3 使用 scikit-learn 实现 k-近邻算法 155
5.3	本章小结 162
5.4	请你思考 162
参考资料 162

第 6 章 神经网络不胜语，M–P 模型似可寻 164

6.1	M-P 神经元模型是什么 165
6.2	模型背后的那些人和事 167
6.3	激活函数是怎样的一种存在 175
6.4	什么是卷积函数 176
6.5	本章小结 177
6.6	请你思考 178
参考资料 178

第 7 章　Hello World 感知机，懂你我心才安息 179

- 7.1　网之初，感知机 180
- 7.2　感知机名称的由来 180
- 7.3　感性认识"感知机" 183
- 7.4　感知机是如何学习的 185
- 7.5　感知机训练法则 187
- 7.6　感知机的几何意义 190
- 7.7　基于 Python 的感知机实战 191
- 7.8　感知机的表征能力 196
- 7.9　本章小结 199
- 7.10　请你思考 199
- 参考资料 199

第 8 章　损失函数减肥用，神经网络调权重 201

- 8.1　多层网络解决"异或"问题 202
- 8.2　感性认识多层前馈神经网络 205
- 8.3　是浅而"胖"好，还是深而"瘦"佳 209
- 8.4　分布式特征表达 210
- 8.5　丢弃学习与集成学习 211
- 8.6　现实很丰满，理想很骨感 212
- 8.7　损失函数的定义 213
- 8.8　热力学定律与梯度弥散 215
- 8.9　本章小结 216
- 8.10　请你思考 216
- 参考资料 217

第 9 章　山重水复疑无路，最快下降问梯度 219

- 9.1　"鸟飞派"还飞不 220
- 9.2　1986 年的那篇神作 221
- 9.3　多层感知机网络遇到的大问题 222

9.4 神经网络结构的设计...225
9.5 再议损失函数...227
9.6 什么是梯度...229
9.7 什么是梯度递减...231
9.8 梯度递减的线性回归实战...235
9.9 什么是随机梯度递减...238
9.10 利用 SGD 解决线性回归实战...240
9.11 本章小结...247
9.12 请你思考...248
参考资料..248

第 10 章 BP 算法双向传，链式求导最缠绵.....................................249

10.1 BP 算法极简史...250
10.2 正向传播信息...251
10.3 求导中的链式法则...255
10.4 误差反向传播...264
　　10.4.1 基于随机梯度下降的 BP 算法...265
　　10.4.2 输出层神经元的权值训练...267
　　10.4.3 隐含层神经元的权值训练...270
　　10.4.4 BP 算法的感性认知...273
　　10.4.5 关于 BP 算法的补充说明...278
10.5 BP 算法实战详细解释...280
　　10.5.1 初始化网络...280
　　10.5.2 信息前向传播...282
　　10.5.3 误差反向传播...285
　　10.5.4 训练网络（解决异或问题）...288
　　10.5.5 利用 BP 算法预测小麦品种的分类...293
10.6 本章小结...301
10.7 请你思考...302
参考资料..304

第 11 章　一骑红尘江湖笑，TensorFlow 谷歌造 305

11.1　TensorFlow 概述 306
11.2　深度学习框架比较 309
11.2.1　Theano 309
11.2.2　Keras 310
11.2.3　Caffe 311
11.2.4　PyTorch 312
11.3　TensorFlow 的安装 313
11.3.1　Anaconda 的安装 313
11.3.2　TensorFlow 的 CPU 版本安装 315
11.3.3　TensorFlow 的源码编译 323
11.4　Jupyter Notebook 的使用 331
11.4.1　Jupyter Notebook 的由来 331
11.4.2　Jupyter Notebook 的安装 333
11.5　TensorFlow 中的基础语法 337
11.5.1　什么是数据流图 338
11.5.2　构建第一个 TensorFlow 数据流图 339
11.5.3　可视化展现的 TensorBoard 342
11.5.4　TensorFlow 的张量思维 346
11.5.5　TensorFlow 中的数据类型 348
11.5.6　TensorFlow 中的操作类型 353
11.5.7　TensorFlow 中的 Graph 对象 356
11.5.8　TensorFlow 中的 Session 358
11.5.9　TensorFlow 中的 placeholder 361
11.5.10　TensorFlow 中的 Variable 对象 363
11.5.11　TensorFlow 中的名称作用域 365
11.5.12　张量的 Reduce 方向 367
11.6　手写数字识别 MNIST 372
11.6.1　MNIST 数据集简介 373
11.6.2　MNIST 数据的获取与预处理 375
11.6.3　分类模型的构建——Softmax Regression 378

11.7 TensorFlow 中的 Eager 执行模式 394
11.7.1 Eager 执行模式的背景 394
11.7.2 Eager 执行模式的安装 395
11.7.3 Eager 执行模式的案例 395
11.7.4 Eager 执行模式的 MNIST 模型构建 398
11.8 本章小结 401
11.9 请你思考 402
参考资料 403

第 12 章 全面连接困何处，卷积网络显神威 404
12.1 卷积神经网络的历史 405
12.1.1 眼在何方？路在何方？ 405
12.1.2 卷积神经网络的历史脉络 406
12.1.3 那场著名的学术赌局 410
12.2 卷积神经网络的概念 412
12.2.1 卷积的数学定义 412
12.2.2 生活中的卷积 413
12.3 图像处理中的卷积 414
12.3.1 计算机"视界"中的图像 414
12.3.2 什么是卷积核 415
12.3.3 卷积在图像处理中的应用 418
12.4 卷积神经网络的结构 420
12.5 卷积层要义 422
12.5.1 卷积层的设计动机 422
12.5.2 卷积层的局部连接 427
12.5.3 卷积层的 3 个核心概念 428
12.6 细说激活层 434
12.6.1 两个看似闲扯的问题 434
12.6.2 追寻问题的本质 435
12.6.3 ReLU 的理论基础 437
12.6.4 ReLU 的不足之处 441

12.7	详解池化层	442
12.8	勿忘全连接层	445
12.9	本章小结	446
12.10	请你思考	447
参考资料		448

第 13 章　纸上谈兵终觉浅，绝知卷积要编程 ... 450

- 13.1　TensorFlow 的 CNN 架构 ... 451
- 13.2　卷积层的实现 ... 452
  - 13.2.1　TensorFlow 中的卷积函数 ... 452
  - 13.2.2　图像处理中的常用卷积核 ... 456
- 13.3　激活函数的使用 ... 460
  - 13.3.1　Sigmoid 函数 ... 460
  - 13.3.2　Tanh 函数 ... 461
  - 13.3.3　修正线性单元——ReLU ... 462
  - 13.3.4　Dropout 函数 ... 462
- 13.4　池化层的实现 ... 466
- 13.5　规范化层 ... 470
  - 13.5.1　为什么需要规范化 ... 470
  - 13.5.2　局部响应规范化 ... 472
  - 13.5.3　批规范化 ... 475
- 13.6　卷积神经网络在 MNIST 分类器中的应用 ... 480
  - 13.6.1　数据读取 ... 480
  - 13.6.2　初始化权值和偏置 ... 480
  - 13.6.3　卷积和池化 ... 482
  - 13.6.4　构建第一个卷积层 ... 482
  - 13.6.5　构建第二个卷积层 ... 483
  - 13.6.6　实现全连接层 ... 484
  - 13.6.7　实现 Dropout 层 ... 485
  - 13.6.8　实现 Readout 层 ... 485
  - 13.6.9　参数训练与模型评估 ... 485

13.7 经典神经网络——AlexNet 的实现 488
　　13.7.1　AlexNet 的网络架构 488
　　13.7.2　数据读取 490
　　13.7.3　初始化权值和偏置 491
　　13.7.4　卷积和池化 491
　　13.7.5　局部响应归一化层 492
　　13.7.6　构建卷积层 492
　　13.7.7　实现全连接层和 Dropout 层 493
　　13.7.8　实现 Readout 层 494
　　13.7.9　参数训练与模型评估 494
13.8　本章小结 495
13.9　请你思考 496
参考资料 496

第 14 章　循环递归 RNN，序列建模套路深 498

14.1　你可能不具备的一种思维 499
14.2　标准神经网络的缺陷所在 501
14.3　RNN 简史 502
　　14.3.1　Hopfield 网络 503
　　14.3.2　Jordan 递归神经网络 504
　　14.3.3　Elman 递归神经网络 505
　　14.3.4　RNN 的应用领域 506
14.4　RNN 的理论基础 506
　　14.4.1　Elman 递归神经网络 506
　　14.4.2　循环神经网络的生物学机理 508
14.5　RNN 的结构 509
14.6　循环神经网络的训练 512
　　14.6.1　问题建模 512
　　14.6.2　确定优化目标函数 513
　　14.6.3　参数求解 513
14.7　基于 RNN 的 TensorFlow 实战——正弦序列预测 514

14.7.1　生成数据 516
　　　14.7.2　定义权值和偏置 517
　　　14.7.3　前向传播 519
　　　14.7.4　定义损失函数 522
　　　14.7.5　参数训练与模型评估 522
　14.8　本章小结 524
　14.9　请你思考 524
参考资料 525

第 15 章　LSTM 长短记，长序依赖可追忆 526
　15.1　遗忘是好事还是坏事 527
　15.2　施密德胡伯是何人 527
　15.3　为什么需要 LSTM 529
　15.4　拆解 LSTM 530
　　　15.4.1　传统 RNN 的问题所在 530
　　　15.4.2　改造的神经元 531
　15.5　LSTM 的前向计算 533
　　　15.5.1　遗忘门 534
　　　15.5.2　输入门 535
　　　15.5.3　候选门 536
　　　15.5.4　输出门 537
　15.6　LSTM 的训练流程 539
　15.7　自然语言处理的一个假设 540
　15.8　词向量表示方法 542
　　　15.8.1　独热编码表示 543
　　　15.8.2　分布式表示 545
　　　15.8.3　词嵌入表示 547
　15.9　自然语言处理的统计模型 549
　　　15.9.1　NGram 模型 549
　　　15.9.2　基于神经网络的语言模型 550
　　　15.9.3　基于循环神经网络的语言模型 553

15.9.4　LSTM 语言模型的正则化 556
　15.10　基于 Penn Tree Bank 的自然语言处理实战 560
　　　15.10.1　下载及准备 PTB 数据集 561
　　　15.10.2　导入基本包 562
　　　15.10.3　定义相关的参数 562
　　　15.10.4　语言模型的实现 563
　　　15.10.5　训练并返回 perplexity 值 573
　　　15.10.6　定义主函数并运行 575
　　　15.10.7　运行结果 578
　15.11　本章小结 579
　15.12　请你思考 580
　参考资料 580

第 16 章　卷积网络虽动人，胶囊网络更传"神" 583

16.1　从神经元到神经胶囊 584
16.2　卷积神经网络面临的挑战 584
16.3　神经胶囊的提出 588
16.4　神经胶囊理论初探 591
　　16.4.1　神经胶囊的生物学基础 591
　　16.4.2　神经胶囊网络的哲学基础 592
16.5　神经胶囊的实例化参数 594
16.6　神经胶囊的工作流程 598
　　16.6.1　神经胶囊向量的计算 598
　　16.6.2　动态路由的工作机理 600
　　16.6.3　判断多数字存在性的边缘损失函数 606
　　16.6.4　胶囊神经网络的结构 607
16.7　CapsNet 的验证与实验 614
　　16.7.1　重构和预测效果 614
　　16.7.2　胶囊输出向量的维度表征意义 616
　　16.7.3　重叠图像的分割 617
16.8　神经胶囊网络的 TensorFlow 实现 618

　　　　16.8.1　导入基本包及读取数据集 619
　　　　16.8.2　图像输入 619
　　　　16.8.3　卷积层 Conv1 的实现 619
　　　　16.8.4　PrimaryCaps 层的实现 620
　　　　16.8.5　全连接层 622
　　　　16.8.6　路由协议算法 628
　　　　16.8.7　估计实体出现的概率 630
　　　　16.8.8　损失函数的实现 631
　　　　16.8.9　额外设置 639
　　　　16.8.10　训练和评估 640
　　　　16.8.11　运行结果 643
　16.9　本章小结 644
　16.10　请你思考 645
　16.11　深度学习美在何处 646
　参考资料 647

后记 648

索引 651

Chapter one

第1章 一入侯门"深"似海，深度学习深几许

当你和恋人在路边手拉手约会的时候，你可曾想，你们之间早已碰撞出了一种神秘的智慧——深度学习。恋爱容易，相处不易，不断磨合，打造你们的默契，最终才能决定你们是否能在一起。深度学习也一样，输入各种不同的参数，进行训练拟合，最后输出拟合结果。恋爱本不易，且学且珍惜！

1.1 深度学习的巨大影响

近年来,作为人工智能领域最重要的进展——深度学习(Deep Learning),在诸多领域都有很多惊人的表现。例如,它在棋类博弈、计算机视觉、语音识别及自动驾驶等领域,表现得与人类一样好,甚至更好。早在 2013 年,深度学习就被麻省理工学院的《MIT 科技评论》(*MIT Technology Review*)评为世界 10 大突破性技术之一,如图 1-1 所示。

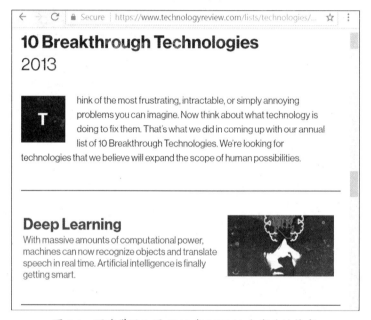

图 1-1 深度学习入围 2013 年 MIT 10 大突破性技术

另一个更具有划时代意义的案例是,2016 年 3 月,围棋世界顶级棋手李世石九段,以 1∶4 不敌谷歌公司研发的阿尔法围棋(AlphaGo,亦称阿尔法狗),这标志着人工智能在围棋领域已经开始"碾压"人类。在 2016 年年末至 2017 年年初,AlphaGo 的升级版 Master(大师)又在围棋快棋对决中,以 60 场连胜横扫中日韩顶尖职业高手,一时震惊四野。

但有人并不服气,或者想替人类争口气。1997 年出生的柯洁,就是这样的一个人。他是世界围棋史上最年轻的四冠王,围棋等级世界排名第一。2017 年 5 月 23 日至 27 日,在与 AlphaGo 2.0 进行的人机大战中,柯洁虽殚精竭虑,无奈还是以 0∶3 战败,再次令世人瞠目结舌(参见图 1-2)。而背后支撑 AlphaGo 具备如此强悍智能的"股肱之臣"之一,正是深度学习。

图 1-2　AlphaGo

一时间，深度学习，这个本专属于计算机科学的术语，成为包括学术界、工业界甚至风险投资界等众多领域的热词。的确，它已对我们的工作、生活甚至思维都产生了深远的影响。

比如，有人[①]认为，深度学习不仅是一种算法的升级，还是一种全新的思维方式。我们完全可以利用深度学习，通过对海量数据的快速处理，消除信息的不确定性，从而帮助我们认知世界。它带来的颠覆性在于，将人类过去痴迷的算法问题，演变成数据和计算问题。在以前，"算法为核心竞争力"正在转变为"数据为核心竞争力"。这个观点，多少有点暗合阿里巴巴集团董事局主席马云的观点，我们正进入一个DT（Data Technology，数据技术）时代。

在人工智能领域，深度学习之所以备受瞩目，是因为从原始的输入层开始，到中间每一个隐含层的数据抽取变换，到最终的输出层的判断，所有特征的提取，全程是一个没有人工干预的训练过程。这个自主特性，在机器学习领域，是革命性的。

世界知名深度学习专家吴恩达（Andrew Ng）曾表示："我们没有像通常（机器学习）做的那样，自己来框定边界，而是直接把海量数据投放到算法中，让数据自己说话，系统会自动从数据中学习。"谷歌大脑项目（Google Brain Project）的计算机科学家杰夫·迪恩（Jeff Dean）则说："在训练的时候，我们从来不会告诉机器说：'这是一只猫'。实际上，是系统自己发明或者领悟了'猫'的概念。"

[①] 傅盛认为深度学习是一种新的思维方式，要了解更多信息请参阅 http://36kr.com/p/5057846.html。

1.2 什么是学习

说到"深度学习",追根溯源,我们需要先知道什么是"学习"。

著名学者赫伯特·西蒙教授(Herbert Simon,1975 年图灵奖获得者、1978 年诺贝尔经济学奖获得者)曾对"学习"下过一个定义:"如果一个系统,能够通过执行某个过程,就此改进了它的性能,那么这个过程就是学习"。

大师果然名不虚传,永远都是那么言简意赅,一针见血。从西蒙教授的观点可以看出,**学习的核心目的就是改善性能**。

其实对于人而言,这个定义也是适用的。比如,我们现在正在学习深度学习的知识,其本质目的就是为了提升自己在机器学习上的认知水平。如果我们仅仅是低层次的重复性学习,而**没有达到认知升级的目的,那么即使表面看起来非常勤奋,其实也仅仅是一个"伪学习者"**,因为我们没有改善性能。

按照这个解释,那句著名的口号"好好学习,天天向上",就会焕发新的含义:如果没有性能上的"向上",即使非常辛苦地"好好",即使长时间地"天天",都无法算作"学习"。

1.3 什么是机器学习

遵循西蒙教授的观点,对于计算机系统而言,通过运用数据及某种特定的方法(比如统计方法或推理方法)来提升机器系统的性能,就是机器学习(Machine Learning,简称 ML)。

英雄所见略同。卡耐基梅隆大学的机器学习和人工智能教授汤姆·米切尔(Tom Mitchell),在他的经典教材《机器学习》[1]中,也给出了更为具体(其实也很抽象)的定义:

> 对于某类任务(Task,简称 T)和某项性能评价准则(Performance,简称 P),如果一个计算机程序在 T 上,以 P 作为性能的度量,随着经验(Experience,简称 E)的积累,不断自我完善,那么我们称这个计算机程序从经验 E 中进行了学习。

比如,学习围棋的程序 AlphaGo,它可以通过和自己下棋获取经验,那么,它的任务 T 就是"参与围棋对弈",它的性能 P 就是用"赢得比赛的百分比"来度量的。类似的,学生的任务 T 就是"上课看书写作业",它的性能 P 就用"考试成绩"来度量。

因此,Mitchell 教授认为,对于一个学习问题,我们需要明确三个特征:任务的类型、衡量任务性能提升的标准以及获取经验的来源。

事实上，看待问题的角度不同，机器学习的定义也略有不同。比如，支持向量机（SVM）的主要提出者弗拉基米尔·万普尼克（Vladimir Vapnik），在其著作《统计学习理论的本质》[2]中就提出，"机器学习就是一个基于经验数据的函数估计问题"。

而在另一本由斯坦福大学统计系的特雷弗·哈斯蒂（Trevor Hastie）等人编写的经典著作《统计学习基础》[3]则认为，机器学习就是"抽取重要的模式和趋势，理解数据的内涵表达，即从数据中学习（to extract important patterns and trends, and understand "what the data says. We call this learning from data"）"。

这三个有关机器学习的定义，各有侧重，各有千秋。Mitchell的定义强调学习的效果；Vapnik的定义侧重机器学习的可操作性；而Hastie等人的定义则突出了学习任务的分类。但其共同的特点在于，都强调了经验和数据的重要性，都认可机器学习提供了从数据中提取知识的方法[4]。

当下，我们正处于大数据时代。众所周知，大数据时代的一个显著特征就是，"数据泛滥成灾，信息超量过载，然而知识依然匮乏不堪"。因此，能自动从大数据中获取知识的机器学习，必然会在大数据时代的舞台上扮演重要角色。

1.4 机器学习的4个象限

一般来说，知识在两个维度上可分成四类，如图1-3所示。即从可统计与否上来看，可分为可统计的知识和不可统计的知识这两个维度。从能否推理上看，可分为可推理的知识和不可推理的知识这两个维度[5]。

在横向上，对于可推理的，可以通过机器学习的方法，最终完成这个推理。传统的机器学习方法，就是试图找到可举一反三的方法，向可推理但不可统计的象限进发（象限Ⅱ）。目前看来，这个象限的研究工作（即基于推理的机器学习）陷入了不温不火的境地，能不能峰回路转，还有待时间的检验。

而在纵向上，对于可统计的、但不可推理的（即象限Ⅲ），可通过神经网络这种特定的机器学习方法，达到性能提升的目的。目前，基于深度学习的棋类博弈（阿尔法狗）、计算机视觉（猫狗识别）、自动驾驶等，其实都是在这个象限做出了耀眼的成就。

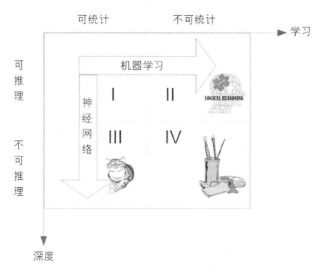

图 1-3　知识的 4 个象限

从图 1-3 可知，深度学习属于统计学习的范畴。用李航博士的话来说[6]，统计机器学习的对象，其实就是数据。这是因为，对于计算机系统而言，所有的"经验"都是以数据的形式存在的。作为学习的对象，数据的类型是多样的，可以是数字、文字、图像、音频、视频，也可以是它们的各种组合。

统计机器学习，就是从数据出发，提取数据的特征（由谁来提取，是一个大是大非的问题，下面将进行介绍），抽象出数据的模型，发现数据中的知识，最后再回到数据的分析与预测中去。

经典机器学习（位于第Ⅱ象限），通常是用人类的先验知识，把原始数据预处理成各种特征（Feature），然后对特征进行分类。然而，这种分类的效果，高度取决于特征选取的好坏。传统的机器学习专家们，把大部分时间都花在如何寻找更加合适的特征上。因此，早期的机器学习专家非常辛苦。传统的机器学习，其实可以有一个更合适的称呼——特征工程（Feature Engineering）。

但功不唐捐。这种痛，也有其好的一面。这是因为，特征是由人辛辛苦苦找出来的，自然也就为人所能理解，性能好坏，机器学习专家可以"冷暖自知"，灵活调整。

1.5　什么是深度学习

后来，机器学习的专家们发现，可以让神经网络自己学习如何抓取数据的特征，这种学习方式的效果似乎更佳。于是兴起了特征表示学习（Feature Representation Learning）的风潮。这种学习方式，对数据的拟合也更加灵活好用。于是，人们终于从自寻特征的痛苦生活中解脱了出来。

但这种解脱也需要付出代价，那就是机器自己学习出来的特征，存在于机器空间，完全超越了人类理解的范畴，对人而言，这就是一个黑盒世界。为了让神经网络的学习性能表现得更好，人们只能依据经验，不断尝试性地进行大量重复的网络参数调整，同样是苦不堪言。于是，人工智能领域就有了这样的调侃："有多少人工，就有多少智能"。

因此，你可以看到，在这个世界上，存在着一个"麻烦守恒定律"：**麻烦不会减少，只会转移**。

再后来，网络进一步加深，出现了多层次的"表示学习"，它把学习的性能提升到另一个高度。这种学习的层次多了，其实也就是套路深了。于是，人们就给它取了一个特别的名称——Deep Learning（深度学习）。

简单来说，深度学习就是一种包括多个隐含层（越多即为越深）的多层感知机。它通过组合低层特征，形成更为抽象的高层表示，用以描述被识别对象的高级属性类别或特征。能自生成数据的中间表示（虽然这个表示并不能被人类理解），是深度学习区别于其他机器学习算法的独门绝技。

深度学习的学习对象同样是数据。与传统机器学习不同的是，它需要大量的数据，也就是"大数据（Big Data）"。有一个观点在工业界一度很流行，那就是在大数据条件下，简单的学习模型会比复杂模型更加有效。而简单的模型，最后会趋向于无模型，也就是无理论。

例如，早在 2008 年，美国《连线》（Wired）杂志主编克里斯·安德森（Chris Anderson）就曾发出"理论的终结（The End of Theory）"的惊人断言[7]："海量数据已经让科学方法成为过去时（The data deluge makes the scientific method obsolete）"。

但地平线机器人创始人（前百度深度学习研究院副院长）余凯先生认为[8]，深度学习的惊人进展，是时候促使我们重新思考这个观点了。也就是说，他认为**"大数据+复杂（大）模型"或许能更好地提升学习系统的性能**。

1.6 "恋爱"中的深度学习

法国科技哲学家伯纳德·斯蒂格勒（Bernard Stiegler）认为，人们总以自己的技术和各种物化的工具，作为自己"额外"的器官，不断地成就自己。按照这个观点，其实，在很多场景下，计算机都是人类思维的一种物化形式。换句话说，计算机的思维（比如各种电子算法）中总能找到人类生活实践的影子。

比如，现在火热的深度学习，与人们的恋爱过程也有相通之处。在知乎社区上，就有人（如jacky yang）以恋爱为例来说明深度学习的思想，倒也非常传神，如图1-4所示。我们知道，男女恋爱大致可分为以下三个阶段。

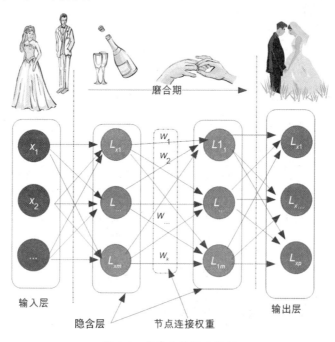

图1-4　恋爱中的深度学习

第一阶段是初恋期，相当于深度学习的输入层。女孩吸引你，肯定是有很多因素的，比如外貌、身高、身材、性格、学历等，这些都是输入层的参数。对于喜好不同的人，他们对输出结果的期望是不同的，自然他们对这些参数设置的权重也是不一样的。比如，有些人是奔着结婚去的，那么他们对女孩的性格可能给予更高的权重。否则，外貌的权重可能会更高。

第二阶段是热恋期，对应于深度学习的隐含层。在这期间，恋爱双方都要经历各种历练和磨合。清朝湖南湘潭人张灿写了一首七绝：

书画琴棋诗酒花，当年件件不离他。

而今七事都更变，柴米油盐酱醋茶。

这首诗说的就是，在过日子的洗礼中，各种生活琐事的变迁。恋爱是过日子的一部分，需要双方不断磨合。磨合中的权重取舍，就相当于深度学习中隐含层的参数调整，这些参数需要不断地训练和修正！恋爱双方相处，磨合是非常重要的。要怎么磨合呢？光说"我爱你"是苍白的。这就给我们提了个醒，爱她（他）就要多陪陪她（他）。陪陪她（他），就增加了参数调整的机会。参数调整得好，输出的结果才能是你想要的。

第三阶段是稳定期，自然相当于深度学习的输出层。输出结果是否合适，是否达到预期，高度取决于隐含层中的参数"磨合"得怎么样。

1.7 深度学习的方法论

在深度学习中，经常有"end-to-end（端到端）"学习的提法，与之相对应的传统机器学习是"Divide and Conquer（分而治之）"。这些都是什么意思呢？

"end-to-end"（端到端）说的是，输入的是原始数据（始端），然后输出的直接就是最终目标（末端），中间过程不可知，也难以知。比如，基于深度学习的图像识别系统，输入端是图片的像素数据，而输出端直接就是或猫或狗的判定。这个端到端就是，像素→判定。

再比如，"end-to-end"的自动驾驶系统[9]，输入的是前置摄像头的视频信号（其实也就是像素），而输出的直接就是控制车辆行驶的指令（方向盘的旋转角度）。这个端到端就是，像素→指令。

就此，有人批评深度学习就是一个黑箱（Black Box）系统，其性能很好，却不知道为何好，也就是说，缺乏解释性。其实，这是由深度学习所处的知识象限决定的。从图 1-3 可以看出，深度学习在本质上属于可统计不可推理的范畴。"可统计"是很容易理解的，就是说，对于同类数据，它具有一定的统计规律，这是一切统计学习的基本假设。那"不可推理"又是什么意思？其实就是"剪不断、理还乱"的非线性状态。

从哲学上讲，这种非线性状态是具备了整体性的"复杂系统"，属于复杂性科学范畴。复杂性科学认为，构成复杂系统的各个要素自成体系，但阡陌纵横，其内部结构难以分割。简单来说，对于复杂系统，1+1≠2，也就是说，一个简单系统加上另外一个简单系统，其效果绝不是两个系统的简单累加效应，参见图 1-5 所示的漫画。因此，我们必须从整体上认识这样的复杂系统。于是，在认知上，就有了从一个系统或状态（end）直接整体变迁到另外一个系统或状态（end）的形态。这就是深度学习背后的方法论。

图 1-5　1 个人+1 个人=?

与之对应的是"Divide and Conquer（分而治之）"，其理念正好相反，在哲学中它属于"还原主义（Reductionism，或称还原论）"。在这种方法论中，有一种"追本溯源"的蕴意包含于其内，即一个系统（或理论）无论多复杂，都可以分解、分解、再分解，直到能够还原到逻辑原点。

在还原主义中就是"1+1=2"，也就是说，一个复杂的系统，都可以由简单的系统叠加而成（可以理解为线性系统），如果各个简单系统的问题解决了，那么整体的问题也就得以解决。比如，很多的经典力学问题，不论形式有多复杂，通过不断分解和还原，最后都可以通过牛顿的三大定律得以解决。

从传统的"还原论"出发，单纯的线性组合思维，势必会导致在人工智能系统的设计上功能过于简单。如果我们希望模拟的是一个"类人"的复杂系统（即人工智能系统），自然就无法有效达到目的，具体来说，有如下两个方面的原因：

（1）这个世界（特别是有关人的世界）本身是一个纷繁复杂的系统，问题之间互相影响，形成复杂的网络,这样的复杂系统很难用一个或几个简单的公式、定理来描述和界定。

(2)在很多场景下,受现有测量和认知工具的局限,很多问题在认识上根本不具有完备性。因此,难以从一个"残缺"的认知中,提取适用于全局视角的公式和定理。

柏拉图在《理想国》[10]中讲到了一个经典比喻——"洞穴之喻(Allegory of the Cave)",如图 1-6 所示。设想有一个很深的洞穴,洞穴里有一些囚徒,他们生来就被锁链束缚在洞穴之中,他们背向洞口,头不能转动,眼睛只能看着洞壁。

图 1-6　柏拉图的洞穴之喻　(图片来源①)

在他们后面砌有一道矮墙,墙和洞口之间燃烧着一团火,一些人举着各种器物沿着墙往来走动,如同木偶戏的屏风。当人们扛着各种器具走过墙后的小道时,火光便把那些器物的影像投射到面前的洞壁上。由于这些影像是洞中囚徒们唯一能见到的事物,所以他们即以为这些影像就是这个世界上最真实的事物。

---

① 维基百科:https://en.wikipedia.org/wiki/Allegory_of_the_Cave。

洞穴人会误把其所能感知到的投影于洞壁的影像（二维世界），当作真实的世界（三维世界），他们怎能基于一个二维世界观测的现象归纳出一个适用于三维世界的规律呢？

但幸运的是，我们已进入大数据时代，它为我们提供了一种认知纷繁复杂世界的无比珍贵的资源——多样而全面的数据。有学者就认为[11]，大数据时代之所以具有颠覆性，就是因为目前一切事物的属性和规律，只要通过适当的编码（即数字介质），都可以传递到另外一个同构的事物上，得以无损全息表达。

但对于这个复杂的世界，直接抓住它的规律并准确描述它是非常困难的。在一个复杂系统中，由于非线性因素的存在，任何局部信息都不可能代表全局。大数据时代有一个典型的特征，"不是随机样本，而是全体数据（n=all）"，而"全体数据"和复杂性科学中的"整体性"，在一定程度上是有逻辑对应关系的。

深度学习所表现出来的智能也正是"食"大数据而"茁壮成长"起来的，其智能所依赖的人工神经网络模型，还可随数据量的增加而进行"进化"或改良。因此，它可被视为在大数据时代遵循让"数据自己发声"的典范之作。

已有学者论证[12]，大数据与复杂性科学在世界观、认识论和方法论等诸多方面都是互通的。复杂性是大数据技术的科学基础，而大数据是复杂性科学的技术实现。深度学习是一种数据饥渴型（data-hungry）的数据分析系统，天生就和大数据捆绑在一起。在某种程度上，大数据是问题，而深度学习就是其中的一种解决方案。

表 1-1 所示的是几个流行的深度学习项目中的参数细节。从表 1-1 可以看到，深度学习网络本身就是一个训练数据量巨大、调节参数数量巨多的复杂网络。

表 1-1　深度学习项目中的数据规模与网络节点参数调整数量

项目名称	VGGNet	DeepVideo	GNMT
项目用途	识别图像并分类	识别视频并分类	翻译
输入数据类型	图像	视频	英语文本
输出数据类型	100 种类别	47 种类别	法语文本
调节参数数量	1.4 亿个	约 1 亿个	3.8 亿个
数据规模	120 万张已分类图片	110 万个已分类视频	600 万语句对，3.4 亿个单词
数据集合	ILSVRC-2012	Sports-1M	WMT'14

在复杂系统中，各要素之间紧密相连，构成了一个巨大的关联网络，存在着各种各样的复

杂联系，各种要素组合起来会带来新结构、新功能的涌现，也就是说，整体往往会大于部分之和。从上面的分析可知，深度学习具备的特征抽取自主性、网络节点的多关联性（难以找到一个线性结构描述上亿级别的参数）、"智能"提升的涌现性，这些都表明它是复杂性科学中的一种技术实现。

1.8 有没有浅层学习

有了"深度学习"，读者很容易想到，那有没有相应的"浅层学习"呢？答案是，有。传统意义上的人工神经网络，主要由输入层、隐含层、输出层构成，其中隐含层也叫多层感知机（Multi Layer Perceptron）。

正如其名称所示，多层感知机的确也可以是多层的网络，但是层与层之间特征的选择，需要人手动实现，算法的训练难度非常大，故此感知机的层数通常并不多，这些机器学习算法，通常被称为浅层感知机。例如，支持向量机（Support Vector Machine，SVM）、Boosting、最大熵方法（如 Logistic Regression，逻辑回归，简称 LR），这些机器学习模型，隐含层只有一层，甚至连一层都没有（如 LR 算法）。

相比而言，区别于传统的浅层学习，深度学习强调模型结构的深度，隐含层远远不止一层。通常来说，层数更多的网络，通常具有更强的抽象能力（即数据表征能力），也就能够产生更好的分类识别的结果。

2012 年，加拿大多伦多大学的资深机器学习教授杰弗里·辛顿（Geoffery Hinton）团队在 ImageNet 中首次使用深度学习完胜其他团队，那时网络层深度只有个位数。2014 年，谷歌团队把网络做了 22 层，问鼎当时的 ImageNet 冠军。到了 2015 年，微软研究院团队设计的基于深度学习的图像识别算法 ResNet，把网络层做到了 152 层。很快，在 2016 年，商汤科技更是叹为观止地把网络层做到了 1207 层[13]，这可能是当前在 ImageNet 上最深的一个网络。我们不禁要问，这深度学习，到底"深"几许啊？

如果深度神经网络的层数再往"深处"做，也可能会达到 2000 层、3000 层，但我们会发现，任何时候，都可能存在"过犹不及"的情况。因为这种极深的架构叠加，带来的通信开销会淹没性能的提升。

因此，我们需要清醒地认识到，对于构建出来的深度模型，"深度"仅仅是手段，"表示学习"才是目的。深度学习通过自动完成逐层特征变换，将样本在原空间的特征表示变换到一个新特征空间，从而使分类或预测更加准确。与原来的"浅层网络"的人工提取特征的方法相比，深度学习利用了大数据来自动获得事物特征，让"数据自己说话"，因此，更能够刻画数据丰富的内在信息。

1.9 本章小结

在本章，我们学习了机器学习的核心要素，那就是通过运用数据，依据统计或推理的方法，让计算机系统的性能得到提升。而深度学习，则是把由人工选取对象特征，变为通过神经网络自己选取特征，为了提升学习的性能，神经网络表示学习的层次较多（较深）。

以上仅仅给出机器学习和深度学习的概念性描述，在下一章中，我们将介绍机器学习的形式化表示，以及传统机器学习和深度学习的不同之处等。

1.10 请你思考

通过本章的学习，请你思考如下问题：

（1）在大数据时代，你是赞同科技编辑出身的克里斯·安德森的观点呢（仅仅需要小模型），还是更认可工业界大神余凯先生的观点呢（还是需要复杂模型）？为什么？

（2）你认为用恋爱的例子比拟深度学习贴切吗？为什么？

（3）为什么非要用"深度"学习，"浅度"不行吗？

参考资料

[1] Tom Mitchell. 曾华军等译. 机器学习[M]. 北京：机械工业出版社, 2002.

[2] Vladimir N. Vapnik. 张学工译. 统计学习理论的本质[M]. 北京：清华大学出版社, 2000.

[3] Hastie T, Tibshirani R, Friedman J. The Elements of Statistical Learning[M]. 北京：世界图书出版公司, 2015.

[4] 于剑. 机器学习：从公理到算法[M]. 北京：清华大学出版社, 2017.

[5] 张玉宏. 云栖社区. AI 不可怕，就怕 AI 会画画——这里有一种你还不知道的"图"灵

测试. https://yq.aliyun.com/articles/74383.

[6] 李航. 统计学习方法[M]. 北京: 清华大学出版社, 2012.

[7] Anderson C. The end of theory: The data deluge makes the scientific method obsolete[J]. Wired magazine, 2008, 16(7): 16-07.

[8] 余凯, 贾磊, 陈雨强, 等. 深度学习的昨天、今天和明天[J]. 计算机研究与发展, 2013, 50(9):1799-1804.

[9] Bojarski M, Del Testa D, Dworakowski D, et al. End to end learning for self-driving cars[J]. arXiv preprint arXiv:1604.07316, 2016.

[10] 柏拉图. 黄颖译. 理想国[M]. 北京: 中国华侨出版社, 2012.

[11] 李德伟等. 大数据改变世界[M]. 北京: 电子工业出版社, 2013.

[12] 黄欣荣. 从复杂性科学到大数据技术[J]. 长沙理工大学学报(社会科学版), 2014, 29(2): 5-9.

[13] 胡祥杰, 零夏. 1200 层神经网络夺冠 ImageNet, 深度学习越深越好? https://www.sypopo.com/post/6KQLelDer4/.

Chapter two

第 2 章 人工"碳"索意犹尽，智能"硅"来未可知

现在的人工智能，大致就是用"硅基大脑"模拟或重现"碳基大脑"的过程。那么，在未来会不会出现"碳硅合一"的大脑或者全面超越人脑的"硅基大脑"呢？专家们的回答是，会的。而由深度学习引领的人工智能，正在开启这样的时代。

在第 1 章中，我们仅从概念上描述了机器学习、深度学习等，在本章中，我们将给出更加准确的形式化描述。经常听到别人说人工智能如何、深度学习怎样，那么它们之间有什么关系呢？在本章中，我们首先从宏观上谈谈人工智能的"江湖定位"和深度学习的归属。然后从微观上聊聊机器学习的数学本质是什么，以及我们为什么要用神经网络。

2.1 信数据者得永生吗

以凯文·凯利（Kevin Kelly）为代表的数据主义认为，宇宙是由数据流构成的，任何现象或实体的价值，都体现在对数据处理的贡献度上。

在《未来简史》[1]一书里，新锐历史学家尤瓦尔·赫拉利（Yuval Harari）说，根据数据主义的观点，可把整个人类族群视为一个分布式的数据处理系统。在这个系统中，每个单独的个体都是其中的一个芯片。为了改善这个系统的性能，需要在如下 4 个方面不断改进：

（1）增加处理器的数量。人多力量大，就是这个观点的通俗版本。

（2）增加处理器的种类。其实就是要精细化社会分工，各司其职，各负其责。农民干不了祭司的活，祭司也吃不了农民的苦。

（3）增加处理器自己的连接。这说的是，孤木难以成林，人类只有互通有无，方能做大做强。目前我国主导的"一带一路"倡议，究其本质，就是达到了添加连接的目的。

（4）增加现有连接的流通程度。如果数据无法自由流动，光有连接也是无济于事的。

可能你会困惑，说来说去，这和"人工智能""深度学习"到底有什么关系呢？莫急，它们之间还真有点关系，至少在逻辑上是有的，且听我慢慢分解。

目前，我们正处于一个大数据时代，不管你觉得这是炒作，还是信它为事实，有一点可以肯定，因为数据流动量过大，人类已经无法将数据转化为信息，更不用说从庞大的数据中提炼出知识和智能。

这是一个多么大的缺陷啊！

科技哲学家伯纳德·斯蒂格勒（Bernard Stiegler）认为，人，天然就是一种缺陷存在，但恰恰因为这种本质的缺陷存在，技术才有其存在的根本意义。那什么是技术呢？技术就是生命用来进化的支架。

想一想，人类为什么发明马车、汽车、飞机，这是因为人跑得不够快啊（缺陷！）。那人类为什么要发明望远镜、显微镜，这是因为人看得不够远、不够真切（缺陷！）。而人类为什么要发明计算机，这是因为记不牢、算不快、扒拉算盘好烦啊（还是缺陷！）。也正是因为这个缺陷的底层逻辑，在条件成熟时，人们就有一种强烈的欲望，即热切地想用外部的"电子算法"，替换自己大脑中的"生物算法"。

而这个强烈欲望的结果，就诞生了今天的"人工智能"（Artificial Intelligence，AI）。

2.2 人工智能的"江湖定位"

从宏观上来看，人类科学和技术的发展，大致都遵循着这样的规律：**现象观察、理论提取和人工模拟（或重现）**。人类"观察大脑"的历史由来已久，但由于对大脑缺乏"深入认识"，常常"绞尽脑汁"，也难以"重现大脑"。

直到 20 世纪 40 年代以后，脑科学、神经科学、心理学及计算机科学等众多学科取得了一系列重要进展，使得人们对大脑的认识相对深入，从而为科研人员从"观察大脑"到"重现大脑"搭起了桥梁，哪怕这个桥梁到现在还仅仅是一个并不坚固的浮桥（参见图 2-1）。

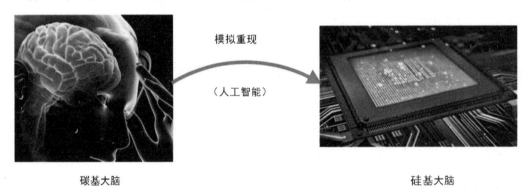

图 2-1 人工智能的本质

而所谓的"重现大脑"，在某种程度上，就是目前的研究热点——人工智能。简单来讲，人工智能就是为机器赋予与人类类似的智能。由于目前机器的核心部件是由晶体硅构成的，所以可归属为"硅基大脑"。而人类的大脑主要由碳水化合物构成，因此可称之为"碳基大脑"。

那么，现在的**人工智能，简单来讲，大致就是用**"硅基大脑"模拟或重现"碳基大脑"。那么，在未来会不会出现"碳硅合一"的大脑或者全面超越人脑的"硅基大脑"呢？

有人认为，在很大程度上，这个答案可能是"会的"！比如，未来预言大师雷·库兹韦尔（Ray

Kurzweil)预测,到 2045 年,人类的"奇点(Singularity)"[2]时刻就会临近。这里的"奇点"是指,人类与其他物种(物体)的相互融合。确切地说,是指硅基智能与碳基智能兼容的那个奇妙时刻。届时,严格意义上的人类将不复存在!

2.3 深度学习的归属

在当下,虽然深度学习领跑人工智能。但事实上,人工智能的研究领域很广,包括机器学习、计算机视觉、专家系统、规划与推理、语音识别、自然语言处理和机器人等。而机器学习又包括深度学习、监督学习、无监督学习等。简单来讲,机器学习是实现人工智能的一种方法,而深度学习仅仅是实现机器学习的一种技术而已(参见图 2-2)。

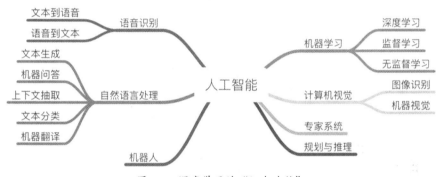

图 2-2 深度学习的"江湖地位"

需要说明的是,对人工智能做任何形式的划分,都可能是有缺陷的。在图 2-2 中,人工智能的各类技术分支,彼此泾渭分明。但实际上,它们之间却可能阡陌纵横,比如,深度学习可以是无监督的,语音识别也可以用深度学习来完成。再比如,图像识别、机器视觉更是当前深度学习的拿手好戏。

一言以蔽之,人工智能并不是一棵有序的树,而是一团彼此缠绕的灌木丛。有时候,一个分藤蔓比另一个分藤蔓生长得快,并且处于显要地位,那么它就是当时的研究热点。深度学习的前身——神经网络的发展,就经历了这样的几起几落。当下,深度学习如日中天,但会不会也有"虎落平阳"的一天呢?从事物的发展规律来看,这一天肯定会到来!

在图 2-2 中,既然我们把深度学习与传统的监督学习和无监督学习单列出来,自然是有一定道理的。这是因为,深度学习是高度数据依赖型的算法。它的性能,通常是随着数据量的增加而不断增强的,也就是说,它的可扩展性(Scalability)显著优于传统的机器学习算法

（参见图 2-3 所示）。

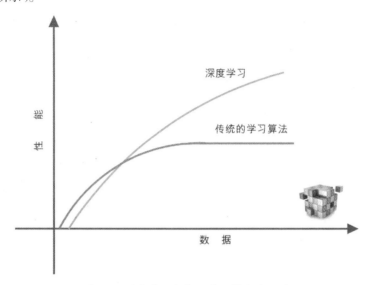

图 2-3 深度学习和传统学习算法的区别

但如果训练数据比较少，深度学习的性能并不见得比传统机器学习好。其潜在的原因在于，作为复杂系统代表的深度学习算法，只有数据量足够多，才能通过训练，在深度神经网络中"恰如其分"地表征出蕴含于数据之中的模式。

不论是机器学习，还是它的特例深度学习，大致都存在两个层面的分析（参见图 2-4）：

（1）面向过去（对收集到的历史数据进行训练），发现潜藏在数据之下的模式，我们称之为描述性分析（Descriptive Analysis）。

（2）面向未来，基于已经构建的模型，对于新输入的数据对象实施预测，我们称之为预测性分析（Predictive Analysis）。

前者主要使用了"归纳"方法，而后者侧重于"演绎"。对历史对象的归纳，可以让人们获得新洞察、新知识，而对新对象实施演绎和预测，可以使机器更加智能，或者说让机器的某些性能得以提高。二者相辅相成，缺一不可。

在前面的部分，我们给出了机器学习的概念性描述，下面我们将给出机器学习的形式化定义。

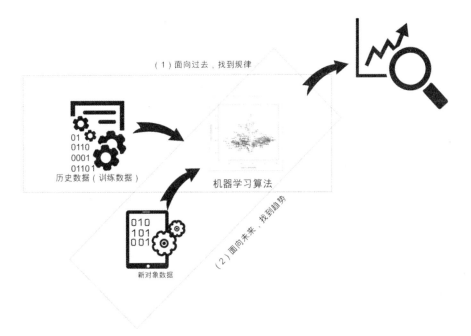

图 2-4　机器学习的两层作用

2.4　机器学习的形式化定义

在《未来简史》一书中，赫拉利还说，根据数据主义的观点，人工智能实际上就是找到一种高效的"电子算法"，用以代替或在某项指标上超越人类的"生物算法"。那么，任何一个"电子算法"都要实现一定的功能（Function），才有意义。

在计算机术语中，将"Function"翻译成"函数"，这多少有点"词不达意"，因为它并没有达到"信、达、雅"的标准，除了给我们留下一个抽象的概念之外，几乎什么也没有剩下。但这一称呼已被广泛接受，我们也只能约定俗成地把"功能"叫作"函数"。

根据台湾大学李宏毅博士的通俗说法，所谓机器学习，在形式上可近似等同于，在数据对象中通过统计或推理的方法，寻找一个有关特定输入和预期输出的功能函数 f（参见图 2-5）。通常，我们把输入变量（特征）空间记作大写的 X，而把输出变量空间记为大写的 Y。那么所谓的机器学习，在形式就是完成如下变换：$Y=f(X)$。

在这样的函数中，针对语音识别功能，如果输入一个音频信号，那么这个函数 f 就能输出诸如"你好""How are you？"等这类识别信息。

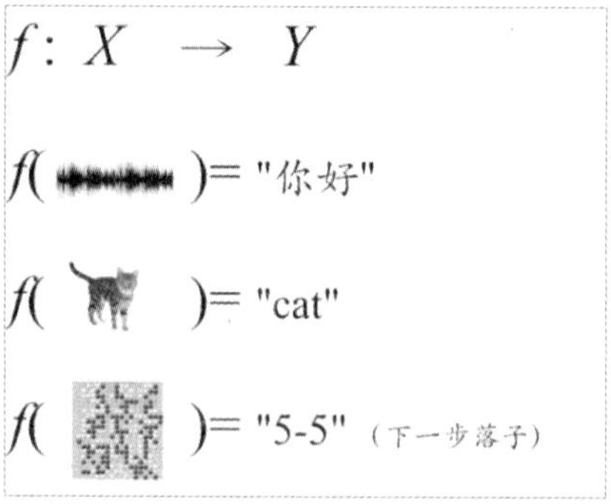

$$f: X \rightarrow Y$$

$f(\text{〰〰〰}) = \text{"你好"}$

$f(\text{🐱}) = \text{"cat"}$

$f(\text{▨}) = \text{"5-5"}$（下一步落子）

图 2-5　机器学习近似于找一个好用的函数

针对图片识别功能，如果输入的是一张图片，在这个函数的加工下，就能输出（或称识别出）一个或猫或狗的判定。

针对下棋博弈功能，如果输入的是一个围棋的棋谱局势（比如 AlphaGo），它能输出这盘围棋下一步的"最佳"走法。

而对于具备智能交互功能的系统（比如微软的小冰），当我们给这个函数输入诸如"How are you？"，它就能输出诸如"I am fine，thank you，and you？"等智能的回应。

每个具体的输入都是一个实例（Instance），它通常由特征向量构成。在这里，将所有特征向量存在的空间，称为特征空间（Feature Space），特征空间的每一个维度，对应于实例的一个特征。

但问题来了，这样"好用的"函数并不那么好找。当输入一只猫的图像后，这个 f 函数并不一定就能输出一只猫，可能它会错误地输出为一条狗或一条蛇。

这样一来，我们就需要构建一个评估体系，来辨别函数的好坏。当然，这中间自然需要训练数据（Training Data）来"培养"函数的好品质（参见图 2-6）。

在第 1 章中我们提到，学习的核心就是改善性能，在图 2-6 中，通过训练数据，我们把 f_1 改善为 f_2 的样子，性能（判定的准确度）提高了，这就是学习。（需要注意的是，f_2 的性能并非就必须打满分，比如它依然把"狗"误判为"猫"，但这无损于"学习"的定义，因为 f_2 的性能高过 f_1）。很自然，如果这个学习过程是在机器上完成的，那就是"机器学习"了。

具体来说，机器学习要想做得好，需要走好三大步：

（1）如何找一系列的函数来实现预期的功能，这是建模问题。

（2）如何找出一系列评价标准来评估函数的好坏，这是评估问题。

（3）如何快速找到性能最佳的函数，这是优化问题（比如，机器学习中随机梯度下降法，干的就是这个活）。

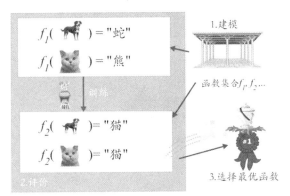

图 2-6　机器学习的三步走

习惯上，我们把具体的输入、输出变量（而非空间）用小写的 x 和 y 表示。变量既可以是标量（scalar），也可以是向量（vector）。标量是指只有大小，没有方向的量。而向量则是既有大小又有方向的量（在物理学或工学中，向量通常也被称为矢量）。通常一个标量是向量空间的一个域值元素。比如，在后面的章节中我们经常提及的梯度，就是一个向量，它既有大小，也有方向。为了表明向量有方向，有时候我们会在向量符号上方加上一个箭头（→），如 $\vec{x}$、$\vec{e}$ 等。

除了特殊说明外，本书所言向量均为列向量。例如输入实例 x 的特征向量可记为如图 2-7 所示的形式。标准的写法自然是如图 2-7（a）所示，但这种写法比较占空间，因此我们通常采用转置（Transpose）的写法，如图 2-7（b）所示，图中的上标 "T" 就是转置的英文首字母。

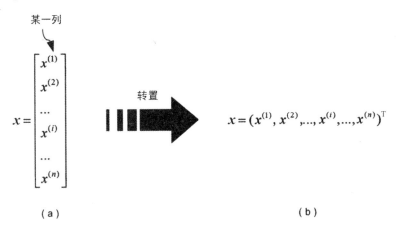

图 2-7　输入的特性向量

这里的 $x^{(i)}$ 表示的是输入变量 x 的第 i 个特征。需要特别注意的是，当输入变量有多个时，我们用 x_j 表示。如此一来，$x_j^{(i)}$ 就表示第 j 个变量的第 i 个特征，如图 2-8 所示。

$$X = [x_1, x_2, ..., x_j, ..., x_m] \quad \xrightarrow{\text{展开}} \quad X = \begin{bmatrix} x_1^{(1)}, x_1^{(2)}, ..., x_1^{(i)}, ..., x_1^{(n)} \\ x_2^{(1)}, x_2^{(2)}, ..., x_2^{(i)}, ..., x_2^{(n)} \\ ... \\ x_j^{(1)}, x_j^{(2)}, ..., x_j^{(i)}, ..., x_j^{(n)} \\ ... \\ x_m^{(1)}, x_m^{(2)}, ..., x_m^{(i)}, ..., x_m^{(n)} \end{bmatrix}$$

（a） （b）

图 2-8 输入变量矩阵

对于有监督学习来说，所构建的模型通常在训练数据（Training Data）集合中学习，调整模型参数，在测试数据（Test Data）集合中进行预测验证。训练数据通常是输入与输出成对出现的（这里，输出信号有时也被称为"教师信号"，它通过损失函数来"调教"模型中的参数）。因此，训练集合通常用如公式（2-1）所示的方式进行描述。

$$T = \{(x_1, y_1), (x_2, y_2), ..., (x_j, y_j), ..., (x_m, y_m)\} \quad (2\text{-}1)$$

输入变量空间 X 和输出变量空间 Y 可以有不同的类型，它们既可以是连续的，也可以是离散的。通常，人们根据输入和输出变量的类型不同，给预测任务赋予不同的名称。比如，如果输入变量和输出变量均为连续变量，那么这样的预测任务就称为回归（Regression）。如果输出变量为有限的几个离散值，那么这样的预测任务就称为分类（Classification）。如果输入变量和输出变量均为变量序列，那么这样的预测任务就称为标注（Tagging），我们可认为标注问题是分类问题的一个推广[3]。

2.5 为什么要用神经网络

我们知道，深度学习的概念源于人工神经网络的研究。包含多个隐含层的多层感知机就是一种深度学习结构。所以说到深度学习，就不能不提神经网络。

那么什么是神经网络呢？有关神经网络的定义有很多。这里我们给出芬兰计算机科学家托伊沃·科霍宁（Teuvo Kohonen）的定义（他以提出"自组织神经网络"而名扬人工智能领域）："神经网络是一种由具有自适应性的简单单元构成的广泛并行互联的网络，它的组织结构能够模拟生物神经系统对真实世界所做出的交互反应。"

在生物神经网络中，人类大脑通过增强或者弱化突触进行学习的方式，最终会形成一个复杂的网络，形成一个分布式特征表示（Distributed Representation）。

在人工智能领域，正是受到生物神经网络的启发，自20世纪80年代起，人工神经网络（Artificial Neural Network，ANN）开始兴起，而且在很长一段时间内都是人工智能领域的研究热点。

作为处理数据的一种新模式，人工神经网络的强大之处在于，它拥有很强的学习能力。在得到一个训练集合之后，通过学习，提取到所观察事物的各个部分的特征，特征之间用不同网络节点链接，通过训练链接的网络权重，改变每一个链接的强度，直到顶层的输出得到正确的答案（参见图2-9）。

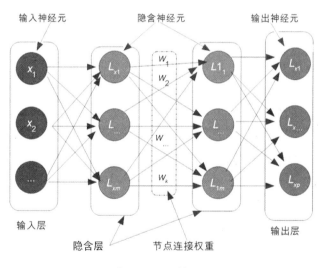

图 2-9 人工神经网络

在机器学习中，我们常常提到神经网络，实际上是指神经网络学习。学习是大事，切不可忘！

那为什么我们要用神经网络学习呢？这个原因说起来有点"情非得已"。

我们知道，在人工智能领域，有两大主流门派。第一个门派是符号主义。符号主义认为，知识是信息的一种表达形式，人工智能的核心任务就是处理好知识表示、知识推理和知识运用。这个门派的核心方法论是，自顶向下设计规则，然后通过各种推理，逐步解决问题。很多人工智能的先驱（比如 CMU 的赫伯特·西蒙）和逻辑学家们，很喜欢这种方法。但这个门派的发展，目前看来并不太好。未来会不会"峰回路转"，现在还不好说。

还有一个门派试图编写一个通用模型，然后通过数据训练，不断改善模型中的参数，直到输出的结果符合预期，这个门派就是连接主义。连接主义认为，人的思维就是某些神经元的组合。因此，可以在网络层次上模拟人的认知功能，用人脑的并行处理模式，来表征认知过程。这种受神经科学启发的网络，就是前面提到的人工神经网络（ANN）。这种方法的升级版就是目前非常流行的深度学习。

2.6 人工神经网络的特点

从上面的描述可知，人工神经网络是一种非线性、自适应的信息处理系统，该系统由大量彼此相连但功能简单的处理单元构成。一般说来，人工神经网络具有四"非"特征[4]。

（1）**非线性**。非线性关系是自然界的普遍特性之一，大脑的活动就属于一种非线性现象。人工神经元可处于抑制或激活两种状态，这种行为在数学上表现为一种非线性关系。它们可以通过具有阈值（或称偏置）的激活函数来完成该功能。具有阈值的神经元，可构成性能更佳的神经网络，可提高整个网络的容错性和存储容量。

（2）**非局限性**。神经网络通常由多个神经元广泛连接而成，神经元之间阡陌纵横。因此，系统的整体行为，不仅取决于单个神经元的特征，而且高度依赖神经元之间的相互作用关系。任何一个神经元的"作用域"都不是局部的，而是可能通过网络链接波及全网，无远弗届。联想记忆就是非局限性的典型例子。

（3）**非常定性**。人工神经网络一直处于"更新"状态。这是因为，它具有强大的自适应、自组织、自学习能力。在神经网络中，不但处理的信息可以是变化多端的，而且在处理信息的同时，非线性动力系统本身可能也在演化（比如网络连续权值的迭代更新）。

（4）**非凸性**。一个系统的演化方向，在一定条件下取决于某个特定的状态函数，如目标函数和激活函数。当前的神经网络，基本都放弃了线性激活函数，通常采用诸如 Sigmoid、Tanh、ReLU 等非线性激活函数，这就导致神经网络的目标函数具有非凸性。所谓非凸性，是指函数可能有多个极值。极值通常对应于系统比较稳定的状态，多极值表明系统具备多个较稳定的平衡态，而多个平衡态将导致系统演化出多样性。

2.7 什么是通用近似定理

前面我们提到，机器学习在本质上就是找到一个好用的函数。而人工神经网络最牛的地方可能就在于，它可以在理论上证明："一个包含足够多隐含层神经元的多层前馈网络，能以任意精度逼近任意预定的连续函数[5]"。

这个定理也被称为通用近似定理（Universal Approximation Theorem）。这里的"Universal"，也有人将其翻译成"万能的"，由此可以看出，这个定理的能量有多大。

通用近似定理告诉我们，不管函数 $f(x)$ 在形式上有多复杂，我们总能确保找到一个神经网络，对任何可能的输入 x，以任意高的精度近似输出 $f(x)$（参见图 2-10）。即使函数有多个输入和输出，即 $f = f(x_1, x_2, x_3,...,x_m)$，通用近似定理的结论也是成立的。换句话说，神经网络在理论上可近似解决任何问题，这就厉害了！有关神经网络可以计算任何函数的可视化证明，感兴趣的读者可以参阅迈克尔·尼尔森（Michael Nielsen）的博客文章[6]。

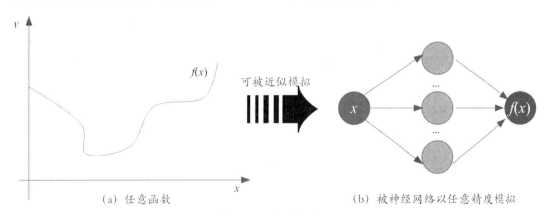

图 2-10 通用近似定理

使用这个定理时，需要注意如下两点[7]：

（1）定理说的是，可以设计一个神经网络尽可能好地去**"近似"**某个特定函数，而不是说**"准确"**计算这个函数。我们通过增加隐含层神经元的个数来提升近似的精度。

（2）被近似的函数，必须是连续函数。如果函数是非连续的，也就是说有极陡跳跃的函数，那神经网络就"爱莫能助"了。

即使函数是连续的，有关神经网络能不能解决所有问题，也是有争议的。原因很简单，就如同那句玩笑话"理想很丰满，现实很骨感"，通用近似定理在理论上是一回事，而在实际操作中又是另外一回事。

比如，深度学习新秀、生成对抗网络（GAN）的提出者伊恩·古德费洛（Ian Goodfellow）就曾说过："仅含有一层的前馈网络，的确足以有效地表示任何函数，但是，这样的网络结构可能会格外庞大，进而无法正确地学习和泛化（A feedforward network with a single layer is sufficient to represent any function, but the layer may be infeasibly large and may fail to learn and generalize correctly）。"

Goodfellow 的言外之意是说，"广而浅薄"的神经网络在理论上是万能的，但在实践中却不是那么回事。因此，网络往"深"的方向去做才是正途。事实上，"通用近似定理"1989 年就被提出了，到 2006 年深度学习开始厚积薄发，这期间神经网络并没有因为这个理论而得到蓬勃发展。因此，从某种程度上验证了 Goodfellow 的判断。

深度学习工程师布伦丹·福蒂内（Brendan Fortuner）在其博客[8]中比较形象地说明了"通用近似定理"的长处和短处，他把目标函数设为：

$$f(x) = x^3 + x^2 - x - 1 \tag{2-2}$$

神经元使用的激活函数是 ReLU。ReLU 是"Rectified Linear Units（修正线性单元）"的缩写。关于"激活函数"的概念我们会在后续章节中详细讲解。这里读者只需要知道 ReLU 是一个简单的非线性函数即可：

$$\mathrm{ReLU}(x) = \max(0, x) \tag{2-3}$$

然后，重复尝试 ReLU 单元的不同组合，直到它拟合得看起来很像目标函数。下面是使用 6 个 ReLU 神经元组合的示意图。

这 6 个神经元，分别用公式（2-4）~公式（2-9）所示。

$$n_1(x) = \mathrm{ReLU}(-5x - 7.7) \tag{2-4}$$

$$n_2(x) = \mathrm{ReLU}(-1.2x - 1.3) \tag{2-5}$$

$$n_3(x) = \text{ReLU}(1.2x + 1) \tag{2-6}$$

$$n_4(x) = \text{ReLU}(1.2x - 0.2) \tag{2-7}$$

$$n_5(x) = \text{ReLU}(2x - 1.1) \tag{2-8}$$

$$n_6(x) = \text{ReLU}(5x - 5) \tag{2-9}$$

在上述公式中，诸如"-5""-1.2"等数值，是输入神经元与隐含层神经元之间的连接权值，而诸如"-7.7""-1.3"等数值，是隐含层神经元的偏置（bias）。本来这些参数都应该通过不断地训练学习而得来，这里为了说明问题，就直接给出了。

然后把这些神经元组合起来，就形成了输出函数 $f(x)$，如公式（2-10）所示。

$$f(x) = -n_1(x) - n_2(x) - n_3(x) + n_4(x) + n_5(x) + n_6(x) \tag{2-10}$$

事实上，神经元前面的系数"-1""-1""-1""1""1""1"分别是隐含层神经元和输出神经元之间的连接权重值，它们也是需要学习才能得到的，这里也直接给出了。

通过上述工作，我们来看看如图 2-11 所示的神经网络拟合的效果如何。拟合的效果参见图 2-12，从该图中可以看出，神经网络的确可以用少量神经元和单个隐含层来为非平凡函数（Non-trivial Functions）建模，如果我们把神经网络的参数调整得更加"细腻"，那么这个"近似"将会更加逼真。

细心的读者可能发现了图 2-12 中的端倪，那就是这个函数"近似"的区间在[-2,2]之间。也就是说，在这个区间中，神经网络"近似"的效果，看起来还不错，但经不起区间范围的放大。

一旦区间放大，上述神经网络的近似效果就会"大相径庭"。换句话说，如果不想重新训练且不想增加网络隐含层神经元，那么就别指望它可以"泛化"支撑其他输入。

这里的泛化（Generalization）是指，训练好的机器学习模型对新样本的适应能力。如果所设计的模拟，仅仅对训练数据集合有效，而对训练集合之外的元素效率较低，那么就称这样的模型泛化能力差，或陷入了过拟合（Overfitting）状态。

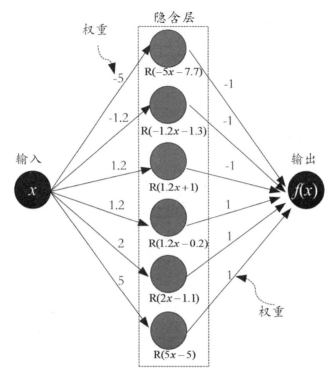

图 2-11　神经网络拟合示意图

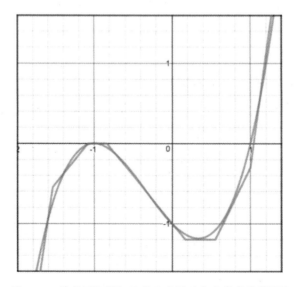

图 2-12　神经网络模拟函数示意图（来自参考资料[9]）

2.8 本章小结

在本章中，我们首先谈了人工智能的"江湖定位"，然后指出深度学习仅是人工智能研究领域中很小的一个分支。接着我们给出了机器学习的形式化定义，回答了为什么人工神经网络能"风起云涌"。简单来说，在理论上可以证明，它能以任意精度逼近任意形式的连续函数，而机器学习的本质，不就是要找到一个好用的函数吗？最后，我们介绍了人工神经网络的四"非"特征：非线性、非局限性、非常定性和非凸性。

在下一章中，我们将轻松解读机器学习的一些重要基本原理。

2.9 请你思考

学完前面的知识，请你思考如下问题（掌握思辨能力，或许比知识本身更重要）：

（1）库兹韦尔把"奇点"当作一个极佳的比喻，其用意在于说明，当智能机器的能力跨越某一个临界点后，人类的知识单元、链接数目以及思考能力，都会产生质的飞跃，我们目前所熟知的人类的社会、艺术和生活模式，都将不复存在。你认可库兹韦尔的"到2045年人类的奇点时刻就会临近"的观点吗？为什么？库兹韦尔的预测属于科学的范畴吗？（提示：可以从哲学家波普尔的科学评判的标准——是否具备可证伪性来分析。）

（2）深度学习的性能，高度依赖于训练数据量的多少？这个特性是好还是坏？

（3）伊隆·马斯克经常用"第一性原理"来解释他的创业思路。比如，他认为目前传统发射火箭的大部分成本，实际上都是与人有关的成本（比例高达98%）。而通过"第一性原理"进行剥离分析，发射火箭的成本不过是千万美元的级别。那么，你认为"深度学习"的"第一性原理"是什么？未来深度学习应该依据"第一性原理"向哪个方向发展？

参考资料

[1] 尤瓦尔·赫拉利. 林俊宏译. 未来简史[M]. 北京：中信出版社, 2017.

[2] 雷·库兹韦尔. 李庆诚等译. 奇点临近[M]. 北京：机械工业出版社, 2012.

[3] 李航. 统计学习方法[M]. 北京：清华大学出版社, 2012.

[4] 于剑. 机器学习——从公理到算法[M]. 北京: 清华大学出版社, 2017.

[5] Hornik K, Stinchcombe M, White H. Multilayer feedforward networks are universal approximators[J]. Neural Networks, 1989, 2(5):359-366.

[6] Michael A. Nielsen. A visual proof that neural nets can compute any function. http://neuralnetworksanddeeplearning.com/chap4.html.

[7] Michael A. Nielsen. Neural Networks and Deep Learning[M]. Determination Press, 2015.

[8] Brendan Fortuner. Can neural networks solve any problem? Medium. https://medium.com/towards-data-science/can-neural-networks-really-learn-any-function-65e106617fc6

[9] https://www.desmos.com/calculator/cfvtjusqmq.

第 3 章 "机器学习"三重门，
"中庸之道"趋若人

Chapter three

王国维先生在《人间词话》里提到，人生有三重境界。第一重境界是"立"、第二重境界是"守"、第三重境界是"得"。对应的，"机器学习"也有三大类算法：监督学习、非监督学习和半监督学习。而有着"中庸之道"的半监督学习很有可能成为未来机器学习的大趋势。

在第 2 章中，我们讨论了机器学习的形式化描述和神经网络的基本概念。下笔之处，尽显"神经"。当然这里所谓的"神经"，是指我们把不同领域的知识，以天马行空的方式糅合在一起，协同提升认知水平。其实，这不也正是深度学习的前沿方向之一——多任务迁移学习（Multi-Task and Transfer Learning）要干的事情吗？

下面，让我们继续"神经"下去，首先聊聊机器学习的几大流派，然后以"中庸之道"来看看机器学习的发展方向。小时候，我们都学过《三字经》，其中有一句"性相近，习相远。"说的就是，"人们生下来的时候，性情都差不多，但由于后天的学习环境不一样，性情也就有了千差万别。"

其实，这句话用在机器学习领域也是适用的。机器学习的学习对象是数据，数据是否有标签，就是机器学习所处的环境，环境不一样，其表现出来的"性情"也有所不同，机器学习大致可分为 3 大类：**监督学习、非监督学习、半监督学习**。下面分别进行介绍。

3.1 监督学习

3.1.1 感性认知监督学习

用数据挖掘领域大家韩家炜教授的观点[1]来说，所有的监督学习（Supervised Learning），基本上都是"分类（Classification）"的代名词。**它从有标签的训练数据中学习模型，然后给定某个新数据，利用模型预测它的标签。**这里的标签，其实就是某个事物的分类。

比如，小时候父母告诉我们某个动物是猫、是狗或是猪，然后在我们的大脑里就会形成或猫或狗或猪的印象（相当于模型构建），然后面前来了一条"新"小狗，如果你能叫出来"这是一只小狗"，那么恭喜你，标签分类成功！但如果你回答说"这是一头小猪"。这时你的监护人就会纠正你的偏差，"乖，不对，这是一只小狗"，这样一来二去地进行训练，不断更新你大脑的认知体系，聪明如你，下次再遇到这类新的"猫、狗、猪"等，你就会天才般地给出正确的"预测"分类（示意图如图 3-1 所示）。

事实上，整个机器学习的过程就是在干一件事，即通过训练，学习得到某个模型，然后期望这个模型也能很好地适用于"新样本"。这种模型适用于新样本的能力，也称为"泛化能力"，它是机器学习算法非常重要的性质。

图 3-1　监督学习

3.1.2　监督学习的形式化描述

下面我们给出监督学习更加形式化（或者说更正式）的描述。所谓**监督学习，就是先用训练数据集合学习得到一个模型，然后再使用这个模型对新样本进行预测**（Prediction）。

在学习过程中，需要使用训练数据，而训练数据往往是人工给出的。在这个训练集合中，系统的预期输出（即标签信息）已经给出，如果模型的实际输出与预期不符（二者有差距），那么预期输出就有责任"监督"学习系统，重新调整模型参数，直至二者的误差在可容忍的范围之内。因此，**预期输出（标签信息）也被称为"教师信号"**。

监督学习的流程框架大致如图 3-2 所示。首先，准备输入数据，这些数据可以是文本、图片，也可以是音频、视频等；然后，再从数据中抽取所需的特征，形成特征向量（Feature Vector）；接下来，把这些特征向量和输入数据的标签信息送入学习模型（具体来说是某个学习算法），经过反复训练，"打磨"出一个可用的预测模型；再采用同样的特征抽取方法作用于新样本，得到新样本的特征向量；最后，把这些新样本的特征向量作为输入，使用预测模型实施预测，并给出新样本的预测标签信息（Expected Label）。

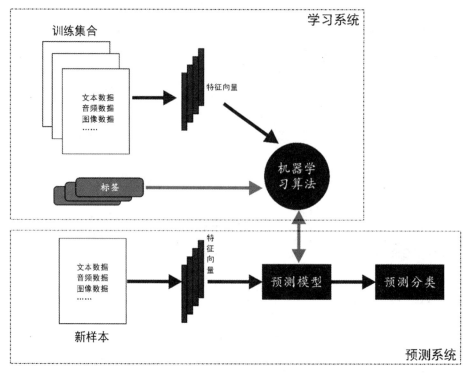

图 3-2 监督学习的基本流程

在监督学习里,根据目标预测变量的类型不同,监督学习大体可分为回归分析和分类学习。回归分析主要包括线性回归(Linear Regression)和逻辑回归(Logistic Regression)。这里回归的主要功能在于,预测输入变量 X(自变量,即特征向量)和输出变量 Y(因变量,即标签)之间的关系。这个关系的表现形式通常是一个函数解析式。回归问题的学习,在某种程度上,等价于函数的拟合,即选择一条函数曲线,使其能很好地拟合已知数据,并较好地预测未知数据[2]。

如前文所述,作为有监督学习的代表之一,回归问题也分为学习和预测两大部分。首先给定一个训练数据集 T:

$$T = \{(x_1, y_1), (x_2, y_2), ..., (x_N, y_N)\} \qquad (3\text{-}1)$$

在这里,$x_i \in R^n$ 表示输入,$y_i \in \mathbf{R}$ 对应输出,$i = 1, 2, ..., N$。$\mathbf{R}$ 表示实数集,R^n 表示 n 维实数向量空间。学习系统基于训练数据构建出一个模型,即函数 Y:

$$Y \approx f(X, \beta) \qquad (3\text{-}2)$$

这里，β 表示未知参数，它可以是一个标量，也可以是一个向量。这样一来，回归模型就把 Y 和一个 X 和 β 的函数关联起来了。然后，给定某个新的输入 x_{N+1}，预测系统就根据所学的模型（公式 3-2）给出相应的输出 y_{N+1}，示意图如图 3-3 所示。

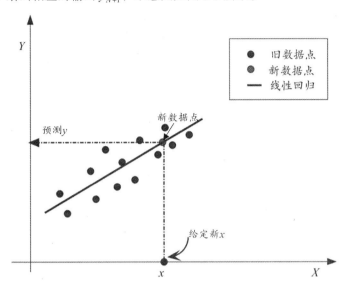

图 3-3　一元线性回归示意图

如果按照输入变量的个数来分，回归问题可分为一元回归和多元回归。如果按照输入变量和输出变量之间的关系类型来分，又可分为线性回归和非线性回归。回归学习常用的"损失函数"是平方损失函数，在这种情况下，回归问题通常用最小二乘法（Least Squares Method，LSM）来求解。

分类学习算法比较多，比较著名的有 k-近邻（k-Nearest Neighbor，kNN）、支持向量机（Support Vector Machine，SVM）、朴素贝叶斯分类器（Naive Bayes）、决策树（Decision Tree）、BP 反向传播算法等。其中 BP 算法将会在后续的章节中详细进行讲解，因为它是很多神经网络算法的基础。

为了便于在后续章节开展基于 Python 的机器学习实战的讲述，这里，我们选择监督学习中最具有代表性的算法——k-近邻，进行简单介绍。

3.1.3　k-近邻算法

k-近邻算法是经典的监督学习算法，位居 10 大数据挖掘算法之列[3]。k-近邻算法的工作机制并不复杂，简单描述如下：给定某个待分类的测试样本，基于某种距离（如欧几里得距离）度量，找到训练集合中与其最近的 k 个训练样本。然后基于这 k 个最近的"邻居"（k 为正整数，通常较小），进行预测分类。

预测策略通常采用的是多数表决的"投票法"。也就是说，将这 k 个样本中出现最多的类别，标记为预测结果，如公式（3-3）所示。

$$y' = \arg\max_{v} \sum_{(x_i, y_i) \in D_z} I(v = y_i) \qquad (3\text{-}3)$$

这里，v 表示分类标签，y_i 表示第 i 个最近邻居的分类标签，$I(\cdot)$ 是一个指示函数（Indicator Function），表示其中有哪些元素属于某一子集，这里如果参数为真，则返回为 1，否则返回为 0（实际上就是分类投票）。y' 表示的就是分类预测标签，哪个类的得票数最多，它就归属于哪一个类，如图 3-4 所示。

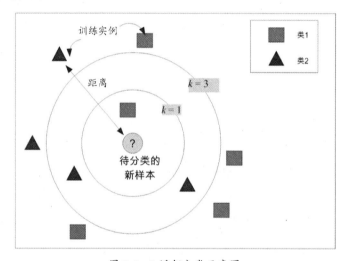

图 3-4 k-近邻分类示意图

在回归任务中，k-近邻算法多采用"平均值"法，即将这 k 个样本标记的平均值用于预测结果。若 $k=1$，则该对象的类别直接由最近的一个节点赋予。

KNN 是一种基于实例的学习，也是惰性学习的典型代表。所谓惰性学习（Lazy Learning）是指，它没有显式的训练过程。此类学习方法，在训练阶段仅仅将样本保存起来，所以训练时间开销为零。待收到测试样本时，才开始处理。与之相反的是，**在训练阶段就"火急火燎"地从训练样本中建模型、调参数的学习方法，称为"急切学习（Eager Learning）"。**

kNN 算法虽然简单易用，但也有其不足之处。首先，"多数表决"分类会在类别分布偏斜时浮现缺陷。也就是说，k 的选取非常重要，因为出现频率较多的样本将会主导测试点的预测结果。从图 3-4 中可见，k 取值不同，分类的结果明显不同。当 $k=1$ 时，待分类的样本自然属于第 1 类（即方块类）；而当 $k=3$ 时，遵循"少数服从多数"原则，待分类的样本又归属为第 2 类（1 个方块，2 个三角形，1：2，三角形类获胜）。自然，当继续扩大 k 值时，待分类的样本又可能发生变化。

其次，"少数服从多数"原则也容易产生"多数人的暴政"问题。通过学习历史知识，我们知道，如果某个君王刚愎自用，听不进他人的谏言，不察民情，导致民不聊生的现象，可谓"寡人暴政"。那什么又是"多数人的暴政"呢？最早提出"多数人的暴政"概念的是法国历史学家托克维尔（Tocqueville），他将这种以多数人名义行使无限权力的情况，称为"多数人的暴政"。

"多数人的意见虽然代表了大多数人的利益，但'多数'可能恰恰就是平庸的多数，精英永远是少数。大众民主，并不能保证人类社会向正确的方向发展"。"多数人的暴政"的历史渊源，最早可以追溯到古希腊时代的"苏格拉底之死"，如此智慧之人的死刑判决，竟然是由雅典人一人一票表决出来的。

类似的，kNN 算法如果简单地实施"众（数据）点平等"的"少数服从多数"原则，那么也可能将新数据的类别归属误判。那么，怎样才能缓解这一不利的趋势呢？俗话说得好，"远亲不如近邻"。事实上，我们需要给不同的点赋以不同的权重，轻重有别，越靠近数据点的投票权重越高，这样才能在投票原则下更为准确地预测其类别。

最后，距离计算的方式不同，也会显著影响谁是它的"最近邻"，从而也会显著影响分类结果。常用的距离计算方式有欧氏距离（Euclidean Distance）、马氏距离（Mahalanobis Distance）及海明距离（Hamming Distance）等。

3.2 非监督学习

3.2.1 感性认识非监督学习

与监督学习相反的是，非监督学习（Unsupervised Learning）所处的学习环境，都是非标签的数据。韩家炜教授接着说[1]，**"非监督学习，本质上就是'聚类（Cluster）'的近义词。"**

话说聚类的思想起源非常早，在中国，可追溯到《周易·系辞上》中的"方以类聚，物以群分，吉凶生矣"。但真正意义上的聚类算法，却是 20 世纪 50 年代前后才被提出的。为何会如此滞后呢？原因在于，聚类算法的成功与否，高度依赖于数据。数据量小了，聚类意义不大。数据量大了，人脑就不灵光了，只能交由计算机解决，而计算机 1946 年才开始出现。

如果说分类是指，根据数据的特征或属性，划分到已有的类别当中。那么，聚类一开始并不知道数据会分为几类，而是通过聚类分析将数据聚成几个群。

简单来说，给定数据，聚类从数据中学习，能学到什么，就看数据本身具备什么特性了（given data, learn about that data）。对此，北京航空航天大学的于剑教授，对聚类有 12 字的精彩总结[4]，"归哪类，像哪类。像哪类，归哪类。"展开来说，给定 N 个对象，将其分成 K 个子集，使得每个子集内的对象相似，不同子集之间的对象不相似。

但这里的"类"也好，"群"也罢，事先我们是并不知情的。一旦归纳出一系列"类"或"群"的特征，如果再来一个新数据，我们就根据它距离哪个"类"或"群"较近，就预测它属于哪个"类"或"群"，从而完成新数据的"分类"或"分群"功能（参见图 3-5）。

图 3-5　非监督学习

比较有名的非监督学习算法有 K 均值聚类（K-Means Clustering）、关联规则分析（Association Rule，如 Apriori 算法等）、主成分分析（Principal Components Analysis，PCA）、随机森林（Random

Forests）、受限玻尔兹曼机（Restricted Boltzmann Machine，RBM）等。

目前用在深度学习里，最有前景的无监督学习算法是 Ian Goodfellow 提出来的"生成对抗网络（Generative Adversarial Networks）"。下面我们简单介绍一下非监督学习中的代表——K 均值聚类，目的是为后续章节中讲解基于 Python 的机器学习实战做铺垫。

3.2.2 非监督学习的代表——K 均值聚类

聚类分析在模式识别、机器学习以及图像分割领域有着重要作用。K 均值聚类是一种重要的聚类算法。由于该算法时间复杂度较低，K 均值聚类被广泛应用在各类数据信息挖掘业务中。K 均值聚类是 James MacQueen 于 1967 年提出来的，时至今日，它仍然是很多改进版聚类模型的基础。聚类算法的最终目的之一，是将集合划分为若干个簇。那么，到底什么是聚类呢？

3.2.2.1 聚类的基本概念

至今，聚类并没有一个公认的严格定义。宽泛来说，聚类指的是，将物理或抽象对象的集合分成由类似的对象组成的多个类的过程。从这个简单的描述中可以看出，**聚类的关键是如何度量对象间的相似性**。

在实际操作中，对于"相似"的定义，会引出诸多问题。比如，给定三个三角形，红、绿、蓝各一个，再给定三个方形，红、绿、蓝各一。对于这六个对象，分别按照形状相似和颜色相似，可以得到两种划分方法。如果按形状作为"相似"的度量，那么可以得到两个聚类：三角形类和方形类（这些类名都是"聚"之后取的，下同）。如果按照颜色来度量，可以得到三个聚类（即红、绿、蓝三类）。两种方法都对，不同的是对"相似"的定义。所以，"主观"是相似性最大的问题之一[4]。

较为常见的用于度量对象的相似度的方法有**距离、密度**等。由聚类所生成的簇（Cluster）是一组数据对象的集合，这些对象的特性是，同一个簇中的对象彼此相似，而与其他簇中的对象相异，且没有预先定义的类（即属于非监督学习的范畴），如图 3-6 所示。

对于聚类分析而言，它通常要分四步走，即数据表示、聚类判据、聚类算法和聚类评估。数据表示是设计聚类算法的第一步。同一个聚类算法只能用一种数据表示，否则相似性无法度量。数据表示可分为外显和内在两部分。图像、语音、文本等都是数据外显表示的常见形式，而内在表示则显得有点玄妙。此处于剑教授给出了一个非常经典的例子：高山流水（最早见于《列子·汤问》）。在这个典故里，琴师伯牙与樵夫钟子期互为知音，子期接受到外在的琴声（外在数据表示），而琴声的内在表示却是"高山和流水"。通常，机器善于感知数据的外显表示，而不长于其内在的部分。数据内在的部分，还需要算法学习和抽象。

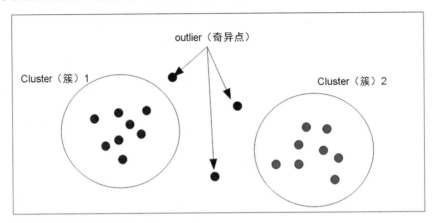

图 3-6　聚类示意图

聚类的第二步是判据，算法通过判据来确定聚类搜索的方向。第三步才是聚类算法设计。有了数据表示和聚类方向之后，我们就可以在战术上施展拳脚，在聚类算法的速度和准确度上，一比高低。

最后一步是聚类的评估。评估环节是聚类和分类最大的差异之处，分类有明确的外界标准，是猫是狗，一目了然，而聚类的评估，则显得相对主观。

3.2.2.2　簇的划分

在聚类过程中，我们规定同一簇特征相似，有别于其他簇。那么，簇的划分一定是直观可见的吗？不见得。在图 3-7 的左图中，我们可以很直观地看出有 2 个簇，在图 3-7 的右图中，可以明显看出有 4 个簇。

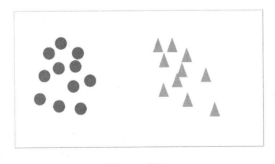

2个Cluster（簇）　　　　　　　　　　4个Cluster（簇）

图 3-7　分类示意图

但是，当簇的特征不是那么明显时，就无法显而易见地看出来了，如图 3-8 所示。这时，就需要一个算法来帮助我们划分簇，K 均值聚类就是其中最常用的一种算法。

图 3-8　簇的个数未知

3.2.2.3　K 均值聚类算法的核心

K 均值聚类的目的在于，给定一个期望的聚类个数 K，和包括 N 个数据对象的数据集合，将其划分为满足距离方差最小的 K 个类。

该算法的基本流程为：首先选取 K 个点作为初始 K 个簇的中心，然后将其余的数据对象按照距离簇中心最近的原则，分配到不同的簇。当所有的点均被划分到一个簇后，再对簇中心进行更新。更新的依据是根据每个聚类对象的均值，计算每个对象到簇中心对象距离的最小值，直到满足一定的条件才停止计算。满足的条件一般为函数收敛（比如前后两次迭代的簇中心足够接近）或计算达到一定的迭代次数自动停止。K 均值聚类算法的核心如图 3-9 所示。

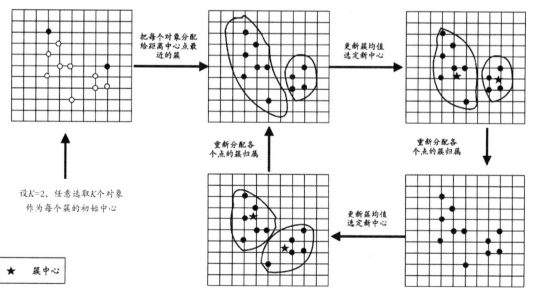

图 3-9　K 均值聚类示意图

在 K 均值聚类算法中，我们主要需要考虑两个方面的因素：初始簇中心（也称质心）的选取以及距离的度量。常见的选取初始质心的方法是随机挑选 K 个点，但这样的簇质量往往很差。因此，挑选质心的常用方法有：

（1）多次运行调优。即每次使用一组不同的随机的初始质心，最后从中选取具有最小平方误差的簇集。这种策略简单，但效果难料，主要取决于数据集的大小和簇个数 K。

（2）根据先验知识（也就是历史经验）来决定 K 值大小。

对于另一个因素——如何确定对象之间的距离。根据问题场景不同，其度量方式也是不同的。在欧氏空间中，我们可以通过欧几里得距离来度量两个数据之间的距离，而对于非欧氏空间，可以有 Jaccard 距离、Cosine 距离或 Edit 距离等距离度量方式。

3.2.2.4　K 均值聚类算法的优缺点

由于 K 均值聚类算法简单易于操作，并且效率非常高，因此该算法得到了广泛的应用。但它也有其自身的不足，大体上有以下 4 点。

（1）K 值需要用户事先给出

通过对 K 均值聚类算法的流程分析不难看出，在执行该算法之前，需要给出聚类个数。然而，在实际工作场景中，对给定的数据集要分多少个类，用户往往很难给出合适的答案。此时，人们不得不根据经验或其他算法的协助来给出类簇个数。这样一来，无疑会增加算法的运算负担。在一些场景下，获取类簇 K 的值，要比算法本身付出的代价还大。

（2）聚类质量对初始聚类中心的选取有很强的依赖性

在 K 均值聚类算法运行的开始阶段，要从数据集中随机地选出 K 个数据样本，作为初始聚类中心，然后通过不断迭代得出聚类结果，直到所有样本点的簇归属不再发生变化。K 均值聚类算法的收敛评估法通常采用的是最小化"距离平方和"，其模型对应的是一个非凸型函数，这可能会导致聚类出现很多局部最小值，换句话说，聚类可能会陷入局部距离最小而非全局最小的局面。显然，这样的聚类结果难以令人满意。

（3）对噪声点比较敏感，聚类结果容易受噪声点的影响

在 K 均值聚类算法中，需要通过对每个类簇所属的数据点求均值来获得簇中心。如果数据集合中存在噪声数据，那么在计算簇中心的均值点时，会导致均值点远离样本密集区域，甚至出现均值点向噪声数据靠近的现象。自然，这样得出的聚类效果是不甚理想的。

（4）只能发现球形簇，对于其他任意形状的簇，顿感无力

K 均值聚类算法常采用欧氏距离来度量不同点之间的距离，这样只能发现数据点分布较均匀的球形簇。采用距离平方和的评估函数，会导致在聚类过程中，为了能让目标函数取到极小值，通常也可能把数据集合较大的类分成一些较小的类，这种趋势也会导致聚类效果不甚理想。

3.3 半监督学习

半监督学习（Semi-supervised Learning）的方式，既用到了标签数据，又用到了非标签数据。有一句骂人的话，说某个人"有妈生，没妈教"，抛开这句话骂人的含义，其实它说的是"无监督学习"。但我们绝大多数人，不仅"有妈生，有妈教"，还有小学教、有中学教、有大学教，"有人教"的意思是，有人告诉我们事物的对与错（即对事物打了标签），然后我们可据此改善自己的性情，慢慢把自己调教得更有教养，这自然就属于"监督学习"。

但总有那么一天，我们会长大。而长大的标志之一，就是自立。何谓自立呢？就是远离父母、走出校园后，没有人告诉你对与错，一切都要基于自己早期已获取的知识，从社会中学习，扩大并更新自己的认知体系，然后当遇到新事物时，我们能泰然自若地处理，而非六神无主。

从这个角度来看，现代人类成长学习的最佳方式当属"半监督学习"！它既不是纯粹的"监督学习"（因为如果完全是这样，就会扼杀我们的创造力和认知体系，也就永远不可能超越我们的父辈和师辈），也不属于完全的"非监督学习"，因为如果完全这样，我们会如无根之浮萍，会花很多时间重造轮子。前人的思考，我们的阶梯。

那么到底什么是"半监督学习"呢？下面我们给出它的形式化定义。

给定一个来自某个未知分布的有标记示例集 $\{(x_1, y_1), (x_2, y_2), ..., (x_k, y_k)\}$，其中 x_i 是输入数据，y_i 是标签。对于一个未标记示例集 $U = \{x_{k+1}, x_{k+2}, ..., x_{k+u}\}$，$k \ll u$，于是，我们期望学习得到某个函数 $f: X \to Y$ 可以准确地对未标识的数据 x_{l+i} 预测其标记 y_i。这里 $x_i \in X$，均为 d 维向量，$y_i \in Y$ 为示例 x_i 的标记，示意图如图 3-10 所示。

图 3-10 半监督学习

形式化的定义比较抽象,下面我们列举一个现实生活中的例子来辅助说明这个概念。假设我们已经学习到:

(a)马晓云同学(数据 1)是一个牛人(标签:牛人)。

(b)马晓腾同学(数据 2)是一个牛人(标签:牛人)。

(c)假设我们并不知道李晓宏同学(数据 3)是谁,也不知道他牛不牛,但考虑他经常和二马同学共同出入高规格大会,都经常会被达官贵人接见(也就是说他们虽独立,但同分布),我们很容易根据"物以类聚,人以群分"的思想,把李晓宏同学打上标签:他也是一个很牛的人!

这样一来,我们的已知领域(标签数据)就扩大了(由两个扩大到三个),这也就完成了半监督学习。事实上,**半监督学习就是以"已知之认知(标签化的分类信息)",扩大"未知之领域(通过聚类思想将未知事物归类为已知事物)"**。但这里隐含了一个基本假设——聚类假设(Cluster Assumption),其核心要义就是:**相似的样本,拥有相似的输出**。

常见的半监督学习算法有生成式方法、半监督支持向量机(Semi-supervised Support Vector

Machine，简称 S³VM，是 SVM 在半监督学习上的推广应用）、图半监督学习、半监督聚类等。

事实上，我们对半监督学习的现实需求是非常强烈的。其原因很简单，就是因为人们能收集到的标签数据非常有限，而手工标记数据需要耗费大量的人力物力，但非标签数据却大量存在且触手可及，这个现象在互联网数据中更为凸出，因此，半监督学习就显得尤为重要[5]。

人类的知识其实都是这样，以"半监督"的滚雪球的模式，越"滚"越大。半监督学习既用到了监督学习的先验知识，也吸纳了非监督学习的聚类思想，二者兼顾。

如此一来，半监督学习就有点类似于中华文化中的"中庸之道"了。下面我们就聊聊机器学习的"中庸之道"。

3.4 从"中庸之道"看机器学习

说到"中庸之道"，很多人立刻想到的就是"平庸之道"，把它的含义理解为"不偏不倚、不上不下、不左不右、不前不后"。其实，这是一个很大的误解！

据吴伯凡[6]先生介绍，"中"最早其实是一个器具，它看上去像一个槌子，为了拿起方便，就用手柄穿越其中，即为"中"。

这个"中"可不得了，它非常重要，以至于只有少数人才能使用。那都是谁来用呢？答案就是古代的军事指挥官。在"铁马金戈风沙腾"的战场上，军旗飘飘，唯有一人高高站在战车上，手握其"中"，其他将士都视其"中"而进退有方（见图 3-11 第二行第一字），而手握其"中"的人，称之为"史"（见图 3-11 第一行第一字）。所以现在你知道了吧，其实"史"最早的本意，就是手握指挥大权的大官。

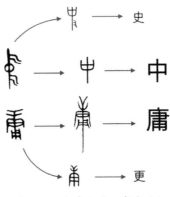

图 3-11　中庸之道，寓意为何

再后来，"中"有了各种各样的引申含义。比如，"中"还有中心、核心的含义，我们说的"中国""中华"都蕴含这种含义。此外，"中"的外形也很有意思，它有点像"0"和"1"的串联组合。

在中原地带的人，在他们的语言里到现在还保留一些古代遗风，比如，河南人在表达"对"或者"是"的时候，他说的是"中（zhóng）"。

其实，"中"还有一个读音叫"中（zhòng）"，比如成语里就有"正中下怀""百发百中"等。这时，**"中（zhòng）"的含义就是恰到好处，不偏离原则，坚守关键点。**

下面再来说说"庸"。"庸"的上半部是"庚"，"庚"同音于"更"，即"变化"之意（见图3-11第四行第一字）。而"庸"的下半部是"用"（见图3-11第三行第一个字），"用"的本意为"变化中的不变"，即为"常"。在编程语言中，"常量"即指不变的量。所以，**"庸"的最佳解释应该是"富有弹性的坚定"。**

那么"中庸"放在一起是什么意思呢？它告诉我们"在变化中保持不变"。其中，所谓"变化"，就是我们所处的环境变化多端，所以也需要我们"随机应变，伺机而动"。而所谓"不变"就是我们要"守住底线，中心原则不变"。二者合在一起，**"中庸之道"就是告诉我们要在灵活性（变）和原则性（不变）之间，保持一个最佳的平衡。**

那"中庸之道"和机器学习有什么关系呢？其实这就是一个方法论问题。"监督学习"，就是告诉你"正误之道"，即有"不变"之原则。而"非监督学习"，保持开放性，但就有点"随心所欲，变化多端"，不易收敛，很易"无根"。

那"中庸之道"的机器学习应该是怎样的呢？自然就是"半监督学习"，做有弹性的坚定学习。这里的"坚定"自然就是"监督学习"，而"有弹性"自然就是"非监督学习"。

"有弹性"的变化，不是简单的加加减减，而是要求导数（变化），而且还可能是导数的导数（变化中的变化）。只有这样，我们才能达到学习最本质的需求——性能的提升。在机器学习中，我们不正是以提高性能为原则，常用梯度（导数）递减的方式来完成的吗？

所以，祖先的方法论其实是很牛的。只不过历时太久远了，其宝贵的内涵被时间的尘埃蒙蔽了而已。

现在，我们经常提"文化自信"，我这个例子算不算一个？

3.5 强化学习

前面我们讨论了机器学习的三大门派。在传统的机器学习分类中，并没有包含强化学习。但实际上，在连接主义学习中，还有一类人类学习常用、机器学习也常用的算法——强化学习（Reinforcement Learning，简称 RL）。

"强化学习"亦称"增强学习"，但它与监督学习和非监督学习都有所不同。**强化学习强调的是，在一系列的情景之下，选择最佳决策，它讲究通过多步恰当的决策，来逼近一个最优的目标，因此，它是一种序列多步决策的问题。**

强化学习的设计灵感，源于心理学中的行为主义理论，即有机体如何在环境给予的奖励或惩罚刺激下，逐步形成对刺激的预期，从而产生能获得最大利益的习惯性行为。

上面的论述看起来比较抽象，下面我们举一个生活中的例子来说明这个概念。对于儿童教育，有句话非常流行，"好孩子是表扬出来的"。这句话是有道理的，它反映了生物体以奖励为动机的行为。比如，我们知道，想让一个小孩子静下来学习，这是十分困难的。但如果父母在他（她）每复习完一篇课文，就说句"你真棒"并奖励一块巧克力，那么孩子就会明白，只有不断学习，才能获得奖励，从而也就更有劲头复习。

"表扬"本身并不等同于监督学习的"教师信号"（即告诉你行为的正误），却也能逐步引导任务向最优解决方案进发。因此，强化学习也被认为是人类学习的主要模式之一。监督学习、强化学习与非监督学习的区别，如图 3-12 所示。

在外号雅称为"西瓜书"的《机器学习》一书中[5]，南京大学的周志华教授就用种西瓜的例子来说明"强化学习"的含义，也别有意义。

考虑一下种西瓜的场景。西瓜从播种到瓜熟蒂落，中间要经过很多步骤。首先得选种，然后播种、定期浇水、施肥、除草、杀虫等，最后收获西瓜。这个过程要经过好几个月。如果把收获高品质的西瓜作为辛勤劳作奖赏的话，那么在种瓜过程中实施某个操作（如浇水、施肥等）时，我们并不能立即得到相应的回报，甚至也难以判断当前操作对最终回报（收获西瓜）有什么影响，因为浇水或施肥并不是越多越好。

然而，即使我们一下子还不能看到辛勤劳作的最终成果，但还是能得到某些操作的部分反馈。例如，瓜秧是否更加苗壮了？通过多次的种瓜经历，我们终于掌握了播种、浇水、施肥等一系列工序的技巧（相当于参数训练），并最终能够收获高品质的西瓜。如果把这个种瓜的过程抽象出来，它就是我们说到的强化学习，示意图如图 3-13 所示。

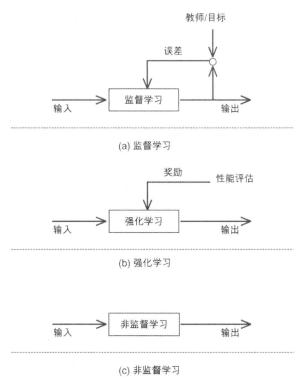

图 3-12　监督学习、强化学习与非监督学习的区别

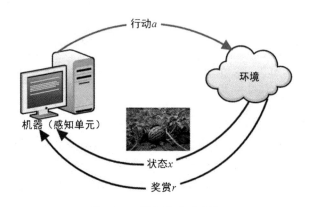

图 3-13　强化学习示意图

在机器学习问题中，环境通常被规范为一个马可夫决策过程（Markov Decision Processes，MDP），许多强化学习算法就是在这种情况下使用动态规划技巧。

马可夫决策过程提供了一个数学架构模型，用于部分随机、部分可由决策者控制的状态下。

可如何进行最佳决策呢？在强化学习场景中，假设机器处于环境 E 中，状态空间为 X，其中每个状态 $x \in X$ 是机器所能感知的环境描述。针对种西瓜的例子，状态就是瓜秧的长势。机器所能采取的行动就构成了动作空间 A，比如种瓜过程中浇多少水、施多少肥、使用何种除草剂等多种可供选择的动作。

若某个动作 $a \in A$ 作用于当前状态 x 上，那么潜在的转移函数将驱使环境从当前状态按照某种概率 P，转移到另一个状态。比如，瓜苗状态为缺水，则选择浇水，然后瓜秧的长势有一定的概率长得更加茁壮，也有一定的概率无法恢复。

当从一种状态转移到另外一种状态时，环境会根据潜在的"回报（reward）"函数 R，反馈给机器一个回报 r。例如，如果瓜秧健康，则回报为"+5"分（即奖赏）；如果瓜秧凋零，则回报为"-10"分（即惩罚），最终收获了高品质的好西瓜，就重赏"100"分。

综合起来，强化学习的任务可形式化描述为：给定一个四元组 $E = \{X, A, P, R\}$，其中转移函数 P 指定了状态转移概率，可定义为：$X \times A \times X \mapsto \mathbf{R}$，这里的"$\times$"表示取该集合中的一个元素，$\mapsto$ 表示某种映射关系，$\mathbf{R}$ 表示某实数集合中的一个元素。类似的，R 指定了回报，也可以定义为 $X \times A \times X \mapsto \mathbf{R}$。

强化学习和监督学习的区别在于，强化学习并不需要出现正确的"输入/输出对"，也不需要精确校正次优化的行为。强化学习更加专注于在线规划，需要在"探索"（在未知的领域）和"利用"（现有知识）之间找到平衡（Tradeoff）。强化学习中的"探索-利用"的交换，这在多臂老虎机问题和有限 MDP 中研究得较多。

与强化学习相关的一则报道是，2017 年 10 月，Google深度思维团队在著名学术期刊 *Nature*（自然）上发表了一篇论文 "Mastering the game of Go without human knowledge"（无须人类知识，精通围棋博弈）[7]，他们设计了 AlphaGo（阿法狗）的升级版 AlphaGo Zero（阿法元），阿法元从零（Tabula rasa①）开始，不需要人类任何历史围棋棋谱做指导，完全靠强化学习来参悟，自学成才，并以 100:0 击败了阿法狗。论文的第一作者、AlphaGo创始人之一大卫·席尔瓦（David Silver）指出，阿法元远比阿法狗强大，因为它不再被人类的知识所局限，而是能够发现新知识，发现新策略。这确实是机器学习进步的一个重要标志。

更多有关强化学习的资料，请读者参阅参考资料[5]。

---

① 这是一个从哲学中借用的术语，意为"白板"。

3.6 本章小结

在本章中，我们主要讲解了机器学习的主要形式，从有无"教师信号"和是否使用标签数据，可分为监督学习、非监督学习、半监督学习及强化学习。简单来说，监督学习是一种利用标签数据的分类技术，它通常使用这些正确的且已标记过的数据来训练神经网络。

非监督学习是一种利用距离的"亲疏远近"，来衡量不同类的聚类技术。非监督学习使用未标记过的数据，即不知道输入数据对应的输出结果是什么，让学习算法自身发现数据的模型和规律，比如聚类和异常检测。非监督学习之所以能进行"异常检测"，就是判断某些点"不合群"，它是聚类的反向应用。

半监督技术则采用"中庸之道"，利用聚类技术扩大已知标签范围，也就是说，训练中使用的数据只有一小部分是标记过的，而大部分是没有标记的，然后逐渐扩大标记数据的范围。

强化学习也使用未标记的数据，它可以通过某种方法（奖惩函数）知道你是离正确答案越来越近，还是越来越远。

如果换一个角度来看，机器学习的研究还分为三大流派：连接主义、行为主义和符号主义。连接主义的主要代表形式是人工神经网络，它的处理对象是原始的数据，这部分研究包括深度学习的最新进展。这将是我们后续章节讨论的重点。

行为主义的代表形式就是强化学习方法（3.5 节做了简要介绍），它的主要处理对象是信息（即奖惩分明的有价值数据，所谓的信息就是有逻辑关联的数据）。最近阿法元的巨大成功，可视为这个流派的最佳代言人。但需要注意（也无须恐慌）的是，AlphaGo Zero 的成功规则，并不能广泛适用于其他人工智能领域。之所以这么说，原因主要有以下两个：

（1）AlphaGo Zero 看似无须数据（不需要人类的棋谱），但恰恰相反，AlphaGo Zero 反而证明了数据在人工智能中的高度依赖性。与普通人工智能项目不同的是，AlphaGo Zero 依靠规则明确的围棋，自动生成了大量的、训练自己的数据。而人类的智能表现，大多是在非明确规则下完成的，也无须大数据来训练自己的智能。比如，回到第 1 章"谈恋爱"的例子，问一下自己，你一辈子能谈几次恋爱（屈指可数吧）。家不是讲理（规则）的地方，谈恋爱也不是吧？

（2）围棋属于一种彼此信息透明、方案可穷举的全信息博弈游戏。然而，人类的决策，大多是在信息残缺处境下做出的。所以，阿法元的成功（智能表现）虽然惊艳，但想把它的强化学习经验迁移到信息非完备的场景，还有很长的路要走。

下面我们再说说符号主义。符号主义的代表形式是专家系统和知识图谱（Knowledge Graph），主要用作处理知识和推理（所谓的知识，就是从信息中提炼出规律，并以规律指导我们的行动）。这个流派的历史渊源颇深，在沉寂了一段时间之后，近来又有"老树发新芽"之势，特别是知识图谱，在智能搜索领域有着广泛的应用，但它不是本书讨论的重点，感兴趣的读者可参阅相关资料。

从三大流派处理的对象来看，好像有某种递进的关系：（数据→信息→知识），但当前人工智能距离人类所擅长的概念产生和理论建立，还相距甚远，尤其是在非公理性逻辑和情感化表征等方面，当下的智能机器更是望"人"兴叹！

"纸上得来终觉浅，绝知此事要躬行。"在前面的章节中，我们介绍了不少与深度学习相关的话题。但如果想让相关话题更接地气的话，需要步入实战环节——编程实现一些常见的算法。从第 4 章开始，我们就务实地聊聊 Python 的用法，并逐步介绍机器学习的实战操作，以增强读者的感性认识。

3.7 请你思考

通过前面的学习，请你思考如下问题：

（1）深度学习算法既有监督学习模式的，也有非监督学习模式的？它有没有半监督学习模式的？如果有，请你分别列举一二。

（2）你知道 AlphaGo 和其升级版本 AlphaGo Zero（阿法元）在技术上有什么不同吗？

（3）中国古代的铜钱，也体现有"中庸之道"，你知道它是什么吗？

参考资料

[1] Han J. Data Mining: Concepts and Techniques[M]. Morgan Kaufmann Publishers Inc. 2005.

[2] 李航. 统计学习方法[M]. 北京：清华大学出版社, 2012.

[3] Wu X, Kumar V, Quinlan J R, et al. Top 10 algorithms in data mining[J]. Knowledge and information systems, 2008, 14(1): 1-37.

[4] 于剑. 机器学习——从公理到算法[M]. 北京：清华大学出版社, 2017.

[5] 周志华. 机器学习[M]. 北京: 清华大学出版社, 2016.

[6] 吴伯凡. 中庸之美. 得到 App. 2017.

[7] David Silver, Julian Schrittwieser, Karen Simonyan, et al. Mastering the game of Go without human knowledge. 2017.

Chapter four

第 4 章　人生苦短对酒歌，
　　　　我用 Python 乐趣多

古人云："百尺高台起于垒土，千里之行始于足下"。是的，我们的目标高远，但是要想掌握并精通深度学习，路还是要一步一步走。Python 是机器学习领域应用最为广泛的编程语言之一。在本章中，我们将从 Python 的基本用法出发，来夯实这个前行的基础。

4.1 Python 概要

4.1.1 为什么要用 Python

为什么 Python 能在机器学习领域大放异彩呢？说来原因很简单，Python 不仅功能强大，而且易学易用，实为"出工干活居家编程"之语言，而且还拥有高效的高级数据结构，且能有效实现面向对象编程。此外，它还支持动态输入，再加上其解释性语言（Interpreted Language）的本质，便于调试，特别适用于应用程序的快速开发。

简单来说，Python 的设计哲学就是：简单、明确、优雅。布鲁斯·埃克尔（Bruce Ecke）是经典畅销书《Java 编程思想》（*Thinking in Java*）和《C++编程思想》（*Thinking in C++*）的作者，也是 C++标准委员会成员，他曾说，没有一种语言比得上 Python，能使他的工作效率如此之高。为此，他还为 Python 创造了一个经典广告语："Life is short, you need Python"。国内有人将其翻译为"人生苦短，我用 Python"，我倒是觉得十分贴切。

具体来说，Python 语言具备如下 4 大优点。

（1）**代码编写质量高**：Python 采用强制缩进的方法，代码的可读性好。

（2）**开发效率高，维护成本低**：Python 语法简单，支持动态的类型，可让复杂编程任务变得更为高效。在很多应用场景下，同样的任务实现，Python 的代码量仅为 Java 的 1/5。编程工作量少，才能有时间享受生活。故此才有前面的调侃：人生苦短，我用 Python。由于 Python 代码编写量少，维护成本自然也比较低。

（3）**丰富而完善的开源工具包**：目前 Python 拥有大量标准库和第三方库作为应用开发的支撑，从字符处理、网络编程、信号处理（如有面向复杂科学计算的 SciPy 库），到大数据分析（如有实时内存处理的 Spark、数据清洗用的 Pandas 等）、机器学习（如有包含大量经典机器学习算法的 scikit-learn 库，面向深度学习的 TensorFlow 库等），几乎无所不包。

（4）**广泛的应用程序接口**：除了被广泛使用的第三方程序库之外，在业界还有很多著名公司（如亚马逊、谷歌等）均面向互联网用户，提供了基于 Python 的机器学习应用编程接口（Application Programming Interface，API）。这些公司提供了很多机器学习模块，无须用户自己来编写，极大提高了用户的生产效率。用户只需按照规定的 API 协议与规则会使用即可，其过程就像搭积木一样。如此一来，大大提高了机器学习应用的开发效率。

正是因为有上述诸多优点，Python 逐渐成为最受程序员喜爱的编程语言之一。

正所谓"尺有所短，寸有所长"。虽然前面我们大力介绍了 Python 的优点，但并不是批判其他语言不行。事实上，每种语言都有其擅长的领域。这好比，韩信做不了萧何那样的谋士，萧何也带不了韩信的兵。图 4-1 所示的是 2018 年 5 月的 TIOBE 编程语言排名，从图中可看出，Python 名列第四。

Mar 2018	Mar 2017	Change	Programming Language	Ratings	Change
1	1		Java	14.941%	-1.44%
2	2		C	12.760%	+5.02%
3	3		C++	6.452%	+1.27%
4	5	∧	Python	5.869%	+1.95%
5	4	∨	C#	5.067%	+0.66%
6	6		Visual Basic .NET	4.085%	+0.91%
7	7		PHP	4.010%	+1.00%
8	8		JavaScript	3.916%	+1.25%
9	12	∧	Ruby	2.744%	+0.49%
10	-	∧	SQL	2.686%	+2.69%

图 4-1　TIOBE 于 2018 年 5 月的编程语言排名

TIOBE 的排名基于所有领域的编程语言。单纯从图 4-1 的排名来看，Python 似乎并没有 Java、C、C++应用广泛，但如果垂直细分到机器学习领域，便是另一番景象——Python 这边风景独好！

这么说是有依据的，图 4-2 更能说明问题。依据 Facebook、Twitter、LinkedIn 等网站的汇总信息，图 4-2 显示了近年来机器学习与数据科学领域的职位需求排名。可明显看出，Python 的职位需求高于 R 和 Java，更是领先于 C 和 C++。

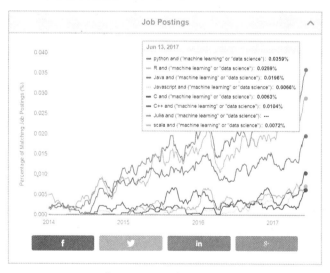

图 4-2　机器学习与数据科学领域的职位需求排名[①]

---

① 图片来源于 https://www.indeed.com/jobtrends/。

因此，顺势而为，我们也选择 Python 作为机器学习算法的实现语言。但需要说明的是，简短一章，肯定难以系统介绍 Python。在本章余下的内容中，我们仅讲解与机器学习密切相关的 Python 基础知识。这里，我们推荐的 Python 精进姿势是，快速入门，做中学（learning by doing），指哪打哪，缺啥补啥。这样有任务驱动的 Python 学习方法，效率更高。

4.1.2 Python 中常用的库

"它山之石，可以攻玉。"很多 Python 高手已帮我们编写好了很多高质量的类库。很多时候，我们没有必要重造轮子。对于一些优秀的类库，采用"拿来主义"会用就好。下面就介绍一下与机器学习相关的 Python 常用类库。

4.1.2.1 数值计算 NumPy

NumPy[①]的发音是[ˈnʌmpaɪ]，取自"Numeric（数值）"和"Python"的简写。顾名思义，它是处理数值计算最为基础的类库。NumPy参考了CPython（用C语言实现的Python及其解释器）的设计，其本身也是由C语言开发而成的。

NumPy 除了提供一些数学运算函数之外，还提供了与 MATLAB（由美国 MathWorks 公司出品的著名商业数学软件）相似的功能与操作方式，可让用户高效地直接操作向量或矩阵。比如两个矩阵的加法，在诸如 C/C++或 Java 等语言里，我们可能不得不用多层 for 循环来实现，而在 NumPy 中仅用一条语句。

这些功能对于机器学习的计算任务来讲，非常重要。因为不论是参数的批量计算，还是数据的特征表示，都离不开向量和矩阵的便捷计算。值得一提的是，NumPy 采用了非常独到的数据结构设计，使之在存储和处理大型矩阵方面，比 Python 自身的嵌套列表结构要高效得多。

但 NumPy 被定位为数学基础库，属于比较底层的 Python 库，其地位趋向于成为一个被其他库调用的核心库，而那些高级库通常能提供更加友好的接口。如果想快速开发出可用的程序，建议使用更为高阶的库 SciPy 和 Pandas，下面分别对它们进行简单介绍。

4.1.2.2 科学计算 SciPy

SciPy[②]的发音为"Sigh Pie"，它的取义类似NumPy，是"Science（科学）"和"Python"的组合，即面向科学计算的Python库。SciPy构建于NumPy之上，其功能更为强大，在常微分方程

[①] http://www.numpy.org/

[②] https://www.scipy.org/index.html

求解、线性代数、信号处理、图像处理及稀疏矩阵操作等方面，均有出色的支持。

相比于 NumPy 是一个纯数学的计算模块，SciPy 是一个更为高阶的科学计算库。比如，要做矩阵操作，这是纯数学的基础模块，可在 NumPy 库中找到对应的模块。但如果想要实现特定功能的稀疏矩阵操作，那这个模块就需要在 SciPy 库中找了。SciPy 库需要 NumPy 库的支持。出于这种依赖关系，NumPy 库的安装要先于 SciPy 库。

4.1.2.3 数据清洗 Pandas

Pandas[①]的全称是"Python Data Analysis Library"，这是一款基于Python的数据分析库，它同样基于NumPy构建而成。

Pandas 库提供了操作大型数据集所需的高效工具，支持带有坐标轴的数据结构，这能防止由于数据没有对齐、处理不同来源、采用不同索引的数据而产生的常见错误。在数据预处理或数据清洗上，Pandas 提供了处理缺失值、转换、合并及其他类 SQL 的功能，这些功能大大减轻了一线从事机器学习的研发人员的负担。在某种程度上，Pandas 是实施数据清洗/整理（Data Wrangling）最好用的工具之一。

4.1.2.4 图形绘制 Matplotlib 与 Seaborn

众所周知，MATLAB、R及gnuplot等都提供了非常出色的绘图功能。事实上，Python也提供了绘图功能同样强大的类库Matplotlib[②]。它可以很方便地绘制散点图、折线图、条形图、直方图、饼状图等专业图形。此外，Matplotlib还提供了一定的互动功能，如图形的缩放和平移等。其输出的常见文件格式有PDF、SVG、PNG、BMP和GIF等。

类似于NumPy是Pandas的基础库一样，Matplotlib也可成为其他更高阶绘图工具的基础库。Seaborn[③]就是这样的高级库，它对Matplotlib做了二次封装。Matplotlib功能虽然很强大，但用好却有较高的门槛。比如，由Matplotlib绘制的图形，如果还想更加精致，就需要做大量的微调工作。因此，为简单起见，在某些场合，可用Seaborn替代Matplotlib绘图，图 4-3 所示的是Seaborn绘制的可视化图，其专业程度可见一斑。

[①] http://pandas.pydata.org/

[②] https://matplotlib.org/

[③] https://seaborn.pydata.org/

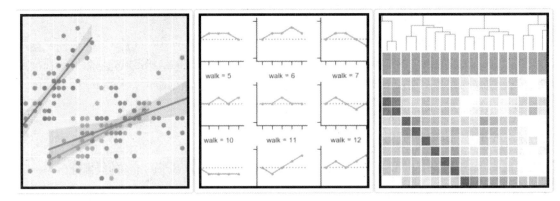

图 4-3　用 Seaborn 绘制的可视化图（图片来源：Seaborn 官网）

4.1.2.5　Anaconda

Python 易学，但用好却不易。其中让初学者头疼的问题之一，就是类库和版本管理的问题。目前，Python 官方同时维护着 2.x 和 3.x 两个版本。有时，二者之间的差异，简直可视为两种不同的语言。

熟悉 Linux 的读者可能或多或少地有过软件包安装失败的经历。失败的源头在于，一个软件包的安装，可能还需要依赖于其他软件包，而普通用户又很难搞清楚谁依赖谁。怎么办呢？不同的 Linux 发布版均达成共识，让专业的工具干专业的活。例如，Ubuntu 提供了 apt-get，CentOS 提供了 yum 等管理工具，使用它们可简化软件的安装与卸载操作。

类似的，在 Python 中安装类库，同样也可能存在类库之间相互依赖、版本彼此冲突等问题。但凡有用户痛苦的地方，就有人提供解决方案。为了解决这一问题，Python 社区提供了方便的软件包管理工具——Anaconda[①]。

Anaconda 是一个用于科学计算的 Python 发行版，支持 Windows、Linux 及 Mac 等三大系统。它提供了强大而方便的类库管理（提供超过 1000 个科学数据包）与环境管理（包依赖）功能，可很方便地解决多版本 Python 并存、切换以及各种第三方库的安装问题。

Anaconda 通常利用 conda 进行类包和环境的管理。conda 的设计理念是，把所有的工具、第三方包都一视同仁当作包（package）对待，甚至包括 conda 自身。在安装完 Anaconda 之后，在命令行就可把 conda 当作一个可执行命令使用。

---

① https://www.anaconda.com/

conda 使用最多的参数就是 install 命令。比如，我们要安装前文提到的科学计算库 SciPy（库名为 scipy），则在命令行输入如下命令即可。

```
conda install scipy
```

如果想查看已经安装的类库，可使用如下命令。

```
conda list
```

如果想卸载已经安装的类库，反向使用 uninstall 命令即可，如下所示。

```
conda uninstall <类库名>
```

4.1.2.6　scikit-learn

机器学习是当下的研究热点，Python 社区更是在此领域引领潮流，scikit-learn[①]便是其中的佼佼者之一。它构建于 NumPy、SciPy 和 Matplotlib 之上，提供了一系列经典机器学习算法，如聚类、分类和回归等，并提供统一的接口供用户调用。近十多年来，先后有超过 40 位机器学习专家参与 scikit-learn 代码的维护和更新工作[1]，它已成为当前相对成熟的机器学习开源项目。

事实上，除了前面提及的几个常用类库和工具之外，Python 还提供了其他一些实用库。比如，用于网站数据抓取的 Scrapy，用于网络挖掘的 Pattern，用于自然语言处理的 NLTK 和用于深度学习的 TensorFlow 等。

如果读者刚开始学习 Python，建议首先熟悉前文提及的 7 个类库和工具，循序渐进，逐步扩展自己对 Python 的认识。

4.2　Python 的版本之争

众所周知，Python 官方同时支持两个版本，Python 2.x 和 Python 3.x。截至 2017 年 8 月，它们的最新版本分别是 2.7 和 3.6。由于一些历史遗留问题，导致这两个版本无法兼容，甚至部分语法都不一致，这给用户带来了极大困扰。

大家不禁要问，Python 2.x 和 Python 3.x 到底是什么关系？用 Python 官方的一句话，可简

[①]　http://scikit-learn.org/

明扼要地道出二者的区别：Python 2.x 是过往的历史，而 Python 3.x 则代表当下和未来（Python 2.x is legacy, Python 3.x is the present and future of the language）。

但历史是有惯性的。到目前为止，仍有为数不容小觑的 Python 2.x 拥趸。本书选择 Python 3.6 作为后续机器学习算法实现的编程载体，原因在于，我们的视角应该站在当下，展望未来。

事实上，我们选择 Python 3，也是有现实考虑的，因为它能更加友好地支持中文。其实，Python 2 和 Python 3 之所以会在版本上发生重大"裂变"，其底层的诱因之一就是对字符编码——Unicode 的支持程度上有显著不同。

Python 3 是强支持 Unicode 的，而 Python 2 是弱支持 Unicode 的。也就是说，Python 2 既支持 ASCII，又支持 Unicode。表面看起来，似乎 Python 2 更加全面且强大。其实不然，因为这违背了 Python 的设计哲学。

Brett Cannon 是 Python 的核心开发者之一。2015 年 12 月，他写了一篇博客，系统地阐述了 Python 3 为什么会存在[2]。

Tim Peters（参见图 4-4）是另一位 Python 的核心开发者。他曾精彩地总结了 Python 的设计哲学，江湖人称"Python 之禅"（The Zen of Python①）。在这篇只有 19 行的小短文中，有这么一句经典描述："there should be one——and preferably only one——obvious way to do it（应该有一个——最好只有一个——显而易见的方式去实现）"，这句话的通俗解读就是，"不要给我多选让我累，请给我最优让我醉。"

回到 Python 的讨论上。Python 2 给了用户多个选择，从而导致很多潜在的代码缺陷（bug）。下面举例说明，请问下面的文字代表什么语义呢？

```
'abcd'
```

对于 Python 3 的用户来说，答案简单明了，它就是一个由"a""b""c""d"四个字母构成的字符串（str）对象。

---

① https://www.python.org/dev/peps/pep-0020/，读者启动 Python 解释器后，输入 import this 就可以看到全文。

图 4-4 "Python 之禅"作者 Tim Peters

但对于 Python 2 的用户来说，答案可就没那么明确了。除了上述答案之外，它还可以解释为是由 97、98、99、100 构成的 4 个字节。

现在你看到了吧，Python 2 的用户存在"二选一"的解释（也就是存在歧义），文字既能代表文本数据，又能代表二进制数据，有时候会很麻烦。一旦对象脱离用户的控制，程序的结果将无从知晓，进而代码的缺陷可能就潜伏其中。而 Python 3 的答案却是唯一的。前面我们已经提到，Python 的设计理念是，"给我最优，别让我选"。也就是说，Python 2 对文字的处理方式是有悖于其设计哲学的。

也许有人会说，字符串解析有歧义的问题，在 Python 2 中也能得以解决，只要我们用 Unicode，而不是用 str 对象去表示文本，不就行了？这样说是没错。但在现实中，人们并不总会这么做。原因有二：要么嫌太麻烦，因为使用 Unicode 编码会带来额外的工作；要么对性能要求很高，不想承担因 Unicode 解码而带来额外的性能损失。

回顾 Python 发展史，我们会发现，早在 1991 年 2 月，Python 之父吉多·范罗苏姆（Guido Van Rossum）就发布了 Python 的第一个版本，Python 之父的相片如图 4-5 所示。相比较而言，Unicode 的第一版发布于 1991 年 10 月。也就是说，Python 的诞生早于 Unicode，这就导致 Python 并不是原生态支持 Unicode 的。

后来（1994 年左右），Python 也支持了 Unicode，但为了向后兼容，Python 也同时支持早期的 ASCII 单字节编码。这样一来，Python 2 的用户不得不面临"二选一"（甚至多选一，因为 Python 2 支持字符编码方案远不止这两类）以及彼此间相互转换的问题。这样的政策，实际上违背了 Python 的简捷设计理念。

Cannon 说，避免代码缺陷是一件非常重要却常被人忽视的事。"Python 之禅"中也指出"显胜于隐（explicit is better than implicit）"，其含义就是，歧义和隐性会降低代码的可读性，进而更容易犯错。因此，Python 3 从诞生之日起，就立志于简化语言，并移除一切可能带来模糊性的概念，以减少 Python 代码出错的潜在风险。

图 4-5　Python 之父 Guido Rossum

另一方面，Python 的目标是成为一门面向世界的语言，而非仅支持以 ASCII 码为主导的罗马语系。在 Python 2 中，按照是否支持 Unicode，文本信息可被分为两大类。但根据 Python 的设计哲学，它尽量不让用户做选择题，而是直接给出最优解。这就是促使 Unicode 成为 Python 的必选项，而非可选项。

难道"多选"不好吗？这样可以各取所需啊，你或许会有这样的疑问。其实理念不存在绝对的好与坏，每一种存在都有其合理的一面。相比于 Python 2 而言，Python 3 的设计理念，有点类似苹果手机。苹果手机的核心软件、硬件，都属于闭源生态的杰作，普通用户通常难以置喙，别无选择。但苹果手机给用户的体验，也基本上是最优的。反观种类繁多的安卓手机则不同，安卓用户有着高度的选择裁量权，但这也导致用户很容易迷失于茫茫的选择之中，体验未必好。

如果 Python 想更加完美地体现"Python 之禅"提及的设计理念，它必须做出重大蜕变，抛弃 Python 2 的多选约束，自我革命，涅槃重生。于是，在 2008 年 12 月，Python 3 顺势而生。

Python 3 将文本数据和二进制数据彻底分离，以避免歧义。同时，它也促使所有文本信息都支持 Unicode，从而使得 Python 项目更容易在多种语言下工作。

为了避免让用户陷入"选择困难",Python 3 还干了一件让业界"瞠目结舌"的事,即干脆不向后兼容 Python 2。其实,这是一个艰难的抉择。原因显而易见,在 Python 3 问世之际,Python 2 及与之兼容的老版本已整整服务世人达 16 年之久,其生态系统已相对成熟。据 Cannon 介绍,时至今日,Python 3 社区的代码总量,想要赶超 Python 2,可能还需要数十年的时间。但是,Python 的开发团队态度决然,愿意承受由 Python 2 向 Python 3 的转型之痛,以维护 Python 的设计哲学。

但鉴于历史的惯性,Python 2 还有着庞大的用户群。所以,Python 官方不得不同时维护这两个不同版本的生态系统。但按 Python 官方的说法,Python 3 会不断吐故纳新、昂首阔步地大发展,而只会对 Python 2 做补丁级的小修小补。

可以相信,随着时间的推移,Python 3 一定会成为编程世界的主流,至少在Python社区如此。有一个标志性事件已在验证这个趋势的到来。2017 年 11 月,数据处理的功臣NumPy项目宣布,将在 2020 年停止支持Python 2,因为继续支持Python 2 正日益成为该项目的负担。[①]

4.3 Python 环境配置

Windows 和 Mac OS 是程序员使用较多的操作系统。下面我们将分别讲解这两个操作系统下的 Python 的环境配置。限于篇幅,Linux 下的配置高度类似 Mac OS,这里暂不涉及。

4.3.1 Windows 下的安装与配置

由于 Windows 版本的不同,可能会导致安装配置流程有所不同。需要说明的是,本书使用的操作系统版本为 Windows 7 英文版(64 位),Python 版本为 3.6。选择与操作系统匹配的 64 位版本的 Python,可在 Python 官方网站 https://www.python.org/downloads/windows/下载,如图 4-6 所示。

[①] https://github.com/numpy/numpy/blob/master/doc/neps/nep-0014-dropping-python2.7-proposal.rst

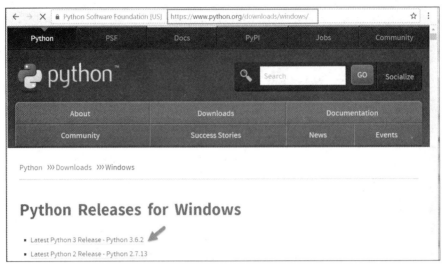

图 4-6　Python 的 Windows 版本下载

下载完毕后，双击软件包（python-3.6.2-amd64.exe）进行安装。在安装过程中，如果不进行路径修改的话，一路按默认选项安装即可。但如果想自己指定安装路径，则需要选择"自定义安装（Customize installation）"，如图 4-7 所示。

图 4-7　自定义安装界面

然后在后续界面中，在"自定义安装位置（Customize install location）"处输入安装位置（如 C:\python），然后单击"安装（Install）"按钮，如图 4-8 所示。

按安装向导进行安装，直至出现安装成功界面，如图 4-9 所示。

接下来，我们解释一下 Python 的环境变量（Path）。既然本书是面向零基础的读者，这里我们不妨解释一下什么是环境变量。

图 4-8　配置自定义安装路径

图 4-9　Python 安装成功界面

在介绍环境变量的含义之前，我们先举一个形象的例子，让读者有一个感性的认识。比如，如果我们喊一句：“张三，你妈妈喊你回家吃饭！"可是"张三"为何人？他在哪里呢？对于我们人来说，认识不认识"张三"都能给出一定的响应。如果认识他，可能就会给他带个话；如果不认识他，也可能帮忙吆喝一声"张三，快点回家吧！"

然而，对于操作系统来说，假设"张三"代表的是一条命令，它若不认识"张三"是谁，也不知道"它"来自何处，便会"毫无情趣"地说，不认识"张三"："not recognized as an internal or external command（错误的内部或外部命令）"，然后拒绝继续服务。

为了让操作系统"认识"张三，我们必须给操作系统有关张三的精确信息，如"XXX 省 YYY 县 ZZZ 乡 QQQ 村张三"。但其他问题又来了，如果"张三"代表的命令是用户经常用到的，每次使用"张三"，用户都在终端敲入"XXX 省 YYY 县 ZZZ 乡 QQQ 村张三"，是非常烦琐的，有没有更加简单的办法呢？

答案是，当然有！聪明的系统设计人员想出了一个简易的策略，就是使用环境变量。把"XXX

省 YYY 县 ZZZ 乡 QQQ 村"设置为常见的"环境",当用户在终端敲入"张三"时,系统自动检测环境变量集合里有没有"张三"这个人,如果在"XXX 省 YYY 县 ZZZ 乡 QQQ 村"中找到了,就自动将它替换为这个精确的地址"XXX 省 YYY 县 ZZZ 乡 QQQ 村张三",然后继续为用户服务。如果整个环境变量集合里都没有"张三",再拒绝服务也不迟,如图 4-10 所示。

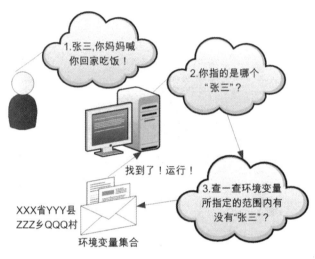

图 4-10　环境变量的比喻

操作系统里没有上/下行政级别的概念,但却有父/子文件夹的概念,二者有异曲同工之处。对"XXX 省 YYY 县 ZZZ 乡 QQQ 村"这条定位路径,操作可以用"/"来区分不同级别的文件夹,即 XXX 省/YYY 县/ZZZ 乡/QQQ 村,而"张三"就像这个文件夹下的可执行文件。

下面我们给出环境变量的正式定义。环境变量是指在操作系统指定的运行环境中的一组参数,它包含一个或多个应用程序使用的信息。环境变量一般是多值的,即一个环境变量可以有多个值。在 Windows 环境下,各个值之间以英文状态下的分号";"(半角的分号)进行分隔。对于 Mac 和 Linux 等系统,则用半角冒号":"隔开。

对于 Windows 等操作系统来说,一般都有一个系统级的环境变量 Path(路径)。当用户要求操作系统运行一个应用程序,却没有指定应用程序的完整路径时,操作系统首先会在当前路径下寻找该应用程序,如果找不到,便会到环境变量"Path"指定的路径下寻找。若找到该应用程序则执行它,否则会给出错误提示。用户可以通过设置环境变量,来指定程序运行的位置。

例如,Python 程序的解释器 python.exe,这个命令不是 Windows 系统自带的命令,也就是说,它是外部命令,所以用户需要通过设置环境变量来指定这个命令的位置。设置完成后,就可以在任意目录下使用这个命令了,而无须每次都要输入这个命令所在的全路径。需要提醒大家的是，在 Windows 下，命令和路径是不区分大小写的，所以将路径"C:\python"写作"C:\Python"是一样的。但在 Mac/Linux 环境下则不同，它们严格区分大小写，错敲一个字母都会"失之毫厘，谬以千里"。

那么，该如何在 Windows 中配置这个 Path 环境变量呢？其过程并不复杂，首先选中桌面上的"电脑（Computer）"图标，单击鼠标右键，在弹出的快捷菜单中单击"属性（Properties）"命令，打开如图 4-11 所示的对话框。

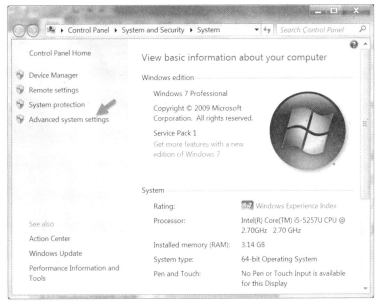

图 4-11　"我的电脑"属性对话框

然后，在图 4-11 所示对话框的左边栏中，单击"高级系统设置（Advanced system settings）"项。接着在弹出的窗口中，选择"高级（Advanced）"选项卡，然后单击"环境变量（Environment Variables）"按钮，如图 4-12 所示。

接下来，在弹出的对话框中拖动下面选区的滚动条，找到需要修改的环境变量"Path"，然后单击"编辑（Edit…）"按钮，如图 4-13 所示。

在弹出对话框中的"变量值（Variable value）"文本框的尾部添加";C:\python"，如图 4-14 所示。

图 4-12　系统属性界面　　　　　　　图 4-13　环境变量对话框

图 4-14　编辑系统环境变量

在这里需要注意两点：(1)读者要灵活根据自己的 Python 安装位置，设置这个环境变量的值，不要拘泥于和本书完全一样。(2)路径前面的半角分号";"不可少，它是与前面一个环境变量值的分隔符。

另外，建议读者把 Python 安装目录下的 Scripts（脚本文件）也放到"Path"环境变量中，在本书中的路径为"C:\python\Scripts"。之所以这么做，是因为该目录下有非常好用的类库安装工具 pip3 和 easy-install 等，它们可以非常便捷地帮助我们在控制台模式安装类库，如图 4-15 所示。

最后，在 Windows 运行窗口中输入"CMD"命令，进入 DOS 控制台状态，然后在控制台输入"python"（后缀名.exe 可省略），检查一下是否出现 Python 特有的命令提示符">>>"。如果出现，则说明环境变量配置成功，如图 4-16 所示。配置好环境变量，在控制台的任何路径下直接输入"python"都可调出这个解释器。

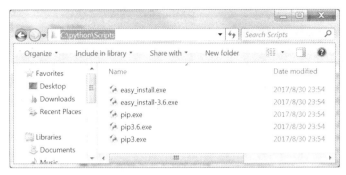

图 4-15　Python 安装目录 Scripts

图 4-16　Python 解释器的运行界面

在 Windows 命令行中，按 Ctrl+Z 组合键，再按 Enter 键，即可退出 Python 解释器的运行界面，当然也可以输入 exit() 函数，以杀掉进程的方式退出。

配置好环境之后，如果想安装前面提到的类库（如 NumPy），在 DOS 控制台输入如下命令即可。

```
pip3 install numpy
```

如果想安装其他类库，只需把上述命令参数 "numpy" 换成其他类库名即可。

从图 4-16 可看出，控制台下的 Python 解释器确实有点简陋。细心的读者可能注意到在图 4-9 中，Python 官方将一个特别的感谢送给一个特别的人——Mark Hammond。是的，他值得感谢。因为是他给 Windows 下的用户提供了一个更加好用的集成开发环境（Integrated Development Environment，IDE）——IDLE。

IDLE 是一个非常友好的开发环境。比如，它有智能的语法提示（输入部分代码，然后按 Tab 键提示补全），它还提供代码颜色的差异显示等。我们可从 Windows 7 左下角的 Windows 图标→All Programs（所有程序）→Python 3.6 中找到它，打开后，IDLE 的界面如图 4-17 所示。

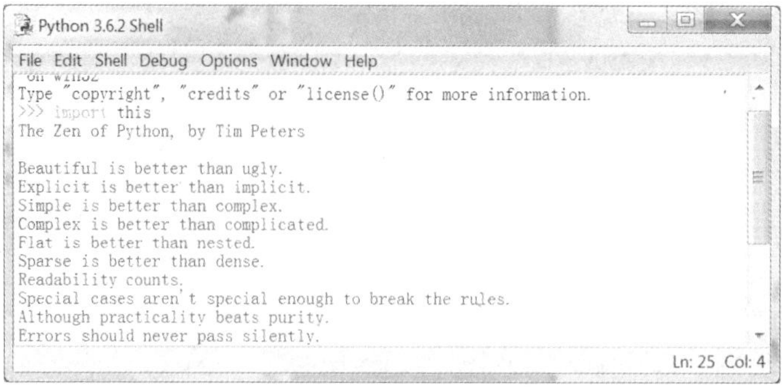

图 4-17 Python 3.6 的 IDLE 界面

可以尝试在提示符>>>下输入"import this",这时就能输出前文提及的"Python 之禅"小短文。"import"是 Python 导入类库的关键词,后面我们还会讲到它,这里暂不展开介绍。

当然,除了默认安装的 IDLE 开发环境,市面上还有很多第三方的更加专业的 IDE 开发环境,如 Eclipse、IPython 及 PyCharm 等。事实上,万变不离其宗,所有的 IDE 都对 Python 的解释器"python.exe"做了封装。严格来讲,这些 IDE 实质上都是好用的代码编辑器,"好用"意味着可节省开发者的大量时间,因此,有些编辑器被程序员们戏称为"编程神器"。

4.3.2 Mac 下的安装与配置

由于 Mac OS 的出色性能,它在程序员世界里应用非常广泛。下面我们对 Mac OS 版本的 Python 配置进行简单介绍。

4.3.2.1 Python 3 的安装与环境变量配置

通常,Mac OS 会默认安装 Python 2.x 的解释环境。在终端输入"python(全部小写)",即可得到如图 4-18 所示的界面。再次强调,类 UNIX 系统(如 UNIX、Linux、Mac 等)都是区分大小写的。所以,上述指令不可敲成"Python",而这一点,在不区分大小的 Windows 中是无所谓的。

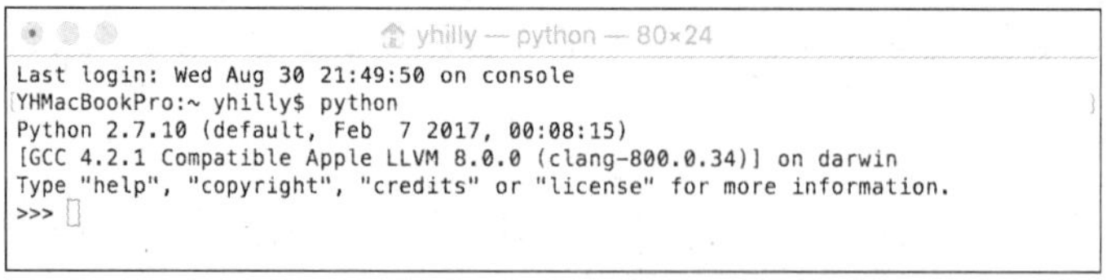

图 4-18 Mac 终端显示默认的 Python 解释器

在控制台中,按下 Ctrl+D 组合键,即可退出 Python 解释器界面。如前文所述,本书使用的是 Python 3.6，需要读者去 Python 官方网站下载，安装过程类似于 Windows 下的安装过程，这里不再赘述。

安装完毕，可在应用（Application）文件夹或"Launchpad"中找到 IDLE 图标，然后单击该图标，便可启动 Python 3.6，如图 4-19 所示。

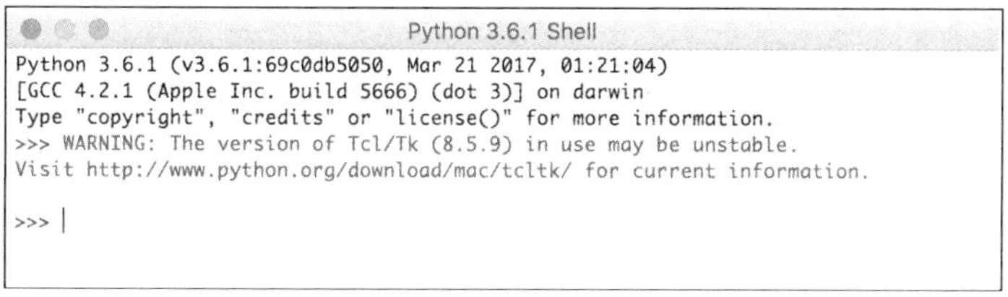

图 4-19　Mac 中的启动解释器 IDLE

与 Windows 操作系统不同的是，类 UNIX 系统中的大部分软件（特别是类库）的安装，是在控制台终端完成的，因为这么安装更加便捷，所以这里我们介绍一下在 Mac 终端安装类库的方法。

在 Mac 中安装 Python 类库，通常使用的工具是 pip（对应 Python 2.x 的版本）或 pip3（对应 Python 3 以上的版本）。可以在终端分别用"python3 --version"和"pip3 --version"来查询 Python 3 和 pip3 的版本号，如图 4-20 所示。

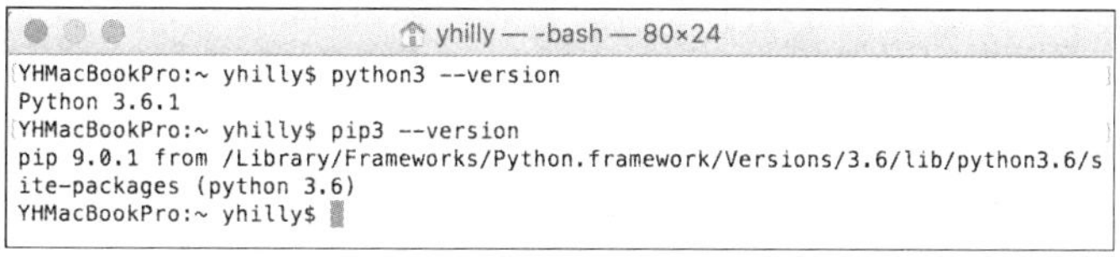

图 4-20　查询 Python 3 和 pip3 的版本号

如果大家没有成功运行上述查询，可检查一下家目录（即路径/user/home/username，或直接输入"cd ~"可进入）中的".bash_profile"配置是否正确，主要查看环境变量 PATH 是否涵盖了 Python 3 的安装路径。这里简单介绍一下".bash_profile"文件的功能，它的作用就是配置个人的环境变量，类似前面介绍的 Windows 环境变量配置。

所不同的是，Windows 提供了比较友好的图形界面配置环境，而 Mac 提供的是更加高效的字符配置环境。在 Mac、Linux 等系统中，凡是第一个字母为点（.）开始的文件或文件夹，表示隐藏状态，仅用"ls"命令通常是无法显示的，可用"ls -a"来显示它们，这里的"a"表示"所有（all）"文件的意思。

在 Mac 终端输入"vim .bash_profile"，即可看到如图 4-21 所示的界面。

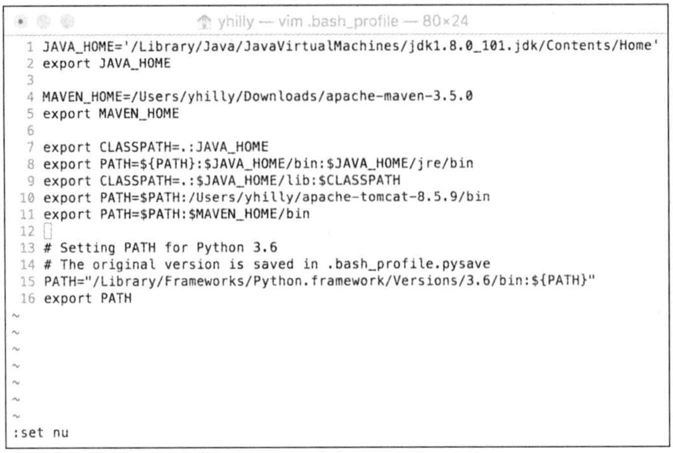

yhilly — vim .bash_profile — 80×24

```
1 JAVA_HOME='/Library/Java/JavaVirtualMachines/jdk1.8.0_101.jdk/Contents/Home'
2 export JAVA_HOME
3
4 MAVEN_HOME=/Users/yhilly/Downloads/apache-maven-3.5.0
5 export MAVEN_HOME
6
7 export CLASSPATH=.:JAVA_HOME
8 export PATH=${PATH}:$JAVA_HOME/bin:$JAVA_HOME/jre/bin
9 export CLASSPATH=.:$JAVA_HOME/lib:$CLASSPATH
10 export PATH=$PATH:/Users/yhilly/apache-tomcat-8.5.9/bin
11 export PATH=$PATH:$MAVEN_HOME/bin
12
13 # Setting PATH for Python 3.6
14 # The original version is saved in .bash_profile.pysave
15 PATH="/Library/Frameworks/Python.framework/Versions/3.6/bin:${PATH}"
16 export PATH
~
~
~
~
~
~
~
:set nu
```

图 4-21　个人环境变量配置文件“.bash_profile”

在这个打开的文件中，输入第 15 行所示的内容“PATH="/Library/Frameworks/Python.framework/Versions/3.6/bin:${PATH}"”，即可将 Python 3.6 的安装路径添加进“PATH”环境变量。这里，需要注意如下几点：

（1）Mac 环境中区分大小写，这里的“PATH”必须全部大写（第 15 行）。

（2）按照 Python 3.6 的实际安装路径来配置“PATH”环境变量（不必拘泥于本书的路径）。

（3）“PATH”路径中的冒号“:”，类似 Windows 中的分号“;”，用于区分不同路径的值，且分号必须是英文半角形式。

（4）用美元符号“$”开始并用花括号括起来的部分，如“${PATH}”，表示一个名为 PATH 的环境变量，它代表先前配置的路径值，不可省略。

（5）配置完毕，不要忘记使用 export 导出这个环境变量（如第 16 行所示）。

（6）一旦修改了环境变量文件，要使其生效，要么关闭当前终端窗口，然后重启窗口，让 shell 窗口重新加载一次“.bash_profile”。要么直接在终端直接输入“source .bash_profile”，手动刷新一次环境变量。

4.3.2.2　利用 pip3 安装工具包

如前所述，为了便于编写机器学习应用程序，我们需要安装一些必要的工具类库，如 NumPy、SciPy、Matplotlib 及 scikit-learn 等。下面我们就演示一下利用 pip3 安装工具类库的流程。

首先在 Mac 终端输入“which pip3”命令，确认 pip3 是否安装成功。通常安装 Python 3.6，系统会自动安装这些工具。

```
which pip3
```

这里，which 命令用于查找并显示给定命令（如 pip3）的绝对路径，环境变量 PATH 中保存了查找命令时需要遍历的目录。which 指令会在环境变量 PATH 设置的目录里查找符合条件的文件。

如果输入上述命令后，系统给出如下输出，这说明安装工具 pip3 是存在的。

/Library/Frameworks/Python.framework/Versions/3.6/bin/pip3

如果系统没有默认安装 pip3，可用"sudo easy_install pip3"来安装它。安装 Python 3 类库的指令如下所示：

```
sudo pip3 install [类库名称]
```

sudo 的含义是，以系统管理者的身份执行后面的指令。也就是说，经由 sudo 所执行的指令，就好像是 root 亲自执行一样。这时需要输入管理员密码。

比如，我们安装 NumPy 数学计算库，输入如下命令即可：

```
sudo pip3 install numpy
```

安装过程如图 4-22 所示，需要注意的是，在 Mac、Linux 等环境下输入密码，出于安全考虑，屏幕不会反馈输出任何字符（甚至连"*"也不显示）。

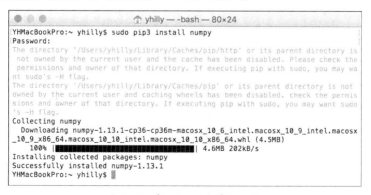

图 4-22　在 Mac 下安装 NumPy

此外，还有一点需要注意，在描述某个类库时，为了增强可读性和辨识性，通常采用的是驼峰风格，即每个单词的首字母大写，比如 NumPy 就是分别大写了字母"N"和"P"，但在作为类库名称时，它们通常统一为小写即"numpy"，而在 Mac/Linux 中是区分大小写的。因此，在想安装某个类库时，应先去搜索一下该类库的真正类库名。

还有一点需要说明，有些类库名会采用更加精简的缩写，比如机器学习常用的 scikit-learn 库，在作为类库名时，简写为"sklearn"。因此，读者在安装 scikit-learn 库时，需要输入如下命令。

```
sudo pip3 install sklearn
```

pip3 会把 sklearn 以及它所依赖的类库一并下载下来，并自动安装这些类库，如图 4-23 所示。

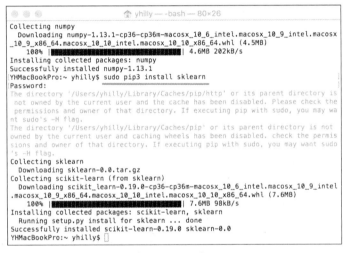

图 4-23　在 Mac 下安装 scikit-learn

4.4　Python 编程基础

有了前面的铺垫，下面我们开始介绍 Python 的语法。再次说明，本书并非系统学习 Python 的图书，这里仅介绍机器学习算法可能用到的 Python 基础语法。但如前文所言，对于一个想快速入门机器学习的人而言，我们推崇的方法论是，快速入门，任务驱动，边做边学。

此外，虽然本书定位为零基础的初学者，但这个零基础并不是说你从来没有学过编程。这里我们假设你至少有一定的编程经验（比如学过 C、C++或 Java）。因此，有关编程语言共性的内容，本章不再赘述。

4.4.1 如何运行 Python 代码

通常，学习一门新语言，我们编写的第一个程序都是 "Hello World"，它几乎成为迈入编程世界的一种朝拜。"Hello World" 程序的开创者 Simon Cozens 曾开玩笑地说："它是编程之神留下的咒语，可助你更好地学习语言。"

下面让我们也一起念念这个咒语吧。在 Python 中，运行程序的第一种方法，就是在 IDLE 提供的 shell 窗口中，输入 Python 语句。由于 Python 是解释型语言，所以在正确输入 Python 代码之后，按下回车键，就能得到运行结果，交互性非常好。

对于 "Hello World" 程序而言，就在 IDLE 窗口的 ">>>" 提示符下，输入如下语句，按回车键即可执行。

```
print("Hello World")            #是的，整个程序就一句语句
```

运行结果如图 4-24 所示。

```
[GCC 4.2.1 (Apple Inc. build 5666) (dot 3)] on darwin
Type "copyright", "credits" or "license()" for more information.
>>> WARNING: The version of Tcl/Tk (8.5.9) in use may be unstable.
Visit http://www.python.org/download/mac/tcltk/ for current information.

>>> print("Hello World")
Hello World
>>>
```

图 4-24　通过 IDLE 交互式运行 Python 代码

这里有一些使用 IDLE 的小技巧，值得学习一下。例如，在输入代码时，可先输入部分字符，然后按 Tab 键，让 IDLE 替你补全，熟悉 Linux 和 Mac 的用户对此技巧可能已熟稔于心了。

此外，还可使用 Alt+P 组合键（在 Mac 中用 Ctrl+P 组合键），可退回上一次输入的代码，使用 Alt+N 组合键（在 Mac 中用 Ctrl+N 组合键）移至下一句代码。使用这两个快捷键，可在已经输入的代码中前后快速切换。

在如图 4-24 所示的交互式运行环境中，用户每输入一行代码，一旦按下回车键，Python 立马就会解释执行。但有时我们希望编写完若干行代码（比如编写一个函数）之后，再一起执行前面编写的代码。在这种情况下，该怎么办呢？

方法很简单，需要创建一个以 .py 为后缀的 Python 源文件，然后运行这个源文件即可。那如何创建一个 Python 源文件呢？在 IDLE 菜单栏的 File 菜单中，选择 "New File" 命令（或者使用组合键 Ctrl+N）。这时会弹出一个空白的代码框供我们书写多行代码，假设代码如范例 4-1 所示。

【范例 4-1】在 Python 中运行多行代码（ScoreRank.py）

```python
01    #这是一个演示while循环的范例
02    while True:
03        score = int(input("Please input your score : "))
04        if 90 <= score <= 100:
05            print('A')
06        elif score >= 80:
07            print('B')
08        elif score >= 70:
09            print('C')
10        elif score >= 60:
11            print("D")
12        else:
13            print('''你的分数有点低！''')
```

创建好程序之后，从"File"菜单中选择"Save"命令保存程序（或 Ctrl+S 组合键）。如果是新文件，会弹出"Save as"对话框，可在该对话框中指定文件名和保存位置。保存后，文件名及路径会自动显示在屏幕顶部的标题栏中。如果文件中的代码有改动，且尚未存盘的话，标题栏中的文件名前后会有一个星号（*）提示。

假设保存的文件名为 ScoreRank.py。接下来，该如何在 IDLE 中运行这个文件呢？在 IDLE 的"Run"菜单中，选择"Run Module"菜单项，该菜单项的功能是执行当前文件（或者直接在代码编写界面按 F5 键运行）。对于上面的示例程序，运行结果如图 4-25 所示。

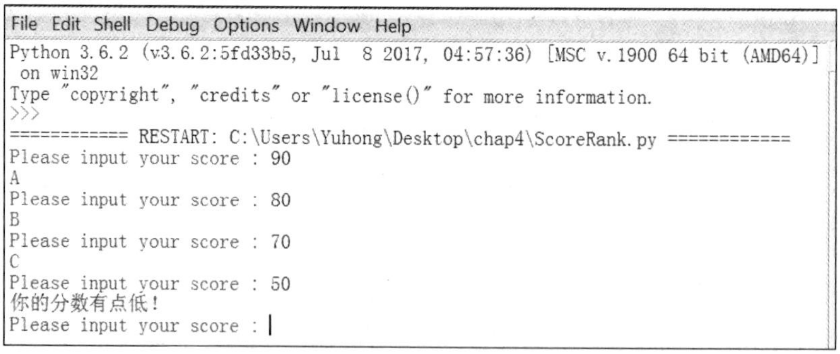

```
File Edit Shell Debug Options Window Help
Python 3.6.2 (v3.6.2:5fd33b5, Jul  8 2017, 04:57:36) [MSC v.1900 64 bit (AMD64)]
 on win32
Type "copyright", "credits" or "license()" for more information.
>>>
============ RESTART: C:\Users\Yuhong\Desktop\chap4\ScoreRank.py ============
Please input your score : 90
A
Please input your score : 80
B
Please input your score : 70
C
Please input your score : 50
你的分数有点低！
Please input your score :
```

图 4-25 范例 4-1 的运行结果

当然，在没有 IDLE 环境时，只要有 Python 解释器，同样可以运行先前编写的 Python 脚本。

在命令行模式输入如下所示的命令。

```
python3 ScoreRank.py        # 控制台执行脚本
```

python3 是 Python 3 的解释器，".py"文件是需要解释的 Python 脚本。这里我们暂不解析上述代码，在下面讲解语法时，再逐一解析。

4.4.2 代码缩进

学过 C、C++或 Java 的读者知道，在这类编程语言中，通常需要用一对花括号{}，来界定模块的范围（即作用域）。正是因为有了这一对花括号的界定，编译器才可以很容易地知道各个模块的界限所在，但这样一来，也导致了源码编写风格各异。下面以包括两行代码的 while 循环为例来说明这个问题（参见表 4-1）。

表 4–1　C/C++/Java 中的代码风格

风格 1	```while(a < 20) {` ` printf("value of a: %d\n", a);` ` a++;` `}```
风格 2	```while(a < 20)` `{` ` printf("value of a: %d\n", a);` ` a++;` `}```
风格 3	```while(a < 20){printf("value of a: %d\n", a);` ` a++;` `}```
风格 4	```while(a < 20){printf("value of a: %d\n", a);` `a++;` `}```

表 4-1 所示的 4 种编程风格，它们在花括号的位置、代码缩进量上各式各样，但在语法正确性上都是没有问题的。可以说这类语言具有比较强的编码灵活性，但也可以理解为这是代码风格的"混乱性"。这种混乱性是有隐患的，因为不同编程风格的人组建成一只开发团队，很容

易造成沟通上的困难，从而为代码缺陷（bug）埋下伏笔。未来即使发现代码有问题，维护起来也会比较困难。

通过前面的描述，我们知道，Python 的设计哲学是"给我最优，别让我选"。于是 Python 干脆提供了一个"一刀切"式的强制解决方案——相同层次的代码，必须有等同的缩进。通常，缩进使用单个制表符——Tab 键、2 个空格或 4 个空格，来界定代码模块的归属。

虽然 Tab 键或空格均可控制缩进关系，但不建议二者混用。这是因为，Python 代码在跨平台解析时，不同平台对 Tab 键占几个空格，没有统一的规定。如此一来，很容易导致，在一种平台上层次井然有序的代码，换到另外一个平台，却显得参差不齐，从而代码无法正常工作。因此，选择一种缩进风格，然后持之以恒，方为正道。

现在具体说说范例 4-1 中涉及的语法，第 03~13 行都属于 while 循环的管辖范畴，这是因为从 while 的下一行开始（第 03~13 行），这些行都被统一缩进一个 Tab 键。再细分一下，第 05 行隶属于第 04 行的管辖范围（因为第 05 行相对于第 04 行有一个 Tab 键的缩进），第 07 行隶属于第 06 行的管辖范围，依此类推。一言蔽之，在 Python 中，等级森严，同一个级别的代码，必须具备相同的缩进量。

除了用统一的缩进表明隶属关系之外，Python 还规定，要在上一行的末尾，用一个半角的冒号":"来彰显自己的"势力范围"。现在你再观察一下范例 4-1 中的代码，它们都具备这样的特征。

4.4.3 注释

注释对代码的可读性非常重要。有人开玩笑说，不写注释的代码，"只有一周前的自己能看懂"。良好的注释，对于团队协作非常重要。Python 中的注释方法有多种，这里仅介绍单行注释和多行注释。

单行注释以 # 开头，例如范例 4-1 中的第 01 行。

多行注释通常用三个单引号 ''' 将注释部分括起来，如下代码所示。其中第 01 行和第 05 行分别为多行注释的起点和终点，第 02~04 行为注释部分。在注释部分，不论是什么内容，都会被编译器忽略。第 06 行为正常代码，编译器可见。

```
01    '''
02    这是多行注释，用三个单引号
```

```
03    这是多行注释,用三个单引号
04    这是多行注释,用三个单引号
05    '''
06    print("Hello, World!")
```

4.4.4 Python 中的数据结构

瑞士著名计算机科学家、Pascal 之父、1984 年图灵奖得主尼古拉斯·沃斯（Nicklaus Wirth），有一句名言（其实也是他一本著作的名称）被广为流传：

算法（Algorithm）+ 数据结构（Data Structure） = 程序（Program）

详细来说，算法的本质就是解决具体计算问题的实施步骤。它的性能（时间或空间复杂度）高度取决于它处理对象的数据结构。**数据结构，在本质上，就是数据及数据之间的关系。**

如果说前面讲到的 Python 强制缩进，还属于奇技淫巧的话，那么 Python 的内置数据结构（或数据类型）则是它成功的一大"绝技"。

学过不少语言，不知读者是否思考过这样的问题：为什么要定义不同的数据类型？如果所有数据类型，都是大一统地使用二进制数值，岂不更省事？下面我们先简单讨论这个问题，再介绍 Python 的基本数据类型。

4.4.4.1 为什么需要不同的数据类型

为什么要有数据类型呢？在回答这个问题之前，我们先温习一下先贤孔子在《论语·阳货》里的一句话：

"子之武城，闻弦歌之声。夫子莞尔而笑，曰：'割鸡焉用牛刀。'"

据此，衍生了一个中国著名的俗语——"杀鸡焉用宰牛刀？"这是一个疑问句式。是的，杀鸡的刀用来杀鸡，宰牛的刀用来宰牛，用宰牛的刀杀鸡，岂不大材小用？

杀鸡的刀和宰牛的刀虽然都是刀，但属于不同的类型，如果二者混用，要么出现"大材小用"，要么出现"不堪使用"的情况。由此可以看出，正是有了类型的区分，才可以根据不同的类型确定其不同的功能，然后"各司其职"，不出差错，示意图如图 4-26 所示。

图 4-26 割鸡焉用牛刀之数据类型的比喻

除了不同类型的"刀"承担的功能不一样，而且，如果我们给"杀鸡刀"和"宰牛刀"各配一个刀套，刀套的大小自然也是不同的。"杀鸡刀"放到"宰牛刀"的刀套里，势必造成空间浪费，而"宰牛刀"放到"杀鸡刀"的刀套里，必然放不下。在必要时，"宰牛刀"经过打磨可以做成"杀鸡刀"。不同的数据占据的内存空间大小也是不尽相同的。而在必要时，不同的数据类型也是可以做到强制类型转换的。

从哲学上来看，很多事物的表象千变万化，而其本质却是相同的。类似的，在 Python 语言中，每个变量（常量）都有其数据类型。**不同的数据类型被允许的操作、占用的内存空间是不同的**。比如，对于普通整型数据，它们能进行加减乘除和求余等多种操作。而对于特殊的整型数据——指针（即内存的地址编号），它只能做加法和减法操作，因为做其他类型的操作没有意义。

程序，本质上就是针对数据的一种处理流程。正是有了各种数据类型，程序才可以"有的放矢"地进行各种不同数据操作而不至于乱套。

4.4.4.2 Python 中的基本数据类型

下面我们重新回到 Python 的基本数据类型的讨论上来。在 Python 中，变量并不需要事先声明，但在使用前必须赋值。其实，在赋值过程中，该变量的类型以及可被允许的操作才会被确定下来。

在广义上，数据类型可分为标准数据类型和自定义数据类型。**所谓自定义数据类型，就是面向对象编程提到的概念——类（class）**。而标准数据类型就是 Python 提供的 7 种内部数据类型，它们分别是 Numbers（数字）、Boolean（布尔类型）、String（字符串）、List（列表）、Tuple（元组）、Dictionaries（字典）及 Sets（集合）。下面先对这几种基本数据类型进行简要介绍。

数字（Numbers）

常用的数字类型包括 int（整型）、float（浮点型）和 complex（复数类型）等。数值类型的赋值和计算都很直观，就像大多数编程语言一样。Python 内置的 type()函数，可用来查询变量所指的对象类型，如下代码所示。

```
>>> a, b, c = 10,4.7, 3+8j          # 给a、b、c三个变量赋予初始值
>>> print(type(a), type(b), type(c))
<class 'int'> <class 'float'> <class 'complex'>
```

下面简单演示一下基于数字的运算：

```
>>> 5 + 5          # 加法
   10
>>> 3.3 - 2        # 减法
   1.3
>>> 3 * 9          # 乘法
   27
>>> 2 / 4          # 除法，得到一个浮点数
   0.5
>>> 2 // 4         # 注意：双斜杠除法，得到一个整数，功能类似于C语言
   0
>>> 17 % 3         # 取余
   2
>>> 2 ** 5         # 乘方，相当于2的5次方，2^5
   32
```

需要读者注意的是：(1) Python 可以同时为多个变量赋值，如 a, b = 1, 2。相当于 a=1, b=2。(2) 数值的除法（/）总是返回一个浮点数，要获取整数需使用双斜线（//）操作符。(3) 在混合计算时，Python 会把整型转换成为浮点数，即类型转换时，趋向于精确化。(4) 在 Python 中，一切皆对象。比如前面代码中提到的 a, b, c = 10,4.7, 3+8j，a、b 和 c 分别是整型类 int、浮点类类 float 和复数类 complex 定义的对象。

布尔类型（Boolean）

Python 中的布尔类型有两个常量，True 和 False（注意首字母要大写），分别对应整型数 1

和 0。所以在严格意义上讲，布尔类型属于前面讲到的数字类型，可视为整型（int）的子类。例如，语句"True + 2"，计算结果为"3"。

Python 语言支持逻辑运算符，下面的表 4-2 以变量 a 为 100、b 为 200 说明了 Python 中逻辑运行符号的使用。

表 4-2　Python 中的逻辑运算

运算符	逻辑表达式	描述	实例
and	x and y	布尔"与"：如果 x 为 False，x and y 返回 False，否则返回 y 的计算值	(a and b) 返回 200
or	x or y	布尔"或"：如果 x 非 0，它返回 x 的值，否则它返回 y 的计算值	(a or b) 返回 100
not	not x	布尔"非"：如果 x 为 True，返回 False。如果 x 为 False，它返回 True	not(a and b) 返回 False

需要特别注意的是，在 Python 中，任何非零和非空（null）值都为 True（有点类似于 C、C++中的"非零即为真"），0 或者 null 为 False。布尔判定常用在 if 语句中，用于控制程序的执行。下面顺便说明一下 if 语句的基本形式，如下所示。

```
if 判断条件：
    执行语句1……
    执行语句2……
else:
    执行语句3……
    执行语句4……
```

其中"判断条件"成立时（即非零或非空），则执行 if 后面的语句（后面的冒号":"不可缺少），而执行内容可以为多行，以相同的缩进来区分同一隶属范围。

else 为可选语句（如果有该项，后面的冒号":"亦不可少），在条件不成立时执行 else 下属的语句。具体例子如下第 07 行所示。

```
01   flag = False
02   name = 'Java'
```

```
03    if name == 'Python':          #判断变量是否为'Python'
04        flag = True                #条件成立时设置标志为真
05        print ('welcome to Python') #并输出欢迎信息
06    else:
07        print (name)                #条件不成立时输出变量名称
```

if 语句中的判断条件可以用>（大于）、<（小于）、==（等于）、>=（大于等于）、<=（小于等于）等表示比较对象的逻辑关系。

这里需要注意的是，"="和"=="很容易混淆。一个等号"="表示的是赋值，即将"="右侧的值赋给左侧变量（如 a=b，表示把变量 b 的值赋给 a，表达式 a=b 的值，即为 a 的值）。相比而言，两个等号"=="表示的是逻辑判断，比较"=="两侧的对象是否相等（如 a==b，判定 a 和 b 是否相等，如果相等，返回布尔值 True，否则返回 False）。

当判断条件为多个值时，可以使用以下形式：

```
if 判断条件 1：
    执行语句 1……
elif 判断条件 2：
    执行语句 2……
elif 判断条件 3：
    执行语句 3……
else：
    执行语句 4……
```

这里需要注意的是，在判断是否满足条件时，不同于 C、C++等语言中的关键词"else if"，Python 对关键词做了简化，为"elif"。

字符串（String）

字符串（str）是由一系列字符组成的数据类型，它对文本数据的处理非常重要。在形式上，它把一系列的字符用单引号（' '）或双引号（" "）括起来，同时可用反斜杠"\"表示特殊的转义字符。

例如，"123"和'abc'都是字符串。尽管"123"看起来是一个整数，但一旦被一对单引号或双引号括起来，那它就是一个由 3 个字符构成的字符串对象。下面简单演示字符串的应用。

```
>>> str = 'Yes,\tI do'                    #使用 Tab 键的转义字符 "\t"
>>> print(str,type(str),len(str))         #使用内置函数 len(),求得字符串长度
    Yes,    I do <class 'str'> 9
```

字符串还可以使用加号(+)运算符,将不同的字符串连接在一起。甚至字符串还可用 "* n" 操作,表示前面字符串重复 n 次,如下代码所示。

```
>>> print('str'+'ing', 'my'*4)    #字符串'str'与'ing'连接,字符串'my'重复 4 次
    string mymymymy
```

上面讲述的数据类型都是 Python 的基本数据类型,它们是数据表达的基础。下面我们介绍另外四种相对复杂的数据结构:列表(List)、元组(Tuple)、字典(Dictionary)和集合(Set),它们均构建于上述四种基本数据类型,下面分别给予简单介绍。

列表(List)

列表是 Python 中最常用的数据类型之一。它非常类似于 C、C++、Java 等语言中的数组。列表中的每个元素都被分配一个数字——相对于列表起始位置的偏移(offset),或称之为索引。第一个元素的索引是 0,第二个元素的索引是 1,依此类推。

但不同于 C、C++、Java 等语言中的数组概念的地方是,Python 列表中的数据项并不需要都是相同类型的,可将其视为一个"大杂烩"数组。在数据处理上,有点类似于孔子说的"有教无类"。

创建的列表并不复杂,只要把不同的数据项用(半角)逗号分隔,并整体使用方括号"[ ]"括起来即可。如下面的代码所示。

```
>>> list1 = ['语文', "chemistry", 97, 20]    #将一个列表赋值给变量 list1
>>> print(list1[0])                           #打印列表变量 list1 的第 1 个元素
    语文
>>> list1[0]="Chinese"                        #更新列表变量 list1 的第 1 个元素的值
>>> print(list1[0])                           #打印列表变量 list1 的第 1 个元素的值
    Chinese
>>> list1[-2]                                 # 读取列表中倒数第 2 个元素
    97
>>> list1.append(17)                          #向列表中添加一个元素 17
```

```
>>> print(list1)                    #打印列表变量 list1 中的所有元素
    ['Chinese', 'chemistry', 97, 20,17]
```

在上面的代码中，我们使用了列表的内置方法 append()，它负责在列表尾部添加一个新元素。事实上，列表有很多功能强大的内置方法。可以用 dir(list)命令来列举出来，具体用法读者可以自行查阅。

```
>>> dir(list)
['__add__', '__class__', '__contains__', '__delattr__', '__delitem__',
'__dir__', '__doc__', '__eq__', '__format__', '__ge__', '__getattribute__',
'__getitem__', '__gt__', '__hash__', '__iadd__', '__imul__', '__init__',
'__init_subclass__', '__iter__', '__le__', '__len__', '__lt__', '__mul__',
'__ne__', '__new__', '__reduce__', '__reduce_ex__', '__repr__', '__reversed__',
'__rmul__', '__setattr__', '__setitem__', '__sizeof__', '__str__',
'__subclasshook__', 'append', 'clear', 'copy', 'count', 'extend', 'index',
'insert', 'pop', 'remove', 'reverse', 'sort']
```

鉴于列表的强大功能，也有人将其称为"打了激素的数组"。这么说也有道理，因为它还可以构建出"鱼龙混杂"的嵌套列表，如下所示。

```
>>> mix = [2, '语文',[1,2,3]]
>>> print(mix)
    [2, '语文', [1, 2, 3]]
```

利用列表的索引（即下标），每次都可从列表中获取一个元素。但如果我们想一次获得多个元素，该怎么办呢？也好办！可利用列表分片（slice）来满足这个需求，代码如下所示。

```
>>> list1 = [1,2,3,4,5,6,7,8,9]
>>> list1[0:4]              #获取前 4 个元素
    [1, 2, 3, 4]
```

通过在列表中插入一个冒号（:），来分割两个索引值，冒号左边的数值是索引起始值（如前面的"0"），冒号右边的数值是结束值（但不包括该值），所以分片区间范围在严格意义上是左闭右开的，如上面代码的分片维度实际为[0:4]。

需要着重说明的是,列表分片并没有破坏原有的列表,而是根据语法规则,建立了一个原列表的部分副本。读者在分片操作之后,可在 IDLE 中输入 "print(list1)" 来查看这个列表是否发生了变化。

事实上,以语法简洁而称著的 Python,还提供了很多"语法糖(Syntactic Sugar,即某些对语言功能没有影响但更方便程序员使用的语法)"。例如,如果我们省略了冒号前面的数字,分片的起始索引默认从 0 开始。如果省略冒号右边的维度,则表示维度以列表最后一个元素为终,如下代码所示。

```
>>> list1[:4]           #输出前 4 个元素
    [1, 2, 3, 4]
>>> list1[4:]           #输出第 4 个元素以后的所有元素
    [5, 6, 7, 8, 9]
```

实际上,分片操作还可以接收第三个参数,即步长。默认情况下,该值为 1,也可以改为其他数值,如下代码所示。

```
>>> list1[0:9:2]        #步长为2,每前进2个元素取出1个
    [1, 3, 5, 7, 9]
>>> list1[::-1]         #步长为-1,相当于列表反转
    [9, 8, 7, 6, 5, 4, 3, 2, 1]
```

在有些情况下,我们还会重复做一件有规律的事情。比如,我们想逐个输出列表中的元素,然后再据此做一些事情。这时,我们可利用 for 循环,来解决这类迭代性很强的任务,示例代码如下所示。

```
>>> for mylist in list1:
        tmp = mylist * 2
        print(tmp)
    2
    4
    ……(省略部分输出行)
    16
    18
```

这里顺便简单介绍一下在 Python 中利用 for 循环处理任意大小列表的方式，如图 4-27 所示（图中的缩进除了是一个 Tab，也可以是 4 个空格，只要保证缩进的尺度相同即可）。

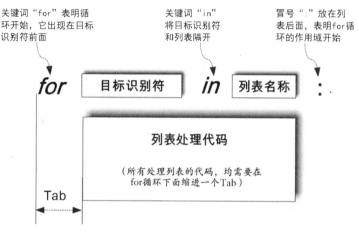

图 4-27　for 循环示意图

这里的关键词"in"，等同于把列表中的每个元素逐个取出，并返回给目标识别符所代表的变量。事实上，"for…in"循环可以作用于任何可迭代的序列，而不仅仅适用于列表。

除了 for 循环，我们还可以使用 while 循环来实现完全相同的功能，如下代码所示。

```
>>> count = 0
>>> while count < len(list1):      #使用内置函数 len( )来获取列表的长度，即元素的个数
        tmp = list1[count] * 2
        print(tmp)
        count = count + 1
2
4
……（省略部分输出行）
16
18
```

元组（Tuple）

法国启蒙思想家孟德斯鸠在其著作《论法的精神》中，有一句名言："一切有权力的人都容易滥用权力，这是一条亘古不变的经验。"或许由于 Python 的设计者们觉得列表的"权利"过大，有点"随心所欲"，于是就发明了它的近亲"元组"，来稍微约束一下列表。

元组与列表非常相似，同样可以用索引访问，也同样可以嵌套。不同之处在于，**元组中的元素一旦创建，便不能修改**，它有点像常量版本的列表。故此，也有人将其称之为"带上枷锁的列表"。为了在外观上和列表有所区分，元组使用的是一对小括号"( )"将元素囊括其中。对比而言，列表使用的是一对方括号"[ ]"。

元组的创建也非常简单，只需要在小括号"( )"中添加元素，并使用逗号隔开即可。元组的部分使用规则如下代码所示。

```
>>> tup1 = ('语文', "chemistry", 97, 2.0)           #将一个元组赋值给变量 tup1
>>> print(tup1[1])                                  #打印元组 tup1 的第 2 个元素
chemistry
>>> print(tup1)                                     #打印元组 tup1 的所有元素
('语文', 'chemistry', 97, 2.0)
>>> tup1[1]='hello'         #尝试修改元组 tup1 的第 2 个元素的值，失败，编译器显示错误信息
Traceback (most recent call last):
  File "<pyshell#38>", line 1, in <module>
    tup1[1]='hello'
TypeError: 'tuple' object does not support item assignment
```

前面我们说了，元组可被视为一种只读的列表，不能被修改。但有时候一定要修改元组怎么办呢？可以通过迂回的策略完成元组的修改，请参考如下代码。

```
>>> tup1 = ('语文', "chemistry", 97, 2.0)
>>> id(tup1)                #参看原始 tup1 地址
50577064
>>> tup1 = tup1[:2]+("zhangsan",) + tup1[2:]
>>> tup1
('语文', 'chemistry', 'zhangsan', 97, 2.0)
```

从上面的代码中我们可以看出，至少在表面上，原本不可变的元组 tup1 中插入了一个新元素"zhangsan"。实际上，我们通过元组分片的方法，以第 2 个元素为基点，将原始元组拆分为两个部分，然后再使用连接操作符（+）合并生成一个新元组（开辟了新的内存空间），然后将原来的变量名(tup1)指向这个连接好的新元组。这个手法姑且称为"狸猫换太子"，因为此 tup1，已非彼 tup1 了。请注意，在实施连接操作时，新插入元素的一对圆括号不可少，而其后的逗号

（,）更不可少，因为它是新插入的元素，也是一个小元组的核心标志。

我们可以通过获取对象地址的内置函数 id( )，来查看前后 tup1 的地址。

```
>>> id(tup1)            #查看拼接插入元素后的 tup1 地址
50737663
```

当然，我们也可以通过这种迂回的方式来删除元组中的数据。这个就交给你自己来尝试了。

字典（Dictionary）

在 Python 中，字典可被视为一种可变容器模型，能存储任意类型的对象。字典是一种非常实用的数据结构，特别是在数据处理任务中，字典应用非常广泛。

从字典本身的数据结构来看，字典由多个"键（Key）- 值（Value）对"构成，每个键和值都用冒号分隔开，不同的键值对用逗号分隔，整个字典包括在花括号"{}"之中，格式如下所示：

```
dict = {key1 : value1, key2 : value2 }     # dict 为字典名称
```

我们用比较形象的小贴士来辅助记忆列表、元组和字典这三者的不同：

小贴士

> 列表："列"向量用[ ]，"方括号"的两侧如同队列垂直站岗的队列。
>
> 元组："元"音同于圆，○形似圆括号（ ）。
>
> 字典："字"的偏旁宝盖头，将其竖立即为{ }。

在字典中，"键"有点类似于我们的身份证号码，在字典内部必须独一无二，但"值"则不必。字典中的"键"不同于身份证号码的地方是，身份证号码必须类型一致，比如说都是 18 位的整型或字符型混合，而 Python 字典中的"键"，只要保证它是"独一无二"的，具体它有多"键"，类型为什么，都不做强制要求。它可以是数字，也可以是字符串或元组等。下面所示的字典示例都是合法的。

```
dict1={'a':1, 'b':[1,2,3], 'c':('hello','world')}
```

在上述字典 dict1 中，包括三组"键值对"，三个键分别为字符串'a'、'b'和'c'，它们彼此是可

区分的，也就是具备独一无二的特性。三个"值"分别为"1"（数字）、"[1,2,3]"（列表）和"('hello','world')"（元组）。

下面我们列举一个简单的案例说明字典的用法。

```
>>> dict = {'Name': 'Alice', 'Age': 8, 'Class': '三年级2班'}
                                                        #创建包含3个键值对的字典
>>> print ("dict['Name']: ", dict['Name'])              #输出键为"Name"的字典元素的值
dict['Name']: Alice
>>> print ("dict['Age']: ", dict['Age'])                #输出键为"Age"的字典元素的值
dict['Age']: 8
>>> print(dict)                                         #输出整个字典元素的值
{'Name': 'Alice', 'Age': 8, 'Class': '三年级2班'}
>>> dict['Age'] = 9;                                    # 更新 Age 的值
>>> dict['School'] = "高新区外国语小学"                    # 为字典添加新的键值对信息
>>> print(dict)
{'Name': 'Alice', 'Age': 9, 'Class': '三年级2班', 'School': '高新区外国语小学'}
```

集合（Set）

与其他语言类似，Python 中的集合是一个无序的元素集。正因为无序，所以它无法像列表一样，通过数字索引来访问数据。在形式上，集合与字典有类似之处，集合中的所有元素也是被花括号"{ }"括起来的，元素之间用逗号分隔。与字典的差别在于，字典中的每个元素都是用冒号隔开的键值对，而元素中的集合就用普通的逗号分隔。

对比而言，集合中的元素都是孤立的，且是唯一的，也就是说，同一个集合中的元素不能重复，如下代码所示。

```
>>> a = {3,4,5}             #创建一个集合a
>>> print(a)                #显示集合a中的所有元素
{3, 4, 5}
>>> b = {3,3,4,5,5}         #创建一个集合b，其中有两对元素故意重复
>>> print(b)                #集合b会自动把重复的元素过滤掉
{3, 4, 5}
```

此外，也可以使用 set( )函数，将列表和元组等其他可迭代的对象转换为集合。如果原来的

列表或元组中有重复数据，则在转换过程中，仅保留一个。如下代码所示。

```
>>> list = [1,3,5,5,7]           #列表中有重复数据5
>>> a_set = set(list)            #使用set函数将列表转换为集合，重复元素被过滤
>>> print(a_set)                 #显示集合a_set中的元素
{1, 3, 5, 7}
```

需要特别注意的是，**集合中的元素只能包括数字、字符串、元组等不可变数据（可视为常量）**，不能包括列表、字典和集合等可变类型的元素。

集合支持一系列标准操作，包括并集（Union）、交集（Intersection）、差集（Difference）和对称差集（Symmetric Difference）等数学运算。如下代码所示。

```
>>> a_set =set ([8,9,10,11])     #由列表转换的集合a_set
>>> b_set = {1,2,3,7,8,9}        #直接创建的集合b_set
>>> a_set | b_set                #并集
{1, 2, 3, 7, 8, 9, 10, 11}
>>> a_set & b_set                #交集
{8, 9}
>>> a_set - b_set                #差集（数据项在a_set，但不在b_set中）
{10, 11}
>>> a_set ^ b_set                #对称差集（项在a_set或b_set中,但不会同时出现在二者中）
{1, 2, 3, 7, 10, 11}
```

4.4.5 函数的设计

有了前面的语法学习做基础，现在我们就可以动手写简单的Python代码了。但随着代码越写越多，很多代码的功能非常相似，却被重复地输入和执行。于是，人们就考虑，能否将这些功能具体且经常重复使用的代码段封装起来。

4.4.5.1 函数的定义

于是，函数的概念就出现在编程语言中了。在本质上，函数（Function）的本意是用来完成一项具体的功能（Function）。它是事先组织好的、可重复使用的、用来实现特定功能的代码段。

其实，我们对Python的函数并不陌生。在前面的范例中，我们反复使用了Python提供的

许多内置函数（Build in Function，BIF），比如 print()、len()等。有时候，Python 提供的内置函数并不能满足我们的个性化功能需求，这时就需要自己创建函数，称为用户自定义函数。通过自定义的函数，能显著提高代码的重复利用率和模块化水平。

那么，该如何自定义一个函数呢？要做到这一点，需要遵循如下 4 个简单规则：

- 函数代码块以 def 关键词开头，后接函数标识符名称和圆括号()。

- 传入参数须放在圆括号之内，在圆括号之内可定义参数，不同的参数用逗号隔开。即使没有一个参数，圆括号()也必须保留。

- 函数体必须以冒号起始，函数的作用范围要按规定统一缩进。

- 以 return [表达式] 结束函数，选择性地返回一个特定的值给调用方。如果不带 return 表达式，系统会自动返回一个 None。

定义函数的一般格式如下：

```
def 函数名（[参数列表]）：
    函数体
```

函数名称、参数类型及其出现顺序，构成了一个函数的"签名"。在调用函数时，除了函数名匹配以外，实参和形参还需要按函数声明中定义的类型和顺序，一一匹配，也就是说，"签名"必须一致，才能被正确调用。示例代码如下所示。

```
01  # 计算面积函数
02  def area(width, height):
03      return width * height
04
05  w = 4
06  h = 5
07  print("width =", w, " height =", h, " area =", area(w, h))
```

【运行结果】

```
width = 4  height = 5  area = 20
```

【代码分析】

在上述代码中，第 02~03 行定义了一个名为 area 的函数，在第 07 行调用了这个函数。在这个例子中，width 和 height 是函数的形式上的参数（简称形参），第 07 行中的参数 w 和 h 有实实在在的值（分别为 4 和 5），称之为实参。

4.4.5.2 函数参数的"别样"传递

关键字参数

在 Python 中，函数的参数可分为两种。一种是前面提到的普通参数，它也被称为"位置参数"（Positional Argument），言外之意，参数的位置通常是固定的，在调用函数时，实参的顺序和类型，要和形参的顺序和类型一一对应，否则就会报错。

但粗心的程序员有时候会搞错参数的位置，从而导致调用失败。于是"贴心"的 Python 又提供了一颗"语法糖"——关键字参数（Keyword Argument）。有了关键字来标定参数，就不怕参数顺序有误了。参看如下代码。

```
>>> def saySomething(name,word):
        print(name + ' : ' + word + )
>>> saySomething("zhangsan","Hello World")              #正常顺序调用
zhangsan : Hello World
>>> saySomething(word="Hello World",name="zhangsan")    #故意以错误顺序调用
zhangsan : Hello World
```

从运行结果可以看出，第二次函数调用时，故意将参数顺序弄反（实际情况可能是失误弄反），但结果和正确参数顺序的一样。这其中的门道就是，在传递实参时，指定了关键字（这里的关键字就是形参的名称），通过这种绑定关系，即使实参顺序有误，编译器也能帮你纠正。

收集参数

函数参数的第二种形式就是"收集参数"。这个名称听起来有些奇怪，其实在 C、C++或 Java 中也有类似的利用，不过它被称为"可变参数"（Variable Parameter）。在形式上，它以一个星号*加上形参名的方式，表示这个函数的实参个数不定，可能为 0 个，也可能为 n 个。需要注意的是，不管可变参数有多少个，在函数内部，它们都被"收集"起来，统一存放在以形参名为标识符的元组之中。请参看如下代码。

```
>>> def varParaFun(name,*params):
        print("位置参数是: ",name)
        print("收集参数是: ",params)
        print("第一个收集参数是: ", params[0])
>>> varParaFun("zhangsan",111,222,333)
位置参数是:    zhangsan
收集参数是:    (111, 222, 333)
第一个收集参数是:   111
```

还有一种收集参数形式，它用两个星号（**）来标定可变参数。通过前文的介绍，一个星号（*）将可变参数打包为元组，而两个星号（**）呢？它将变参数打包为字典。这时调用函数的方法则需要采用诸如 arg1=value1,arg2=value2 这样的形式。如下代码所示。

```
>>> def varFun(**x):
    if len(x) == 0:
        print ("None")
    else:
        print(x)
>>> varFun()
None
>>> varFun(a = 1,b = 3)        #以键值对将可变参数存放在字典中
{'a': 1, 'b': 3}
>>> varFun(1,3)                #错误！必须以键值对（即字典）的形式给函数传参
Traceback (most recent call last):
  File "<pyshell#36>", line 1, in <module>
    varFun(1,3)
TypeError: varFun() takes 0 positional arguments but 2 were given
```

需要说明的是，如果用两个星号（**）来标识可变参数，它表明可变参数是字典元素。在调用时，参数必须成对出现，并用等号（=）区分键和值，这时用传统的调用方式，如 varFun(1,3)，编译器是不会答应的。

需要注意的是，此时，在输入正确实参调用函数时，在形式上，非常像带有默认形参值的函数定义。下面，我们就顺便讨论一下带默认值的函数参数。

默认参数

默认参数就是在参数定义时，提供了形参的默认值。如果实参守规矩，一一按照形参的要求，"按质保量"地传递实参倒也罢了，就按实参来调用函数。但有时用户可能没有这么做，"缺斤少两"怎么办呢？按照位置参数的规则，这样的函数调用是不成功的。为了避免出现这种情况，我们可以在定义函数时，给某些形参提前赋予一个默认值。这样的参数就相当于"替补队员"，在实参缺位时补上，不让函数在调用时"掉链子"。参见如下代码。

```
>>> def defautFun(x,y=3):
        print(x,y)
>>> defautFun(1,5)        #正常调用
1 5
>>> >>> defautFun(1)      #默认调用
1 3
```

传值还是传引用

本质上，函数参数的传递机制就是调用函数和被调用函数，在调用发生时进行信息交换。基本的参数传递机制有两种：传值（pass-by-value）和传引用（pass-by-reference）。

在传值过程中，被调函数的形式参数，作为被调函数的局部变量处理，即在堆栈中重新开辟一块内存空间，来存放由主调函数放进来的实参值，从而成为实参的一个副本。值传递的特点是，对形式参数的任何操作，都是作为函数的局部变量来处理的，形参的修改，不会影响主调函数实参的值。简单来说，形参和实参在不同的地址空间，互不干扰。

传引用则不同。在引用传递过程中，被调函数的形参就是实参变量的地址。这里的"引用"，实际上就是指内存的访问地址。换句话说，形参和实参指向同一块内存地址，却有两个不同的"皮囊"——形参名称和实参名称，因此有的书籍中也将传引用称为"传别名"。正因为如此，在被调函数中对形参做的任何操作，实质上都影响了主调函数中的实参变量。这就好比"张三"的别名叫"狗娃"，你打了"狗娃"一拳（修改形参的值），实际上也是打了"张三"一拳（影响到了实参的值）。

那么，Python 中的函数参数传递，又是怎样一番情景呢？简单来说，Python 中所有的函数参数传递，统统都是基于"传对象引用"的方式开展的。这是因为，在 Python 中，一切皆对象。而传对象，实质上传的是对象地址，而地址即引用。但具体情况还得具体分析。

在 Python 中，可将对象大致分为两类，可变对象和不可变对象。可变对象包括字典或者列表等。不可变对象包括数字、字符（串）等。如果参数传递的是可变对象，自然形参就是实参，如同"两套班子，一套人马"一样，修改了函数中的形参，就等同于修改了实参。

如果参数传递的是不可变对象，为了维护它的"不可变"属性，函数内部不得不重构一个实参的副本。于是，这个实参副本（即形参）和主调函数提供的实参，在内存中实际上是分处于不同的位置，因此对函数形参的修改，并不会对实参造成任何影响。因此在结果上看起来和传值一致。

了解了上面介绍的函数参数传递机制，下面我们观察一下如下代码，就可以对运行结果理解得比较透彻了。

```
01    def numFunc(x):
02        print('在函数中，形参 x 的地址为：', id(x))
03        print('在函数中，形参 x 的值为：', x)
04        x = x +1
05        print('在函数中，x 的更新值为：', x)
06        print('在函数中，x 的地址更新为：',id(x))
07
08    a = 3
09    print('在函数外，实参 a 的地址为：',id(a))
10    numFunc(a)
11    print('在调用函数之后，实参 a 的值为：',a)
```

运行结果如下所示。

在函数外，实参 a 的地址为： 1748092656
在函数中，形参 x 的地址为： 1748092656
在函数中，形参 x 的值为： 3
在函数中，x 的更新值为： 4
在函数中，x 的地址更新为： 1748092688
在调用函数之后，实参 a 的值为： 3

从前面的描述中可知，**在 Python 中，一切皆为对象**，数字类型的对象是不可变对象。因此，数字类型的实参 a 和形参 x 实际上都是对象，通过函数 numFunc() 调用，参数的传递方式自然是传引用。

从运行结果可以看出，对比一下第 09 行和第 02 行的地址输出，可明显看出，实参和形参在同一个地址（1748092656）。而且，在函数中形参 x 的输出为 3（第 03 行），和实参 a 的值是一致的（第 08 行）。所处的位置相同，且内部的值也相同，这也佐证了 x 和 a 实际上就是一个对象的判断。

下面关键之处来了。在第 04 行，我们试图在函数中将 x 的值+1，从运行结果看（输出为 4），操作的确是成功了。但从 06 行输出的地址可以看出，x 的地址发生了变化。也就是说，实际上，系统重新分配了一块内存空间来存放加和的结果，然后再让标识 x 重新指向这个新单元。此时新的 x 和老的 x 完全就是不同的对象。而对用户来说，好像是一样的（如前文所言，这就好比"狸猫换太子"的把戏）。

最后，我们再次输出实参 a 时（第 11 行），发现 a 依然是 3，这就维护了数字对象属于不可改变的"形象"。从整体上来看，参数传递的效果类似于传值，但内部的机制却"大相径庭"，示意图如图 4-28 所示。

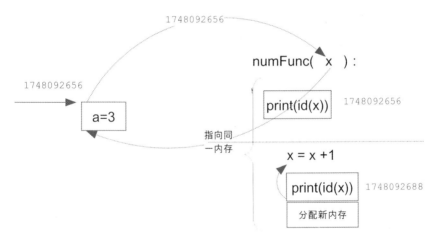

图 4-28　数值型参数传递示意图

如前所述，字符串也属于不可变对象。下面我们来看看字符串作为参数的传递情况，请看如下代码。

```
>>> b = 'hhhh'
>>> def strFun(s):
        print("修改之前字符串为 s = ", s)
```

```
            s = 'xxxx'
            print("修改之后字符串为 s = ", s)
>>> strFunc(b)
修改之前字符串为 s = hhhh
修改之后字符串为 s = xxxx
>>> b
'hhhh'
```

类似的，实参字符串 b 原本的内容是'hhhh'，通过调用函数 def strFun(s)，形参 s 的值被修改了，但实参 b 的值依然是'hhhh'。

然后我们再看一下元组作为传递参数的情况，参考如下代码。

```
>>> tuple1 = (111,222,333)
>>> def foo(a):
        a = a + (333, 444)   #元组元素不可变，此处对元组进行连接组合
        return a
>>> tuple1 = (111,222,333)
>>> print(foo(tuple1))
(111, 222, 333, 333, 444)
>>> tuple1
(111, 222, 333)
```

从运行结果可以看到，对元组的操作，得到了和不可变类型——数字和字符串类似的结果。元组在传递到函数内部时，看似可以改变，但改变的结果并不影响实参。需要说明的是，这里说的"改变"，并非真正的改变，而是重新生成一个新的元组，然后再冠以相同的名称（比如 a），造成了一个元组可以在函数中能被修改的假象。但此 a（函数内部）已非彼 a（实参），读者可参阅前面有关元组的介绍。

最后我们再说一下传递可变参数的情况，以列表为例，参考如下代码。

```
>>> def foo(a):
        a.append("可变对象")
        return a
>>> list1 = [111,222,333]
```

```
>>> print(foo(list1))
[111, 222, 333, '可变对象']
>>> list1
[111, 222, 333, '可变对象']
```

从上面运行的结果可以看出，实参 list1 在给形参 a 赋值后，list1 和 a 事实上指向了同一块内存空间（传对象的地址，也即传引用）。这样一来，在函数内部修改了对象 a 的值，事实上也就修改了实际参数传来的引用值指向的对象 list1。

4.4.6 模块的导入与使用

在 Python 编程中，我们会逐渐体会到，越是复杂的项目，越不大可能从零起步。事实上，Python 的生态圈，已积累了大量性能稳定的类库，不论是 Python 官方提供的内置库（涉及机器学习的常用类库，参见 4.1.2 节），还是第三方提供的外部库，我们都可以很方便地拿来就用。但在用这些类库之前，需要先将它们导入当前工程中。

导入（Import）其他类库的方法很简单，其语法如下所示。

```
import 模块名 [as 别名]
```

比如，如果我们想计算某个角度的正弦值 sin(x)，因而要引用模块 math。这时，就在文件开始的地方用"import math"来导入。在调用 math 模块中的函数时，必须按照如下格式引用。

```
模块名.函数对象名
```

当 Python 解释器遇到 import 语句时，如果模块在当前搜索路径下时，就会被自动导入。当然也可以为导入的模块取一个更加简洁的别名（这个操作是可选项），然后用"别名.函数对象名"来使用其中的函数或对象，如下代码所示。

```
>>> import math                    #导入数学模块
>>> math.sin(0.4)                  #求 0.4 的正弦值
0.3894183423086505
>>> import random as r             #导入随机数模块 random，并取一个别名 r
>>> x=r.random()                   #用别名 r 调用 random()函数，获得[0,1)区间的随机小数
>>> print("x = ",x)                #输出这个随机小数
```

```
x = 0.7918689560857731
>>> import numpy as np          #导入科学计算模块 numpy,并取一个别名 np
>>> a = np.array((1,2,4,5))     #通过别名 np,调用函数 array(),并创建一个矩阵 a
>>> print(a)                    #输出矩阵 a
[1 2 4 5]
```

上面导入和使用模块中对象的方法有点烦琐。有没有更简单的方法呢？有。

可通过如下方法从某个模块名导入指定的对象。

from 模块名 import 对象名 [as 别名]

使用这种方法，可从大的类库包中导入某个特定的对象，并可以为这个对象取一个别名（可选项）。这样做的好处在于，减少了对象的查询次数，提高了访问速度，当然也减少了用户的代码输入量。因为在使用这个导入的对象时，就像使用本地对象一样，"直呼其名"，如下代码所示。

```
>>> from math import cos        #仅从 math 模块中导入余弦函数 cos()
>>> cos(3)                      #求 3 的余弦值,此时并没使用"math."来明确 cos 的来源
-0.9899924966004454
>>> from math import sin as f   #仅从 math 模块中导入正弦函数 sin,并取别名为 f
>>> f(3)                        #直接使用 f 代替 sin 的使用
0.1411200080598672
```

4.4.7 面向对象程序设计

4.4.7.1 面向过程与面向对象之辩

前文我们提到，图灵奖得主——Nicklaus Wirth 有一句关于程序的名言：

程序 = 算法 + 数据结构

这里的"算法"可以用顺序、选择、循环这三种基本控制结构来实现。这里的"数据结构"是指数据及其相应的存取方式。程序与算法和数据结构之间的关系如图 4-29 所示。

根据 Wirth 的判定，演绎出来的编程范式是结构化程序设计，也就是说，是面向过程编程（Procedure Oriented Programming，POP）。**面向过程的开发范式，是把程序划分为两个相互分**

离的部分：数据表示（即数据结构）和数据操纵（即算法）。因此，POP 的核心问题在于，数据结构、算法的开发和优化。

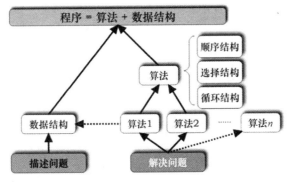

图 4-29　程序 = 算法 + 数据结构

POP 强调的是程序的易读性。在该程序设计思想的指导下，系统功能的达成基本是通过编写不同目的的函数/过程来实现的。这种编程范式在软件开发史上，曾扮演着重要角色，很多著名软件，如 Linux 操作系统、Git（一个分布式版本控制软件）等都是 POP 之树上杰出的果实。

但是，POP 也存在不足之处，越来越被世人所关注。面向过程的程序，上一步和下一步环环相扣，如果需求发生变化，代码的改动就会很大。这样对软件的后期维护和扩展不利。而面向对象程序设计（Object Oriented Programming，OOP）就可较好地解决这一问题。它的设计思想可概括如下：

程序 = 对象 + 消息传递

用户首先自定义一个数据结构——类，然后用该类型下的对象组装程序。对象之间通过"消息"进行通信。每个对象既包括数据，又包括对数据的处理。每个对象都像一个封闭的小型机器，彼此协作，又不相互干扰。面向对象设计使程序更容易扩展，也更加符合现实世界的模型。

任何事物都有两面性。面向对象程序设计有其优点，但也带来了副作用——其执行效率可能会比面向过程的程序设计的低。所以，对于科学计算和要求高效率的任务而言，面向过程设计要好于面向对象设计。而且，面向对象程序的复杂度往往要高于面向过程的程序。如果程序比较小，面向过程的程序结构要比面向对象编程来得更加清晰。Erlang 语言的发明人乔·阿姆斯特朗（Joe Armstrong）就曾经吐槽，"面向对象编程语言的问题在于，它总是附带着所有它需要的隐含环境。你想要一个香蕉，但得到的却是一个大猩猩拿着香蕉，而其还有整个丛林。"

后来，Armstrong 对 OOP 的态度有所松动，转而携带 Erlang 去拥抱 OOP，这也侧面说明

POP 和 OOP 都有可取之处。这二者之间的区别，可用下面的案例来说明。为解决某个任务，面向过程的程序设计首先强调的是"怎么做（How to do）"，这里的"How"，对应的解决方案就形成一个个功能块——函数（function），而面向对象程序设计，首先考虑的是"让谁来做（Who to do）"，这里的"Who"就是对象。这些对象为完成某项任务所必须具备的能力，就构成了一个个方法（method）。

具体到"召集人员远程开会"这个任务，面向过程强调的是"如何去开会"，其中涉及的"人"，只是一个完成这个"开会功能"的参数；而面向对象强调的是"谁来开会"——如果对象确定是"人"，那么"怎样开会"只是人内部实现的一个方法而已。二者之间的对比示意图如图 4-30 所示。

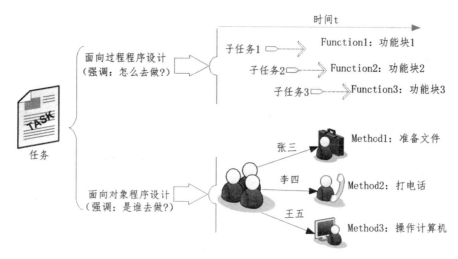

图 4-30　面向过程与面向对象编程范式的区别

面向对象程序设计，是在面向过程程序设计的基础上发展而来的，只是添加了它独有的一些特性。面向对象程序设计中的对象是由数据和方法构成的，所以完整的面向对象的概念应该是：

$$对象 = 数据 + 方法$$

更进一步可以描述为：

$$程序 = 对象 + 消息传递 = （数据 + 方法）+ 消息传递$$

将具有的相同属性（即数据）及相同行为（即对数据的操作）封装在一起，便是创造了新的类（class），这大大扩充了数据类型的概念。

类，是对某一类事物的描述，是抽象的、概念上的定义。而对象是实际存在的该类事物的个体，因而也被称作实例（instance）。图 4-31 所示的是一个说明类与对象关系的示意图。

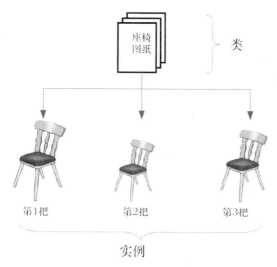

图 4-31　类与对象的关系

我们可以把类比拟为对象工厂所用的设计图纸，而对象都是同一工厂按照图纸生产出来的一个个产品。具体到图 4-31，类就是座椅的设计图纸，那么对象就是类工厂加工出来的座椅，由于每个对象的属性不太一样，所以加工出来的座椅也在大小和形态上有所不同。面向对象程序设计的重点是类的设计，而非对象的设计。

一个类按照相同的方法可以产生多个对象，其开始的状态都是一样的，但如果修改其中一个对象的属性，其他对象是不会受到影响的。这就体现了面向对象的一个重要特性——封装性。

4.4.7.2　Python 中的面向对象

Python 在设计之初，定位为一门面向对象的语言。正因为如此，在 Python 中创建类和对象是很容易的。下面我们简要介绍 Python 中的面向对象编程。

类的定义与使用

Python 使用关键字 class 来定义一个新类，class 关键字之后是一个空格，接下来是类名，然后以冒号结尾。其格式如下所示。

```
class ClassName:
    class_suite  #类体
```

这里，class_suite 由成员方法和数据成员组成。需要说明的是，一般来说，函数和方法可看作同义词。但在 Python 中，函数和方法还是有所不同的。方法，通常是指与特定实例绑定的函数。比如，我们常把类中的函数称为方法（这点类似于 Java），而把不和实例绑定的普通功能块称为函数。当通过对象调用方法时，对象本身（即 self）将作为第一个参数传递过去，而普通函数则不具备这个特性。

范例 4-2 演示了一个具体的类设计和使用。

【范例 4-2】Python 类的设计（class-people.py）

```
01  class Person:
02      height = 140              #定义类的数据成员
03      #定义构造方法
04      def __init__(self,name,age,weight):
05          self.name = name      #定义对象的数据成员属性
06          self.age = age
07          #定义私有属性,私有属性在类外部无法直接进行访问
08          self.__weight = weight
09      def speak(self):
10          print("%s 说: 我 %d 岁, 我体重为 %d Kg, 身高为 %d cm" %(self.name,
                  self.age,self.__weight, Person.height))
11
12  # 实例化类
13  p1 = Person ('Alice',9,30)    # 实例化 people 类
14  p1.speak()                    # 引用对象中的公有方法
15  p1.age = 10
16  p1.name = 'Bob'
17  p1.speak()
```

【运行结果】

```
Alice 说: 我 9 岁, 我体重为 30 Kg, 身高为 140 cm
Bob 说: 我 10 岁, 我体重为 30 Kg, 身高为 140 cm
```

【代码分析】

简单解释一下范例 4-2 的代码。在 Python 中，类中的数据成员可大致分为两类：属于对象的数据成员和属于类的数据成员。属于对象的数据成员，主要是指在构造方法 __init__() 中定义的（当然也可以在其他成员方法中定义），这类数据成员的定义和使用都必须以 self 作为前缀。同一个类定义下的不同对象之间互不影响。而属于类的数据成员为所有对象共享，它不独属于任何一个对象。这点类似于 C++/Java 中的静态数据成员。

第 02 行，定义了一个属于类的数据成员 height，作为类共享变量，它属于所有后续创建的对象。在本例的构造方法 __init__() 中 (第 04~08 行), 定义了三个数据成员 (name、age 和 __weight)，它们都是用 "self." 做访问修饰，这表明它们是属于对象的数据成员。第 08 行定义的数据成员与第 05~06 行不同的地方在于，该数据成员的名称是以两个下画线 "__" 开始的，这表明它是一个私有数据成员。

私有数据成员在类外通常是不能被直接访问的。如果想访问这类数据成员，需要借助公有成员函数（它相当于类的外部接口），例如第 09~10 行定义的方法 speak()，它就可以访问私有数据成员 "__weight"。

类似的，如果一个方法名称是由两个下画线 "__" 开始的，则表明它是一个私有方法。一个私有方法只能在类的内部被调用。

有趣的是，Python 以下画线开头或结尾命名的成员，通常都有特殊的含义。比如，有如下三种情况，值得注意（如下 "xxx" 表示任意合法字符串）[3]。

（1）_xxx：以一个下画线开始的成员，表示它是保护成员，凡是被这样的标识命名的，不能通过 "from module import *" 方式导入它。也就是说，这类保护成员，只对自己和其子类开放访问权限。

（2）__xxx__：前后都由两个下画线构成的成员，表示这是 Python 系统自定义的特殊成员。比如，__init__() 表示构造方法、__del__() 表示析构方法等。

（3）__xxx：仅前面是两个下画线开始的成员，它表示私有成员（如前所述）。这类成员只能供类内部使用，不能被继承。但可以通过 "对象名._类名__xxx" 这样特殊的方式来访问。因此，严格意义上，Python 不存在私有成员。

范例 4-2 中的 speak() 方法，由于方法名开始处没有 "__"，说明它是公有方法。如果要访问对象里的某个公有数据成员或方法，可通过下面的语法来实现。

```
对象名称.属性名              #访问属性
对象名称.方法名()            #访问方法
```

例如，若想给 Person 类的对象 p1 中的属性 name 赋值为"Bob"，年龄赋值为 11，可用如下方法来访问（见范例 4-2 的第 15 行和第 16 行）。

```
p1.age = 10 ;                #修改 Person 类中的 age 属性
p1.name = 'Bob';             #修改 Person 类中的 name 属性
```

如果想调用 Person 中的 speak ()方法，可采用下面的写法（参见范例 4-2 的第 14 行和第 17 行）。

```
p1. speak () ;       # 调用 Person 类中的 speak()方法
```

对于取对象属性和方法的点操作符"."，笔者建议读者直接读成中文"的"，例如，p1.name = "Bob"，可以读成"p1 的 name 被赋值为 Bob"。再例如，"p1.talk()"可以读成"p1 的 talk()方法"。这样读是有原因的，点操作符"."对应的英文为"dot [dɔt]"，通常"t"的发音弱化而读成"[dɔ]"，而"[dɔ]"的发音很接近汉语"的"的发音"[de]"，如图 4-32 所示。此外，"的"在含义上也有"所属"关系。因此将点操作符读成"的"，音和意皆有内涵。

图 4-32 点操作符"."的发音

在 Python 的类内部定义一个方法，同样需要使用 def 关键字来标识，但与类外的一般函数定义不同，类中方法的参数必须包括 self，且为第一个参数。比如，构造方法（第 04 行）的第一个参数就是 self，后面的三个参数 name、age 和 weight，才是真正意义上的形参。再比如，speak()方法（第 09 行），本不需要额外的参数，但按照 Python 的要求，它的第一个参数必须是 self。

事实上，很多类在生产对象时，都倾向于将对象创建为有初始状态的。因此，在 Python 中，在类中可能会定义一个名为__init__()的特殊方法，它的功能就如 C++/Java 中的构造方法，主要用于对象初始化，如范例 4-2 中第 04~08 行代码所示的。在代码的第 13 行中，创建了一个新的实例 p1，它会自动调用构造方法。

```
p1 = Person ('Alice',9,30)        # 实例化 Person 类，自动调用构造函数__init__()
```

与 C++/Java 等语言不同的是，Python 并没有使用"new"操作来生产一个新对象，而是自动为用户创建对象，然后使用 __init__() 方法初始化该对象。对于上一行代码，Python 编译器会将其解释为如下代码：

```
Person().__init__ (p1,'Alice',9,30)
```

其中 Person 是类名（即工厂函数），它会显式调用 __init__()，可以看到，p1 作为该函数的第一个实参，传递给 __init__() 的第一个形参 self。现在你该明白 self 的用途了吧，它就代表对象本身。有点类似于 C++ 中的 this 指针或 Java 中的 this 对象。**事实上，作为函数形参的 self，并非 Python 的关键字，我们还真可以直接使用其他名称（如"this"）来代替"self"，但最好还是约定俗成地使用"self"。**

下面回到 Person 类的数据成员的讨论上，假设我们在范例 4-2 后面追加如下语句。

```
18    p2 = Person ('Luna',10,31)        #创建另外一个对象 p2
19    Person.height = 150               #为属于类的数据成员 height 重新赋值
20    p1.speak()                        #输出 p1 对象的信息
21    p2.speak()                        #输出 p2 对象的信息
```

【运行结果】
```
Alice 说：我 9 岁，我体重为 30 Kg，身高为 140 cm
Bob 说：我 10 岁，我体重为 30 Kg，身高为 140 cm
Bob 说：我 10 岁，我体重为 30 Kg，身高为 150 cm
Luna 说：我 10 岁，我体重为 31 Kg，身高为 150 cm
```

【代码分析】

从输出结果可以看出，在第 19 行更改了属于类的公有数据成员 height 的值，该数据为所有对象共享，因此对象 p1 和 p2 中的 height 值都被改变了。

Python 类中的单继承

俗话说，"虎父无犬子""龙生龙，凤生凤，老鼠的儿子会打洞"，这在一定程度上说明了继承的重要性——优秀的特性要留给后辈。

在面向对象程序设计中，继承（Inheritance）是软件复用的关键技术。通过继承，可复用父类的优秀特性，同时还可进一步扩充新的特性，适应新的需求。通过继承，还可在很大程度上降低大型软件的开发难度，从而提高软件的开发效率。

在已有类的基础上新增自己的特性，继而产生新类的过程，称为派生。我们把既有类称为基类（Base Class）、超类（Super Class）或者父类（Parent Class），而派生出的新类，称为派生类（Derived Class）或子类（Subclass）。

继承的目的在于实现代码重用，即对已有的、成熟的功能，子类从父类执行"拿来主义"。而派生的目的则在于，当新的问题出现时，原有代码无法解决（或不能完全解决）时，需要对原有代码进行全部（或部分）改造。对于面向对象的程序而言，设计孤立的类是比较容易的，难的是如何正确设计好类的层次结构，以达到代码高效重用的目的。

如果一种语言不支持继承（这意味着软件复用的程度很低），类的存在意义就不大。Python 支持类的继承，且如 C++ 一样，它还支持多继承。

Python 的派生类的定义格式如下所示。

```
class 派生类名 (基类名1 [, 基类名2…,]) :
    <语句-1>
    ……
    <语句-N>
```

这里需要注意的是圆括号中基类的顺序，若基类中有相同的方法名，而在子类使用时未指定，Python 将从左至右搜索，即方法在子类中未找到时，从左到右查找基类中是否包含方法。

基类名必须与派生类定义在一个作用域内。如果基类定义在另一个模块中，则要指定模块类名，如下所示。

```
class 派生类名 (模块名.基类名) :
    <语句-1>
    ……
    <语句-N>
```

下面我们演示一些 Python 中的单一继承操作，如范例 4-3 所示。

【范例 4-3】 Python 中的继承（class-people-student.py）

```
01  class Person:
02      height = 140    #定义类的数据成员
03      #定义构造方法
04      def __init__(self,name,age,weight):
05          self.name = name    #定义对象的数据成员属性
06          self.age = age
07          #定义私有属性,私有属性在类外部无法直接进行访问
08          self.__weight = weight
09      def speak(self):
10          print("%s 说: 我 %d 岁, 我体重为 %d Kg, 身高为 %d cm" %(self.name,
                self.age, self.__weight, Person.height))
11
12  # 单继承示范
13  class Student(Person):
14      grad = ''
15      def __init__(self,name,age,weight,grad):
16          #调用父类的构造方法，初始化父辈数据成员
17          Person.__init__(self, name,age,weight)
18          self.grade = grad
19
20      #覆写父类的同名方法
21      def speak(self):
22          print("%s 说: 我 %d 岁了, 我在读 %d 年级"%(self.name,self.age,self.grade))
23
24  stu = Student('Alice',10,40,3)
25  stu.speak()
```

【运行结果】如下所示：

```
Alice 说: 我 10 岁了, 我在读 3 年级
```

【代码分析】

在范例 4-3 中，子类 Student 继承自父类 Person，也就是说，父类的数据成员和方法成员，

Student 全盘接收。但是，这两个类之间彼此还是有"代沟"的。比如，__init__(self, name, age, weight, grad)是构造方法（第 15~18 行），它用于初始化全部数据成员，但对于来自父类的数据成员（如 name、age 和 __weight），它还是交由父类自己的构造方法来初始化（第 17 行）。而 Student 类自己新建的数据成员 grade，则需要自己进行初始化（第 18 行）。

类似的，如果想在子类中调用基类的方法，可使用内置方法 super( )或通过"基类名.方法名"的方式来达到这一目的，如第 17 行的 Person.__init__( )。

此外，Student 类还继承了来自父类 Student 的公有方法 speak()。但如果父类方法的功能不能满足子类的需求，那么可在子类中重写父类的方法，这种改造父类同名方法的策略，称为覆写（Override）。代码第 21~22 行，就是一个对父类 speak()方法的覆写操作。

4.5 本章小结

在本章中，我们首先介绍了机器学习的常用类库，还对 Python 的基本语法做了简要介绍。从介绍中可以发现，Python 是一门简捷而功能强大的语言，而且非常适用于机器学习领域的应用开发。

4.6 请你思考

通过本章的学习，请你思考如下问题：

（1）向后兼容（Backwards Compatibility）基本上是软件开发行业的标配指标。它指的是现在的版本可以支持以前的版本。但 Python 3 显然走的不是这条路。有人认为这是 Python 3 对 Python 社区的"一种背叛"，也有人认为，Python 3 显然更能体现它的设计哲学——简捷，向后兼容会让软件越来越臃肿不堪（比如 Java 就是这个局面）。对于向后兼容，你的观点是什么？为什么？

（2）Python 提倡"一切皆对象"，是一种高效的面向对象编程（OOP）语言。但有人认为，OOP 仅仅是一种编程范式而已，编程领域并没有"银弹"，"世上没有低级的法术，只有低级的法师"。林纳斯·托瓦兹（Linus Torvalds）就用面向过程的 C 语言，写出了名声赫赫的 Linux，所以我们不应将 OOP 泛滥成灾地宣传为全能的"套路"，你是怎么看？

在了解基本的 Python 语法后，下一章我们将涉足机器学习的入门级实战，在实战中，除了会让读者加深对机器学习的理解，还会对已经学过的 Python 知识进行温习。

参考资料

[1] Pedregosa F, Varoquaux G, Gramfort A, et al. Scikit-learn: Machine learning in Python[J]. Journal of machine learning research, 2011, 12(Oct): 2825-2830.

[2] Brett Cannon. Why Python 3 exists. https://snarky.ca/why-python-3-exists/.

[3] 董付国. Python 可以这样学[M]. 北京：清华大学出版社，2017.

Chapter five

第 5 章　机器学习终觉浅，
　　　　　Python 带我来实践

陆游说，"纸上得来终觉浅，绝知此事要躬行。"的确，如果想接地气，就不能仅是坐而论道地谈论机器学习。Python 是机器学习领域应用最为广泛的编程语言之一。在本章中我们将以 Python 为编程载体，循序渐进、稳扎稳打地实践机器学习的经典算法。

在本章之初，需要说明的是，本章的学习目的有二：一是要进一步夯实读者的 Python 基础。磨刀不误砍柴工，只有 Python 基础打牢了，才能理解他人的优秀代码，进而才有能力写出自己的机器学习算法。二是帮助读者建立起对机器学习的感性认识，从而为后面深度学习的实战做好准备。

机器学习体系庞大，限于篇幅和目的，我们只对常见的机器学习算法（如线性回归和 k-近邻分类算法）进行详细的实战说明。读者若想系统了解更多机器学习实战，可参阅参考资料[1]和[2]。

5.1 线性回归

5.1.1 线性回归的概念

线性回归（Linear Regression）的概念，我们并不陌生。事实上，在第 3 章中，我们已简要地介绍了这个概念。"回归"的形式化定义可描述为，设定由 m 个训练样本构成的数据集合 D：

$$D = \{(x^1, y^1), (x^2, y^2), ..., (x^m, y^m)\}$$

这里 $\boldsymbol{x}^i = (x_1^i, x_2^i, ..., x_n^i)^\mathrm{T}$，表示第 i 个训练样本的输入特征向量，$y^i \in \mathbf{R}$，为实数域输出。我们知道，回归的核心任务在于，面对一堆输入、输出数据集合 D，构建一个模型 T（其形式通常表现为某个函数 $f(x)$），使得 T 尽可能地拟合 D 中输入和输出数据之间的关系。然后，对新输入的 x_{new}，能应用模型 T，给出预测结果 $f(x_{\text{new}})$。

回归与分类都属于监督学习的范畴，二者概念有相似之处，即在训练集合中，都有"教师信号"来帮忙判定输出是否有偏差，然后据此偏差，调节模型 T 中的参数，直至模型 T 以最小的代价拟合训练集合中的所有数据。

但二者也是有区别的。最明显的区别在于，**分类的预测值是离散的**，仅仅涉及少数几个类别。相比而言，**回归的预测值是连续的**，在某种程度上，它的预测值可以说有无数个。用一个具体的场景来说明，如果我们要判定某种花属于哪一个花科，这属于分类。但我们想预测，随着时间流逝，花瓣的长势，这就属于回归。

回归有很多种类。按照涉及变量的多少，分为一元回归和多元回归。按照自变量和因变量之间的关系类型，分为线性回归和非线性回归。我们这里仅讨论最简单的一元线性回归。那什么是一元线性回归呢？简单来说，线性回归就是假设输入变量（x）和单个输出变量（y）之间的线性关系。其模型可用公式（5-1）表示。

$$y = w_1 x + w_0 \tag{5-1}$$

这里，w_1 和 w_0 为回归系数。具体说来，权值 w_1 为变量 x 的系数，w_0 为函数 $y = f(x)$ 在 y 轴上的截距。对于线性回归，我们的目标是通过对训练集合的学习，获得这两个权值。线性回归可看作求解样本点的最佳拟合直线，如图 5-1 所示。

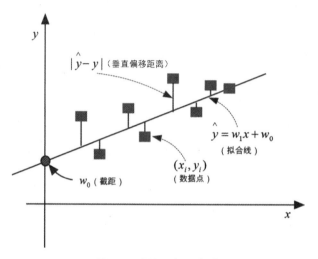

图 5-1　线性回归示意图

拟合而成的回归线与样本点之间的垂直线，就是"残差（Residual）"，也就是预测值和实际值的误差，记为 ε_i，如公式（5-2）所示。

$$\varepsilon_i = |y_i - \hat{y}_i| \tag{5-2}$$

于是我们的目标变为，求得一条拟合线 $\hat{f}(x)$，使得误差之和 $\sum_{i=1}^{m} \varepsilon_i$ 最小。

那如何找到这样一条曲线呢？最常用的方法，就是**最小二乘法（Least Squares Method，LSM）**。其主要思想是选择未知参数，以某种策略使得理论值与观测值之差的平方和达到最小（前面提及残差，用的是绝对值，这里主要出于计算损失函数的偏导数时方便，用的是平方和）。这样一来，线性回归的损失函数可表示为公式（5-3）所示的模型。

$$\min_{} H = \sum_{i=1}^{m} (y_i - \hat{y}_i)^2 = \sum_{i=1}^{m} (y_i - w_1 x_i - w_0)^2 \tag{5-3}$$

为了让 H 达到最小值，根据高等数学知识，我们分别对 w_1 和 w_0 求一阶偏导，然后让其等于 0，即可得到公式（5-4）所示的关系。

$$\begin{cases} \dfrac{\partial H}{\partial w_0} = -2\sum_{i=1}^{m}(y_i - w_1 x_i - w_0) = 0 \\ \dfrac{\partial H}{\partial w_1} = -2\sum_{i=1}^{m}(y_i - w_1 x_i - w_0)x_i = 0 \end{cases} \tag{5-4}$$

整理公式（5-4），变形可得公式（5-5）。

$$\begin{cases} m w_0 + w_1 \sum_{i=1}^{m} x_i = \sum_{i=1}^{m} y_i \\ w_0 \sum_{i=1}^{m} x_i + w_1 \sum_{i=1}^{m} x_i^2 = \sum_{i=1}^{m} x_i y_i \end{cases} \tag{5-5}$$

为方便起见，下面将一些变量均值进行如下简记（即上方有横杠的变量）。

$$\bar{x} = \frac{1}{m}\sum_{i=1}^{m} x_i \tag{5-6}$$

$$\bar{y} = \frac{1}{m}\sum_{i=1}^{m} y_i \tag{5-7}$$

$$\overline{x^2} = \frac{1}{m}\sum_{i=1}^{m} x_i^2 \tag{5-8}$$

$$\overline{xy} = \frac{1}{m}\sum_{i=1}^{m} x_i y_i \tag{5-9}$$

将上述简记符号重新带入公式（5-5），并两边同时除以 m，可得公式（5-10）。

$$\begin{cases} w_0 + w_1 \bar{x} = \bar{y} \\ w_0 \bar{x} + w_1 \overline{x^2} = \overline{xy} \end{cases} \tag{5-10}$$

解方程组（5-10），可得：

$$\begin{cases} w_1 = \dfrac{\overline{xy} - \bar{x}\,\bar{y}}{\overline{x^2} - (\bar{x})^2} \\ w_0 = \bar{y} - w_1 \bar{x} \end{cases} \tag{5-11}$$

又因有如下恒等式：

$$\overline{x^2} - (\overline{x})^2 = \frac{1}{m}\sum_{i=1}^{m} x_i^2 - (\overline{x})^2 = \frac{1}{m}\sum_{i=1}^{m}(x_i - \overline{x})^2 \qquad (5\text{-}12)$$

$$\frac{1}{m}\sum_{i=1}^{m}(x_i - \overline{x})(y_i - \overline{y}) = \frac{1}{m}\sum_{i=1}^{m} x_i y_i - \overline{x}\,\overline{y} = \overline{xy} - \overline{x}\,\overline{y} \qquad (5\text{-}13)$$

为便于计算，将公式（5-12）和（5-13）带入（5-11），w_1 的表达式可变形为另外一种形式，如公式（5-14）所示。

$$w_1 = \frac{\sum_{i=1}^{m}(x_i - \overline{x})(y_i - \overline{y})}{\sum_{i=1}^{m}(x_i - \overline{x})^2} \qquad (5\text{-}14)$$

这里，分子部分的 $(x_i - \overline{x})(y_i - \overline{y})$ 实际上就是协方差，分母部分就是样本变量 x 的方差，$\overline{x}$ 和 $\overline{y}$ 分别为变量和因变量的均值。

有的读者看到这么复杂的公式，会心生一些抵触。实际上，对于偏重于工程实现的读者来说，的确没必要详细知道公式的来龙去脉。比如，对于前面提到的基于最小二乘法的线性回归求解，只需要知道（5-11）和（5-14）即可。

有一篇博文《如何优雅地打开堆满数学公式的机器学习论文》[①]，也持有类似的观点，在阅读机器学习论文时，面对很长的公式、大量的代数运算，以及大量复杂公式的变换时，我们应先简单略过复杂的数学推导，并假设它是正确的，抓住文章的重要结论和意义。有了初步的认知之后，再精耕细读，逐步加深自己的理解。

当然，如果你数学本来就很好，并立志在学术上有所造诣，那就另当别论了。事实上，对于求解如公式（5-3）所示的最小化问题，通常有两种解法。第一种方法，就是我们前面提到的**"解析法"**，也就是根据极值存在的必要条件，对损失函数的参数（如 w_0 和 w_1）进行求导，得到参数方程，然后令参数方程组为 0。于是，将最小化问题转换为方程组求解问题。

第二种方法，利用**迭代法**求解。也就是利用各种优化算法，如随机梯度下降法，快速逼近最优参数（如 w_0 和 w_1）。这个方法，在后续的章节中我们会详细讲解，本章暂不涉及。

[①] https://amp.reddit.com/r/MachineLearning/comments/6rj9r4/d_how_do_you_read_mathheavy_machine_learning

5.1.2 简易线性回归的 Python 实现详解

有了前面章节的理论铺垫，下面我们从简易线性回归开始实践[3]。我们把诸如 w_0 和 w_1 这样的参数称为回归系数（Regression Coefficient）。对于一元简易线性回归而言，只要我们知道了回归系数 w_0 和 w_1，就可以把模型建立起来，然后再利用这个模型，输入新的变量 x，就能得出预测值 y。

通过前面的分析可知，如果想计算回归系数，就需要计算训练样本的均值、方差和协方差等。为了计算上述数值，我们需要构建如下几个 Python 函数。

5.1.2.1 设计均值和方差

假设均值函数为 mean(values)，它可以表述为：

```
mean(values) = sum(values) / count(values)
```

列表 values 为输入变量。请注意，列表中包括一系列训练样本值，而不是单个特定的值。于是 mean(values)函数的 Python 代码可定义如下。

```
def mean(values):
    return sum(values) / float(len(values))
```

有了均值 mean，我们就可以计算样本方差 variance 了。假设均值函数为 variance()，它的求解公式可以表述为：

```
variance(x) = sum( (x - mean(x))^2 )
```

具体到对应的 Python 代码如下所示。

```
def variance(values, mean):
    return sum([(x-mean)**2 for x in values])
```

为了测试上述函数，假设我们的数据如下（第一列为 x 的值，第二列为 y 的值）：

```
1.2, 1.1
2.4, 3.5
4.1, 3.2
```

```
3.4, 2.8
5.0, 5.4
```

当然,如果这样的数据比较多,还可以将数据保存为".CSV"文件,这类文件也被称为"逗号分隔值"(Comma-Separated Values,CSV)。此类文件以纯文本形式存储,不同数据以逗号隔开。因为分隔字符也可以不是逗号(还可以是分号或制表符),所以 CSV 文件有时也被称为"字符分隔值"。

由于人类是有"视觉青睐"倾向的,因此,我们也可用散点图将数据以可视化的形式呈现出来,以获得一个感性认识。前面我们提及的可视化绘图工具 Matplotlib,现在可以派上用场了。Python 代码如范例 5-1 所示,运行结果如图 5-2 所示。

【范例 5-1】画出散点图(polt.py)

```
01   import matplotlib.pyplot as plt
02   dataset = [[1.2, 1.1], [2.4, 3.5], [4.1, 3.2], [3.4, 2.8], [5, 5.4]]
03   x = [row[0] for row in dataset]
04   y = [row[1] for row in dataset]
05   plt.axis([0, 6, 0, 6])
06   plt.plot(x, y, 'bs')           #分别以 x 和 y 列表元素为坐标点,画出方块散点图
07   plt.grid()
08   plt.show()
09   plt.savefig('scatter.png')
```

【运行结果】

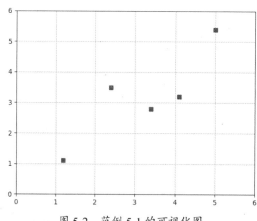

图 5-2 范例 5-1 的可视化图

【代码分析】

由于在后面的机器学习算法中,我们经常会用绘图来呈现结果,所以这里有必要介绍一下 Matplotlib 的用法。

要利用 Matplotlib 来画图,首先需要安装 Matplotlib 库。要安装这个库,在命令行输入如下命令即可(在 Mac/Linux 系统中,还要加入 sudo 前置指令,获取临时 root 权限)。

```
pip3 install matplotlib
```

在 Matplotlib 中,提供了类似 MATLAB 的绘图框架——pyplot。在代码第 01 行中,导入了这个类库,并为其取了一个简单的别名 plt,以简化后续的代码编写。第 02 行,使用列表嵌套列表的方式,将 5 个坐标点(x_i, y_i)分别存储在列表 dataset 中。在第 03~04 行代码中,使用 for...in 语法分别读取列表 dataset 的第一个坐标和第二个坐标,以构成横坐标列表 x 和纵坐标列表 y,它们包含的元素个数都是 5 个。

鉴于在前面的章节中我们没有过多讲解 Python 列表的用法,这里需要多解释几句。第 03~04 行代码涉及 Python 的"列表推导式"。列表推导式的语法形式为:

[表达式 for 变量名 in 序列或迭代对象]

在逻辑上,列表推导式相当于一个循环体,只是在形式上更加简洁。例如:

```
>>> aList = [x*x for x in range(10)]
>>> aList                            #显示列表
[0, 1, 4, 9, 16, 25, 36, 49, 64, 81]
```

上面的代码用到了 Python 内置函数 range(),它的功能是返回一系列从 0 开始的连续递增整数,可生成一个小于 x 但不包括 x 的整数列表对象[4]。上述代码等价于如下代码:

```
>>> aList = [ ]                      #先创建一个空列表 aList
>>> for x in range(10):              #然后循环读取由 range 产生的每一个值,并赋值为 x
        aList.append(x*x)            #依次将 x*x 的结果作为一个元素追加到列表 aList 中
>>> aList
[0, 1, 4, 9, 16, 25, 36, 49, 64, 81]
```

通过上面的描述,现在我们可以很好地解释第 03 行的代码了。它首先产生一个空列表 x(相当于 x = [ ]),然后利用 for 循环依次读取列表 dataset 中的元素,并赋值为 row。由于列表 dataset 中的每个元素也是一个列表,这样 row 也被定义为一个列表(在 Python 中,变量只有在被赋值时才被确定数据类型)。而读取一个列表的元素,可以用索引(即下标)的方式。例如,读取列表中的第一个元素,就是 row[0]。这样一来,一条语句就完成了对整个横轴坐标的读取任务。第 04 行的功能类似,不再赘述。

第 05 行设置绘图的坐标范围,其中 axis([x0, x1, y0, y1])中的 4 个参数,分别表示横坐标从 x_0 到 x_1,纵坐标从 y_0 到 y_1。

第 06 行的方法 plot(x, y,'bs'),表示以 x 轴中的序列值和对应的 y 轴的序列值为坐标绘制图形,"bs"是"blue squares"的简写,表示绘图格式被设置为"蓝色方块"。在 Matplotlib 中,常用一些英文缩写或形象的字符来表示点的格式,比如"ro"表示红色圆点,这里"r"是"red"的简写,而圆点就用形象化的字母"o"表示,而不是"circle"的缩写"c"。同理,"bo"表示的是蓝色的圆点。再例如,"b-"表示的是蓝色(blue)的线条(-)。"g^"表示的是绿色(green)的三角形(^)。读者朋友可尝试将第 06 行的绘图格式,替换为其他合法的绘图标识,体验一下不同的绘图风格。

第 07 行的 grid()方法,表示显示网格线。这是一个可选项,并不是每张图都需要画网格。第 08 行的 show( )方法,用以在屏幕上显示前面绘制的图片。对于 IDLE 而言,它会显示一个绘图窗口,窗口中有保存按钮,以便保存输出的图片。第 08 行,是直接保存这个生成的图片,这也是一个可选项。函数 savefig()中的参数为保存的图片名称(可设置保存路径)和类型。

在 Matplotlib 中可支持输出的文件格式包括 PNG、EPS、PDF 及 SVG 等,但它并不原生支持 JPG 格式。如果想输出 JPG 格式的图片,还需要安装 Pillow 类库,在命令行输入如下命令即可。

```
pip3 install pillow
```

有了前面的介绍,下面我们开始计算上述 5 个数据的均值和方差。代码如范例 5-2 所示。

【范例 5-2】计算样本的均值和方差

```
01   #定义求均值的函数
02   def mean(values):
03       return sum(values) / float(len(values))
```

```
04
05     # 计算求方差的函数
06     def variance(values, mean):
07         return sum([(x-mean)**2 for x in values])
08
09     # 开始计算均值和方差
10     dataset = [[1.2, 1.1], [2.4, 3.5], [4.1, 3.2], [3.4, 2.8], [5, 5.4]]
11     x = [row[0] for row in dataset]
12     y = [row[1] for row in dataset]
13     mean_x, mean_y = mean(x), mean(y)
14     var_x, var_y = variance(x, mean_x), variance(y, mean_y)
15     print('x 统计特性：均值 = %.3f 方差 = %.3f' % (mean_x, var_x))
16     print('y 统计特性：均值 = %.3f 方差 = %.3f' % (mean_y, var_y))
```

【运行结果】

x 统计特性：均值 = 3.220 方差 = 8.728
y 统计特性：均值 = 3.200 方差 = 9.500

【代码分析】

这里简单介绍一下代码的含义。在第 03 行，用到了 Python 的一个内置函数 sum()，该函数的功能是返回一个数字序列（非字符串）的和。这里的序列包括列表或元组。第 07 行也利用了这个内置函数 sum()。有所不同的是，在第 07 行的方括号"[]"内，利用了前文介绍的列表推导式功能，它可以迭代返回一个列表。

这里还需要说明的是第 13 行和第 14 行。在 Python 中，它可以接受，在同一行中用一个等号"="先后为不同的变量赋值。实际上，这个用法可归属于 Python 的语法糖范畴。我们知道，对于元组这种数据结构，它的所有元素都要包括在圆括号之内。那么，请问下面的语句是什么意思呢？

```
>>> temp = 1, 2, 3
```

如果我们接着用 Python 的内置函数 type() 来查询 temp 的类型，就可以一目了然。

```
>>> type(temp)
```

```
<class 'tuple'>
```

从运行结果可以看出，原来 temp 的类型竟然就是元组（tuple）！现在我们知道了，**元素之间用逗号隔开，才是识别某个对象是不是元组类型的关键**。然后，我们观察如下语句，可看出元组之间是可以直接赋值的。

```
>>> temp2 = temp
>>> temp2
(1, 2, 3)
```

现在，再回看一下第 13 行代码，你就能理解等号左右两端，其实是两个匿名元组之间的元素进行对等赋值，即 mean_x, = mean(x)、mean_y = mean(y)。第 14 行的代码功能与第 13 行类似，不再赘述。一言蔽之，Python 利用了大量的语法糖，让用户尝到了甜头，而独留编译器在背后"多多折腾"。

5.1.2.2 计算协方差

在计算完均值和方差之后，如果想计算出公式（5-14）中的 w_1，还需要计算出样本的协方差。简单来说，**协方差用于衡量两个变量的总体误差。方差可视为协方差的一种特殊情况，即当两个变量相同时的情况**。

假设协方差的函数名为 covariance()，它的构建要依赖于前面提及的均值函数 mean()。实现的代码如范例 5-3 所示。

【范例 5-3】计算协方差（covar.py）

```
01  dataset = [[1.2, 1.1], [2.4, 3.5], [4.1, 3.2], [3.4, 2.8], [5, 5.4]]  # 样本数据
02  x = [row[0] for row in dataset]
03  y = [row[1] for row in dataset]
04
05  def mean(values):                                    # 计算样本均值的函数
06      return sum(values) / float(len(values))
07
08  def covariance(x, mean_x, y, mean_y):                # 计算 x 与 y 协方差的函数
09      covar = 0.0
10      for i in range(len(x)):
11          covar += (x[i] - mean_x) * (y[i] - mean_y)
```

```
12      return covar
13  mean_x, mean_y = mean(x), mean(y)            # 获取均值
14  covar = covariance(x, mean_x, y, mean_y)     # 获取协方差
15  print('协方差 = : %.3f' % (covar))             # 输出协方差
```

【运行结果】

协方差 = : 7.840

【代码分析】

通过前文的介绍，范例中的代码是比较容易理解的。这里仅简单解释一下第 15 行代码。这里涉及 print 函数的格式化输出。Python 中字符串格式化使用的规则如下所示（以两个变量为例）。

print("字符 %格式1 %格式2 字符"%(变量1,变量2))

字符串可以用单引号也可用双引号包裹起来，其中%格式表示接受变量的类型，后面的一对圆括号，放置不同的变量，用半角逗号隔开。常用的输出格式如表 5-1 所示。

表 5-1　Python 中格式化的符号及含义

格式符号	表示类型
%s	格式化字符串
%c	格式化字符及 ASCII 码
%d	格式化十进制整数
%o	格式化八进制整数
%x/%X	格式化十六进制整数
%e/%E	科学计数
%f/%F	浮点数
%%	输出%

此外，Python 还提供了格式化操作符的辅助指令，如表 5-2 所示。

表 5-2　格式化操作符的辅助命令

格式符号	含义
m.n	m 为显示的最小整数的宽度，n 是小数点后的位数

续表

格式符号	含义
-	输出结果左对齐
+	在正数前面显示加号
#	在八进制数前面显示 "0o" 字样,十六进制数前显示 "0X64" 字样
0	在输出的数字前填充 0 代替空格

5.1.2.3 估算回归系数

有了前面的工作铺垫,我们很容易根据公式(5-14)和(5-11)计算出回归系数 w_1 和 w_0。为了简化,我们可以把(5-14)和(5-11)简化为公式(5-15)和(5-16)。

$$w_1 = \frac{\text{cov}(x, y)}{\text{var}(x, y)} \tag{5-15}$$

$$w_0 = \text{mean}(y) - w_1 \times \text{mean}(x) \tag{5-16}$$

计算回归系数的函数 coefficients(),其代码如范例 5-4 所示。

【范例 5-4】计算回归系数(coefficient.py)

```
01   # 样本数据
02   dataset = [[1.2, 1.1], [2.4, 3.5], [4.1, 3.2], [3.4, 2.8], [5, 5.4]]
03   x = [row[0] for row in dataset]
04   y = [row[1] for row in dataset]
05
06   # 计算样本均值的函数
07   def mean(values):
08       return sum(values) / float(len(values))
09
10   # 计算 x 与 y 协方差的函数
11   def covariance(x, mean_x, y, mean_y):
12       covar = 0.0
13       for I in range(len(x)):
14           covar += (x[i] - mean_x) * (y[i] - mean_y)
15       return covar
```

```
16
17    #计算方差的函数
18
19    def variance(values, mean):
20        return sum([(x-mean)**2 for x in values])
21
22    # 计算回归系数的函数
23    def coefficients(dataset):
24        x_mean, y_mean = mean(x), mean(y)
25        w1 = covariance(x, x_mean, y, y_mean) / variance(x, x_mean)
26        w0 = y_mean - w1 * x_mean
27        return w0, w1
28
29    #获取回归系数
30    w0, w1 = coefficients(dataset)
31    print('回归系数分别为: w0=%.3f, w1=%.3f' % (w0, w1))
```

【运行结果】

回归系数分别为：w0=0.308, w1=0.898

【代码分析】

通过前文的分析，在算法层面，读者在代码理解方面应该没有问题了。但在这里，我们还需要在语法层面强调一下，第 27 行代码的功能很强大，表面看起来，一个函数居然能同时返回两个元素。返回之后，在第 30 行，分别赋值给变量 w0 和 w1（这样的功能，在 C、C++或 Java 中通常是做不到的）。

但实际上，通过前面的分析，我们应该知道，第 27 行返回的实际是一个打包过的匿名元组。更确切地说，coefficients()返回的是这个匿名元组的首地址。我们知道，元组作为一种序列数据，它在内存中是连续分布的。所以，只要返回这个元组的首地址，其他元素就可以"顺藤摸瓜"（即使用索引）来访问。

第 30 行，等号的左侧也可视为一个元组（由以逗号隔开的若干个元素构成）。这样一来，就是由 coefficients( )函数返回的匿名元组（即由局部变量 w0 和 w1 构成），赋值给第 30 行等号左侧的匿名元组（即由全局变量 w0 和 w1 构成），然后两个元组中的元素一一对等赋值（即

w0 = w0，w1 = w1，需要注意的是，等号左右的变量虽然看起来是一样的，但其实是来自不同的元组，不过是凑巧二者同名而已）。

事实上，如果将第 27 行改为返回一个匿名列表"return [w0, w1]"，编译也是没有问题的。为什么呢？这不过是 Python 给用户多吃了一颗语法糖罢了。在 Python 中，**任何序列（或可迭代的对象，如列表、元组等）都可以通过一个简单的赋值操作，将其中的元素赋值给各个单独的变量**。这里唯一的要求就是，等号两侧的变量要在元素个数和元素结构上相互吻合。比如，等号一侧的第二个元素是列表类型，那么等号另一侧的第二个元素也须是列表，仅此而已。

5.1.2.4 预测

当我们从训练集合中把 w_0 和 w_1 求出来后，事实上已经把简易线性回归模型构建起来了。下面，我们要做的就是拿这个模型来做预测。

我们构建一个 simple_linear_regression() 函数，在测试（test）集合中完成预测任务，其示意代码如下所示。

```
01   def simple_linear_regression(train, test):
02       predict = list()                        #构建空列表
03       w0, w1 = coefficients(train)            #从训练集合中获取回归系数
04       for row in test:                        #从测试集中读取每一个不同的 x
05           y_model = w1 * row[0] + w0          #用模型预测 y
06           predict.append(y_model)             #记录每一个预测值 y
07       return predict
```

其实，我们还需要一个函数，姑且称之为 rmse_metric()，用来评估这一系列的预测值"靠不靠谱"。这里的"靠谱"说的其实是某种性能的度量，对于回归算法来说，常用的标准是**均方根误差（Root Mean Squared Error，RMSE）**，它是预测值（y_{model}）与实际值（y_{actual}）之间偏差的平方与预测次数 n（即为测试集的个数）比值的平方根，可用公式（5-17）表示。

$$\text{RMSE} = \sqrt{\frac{\sum_{i=1}^{n}(y_{model} - y_{actual})^2}{n}} \tag{5-17}$$

RMSE 表示的是预测的偏离程度，其值较低时，代表残差较小，趋近于 0 为最佳。有了公式（5-17），我们可以很容易完成 rmse_metric() 函数的设计。

但到这里，问题还没有完，我们还需要设计一个函数完成一定的"后勤工作"。比如，如果

我们的数据不再是简单的几个列表,而是从文件中读取,那么还需要设计读取数据的操作。等到这些数据读到内存中后,我们还需要把它们"分家",一部分用于训练,一部分用于测试。有了这些"后勤服务",我们才能顺利地调用上述设计的函数。现在,我们把这些后勤统筹工作也设计为一个函数,称之为**评估算法函数——evaluate_algorithm()**。这个函数我们不再单独给出,下面直接给出实现标准线性回归的全部 Python 源代码,如范例 5-5 所示。

【范例 5-5】实现标准简单线性回归(simple-linear-regression.py)

```
01  from math import sqrt
02  dataset = [[1.2, 1.1], [2.4, 3.5], [4.1, 3.2], [3.4, 2.8], [5, 5.4]] #样本数据
03
04  # 计算样本均值的函数
05  def mean(values):
06      return sum(values) / float(len(values))
07
08  # 计算 x 与 y 协方差的函数
09  def covariance(x, mean_x, y, mean_y):
10      covar = 0.0
11      for I in range(len(x)):
12          covar += (x[i] - mean_x) * (y[i] - mean_y)
13      return covar
14
15  # 计算方差的函数
16
17  def variance(values, mean):
18      return sum([(x-mean)**2 for x in values])
19
20  # 计算回归系数的函数
21  def coefficients(dataset):
22      x = [row[0] for row in dataset]
23      y = [row[1] for row in dataset]
24      x_mean, y_mean = mean(x), mean(y)
25      w1 = covariance(x, x_mean, y, y_mean) / variance(x, x_mean)
26      w0 = y_mean - w1 * x_mean
27      return (w0, w1)
```

```python
28
29  # 计算均方根误差 RMSE
30  def rmse_metric(actual, predicted):
31      sum_error = 0.0
32      for i in range(len(actual)):
33          prediction_error = predicted[i] - actual[i]
34          sum_error += (prediction_error ** 2)
35      mean_error = sum_error / float(len(actual))
36      return sqrt(mean_error)
37
38  # 构建简单线性回归
39  def simple_linear_regression(train, test):
40      predictions = list()
41      w0, w1 = coefficients(train)
42      for row in test:
43          y_model = w1 * row[0] + w0
44          predictions.append(y_model)
45      return predictions
46
47  # 评估算法数据准备及协调
48  def evaluate_algorithm(dataset, algorithm):
49      test_set = list()
50      for row in dataset:
51          row_copy = list(row)
52          row_copy[-1] = None
53          test_set.append(row_copy)
54      predicted = algorithm(dataset, test_set)
55      for val in predicted:
56          print('%.3f\t' %(val))
57
58      actual = [row[-1] for row in dataset]
59      rmse = rmse_metric(actual, predicted)
60      return rmse
61
```

```
62  # 返回 RMSE
63  rmse = evaluate_algorithm(dataset, simple_linear_regression)
64  print('RMSE: %.3f' % (rmse))
```

【运行结果】

1.386
2.463
3.990
3.362
4.799
RMSE: 0.701

根据前面所学的 Matplotlib 用法，很容易就可以画出原始数据点和拟合的直线，如图 5-3 所示。

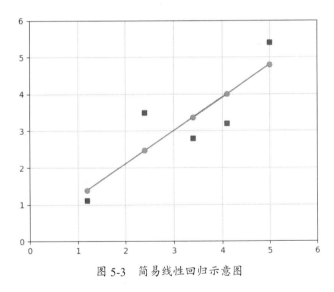

图 5-3　简易线性回归示意图

【代码解析】

这是一个渐进演化的示例程序。本例中很多代码依赖于前面范例中的代码，所以相同部分不再赘述解释。

需要说明的是，第 48 行的函数 evaluate_algorithm(dataset, algorithm)，其中第一个形参 dataset 代表的是数据集，而第二个形参 algorithm 代表的是算法名称。这个算法名称实际上对应了一个函数(本例中对应的实参就是第 39 行开始的 simple_linear_regression)。

在 C/C++中,这叫作函数指针(可简单理解为函数的入口地址)。C 语言是 Python 的母语言之一,相比于 C/C++的底层操作,Python 在其基础上做了很多包装,更加易用。在 Python 中,函数作为参数时,只需给定一个函数名即可。而这个当作参数的函数,它本身与实参函数的参数对应关系,则交给编译器去匹配。如此多的语法糖,也造就了 Python 语法的简洁。

第 49 行到第 53 行,完成了训练集合和测试集合的"分家"。本例为了说明算法,对数据"分家"过程做了简化,仅仅把训练集合简单地复制为测试集合(第 51 行)。所不同的是,保留了特征 x 的值,而把 y 的值设置为"None"(第 52 行)。二者的差别如下。

```
>>> dataset
[[1.2, 1.1], [2.4, 3.5], [4.1, 3.2], [3.4, 2.8], [5, 5.4]]
>>> test_set
[[1.2, None], [2.4, None], [4.1, None], [3.4, None], [5, None]]
```

然后,让预测的 $\hat{y}$ 值和训练集中的真实 y 值做比较,最后计算出 RMSE。

对于第 52 行,有两个需要注意的 Python 知识点。

(1)None 在 Python 中是一个特殊的常量,它既不是 0,也不是空字符串,与 False 也不同,它的数据类型就是"NoneType",它可以给任何数据类型赋值,以填补空位。

(2)不同于 C、C++等语言的数组下标不能超出合理范围(例如不能超过事先预定的维度,或下标不能为负值),在 Python 列表中,下标可以为负值,它表示倒数。比如第 52 行的"-1",就表示列表倒数第 1 个元素。这样做的好处是,前面的自变量 x_i 可能很多(不同的算法,其数量亦不确定),而因变量(也就是预测值 y)通常只有一个,且通常排在最后 1 个。对于这种情况,我们不需要细细查数前面到底有多少个自变量,只需要用列表的索引"-1",就可以"以不变应万变"的模式,读取到倒数第一个因变量的值。如果仅仅针对本范例,将第 52 行改成:"row_copy[1] = None",也是没有问题的。

5.1.2.5 实战 CSV 文件

行文至此,介绍简易线性回归的部分本应该结束了。但是,前文范例中的数据都是以列表的形式临时存储在内存中的。而更多的情况是,机器学习所用的数据是存储在文件中的,所以本小节主要介绍如何从文件(以 CSV 文件为例)中读取数据,并以此介绍相关的 Python

用法。

下面我们使用的数据来自瑞典汽车保险的数据库[①]，文件格式为CSV。微软的Excel也支持这类文件。图 5-4 的左右两图分别展示了用Excel和Notepad++（一种常用的文本编辑器）打开的部分数据。从图 5-4 中可以看出，Excel有更好的视觉体验，但隐藏了文本中的逗号。相比而言，Notepad++更显得原生态，其中的逗号清晰可见。

（a）Excel 显示的数据　　　　　　　（b）Notepad++显示的数据

图 5-4　瑞典汽车保险数据库

图 5-4 中所示的标题部分，X 表示理赔的次数，Y 表示理赔的金额（以瑞典货币千克朗计）。现在如果想知道在汽车保险中，索赔次数与索赔金额有什么样的关系，就需要用到前文范例中提到的简易线性回归模型。具体实现代码如范例 5-6 所示。

【范例 5-6】　从文件中读取数据的简易线性回归（insurance-regression.py）

```
01  from random import seed
02  from random import randrange
03  from csv import reader
04  from math import sqrt
05
06  # 导入 CSV 文件
07  def load_csv(filename):
08      dataset = list()
09      with open(filename, 'r') as file:
10          csv_reader = reader(file)
11          #读取表头 X, Y（即图 5-4 中所示数据的首行）
12          headings = next(csv_reader)
```

[①] 下载地址为：http://college.cengage.com/mathematics/brase/understandable_statistics/7e/students/datasets/slr/frames/slr06.html。

```
13              #文件指针下移至第一条真正的数据
14          for row in csv_reader:
15              if not row:     #判定是否有空行,如有,则跳入下一行,继续读取数据
16                  continue
17              dataset.append(row)
18      return dataset
19
20  #将字符串列转换为浮点数
21  def str_column_to_float(dataset, column):
22      for row in dataset:
23          row[column] = float(row[column].strip())
24
25  #将数据集分割为训练集合和测试集合两部分
26  def train_test_split(dataset, percent):
27      train = list()
28      train_size = percent * len(dataset)
29      dataset_copy = list(dataset)
30      while len(train) < train_size:
31          index = randrange(len(dataset_copy))
32          train.append(dataset_copy.pop(index))
33      return train, dataset_copy
34
35  # 计算样本均值的函数
36  def mean(values):
37      return sum(values) / float(len(values))
38
39  # 计算 x 与 y 协方差的函数
40  def covariance(x, mean_x, y, mean_y):
41      covar = 0.0
42      for i in range(len(x)):
43          covar += (x[i] - mean_x) * (y[i] - mean_y)
44      return covar
45
46  #计算方差的函数
```

```python
47  # Calculate the variance of a list of numbers
48  def variance(values, mean):
49      return sum([(x-mean)**2 for x in values])
50
51  # 计算回归系数的函数
52  def coefficients(dataset):
53      x = [row[0] for row in dataset]
54      y = [row[1] for row in dataset]
55      x_mean, y_mean = mean(x), mean(y)
56      w1 = covariance(x, x_mean, y, y_mean) / variance(x, x_mean)
57      w0 = y_mean - w1 * x_mean
58      return (w0, w1)
59
60  #计算均方根误差 RMSE
61  def rmse_metric(actual, predicted):
62      sum_error = 0.0
63      for i in range(len(actual)):
64          prediction_error = predicted[i] - actual[i]
65          sum_error += (prediction_error ** 2)
66          mean_error = sum_error / float(len(actual))
67      return sqrt(mean_error)
68
69  # 构建简单线性回归
70  def simple_linear_regression(train, test):
71      predictions = list()
72      w0, w1 = coefficients(train)
73      for row in test:
74          y_model = w1 * row[0] + w0
75          predictions.append(y_model)
76      return predictions
77
78  #使用分割开的训练集合和测试集运行评估算法
79  def evaluate_algorithm(dataset, algorithm, split_percent, *args):
80      train, test = train_test_split(dataset, split_percent)
```

```
81      test_set = list()
82      for row in test:
83          row_copy = list(row)
84          row_copy[-1] = None
85          test_set.append(row_copy)
86      predicted = algorithm(train, test_set, *args)
87      actual = [row[-1] for row in test]
88      rmse = rmse_metric(actual, predicted)
89      return rmse
90
91  #设置随机数种子，为随机挑选训练和测试数据集做准备
92  seed(2)
93  # 导入保险数据并做数据分割准备
94  filename = 'insurance.csv'
95  dataset = load_csv(filename)
96  for col in range(len(dataset[0])):
97      str_column_to_float(dataset, col)
98
99  # 设置数据集合分割百分比
100 percent = 0.6
101 rmse = evaluate_algorithm(dataset, simple_linear_regression, percent)
102 print('RMSE: %.3f' % (rmse))
```

【运行结果】

RMSE: 37.878

【代码解析】

  CSV 模块是 Python 的内置模块，直接 import csv 即可进行调用。CSV 模块主要有两个函数：第一个函数 csv.reader()——负责读取 CSV 文件数据，第二个函数 csv.writer()——负责写入 CSV 文件数据。由于本范例暂时仅用到 reader() 函数，所以按需导入 reader 就好（第 03 行）。

  reader 函数的第一个参数是"csvfile"，它指定一个支持迭代（Iterator）的对象，且每次调用 next 方法，返回的值都是一行字符串。如果想只读打开某个文件对象，则在第二个参数设置

"r"标志参数(第 09 行)。

此外,在第 09 行处,我们用到了 Python 的关键字"with",在这里,它表示什么意思呢?这通常涉及 Python 的异常处理。我们知道,即使经验丰富的程序员也可能存在思维盲点,"日有三迷",所以犯错几乎是不可避免的,特别是程序比较大的时候(比如,打开文件后,忘记关闭了等),这个时候就需要异常处理。

处理异常的"三部曲",通常是 try/except/finally,这点非常类似于 C++和 Java,即如下所示。

```
try:
    #可能犯错的代码
    open(filename, 'r') as file:
    csv_reader = reader(file)
except IOError as err:
    #处理错误的代码
    print("file error:",str(err))
finally:
    #以防万一,必须执行的代码
    if 'file' in locals():
        file.close()
```

with 语句利用了一种上下文管理协议(Context Management Protocol)。使用 with 关键字打开文件后,不需要关注文件的关闭功能(即 finally 部分可以省略)。

这是为什么呢?主要是因为有了文件的打开,根据上下文推测,为节省系统资源,必然会有对应的文件关闭操作。也就是说,"finally"部分是必需的。既然非常明确这个"必须有"的操作,那就交给 Python 去做好了。有了 with 关键字,上述代码可以等价于如下代码:

```
try:
    #可能犯错的代码
    with open(filename, 'r') as file:
        csv_reader = reader(file)
except IOError as err:
    #处理错误的代码
```

```
print("file error:",str(err))
```

在范例 5-6 中，在第 09 行打开了文件，但在整个源码中却没有相应的关闭文件操作。事实上，这不过是 with 帮我们代劳了。

还值得说一下的是，第 21~23 行的函数 str_column_to_float(dataset, column)。首先说明一下它的必要性。在完成 load_csv(filename)操作后，filename 所指代的所有有效数据都被读到列表中，但是这个列表中的所有元素还都是字符串格式。

```
['108', '392.5']
['19', '46.2']
['13', '15.7']
......
```
（省略其他部分数据）

我们知道，数据字符串是不能实施数学运算的。所以，还需要把这些字符串转换成对应的浮点数，这里就要用到内置类型转换函数 float()（第 23 行）。在第 23 行中，还涉及一个方法，strip()，该方法的功能是移除字符串头尾指定的字符（默认为空格），并返回新的"去皮"后的纯字符串。

转换后，列表中的数据不再是字符串，而是浮点数。

```
[108.0, 392.5]
[19.0, 46.2]
[13.0, 15.7]
......
```
（省略其他部分数据）

其实在 str_column_to_float( )函数的调用过程中，还涉及一个重要的 Python 语法问题，即为什么在 str_column_to_float( )中完成转换后，并没有返回任何值，但调用方（如第 97 行）能够感知到这个函数的内部修改呢？其实这涉及 Python 函数参数的形式是传引用还是传值？

通过前一章的学习可知，如果形参是可变的对象（比如说列表或字典），则参数属于地道的"传引用"，这意味着形参和实参指向同一块内存，对形参的修改可以同步反映到实参中，因此也就无须返回任何数据。

最后一个需要解释的 Python 知识点是，在函数 evaluate_algorithm(dataset, algorithm, split_percent, *args) 中，最后一个参数带有星号（*），它是什么意思呢？在前一章中我们也做了简要说明，它并非 C/C++中的指针，而是 Python 函数的"收集参数"。在一些情况下，我们会传递一系列数量并不确定的参数值作为参数。这时 Python 就提供了一个收集参数的机制：在参数名前面加星号（*）。

其实，这并不难理解。Python 把标记为收集参数的参数，一起"打包"成为一个元组（即一个个以逗号隔开的元素集合）。在引用这些"打包"的参数时，是可以用元组的下标进行访问的，这个过程也被称为"解包"。请读者参考下面的代码。

```
>>> def TestParams(normal, *params):
        print("普通位置参数是",normal)
        print("特殊的收集参数是",params)
        print("第三个参数是",params[1])    #请思考 params[1]的输出结果为什么是 3？
>>> TestParams(1,2,3,4)
普通位置参数是 1
特殊的收集参数是 (2, 3, 4)
第三个参数是 3
```

在讨论完简单线性回归问题之后，下面我们来讨论一下稍微复杂的、更加常用的监督学习算法——k-近邻算法，以获得更多有关机器学习的感性认识。

5.2　k-近邻算法

事实上，在第 3 章中，我们已经较为详细地介绍了 k-近邻分类算法的原理。简单回顾一下，k-近邻分类算法的直观理解就是：给定一个训练集合，对于新输入的实例，在这个集合中找 k 个与该实例最近的邻居，然后判断这 k 个邻居大多数归属于某一类，于是这个新输入的实例就"随大流"地划分为这一类。

从上面的描述可以看出，k-近邻分类算法并不具有明显的学习过程，或者说它属于"惰性学习"的范畴，即直接预测。实际上，k-近邻分类算法就是利用训练数据集对特征空间实施划分，然后让这个划分的空间作为分类的模型。

5.2.1 k-近邻算法的三个要素

k-近邻算法有三个核心要素：k 值的选取、邻居距离的度量和分类决策的制订。下面分别对它们进行简单介绍。

5.2.1.1 k 值的选取

k 值的选取，对 k-近邻算法的分类性能有很大影响。如果 k 值选取较小，相当于利用较小邻域的训练实例去预测，"学习"而得的近似误差较小，但预测的结果对训练样例非常敏感。如果这个近邻恰好就是噪声，那么预测就会出错。也就是说，**k 值较小，分类算法的鲁棒性较差，也很容易发生过拟合现象。**

倘若 k 值较大，则相当于在较大邻域中训练实例进行预测，它的分类错误率的确有所下降，即学习的估计误差有所降低。但随着 k 值的增大，分类错误率又会很快回升。这是因为，k 值增大带来的鲁棒性，很快就会被多出来的邻居"裹挟而来"的噪声点所抑制，也就是说，学习的近似误差会增大。此外，在样本空间中，相对较远的近邻所在的区域，很可能已经被其他类所占据，这样也会误导 k-近邻分类器失准。

也就是说，对于 k 值的选取，过犹不及。通常，人们采取**交叉验证（Cross Validation，CV）**的方式来选取最优的 k 值。即对于每一个 k 值（k=1，2，3，…），都做若干次交叉验证，然后计算出它们各自的平均误差，最后择其小者定之。

5.2.1.2 邻居距离的度量

不量化，无以度量远近。k-近邻算法要计算"远亲近邻"，就要求样本的所有特征都能做到可比较的量化。如果样本数据的某些特征是非数值类型的，那也要想办法将其量化。比如颜色，不同的颜色（如红、绿、蓝）就是非数值类型的，它们之间好像没有什么距离可言。但如果将颜色转换为灰度值（0~255），那么就可以计算不同颜色之间的距离（或说差异度）。

此外，不同样本可能有多个特征，不同特征亦有不同的定义域和取值范围，它们对距离计算的影响可谓大相径庭。比如，对于颜色而言，245 和 255 之间相差 10。但对于天气的温度，37°C 和 27°C 之间也相差 10。这两个距离都是 10，但相差的幅度却大不相同。这是因为，颜色的值域是 0~255，而通常气温的年平均值在-40°C~40°C，这样，前者的差距幅度在 10/256=3.9%，而后者的差距幅度是 10/80=12.5%。因此，为了公平起见，样本的不同特征需要做**归一化（Normalization）**处理，即把特征值映射到[0,1]范围之内处理。

归一化机制有很多，最简单的方法是这样的：对于给定的特征，首先找到它的最大值（MAX）

和最小值（MIN），然后对于某个特征值 x，它的归一化值 x' 可用公式（5-18）表示。

$$x' = \frac{x - \text{MIN}}{\text{MAX} - \text{MIN}} \tag{5-18}$$

下面用一个简单的例子来说明这个归一化值的求解。假设训练集合中有 5 个样例，其中某个特征的值分别为：[6,2,24,-6,10]。我们使用如下 Python 程序，可方便求解它的归一化值。

```
>>> import numpy as np
>>> a = np.array([6,2,24,-6,10])           #构建一个矩阵
>>> a_min,a_max = a.min(),a.max()          #求得最小值、最大值
>>> print(a_min,a_max)
-6 24
>>> a_nomal=(a - a_min) / (a_max - a_min)  #求得归一化矩阵
>>> print(a_nomal)
[ 0.4         0.26666667  1.          0.          0.53333333]
```

从输出的结果可以看出，所有的值都落入[0,1]区间，这样就完成了归一化操作。

此外，在特征空间上，某两个点之间的距离也是它们相似度的反映。距离计算的方式不同，也会显著影响谁是它的"最近邻"，从而也会显著影响分类结果。对于 n 维特征样本 $\vec{x}_i$ 和样本 $\vec{x}_j$ 之间的距离 L_p，通常可以用公式（5-19）表示。

$$L_p(\vec{x}_i, \vec{x}_j) = (\sum_{l=1}^{n} |x_i^{(l)} - x_j^{(l)}|^p)^{1/p}$$
$$\vec{x}_i, \vec{x}_j \in X = \mathbf{R}^n \tag{5-19}$$

其中，$p \geqslant 1$。样本 $\vec{x}_i$ 和样本 $\vec{x}_j$ 可用公式（5-20）表示。

$$\vec{x}_i = (x_i^{(1)}, x_i^{(2)}, ..., x_i^{(n)})^{\text{T}}$$
$$\vec{x}_j = (x_j^{(1)}, x_j^{(2)}, ..., x_j^{(n)})^{\text{T}} \tag{5-20}$$

当 $p = 2$ 时，它就是我们常用的**欧几里得距离（Euclidean Distance）**：

$$L_2(\vec{x}_i, \vec{x}_j) = (\sum_{l=1}^{n} |x_i^{(l)} - x_j^{(l)}|^2)^{1/2} = \sqrt{\sum_{l=1}^{n} (x_i^{(l)} - x_j^{(l)})^2} \tag{5-21}$$

当 $p=1$ 时,它就是**曼哈顿距离（Manhattan distance）**,或称曼哈顿长度（Manhattan length）：

$$L_1(\vec{x}_i, \vec{x}_j) = \sum_{l=1}^{n} | x_i^{(l)} - x_j^{(l)} | \qquad (5\text{-}22)$$

当 $p=\infty$ 时,取各维度距离的最大值：

$$L_\infty(\vec{x}_i, \vec{x}_j) = \max_l | x_i^{(l)} - x_j^{(l)} | \qquad (5\text{-}23)$$

一般情况下,我们常采用欧氏距离作为距离的度量。但如果不做归一化处理,欧氏距离很容易受量纲的影响。为了避免量纲的影响,我们还可以采用马氏距离（Mahalanobis Distance）。**马氏距离（Mahalanobis Distance）**是由印度统计学家马哈拉诺比斯（P. C. Mahalanobis）提出的,它可以很方便地表示数据的协方差距离。这是一种有效计算两个未知样本集的相似度的方法。

对于一组有 n 维特征的样本 $\boldsymbol{x} = (x_1, x_2, ..., x_n)^T$,其每个特征的均值可表述为 $\boldsymbol{\mu} = (\mu_1, \mu_1, ..., \mu_n)^T$,假设这些特征之间的协方差矩阵记作 $\boldsymbol{\Sigma}$,其逆矩阵记作 $\boldsymbol{\Sigma}^{-1}$,则其马氏距离可用公式（5-24）进行表示。

$$D(\boldsymbol{x}) = \sqrt{(\boldsymbol{x}-\boldsymbol{\mu})^T \boldsymbol{\Sigma}^{-1} (\boldsymbol{x}-\boldsymbol{\mu})} \qquad (5\text{-}24)$$

在文本分类中,对于这种非连续变量,上述距离就表现出局限性。在这种情况下,**海明距离（Hamming Distance）**应用得更广。简单来说,海明距离就是两个字符串对应位置的不同字符的个数。换句话说,它是将一个字符串变换成另外一个字符串所需要替换的字符个数。

在实际应用中,我们要根据不同的应用场景选择不同的距离度量。只有这样才能让基于距离计算的 k-近邻算法表现得更好。

5.2.1.3 分类决策的制订

k-近邻算法的分类决策通常有两类。一类是平等投票表决原则,投票多者从之。但这种"众生平等"的投票表决,可能会产生问题。想象一下,假设让众多人投票你是好人还是坏人（此处的分类为：好人或坏人）,如果让对你知根知底的人和与你完全陌生的人,有一样的投票权的话,是不是对你不公平？因此,多数人投票出来的结果,也未必是最理想的。

为了纠正这种偏差,我们要对这些"邻居"赋予不同的投票权重,这就是**加权投票原则**：**距离越近的邻居,权重越大**。

由于前者简单明了,所以下面我们以平等表决原则来说明 Python 的实战案例。

5.2.2 k-近邻算法实战

5.2.2.1 数据的获取

下面的 k-近邻算法使用的数据集为鸢尾花卉数据集,这是一类多维变量分析的数据集。该数据集最初是由美国植物学家埃德加·安德森(Edgar Anderson)整理出来的。在加拿大加斯帕半岛上,通过观察,安德森采集了因地理位置不同而导致鸢尾属花朵性状发生变异的外显特征数据。这个鸢尾花卉数据集共包含 150 个样本,涵盖鸢尾属下的三个亚属,分别是山鸢尾(Iris Setosa)、变色鸢尾(Iris Versicolor)和维吉尼亚鸢尾(Iris Virginica),如图 5-5 所示。

山鸢尾　　　　　　　变色鸢尾　　　　　　　维吉尼亚鸢尾

图 5-5　鸢尾花卉的三个品种

鸢尾数据集合使用 4 个特征作为样本的定量分析,它们分别是花萼长度(sepal_length)、花萼宽度(sepal_width)、花瓣的长度(petal_width)和花瓣的宽度(petal_width)。这个数据集一共有 150 个样本数据(M=150),读者朋友可以从 UCI(加州大学-埃文分校)的机器学习库中下载这个数据集。[①]

通常有两种方式来访问这个数据集。一种方式是利用 pandas 库远程直接把这个数据集转换为 DataFrame 对象,并加载到内存中,然后可使用 tail() 方法显示数据的最后 5 行,以确保数据被正确加载,Python 代码如下。

```
>>> import pandas as pd
>>> df =pd.read_csv('https://archive.ics.uci.edu/ml/machine-learning-databases/
iris/iris.data', header=None)
```

[①] https://archive.ics.uci.edu/ml/machine-learning-databases/iris/iris.data

```
>>> df.tail()
     0    1    2    3              4
145  6.7  3.0  5.2  2.3  Iris-virginica
146  6.3  2.5  5.0  1.9  Iris-virginica
147  6.5  3.0  5.2  2.0  Iris-virginica
148  6.2  3.4  5.4  2.3  Iris-virginica
149  5.9  3.0  5.1  1.8  Iris-virginica
```

为获取更多感性认识，下面我们还是用可视化的方式显示这个数据集合的部分特征。由于每个类别的山鸢尾都有 50 个样本。对于二维空间，我们选择两个特征比较容易进行可视化表达。这里我们抽取训练样本的第一个特征——花萼长度（sepal_length）和第三个特征——花瓣长度（petal-width），来做二维散点图，代码如范例 5-7 所示，运行结果如图 5-6 所示。

【范例 5-7】生成山鸢尾可视化图（get-data-scatter.py）

```
01  import pandas as pd
02  import matplotlib.pyplot as plt
03  import numpy as np
04
05  df =pd.read_csv('https://archive.ics.uci.edu/ml/machine-learning-databases/iris/iris.data', header = None)
06  X=df.iloc[0:150,[0,2]].values
07  plt.scatter(X[0:50,0],X[:50,1],color='blue',marker='x',label='setosa')
08  plt.scatter(X[50:100,0],X[50:100,1],color='red',marker='o',label='versicolor')
09  plt.scatter(X[100:150,0],X[100:150,1],color='green',marker='*',label='virginica')
10  plt.xlabel('petal width')
11  plt.ylabel('sepal length')
12  plt.legend(loc='upper left')
13  plt.show()
```

【运行结果】

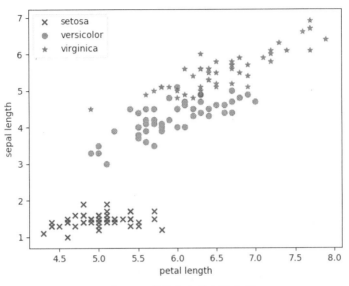

图 5-6　鸢尾花卉样本聚类图

在线获取数据的优点是方便，缺点是必须在线，一旦断网，则无法获取数据。更多的时候，我们还是更愿意把有待分析的数据下载到本地。下面我们简单介绍一下基于本地数据的数据分析[5]，假设下载到本地的数据集合名称为 iris.data，范例 5-8 实现的功能就是读取本地数据。

【范例 5-8】读取本地数据（readLocalData.py）

```
01  import csv
02  import random
03  def loadDataset(filename, split, trainingSet=[] , testSet=[]):
04      with open(filename, 'r') as csvfile:
05          lines = csv.reader(csvfile)
06          dataset = list(lines)
07          for x in range(len(dataset)):
08              for y in range(4):
09                  dataset[x][y] = float(dataset[x][y])
10              if random.random() < split:
11                  trainingSet.append(dataset[x])
12              else:
```

```
13                testSet.append(dataset[x])
14
15   trainingSet=[ ]
16   testSet=[ ]
17   loadDataset('iris.data', 0.70, trainingSet, testSet)
18   print ('训练集合样本数:' + repr(len(trainingSet)))
19   print ('测试集合样本数:' + repr(len(testSet)))
```

【运行结果】

训练集合样本数：109
测试集合样本数：41

【代码分析】

从运行结果可以看出，从本地数据中读取 150 条数据，然后三七开分为训练集合和测试集合。第 15~16 行创建两个空列表 trainingSet 和 testSet，由于列表是可变数据类型，在第 17 行作为参数传递到函数 loadDataset()中。由于参数是传引用，所以在该函数中对 trainingSet 和 testSet 的修改（分割数据），也会实时影响到实参数据的改变，所以 loadDataset()无须返回任何数据。

第 07~08 行用到了内置函数 range()。它能返回一系列连续增加的整数，常出现在 for 循环中，作为索引使用。其实，它也可出现在任何需要整数列表的环境中，在 Python 3.x 中，range()函数是一个迭代器。

在第 10 行用到了 random()方法，它返回随机生成的一个[0,1]区间的实数。random()是不能直接调用的，它需要事先导入 random 模块（第 02 行）。这里的数据分割使用了一个小技巧，它把训练集合和测试集合的比例（如 0.70）作为随机数的分水岭，将产生的随机数（0~1）值小于这个比例（0.7）的样本，分配至训练集合。反之，分配至测试集合。但需要注意的是，random( ) 是一个伪随机数生成器，所以并不能保证生成的随机数能够均匀分布在[0,1]区间，所以每次运行本范例代码，可看到训练集合和测试集合的数量并不固定。好在这里仅仅是一个示范，训练集合和测试集合的分割比例并不十分重要，故此不做深究。

第 18 行和第 19 行，利用了内置函数 repr(object)，它的功能是将对象（object）转化为供解释器读取的形式。在这里，其功能等同于 str( )，做强制类型转换，将一个整型对象转换为字符串类型。这样一来，字符串之间就可用加号进行连接了。

5.2.2.2 计算相似性

根据物以类聚的原理，相似的族群距离最近。为了找到"最近"的邻居，我们需要找到衡量邻居的标准。为简单起见，这里我们还是利用传统的欧几里得距离作为衡量相似性的标准。对于本例而言，每一个样本实例有 4 个特征，每个特征的度量单位都是厘米，量纲一致，所以欧氏距离是适用的。

欧氏距离比较容易通过计算得到。一般来说，先求得每对样本间的不同特征的差异值，然后求差值的平方和，最后再求这个和的平方根，即得欧氏距离。根据前面的描述，求欧氏距离的函数 EuclidDist( )可用如下代码表示。

```
01  import math
02  def EuclidDist(instance1, instance2, len):
03      distance = 0.0
04      for x in range(len):
05          distance += pow((instance1[x] - instance2[x]), 2)
06      return math.sqrt(distance)
```

简单介绍一下，上述代码的第 05 行，使用了内置函数 pow( )。请注意，"幂"的英文为"power"，这里取其前三个字符。在功能上，pow(x,y) 等价于 x**y。此外，第 06 行，使用了平方根函数 sqrt( )，使用这两个函数的前提是，先将 math 模块导入（见第 01 行）。由于 sqrt()函数由 math 模块提供，所以在调用的时候，需要加上模块名称，即"模块名.方法名( )"。事实上，math 模块也提供功能完全相同的 pow()方法。如果不想使用 Python 的内置函数，将第 05 行改为如下代码（使用 math 模块的同名方法），运行结果也是正确的。

```
distance += math.pow((instance1[x] - instance2[x]), 2)
```

5.2.2.3 寻找最近的邻居

有了相似性的度量标准（即欧几里得距离），下面我们就可以为一个给定（可从测试样本中抽取）的未知样本，找到它的 k 个最近邻居。

其过程是这样的：对于这个未知的新样本，计算它与训练集合中的所有样本的距离，然后再挑选 k 个距离最小的作为它的邻居。结合前面求欧几里得距离的范例，找邻居的 Python 代码如范例 5-9 所示。

【范例 5-9】寻找未知点的邻居（getNeighbors.py）

```
01  import operator
02  import math
03
04  def EuclidDist(instance1, instance2, length):
05      distance = 0
06      for x in range(length):
07          distance += pow((instance1[x] - instance2[x]), 2)
08      return math.sqrt(distance)
09
10  def getNeighbors(trainSet, testInstance, k):
11      distances = []
12      length = len(testInstance)
13      for x in range(len(trainSet)):
14          dist = EuclidDist(testInstance, trainSet[x], length)
15          distances.append((trainSet[x], dist))
16      distances.sort(key=operator.itemgetter(1))
17      neighbors = []
18      for x in range(k):
19          neighbors.append(distances[x][0])
20      return neighbors
21
22  trainSet = [[3, 2, 6, 'a'], [1, 2, 4, 'b'],[2, 2, 2, 'b'],[1, 5, 4, 'a']]
23  testInstance = [4, 6, 7]
24  k = 1
25  neighbors = getNeighbors(trainSet, testInstance, 1)
26  print("测试样本最近的邻居为：",neighbors)
```

【运行结果】

测试样本最近的邻居为： [[1, 5, 4, 'a']]

【代码解析】

为了说明问题，第 22 行给出了一个非常小的只有 4 个样本的训练集合（样本的最后一列为所属类别：a 或 b）。第 23 行给出了测试样本。请注意，此时它还没有被分类，所以在维度上少了最后一列。第 24 行，给出了 k=1，这说明我们只找与它最近的 1 个邻居。

有了前面的介绍，现在我们来分析 getNeighbors( )的核心代码。请注意第 15 行，由于 trainSet[x]本身是一个列表，而 dist 是一个浮点数距离，二者拼接在一起形成一个元组，"合二为一"变成列表 distances 的一个元素，然后利用列表的 append( )把它追加到列表序列中。所以经过第 15 行的计算，distances 元素的内容显示如下。

[([3, 2, 6, 'a'], 4.123105625617661), ([1, 2, 4, 'b'], 5.0), ([2, 2, 2, 'b'], 4.47213595499958), ([1, 5, 4, 'a'], 3.1622776601683795)]

由于这个列表并没有根据距离排序，所以不便找出距离测试样本点最近的 k（本例 k=1）个邻居，因此排序是必需的。对于一个复杂的列表，可供排序的关键字有很多，这时我们需要调用列表的 sort(key)方法，在这个方法中可指定某个关键字，以此作为排序的基础。

简单介绍一下 sort( )方法，它常用于对原列表进行排序。与之类似的方法是 Python 的内置方法 sorted( )。二者的不同之处在于，sorted( )方法将原列表复制出一个副本，然后在副本上进行排序。而 sort() 方法则是在原列表中进行排序，一旦排序成功，则原列表的格局也就彻底发生变化。

sort()方法的原型是 sort([key = func])，其中 func 为可选参数，如果指定了排序的函数，则使用该函数作为排序的基础。这个函数可以是一个普通函数，也可以是 lambda 函数。

先来说说普通函数。普通函数完成的功能是，读取某个列表的特定域的元素，以该元素作为排序的关键词（key）。这时我们常会用 operator 模块的 itemgetter( )来达到这个目的。如果想使用 operator 模块，首先要导入这个模块（见第 01 行）。下面简要说明 operator 模块的用法。

假设有一个列表 a，我们可以有如下操作。

```
>>> a = [11,22,33]
>>> func = operator.itemgetter(1)        //定义函数 func，获取对象的第 1 个域的值
>>> func(a)
22
//定义函数 func2，获取对象的第 1 个域和第 0 个域的值
>>> func2 = operator.itemgetter(1,0)
>>> func2 (a)
 (22, 11)
```

从上面运行的代码可以看出，operator.itemgetter( )方法获取的并非直接就是特定对象的域值，而是定义了一个函数，通过该函数作用到特定对象上，才能获取值。

下面再简单介绍一下能达到同样功能的 lambda 函数。严格来说，lambda 函数是一个临时使用的匿名的小函数。实际上，它就是一个表达式。因此，在 lambda 函数中，不允许有复杂的语句，但表达式可以调用其他函数，并支持默认值参数和关键参数。lambda 表达式的计算结果，相当于其代表的匿名函数的返回值。下面举例说明。

```
>>> f=lambda x,y,z :x+y+z
>>> print (f(2,3,4))
9
```

在上述代码中，在关键字 lambda 和冒号之间的部分，为匿名函数的参数，表达式"x+y+z"就是 lambda 表达式要实现的功能。随后一行代码，在 print 函数中，直接将 lambda 表达式当作函数来使用。

因此，范例 5-9 中的第 16 行代码也可以用 lambda 表达式来完成同样的功能，见如下代码。

```
distances.sort(key=lambda distances : distances [1])
```

最后一个需要注意的地方是第 19 行。distances 是一个由元组元素构成的列表，而每一个元组元素又嵌套有列表，如果将其布局摆放为二维模式（如下所示）则更容易理解获取元素的方式。

```
[([3, 2, 6, 'a'], 4.123105625617661),
([1, 2, 4, 'b'], 5.0),
([2, 2, 2, 'b'], 4.47213595499958),
([1, 5, 4, 'a'], 3.1622776601683795)]
```

如果我们想获取某一行元素，则用 distances 的第一个下标表示。如果想获取这一行中的某个元素，则用第二个下标表示，其用法类似于二维数组。如 distances[x][0]，x 从 0 到 3，这表明要获取每一行的第一个元素。比如，第一行的第一个元素就是列表 distances[0][0]，即[3, 2, 6, 'a']。

5.2.2.4 分类与评估

一旦确定了某个测试实例最近的 k 个邻居，那么我们就将依据"少数服从多数"的投票原则，决定测试实例的类别归属。

针对本例，假定数据最后一个属性为类别归属。于是，我们可以定义判定归属的函数 getClass，见如下代码。

```
01  import operator
02  def getClass(neighbors):
03      classVotes = {}
04      for x in range(len(neighbors)):
05          instance_class = neighbors[x][-1]
06          if instance_class in classVotes:
07              classVotes[instance_class] += 1
08          else:
09              classVotes[instance_class] = 1
10      sortedVotes = sorted(classVotes.Items(), key=operator.itemgetter(1), reverse=True)
11      return sortedVotes[0][0]
```

【代码分析】

第 03 行创建一个空字典，键（key）为类别名称，值（value）为归属于这个类别的元素个数。

第 05 行读取 neighbors[x][-1]，这里的"-1"表示读取第 x-1 行的倒数第一个属性值，针对本例就是判定样本的类别。

第 10 行使用了 Python 的内置函数 sorted( )，它的原型是 sorted(iterable, key, reverse)。其中第 1 个参数 iterable，为指定要排序的可迭代对象。针对本例，使用了 classVotes.items( )方法，返回可用于迭代操作的字典元素。

第 2 个参数 key 为函数，指定取待排序元素的哪一项进行排序，由前面的说明可知，可利用 operator.itemgetter()函数指定排序的域。这里指定 classVotes 的第二个元素，实际上就是字典的 value（属于该类别的样本个数）；第 3 个参数 reverse 是一个布尔变量，表示排序是升序还是降序，默认为 False（升序排列），若指定为 True 将按降序排列。

有了前面的技术铺垫，现在我们可以对某个新的样本点进行分类了。但还有一个问题需要注意，我们还需要评估一下分类的质量，可用准确率（Accuracy）来度量分类算法的好坏。

准确率的计算方式并不复杂，就是在测试集合中，把实例的最后一列（即类别）隐去，调用分类算法来预测其分类的归属。如果预测的结果和实际结果一致，则正确次数+1，最后让预测正确的总数除以样本总数，就是预测准确率，它的形式化表达如公式（5-25）所示（公式中的"#"表示数量）。

$$\text{Accuracy} = \frac{\#\text{correct classifications}}{\#\text{total samples}} \quad (5\text{-}25)$$

完成模型评估的具体代码如下。

```
def getAccuracy(testSet, predictions):
    correct = 0
    for x in range(len(testSet)):
        if testSet[x][-1] == predictions[x]:
            correct += 1
    return (correct/float(len(testSet))) * 100.0
```

5.2.2.5 综合案例

通过前面的分析，我们可以把前面的阶段性功能合并为一个完整的分析山鸢尾的 k-近邻算法。全部代码如范例 5-10 所示。

【范例 5-10】山鸢尾的 k-近邻算法（iris-knn.py）

```
01  import operator
02  import csv
03  import math
04  import random
05
06  def loadDataset(filename, split, trainingSet=[] , testSet=[]):
07      with open(filename, 'r') as csvfile:
08          lines = csv.reader(csvfile)
09          dataset = list(lines)
10          for x in range(len(dataset)-1):
```

```python
11          for y in range(4):
12              dataset[x][y] = float(dataset[x][y])
13          if random.random() < split:
14              trainingSet.append(dataset[x])
15          else:
16              testSet.append(dataset[x])
17
18  def EuclidDist(instance1, instance2, length):
19      distance = 0
20      for x in range(length):
21          distance += pow((instance1[x] - instance2[x]), 2)
22      return math.sqrt(distance)
23
24  def getNeighbors(trainSet, testInstance, k):
25      distances = []
26      length = len(testInstance)-1
27      for x in range(len(trainSet)):
28          dist = EuclidDist(testInstance, trainSet[x], length)
29          distances.append((trainSet[x], dist))
30      distances.sort(key=lambda distances : distances [1])
31      neighbors = []
32      for x in range(k):
33          neighbors.append(distances[x][0])
34      return neighbors
35
36  def getClass(neighbors):
37      classVotes = {}
38      for x in range(len(neighbors)):
39          instance_class = neighbors[x][-1]
40          if instance_class in classVotes:
41              classVotes[instance_class] += 1
42          else:
43              classVotes[instance_class] = 1
44      sortedVotes = sorted(classVotes.items(), key=operator.itemgetter(1),
```

```
               reverse=True)
45         return sortedVotes[0][0]
46
47  def getAccuracy(testSet, predictions):
48      correct = 0
49      for x in range(len(testSet)):
50          if testSet[x][-1] == predictions[x]:
51              correct += 1
52      return (correct/float(len(testSet))) * 100.0
53
54
55  def main():
56      trainingSet=[]
57      testSet=[]
58      split = 0.7
59      loadDataset('iris.data', split, trainingSet, testSet)
60      print ('训练集合:' + repr(len(trainingSet)))
61      print ('测试集合:' + repr(len(testSet)))
62      predictions=[]
63      k = 3
64      for x in range(len(testSet)):
65          neighbors = getNeighbors(trainingSet, testSet[x], k)
66          result = getClass(neighbors)
67          predictions.append(result)
68          print('> 预测=' + repr(result) + ', 实际=' + repr(testSet[x][-1]))
69      accuracy = getAccuracy(testSet, predictions)
70      print('精确度为:' + repr(accuracy) + '%')
71
72  main()
```

【运行结果】

训练集合: 99

测试集合: 51

> 预测='Iris-setosa', 实际='Iris-setosa'

```
> 预测='Iris-setosa', 实际='Iris-setosa'
> 预测='Iris-setosa', 实际='Iris-setosa'
……（省略部分）
> 预测='Iris-virginica', 实际='Iris-virginica'
精确度为：96.07843137254902%
```

5.2.3 使用 scikit-learn 实现 k-近邻算法

5.2.3.1 安装 scikit-learn 库

前面的范例都是基于"自己动手，丰衣足食"的原则，自己写每一个函数来实现的。这样做的好处是，能让自己对机器学习算法的运行流程有一个感性认知。有了感性认知之后，我们还是要回归理性认知。这个理性认知就是，很多时候没有必要"重造轮子"：一些常用的机器学习算法，一些专家学者早已开发出来，他们的专业性在很大程度上要胜过自己开发。比如 scikit-learn，就是机器学习库的佼佼者。下面我们就用这个模块库，重新完成鸢尾花的 k-近邻分类算法[2]。使用 scikit-learn 模块，首先需要安装这个模块。如下所示。

```
pip3 install -U scikit-learn
```

或者使用 Anaconda 安装。

```
conda install scikit-learn
```

建议读者使用后者进行安装。这是因为，scikit-learn 还依赖 NumPy 和 SciPy 等库，如果使用 pip3 安装，需要事先安装这两个库，否则安装会失败。而后者 conda 会自动安装各种依赖包。

5.2.3.2 单样本预测

应用 scikit-learn 的 k-近邻算法，只需要三步：（1）选择模型；（2）训练数据和（3）预测。对于 k-近邻算法来说，实际上不存在所谓的训练，这里给出的仅是通用步骤，如范例 5-11 所示。

【范例 5-11】使用 scikit-learn 实现 k-近邻算法（scikit-learn-cnn.py）

```
01  import numpy as np
02  import pandas as pd
03  from sklearn import datasets
04
```

```
05  #加载IRIS数据集合
06  scikit_iris = datasets.load_iris()
07  #转换为pandas的DataFrame格式,以便于观察数据
08  pd_iris = pd.DataFrame(
09      data = np.c_[scikit_iris['data'], scikit_iris['target']],
10      columns = np.append(scikit_iris.feature_names, ['y']))
11  #print(pd_iris.head(3))
12
13  #选择全部特征参与训练模型
14  X = pd_iris[scikit_iris.feature_names]
15  y = pd_iris['y']
16
17  #(1)选择模型
18  from sklearn.neighbors import KneighborsClassifier
19  knn = KneighborsClassifier(n_neighbors = 1)
20  #(2)拟合模型(训练模型)
21  knn.fit(X,y)
22  #(3)预测新数据
23  knn.predict([[4,3,5,3]])
24  #print(knn.predict([[4,3,5,3]]))
```

【运行结果】

[2.]

【代码分析】

首先对输出结果做说明,为了便于处理,scikit-learn 对于鸢尾花的三个分类做了数值处理,这里用 0 表示山鸢尾(Iris setosa)、1 表示变色鸢尾(Iris versicolor)、2 表示维吉尼亚鸢尾(Iris virginica)。因此上述输出结果表明,特征值为[4,3,5,3]的鸢尾,属于第 2 类,即维吉尼亚鸢尾。

下面从代码层面进行说明。第 06 行用于加载鸢尾数据集,由于 scikit-learn 库使用的是范例程序,很多范例程序的数据集合已经存储在这个机器学习库的特定位置,scikit-learn 对此"了然于胸",所以它不需要用户指定路径。当然,如果想用自己的数据集合,仅需调用 scikit-learn 的算法库,这就需要参考范例 5-8 设计专门的读取数据函数。

在第 11 行，我们注释了一个输出语句。因为在 Python 的 IDE 编译环境 Spider 中，如果不显式给出输出语句的话，控制台是不会有输出的。如果取消注释的话，我们可以在控制台查看读取的数据格式，这里主要用于验证数据是否读取成功。如果成功会先显示前三行数据。

```
  sepal length (cm)  sepal width (cm)  petal length (cm)  petal width (cm)    y
0       5.1               3.5               1.4                0.2           0.0
1       4.9               3.0               1.4                0.2           0.0
2       4.7               3.2               1.3                0.2           0.0
```

需要注意的是，第 08 行~第 10 行代码，实际上是一条语句。不过因为 DataFrame( ) 的参数过长，写成了三行，每一行实际上都是在调用某个函数，让其返回值充当 DataFrame( ) 的参数。参数中的等号（=）指定了函数中的关键参数。

若想使用好 scikit-learn，需要查阅资料了解一些关键的约定。比如，scikit_iris['data']，显示的就是 IRIS 的数据部分（即特征部分），它表现为一个矩阵的形式。

```
array([[ 5.1,  3.5,  1.4,  0.2],
       [ 4.9,  3. ,  1.4,  0.2],
       ......,
       [ 6.2,  3.4,  5.4,  2.3],
       [ 5.9,  3. ,  5.1,  1.8]])
```

再比如，scikit_iris['target'] 显示的是目标分类信息，在表现形式上是一个一维矩阵。

```
array([0, 0, 0, …, 2, 2, 2])
```

第 09 行，使用了 NumPy 的"c_"操作，把分片的对象按照"列（column）"的形式连接起来，构成一个新的矩阵，参看下面的输出：

```
>>> np.c_[np.array([1,2,3]), np.array([4,5,6])]
array([[1, 4],
       [2, 5],
       [3, 6]])
```

针对本例，第 09 行的操作结果把数据特征和预测值实施按列拼接，返回的矩阵形式如下。

```
array( [ [ 5.1, 3.5, 1.4, 0.2, 0.0],   #前4列来自data,最后一列来自target
        [ 4.9, 3. , 1.4, 0.2, 0.0 ],
        [ 4.7, 3.2, 1.3, 0.2, 0.0 ],
        ……,
        [ 6.5, 3. , 5.2, 2., 2.0],
        [ 6.2, 3.4, 5.4, 2.3, 2.0],
        [ 5.9, 3. , 5.1, 1.8, 2.0]])
```

第10行，指定使用NumPy中的append( )方法，用于在矩阵中追加一行数据，并把该矩阵赋值给DataFrame( )的columns参数，用以指定DataFrame的标题行。

第18行和第19行，选择k-近邻模型。第21行，完成模型的拟合（即训练模型）。其中第19行的k-近邻分类器是KneighborsClassifier()，实际上它有多个参数可选用，详情请参考scikit-learn的官方资料。[①]

第23行给出了某个样本点的预测。需要注意的是，k-近邻分类器的预测方法为predict(X)，其中参数X是一个类似于数组形式的数据。在Python中，通常将用方括号（[ ]）括起来的数据理解为列表。为避免歧义，我们还需要在外面添加一对方括号[[特征1，特征2，…]]来表示类数组。所以第23行的外层方括号（[ ]）也是不可缺少的，否则不能编译通过。

5.2.3.3 模型评估

前面我们使用scikit-learn对单样本进行了预测分类。其实，我们并不知道这个分类算法的好坏。对于监督学习来说，很自然的，我们就想评估一下这个模型的性能如何。评估模型性能的指标就是前面提及的准确率。

类似于范例5-10，我们将整个IRIS数据集合分割为两大部分：训练集合和测试结合，具体代码如范例5-12所示。

【范例5-12】基于scikit-learn的模型评估（scikit-learn-cnn-model.py）

```
01   import numpy as np
02   import pandas as pd
03   from sklearn import datasets
04
05   #加载IRIS数据集合
```

[①] http://scikit-learn.org/stable/modules/generated/sklearn.neighbors.KNeighborsClassifier.html

```
06  scikit_iris = datasets.load_iris()
07  #转换为pandas的DataFrame格式，以便于观察数据
08  pd_iris = pd.DataFrame(
09      data = np.c_[scikit_iris['data'], scikit_iris['target']],
10      columns = np.append(scikit_iris.feature_names, ['y']))
11
12  #选择全部特征参与训练模型
13  X = pd_iris[scikit_iris.feature_names]
14  y = pd_iris['y']
15
16  from sklearn.cross_validation import train_test_split
17  from sklearn import metrics
18
19  X_train, X_test, y_train, y_test = train_test_split(X,y,test_size = 0.3, random_state = 0)
20
21  #（1）选择模型
22  from sklearn.neighbors import KneighborsClassifier
23  knn = KneighborsClassifier(n_neighbors = 10)
24  #（2）拟合模型（训练模型）
25  knn.fit(X_train,y_train)
26  #（3）预测
27  y_predict_on_train = knn.predict(X_train)
28  y_predict_on_test = knn.predict(X_test)
29
30  print('准确率为: {}'.format(metrics.accuracy_score(y_train,y_predict_on_train)))
31  print('准确率为: {}'.format(metrics.accuracy_score(y_test,y_predict_on_test )))
```

【运行结果】

准确率为：0.971428571429

准确率为：0.977777777777

【代码分析】

由于测试集合和训练集合并没有本质的区别，所以在第27行和第30行中，我们让模型在

训练集合和测试集合中分别做了预测。从运行结果上看，不论在训练集合中，还是在测试集合中，scikit-learn 提供的模型都能达到超过 97%的预测准确率。

下面我们再分析一下代码的关键部分。第 16 行，我们从模块 sklearn.cross_validation 导入方法 train_test_split()。"cross validation"意即"交叉验证"，它是一种统计学上将数据样本切割成较小子集的实用方法。通常先在一个子集上做分析，其他子集用来做后续对此分析的确认及验证。

第 19 行使用了方法 train_test_split()，它是交叉验证中常用的函数，其功能是从样本中随机按比例选取 train data（训练数据）和 test data（测试数据），其形式可描述为：

```
X_train, X_test, y_train, y_test = train_test_split(train_data,train_target,
test_size=0.4, random_state=0)
```

train_test_split 函数中的 4 个参数，含义分别如下。

train_data：所要划分的样本特征集。

train_target：所要划分的样本结果。

test_size：样本占比（默认值为 40%），如果是整数的话就是样本的数量。

random_state：随机数的种子（默认值为 0）。这个种子其实就是该组随机数的编号，在需要重复试验的时候，保证得到一组一样的随机数。但采用默认值 0，每次得到的样本都会不一样。

在本例中，test_size 被设置为 0.3，对于 IRIS 数据集合（总共 150 个样本），训练集合元素的数量为 105，测试集合元素的数量为 45。我们可以在控制台使用 count()方法来查看这个数量统计。

```
>>>X_train.count()      #使用 count 方法获取集合的计数信息
Out[39]:
sepal length (cm)    105
sepal width (cm)     105
petal length (cm)    105
petal width (cm)     105
dtype: int64
```

回头再看前面的范例 5-8。这个范例中的训练集合和测试集合的分割，简单地利用随机数来分割，运行程序可以发现，随机数并不是真正随机产生的，因此它每次分割的数量都飘忽不定。而本例使用 scikit-learn 中的数据集合分割方法，将分割比例确定为 0.3，那么训练集和测试集中的元素数量会被锁定在 105 和 45。这也从侧面说明了 scikit-learn 的专业性。

在 sklearn.metric 模块中提供了一些函数，用来计算真实值与预测值之间的预测误差；通常以_score 结尾的函数返回一个最大值，其值越高越好；而以_error 结尾的函数，返回一个最小值，其值越小越好。

对于 accuracy_score( ) 函数，它返回分类正确的百分比。它的原型如下。

```
accuracy_score(y_true, y_pred, normalize=True, sample_weight=None)
```

其参数的含义如下：y_true，真实的分类向量；y_pred，预测正确的向量；normalize，默认值为 True，返回正确分类的百分比，如果为 False，返回正确分类的样本数；sample_weight，样本的权值向量。

第 30 行和第 31 行，利用了 Python 的字符串格式输出。前面的表 5-1 中给出了 Python 的格式化符号及含义，其中的格式都类似于 C 语言中以 "%" 为引导的字符串输出模式。Python 3 以后的版本，更推崇使用新的 "format( )" 来完成格式化输出。

其形式为：'字符串{}'.format(x)，它表示把 x（数值型、字符串等）按照指定的格式转换为字符串，填充到花括号 "{ }" 之内。花括号 "{ }" 是替换变量的占位符。若没有指定格式，则直接将变量值作为字符串插入。例如：

```
#占位符{}中的冒号":"表示数值型转为字符串型，".2f"表示浮点数保留两位小数点
>>>print("{:.2f}".format(3.1415926))
3.14
>>> print("{:,}".format(123456789))        #以逗号分隔的长数字
123,456,789
>>> print("{:.2%}".format(0.25))           #以百分比(%)格式显示小数
25.00%
>>>s1 = '' {0} is better than {1}? ''.format(''emacs'', ''vim'')
                    #format 函数中的两个子字符串分别填到占位符{0}和{1}处
>>>print(s1)
emacs is better than vim?
```

更多关于字符串格式化输出的使用方法，可参阅相关资料，这里不再赘述。

5.3 本章小结

在本章中，我们首先详细地说明了线性回归算法和 k-近邻分类算法的 Python 实现，然后，又使用了著名的机器学习算法库 scikit-learn 实现了 k-近邻算法。通过本章的学习，我们试图让读者达到两个目的：（1）温故而知新，进一步了解 Python 的深层次用法。（2）了解机器学习算法的设计流程，为后续的深度学习打下坚实基础。

5.4 请你思考

通过本章的学习，请你思考如下问题。

（1）本章中介绍的所有算法都是基于面向过程的编程范式来实现的，你能用面向对象的编程范式（使用类）实现本章中介绍的所有算法吗？

（2）在本章中，我们自己设计了线性回归算法，你能用机器学习算法库 scikit-learn 实现它吗？

（3）请尝试使用 scikit-learn 实现另外一个非监督学习算法 K-means。

在下一章，我们将重新回到神经网络算法的讨论上来。夯实理论基础，使用起来才能游刃有余。

参考资料

[1] Henrik Brink 等. 程继洪译. 实用机器学习[M]. 北京: 机械工业出版社, 2017.

[2] 阿布, 胥嘉幸. 机器学习之路——Caffe、Keras、scikit-learn 实战[M]. 北京: 电子工业出版社, 2017.

[3] Jason Brownlee. How To Implement Simple Linear Regression From Scratch With Python. https://machinelearningmastery.com/implement-simple-linear-regression-scratch-python/.

[4] 董付国. Python 可以这么学[M]. 北京: 清华大学出版社, 2017.

[5] Jason Brownlee.Tutorial To Implement k-Nearest Neighbors in Python From Scratch. https://machinelearningmastery.com/tutorial-to-implement-k-nearest-neighbors-in-python-from-scratch/.

Chapter six

第 6 章 神经网络不胜语，
　　　　M-P 模型似可寻

"那些在个人设备里，谦谦卑卑地为我们哼着歌曲的数字仆人，总有一天会成为我们的霸主！"在"忍无可忍，无须再忍"这句俗语背后，也隐藏着神经网络常用的"激活函数"和"卷积"的概念。知其道，用其妙，THIS IS HOW！

在前面的章节中，我们学习了机器学习的形式化定义和神经网络的概念。在本章中，我们将相对深入地探讨神经网络中的神经元模型以及深度学习常常用到的概念——激活函数及卷积函数。

6.1 M-P 神经元模型是什么

我们知道，深度学习网络，实质上就是层数较多的神经网络。追根溯源，那什么是神经网络呢？简单来说，它是一种模仿动物神经网络行为特征，进行分布式并行处理信息的算法模型。

人，无疑是有智能的。如果想让"人造物"具备智能，模仿人类是最朴素不过的方法论了。早在春秋时期，老子便在《道德经》中给出了自己的睿智判断："人法地，地法天，天法道，道法自然。"[①]这里所谓的"法"，作为动词，为"效法、模仿、学习"之意。特别是"道法自然"的含义，意味悠长。的确，大道运化天地万物，无不是遵循自然法则的规律。人们从"自然"中学习和寻求规律，在很多时候，的确比自己苦思冥想更加可行和高效。比如，人们从研究蝙蝠中获得发明雷达的灵感，从研究鱼鳔中获得发明潜水艇的启迪。很自然的，人们同样期望研究生物的大脑神经网络，然后效仿之，从而获得智能。人工神经网络（Artificial Neural Network，ANN）便是其中的研究成果之一。

ANN 的性能好坏，高度依赖神经系统的复杂程度，它通过调整内部大量"简单单元"之间的互连权重，从而达到处理信息的目的，并具有自学习和自适应的能力。

在上述定义中，提及的"简单单元"，就是神经网络中的最基本元素——神经元（Neuron）模型。在生物神经网络中，每个神经元与其他神经元通过突触进行连接。神经元之间的信息传递，属于化学物质的传递。当它"兴奋"时，就会向与它相连的神经元发送化学物质（神经递质，Neurotransmitter），从而改变这些神经元的电位。如果某些神经元的电位超过了一个阈值，那么，它就会被"激活"，也就是"兴奋"起来，接着向其他神经元发送化学物质，犹如涟漪，就这样一层接着一层传播，如图 6-1 所示。

[①] 可参阅《道德经·道经》第 25 章。

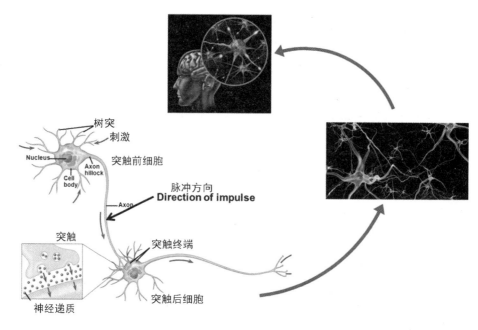

图 6-1　大脑神经细胞的工作流程

在人工智能领域，有一个有意思的派别，名曰"鸟飞派"。说的是，如果我们想要学飞翔，就得向飞鸟来学习。简单来说，"鸟飞派"就是"仿生派"，即把进化了几百万年的生物作为模仿对象，搞清楚原理后，再复现这些对象的输出属性。

其实，现在我们所讲的神经网络包括深度学习，在某种程度上也可归属于"鸟飞派"——它们在模拟大脑神经元的工作机理。追根溯源，模仿大脑神经元的最早示例，就是 20 世纪 40 年代提出但一直沿用至今的"M-P 神经元模型"。

在这个模型中，如图 6-2 所示，神经元接收来自 n 个其他神经元传递过来的输入信号。这些信号的表达，通常通过神经元之间连接的权重（Weight）大小来表示，神经元将接收到的输入值按照某种权重叠加起来。叠加起来的刺激强度 S 可用公式（6-1）表示。

$$S = w_1x_1 + w_2x_2 + ... + w_nx_n = \sum_{i=1}^{n} w_i x_i \qquad (6\text{-}1)$$

从公式（6-1）可以看出，当前神经元按照某种"轻重有别"的方式，汇集了所有其他外联神经元的输入，并将其作为一个结果输出。

但这种输出，并非赤裸裸地直接输出，而是与当前神经元的阈值进行比较，然后通过激活函数（Activation Function）向外表达输出，在概念上这就叫感知机（Perceptron），其模型可用公式（6-2）表示。

$$y = f\left(\sum_{i=1}^{n} w_i x_i - \theta\right) \tag{6-2}$$

在这里，θ 就是所谓的"阈值（Threshold）"，f 就是激活函数（这个概念会在 6.3 节中详细讲解），y 就是最终的输出。

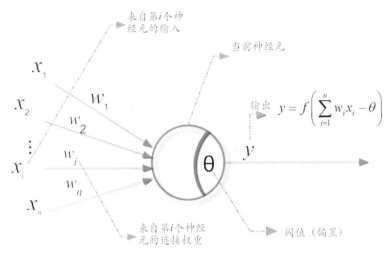

图 6-2　M-P 神经元模型

简单吧？简单！

但事实上，很多现在看起来"显而易见"的结论，在当年出现时却显得"困难重重"。我们知道，对未知世界（比如说人类大脑）的每一点新认识，其实都有很多前人曾经艰辛地为我们辅过路。前面提到的"M-P 神经元模型"亦是如此。下面我们就聊聊"M-P 神经元模型"背后的那些人和事。

6.2　模型背后的那些人和事

M-P 神经元模型，最早源于发表于 1943 年的一篇开创性论文。论文的两位作者分别是神经生理学家沃伦·麦克洛克（Warren McCulloch，参见图 6-3）和数学家沃尔特·皮茨（Walter Pitts，参见图 6-4），论文首次实现了用一个简单电路（即感知机）来模拟大脑神经元的行为。

图 6-3 沃伦·麦克洛克（Warren McCulloch，1898—1969）

图 6-4 沃尔特·皮茨（Walter Pitts，1923—1969）

"M-P 神经元模型"的提出者虽有两人，但后者皮茨更有声望和传奇色彩。皮茨等人的研究，据说甚至影响了控制论的诞生和冯·诺伊曼计算机的设计。

一般来说，每个牛人背后都隐藏着一段辛酸的岁月。皮茨同样如此，不过更显"苦涩"罢了（以下内容参考了参考资料[1]中的部分材料）。

1923 年 3 月，沃尔特·皮茨出生于美国密歇根州底特律（Detroit）。小时候，皮茨家境贫寒，但贫穷并没有困住皮茨那颗爱读书的心。皮茨很早就对数学和哲学表现出浓厚的兴趣，他 12 岁就开始阅读伯特兰·罗素（Bertrand Russell）和怀特海（Whitehead）合著的《数学原理》(Principia Mathematica)(1910—1913年，三卷先后出版)。这部巨著学术造诣非凡，被誉为"人类心灵的最高成就之一"。该书的主题宏大，要将一切数学还原为纯粹的逻辑。它对西方的逻辑学、数学、集合论、语言学，甚至分析哲学都有巨大影响。

但此书如同佛家之经书，深奥难懂，知道书名的人不少，但翻开能读懂的人却不多。以至于到现在，这本书在国内还没有完整而权威的中文译本。

年少的皮茨，视罗素为人生偶像，经常就深奥的问题和罗素通信交流。在书信往来过程中，罗素发现这个小皮茨，人小才不小，于是便邀请他到英国，跟随自己攻读逻辑学。

但皮茨家境贫困，家里连他读高中都供不起，哪里还有钱资助他远赴英伦求学。皮茨 15 岁时，皮茨的老爹强迫他退学，让他在底特律找一份工作谋生，以补贴家用。

酷爱读书的皮茨，自然不答应。与老爹一言不合，皮茨便离家出走，从此浪荡于江湖。在此之后，他再也没有见过自己的家人。

正可谓"山不转水转，水不转人转"。虽然皮茨无钱从美国抵达英国求学，但罗素这位学术大家，却有条件从英国赶赴美国任教。

在打听到自己的偶像罗素要到芝加哥大学任教（访问教授）时，皮茨兴奋异常，几经辗转来到芝加哥，以求拜见大师。精诚所至，金石为开，皮茨终于见到了罗素。罗素见到 15 岁的皮茨，发现他果然骨骼清奇，天赋异禀。于是，罗素就将皮茨留了下来，旁听自己的课程。

相比于求知，求生永远是第一要义。罗素的课，皮茨自然可以随便听，但活下去，却是皮茨自己的事，皮茨不得不到处打零工，闲时就在芝加哥大学蹭课。

话说当时在芝加哥大学任教的，还有一位知名哲学教授，叫鲁道夫·卡尔纳普（Rudolf Carnap）。他是逻辑实证主义的代表性人物，其哲学思想深受罗素影响，和罗素是好友。

在机缘巧合下，卡尔纳普认识了皮茨，并发现皮茨有惊为天人的才华。有一天，在卡尔纳普的课程辅导时间，有一个学生模样的年轻人走进他的办公室，拿着卡尔纳普的得意大作《语言的逻辑句法》(Logical Syntax of Language)，和他侃侃而谈，问题犀利且不失深度。年轻人对他思想了解之深，令卡尔纳普大为惊讶。

话若投机千句少，两个小时的辅导时间一晃就过去了。年轻人礼貌地告辞而去。就在年轻人消失在他的视线之外，卡尔纳普才发现，年轻人来时并没有介绍自己，走的时候自己也不曾说起，聊了两个小时，去留无痕，居然不知道对方是谁。但想着下次辅导时还会遇见这位年轻人，卡尔纳普并没有把这太当回事儿。

不曾想，这位年轻人如同人间蒸发一般，接连数月，都没有在卡尔纳普的世界中出现过。

其间，卡尔纳普也曾在芝加哥大学的校园里寻觅这位神秘的年轻人，但终无所获。有一天，老天终于开眼，让卡尔纳普在校园里再次偶遇他。卡尔纳普十分激动，紧紧拉住年轻人的手，久久不愿松开，生怕这位年轻人再从自己的世界中消失，赶紧问了年轻人叫什么，这些天都去哪里了。

年轻人告诉卡尔纳普，我叫沃尔特·皮茨，但我并非芝加哥大学的注册学生，为了生存，平时不得不去周遭打打零工养活自己，所以平时并不常在学校出现。

卡尔纳普心生怜悯，对皮茨说，你不要外出打零工了，跟着我学习吧？关于你生存的问题，我来想想办法。后来，卡尔纳普利用自己的人际关系，帮皮茨在芝加哥大学谋了一份打扫卫生的差事。

就这样，皮茨总算是在这所著名的大学安顿了下来，成为一名当代的"扫地僧"。

再后来，机缘巧合，18岁的皮茨在芝加哥结识了沃伦·麦克洛克（Warren McCulloch）。正是这位麦克洛克，彻底改变了皮茨的人生轨迹。

麦克洛克比皮茨大一辈，皮茨1923年刚出生，麦克洛克已经年方25。与皮茨相比，麦克洛克的世界可谓有泥云之别。麦克洛克出生于美国东岸的一个优越家庭，中学就读新泽西州贵族男校，本科在耶鲁大学学习哲学和心理学，之后又在哥伦比亚大学取得了心理学硕士和医学博士。这一路走来，升级打怪，顺风顺水。

后来，麦克洛克毕业后做了几年实习医生，先去了耶鲁大学研究神经生理学，之后又去了伊利诺伊大学芝加哥分校，做精神病学系的教授。就在芝加哥，麦克洛克和皮茨终于有了地理位置的交集。

一个名叫Jerome Lettvin的医学院学生，穿针引线介绍了二人认识。皮茨（18岁）遇见麦克洛克时，42岁的麦克洛克正值盛年，他已是一位受人尊敬的科学家。麦克洛克的学术生涯铸就了他具备一个杂家的潜质。但在内心深处，麦克洛克却向往成为一名哲学家，他就想弄明白，知识的终极意义是什么。

1923年（也就是皮茨出生的那年），如日中天的心理学大师弗洛伊德（Freud）出版了著作《自我与本我》(*The Ego and the Id*)，精神分析热潮迭起。但是，麦克洛克对此却不以为然。他坚持认为，精神世界中的神秘工作及精神的失常，不过来源于大脑神经元的正常或失常反应而已，而这是纯机械式的。

麦克洛克的强项是神经科学，但他不擅长数学，难以形式化描述自己的思维。而颇有数学才华的皮茨，正好可以补其短板。

受《数学原理》的启发，麦克洛克当时正尝试做一件极富挑战性的事，即用戈特弗里德·莱布尼茨（Gottfried Leibniz，1646—1716，哲学家、数学家、微积分和二进制的发明人）的逻辑演算，来构建一个大脑模型。

罗素等人在书中论述说，**"所有的数学法则，都可自下而上地用无可辩驳的基本逻辑来建立**（all of mathematics could be built from the ground up using basic, indisputable logic）"。而在底层、基础的逻辑，即为是与非两种判定。然后，通过对这两个逻辑判定进行一系列的组合操作，例如，合取（conjunction）实现"与（and）"操作、析取（disjunction）实现"或（or）"操作、取反（negation）实现"否（not）"操作，这样就可以一砖一瓦地构建起复杂的数学大厦。

这里多说两句。罗素等人的论断，在思想上，其实算不上创新。早在春秋时期，老子就在《道德经》写下了明断，"道生一，一生二，二生三，三生万物"。无论是罗素等人的论断，还是老子的明断，在哲学上，都同属还原论（Reductionism）的范畴。

比如，在古代，前人的智慧，描述得并不十分清晰，如果你想得"道"，就得自己去"悟"前人的成果。而这个"悟"，其程度通常因人而异，如果"悟"得五花八门，那前人的智慧就会被拆分得"七零八落"，因此，前人的学问就非常容易陷入"玄学"之列。一旦知识的继承性成了问题，那么知识的积累也就成了问题。而如果没有了知识的积累，就很难引爆知识的"质变"。

相比而言，西方社会从欧几里得的《几何原本》开始，不论是莱布尼茨的"二进制"，还是罗素等人关于数学的论断，它们都有一套清晰可见的规则，可供人们任意复盘公理化推演。

如此一来，知识的可重复性（或者说可继承性）就非常高。当西方基于精确性思维的知识，积累到一定程度后，很容易发生知识的"质变"。发生在 14 世纪到 16 世纪的文艺复兴（Renaissance），就是这一质变的结果。

当下进入了"数据技术（DT）"时代，在这个时代，不论东方还是西方，人们对可重现数据的重视，都达到无以复加的地步，从而也拉动了人们从数据中寻找智慧（即人工智能）的步伐。中国在人工智能领域，扮演着愈发重要的角色。

扯远了，言归正传。当麦克洛克看到罗素等人的观点后，一下子就被这个论断打动了，因为扎实的医学背景，触发了他对神经元的深入思考。

医学知识告诉他，大脑中的每一个神经元细胞，只有当外部刺激超过最小阈值时，才被激发，否则就处于静默状态。这些外部刺激，来自与之相邻的神经元，它们通过突触来传递信号。

神经元细胞的二元工作状态（即激发或静默），让麦克洛克联想到了莱布尼茨二进制逻辑单元以及罗素的数学构建论断。大脑的工作机制复杂而神秘，但其底层逻辑，是不是也构建于神经元的简单输出呢？

于是，麦克洛克猜想，神经元的工作机制很可能类似于逻辑门电路，它接受多个输入，然后产生单一的输出。通过改变神经元的激发阈值以及神经元之间的连接程度，就可以让它执行"与""或""非"等功能。

当时，麦克洛克刚读了一篇英国数学家阿兰·图灵（Alan Turing）的论文。在论文中，图灵在理论上证明了建造一种可在有限步骤里完成任何计算功能的机器的可能性。这种机器被后人称为"图灵机（Turing Machine）"，它是现代计算机的原型，如图 6-5 所示。

图 6-5　图灵机模型（图片来源：维基百科①）

所谓的图灵机，是指一台抽象的机器[2]，它采用一条无限长的纸带作为临时存储。纸带分成若干个小方格单元，每个方格单元代表某个符号。它还有一个可读可写的机器头（read-write head，相当于现代意义上的 CPU），在纸带上左右移动。机器头有一组内部状态或一些固定的程序。在每个时刻，机器头都要从当前纸带上读入一个方格信息，然后结合自己的内部状态查找程序表，根据程序输出信息，将信息回写到纸带方格上，并转换自己的内部状态，然后继续移动，重复前面的操作。

麦克洛克认为，大脑的工作机理很可能也是这样的一种机器，它用编码在神经网络里的逻

---

① https://commons.wikimedia.org/w/index.php?curid=24369879

辑来完成计算。如果神经元可用逻辑规则连接起来，这样就构建了结构更为复杂但功能更加强大的思维链（Chains of Thoughts）。这种方式与《数学原理》将简单命题链（Chains of Propositions）连接起来，以塑造更加复杂的数学定理，是一致的。

当麦克洛克向皮茨解释他的创意时，皮茨马上就心领神会了，并很清楚解决该问题的数学工具。没有碰到皮茨之前，麦克洛克的研究一直陷入瓶颈状态。在一个阡陌纵横的网状神经元系统中，神经元之间的链接路径很可能形成一个环状，即最后一个神经元的输出，就会成为第一个神经元的输入，这是一个头部追逐尾巴的神经网络。

麦克洛克的数学功底并不扎实，因此没办法构建这样的数学模型。因为从逻辑的角度来看，这个首尾相接的环，就如同一个逻辑悖论：后发生的成了先发生的，"结果"成了"原因"。如果把链条的每个环节都贴上一个时间戳的话，第一个神经元在 t 时间被激发，下一个神经元就会在 $t+1$ 时刻被激发，依次传递。但如果链条形成环状，$t+n$ 时间后，却又仿佛跑到了 t 时刻的前面，这是多么奇怪啊。

困扰麦克洛克的逻辑难题并没有难倒皮茨，他使用模数（Modulo Mathematics）方法，通过取模操作，把最后一个输出巧妙地变成了第一个输入。就像时钟（模数为 12）刻度那样形成环状的数字，12 点的下一个钟点，不是顺理成章的 13 点，而是最开始的 1 点。

皮茨向麦克洛克阐明，$t+n$ 时刻的输出，跳回 t 时刻之前变成输入，并非悖论。因为在皮茨的计算里，"在前"或"在后"是没有意义的。进一步来说，在他的算式里，压根就不需要时间。一个"挤掉了时间的观念"，在某种程度上，它就是"记忆"。

读者学到后面的章节就会知道，深度学习还有一个重要的分支——循环神经网络（Recurrent Neural Network，RNN），RNN 大致遵循类似的工作机制。谷歌前资深计算机科学家吴军博士把"Recurrent Neural Network"翻译成"复发神经网络"，从"可再现"的角度来看，似乎更加合理。

当麦克洛克和皮茨完成他们的计算实验时，实际上，他们完成了一个操作性非常强的机械论精神模型。后人就用二人名称的首字母称呼这个模型——M-P 神经元模型。

信号在大脑中到底是怎样传输的呢，确切来说，到如今这依然是一个谜。于我们而言，"M-P 神经元模型"的重要意义在于，我们可以把大脑视为与计算机一样的存在，神经细胞有两种状态：兴奋和不兴奋（即抑制），可利用数字计算机中的一系列 0 和 1 进行模拟。通过把简化的二进制神经元连成链条和链环，他们向世人阐明了，大脑能实现任何可能的逻辑运算，也能完成任何图灵机可以完成的计算。这是何等之酷！

这样一来，神经元的工作形式，就类似于数字电路中的逻辑门，它接受多个输入，然后产生单一的输出。通过改变神经元的激发阈值，就可完成"与""或"及"非"等三个状态的转换功能，如图 6-6 所示。

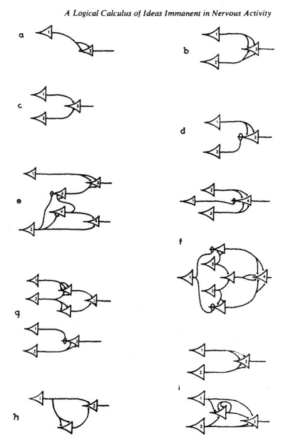

图 6-6 神经网络天下第一文《神经活动中思想内在性的逻辑演算》中的逻辑门（发表于 1943 年）

不同于弗洛伊德的心理学模型，"M-P 神经元模型"是第一个将计算用于大脑的应用，同时也衍生出一个著名的论断——本质上，大脑不过就是一个信息处理器。

此外，得益于这种首尾相接的链环设计，他们发现了一种大脑用来将信息抽象化的方法。不断使用这种方法，抽象的信息又可被进一步抽象，进而创造出回荡在脑海里的丰富而精巧的层级化观念。这个创造过程被称为"思考"。

基于他们的研究发现，麦克洛克和皮茨写了一篇学术文章，发表在《数学生物物理学通报》（Bulletin of Mathematical Biophysics）上。这篇文章就是神经网络的天下第一文：《神经活动中思想内在性的逻辑演算》(*A Logical Calculus of Ideas Immanent in Nervous Activity*)[3]。这篇文章后来也成为控制论的思想源泉之一。

麦克洛克和皮茨提出的"M-P 神经元模型"，是对生物大脑的极度简化，但却成功地给我们提供了基本原理的证明。有了麦克洛克和皮茨等人的研究，在某种程度上，关于"思想"的理解，就变得更加具有可解释性，而不必笼罩一层弗洛伊德式的神秘主义，然后在自我与本我之间牵扯不清。于是，麦克洛克向一群研究哲学的学生骄傲地宣布："在科学史上，我们首次知道了我们是怎么知道的（For the first time in the history of science, we know how we know）。"

6.3 激活函数是怎样的一种存在

前面我们提到了，神经元的工作模型存在"激活（1）"和"抑制（0）"两种状态的跳变，那么理想的激活函数就应该是如图 6-7（a）所示的阶跃函数。

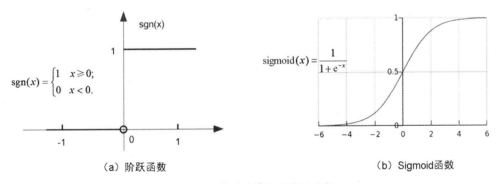

图 6-7 典型的神经元激活函数

但事实上，在实际使用中，这类函数具有不光滑、不连续等众多不"友好"的特性，使用得并不广泛。为什么说它"不友好"呢，这是因为在训练网络权重时，通常依赖对某个权重求偏导、寻极值，而**不光滑、不连续等通常意味着该函数无法"连续可导"**。

因此，我们通常用 sigmoid()函数来代替阶跃函数，如图 6-7（b）所示。无论输入值（x）的范围有多大，这个函数都可以将输出挤压在[0, 1]范围之内，故此这个函数又被称为"挤压函数（Squashing Function）"。

那么，我们应该怎样理解激活函数呢？实际上，我们还是能从生活中找到相似的影子的（理论，本来就源自人们对生活的抽象）。比如，如果你的"野蛮女友"打你耳光，当她打你第一个耳光时，你想了很多，考虑她的长相（权重 w_1）、身材（权重 w_2）、学历（权重 w_3）、性格（权重 w_4）、你爱她的程度（权重 w_5）以及娶媳妇的难度（权重 w_6）等因素（这些因素，在机器学习领域，就是研究对象的特征，它们组合在一起就构成了对象的特征空间）。综合衡量后，你决定忍了，或者说这一切并没有超出你忍耐的阈值（这期间，你也给自己找了一个优雅的台阶：打是亲，骂是爱）。如果把你的忍耐"功能"看作一个函数（回顾一下前面的介绍可以了解，"功能"和"函数"本来就是一个概念——Function），那么在这种场景下，相当于你的函数输出为0，目前还处于没有被激活状态。

当她打你第二个耳光时，你又想了很多，依然忍了，但上述因素的权重都开始调整了，比如性格权重下降，爱她的程度权重下降等。

……

当她打你第 n 个耳光时，你终于忍不了了，这时函数输出超出了阈值，你可能扬长而去，也可能哭着喊"要打，也别老打脸啊"。

6.4 什么是卷积函数

说到"忍无可忍，无须再忍"这个场面，其实，我们还可以提前把"卷积（Convolution）"这个概念讲一下（在后续卷积神经网络的章节中，我们还会给出它的形式化定义）。

假设你的承受能力是一个在时间维度上的函数 f，而你"野蛮女友"的打脸操作为函数 g，那么卷积的概念，就是重新定义出来一个新的函数 h（比如，h 用来刻画你的崩溃指数）：$h = f * g$。

这是什么意思呢，通俗来讲，所谓卷积，就是一个功能（如刻画你的承受能力）和另一个功能（如描述你女友的打脸行为）在某个维度上（如时间）的"叠加"作用，示意图如图 6-8 所示。

别忘了，在前面我们反复提到，函数就是功能，功能就是函数！函数有一定的功能，才有其存在的意义！但孤立的函数并不好玩，叠加才更有意义。说学术一些，由卷积得到的函数 h 一般要比 f 和 g 都光滑。利用这一性质，对于任意可积函数 f，都可简单地构造出一个逼近于 f 的光滑函数列，这种方法被称为函数的光滑化或正则化。

第 6 章 神经网络不胜语，M-P 模型似可寻

图 6-8　生活中的"卷积"

在时间维度上的叠加作用，如果函数是离散的，就用求累积和来刻画；如果函数是连续的，就用求积分来表达。

虽然第 n 个耳光才让你发飙或求饶，但在时间维度上，已经过去的第一个耳光、第二个耳光……它们有没有作用呢？当然有！它们的影响早已隐"忍"其中了！

好了，刚才的例子可能有点得罪女性读者了，那我们再举一个稍微温馨的例子好了。当你向女友求婚时，总是不得其果，然后就加倍对女友好，直到有一天，你给女朋友洗了一双袜子，哇，不得了，你的女友一下子就被感动到崩溃，答应嫁给你了。

这时你要想明白啊，你帮人家洗一双袜子，人家就把下半生交给你了？想得美！实际上，正解应该是，你对女友的各种好（函数 f）和你女友的心理期许（函数 g），一直在时间维度上进行不断地叠加耦合（积分求和），最终超出了女友的阈值，然后她输出了你想要的结果，"Yes, I Do"。那么，函数 f 和函数 g 一起"卷积"出来的，到底是一个什么样的函数呢，我劝你也别猜，反正它很复杂就是了，而你要做的，就是持续不断地对她好就对了。

6.5　本章小结

在本章中，我们主要讲了皮茨等人提出的"M-P 神经元模型"。这个模型其实是按照生物神经元的结构和工作原理构造出来的一个抽象和简化了的模型，它实际上是对单个神经元的一种建模。

简单来说，感知机就是一个由两层神经元构成的网络结构，输入层接收外界的输入，通过激活函数（阈值）变换，把信号传送至输出层，因此它也被称为"阈值逻辑单元"，正是这种简单的逻辑单元，慢慢演进，越来越复杂，构成了我们目前研究的热点——深度学习网络。

古人云，"合抱之木，生于毫末；千尺之台，起于垒土。"我们知道，"人之初，性本善"，那么"神经"之初，又是什么呢，自然就是"感知机"了。在下一章，我们将非常务实地聊聊"感知机"的学习算法（并附有源代码），它可是一切神经网络学习（包括深度学习）的基础。

6.6 请你思考

通过前面的学习，请你思考如下问题。

（1）在生物神经网络中，神经元之间的信息传递，是一种非常局部化的化学物质传递。试想一下，如果每个神经元都接收传递物质，那么上亿个神经元一起工作，那种能量的消耗是不可想象的。而现在的人工神经网络（深度学习），是依靠大型计算设备（如大规模集群、GPU等）来海量遍历并调整网络中的参数，所以不耗能巨大才怪呢，因此你觉得深度学习还能从生物神经网络中学习什么吗？或者说，你觉得人工智能领域中的"鸟飞派"还有市场吗？为什么？

（2）其实，"卷积"在我们的日常生活中比比皆是，你还能列举出其他的"卷积"函数吗？

参考资料

[1] Amanda Gefter. Meet Walter Pitts, the Homeless Genius Who Revolutionized. http://nautil.us/issue/21/information/the-man-who-tried-to-redeem-the-world-with-logic, 2015.

[2] Peter Linz 著. 孙家骕等译. 形式语言与自动机导论[M]. 北京：机械工业出版社, 2005.

[3] McCulloch W S, Pitts W. A logical calculus of the ideas immanent in nervous activity[J]. The bulletin of mathematical biophysics, 1943, 5(4): 115-133.

Chapter seven

第 7 章 Hello World 感知机，懂你我心才安息

感知机，就如同神经网络（包括深度学习）的"Hello World"。如果不懂它，就如"为人不识陈近南，便称英雄也枉然"一样尴尬。感知机可以模拟人类的感知能力，它能够明辨与或非，但对"异或"无能为力。

7.1 网之初，感知机

我们知道，《三字经》开篇第一句就是：人之初，性本善。对于神经网络来说，这句话就要改为：网之初，感知机。感知机（Perceptrons），受启发于生物神经元，它是一切神经网络学习的起点。

很多有关神经网络学习（包括深度学习）的教程，在提及感知机时，都知道绕不过，但也仅仅一带而过。学过编程的读者都知道，不论是哪门语言，那个神一般存在的开端程序——"Hello World"，对初学者有多么重要。可以说，它就是很多从事计算机行业的人"光荣与梦想"开始的地方。

而感知机学习，就是神经网络学习的"Hello World"，所以对于初学者来说，它值得我们细细品味。因此，下面我们就进行详细讲解。

7.2 感知机名称的由来

虽然前面章节讲到的 M-P 神经元模型，是感知机中的重要元素，但需要说明的是，"感知机"作为一个专业术语，是皮茨等人发表论文 15 年之后，即在 1958 年，由康奈尔大学心理学教授弗兰克·罗森布拉特（Frank Rosenblatt）提出来的。

这位罗森布拉特，说来也是一位奇人，不仅聪慧过人，爱好亦颇为广泛。除了平时酷爱钻研大脑的学习迁移机理之外，他还"折腾"天文学。据说罗森布拉特的一天通常是这样度过的：白天在实验室解剖解剖蝙蝠，研究一番动物大脑的学习机制，夜晚则在自家的后山上，搭建一所简易天文台，仰望星空，试图和外太空的生命对话。

1949 年，唐纳德·赫布（Donald Hebb，1904—1985）出版的《行为的组织》中，提出了神经心理学理论。赫布假说深化了或者说细化了 M-P 神经元模型。他认为，神经网络的学习过程，最终是发生在神经元之间的突触部位。突触的连接强度，会随着突触前后神经元的活动而变化，变化的幅度与两个神经元之间的活性和成正比。

赫布的假说进一步启发了罗森布拉特。1958 年，罗森布拉特发明了感知机，在工程上，模拟实现了赫布假说。利用自己设计的感知机，罗森布拉特做了一个在当时看来非常令人"惊艳"的实验（参见图 7-1），实验的训练数据是 50 组图片，每组两幅，由一张标识向左和一张标识向右的图片组成。

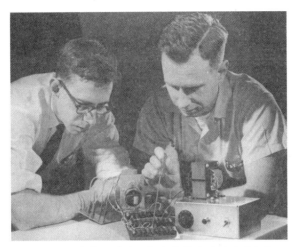

图 7-1　罗森布拉特（右）和合作伙伴调试感知机

每一次练习都是以左面的输入神经元为开端，先给每个输入神经元赋上随机的权重，然后计算它们的加权输入之和。如果加权和为负数，则预测结果为 0，否则，预测结果为 1（这里的 0 或 1，对应于图片的"左"或"右"，在本质上，感知机实现的就是一个二分类）。如果预测是正确的，则无须修正权重；如果预测有误，则用学习率（Learning Rate）乘以差错（期望值与实际值之间的差值），来对应地调整权重，如图 7-2 所示。

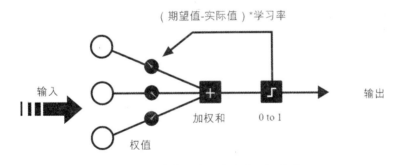

图 7-2　罗森布拉特提出的感知机模型

学着，学着，这部感知机就能"感知"出最佳的连接权值。然后，对于一个全新的图片，在没有任何人工干预的情况下，它能"独立"判定出图片标识为左还是为右。这个过程，不就与小孩子的学习差不多吗？儿童成长的第一阶段（从出生到 2 岁，相当于婴儿期）就是感知阶段。此阶段的儿童主要靠感觉和动作探索周围的世界，逐渐形成物体永存性观念，慢慢就有了自己对事物的独立判断。

在发明感知机之后，时年 30 岁的罗森布拉特，意气风发，迫不及待地召开新闻发布会，畅谈自己研究成果的美好未来，吸引了众多媒体的极大关注。其中，就包括大名鼎鼎的《纽约时报》(*The New York Times*)。

纽约时报记者对科技非常敏感，也被罗森布拉特发明的感知机模型所折服。1958 年 7 月 8 日，《纽约时报》在头版报道了罗森布拉特的研究成果，报道的题目为 *New Navy Device Learns By Doing*（海军新设备能够做中学）"。[1]

如果读者不了解当时的研究背景，在看到这个题目时，可能会一头雾水：为什么是海军设备呢？这篇文章的报道背景是：罗森布拉特等人从事的研究，受到了美国海军经费的支持，把研究成果（感知机）报道为"海军设备"，当然不为过[1]。

《纽约时报》记者对感知机的先进性赞不绝口，报道说"这是一个能够行走、拥有视觉、能够写作、能自我复制，且有自我意识的电子计算机的雏形"。[2]

要知道，文章刊发时，距离标志着人工智能学科诞生的达特茅斯（Dartmouth）会议（1956 年夏季）的召开，仅仅过去两年。纽约时报对人工智能的憧憬，放到六十多年后的今天，仍然毫不过时。文章当时还非常乐观地估计，"再花上 10 万美元，一年以后，上述构想就能实现可期。那时，感知机将能够识别出人，并能叫出他们的名字，而且还能把人们演讲的内容即时地翻译成另一种语言或记录下来。"

可能是嫌《纽约时报》的报道不够深入，在那篇头版文章发表几天后，1958 年 7 月 13 日，罗森布拉特亲自上阵，撰文于《纽约时报》，文章的题目是 *Electronic 'Brain' Teaches Itself*（能自学的电脑）。[3]当下，我们常爱用"电脑"称呼"计算机"，如果追溯起来，或许这个词最早就是罗森布拉特杜撰出来的。

在那篇亲笔题写的文章里，罗森布拉特正式把自己设计的算法，取名为"感知机"。同时，他不忘"吹捧"自己研究成果的历史地位：不依赖于人类的训练和控制，感知机有望成为能感知、会识别、可确认周边环境的第一个非生命机理。[4]

---

[1] NEW NAVY DEVICE LEARNS BY DOING; Psychologist Shows Embryo of Computer Designed to Read and Grow Wiser. http://www.nytimes.com/1958/07/08/archives/new-navy-device-learns-by-doing-psychologist- shows - embryo -of.html

[2] 对应的原文是：The Navy revealed the embryo of an electronic computer today that it expects will be able to talk, see, write, reproduce itself and be conscious of its existence……

[3] Electronic 'Brain' Teaches Itself. http://www.nytimes.com/1958/07/13/archives/ electronic-brain- teaches -itself.html

[4] 对应的英文是：Perceptron which is expected to be the first non-living mechanism able to "perceive, recognize and identify its surroundings without human training or control.

六十年过去了，有个叫凯文·凯利（Kevin Kelly）的科技预言家，写了一本很有影响力的书，叫《必然》[2]。在书中，凯文·凯利说，未来科技将有12大进化趋势，其中第2大趋势就是"知化（Cognifying）"。

那什么是"知化"呢？所谓的"知化"，就是让一个事物具备认知能力。凯文·凯利认为，人工智能的本质就是"知化"，即硬件问题软件化。现在，细想一下，罗森布拉特提出的感知机的构想，大概就是一种"知化"的体现，在当时的确是属于最先进的人工智能，因为他的畅想放在六十年后的今天，仍不过时。

7.3 感性认识"感知机"

在聊完"感知机"的一段发展史之后，下面让我们从技术层面上深入讨论一下感知机的工作原理。现在我们知道，所谓感知机，其实就是一个由两层神经元构成的网络结构，它在输入层接收外界的输入，通过激活函数（含阈值）实施变换，最后把信号传送至输出层，因此它也被称为"阈值逻辑单元"。感知机后来成为许多神经网络的基础，但客观来讲，它的理论基础依然建立于皮茨等人提出的"M-P神经元模型"。

麻雀虽小，五脏俱全。感知机虽然简单，但已初具神经网络的必备要素。在前面我们也提到，**所有"有监督"的学习，在某种程度上，都是分类学习算法。而感知机就是有监督的学习，因此它也是一种分类算法**。下面我们就列举一个区分"西瓜和香蕉"的经典案例，来看看感知机是如何工作的[3]。根据第6章的介绍，感知机模型的形式化描述可用公式（7-1）呈现

$$y = w_1 x_1 + w_2 x_2 + ... + w_n x_n - \theta \tag{7-1}$$

为了简单起见，我们假设西瓜和香蕉都仅有两个特征：形状和颜色，其他特征暂不考虑。这两个特征都是基于视觉刺激而最易得到的。

假设特征 x_1 代表输入颜色，特征 x_2 代表形状，权重 w_1 和 w_2 的默认值暂且都设为 1。为了进一步简化，我们把阈值 θ（也有教程称之为偏置——bias）设置为 0。①为了标识方便，我们将感知机输出数字化，如果输出为"1"，则代表判定为"西瓜"；而输出为"0"，代表判定为"香蕉"，示意图如图 7-3 所示。

---

① 权重：其数量的多少，表明我们对特征的关注程度。
　偏置：决定了至少有多大输入的加权和，才能激发神经元进入兴奋状态。

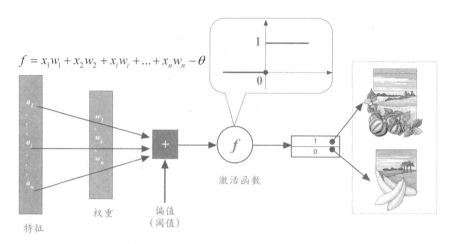

图 7-3 感知机学习算法

为了方便机器计算，我们对颜色和形状这两个特征给予不同的值，以示区别。比如，颜色这个特征为绿色时，x_1 取值为 1，而当颜色为黄色时，x_1 取值为-1；类似的，如果形状这个特征为圆形，x_2 取值为 1，形状为月牙形状时，x_2 取值为-1，如表 7-1 所示。

表 7-1 西瓜与香蕉的特征值表

品类	颜色（x_1）	形状（x_2）
西瓜	1（绿色）	1（圆形）
香蕉	-1（黄色）	-1（月牙形）

这样一来，可以很容易依据公式（7-1）描述的感知机模型，对西瓜和香蕉做鉴定（即输出函数 f 的值），其结果如图 7-4(a)所示。

从图 7-4(a)所示的输出可以看到，对西瓜的判定输出结果是 2，而香蕉的为-2。而我们先前预定的规则是：函数输出为 1，则判定为西瓜；输出为 0，则判定为香蕉。如何将 2 或-2 这样的分类结果，变换成预期的分类表达呢，这个时候，就需要激活函数上场了！

这里，我们使用了最简单的阶跃函数（Step Function）。在阶跃函数中，输出规则非常简单：当 $x > 0$ 时，$f(x)$ 输出为 1，否则输出为 0。通过激活函数的"润滑"之后，结果就变成我们想要的样子了，如图 7-4(b)所示。这样我们就搞定了西瓜和香蕉的判定。

这里需要说明的是，对象的不同特征（比如水果的颜色或形状等），只要用不同数值区别表示即可，具体用什么样的值，其实并无大碍。

$$f = x_1w_1 + x_2w_2 - \theta = 1 \times 1 + 1 \times 1 - 0 = 2$$

$$f = x_1w_1 + x_2w_2 - \theta = 1 \times (-1) + 1 \times (-1) - 0 = -2$$

(a) "率性"感知器简单输出

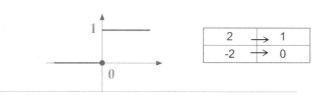

(b) "圆滑"激活函数按需输出

图 7-4 感知机的输出

但你或许会疑惑，这里的阈值 θ 和两个连接权值 w_1 和 w_2，为什么就这么巧分别是 0、1、1 呢？如果取其他数值，会有不同的判定结果吗？

这个问题问得好。事实上，我们并不能一开始就知道这几个参数的取值，而是一点点地"试错"（Try-Error）出来的，而这里的"试错"其实就是感知机的学习过程！

下面，我们就聊聊最简单的神经网络——感知机是如何学习的。

7.4 感知机是如何学习的

中国有句古话："知错能改，善莫大焉。"说的就是，犯了错误而能改正，没有比这更好的事了。

放到机器学习领域，这句话显然属于"监督学习"的范畴。因为"知错"，就表明事先已有了事物的评判标准，如果你的行为不符合（或说偏离）这些标准，那么就要根据"偏离的程度"，来"改善"自己的行为。

下面，我们就根据这个思想来制订感知机的学习规则。从前面的讨论中，我们已经知道，感知机学习属于"有监督学习"（即分类算法）。感知机有明确的结果导向性，这有点类似于"不管白猫黑猫，抓住老鼠就是好猫"的说法，不管是什么样的学习规则，能达到良好的分类目的，就是好的学习规则。

我们知道，对象本身的特征值，一旦确定下来就不会变化，可视为常数。因此，**所谓的神经网络的学习规则，就是调整神经元之间的连接权值和神经元内部阈值的规则**（这个结论对于深度学习而言，依然是适用的）。

假设我们的规则是这样的：

$$w_{new} \leftarrow w_{old} + \varepsilon$$
$$\theta_{new} \leftarrow \theta_{old} + \varepsilon$$
(7-2)

其中 $\varepsilon = y - y'$，y 为期望输出，y' 是实际输出。也就是说，ε 是二者的"落差"。在后面，读者可以看到，这个"落差"就是整个网络中权值和阈值的调整动力。很显然，如果 ε 为 0，即没有误差可言，那么新、旧权值和阈值都是一样的，网络就稳定可用了！

下面，我们就用上面的学习规则来模拟感知机的学习过程。假设 w_1 和 w_2 的初始值随机分配为 1 和 -1（注意，已经不再是前面提到的 1 和 1 了！），阈值 θ 依然为 0（事实上为其他初值也是可行的，这里仅为说明问题而做了简化），那么我们遵循如下步骤，即可完成判定西瓜的学习。

（1）计算判定西瓜的输出值 f：

$$f = x_1 w_1 + x_2 w_2 - \theta$$
$$= 1 \times 1 + 1 \times (-1) - 0$$
$$= 0$$

将这个输出值带入如图 7-4(b) 所示的阶跃函数中，可得实际输出 $y' = f = 0$。

（2）显然，针对西瓜，我们期望输出的正确判定是：$y=1$，而现在实际输出的值 $y'=0$，也就是说，实际输出有误。这个时候，就需要纠偏。而纠偏，就需要利用公式（7-2）所示的学习规则。于是，我们需要计算出误差 ε。

（3）计算误差 ε：

$$\varepsilon = y - y'$$
$$= 1 - 0$$
$$= 1$$

现在，把 ε 的值带入公式（7-2）所示的规则中，更新网络的权值和阈值，即：

$$w_{1new} = w_{1old} + \varepsilon$$
$$= 1 + 1$$
$$= 2$$

$$w_{2new} = w_{2old} + \varepsilon$$
$$= (-1)+1$$
$$= 0$$
$$\theta_{new} = \theta_{old} + \varepsilon$$
$$=0+1$$
$$=1$$

那么，在新一轮的网络参数（即权值、阈值）重新学习后，我们再次输入西瓜的属性值，测试一下，看看它能否正确判定：

$$f = x_1w_1 + x_2w_2 - \theta$$
$$= 1 \times 2 + 1 \times 0 - 1$$
$$= 1$$

再经过激活函数（阶跃函数）处理后，很好，输出结果 $y'=f=1$，判定正确！

我们知道，一个对象的类别判定正确，不能算好。于是，在判定西瓜正确后，我们还要尝试在这样的网络参数下，看看香蕉的判定是否也是正确的：

$$f = x_1w_1 + x_2w_2 - \theta$$
$$= (-1) \times 2 + (-1) \times 0 - 1$$
$$= -3$$

类似的，经过激活函数（阶跃函数）处理后，实际输出结果 $y'=f=0$，判定也正确！误差 ε 为 0。

在这个示例里，仅仅经过一轮"试错法"，我们就搞定了参数的训练，但你可别高兴太早，谁叫这是一个"Hello World"版本的神经网络呢！事实上，在有监督的学习规则中，我们需要根据输出与期望值的"落差"，经过多轮重试，反复调整神经网络的权值，直至这个"落差"收敛到能够忍受的范围之内，训练才告结束。

我们刚刚只是给出了感知机学习的一个感性例子，下面我们要给出感知机学习的形式化的描述。

7.5 感知机训练法则

通过前面的分析，我们知道，感知机是很容易实现逻辑上的"与（AND）""或（OR）""非（NOT）"等原子布尔函数（Primitive Boolean Function）的，如图 7-5 所示（睿智如你，你肯定发现了，这里的确没有"异或"，这个问题，我们会在后续章节再解决）。

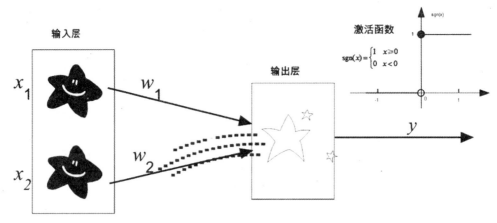

图 7-5 感知机实现逻辑运算

下面举例说明。首先，我们注意到，$y = f(\sum_i w_i x_i - \theta)$，假设 f 是如图 7-3 所示的阶跃函数，通过合适的权值和阈值即可完成常见的逻辑运算（既然是逻辑运算，x_1 和 x_2 都只能取值为 0 或 1），例如如下情况所示。

（1）"与($x_1 \wedge x_2$)"：当权值 $w_1=w_2=1$，阈值 $\theta=2$ 时，有

$$y = f(1 \times x_1 + 1 \times x_2 - 2)$$
$$= f(x_1 + x_2 - 2)$$

此时，仅当 $x_1 = x_2 = 1$ 时，$y=1$，而在其他情况下（如 x_1 和 x_2 无论哪一个取 0），$y = 0$。这样，我们在感知机中就完成了逻辑"与"的运算。

（2）类似的，"或($x_1 \vee x_2$)"：当 $w_1 = w_2 = 1$，阈值 $\theta = 0.5$ 时，有

$$y = f(1 \times x_1 + 1 \times x_2 - 0.5)$$
$$= f(x_1 + x_2 - 0.5)$$

此时，当 x_1 或 x_2 中有一个为"1"时，那么 $y=1$，而在其他情况下（即 x_1 和 x_2 均都取 0），$y=0$。这样，我们就完成了逻辑"或"的运算。

（3）同理，"非($\neg x_1$)"：当 $w_1=0.6$，$w_2=0$，阈值 $\theta=0.5$ 时，有：

$$y = f(-0.6 \times x_1 + 0 \times x_2 - (-0.5))$$
$$= f(-0.6 \times x_1 + 0.5)$$

此时，当 x_1 为"1"时，y=0；当 x_1 为"0"时，y=1。这样，就完成了逻辑"非"的运算（当然，如果以 x_2 做"非"运算，也是类似操作，得到的结果相同，这里不再赘述）。

更一般的，当我们给定训练数据，神经网络中的参数（权值 w_i 和阈值 θ）都可以通过不断地"纠偏"学习得到。为了方便，我们通常把阈值 θ 视为 w_0，而其输入值 x_0 固定为"-1"（亦有资料将这个固定值设置为 1，其实都是一样的，主要取决于表达式 θ 前面的正负号），那么阈值 θ 就可被视为一个"哑元节点（Dummy Node）"。这样一来，**权重和阈值的学习可以"一统天下"，称为"权重"的学习**，其形式化描述如公式（7-3）所示。

$$\begin{aligned} y &= w_1x_1 + w_2x_2 + ... + w_nx_n - \theta \\ &= w_nx_n + ... + w_2x_2 + w_1x_1 + w_0x_0 \\ &= \sum_{i=0}^{n} w_i x_i \end{aligned} \tag{7-3}$$

如此一来，感知机的学习规则就可以更加简单明了了，示意图如 7-6 所示。

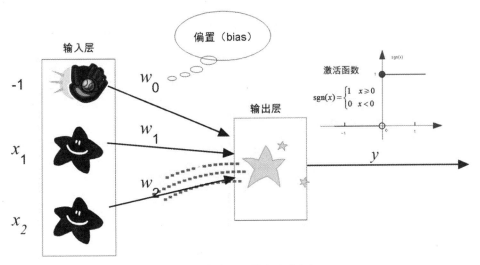

图 7-6　含有哑元节点的感知机

对于训练样例（x，y）（需要注意的是，这里粗体字 x 表示一个向量，即一个训练集合），若当前感知机的实际输出 y'，假设它不符合预期，存在"落差"，那么感知机的 3 个权值可依据公式（7-4）所示的规则统一进行调整：

$$\begin{aligned} w_{inew} &\leftarrow w_{iold} + \Delta w_i \\ \Delta w_i &\leftarrow \eta(y_i - y_i')x_i \end{aligned} \tag{7-4}$$

其中，$\eta \in (0,1)$ 称为学习率，公式（7-4）其实是公式（7-2）的一般化描述。由公式（7-4）

可知，如果(x,y)预测正确，那么可知 $y-y'=0$，感知机的权值不会发生任何变化（因为 $\Delta w_i = 0$），否则就会根据"落差"的程度做对应调整。

这里需要注意的是，学习率 η 的作用是"缓和"每一步权值调整的强度。它本身的值是比较难确定的，如果 η 太小，网络调参的次数较多，从而收敛很慢。如果 η 太大，会错过网络参数的最优解，因此合适的 η 的大小，在某种程度上，还依赖于人工经验（即属于超参数范畴）。通常，将 η 的初始设置为一个较小的值（如 0.1）。

7.6 感知机的几何意义

下面我们来分析一下感知机的几何意义。由感知机的功能函数定义可知，它由两个函数复合而成：内部为神经元的输入汇集函数，外部为激活函数，将汇集函数的输出作为激活函数的输入。如果识别对象 x 有 n 个特征，内部函数就是如公式（7-1）所示的输入汇集。若令其等于零，即 $w_1x_1 + w_2x_2 + ... + w_nx_n - \theta = 0$，该方程可视为一个在 n 维空间的超平面 P。那么感知机以向量的模式写出来就是：$\vec{x} \cdot \vec{w} = 0$，如图 7-7 所示，这里，"$\vec{x} \cdot \vec{w}$"表示输入向量 x 和权值向量 w 的内积。

$$\begin{aligned}f(\vec{x}) &= x_1w_1 + x_2w_2 + ...x_iw_i + ... + x_nw_n - \theta \\ &= x_0w_0 + x_1w_1 + ... + x_iw_i + ... + x_nw_n \\ &= \vec{x} \cdot \vec{w}\end{aligned}$$

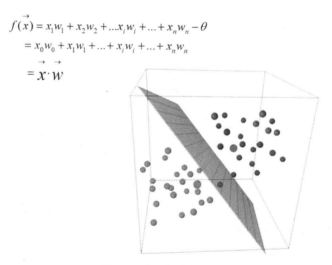

图 7-7 感知机的超平面

这样一来，对于超平面一侧的实例 $\vec{x} \cdot \vec{w} > 0$，它表示点 $\vec{x}$ 落在超平面的正半空间，此时激活函数 $\sigma(\vec{x} \cdot \vec{w}) = 1$，即感知机的输出为 1（判定为正类）；而对于超平面的另外一侧实例 $\vec{x} \cdot \vec{w} < 0$，

表示点 $\vec{x}$ 落在超平面的负半空间，此时激活函数 $\sigma(\vec{x}\cdot\vec{w})=0$，即感知机的输出为 0（判定为负类）。

于是，**感知机可看作一个由超平面划分空间位置的识别器**。当特征 n 为两三个维度时，人们尚可利用它的几何空间来直观解释这个分类器，但当 n 更大时，人们很难再用它的几何意义来研究神经网络。

7.7 基于 Python 的感知机实战

按照前文的描述，感知机可描述为一个线性方程。用 Python 的伪代码可表示为：

sum(weight_i * x_i) + bias → activation

这里，activation 就是激活函数，x_i 和 weight_i 是分别为与当前神经元连接的其他神经元的输入以及连接的权重。bias 就是当前神经元的输出阈值（或称偏置）。箭头（→）左边的数据，就是激活函数的输入。

激活函数最终的功能是要完成预测。在本质上，它就是一个转换（传递）函数，它把给定的输入（加权之和），转为一个分类输出（0 或 1），这个函数可以是阶跃函数，当激活函数输出大于等于 0 时，则预测为正类（即 1），否则输出为负类（即 0），用 Python 可表示为：

```python
# 定义激活函数 f
def func_activator(input_value):
    return 1.0 if input_value >= 0.0 else 0.0
```

完整的感知机算法如范例 7-1 所示。

【范例 7-1】感知机的构建（Perceptron.py）

```
01  class Perceptron(object):
02      def __init__(self, input_para_num, acti_func):
03          self.activator = acti_func
04          # 权重向量初始化为 0
05          self.weights =[0.0 for _ in range(input_para_num)]
06      def __str__(self):
07          return 'final weights\n\tw0 = {:.2f}\n\tw1 = {:.2f}\n\tw2 = {:.2f}' \
```

```
08              .format(self.weights[0],self.weights[1],self.weights[2])
09      def predict(self, row_vec):
10          act_values = 0.0
11          for i in range(len(self.weights)):
12              act_values += self.weights[ i ] * row_vec [ i ]
13          return self.activator(act_values)
14      def train(self, dataset, iteration, rate):
15          for i in range(iteration):
16              for input_vec_label in dataset:
17                  # 计算感知机在当前权重下的输出
18                  prediction = self.predict(input_vec_label)
19                  # 更新权重
20                  self._update_weights(input_vec_label,prediction, rate)
21      def _update_weights(self, input_vec_label, prediction, rate):
22          delta = input_vec_label[-1] - prediction
23          for i in range(len(self.weights)):
24              self.weights[ i ] += rate * delta * input_vec_label[ i ]
```

【代码讲解】

借鉴寓教于乐的精神，我们借助机器学习的机会，也把 Python 面向对象编程范式做简单介绍，这个感知机的实现使用了 Python 中的类。

第 01 行代码，声明了一个感知机类 Perceptron。需要注意的是，每一个 Python 类都隐含了一个超类：object。既然是每个类有默认有这个超类，即使不明确指明（即删除括号中的 object）也是没有问题的。

第 02~05 行，设计了感知机类 Perceptron 的构造方法 __init__()。在 Python 中，类的构造方法名称固定为 __init__()。它的存在价值具有两层含义：第一层是在对象生命周期中做数据成员的初始化，每个对象必须正确初始化后才能正常工作。第二层是 __init__() 方法的参数值可以有多种形式，通过这个"窗口"，可以把外界中的信息传递给刚创建的对象。在第 02 行中，初始化感知机，设置输入参数的个数及激活函数。第 05 行，使用了列表表达式，并用下画线"_"作为读取 range() 方法的变量，实际上这个表达式压根"无心"读取变量，而仅想利用其中隐含的 for 循环，将 weights 中的元素逐个初始化为 0.0。

第 06 行~08 行代码重载内置方法 __str__()，实现的功能是返回一个字符串，描述学习到的权重，其中 w0 为偏置项（第 07 行）。重载 __str__()原本是 Python 的一个"魔幻"方法，它定义了当 object 调用 str()时应该返回的值(在后面的范例中会有体现)。__str__()通过内置方法 str()进行调用，返回类型必须是一个 string 对象。需要注意的是，第 07~08 行，实际上是一条语句，由于第 07 行写不下，就用反斜杠"\"作为续行表示。同时，这里使用 Python 3 推荐的格式化输出方法 format()。

第 09 行，定义 predict( )方法，它针对每个输入向量，输出感知机的计算结果（即输出预测标签）。

第 14 行，定义方法 train( )，其功能就是训练权值参数。根据公式（7-4），针对输入训练数据，针对每一组向量（该向量包括预期的分类标签），根据训练轮数及学习率来不断更新神经元的权值。

更新权值的工作，我们使用_update_weights()方法来完成。从 Python 的命名规则可以知道，凡是以单个下画线"_"开头的变量，如果出现在类中，表示是类中的私有成员。因此，_update_weights()方法是 Perceptron 类中的私有方法，仅供类中的其他方法（如 train( )方法）调用。这个方法就是按照感知机训练规则来更新权重的。

范例 7-1 完成了感知机的设计，但是如果想利用感知机来干活，还得针对具体问题。假设我们的问题是训练感知机来完成逻辑上的"与（AND）"操作，这时需要指定对应的训练集合和激活函数。设计的 Python 代码如范例 7-2 所示。

【范例 7-2】实现 AND 操作的感知机（Perceptron.py）

```
01   # 定义激活函数
02   def func_activator(input_value):
03       return 1.0 if input_value >= 0.0 else 0.0
04   def get_training_dataset():
05       # 构建训练数据
06       dataset = [[-1, 1, 1, 1], [-1, 0, 0, 0], [-1, 1, 0, 0], [-1, 0, 1, 0]]
07       # 期望的输出列表，注意要与输入一一对应
08       # [-1,1,1] -> 1, [-1, 0,0] -> 0, [-1, 1,0] -> 0, [-1, 0,1] -> 0
09       return dataset
10   def train_and_perceptron():
11       p = Perceptron(3, func_activator)
12       # 获取训练数据
```

```
13      dataset = get_training_dataset()
14      p.train(dataset, 10, 0.1)       #指定迭代次数：10 轮，学习率设置为 0.1
15      #返回训练好的感知机
16      return p
17  if __name__ == '__main__':
18      # 训练 and 感知机
19      and_perceptron = train_and_perceptron()
20      # 打印训练获得的权重
21      print (and_perceptron)
22      # 测试
23      print ('1 and 1 = %d' % and_perceptron.predict([-1, 1, 1]))
24      print ('0 and 0 = %d' % and_perceptron.predict([-1, 0, 0]))
25      print ('1 and 0 = %d' % and_perceptron.predict([-1, 1, 0]))
26      print ('0 and 1 = %d' % and_perceptron.predict([-1, 0, 1]))
```

【运行结果】

```
final weights
    w0 = 0.20
    w1 = 0.10
    w2 = 0.20
1 and 1 = 1
0 and 0 = 0
1 and 0 = 0
0 and 1 = 0
```

【代码分析】

需要说明的是，范例 7-2 不能单独运行，它需要和范例 7-1 配合起来才能运行。下面简单介绍一下部分代码的功能。

对于监督学习，为了训练一个神经网络模型，通常要提供一些训练样本来训练神经网络。每个训练样本既包括输入特征（比如图片的灰度值），还要包括对应的判定标签（即分类信息，英文记作 label），比如，手写数字图片到底是 1、2、3 或 4 等。

很明显，感知机属于有监督学习范畴。完成 AND（与）功能的训练数据，其实就是它的真值表。它很简单，共 4 条信息。由于 AND（与）是一个二元操作，它的输入和对应的输出标签可分别描述为：[1,1]→1，[1,0]→0，[0,1]→0，[0,0]→0，但考虑到我们把阈值也当作一个哑元（Dummy）神经元的话（即把"-1"视为固定输入，偏置θ作为权值w_0），真值表可修改为：[-1, 1, 1]→1、[-1, 1, 0]→0、[-1, 0, 1]→0 和[-1, 0, 0]→0。

为方便数据处理，我们把输出的分类信息（即标签）也合并到输入列表的最后一列，构建出来的训练集，诸如[-1, 1, 1, 1]、[-1, 1, 0, 0]、[-1, 0, 1, 0]和[-1,0,0,0]。这4条训练数据又可以合并为Python中的一个列表（见代码第06行）。当然，把训练数据的输入和输出（标签）分开存放，也是可行的，很多算法也是这么做的。分开还是合并，取决于问题的场景。

第10行，定义了函数train_and_perceptron()，它的功能在于，使用上面构建的AND真值表训练感知机。

第11行，创建一个感知机对象，构造方法的参数有两个。第一个参数表明每一个训练数据的维度，AND是二元函数,把哑元"-1"算上,共3个;第二个参数指定了激活函数为func_activator（第02行代码）。

第21行，用print( )函数输出一个感知机对象and_perceptron。这时系统会自动调用在范例7-1中设计的__str__()方法，于是就会输出指定的字符串（三个训练后的权值）。

如果我们把范例7-2第6行代码所示的训练集合换成如下集合：

dataset = [[-1, 1, 1, 1], [-1, 0, 0, 0], [-1, 1, 0, 1], [-1, 0, 1, 1]]

并稍加改动第23~26行的输出语句，运行程序可得到如下结果：

```
final weights
        w0 = 0.10
        w1 = 0.10
        w2 = 0.10
1 or 1 = 1
0 or 0 = 0
1 or 0 = 1
0 or 1 = 1
```

是的，这就是一个能够实现"或（OR）"功能的感知机。类似的，我们也能很容易地实现"非（NOT）"功能的感知机。但是，无论我们把训练的迭代次数提高多少，都无法实现"异或（XOR）"功能的感知机，因为单层感知机表征能力非常有限。

7.8 感知机的表征能力

从本质上看，感知机是一个二分类的线性判别模型，它旨在通过最小化损失函数，来优化分类超平面，从而达到对新实例实现准确预测[4]。

由于感知机只有输出层神经元可以进行激活函数的处理，也就是说，它只拥有单层的功能神经元，因此它的学习能力是相对有限的。原子布尔函数中的"与、或、非"等问题都是线性可分的问题。感知机对于处理这类线性可分问题，毫无压力。下面简单介绍基于感知机的布尔运算。

人工智能泰斗之一马文·明斯基（Marvin Minsky）已在理论上证明，若两类模式是线性可分的，那么一定存在一个线性超平面可以将它们区分开来，如图 7-8(a)~(c)所示。也就是说，这样的感知机，其学习过程一定会稳定（即收敛）下来，神经网络的权值可以通过学习得到[5]。

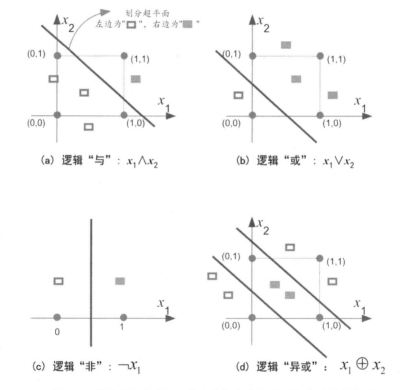

图 7-8 线性可分的"与、或、非"和线性不可分的"异或"

但是，对于线性不可分原子布尔函数（如"异或"操作），不存在简单的线性超平面将其区分开来，如图 7-8(d)所示。在这种情况下，感知机的学习过程就会发生"震荡（Fluctuation）"，权值向量就难以求得合适的解。这里稍微为非专业读者解释一下，什么是异或？所谓异或（XOR），就是当且仅当输入值 x_1 和 x_2 相异时，输出为 1；反之，x_1 和 x_2 相同，输出为 0，如图 7-9 所示。不太严谨地说，"异或"多少有点类似于大自然的生物演化，异性在一起，方才有结果，而同性在一起，结局多"飘零"。

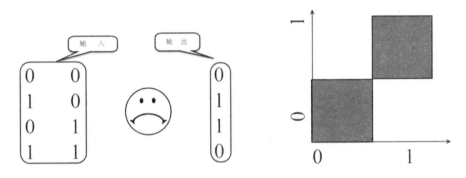

图 7-9　感知机无法解决异或问题

现在，让我们再次回顾一下罗森布拉特在发明感知机时的雄心梦想。如果他的梦想能实现，那么把时间的轴线滑到当下（2018 年），它依然可称得上是最先进的人工智能。很可惜的是，"梦想很丰满，现实很骨感"。纽约时报的憧憬落空了，罗森布拉特的梦想也碎了一地！

更为悲惨的是，曾经作为感知机忠实粉丝的明斯基在发现感知机模型居然连稀疏平常的"异或（XOR）"功能都难以实现时，不禁唏嘘，面对这更加纷杂的非线性世界，感知机如何能处理得了啊？

失望之余，明斯基对"感知机"逐渐感到失望。1972 年，明斯基和同事西摩尔·派普特（Seymour Papert）出版了《感知机：计算几何简介》[6]，在书中，他们论述了感知机模型存在的两个关键问题。

（1）单层神经网络无法解决不可线性分割的问题，典型的证据就是不能实现"异或门电路（XOR Circuit）"功能。

（2）更为严重的问题是，即使使用当时最先进的计算机，也没有足够的计算能力去完成神经网络模型训练所需的超大的计算量（比如调整网络中的权重参数）。

鉴于明斯基的江湖地位（1969 年，他刚刚获得计算机科学界最高奖项——图灵奖），他老人家一发话可不得了，政府资助机构（如美国自然科学基金、美国海军等）纷纷停止了对神经网络研究的支持，如此一来，直接就把人工智能的研究送进一个长达近二十年的低潮，史称"人工智能的冬天（AI Winter）"。

这么一说，好像明斯基是一位人工智能研究的判定法官。但其实呢，有学者开玩笑说，他更像童话《白雪公主》里的那位继母王后。因为就是他，给那个叫"人工智能"的"白雪公主"喂了一口"毒苹果"（《感知机》一书），让这位"白雪公主"一睡就是20年。

通常，绝大多数童话都有一个完美的结局，《白雪公主》也不例外。现在，我们好奇的是，在人工智能领域，谁又是那位"吻醒"白雪公主的"王子"呢？我们会在后续的章节中回答这个问题。

现在，距离明斯基出版《感知机》已近50年了。我们看到了，以深度学习为代表的神经网络学习，又一番风生水起，好一个热闹了得！

这让我想起了一本心理学名著《改变：问题形成和解决的原则》[7]。在这本书中，三位斯坦福大学医学院精神病与行为科学系临床教授提出了一个有趣的观点，**"一个问题尚未解决，虽然令人生厌，但其本身就常是一种解决方式"**。

我们通常想一次性地把所有问题都解决掉，即存在"问题洁癖"状态。但这种"洁癖"状态，通常并不能解决问题，反而可能会带来更多、更麻烦的问题。因此，带着问题生活（或研究），是可以接受的，并且很可能是最好的结果。

著名物理学家理查德·费曼（Richard Feynman，1965年诺贝尔物理学奖得主）也曾说过，"物理的进步，其实源于它对寻求根源的让步。"举例来说，牛顿描绘出了如何用万有引力（how），但他一直也没有弄明白为什么会存在引力（why）。知道how，并不知道why，虽有缺憾，但这并没有妨碍我们应用它们解决宏观世界中的各类经典物理问题。一个题外话说的是，据说很苦闷的牛顿，最后把why问题归结为上帝所为，所以他最终成为一个极度虔诚的基督教徒。

从初级的M-P神经元模型，发展到今天的深度学习，还有没有问题呢？当然有！比如深度学习的解释性低，对数据依赖度高等（想一想，现在的小孩识别一张猫狗的图片，仅仅需要几张图片进行训练就够了，可深度学习算法呢？可能需要数以百万张），诸如此类的问题，这并没有妨碍深度学习在各个领域的大放异彩。

针对目前深度学习中存在的问题，有解决之道吗？虽然方向并不十分明朗，但未来一定会有，比如在未来，我们可以把深度学习、强化学习和迁移学习相结合，可以实现几个突破——反馈可以延迟，通用的模型可以个性化，可解决冷启动等问题[8]。

7.9 本章小结

在本章，我们首先用西瓜和香蕉的判定案例，感性地谈了谈感知机的工作流程。然后，我们又给出了感知机的形式化学习规则以及感知机的表征能力。

最后我们使用 Python 给出有关逻辑操作（如 AND 或 OR）的感知机实现。很容易发现，感知机难以实现常见的"异或"逻辑操作，这一功能缺陷，直接让人工智能领域"大神"明斯基抓住了"小辫子"，然后就把人工智能送进了长达二十年的"冬天"。

但英国浪漫主义诗人雪莱说了："冬天来了，春天还会远吗？"

7.10 请你思考

学习完本章后，请你思考如下问题：

（1）本章范例 7-2 中的学习率和训练迭代次数，都是人为给定的。事实上，更一般的情况是，我们希望机器能自己学习得到这些关键参数，不然还叫机器学习吗？你知道如何让机器找到这些参数吗？（提示：采用随机梯度的优化方法，后面的章节会讲解这个方法。）

（2）你知道感知机最终是如何解决"异或"问题的吗？（提示：增加神经网络的层数，提升网络数据特征的表达能力。）

参考资料

[1] Kaplan, Jerry. Artificial intelligence: What Everyone Needs to Know. Oxford University Press, 2016.

[2] 凯文·凯利. 周峰等译. 必然[M]. 北京：电子工业出版社, 2016.

[3] 吴岸城. 神经网络与深度学习[M]. 北京：电子工业出版社, 2016.

[4] 焦李成, 杨淑媛, 刘芳, 等. 神经网络七十年:回顾与展望[J]. 计算机学报, 2016, 39(8):1697-1716.

[5] 周志华.机器学习[M]. 北京：清华大学出版社, 2016

[6] Minsky M, Papert S A, Bottou L. Perceptrons: An introduction to computational geometry[M]. MIT press, 2017.

[7] 瓦茨拉维克等. 夏林清等译. 改变：问题形成和解决的原则[M]. 北京：教育科学出版社，2007.

[8] 杨强. 人工智能的下一个技术风口与商业风口[J]. 中国计算机学会通讯，2017, 13(5):44-47.

Chapter eight

第 8 章 损失函数减肥用，
神经网络调权重

感知机不能处理"异或"难题如何被多层神经网络破解？分外眼红的仇家为何总是喜欢说"你化成灰我也记得你"？200 斤的胖子如何激励自己，成功赎回贪吃的罪？对于后者，除了健身，似乎别无他法。可你知道吗，这减肥背后的机理，和前馈神经网络利用损失函数反向调节各个神经元之间的连接权重，是一样的。这是为什么呢？请在本章寻找答案。

在第 7 章中，我们提到，由于感知机不能解决"异或"问题，被人工智能泰斗明斯基并无恶意地把人工智能打入"冷宫"二十载。而**解决"异或"问题的关键在于，能否解决非线性可分问题**。那么，如何来解决这个问题呢？简单来说，就是使用更加复杂的网络，也就是利用多层前馈网络。在本章中，我们将详细讨论这个问题。

8.1 多层网络解决"异或"问题

现在我们都知道，深度学习是一个包括很多隐含层的复杂网络结构。感知机之所以当年搞不定"非线性可分"问题，也是因为相比于深度学习这个"老江湖"，它"太年轻，太简单"。当时，感知机刚刚诞生不久，如初生的婴儿，很难期望这么一个襁褓之娃复杂起来。

如前文所述，想解决"异或"问题，需要让网络复杂起来。这是因为，复杂网络的表征能力比较强[1]。按照这个思路，可以在输入层和输出层之间，添加一层神经元，将其称之为隐含层（Hidden Layer，亦有资料将其译作"隐藏层"或"隐层"，后文不再区分这三个称谓）。这样一来，隐含层和输出层中的神经元都拥有激活函数。假设各个神经元的阈值均为 0.5，权值如图 8-1 所示，这样就可实现"异或"功能（在后续的章节中，我们会给出多层感知机解决"异或"问题的 Python 实战案例）。

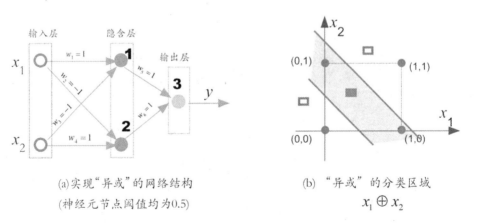

(a) 实现"异或"的网络结构
（神经元节点阈值均为0.5）

(b) "异或"的分类区域
$x_1 \oplus x_2$

图 8-1 可解决"异或"问题的两层感知机

下面我们来详述这个实现流程。假设在如图 8-1(a)所示的神经元（即实心圆）中，其激活函数依然是阶跃函数（即 sgn 函数），它的输出规则非常简单：当 $x \geqslant 0$ 时，$f(x)$ 输出为 1，否则输出 0。

那么，当 x_1 和 x_2 相同（假设均为 1）时，神经元 x_1 对隐含层节点 1 和 2 的权重分别为 $w_1=1$ 和 $w_2=-1$，神经元 x_2 对隐含层节点 1 和 2 的权重分别为 $w_3=-1$ 和 $w_4=1$。于是，对于隐含层的神经元 1 来说，其输出可以表述为：

$$\begin{aligned} f_1 &= \mathrm{sgn}(x_1 w_1 + x_2 w_2 - \theta) \\ &= \mathrm{sgn}(1 \times 1 + 1 \times (-1) - 0.5) \\ &= \mathrm{sgn}(-0.5) \\ &= 0 \end{aligned}$$

类似的，对于隐含层的神经元 2 有：

$$\begin{aligned} f_2 &= \mathrm{sgn}(x_1 w_3 + x_2 w_4 - \theta) \\ &= \mathrm{sgn}(1 \times (-1) + 1 \times 1 - 0.5) \\ &= \mathrm{sgn}(-0.5) \\ &= 0 \end{aligned}$$

然后，对于输出层的输出神经元 3 而言，这时 f_1 和 f_2 是它的输入，于是有：

$$\begin{aligned} y = f_3 &= \mathrm{sgn}(f_1 w_5 + f_2 w_6 - \theta) \\ &= \mathrm{sgn}(0 \times 1 + 0 \times (1) - 0.5) \\ &= \mathrm{sgn}(-0.5) \\ &= 0 \end{aligned}$$

也就是说，x_1 和 x_2 同为 1 时，输出为 0，满足了"异或"的功能。读者朋友也可以尝试推导一下，x_1 和 x_2 同为 0 时的情况，这个简单的两层感知机输出为 0，同样也满足"异或"的功能。

那么对于 x_1 和 x_2 不相同（假设 $x_1=1$，$x_2=0$）时，对于在隐含层的神经元 1 有：

$$\begin{aligned} f_1 &= \mathrm{sgn}(x_1 w_1 + x_2 w_2 - \theta) \\ &= \mathrm{sgn}(1 \times 1 + 0 \times (-1) - 0.5) \\ &= \mathrm{sgn}(0.5) \\ &= 1 \end{aligned}$$

类似的，对于隐含层的神经元 2 有：

$$\begin{aligned} f_2 &= \mathrm{sgn}(x_1 w_3 + x_2 w_4 - \theta) \\ &= \mathrm{sgn}(1 \times (-1) + 0 \times 1 - 0.5) \\ &= \mathrm{sgn}(-1.5) \\ &= 0 \end{aligned}$$

然后，对于输出层的神经元 3 而言，f_1 和 f_2 是它的输入，于是有：

$$y = f_3 = \text{sgn}(f_1 w_5 + f_2 w_6 - \theta)$$
$$= \text{sgn}(1 \times 1 + 0 \times 0 - 0.5)$$
$$= \text{sgn}(0.5)$$
$$= 1$$

不失一般性，由于 x_1 和 x_2 的地位是可以互换的。也就是说，当 x_1 和 x_2 取值不同时，感知机输出为 1。因此，从上面分析可知，如图 8-1 所示的两层感知机就可以实现"异或"功能。这里，网络中的权值和阈值都是我们事先给定的，而实际上，它们是需要神经网络自己通过反复"试错"学习而来的，而且能够完成"异或"功能的网络权重也不是唯一的。在后续的章节中，我们会讲到反向传播（也叫后向传播）算法（BP），然后给出相应的实战演示。

下面，让我们再简单回顾一下神经网络的发展历史。1958 年，弗兰克·罗森布拉特提出"感知机"的概念。

1965 年，A. G. 伊瓦赫年科（Alexey Grigorevich Ivakhnenko）提出了多层人工神经网络的设想。而这种基于多层神经网络的机器学习模型，后来被人们称为"深度学习"。简单来说，**所谓深度学习，就是包括很多隐含层的神经网络学习**。这里的"深"即意味着"层深"，"网络深深几许"呢？至少要大于 3 吧，多则不限，可以成百甚至上千。

所以，你看到了吧，如果追根溯源的话，伊瓦赫年科才是"深度学习之父"[2]，而不是现在的深度学习"大牛"杰弗里·辛顿（Geoffrey Hinton），但鉴于辛顿教授的杰出贡献——是他让深度学习重见天日、大放异彩。因此，称呼辛顿为"深度学习教父"，似乎更加合适[3]。

在多层神经网络概念提出 4 年之后的 1969 年，明斯基才写出来他的那本"毒苹果"之作《感知机》。也就是说，多层神经网络在提出之后，并没有受到应有的重视，所以才被明斯基抓住"小辫子"。

直到 1975 年（此时，距离伊瓦赫年科提出多层神经网络概念已过去 10 年之久），感知机的"异或"难题才被理论界彻底解决。由此可以看到，科学技术的发展，从来都不是线性的、一蹴而就的，而是螺旋上升的！

我们现在学习"异或"解决方案，可能仅需要数分钟，但也真是"书上一分钟，书后十年功"！

8.2 感性认识多层前馈神经网络

更一般的，常见的多层神经网络如图 8-2 所示。在这种结构中，将若干个单层神经网络级联在一起，前一层的输出作为后一层的输入，这样构成了**多层前馈神经网络**（Multi-layer Feedforward Neural Networks）。更确切地说，每一层神经元仅与下一层的神经元全连接。但在同一层之内，神经元彼此不连接，而且跨层之间的神经元，彼此也不相连。

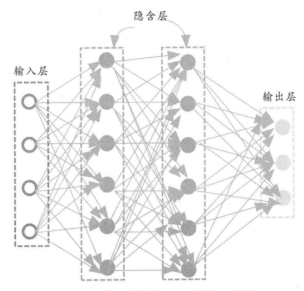

图 8-2 多层前馈神经网络结构示意图

之所以加上"前馈"这个定语，是想特别强调，这样的网络是没有反馈的。也就是说，位置靠后的层次不会把输出反向连接到之前的层次上作为输入，输入信号"一马平川"地单向向前传播。很明显，相比于纵横交错的人类大脑神经元的连接结构，这种结构做了极大简化，但即使如此，它也具有很强的表达力。

这种表达力强大到什么程度？奥地利学者库尔特·霍尼克（Kurt Hornik）等人的论文可以旁证解释这个问题[4]。1989 年，霍尼克等人发表论文证明，对于任意复杂度的连续波莱尔可测函数（Borel Measurable Function）f，仅仅需要一个隐含层，只要这个隐含层包括足够多的神经元，前馈神经网络使用挤压函数（Squashing Function）作为激活函数，就可以以任意精度来近似模拟 f。

$$f: R^N \to R^M \tag{8-1}$$

如果想增加 f 的近似精度，单纯依靠增加神经元的数目即可实现。换句话说，多层前馈神经网络可视为一个通用函数的模拟器（Universal Approximators）。对于这个定理证明的可视化描述，读者可参阅迈克尔·尼尔森（Michael Nielsen）撰写的系列博客[5]。在他博客的第 4 章中，尼尔森给出了神经网络可计算任何函数的可视化证明，值得一读。

然而，如何确定隐含层的个数是一个超参数问题，即不能通过网络学习自行得到，而是需要人们通过试错法外加经验甚至直觉来调整。

下面，我们用一个案例来形象说明霍尼克等人提出的通用近似定理。假如在图 8-3(a)中，已知实心原点（●）代表的动物是猫，实心方块（◆）代表的动物是狗。现在我们要回答一个问题，图中打问号（?）的点最有可能是什么动物？自然的，我们会想到，打问号的那个点，距离猫最近，当然它属于猫科了。

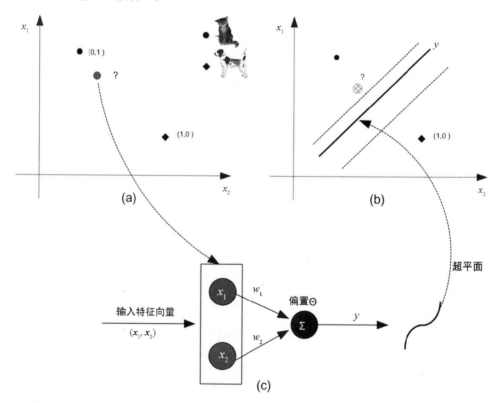

图 8-3　单层单个神经元的分类表述

如果用神经网络来解决这个类别判断问题，我们就会把未知点的特征（x_1, x_2）当作两个输入特征向量，然后构造一个神经元，它的输入就是特征向量，然后利用神经元之间连接的权值，计算出一个加权之和。神经网络内部还有一个偏置，通过激活函数，最终给出类别的判定。通过第 7 章的学习，我们知道，实际上，这个神经元模型构造了 $w_1x_1 + w_2x_2 - \theta = 0$ 的超平面方程，如图 8-3(b)所示。

如果某个点落到超平面的一侧，则判定它归属某一类（比如说，$y=1$，判定为猫），如果落到另一侧（$y=-1$），则判定它归属为另外一类（比如狗）。

对于这个简单的单层次单神经元，就是不断地学习调整 w_1、w_2 和 θ 的值来修正这个平面（**修改 θ 可平移平面，修正 w_1、w_2 可旋转平面**），如图 8-3(b)中的虚线所示，以尽可能让所有样本的分类都正确。

但实际情况可能并没有这么简单。大千世界，种类纷繁，很多类可能交织在一起，如图 8-4(a)所示，这时如果只用一个神经元，利用一个超平面，无论我们如何调整 w_1、w_2 和 θ 的值，都无法正确对非线性区域进行分类。

于是，我们可以考虑再增加一个神经元，这样相当于又添加一个超平面，如图 8-4(b)所示。这样会划分不同的子空间，在这些空间里，分类的准确率就会提高，但部分区域依然还有不同的分类。

接着，我们考虑再增加一个神经元，类似的，这相当于又多添加了一个超平面，如图 8-4(c)所示。于是子空间更加多元，而分类趋于更加细腻。在理论上，这个过程可以一直推行下去，直到所有样例的分类都是准确的。但这样一来，隐含层就变得越来越"胖"。

其实，神经网络的结构还有另外一个"进化"方向，那就是朝着"纵深"方向发展，也就是说，**减少单层的神经元数量，而增加神经网络的层数**，如图 8-5 所示。在该图中，假设增加一层隐含层，该隐含层用前一个隐含层的输出作为输入。在该隐含层中，我们可以进一步完成非线性的映射和转换，只要合理调整权值，就有机会把彼此交织的区域映射到完全分隔开的空间，从而把原来很近的点"拉扯"得很远，而把原来很远的点"聚合"得很近。也就是说，增加了网络的层数，神经网络也增加了表达能力。

这就好比，人是由细胞构成的，在理论上，我们单纯从细胞这个层面不断扩大需考察细胞的数量、特性等，最终也可以区分不同的人。但实际上，我们并不是这么做的，而是通过不断地抽象，从多个层面来认知不同的人。比如，先从细胞层面构成器官，再从器官层面，构成不同的个人。

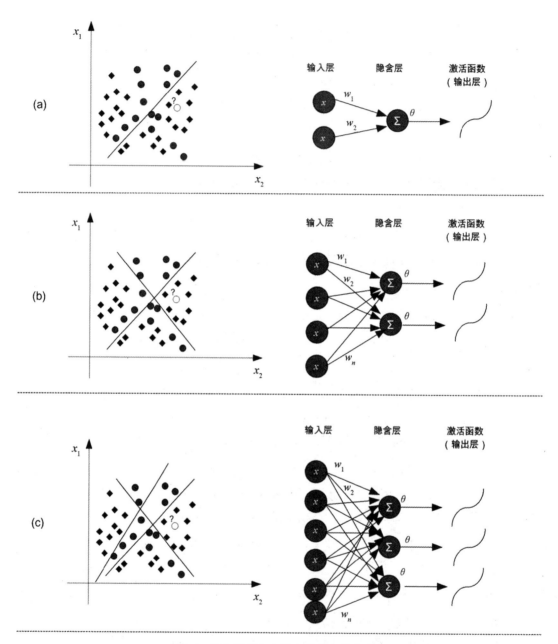

图 8-4　增加神经元个数来提升分类准确率

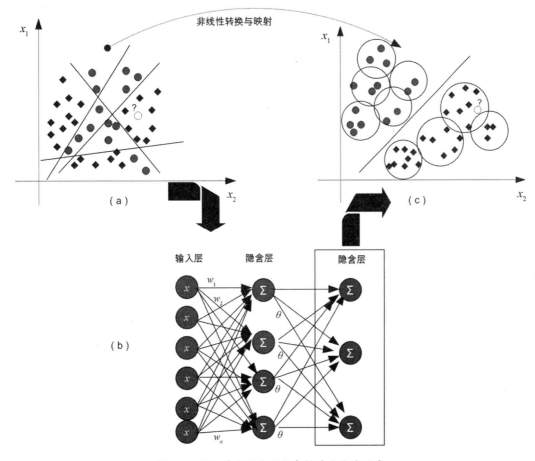

图 8-5 增加神经网络层数来提升分类准确率

现在，问题来了。如果我们构建一个神经网络，到底是构造一个浅而"胖"的网络好呢？还是构成一个深而"瘦"的网络好呢？下面我们就讨论一下这个问题。

8.3 是浅而"胖"好，还是深而"瘦"佳

现在我们假定，整个神经网络的神经元总数不变，即层数 × 神经元数/层=常数，现在有两种不同取舍的方案，是"胖"（Fat，即层数少，但每层神经元多）还是"深"（Deep，即层数多，但每层神经元少），这二者的性能大相径庭，到底孰优孰劣呢？

微软研究院的科研人员还真就此类问题展开了讨论[6]。针对语音转录文字问题，在微软亚

洲研究院研究主管、高级研究员弗兰克·塞得（Frank Seide）率领下，研究人员分别使用"深度信念网（Deep Belief Nets，DBN）、反向传播算法（Error Back-Propagation，BP）、分层反向传播算法（Layer-growing BP，LBP）等三大类算法，以"单词错误率（Word-Error Rates，WER）"为衡量指标，评估了神经网络的层数和单层隐含层神经元个数对性能的影响，如图 8-6 所示。

$L \times N^l$	DBN	BP	LBP	$1 \times N^1$	DBN
1×2k	24.2	24.3	24.3	1×2k	24.2
2×2k	20.4	22.2	20.7	-	-
3×2k	18.4	20.0	18.9	-	-
4×2k	17.8	18.7	17.8	-	-
5×2k	17.2	18.2	17.4	1×3772	22.5
7×2k	17.1	17.4	17.4	1×4634	22.4
9×2k	17.0	-	-	-	-
9×1k	17.9	-	-	-	-
5×3k	17.0	-	-	-	-
-	-	-	-	1×16k	22.1

图 8-6　不同层数/隐含层节点数的性能对比（数据来源：参考资料[6]）

图 8-6 给出了实验数据。在表的右半部分可以看出，每层的节点数（N^l）不变，保持在 2k（即 2048 个），随着神经网络层数（L）的增加（从 1 层增加到 9 层），"单词错误率"从 24.2% 显著下降到 17.0%。但有一个细节需要注意，不论是 BP 算法，还是 LBP 算法，神经网络扩展到第 7 层就"戛然而止"了，并没有继续向深度扩展。这是为什么呢？其实原因并不复杂，这是因为网络层数太深，BP 算法会带来梯度弥散问题，从而导致层数的增加，并不能带来性能的提升（在后续的章节中，我们还会深入讨论这个问题）。

从图 8-6 右侧两列数据可以发现，神经元总数拥有大致一样多的网络，对于 1 层的神经网络（DBN），隐含层神经元个数从 2k 增加到 16k（网络拓扑结构为"短而胖"），它的错误率依然还是高居 22.1%，显著高于"瘦而长"的网络（图 8-6 左下角的 9 层 × 1k 的错误率为 17.9%，5 层 × 3k 的错误率为 17.0%）。这些实验表明，增加网络的层数会显著提升神经网络系统的学习性能，这从某种角度也证明了深度学习朝着"纵深方向"发展的战略是正确的。

8.4　分布式特征表达

在多层前馈神经网络中，输入层神经元主要用于接收外加的输入信息，在隐含层和输出层中都有内置的激活函数，可对输入信号进行加工处理，最终的结果由输出层呈现出来。

这里需要说明的是，神经元中的激活函数，并不限于我们前面提到的阶跃函数（sgn）、

Sigmoid 函数，还可以是现在深度学习中常用的 ReLU（Rectified Linear Unit，线性修正单元）和交叉熵损失函数"Softmax 回归"等。

简单来说，神经网络的学习过程，就是通过训练数据调整神经元之间的连接权值以及每个功能神经元的输出阈值。换言之，神经网络需要学习的东西，就蕴含在连接权值和阈值之中。

拟人化来说，对于识别某个对象来说，神经网络中的连接权值和阈值，就是它关于这个对象的"记忆"！我们知道，大脑对于事物和概念的记忆，不是存储在某个单一的地点，而是分布式地存在于一个巨大的神经元网络之中。

硅谷投资人王川先生认为，分布式表征（Distributed Representation）是人工神经网络研究的一个核心思想。那什么是分布式表征呢？简单来说，就是当我们表达一个概念时，神经元和概念之间不是一对一对应映射（map）存储的，它们之间的关系是多对多的。具体而言，就是一个概念可以用多个神经元共同定义表达，同时一个神经元也可以参与多个不同概念的表达，只不过所占的权重不同罢了。

举例来说，对于"小红汽车"这个概念，如果用分布式特征来表达，那么可能是一个神经元代表大小（形状：小），一个神经元代表颜色（颜色：红），还有一个神经元代表车的类别（类别：汽车）。只有当这三个神经元同时被激活时，才可以比较准确地描述我们要表达的物体。

分布式表征表示有很多优点。其中最重要的一点莫过于当部分神经元发生故障时，信息的表达不会出现覆灭性的破坏。比如，我们常在影视作品中看到这样的场景，仇人相见分外眼红，一人（A）发狠地说，"你化成灰，我都认识你（B）!"这里并不是说 B 真的"化成灰"了，而是说，虽然时过境迁，物是人非，当事人 B 的外表也变了很多（对于识别人 A 来说，B 在其大脑中的信息存储是残缺的），但没有关系，只要 B 的部分核心特征还在，那 A 还是能够把 B 认得清清楚楚、真真切切的！

事实上，利用神经网络的分布式特征表达，还可以用来阻止过拟合的发生。2012 年，辛顿教授发表了一篇高引用论文[7]，其中提到了一种在深度学习中广为使用的技巧：**丢弃学习**（Dropout Learning）。算法的核心思想和前文讲解的理念有异曲同工之妙。

8.5 丢弃学习与集成学习

"丢弃学习"是指在深度学习网络的训练过程中，对于神经网络单元，按照一定的概率将其暂时从网络中丢弃。"丢弃学习"通常分为两个阶段：学习阶段和测试阶段。

在学习阶段，以概率 p 主动临时性地忽略部分隐藏节点。这一操作的好处在于，在较大程度上减小了网络的大小，而在这个"残缺"的网络中，让神经网络学习数据中的局部特征（即部分分布式特征）。在多个"残缺"之网（相当于多个简单网络）中进行特征学习，总要比仅在单个健全网络上进行特征学习，其泛化能力来得更加健壮。

而在测试阶段，将参与学习的节点和那些被隐藏的节点以一定的概率 p 加权求和，综合计算得到网络的输出。对于这样的"分分合合"的学习过程，有学者认为，"丢弃学习"可视为一种**集成学习**（Ensemble Learning）[8]。

这里顺便简单介绍一下集成学习的思路。集成学习的理念，有点类似于中国的那句古话"三个臭皮匠，赛过诸葛亮"。①在对新实例进行分类时，集成学习把若干单个分类器集成起来，通过对多个分类器的分类结果进行某种优化组合，最终通过投票法，决定分类的结果，即采用了"少数服从多数"的原则。

通常，集成学习可以取得比单个分类器更好的性能。如果把单个分类器比作一个决策者的话，集成学习的方法，就相当于多个决策者共同进行一项决策。

但需要指出的是，要获得较好的集成效果，每一个单独学习器都要保证做到"好而不同"[1]。也就是说，个体学习器都要有一定的准确性，并保证有多样性（Diversity），也就是说，学习器要有差异性，有了差异性，才能兼听则明，表现出更强的鲁棒性。

8.6 现实很丰满，理想很骨感

前文提到,对于相对复杂的前馈神经网络,其各个神经元之间的连接权值和其内部的阈值，是整个神经网络的灵魂，它需要通过反复训练，方可得到合适之值。而训练的依据，就是实际输出值和预期输出值之间存在的"落差"（也可以称之为"误差"）。

下面我就用自己亲身经历的一个小故事，来说明如何利用"落差"来反向调节网络参数。说到理想和现实的"落差"时，人们总爱用这样一句话来表达："理想很丰满，现实很骨感。"

事实上，有时候，这句话反着说也是成立的："现实很丰满，理想很骨感"。你可能猜到了，我说的是"减肥"这件事。还记得六七年前我在美国读书，临近回国的前三个月，一次无意站

---

① 这里顺便勘误一下，这个"皮匠"乃误传，实为"神将"之谐音，也就是"副将"。

在体重秤上，我"惊喜"地发现，我的体重居然飙到了可怕的 200 磅！

这次真的把自己都吓到了，这该如何是好？

痛定思痛，我决定减肥（说好听点，是健身！）。

那该如何减（健）呢？其实就一个六字秘诀："迈开腿，管住嘴！"

从那天起，我每天从住处跑到巴哈伊教神庙（Baha'i House of Worship），往返两次，大概 10 公里，几乎雷打不动。你看那，蓝蓝的天空，青青的草坪，幽静的小路上，总会有一个胖子正在挥汗如雨，汗流浃背，用不停止的脚步，来为过去的贪吃"赎罪"。

现在回想起来，我挺佩服自己那会儿的毅力。三个月下来，我减下来近 50 磅！

或许你会疑惑，我们正在学习神经网络，你吹这段过往的牛，又是作甚？

其实原因很简单。因为这段往事，让我想起了今天的主题——误差反向传播算法！

这又哪跟哪啊？

别急，且听我慢慢道来。

8.7 损失函数的定义

我们知道，在机器学习中的"有监督学习"算法里，在假设空间 $\mathbb{F}$ 中，构造一个决策函数 f，对于给定的输入 X，由 $f(x)$ 给出相应的输出 $\overline{Y}$，这个实际输出值 $\overline{Y}$ 和原先预期值 Y 可能不一致。

于是，我们需要定义一个**损失函数**（Loss Function），也有人称之为代价函数（Cost Function）来度量这二者之间的"落差"程度。[①] 这个损失函数通常记作 $L(Y, \overline{Y}) = L(Y, f(X))$，为了方便起见，这个函数的值为非负数。

常见的损失函数有如下 3 类。

（1）0-1 损失函数（0-1 Loss Function）：

$$L(Y, f(X)) = \begin{cases} 1, & Y \neq f(X) \\ 0, & Y = f(X) \end{cases}$$

[①] 深究起来，Loss Function 与 Cost Function 是不同的概念，前者是对于单个样本来说的，后者是对于全体样本来说的。可参考吴恩达先生在 163 网站上的公开课视频 https://mooc.study.163.com/learn/2001281002?tid=2001392029#/learn/content?type=detail&id=2001701009。但大多数情况，人们认为两者是一样的。

（2）绝对损失函数（Absolute Loss Function）：

$$L(Y, f(X)) = |Y - f(X)|$$

（3）平方损失函数（Quadratic Loss Function）：

$$L(Y, f(X)) = (Y - f(X))^2$$

损失函数值越小，说明实际输出 $\bar{Y}$ 和预期输出 Y 之间的差值就越小，也就说明我们构建的模型越好。对于第一类损失函数，用我自身减肥的例子很容易解释。就是减肥目标达到没？达到了，输出为 0（没有落差）。没有达到，输出为 1。

对于第二类损失函数就更具体了。当前体重秤上的读数和减肥目标的差值，这个差值有可能为正，但还有可能为负值，比如，减肥目标为 150 磅，但一不小心减肥过猛，减到 140 磅，这时值就是"-10"磅，为了避免这样的正负值干扰，干脆就取一个绝对值好了。

对于第三类损失函数，类似于第二类。同样达到了避免正负值干扰的目的，但是为了计算方便（主要是为了求导），有时还会在前面加一个系数"1/2"，这样一求导，指数上的"2"和"1/2"就可以相乘为"1"了：

$$L(Y, f(X)) = \frac{1}{2}(Y - f(X))^2$$

当然，为了计算方面，还可以用对数损失函数（Logarithmic Loss Function）。这样做的目的在于，可以使用**最大似然估计**的方法来求极值（将难以计算的乘除法，变成相对容易计算的加减法）。一句话，怎么方便怎么来！

或许你会问，这些损失函数，到底有什么用呢？当然有用了！因为可以用它们反向调整网络中的权值，让损失最小。

我们都知道，神经网络学习的本质，其实就是利用损失函数来调节网络中的权重。而"减肥"的英文是"weight loss"，所以你看，我用自身减肥的案例来讲损失函数，是不是很应景啊？

或许你又会说，就算应景，那神经网络的权值，到底该怎么调整呢？

总体来讲，有两大类方法比较好用。第一类方法从后至前调整网络参数，第二类方法正好相反，从前至后调整参数。第一类方法的典型代表就是"误差反向传播"，第二类方法的代表就是目前流行的"深度学习"。

对于第一类方法，简单来说，就是首先随机设定初值，计算当前网络的输出，然后根据网络输出与预期输出之间的差值,采用迭代的算法,反方向地去改变前面各层的参数,直至网络收敛稳定。

这个例子说起来很抽象,我们还是用减肥的例子感性认识一下。比如,影响减肥的两个主要因素是"运动"和"饮食",但它们在减肥历程中的权值并不了然。如果我的减肥目标是150磅,而体重秤上给出的实际值是180磅,根据这个30磅的落差,我反过来调整"运动"和"饮食"在减肥过程中的权值(是多运动呢,还是吃低热量的食物呢)。

话说最有名气的反向传播算法,莫过于大名鼎鼎的BP算法。[①]它是由杰弗里·辛顿(Geoffrey Hinton)和大卫·鲁姆哈特(David Rumelhart)等人在1986年提出来的,其论文"借助反向传播算法的学习表征(Learning Representations by Back-propagating errors)"发表在著名学术期刊*Nature*[9](自然)上。该论文首次系统而简洁地阐述了反向传播算法在神经网络模型上的应用。

反向传播算法非常好使,它直接把纠错的运算量降低到只和神经元数目本身成正比的程度。现在,我们可以回答前一章中提出的问题了,是哪位"王子"把人工智能这位"白雪公主"吻醒的呢?是的,没错,他就是"深度学习教父"杰弗里·辛顿(参见图8-7)!

图8-7 吻醒"人工智能"的白马王子:杰弗里·辛顿

8.8 热力学定律与梯度弥散

BP算法非常经典,在很多领域都有着经典的应用。在当年,它的火爆程度绝不输给现在的深度学习。但后来,人们发现,实际应用起来,BP算法还是有些问题的。比如,在一个层数较

---

① 严格来讲,最早提出BP算法的人是保罗·沃伯斯(Paul Werbos),详见第10章。

多的网络中，当它的残差反向传播到最前面的层（即输入层）时，其影响已经变得非常之小，甚至出现梯度弥散，导致参数调整失去方向性。最终导致 BP 神经网络的层数非常有限，通常不会超过 7 层。

其实，这也是容易理解的。因为在"信息论"中有一个信息逐层缺失的说法，就是说信息在被逐层处理时，信息量是不断减少的。例如，处理 A 信息而得到 B，那么 B 所带的信息量一定是小于 A 的。这个说法再往深层次探寻，那就是信息熵的概念了。推荐读者阅读一部影响我世界观的著作——《熵：一种新的世界观》[10]。

根据热力学第二定律我们知道，能量虽然可以转化，但是无法 100% 利用。在转化过程中，必然会有一部分能量会被浪费掉。这部分无效的能量就是"熵"。把"熵"的概念迁移到信息理论中，它就表示信息的"无序程度"。

当一种形式的"有序化（即信息）"转化为另一种形式的"有序化"时，必然伴随产生某种程度上的"无序化（即熵）"[11]。依据这个理论，当神经网络层数较多时（比如大于 7 层），反向传播算法中的"误差信息"就会慢慢"消磨殆尽"，渐渐全部变成无序的"熵"，自然它也就无法指导神经网络的参数调整了。

再后来，第二类神经网络参数调整方法产生了，它就是当前主流的方法，也就是深度学习常用的"逐层初始化"训练机制[12]，不同于反向传播算法中的"从后至前"的参数训练方法，深度学习采取的是一种"从前至后"的逐层训练方法（后面的章节会详细讲解，此处暂不展开）。

8.9 本章小结

下面我们小结一下本章的主要知识点。首先，我们讲解了如何利用多层神经网络轻松搞定"异或"问题，然后利用减肥的案例，讲解了多层前馈神经网络和损失函数的概念。

经典是永恒的，值得品味。在下一章中，我们将用图文并茂的方式，详细讲解随机梯度的概念，这个概念不仅是 BP 算法的核心，它还会深深地影响深度学习算法。

8.10 请你思考

通过本章的学习，请你思考如下问题：

（1）著名科技哲学家詹姆斯·卡斯在其著作《有限与无限的游戏》[13]中指出，世界上有两种类型的"游戏"："有限的游戏"和"无限的游戏"。有限的游戏的目的在于，赢得胜利；而无限的游戏，旨在让游戏永远玩下去，它的目的在于，将更多的人带入游戏本身，从而延续游戏。从神经网络发展的起起落落中，你觉得人工智能的发展，是有限的游戏呢？还是无限的？为什么？

（2）杰弗里·辛顿先后提出的 BP 算法和深度学习算法，它们之间除了训练参数的方法不同之外，还有什么本质上的不同呢？

参考资料

[1] 周志华. 机器学习[M]. 北京: 清华大学出版社, 2016.

[2] 李开复, 王咏刚. 人工智能[M]. 北京: 文化发展出版社, 2017.

[3] Anna Tremonti. CBC. Deep Learning Godfather says machines learn like toddlers.2015. http://www.cbc.ca/radio/thecurrent/the-current-for-may-5-2015-1.3061292/deep-learning-godfather-says-machines-learn-like-toddlers-1.3061318.

[4] Hornik K, Stinchcombe M, White H. Multilayer feedforward networks are universal approximators.[J]. Neural Networks, 1989, 2(5):359-366.

[5] Michael Nielsen. A visual proof that neural nets can compute any function. http://neuralnetworksanddeeplearning.com/chap4.html.

[6] Seide, Frank, Gang Li, and Dong Yu. "Conversational speech transcription using context-dependent deep neural networks." Twelfth Annual Conference of the International Speech Communication Association, 2011.

[7] Hinton G E, Srivastava N, Krizhevsky A, et al. Improving neural networks by preventing co-adaptation of feature detectors[J]. Computer Science, 2012, 3(4):pp. 212-223.

[8] MLAHara, Kazuyuki, D. Saitoh, and H. Shouno. "Analysis of Dropout Learning Regarded as Ensemble Learning." International Conference on Artificial Neural Networks Springer, Cham, 2016:72-79.

[9] Williams D, Hinton G. Learning representations by back-propagating errors[J]. Nature, 1986,

323(6088): 533-538.

[10] 杰里米·里夫金, 特德·霍华德. 熵：一种新的世界观[M]. 上海: 上海译文出版社, 1987.

[11] 阮一峰. 熵的社会学意义. http://www.ruanyifeng.com/blog/2013/04/entropy.html.

[12] Hinton G E, Osindero S, Teh Y W. A fast learning algorithm for deep belief nets[J]. Neural computation, 2006, 18(7): 1527-1554.

[13] 詹姆斯·卡斯. 有限与无限的游戏[M]. 北京: 电子工业出版社, 2013.

Chapter nine

第 9 章 山重水复疑无路，
　　　　最快下降问梯度

　　欲速览无限风光，必攀险峰；欲速抵山底幽谷，必滚陡坡。这滚山坡的道理，其实就是梯度递减策略，而梯度递减策略，则是 BP 算法成功背后的基础。想知道原因，来一探究竟呗！

9.1 "鸟飞派"还飞不

2016 年,吴军博士写了一本畅销书《智能时代》[1]。书里提到,在人工智能领域,有一个流派叫"鸟飞派",亦称之为"模仿派"。说的是,当人们要学习飞翔的时候,最先想到的是模仿鸟一样去飞翔。

很多年以前,印度诗人泰戈尔出了一本《飞鸟集》,里面有一句名句:"天空没有留下翅膀的痕迹,但我已经飞过"。有人对此解读为,"人世间,很多事情虽然做过了,却不为人所知,但那又如何?重要的是,我已做过,并从中获得了许多。"

两千多年前,司马迁在《史记·滑稽列传》中写道:"此鸟不飞则已,一飞冲天;不鸣则已,一鸣惊人。"说的就是当年楚庄王在"势不眷我"时,选择了"蛰伏"。蛰伏,只是一个储势过程,迟早有一天,蓄势待发,"发"则达天。

这三者的情感交集,让我联想到了本章的主人公杰弗里·辛顿(Geoffrey Hinton)教授,在学术界里,他就是这样的一个"励志"人物!

1986 年,辛顿教授和他的小伙伴们重新设计了 BP 算法,以人工神经网络模仿大脑工作机理,"吻"醒了沉睡多年的"人工智能"公主,一时风光无限。

但"好花不常开,好景不常在",当风光不再时,辛顿和他的研究方向又逐渐被世人所淡忘。

这被"淡忘"的冷板凳一坐就是三十年。

但在这三十年里,辛顿又如"飞鸟"一般,即使"飞过无痕",也从不放弃。从哪里跌到,就从哪里爬起。实在不行,即使换个马甲,也要重过一生。

玉汝于成,功不唐捐。

终于,在 2006 年,辛顿教授提出了"深度信念网(Deep Belief Nets,DBN)"(实际上,这就是多层神经网络的马甲)[2]。后来,这个"深度信念网"被称为深度学习的开山之作。终于,辛顿再次闪耀于人工智能世界,被世人封为"深度学习教父"。

图 9-1 所示的是以"Deep learning"为关键字的谷歌趋势。细心的读者可能会发现,辛顿教授等一席人早在 2006 年就提出了"深度信念网",但在随后的小十年里,这个概念不温不火地发展着。直到后期(大概是 2012 年以后),随着大数据和大计算(GPU、云计算等)的兴起,深度学习才开始大行其道,一时甚嚣尘上。

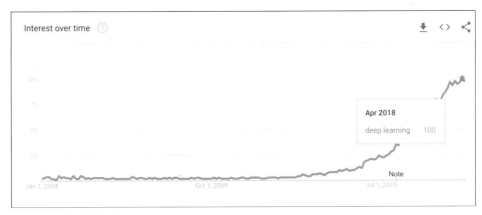

图 9-1 深度学习的谷歌趋势图（2004.1—2018.5）

回顾杰弗里·辛顿过往四十多年的学术生涯，可谓是跌宕起伏，但最终修得正果。但倘若细细说起，还得从 1986 年的那篇神作说起。

9.2 1986 年的那篇神作

1986 年 10 月，杰弗里·辛顿还在卡耐基梅隆大学任职。他和在加州大学圣迭戈分校的认知心理学家大卫·鲁梅尔哈特（David Rumelhart）等人，在著名学术期刊《自然》上联合发表了题为"借助反向传播算法的学习表征（Learning Representations by Back-propagating errors）"的论文[3]。该文首次系统简洁地阐述了反向传播算法在神经网络模型上的应用。BP 算法把调整网络权值的运算量，从原来的与神经元数目的平方成正比，下降到只和神经元数目本身成正比。运算量大幅下降，从而让 BP 算法更具有可操作性。

与此同时，当时的大背景是，20 世纪 80 年代末，Intel x86 系列的微处理器和内存技术的发展，让计算机的运行速度和数据访问存取速度比二十年前高了几个数量级。这一下（运算量下降）、一上（计算速度上升），加之多层神经网络可通过设置隐含层，极大增强了数据特征的表征能力，从而轻易解决感知机无法实现的异或门难题，这些"天时地利人和"的大好环境，极大缓解了当年明斯基对神经网络的责难。

于是，人工神经网络的研究，渐渐得以复苏。

值得一提的是，在参考资料[3]中，杰弗里·辛顿并不是第一作者，鲁梅尔哈特才是，辛顿屈居第二（如图 9-2 所示）。但为什么我们提起 BP 算法时，总爱说起辛顿呢？其实原因也很简单，主要有二：第一，鲁梅尔哈特毕竟并非计算机科学领域内的人士，计算机工作者总不能找一个脑科学家去“拜码头”吧？第二，辛顿是这篇论文的通信作者，通常而言，通信作者才是论文构思的核心提供者。这样一来，即使排名第二，也没有埋没辛顿教授的贡献。

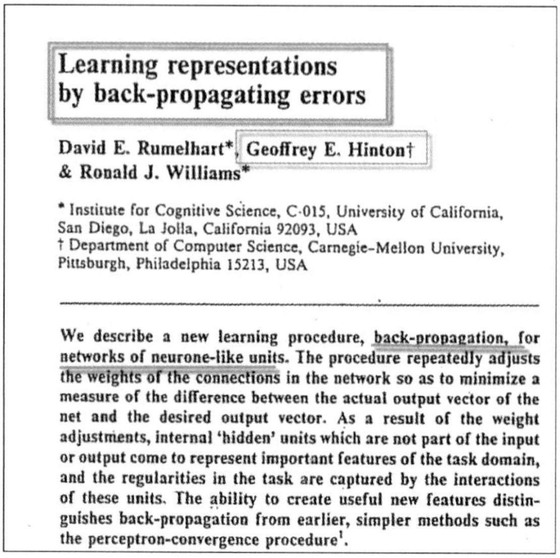

Learning representations by back-propagating errors

David E. Rumelhart*, Geoffrey E. Hinton† & Ronald J. Williams*

* Institute for Cognitive Science, C-015, University of California, San Diego, La Jolla, California 92093, USA
† Department of Computer Science, Carnegie-Mellon University, Pittsburgh, Philadelphia 15213, USA

We describe a new learning procedure, back-propagation, for networks of neurone-like units. The procedure repeatedly adjusts the weights of the connections in the network so as to minimize a measure of the difference between the actual output vector of the net and the desired output vector. As a result of the weight adjustments, internal 'hidden' units which are not part of the input or output come to represent important features of the task domain, and the regularities in the task are captured by the interactions of these units. The ability to create useful new features distinguishes back-propagation from earlier, simpler methods such as the perceptron-convergence procedure[1].

图 9-2　1986 年杰弗里·辛顿的那篇神作

同在 1986 年，鲁梅尔哈特也和自己的小伙伴们合作发表了一篇题为“并行分布式处理：来自认知微结构的探索”的论文[4]。仅从论文题目的前半部分来看，很可能误解这是一篇有关“高性能计算”的文章，但从标题的后半部分可以得知，这是鲁梅尔哈特等人对人类大脑研究的最新认知。鲁梅尔哈特对大脑工作机理的深入观察，极大地启发了辛顿。辛顿灵光一现，觉得可以把这个想法迁移到人工神经网络中。于是，就有了他们神来一笔的合作。

我们知道，1986 年，辛顿和鲁梅尔哈特能在大名鼎鼎的《自然》期刊上发表论文，自然不是泛泛而谈，它一定是解决了什么大问题。下面我们就聊聊这个话题。

9.3 多层感知机网络遇到的大问题

由于历史的惯性，在前面章节中提到的多层前馈网络，有时也被称为多层感知机（Multi-Layer Perceptron，MLP）。但这个提法导致“感知机”的概念多少有些混乱，这是因为，在多层前馈网络中，神经元的内部构造已悄然发生了变化，即激活函数从感知机简单而粗暴的阶跃函数（sgn），演变成了比较平滑的挤压函数 Sigmoid，如图 9-3 所示。

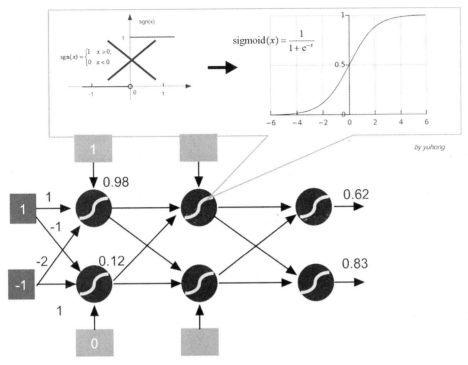

图 9-3 变更激活函数的多层前馈神经网络

激活函数为什么要换成 Sigmoid 呢？其实原因并不复杂，是因为如果感知机的激活函数还是阶跃函数，那么非常不利于函数求导，进而难以使用优化算法来求得损失函数的极小值。

我们知道，当分类对象是线性可分且学习率 η 足够小时，感知机还能胜任，由其构建的网络还可以训练达到收敛。但当分类对象是线性不可分时，感知机就有点力不从心了。因此，通常感知机并不能推广到一般的前馈网络中。

按照前面章节中的说法，所谓机器学习，简单来说，就是找到一个好用的函数，从而较好地实现某个特定的功能。一言蔽之，**函数就是功能**。

而对于某个特定的前馈神经网络，给定网络参数（连接权值与阈值），其实就是定义了一个具备数据采集（输入层）、加工处理（隐含层），然后结果输出（输出层）的函数。

如果仅仅给定一个网络结构，其实它定义的是一个函数集合。因为网络参数（连接权值与阈值）的不同，实现的功能大相径庭。功能不同，自然函数也是不同的！

针对前馈神经网络，我们需要达到的目的很简单，就是让损失函数达到最小值。因为只有这样，实际输出和预期输出的差值才最小。

或许你会问，为什么我们不直接关注如何最大化正确判断（即尽可能最大化正确分类的数量），而是退而求其次，间接考虑最小化损失函数呢？这么做是因为，在神经网络中，被正确分类的数量 n 和权重参数 w 及偏置 b 之间的关系，很难用一个平滑的函数来描述。也就是说，在大多数情况下，对权重和偏置做出的微小改变，正确分类的数量可能岿然不动。

换句话说，正确分类的数量，对参数的调整不敏感。这就导致，我们很难通过改变权重和偏置，确定提升性能的优化方向。这就好比，你给一个女孩子写情书，写了好多封，女孩子可能偶尔回你一个笑脸，让你灿烂一回，但多数情况下不理你，这将让你疑惑，写情书这招到底管不管用啊？而使用平滑的损失函数就会好很多，它有更好的感知度，权重和偏置有微小改变，输出都会有微妙的响应，从而让神经网络的学习更加"有的放矢"。一言蔽之，利用最小化损失函数，能更好地提升分类的精度。

在确定了通过最小化损失函数来调整网络参数这一目标后，现在的问题就变成如何从众多网络参数（神经元之间的连接权值和偏置）中选择最佳的参数。

简单粗暴的方法当然就是枚举所有可能的权值，然后优中选优！

但这种暴力策略对稍微复杂一点的网络就行不通。例如，用于语音识别的神经网络，假设网络结构有 7 层，每一层有 1000 个神经元，那么仅一层之间的全连接权值，就达到 $1000 \times 1000 = 10^6$ 个，一旦层次多了，那权值数量就更多了，如图 9-4 所示。故此，这种暴力调参找最优参数的方法既不优雅，也不高效，实不可取！

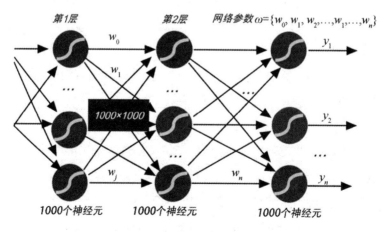

图 9-4　暴力调参不可取

9.4 神经网络结构的设计

对于前馈神经网络，输入层和输出层的设计比较直观。针对"神经网络"这4个字，我们可以将其拆分为两个问题：（1）神经：即神经元，什么是神经元（What）？（2）网络：即连接权重和偏置，它们是怎么连接的（How）？下面我们分别讨论这两个层面的问题。

先讨论 What 问题，即什么是神经元？对于计算机而言，它能计算的就是一些数值。而数值的意义是人赋予的。法国著名数学家、哲学家笛卡儿曾在他的著作《谈谈方法》中提到："我想，所以我是"，文雅一点的翻译就是"我思故我在"。套用在神经元的认知上也是恰当的。这世上本没有什么人工神经元，你（人）认为它是，它就是了。也就是说，数值的逻辑意义，是人给的。

假如我们尝试判断一张手写数字图片上是否写着数字"2"。很自然，我们可以把图片中的每一个像素的灰度值作为网络的输入。从笛卡儿"我思故我在"的角度来看，在输入层，每个像素都是一个数值（如果是彩色图，则是表示红绿蓝的3通道数组），而把包容这个数值的容器视作一个神经元。

如果图片的维度是 16×16，那么输入层神经元就可以设计为 256 个（也就是说，输入层是一个包括 256 个灰度值的向量），每个神经元接受的输入值就是归一化处理之后的灰度值。0 代表白色像素，1 代表黑色像素，灰度像素的值介于 0 到 1 之间。也就是说，输入向量的维度（像素个数）要和输入层神经元的个数相同。

而对输出层而言，它的神经元个数和输入神经元的个数是没有对应关系的，而是和待分事物类别有一定的相关性。比如，对于图 9-5 所示的示例，我们的任务是识别手写数字，而数字有 0~9 共 10 类。那么，如果在输出层采用Softmax回归函数，它的输出神经元数量仅为 10 个，分别对应数字"0~9"的分类概率。[①]

[①] 当然也可以尝试使用 4 个神经元，每个神经元输出为 0 或 1，这样一来，这 4 个神经元序列可以表示 2^4=16 个数字，自然也能表达 0~9 这 10 个数字（其中 10~16 为冗余保留字）。但这种情况下的识别效果，不如直接使用 10 个神经元，分别对应 0~9 这 10 个数字。因为用 4 个神经元的话，神经元还要判断对应数字的最高位和最低位是 1 还是 0，很难想象一个数字的形状和一个数字的有效位的关系，明显增加了识别难度，也就是说，难以构造损失函数。

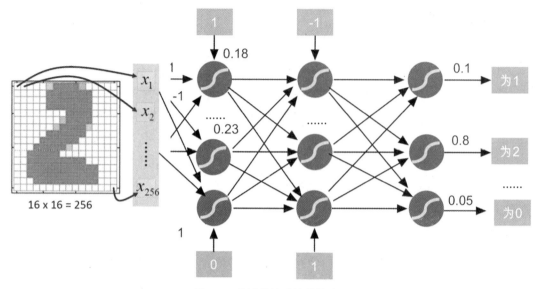

图 9-5　前馈神经网络的输出

最终的分类结果,择其大者而判之。比如,如果判定为"2"的概率(比如说80%)远远大于其他数字,那么整个神经网络的最终判定,就是数字"2",而非其他数字。

相比于神经网络输入层与输出层设计的明了直观,前馈神经网络的隐含层设计可就没有那么简单了。说好听一点,它是一门艺术,依赖于工匠的打磨。说不好听的,它就是一个体力活,需要不断地试错。

我们可以把隐含层暂定为一个黑箱,它负责输入和输出之间的非线性映射变化,具体功能有点"说不清、道不明"(这是神经网络的理论的短板所在)。隐含层的层数不固定,每层的神经元个数也不固定,它们都属于超参数,是人们根据实际情况不断调整选取的。

前面我们讨论了什么是神经元,即 What 问题。下面我们再讨论一下神经元之间是如何连接的,即 How 问题。我们把神经元与神经元之间的影响程度叫作权重,权重的大小就是连接的强弱,它"告诉"下一层相邻神经元更应该关注哪些像素图案。

除了连接权重,神经元内部还有一个施加于自身的特殊权值,叫偏置(bias)。偏置表示神经元是否更容易被激活。也就是说,它决定神经元的连接加权和得有多大,才能让激发变得有意义。

神经网络结构设计的目的在于,让神经网络以更佳的性能来学习。而这里的所谓"学习",如前所言,就是找到合适的权重和偏置,让损失函数的值最小。

9.5 再议损失函数

怎样才算是提升神经网络性能呢？这需要用到我们前面提到的损失函数。在前面的章节中，我们提到，所谓"损失函数"，就是一个刻画实际输出值和期望输出值之间落差的函数。

为了达到理想状态，我们当然希望这种落差最小，也就是说，我们希望快速调节好网络参数，从而让这个损失函数达到极小值。这时，神经网络的性能也就接近最优！

关于求损失函数极小值，台湾大学李宏毅博士给出了一个通俗易懂的例子，下面我们就来说说这个例子。对于识别手写数字的神经网络，训练数据都是一些"0，1，2，…，9"等的数字图像，如图9-6所示。

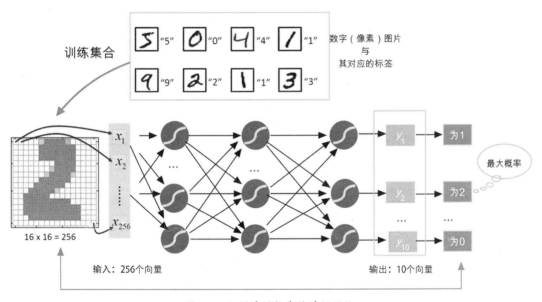

图 9-6　识别手写数字的神经网络

由于人们手写数字的风格不同，图像的残缺程度不同，输出的结果（数字的判定）有时并不能十全十美，于是我们就用损失函数来衡量二者的误差。

在监督学习下，对于一个特定样本，它的特征记为 x（如果是多个特征，x 表示输入特征向量）以及预期目标 t（这里 t 是 target 的缩写）。根据模型 $f(x)$ 的实际输出 o（这里 o 是 output 的缩写），二者之间的误差（error）程度可用公式（9-1）表达：

$$e = \frac{1}{2}(t-o)^2 \tag{9-1}$$

这里 e 称之为单样本误差。前面的系数"1/2"主要是为了在求导找梯度时,"消除"差值的平方项"2"。

假设在训练数据集合 D 中,有 n 个样本,我们可以借助标记 E 来表示训练数据中所有样本的误差总和,并用其大小来度量模型的误差程度,如公式(9-2)所示。

$$\begin{aligned} E &= e^{(1)} + e^{(2)} + \ldots + \ldots + e^{(n)} \\ &= \sum_{d=1}^{n} e^{(i)} = \frac{1}{2} \sum_{d=1}^{n} (t_d - o_d)^2 \end{aligned} \tag{9-2}$$

这里,t_d 是第 d 个训练样本的目标输出,o_d 是第 d 个训练样本的实际输出。

在这里,对于第 d 个实例的输出 o_d 可记为:

$$o_d = \boldsymbol{w}^\mathrm{T} \cdot \boldsymbol{x}_d \tag{9-3}$$

这里,$\boldsymbol{x}_d$ 表示第 d 个训练样本的特征向量,$\boldsymbol{w}^\mathrm{T}$ 为各个特征取得的权值向量,于是我们可以用($\boldsymbol{x}_d$,t_d)这样的元组对,表示训练集合中的第 d 个样本。

对于特定的训练数据集而言,($\boldsymbol{x}_d$,t_d)的值都是已知的,可视为常量。所以,在本质上,公式(9-2)就是有关特征的权值 $\boldsymbol{w}$ 的函数,其更为清晰的表达如公式(9-4)所示。

$$\begin{aligned} E(\boldsymbol{w}) &= \frac{1}{2} \sum_{d=1}^{n} (t_d - o_d)^2 \\ &= \frac{1}{2} \sum_{i=1}^{n} (t_d - \boldsymbol{w}^\mathrm{T} \cdot \boldsymbol{x}_d)^2 \end{aligned} \tag{9-4}$$

于是,对于神经网络学习的任务,在很大程度上就是求取到一系列合适的 $\boldsymbol{w}$ 值,以拟合或者说适配给定的训练数据,从而使得实际输出 o_d 尽可能靠近预期输出 t_d,使得 $E(\boldsymbol{w})$ 取得最小值。这在数学上叫作优化问题,而公式(9-4)就是我们优化的目标,称之为目标函数。

与其抽象地说,如何训练一个神经网络模型,不如更具体地说,如何设计一个好用的函数(即损失函数),用以揭示这些训练样本随自变量的变化关系。如果网络能够在较大程度上正确分类，那么误差（或损失）就越小，也就是说明拟合的效果就越好。[①]最后，我们再用损失最小化的模型去预测新数据。

那么，如何得到这个损失最小化的函数呢？下面我们介绍让这个函数值最小的算法，大致分为三步循环走。

（1）损失是否足够小？如果不是，计算损失函数的梯度。

（2）按梯度的反方向走一小步，以缩小损失。

（3）循环到（1）。

这种按照负梯度的若干倍数（通常小于1倍，这个倍数也称之为学习率），不停地调整函数权值的过程就叫作"梯度下降法"。通过这样的方法，改变每个神经元与其他神经元的连接权重及自身的偏置，让损失函数的值下降得更快，进而将值收敛到损失函数的某个极小值。

现在，我们已经明确目标：探寻让损失函数达到最小值的参数。那么，如何高效地找到这些能让损失函数达到极小值的参数呢？这就是我们即将讨论的下一个话题。

在搞清楚上面的复杂问题之前，我们先要弄清楚几个基础概念。第一个需要我们搞清楚的概念就是，什么是梯度？

9.6 什么是梯度

我们知道，求某个函数的极值，难免要用到"导数"等概念。对于某个连续函数 $y = f(x)$，令其导数 $f'(x) = 0$，通过求解该微分方程，便可直接获得极值点。

然而，显而易见的方案并不见得能显而易见获得。一方面，$f'(x) = 0$ 的显式解，并不容易求得，当输入变量很多时或者函数很复杂时，就更不容易求解微分方程。另一方面，求解微分方程并不是计算机所长。计算机所擅长的是，凭借强大的计算能力，通过插值等方法（如牛顿下山法、弦截法等），海量尝试，一步一步地把函数的极值点"试"出来。

为了快速找到这些极值点，人们还设计了一种名为 Δ 法则（Delta Rule）的启发式方法，该方法能让目标收敛到最佳解的近似值[5]。

delta 法则的核心思想在于，使用梯度下降（Gradient Descent）的方法找极小值。使用梯度

[①] 在这个训练过程中可能存在两个问题：欠拟合和过拟合问题，过犹不及。

下降策略，同样离不开导数的辅助。既然我们把本书定位为入门层次，那不妨就再讲细致一点。什么是导数呢？所谓导数，就是用来分析函数"变化率"的一种度量。针对函数中的某个特定点 x_0，该点的导数就是 x_0 点的"瞬间斜率"，即切线斜率，见公式（9-5）：

$$f'(x_0) = \lim_{\Delta x \to 0} \frac{\Delta y}{\Delta x} = \lim_{\Delta x \to 0} \frac{f(x_0 + \Delta x) - f(x_0)}{\Delta x} \tag{9-5}$$

这个斜率越大，就表明其上升趋势越强劲。当这个斜率为 0 时，就达到了这个函数的极值点。在单变量的实值函数中，梯度可简单理解为只是导数，或者说对于一个线性函数而言，梯度就是曲线在某点的斜率。但对于多维变量的函数，梯度概念就不那么容易理解了，它要涉及标量场概念。

在向量微积分中，标量场的梯度，其实是一个向量场。假设一个标量函数 f 的梯度记为：∇f 或 $\mathrm{grad}\, f$，这里 ∇ 表示向量微分算子。那么，在一个三维直角坐标系中，该函数的梯度 ∇f 就可以表示为公式（9-6）所示的样子：

$$\nabla f = \left(\frac{\partial f}{\partial x}, \frac{\partial f}{\partial y}, \frac{\partial f}{\partial z} \right) \tag{9-6}$$

为求得这个梯度值，难免要用到"偏导"的概念。说到"偏导"，这里顺便"轻拍"一下这种翻译。"偏导"的英文本意是"partial derivatives（局部导数）"，有些书中常将其翻译为"偏导"，可能会把读者的思路引导"偏"了。[①]

那什么是"偏导"呢？对于多维变量函数而言，当求某个变量的导数时，就是把其他变量视为常量，然后对整个函数求其导数（相比于全部变量，这里只求一个变量，即为"局部"）。之后，这个过程对每个变量都求一遍导数，放在向量场中，就得到了这个函数的梯度。举例来说，对于 3 变量函数 $f = x^2 + 3xy + y^2 + z^3$，它的梯度可以这样求得：

（1）把 y、z 视为常量，求 x 的"局部导数"：

$$\frac{\partial f}{\partial x} = 2x + 3y$$

（2）然后把 x、z 视为常量，求 y 的"局部导数"：

$$\frac{\partial f}{\partial y} = 3x + 2y$$

[①] 在这里需要说明的是，我们用"局部导数"的翻译，仅仅是用来加深大家对"偏导"的理解，并不是想纠正大家已经约定俗成的叫法。所以为了简单起见，在后文我们还是将"局部导数"称为"偏导"。

（3）最后把 x、y 视为常量，求 z 的"局部导数"：

$$\frac{\partial f}{\partial y} = 3z^2$$

于是，函数 f 的梯度可表示为：

$$\nabla f = grad(f) = (2x+3y, 3x+2y, 3z^2)$$

针对某个特定点，如点 A（1，2，3），带入对应的值即可得到该点的梯度，示意图如图 9-7 所示：

$$\nabla f = grad(f) = (2x+3y, 3x+2y, 3z^2)\big|_{\substack{x=1\\y=2\\z=3}}$$

$$= (8, 7, 27)$$

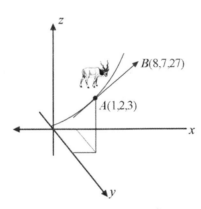

图 9-7　梯度概念的示意图

对于函数的某个特定点，它的梯度表示从该点出发，函数值增长最为迅猛的方向[6]。对于图 9-7 所示的案例，梯度可理解为，站在向量点 **A**（1，2，3），如果想让函数 f 的值增长得最快，那么它的下一个前进的方向，就是朝着向量点 **B**（8，7，27）方向进发。

9.7　什么是梯度递减

显然，梯度最明显的应用就是快速找到多维变量函数的极大值。而梯度的反方向（即梯度递减），自然就是函数值下降最快的方向。如果函数每次都沿着梯度递减的方向前进，就能走到函数的最小值附近。

为了便于读者理解"梯度递减"的概念，我们先给出一个形象的案例来辅助解释说明。爬过山的人可能会有这样的体会，山坡愈平缓（相当于斜率较小），抵达峰顶（函数峰值）的过程就越缓慢，而如果不考虑爬山的重力阻力（对于计算机而言不存在这样的阻力），山坡越陡峭（相当于斜率越大），顺着这样的山坡爬山就越能快速抵达峰顶（对于函数而言，就是愈加快速收敛到极值点）。

如果我们实施"乾坤大挪移"，把爬到峰顶变成找谷底（即求极小值），这时与找斜率最大的坡爬山的方法，并没有本质变化，不过是方向相反而已。如果把登山过程中求某点的斜率最大的方向称为"梯度"，而找谷底的方法，就可以称为"梯度递减"①，示意图如图9-8所示。

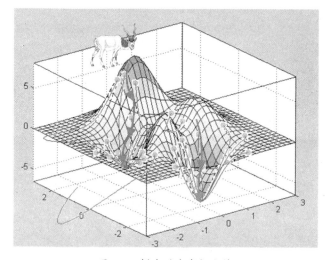

图 9-8　梯度递减求极小值

将"梯度递减"作为指导，走一步，算一步，一直沿"最陡峭"的方向探索着前进。如果直接让损失函数L的导数等于0来求得最小值，是一种相对宏观的做法，那么"梯度递减"是站在微观的观点，根据当前的状况，动态调整w的大小，通过多次迭代，来求得最低点。②

"梯度递减"体现出来的指导意义，就是机器学习中的"学习"的内涵，即使在大名鼎鼎的AlphaGo中，也是这么"学习"的！你是不是有点失望？这机器学习也太不"高大上"了！

---

① 负梯度的每一项告诉都我们两件事。
　正负号：输入向量的每一项是增大还是减小。
　值大小：告诉我们哪个值影响最大，即改变某些参数，性价比更高。
② 对于低维变量，利用让损失函数的导数等于0来求极值，尚且可以应付。对于深度学习这种成千上万个变量来说，这种策略就有些力不从心了，因此我们需要换个角度考虑。

但别忘了，在第 1 章中，我们已经提到，"学习"的本质在于性能的提升。利用"梯度递减"的方法，可以在很大程度上提升机器的性能，所以，从这个意义上讲，它就是"学习"！

当然，从图 9-8 所示的示意图中，我们也很容易看到"梯度递减"的问题所在，那就是它很容易收敛到局部最小值。正如攀登高峰，我们总会感叹"一山还比一山高"，探寻谷底时，我们也可能发现，"一谷还比一谷低"。但"只缘身在此山中"，当前的眼界让我们像"蚂蚁寻路"一样，很难让人有全局观，因为我们都没有"上帝的视角"。尽管有这样的障碍，在工程实践中，还是衍生出很多出色的应用案例。这就好比，牛顿力学的解释在量子领域也很有限，但并不妨碍它在宏观世界处处指导我们的生活。

通过前面的分析可知，在训练神经网络时，需要利用损失函数。为了求损失函数的最小值，不可避免地需要计算损失函数对每一个权值参数的偏导数，这时前文提到的梯度递减方法就派上用场了。

利用随机梯度下降法（Stochastic Gradient Descent，SGD）求解极小值（谷底）的做法是，我们先随机站在山谷上的某一点，然后发现哪边比较低（陡）就往哪边走，通过多次迭代找到最低点，示意图如图 9-9 所示。

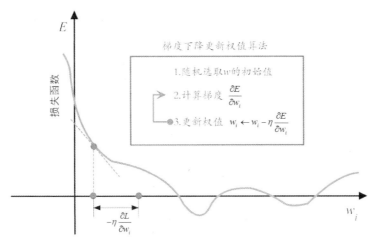

图 9-9　用随机梯度递减更新网络权值

图 9-9 中所示的参数 η 就是学习率，它决定了梯度递减搜索的步长，这个步长过犹不及。如果值太小，则收敛慢；如果值太大，则容易越过极值，导致网络震荡，难以收敛。所以，通常要根据不同的状况来调整 η 的大小。

在图 9-10 中，假设最小值点为 D，当 w_i 落在最小值的右边，斜率 $\Delta = \dfrac{\partial E}{\partial w_i}$ 是正的，带到图 9-9 所示的公式中，就会减少 w_i 的值；反之，如果 w_i 比取得最小值 $E_{\min}$ 的 w 还小，那么斜率是负的，带到图 9-9 所示的迭代公式中，就会增加 w_i 的值。由于曲线越接近谷底越为平缓，所以当 w_i 靠近最低点时，每次移动的距离也会越来越小，最终将收敛在最低点。

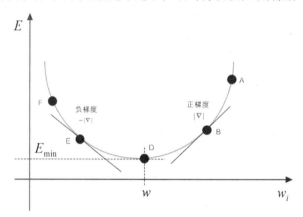

图 9-10　正负梯度示意

图 9-10 仅给出了一个权值变量 w_i 的梯度示意图，而实际上，神经网络中的权值参数是非常多的，因此针对损失函数 E 的权值向量 $\vec{w}$ 的梯度如公式（9-7）所示。

$$\nabla E(\vec{w}) \equiv \left[\frac{\partial E}{\partial w_0}, \frac{\partial E}{\partial w_2}, ..., \frac{\partial E}{\partial w_n} \right] \tag{9-7}$$

在这里，$\nabla E(\vec{w})$ 就是损失函数 E 的梯度，它本身也是一个向量，它的多个维度分别由损失函数 E 对多个权值参数 w_i 求偏导所得。当梯度被解释为权值空间中的一个向量时，它就确定了 E 陡峭上升的方向，那么梯度递减的训练法则就如公式（9-8）所示。

$$w_i \leftarrow w_i + \Delta w_i \tag{9-8}$$

其中，

$$\Delta w_i = -\eta \frac{\partial E}{\partial w_i} \tag{9-9}$$

这里的负号"-"表示梯度 $\dfrac{\partial E}{\partial w_i}$ 的相反方向。η 就是前文所言的步长（即学习率）。这样一来，梯度下降最陡峭的地方，就可以按照 $\frac{\partial E}{\partial w_i}$ 的比例，改变权值向量 $\vec{w}$ 中的每一个分量 w_i 来实现。

如果需要根据图 9-9 所示的算法来更新权值，我们需要一个更加实用的办法，重复计算每一个 w_i 的梯度。幸运的是，这个过程并不复杂，通过简易的数学推导，我们可以得到每个权值分量 w_i 更加简明的计算公式：

$$\begin{aligned}\frac{\partial E}{\partial w_i} &= \frac{\partial}{\partial w_i}\frac{1}{2}\sum_{d\in D}(t_d - o_d)^2 = \frac{1}{2}\sum_{d\in D}\frac{\partial}{\partial w_i}(t_d - o_d)^2 \\ &= \frac{1}{2}\sum_{d\in D}2(t_d - o_d)\frac{\partial}{\partial w_i}(t_d - \boldsymbol{w}^\mathrm{T}\cdot\boldsymbol{x}) \\ &= \sum_{d\in D}(t_d - o_d)\frac{\partial}{\partial w_i}(t_d - \boldsymbol{w}^\mathrm{T}\cdot\boldsymbol{x})\end{aligned} \quad (9\text{-}10)$$

如前文所言，对于特定训练集合，第 d 个样本的预期输出 t_d 和实际输出 o_d 都是"尘埃落定"的常数，对于求权值分量 w_i 的偏导（部分导数）来说，除了作为变量 w_i 的系数可以保留之外，其他统统都可以"看作浮云化作零"。此外，注意到：

$$\boldsymbol{w}^\mathrm{T}\cdot\boldsymbol{x}_d = w_0 x_{d0} + w_1 x_{d1} + \ldots w_i x_{di} + \ldots w_n x_{dn} \quad (9\text{-}11)$$

因此，公式（9-10）可进一步化简为更加简单的公式（9-12）：

$$\frac{\partial E}{\partial w_i} = \sum_{d\in D}(t_d - o_d)(-x_{id}) = -\sum_{d\in D}(t_d - o_d)x_{id} \quad (9\text{-}12)$$

有了公式（9-12）做支撑，图 9-9 所示算法的第（2）步就可行之有"章法"了。梯度下降的权值更新法则可如公式（9-13）所示。

$$w_i \leftarrow w_i - \eta\frac{\partial E}{\partial w_i} = w_i + \eta\sum_{d\in D}(t_d - o_d)x_{id} \quad (9\text{-}13)$$

9.8 梯度递减的线性回归实战

在第 5 章中，我们曾利用最小二乘法，通过求解线性方程组的方式来解决线性回归问题。现在我们学习一种新的求解极小值的方法——梯度递减。下面我们就结合梯度递减策略，给出一个基于 Python 的简易线性回归求解方案。

简易线性回归模型用公式表示就是 $y = w_1 \times x + w_0 \times 1$。这里的 w_1 和 w_0 为回归系数，需要从训练数据中学习得到。为什么要把后面的系数"1"单独写出来呢？其实是为了以统一的方式求解系数。如果说模型的第一个输入是可变参数 x，那么第二个输入就是固定值"1"，也称之为"哑元（dummy）"。

下面列举的范例程序的目的是，让读者对梯度下降有一个感性的认识（参见范例9-1）。故此，程序本身的功能非常简单，就是给出有关面包重量（单位：磅）和售价（单位：美元）对应关系的5条数据。然后利用梯度下降策略，让程序在这5条数据中学习线性回归模型的参数 w_0 和 w_1。其中，w_0 和 w_1 的起始值是任意给定的，然后反复迭代多次，如图9-11所示，逐步逼近最佳的 w_0 和 w_1，让损失函数达到最小值。在得到"最佳"的参数之后，我们再给出一个面包重量，让模型预测它的售价。这样就完成了一个完整的有监督学习流程。

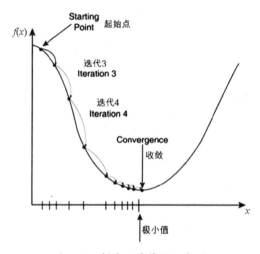

图 9-11　梯度下降策略示意图

【范例 9-1】基于梯度下降的线性回归（bread-price.py）

```
01  bread_price = [[0.5,5],[0.6,5.5],[0.8,6],[1.1,6.8],[1.4,7]]
02  def  BGD_step_gradient(w0_current, w1_current, points, learningRate):
03      w0_gradient = 0
04      w1_gradient = 0
05      for i in range(len(points)):
06          x = points[i][0]
07          y = points[i][1]
08          w0_gradient += -1.0 * (y - ((w1_current * x) + w0_current))
```

```
09            w1_gradient += -1.0 * x * (y - ((w1_current * x) + w0_current))
10        new_w0 = w0_current - (learningRate * w0_gradient)
11        new_w1 = w1_current - (learningRate * w1_gradient)
12        return [new_w0, new_w1]
13
14    def gradient_descent_runner(points, start_w0, start_w1, l_rate, num_iterations):
15        w0 = start_w0
16        w1 = start_w1
17        for i in range(num_iterations):
18            w0, w1 = BGD_step_gradient(w0, w1, points, l_rate)
19        return [w0, w1]
20
21    def predict(w0, w1, wheat):
22        price = w1 * wheat + w0
23        return price
24
25    if __name__ == '__main__':
26        learning_rate = 0.01         #学习率
27        num_iter = 100               #迭代次数
28        w0,w1 = gradient_descent_runner(bread_price, 1, 1, learning_rate, num_iter)
29        price = predict(w0, w1, 0.9)    #给出一个0.9磅的面包，预测其价格。
30        print ("price = ", price)
```

【运行结果】

price = 6.079912742997223

【代码分析】

第 08 行和第 09 行就是公式（9-12）的完美应用，第 10 行和第 11 行是公式（9-13）的代码版本。由于一次迭代，很难找到最佳的参数 w_0 和 w_1，需要迭代多次才能达到此目的。因此，我们专门设计了一个函数 gradient_descent_runner() 来实施这个多次迭代操作。

程序中的迭代次数和学习率，其实也算是神经网络学习中的参数（称它们为超参数），但它们不是学习得来的，而是来自人为经验，因此模型性能的好坏，有一定的运气成分。

9.9 什么是随机梯度递减

前面我们讨论了标准的梯度递减训练模型。在工程实践中，标准梯度下降法主要存在两个问题：（1）当数据量太大时，收敛过程可能非常慢。（2）如果误差曲面存在多个局部最小值，那么标准梯度模型可能找不到全局最小值点。

下面我们先来解释第（1）个问题。如果根据公式（9-13）所示的模型来训练权值参数，每次更新迭代，都要遍历训练样本集合 D 中的所有成员，然后求误差和、分别求各个权值的梯度，迭代一次都会"大动干戈"。因此这种算法也叫作批量梯度下降法（Batch Gradient Descent，BGD）。可以想象，如果样本的数量非常庞大，如数百万到数亿，那么计算负载会异常巨大。

为了缓解这一问题，人们通常采用 BGD 的近似算法——随机梯度下降法（Stochastic Gradient Descent，SGD）。

在 SGD 中，遵循"一样本，一迭代"的策略。先随机挑选一个样本，然后根据单个样本的误差来调节权值，通过一系列的单样本权值调整，力图达到与 BGD 采取"全样本，一迭代"类似的权值效果。SGD 的权值更新公式变为：

$$\Delta w_i = \eta(t-o)x_i \qquad (9\text{-}14)$$

其中，t、o 和 x_i 分别为目标值、实际输出值和第 i 个训练样本的输入。从表面上看来，公式（9-14）和公式（9-13）非常类似，但请注意，公式（9-14）少了一个误差求和的步骤。

这种简化带来了很多便利。比如，对于一个具有数百万样本的训练集合，完成一次样本遍历就能对权值更新数百万次，效率大大提升。反观 BGD，要遍历数百万样本后，才更新一次权值。

因此，随机梯度递减策略，可以看作针对单个训练样本 d，定义不同的误差函数（或称损失函数）$E_d(\vec{w})$：

$$E_d(\vec{w}) = \frac{1}{2}(t_d - o_d)^2 \qquad (9\text{-}15)$$

SGD 通过对训练集合 D 中的每个样本 d 进行迭代，每次迭代都依照公式（9-15）计算出来的梯度来改变整个网络的权值，当迭代完毕所有训练样本时，这些权值更新序列（如样本数量为 n，则序列长度为 n），能够对标准的 BGD 有一个比较合理的近似。

图 9-12 所示为批量梯度递减（BGD）与随机梯度递减（SGD）的权值调整路线对比。由图 9-12 可以看出，BGD（实线曲线）是一直"稳健"地向着最低点前进的，而 SGD（虚线曲线）明显"躁动"了许多，蹦蹦跳跳、前前后后，但总体上仍然是向最低点逼近。

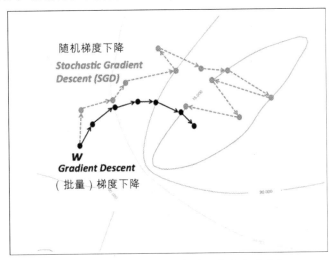

图 9-12　BGD 与 SGD 的权值调整路线图对比

BGD 与 SGD 的网络权值调整差异是较容易理解的。这就好比，如果我们想通过 CPI（居民消费价格指数）来调节国家的宏观经济。如果采用 BGD 的策略，就要全面收集多品类商品的价格，然后通过特定模型，计算 CPI，这样计算出来的 CPI 比较稳健，这样调节宏观经济，不会大起大落。而换成 SGD 风格的 CPI，则是随便收集一类商品的价格，计算一次 CPI，然后据此 CPI 调节一次宏观经济，然后再随便收集一类商品的价格，重复上面的动作，直到所有品种的商品都处理完毕，这样的宏观经济调节策略，看起来非常随机，调节的幅度会起起伏伏，实不可取。

但是有时候，这种随机性并非完全是坏事，特别是在探寻损失函数的极小值时。我们知道，如果损失函数的目标函数是一个"凸函数"，它的极小值存在且唯一，沿着梯度反方向，就能找到全局唯一的最小值。然而对于"非凸函数"来说，就没那么简单了，它可能存在许多局部最小值。

对于 BGD 而言，一旦陷入局部最小值，基于算法本身的策略，它很难"逃逸"而出，如图 9-13(a)所示。对于局部最小值点而言，左退一步、右进一点，函数值都比自己大，所以就认为自己是最小值。殊不知，一谷更比一谷低。

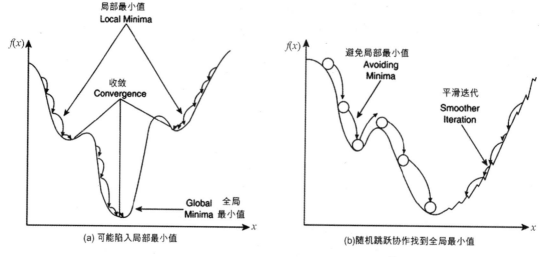

图 9-13　非凸函数的局部和全局最小值（图片来源①）

而 SGD 先天带来的随机性，反而有助于逃逸出某些糟糕的局部最小值，从而获得一个性能更佳的模型。这种情况多少有点应了中国那句古话："失之东隅，收之桑榆"。SGD 虽然失去了权值调整的稳定性，但却带来了求全局极小值的可能性，如图 9-13(b) 所示。

事实上，利用这种随机跳跃思想获得全局最优解的算法并非没有先例。最有名的算法莫过于模拟退火（Simulated Annealing，SA）算法。SA 算法就是为了克服爬山算法（Hill Climbing）的局部最优陷阱，在已经搜索到局部最优解后，还会继续"折腾"一番，以一定的概率随机接受局部移动动能，就是为了跳出局部最优的"坑"，力图增加获得全局最优解的可能性。由于 SA 算法并不在本书的讨论范围之内，所以这里不做深入展开。感兴趣的读者，可以查阅相关资料。

9.10　利用 SGD 解决线性回归实战

前文我们利用梯度递减尝试解决线性规划问题，下面我们再利用随机梯度递减策略来解决类似的问题，读者可以比较一下二者的差异。

在第 8 章中，我们已经完成了感知机代码的编写。通过分析可以发现，感知机和简单线性

---

① 图片来源：http://www.yaldex.com/。

回归问题有诸多相似之处。通过前面的分析可知，当面对的数据集不是线性可分时，采用阶跃函数作为激活函数的感知机可能无法收敛。为了收敛，要么增加感知机的层数，变成多层感知机（MLP），要么改变一下激活函数。

我们知道，多变量线性单元的表达式可以记作：

$$y = w_0 + \sum_{i=1}^{n} w_i x_i \qquad (9\text{-}16)$$

如果用类似于感知机的模型来描述线性单元，那么可用图 9-14 所示。

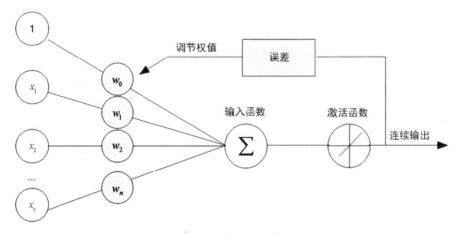

图 9-14　线性回归单元

相比于感知机的"跳跃"式激活函数，线性回归单元的激活函数就显得"直来直去"，有什么就输出什么，如公式（9-17）所示：

$$f(x) = x \qquad (9\text{-}17)$$

对比一下，前面章节提到的感知机的可视化模型如图 9-15 所示。

在图 9-15 中，感知机模型的激活函数是阶跃函数（即 sgn 函数），即：当 $x \geq 0$ 时，$f(x)$ 输出为 1，否则输出为 0。也就是说，感知机仅能完成离散（0、1）的二分类。而线性单元模型的输出则是一个连续的实数值，因此它属于回归问题。表 9-1 给出了感知机和线性回归单元的对比[7]。

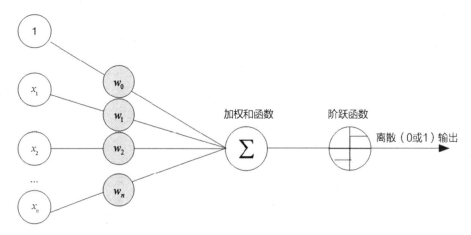

图 9-15 感知机模型

表 9-1 感知机与线性回归单元的对比

算法	感知机	线性回归单元
模型与激活函数	$y = f(\boldsymbol{w}^T \boldsymbol{x})$ $f(x) = \begin{cases} 1 & x \geqslant 0 \\ 0 & 其他 \end{cases}$	$y = f(\boldsymbol{w}^T \boldsymbol{x})$ $f(x) = x$
训练规则	$w \leftarrow w + \eta(t-o)x$	$w \leftarrow w + \eta(t-o)x$

通过表 9-1 的对比可知，除了激活函数 f 有所不同之外，两者的模型和训练规则都是一样的。在表 9-1 中，线性单元的训练规则就是前面我们介绍的SGD算法。那么，我们只需把范例 7-2 感知机的实现代码稍加改动（更换激活函数和数据源），就能得到利用SGD解决线性回归问题的范例 9-1，该范例的部分代码参考了参考资料[8]。在数据源上，我们采用的是白酒质量数据库。该数据源来自加州大学埃文分校（UCI）机器学习数据库。[①]该数据库包括了常见机器学习算法适用的各类数据集合，是一个练手机器学习项目的好资源。我们采用的白酒质量数据集合，共有 4898 条数据，其中评价质量的指标包括酸度、游离二氧化硫、密度、pH、氯化物、硫酸盐、酒精度含量等 12 项参数，最后一项给出了白酒的评级（0~10 级），其部分数据样本如图 9-16 所示。

[①] 下载链接：http://archive.ics.uci.edu/ml/datasets/Wine+Quality。

	fixed acidity	volatile acidi	citric acid	residual sugar	chlorides	free sulfur dioxide	total sulfur dioxide	density	pH	sulphates	alcohol	quality
1	fixed acidity	volatile acidi	citric acid	residual sugar	chlorides	free sulfur dioxide	total sulfur dioxide	density	pH	sulphates	alcohol	quality
2	7	0.27	0.36	20.7	0.045	45	170	1.001	3	0.45	8.8	6
3	6.3	0.3	0.34	1.6	0.049	14	132	0.994	3.3	0.49	9.5	6
4	8.1	0.28	0.4	6.9	0.05	30	97	0.9951	3.26	0.44	10.1	6
5	7.2	0.23	0.32	8.5	0.058	47	186	0.9956	3.19	0.4	9.9	6
6	7.2	0.23	0.32	8.5	0.058	47	186	0.9956	3.19	0.4	9.9	6
7	8.1	0.28	0.4	6.9	0.05	30	97	0.9951	3.26	0.44	10.1	6
8	6.2	0.32	0.16	7	0.045	30	136	0.9949	3.18	0.47	9.6	6
9	7	0.27	0.36	20.7	0.045	45	170	1.001	3	0.45	8.8	6
10	6.3	0.3	0.34	1.6	0.049	14	132	0.994	3.3	0.49	9.5	6
11	8.1	0.22	0.43	1.5	0.044	28	129	0.9938	3.22	0.45	11	6
12	8.1	0.27	0.41	1.45	0.033	11	63	0.9908	2.99	0.56	12	5
13	8.6	0.23	0.4	4.2	0.035	17	109	0.9947	3.14	0.53	9.7	5
14	7.9	0.18	0.37	1.2	0.04	16	75	0.992	3.18	0.63	10.8	5
15	6.6	0.16	0.4	1.5	0.044	48	143	0.9912	3.54	0.52	12.4	7

图 9-16 白酒质量评估的部分数据

对于这样的数据，有些指标的取值范围是 0~1，如挥发性酸度（volatile acidity）和密度（density）等，有的指标取值范围大则数百，如总二氧化硫量（total sulfur dioxide），而氯化物（chlorides）的数值只在小数点百分位浮动，如果不对这样的数据特征做任何处理，而直接计算误差的话，诸如氯化物子类的特征很容易被"淹没"在大数字的特征误差之中，从而丧失了特征的意义。所以，在使用这样的原始数据之前，我们必须对数据进行归一化处理。

范例 9-1 主要完成三个任务：（1）读取训练数据，包括对数据的读取（可参考范例 5-6 的部分代码）及预处理（即数据归一化）；（2）利用数据训练模型，即找到适配数据的权值，这部分工作可以复用范例 7-2 中的感知机的部分代码。（3）对测试数据进行预测，以验证模型的正确性。

下面来看一下利用 SGD 解决线性回归问题的代码，如范例 9-2 所示。

【范例 9-2】利用 SGD 解决线性回归问题（LinearUnit.py）

```
01  from csv import reader
02  class LinearUnit(object):
03      def __init__(self, input_para_num, acti_func):
04          self.activator = acti_func          #初始化线性单元激活函数
05      def predict(self, row_vec):             #输入向量，输出线性单元的预测结果
06          act_values = self.weights[ 0 ]
07          for i in range(len(row_vec) - 1):
08              act_values += self.weights[ i + 1 ] * row_vec [ i ]
09          return self.activator(act_values)
10      def train_sgd(self, dataset, rate, n_epoch):#设定训练数据、学习率、训练轮数
11          self.weights = [0.0 for i in range(len(dataset[0]))]# 权重向量初始化为 0
12          for i in range(n_epoch):
```

```
13          for input_vec_label in dataset:
14              prediction = self.predict(input_vec_label)
15              self._update_weights(input_vec_label,prediction, rate)# 更新权值
16      def _update_weights(self,input_vec_label,prediction, rate):
17          delta =  input_vec_label[-1] - prediction
18          #更新权值,第一个元素:哑元的权值
19          self.weights[ 0 ] =  self.weights[ 0 ] + rate * delta
20          for i in range(len(self.weights) - 1):
21              self.weights[ i + 1 ] = self.weights[ i + 1 ] + rate * delta * input_vec_label[ i ]
22  def func_activator(input_value):      # 定义激活函数 f
23      return input_value
24  class Database():    # 读取数据并进行预处理
25      def __init__(self):
26          self.dataset = list()
27      # 导入 CSV 文件
28      def load_csv(self, filename):
29          with open(filename, 'r') as file:
30              csv_reader = reader(file)
31              #读取表头,实际上是跳过如图 9-16 所示的首行
32              headings = next(csv_reader)
33              #文件指针下移至第一条真正数据
34              for row in csv_reader:
35                  if not row:    #判定是否有空行,如有,则跳入下一行
36                      continue
37                  self.dataset.append(row)
38      def dataset_str_to_float(self):      #将字符串列转换为浮点数
39          col_len = len(self.dataset[0])
40          for row in self.dataset:
41              for column in range(col_len):
42                  row[column] = float(row[column].strip())
43      # 找到每一列(属性)的最小值和最大值
44      def _dataset_minmax(self):    #定义寻找极值的私有方法
45          self.minmax = list()
```

```python
46          for i in range(len(self.dataset[0])):
47              col_values = [row[i] for row in self.dataset]
48              value_min = min(col_values)
49              value_max = max(col_values)
50              self.minmax.append([value_min, value_max])
51  
52      # 将数据集合中的每个（列）属性都规整化到 0~1
53      def normalize_dataset(self):
54          self._dataset_minmax()        #获取每一列的最小值、最大值
55          for row in self.dataset:
56              for i in range(len(row)):
57                  row[i] = (row[i] - self.minmax[i][0]) / (self.minmax[i][1] -
                          self.minmax[i][0])
58          return self.dataset
59  def get_training_dataset():
60      db = Database()                    # 构建训练数据
61      db.load_csv("winequality-white.csv")
62      db.dataset_str_to_float()
63      dataset = db.normalize_dataset()
64      return dataset
65  def train_linear_unit():
66      dataset = get_training_dataset()
67      l_rate = 0.01
68      n_epoch = 100
69      # 创建训练线性单元，输入参数的特征数
70      linear_unit = LinearUnit(len(dataset[0]), func_activator)
71      # 训练，迭代 100 轮，学习率为 0.01
72      linear_unit.train_sgd(dataset, l_rate, n_epoch)
73      #返回训练好的线性单元
74      return linear_unit
75  if __name__ == '__main__':
76      #获取数据并训练
77      LU = train_linear_unit()
78      # 打印训练获得的权重
```

```
79          print ("weights = ", LU.weights)
80      # 测试
81      test_data = [[0.23,0.08,0.20,0.01,0.14,0.07,0.17,0.07,0.55,0.28,0.47,0.67],
82                   [0.25,0.10,0.21,0.01,0.11,0.13,0.23,0.08,0.54,0.15,0.47,0.50],
83                   [0.28,0.15,0.19,0.02,0.11,0.10,0.20,0.11,0.55,0.49,0.44,0.83],
84                   [0.35,0.16,0.17,0.15,0.12,0.07,0.22,0.18,0.37,0.15,0.24,0.33]]
85      for i in range(len(test_data)):
86          pred = LU.predict(test_data[i])
87          print("expected ={0}, predicted = {1}".format(test_data[i][-1], pred))
```

【运行结果】

```
weights = [0.42076143424812706, -0.09069560852754761, -0.32660079230560124,
-0.03262833942254498, 0.5462078627656543, -0.017588731464344236,
0.22734135197268615, -0.06563974307295246, -0.48594466236846023,
0.00791688067091147, 0.07099918552460106, 0.3119815758201245]
expected =0.67, predicted = 0.5118517781417242
expected =0.5, predicted = 0.499240815566015843
expected =0.83, predicted = 0.4817346096775833
expected =0.33, predicted = 0.4134933722413563
```

【代码分析】

下面我们简单分析一下代码部分。代码第 2~21 行，定义了线性单元类 LinearUnit，它利用随机梯度递减策略（即"一样例、一误差、一调参"策略），完成权值网络更新的功能，由于该功能和感知机的实现有异曲同工之妙，所以很多代码是复用的。

代码第 24~58 行定义了 Database 类，它主要负责完成数据的读取和预处理。预处理包括两个部分：（1）把从 CSV 文件中读取的字符串数值，转换为可计算的浮点数（由代码 38~42 行所示的 dataset_str_to_float 方法来完成）；（2）将第（1）步加工的数据做归一化处理（代码 53~58 行），处理的算法就如公式（5-18）所示。在这个过程中，还需要知道每个维度的最大值和最小值，这个工作交给了类中的私有方法 _dataset_minmax( ) 来完成（代码 44~50 行）。

最后，在主方法中，我们从训练数据中随机抽取 4 条数据，用以验证模型的正确性。这时请注意，由于整个模型的训练是基于归一化数据的基础的，所以，从 winequality-white.csv 文件抽取的原始数据为：

```
test_data = [[6.2,0.16,0.33,1.1,0.057,21,82,0.991,3.32,0.46,10.9,7],
             [6.4,0.18,0.35,1,0.045,39,108,0.9911,3.31,0.35,10.9,6],
             [6.7,0.23,0.31,2.1,0.046,30,96,0.9926,3.33,0.64,10.7,8],
             [7.4,0.24,0.29,10.1,0.05,21,105,0.9962,3.13,0.35,9.5,5]]
```

这些测试数据也必须先进行归一化处理，变换成代码第 81~84 行所示的数据，否则，模型与测试数据在不同的尺度上，预测结果肯定是不正确的。

从测试数据的运行结果来看，模型预测和期望值比较接近，这说明我们训练的模型有一定的可靠性。

最后，总结一下随机梯度递减算法的优缺点。它的优点在于，对于大型的训练样本集合，算法能更快地收敛（但这个收敛只是经验上的，并没有充分的理论证明）。缺点在于，难以获得较高的预测精度，一些经典算法也无法使用随机梯度算法。

9.11 本章小结

在本章中，我们主要讲解了梯度的概念。所谓梯度，就是函数值增长最为迅猛的方向，然后我们介绍了梯度递减法则，用以求得极小值，这个极小值是对损失函数而言的。

我们还介绍了随机梯度算法（SGD）。相比于正统的批量梯度算法（BGD）网络参数调参策略：全部样例计算一次误差、调整一次参数，SGD 的网络参数调参策略是：一样例、一误差、一调参。在工程实践中，两种策略都被广泛采用。但当样本数量较大时，SGD 更容易收敛。

有了前面的知识做铺垫，我们终于可以在下一章谈谈反向传播算法了。在下一章中，我们将用通俗易懂、图文并茂的方式，为大家详细解释反向传播（BP）算法。BP 算法不仅作为经典留在我们的记忆里，而且，它还"历久弥新"活在当下。要知道，深度信念网（也就是深度学习）之所以性能奇佳，不仅因为它有一个"无监督"的逐层预训练，除此之外，预训练之后的"微调"还是需要"有监督"BP 算法作为支撑的。

由此可见，BP 算法影响之深，以至于深度学习都离不开它！世上没有白走的路，每一步都算数。

9.12 请你思考

通过本章的学习，请你思考如下问题：

（1）在前馈神经网络中，隐含层设计多少层、每一层有多少神经元比较合适呢？我们可以设定一种自动确定网络结构的方法吗？

（2）神经网络具有强大的特征表征能力，但"成也萧何，败也萧何"，BP算法常常遭遇过拟合，它可能会把噪声当作有效信号，你知道有什么策略可以避免过拟合吗？

（3）编程实现：请设计一个两层神经网络，利用随机梯度递减策略调节网络参数，以解决感知机无法解决的异或问题。

参考资料

[1] 吴军. 智能时代[M]. 北京：中信出版集团, 2016.

[2] Hinton G E, Osindero S, Teh Y W. A fast learning algorithm for deep belief nets[J]. Neural computation, 2006, 18(7): 1527-1554.

[3] Williams D, Hinton G. Learning representations by back-propagating errors[J]. Nature, 1986, 323(6088): 533-538.

[4] Rumelhart D E, McClelland J L, PDP Research Group. Parallel Distributed Processing, Volume 1 Explorations in the Microstructure of Cognition: Foundations[J]. 1986.

[5] Tom Mitchell. 曾华军等译. 机器学习[M]. 北京：机械工业出版社, 2007.

[6] Better Explained. Vector Calculus: Understanding the Gradient. https://betterexplained.com/articles/vector-calculus-understanding-the-gradient/.

[7] hanbingta. 零基础入门深度学习(2)：线性单元和梯度下降. https://www.zybuluo.com/hanbingtao/note/448086.

[8] JasonBrownlee. How to Implement Linear Regression With Stochastic Gradient Descent From Scratch With Python. https://machinelearningmastery.com/implement-linear-regression-stochastic-gradient- descent-scratch-python.

Chapter ten

第 10 章 BP 算法双向传，
　　　　　链式求导最缠绵

说到 BP 算法，人们通常强调的是反向传播，其实它是一个双向算法：正向传播输入信息，反向传播误差调整权值。接下来，你将看到的，是史上最为通俗易懂的 BP 图文讲解。不信？就来看看呗！

10.1 BP 算法极简史

对神经网络发展史稍有了解的人都知道，BP（Back Propagation）算法非常重要。在多层神经网络训练中，它占据举足轻重的地位。人们在提及 BP 算法时，常将它与杰弗里·辛顿（Geoffrey IIinton，见图 10-1（b））的名字联系在一起。但严格来说，辛顿教授不是第一个提出 BP 算法的人，那么谁第一个提出了 BP 算法呢？他，就是保罗·沃伯斯（Paul Werbos），见图 10-1（a）。1974 年，沃伯斯在哈佛大学取得博士学位。在他的博士论文里，首次提出了通过误差的反向传播来训练人工神经网络[1]。在当时，人工神经网络面临一个重大的挑战性问题：增加神经网络的层数虽然可为其提供更大的灵活性，让网络具有更强的表征能力，也就是说，能解决的问题更多，但随之而来的数量庞大的网络参数的训练，一直是制约多层神经网络发展的一个重要瓶颈。沃伯斯的研究工作，为多层神经网络的学习、训练与实现，提供了一种切实可行的解决途径。

（a）BP 算法开创者：保罗·沃伯斯　　　（b）BP 算法推动者：杰弗里·辛顿

图 10-1　BP 算法的重要贡献者

做出重要贡献的人，是不应该被遗忘的。后来，沃伯斯得到了 IEEE（电气电子工程师学会）神经网络分会的先驱奖。但显然，当时沃伯斯的工作并没有得到足够的重视，谁让彼时神经网络正陷入低潮，可谓是"生不逢时"。

事实上，沃伯斯还是循环神经网络（Recurrent Neural Network，RNN）的早期开拓者之一。在后续的章节中，我们还会详细介绍 RNN，这里暂且不表。

一般的，优化就是调整分类器的参数，使得损失函数最小化的过程。而 BP 算法，在本质上是一个好用的优化函数。说到 BP 算法，我们通常强调的是反向传播。其实在本质上，它是一个双向算法。也就是说，它其实分两步走：（1）正向传播输入信息，实现分类功能（所有的有监督学习，在本质上都可以归属于分类）；（2）反向传播误差，调整网络权值。

为了说明问题，假设我们有如图 10-2 所示的最简单的三层神经网络。①在该网络中，假设输入层的信号向量 $\vec{X}$ 是[1,-1]，输出层的目标向量为[1,0]，学习率 η 为 0.1，权值是随机给的，这里为了演示方便，分别给予或"1"或"-1"的值。下面我们就详细讲解BP算法是如何运作的。

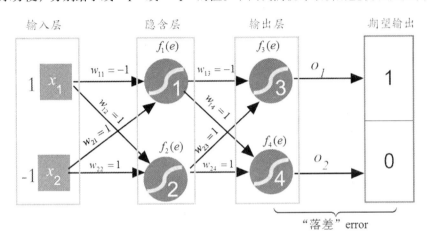

图 10-2 三层神经网络

10.2 正向传播信息

在前面的章节中，我们提到的前馈网络，完成的功能其实就是正向传播信息。简单来说，就是把信号通过激活函数的加工，一层一层地向前"蔓延"，直到抵达输出层。在这里，假设神经元内部的激活函数为 Sigmoid（$f(x)=1/(1+e^{-x})$）。之所以选用这个函数作为激活函数，原因主要有二：（1）它把输出的值域锁定在[0,1]之间，便于调节。（2）因为它的求导形式非常简单而优美，如公式（10-1）所示：

$$f'(x) = f(x)(1-f(x)) \quad (10\text{-}1)$$

事实上，类似于感知机，前馈网络中的每一个神经元功能都可细分为两部分：（1）汇集各

---

① 在实际操作中，我们会认为这是一个两层的神经网络，因为统计隐含层和输出层会更有意义。因为输入层可视为常量，在神经网络调参中，它压根不参与计算。

路连接带来的加权信息;(2)加权和信息在激活函数的"加工"下,给出相应的输出,如图 10-3 所示。

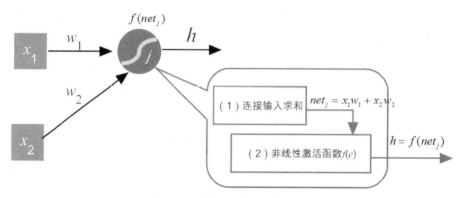

图 10-3　神经元的两部分功能

于是,在正向传播过程中,对于 $f_1(e)$ 神经元的更新如图 10-4 所示,其计算过程如下所示:

$$
\begin{aligned}
f_1(e) &= f_1(w_{11}x_1 + w_{21}x_2) \\
&= f_1((-1) \times 1 + 1 \times (-1)) \\
&= f_1(-2) \\
&= \frac{1}{1 + e^{-(-2)}} \\
&= 0.12
\end{aligned}
$$

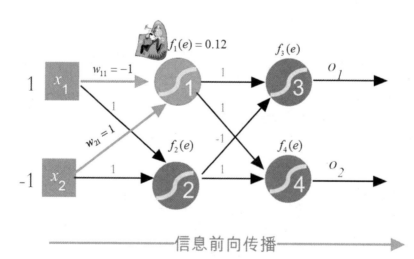

图 10-4　神经元信息前向更新神经元 1 的 $f_1(e)$

接着，更新在同一层的 $f_2(e)$，过程和计算步骤类似于 $f_1(e)$，如图 10-5 所示。

$$\begin{aligned} f_2(e) &= f_2(w_{12}x_1 + w_{22}x_2) \\ &= f_2(1 \times 1 + 1 \times (-1)) \\ &= f_2(0) \\ &= \frac{1}{1+e^0} \\ &= 0.5 \end{aligned}$$

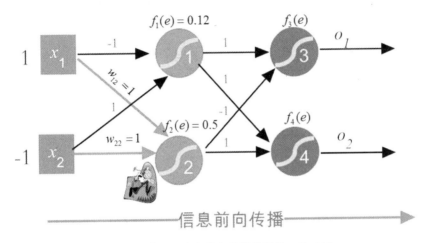

图 10-5 神经元信息前向更新神经元 2 的 $f_2(e)$

接下来，信息要正向传播到下一层（即输出层）了，如图 10-6 所示。

$$\begin{aligned} o_1 = f_3(e) &= f_3(w_{13}f_1 + w_{23}f_2) \\ &= f_3(1 \times 0.12 + 1 \times 0.5) \\ &= f_3(0.62) \\ &= \frac{1}{1+e^{-0.62}} \\ &= 0.65 \end{aligned}$$

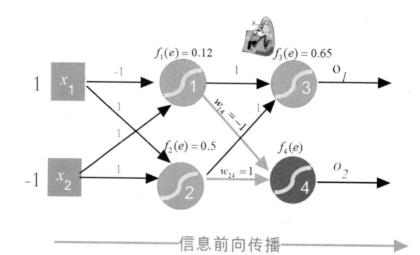

图 10-6　神经元信息前向更新神经元 3 的 $f_3(e)$

然后，类似的，计算同在输出层的神经元 $f_4(e)$ 的值，如图 10-7 所示。

$$\begin{aligned}
o_2 = f_4(e) &= f_4(w_{14}f_1 + w_{24}f_2) \\
&= f_4((-1) \times 0.12 + 1 \times 0.5) \\
&= f_4(0.38) \\
&= \frac{1}{1 + e^{-0.38}} \\
&= 0.59
\end{aligned}$$

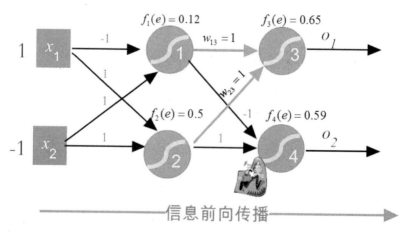

图 10-7　神经元信息前向更新 $f_4(e)$

到此，在第一轮中，实际输出的向量 $\boldsymbol{O} = [o_1, o_2] = [0.65, 0.59]^T$ 已经计算得出。但参考图 10-2 可知，预期输出的向量是 $\boldsymbol{T} = [t_1, t_2] = [1, 0]^T$，这二者之间是存在误差的。于是，重点来了，下面我们就用误差信息反向传播来逐层调整网络参数（权重和阈值）。为了提高权值更新效率，这里要用到下文即将提到的"链式法则（chain rule）"。

10.3　求导中的链式法则

（砰！砰！砰！请注意，下面的部分是 BP 算法最为精妙之处，值得细细品味。）

在信息正向传播的示例中，为了方便读者理解，所有的权值，我们都临时给予了确定的值，而实际上，这些值都是可以调整的，也就是说，它们都是变量。其实，神经网络学习的目的，就是通过特定算法来调整这些权值，以最小化损失来拟合训练数据。而学习的结果，就是得到最佳的权值。除去图 10-2 中的所有确定的值，把权值视为变量，得到更为一般化的神经网络示意图，如图 10-8 所示。

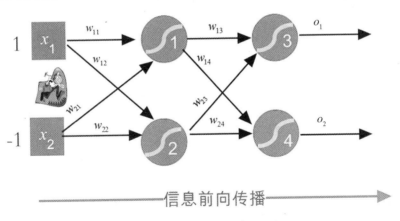

图 10-8　带权重变量的神经网络

现在，重新快速回顾一下前面讲解过的信息前向传播的过程。这里为了简化理解，我们暂时假设神经元没有激活函数（亦有资料称之为传递函数），对于隐含层神经元则有：

$$f_1 = x_1 w_{11} + x_2 w_{21}$$

$$f_2 = x_1 w_{12} + x_2 w_{22}$$

然后，对于输出层神经元有：

$$f_3 = f_1 w_{13} + f_2 w_{23}$$
$$= (x_1 w_{11} + x_2 w_{21}) w_{13} + (x_1 w_{12} + x_2 w_{22}) w_{23}$$
$$= x_1 w_{11} w_{13} + x_2 w_{21} w_{13} + x_1 w_{12} w_{23} + x_2 w_{22} w_{23}$$

$$f_4 = f_1 w_{14} + f_2 w_{24}$$
$$= (x_1 w_{11} + x_2 w_{21}) w_{14} + (x_1 w_{12} + x_2 w_{22}) w_{24}$$
$$= x_1 w_{11} w_{14} + x_2 w_{21} w_{14} + x_1 w_{12} w_{24} + x_2 w_{22} w_{24}$$

损失函数 L 可表示为如下公式：

$$L(w_{11}, w_{12}, ..., w_{ij}, ..., w_{mn}) = \frac{1}{2}(y_i - f_i(w_{11}, w_{12}, ..., w_{ij}, ..., w_{mn}))^2 \quad (10\text{-}2)$$

在这里，y_i 为预期输出值向量，$f_i(w_{11}, w_{12}, ..., w_{ij}, ..., w_{mn})$ 为实际输出向量。

对于有监督学习而言，在特定的训练集合下，输入元素 x_i 和预期输出 y_i 都可视为常量，因为它们都是"尘埃落定"不会改变的值。由此可以看到，损失函数 L 其实就是一个单纯与权值 w_{ij} 相关的函数（即使把激活函数的作用加上去，除了使得损失函数的形式更加复杂之外，并不影响这个结论）。

于是，损失函数 L 的梯度向量可表示为公式（10-3）：

$$\nabla L = (\frac{\partial L}{\partial w_{11}}, \frac{\partial L}{\partial w_{12}}, ..., \frac{\partial L}{\partial w_{mn}})$$
$$= \frac{\partial L}{\partial w_{11}} e_{11} + \frac{\partial L}{\partial w_{12}} e_{12} + ... + \frac{\partial L}{\partial w_{mn}} e_{mn} \quad (10\text{-}3)$$

其中，这里的 e_{mn} 是正交单位向量。为了求出这个梯度，我们需要求出损失函数 L 对每一个权值 w_{ij} 的偏导数。

BP 算法之所以经典，部分原因在于，它是求解这类"层层累进"式函数偏导数的利器。为什么这么说呢？下面，我们就列举一个更为简化但不失一般性的例子来说明这个观点。以下示例部分参考了克里斯·奥莱（Chris Olah）的博客[2]。

假设我们有如下一个三层但仅仅包括 a、b、c、d 和 e 共 5 个神经元的网络，在传递过程中，c、d 和 e 神经元对输入信号做了简单的加工，如图 10-9 所示。

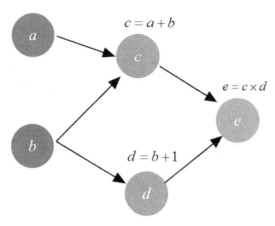

图 10-9 简易的神经网络

假设变量 a 影响变量 c，此时我们想弄清楚 a 是如何影响 c 的。于是我们考虑这样一个问题，如果 a 变化一点点，那么 c 是如何变化的呢？我们把这种影响关系定义为变量 c 相对于变量 a 的偏导数，记作 $\dfrac{\partial c}{\partial a}$。

利用高等数学知识，对于直接相连的神经元（如 a 对 c，或 b 对 d），我们很容易利用"加法规则"或"乘法规则"直接求出。例如，利用加法规则，$\dfrac{\partial c}{\partial a}$ 可表示为：

$$\frac{\partial c}{\partial a}=\frac{\partial (a+b)}{\partial a}=\frac{\partial a}{\partial a}+\frac{\partial b}{\partial a}=1$$

而对于表达式为乘法的求偏导规则为：

$$\frac{\partial}{\partial u}uv=u\frac{\partial v}{\partial u}+v\frac{\partial u}{\partial u}=v$$

那么，对于间接相连的神经元，比如 a 对 e，如果我们也想知道 a 变化一点点时 e 变化多少，怎么办呢？也就是说，偏导数 $\dfrac{\partial e}{\partial a}$ 该如何求呢？这时，就需要用到链式法则了。

这里假设 $a=2$，$b=1$。如果 a 的变化速率是 1，那么 c 的变化速率也是 1（因为 $\dfrac{\partial c}{\partial a}=1$）。类似的，如果 c 的变化速率为 1，那么 e 的变化速率为 2（因为 $\dfrac{\partial e}{\partial c}=d=2$），如图 10-10 所示。

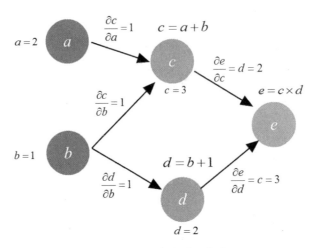

图 10-10 链式法则示意图

因此，a 变化 1，e 的变化为：$1 \times 2 = 2$。这个过程就是我们常说的"链式法则"，更为形式化的描述为：

$$\frac{\partial e}{\partial a} = \frac{\partial e}{\partial c} \cdot \frac{\partial c}{\partial a} = d \times 1 = 2 \times 1 = 2$$

a 对 e 的影响属于单路径依赖，比较容易求得，但这并不是我们关注的重点。因为在神经网络中，神经元对神经元的连接，阡陌纵横，其影响也是通过多路径交织在一起的。

下面，我们在图 10-10 中研究一下 b 对 e 的影响，就能较好地理解这一工作机理了。显然，b 对 e 的影响，也是一个偏导数的关系：

$$\frac{\partial e}{\partial b} = \frac{\partial cd}{\partial b} = d\frac{\partial c}{\partial b} + c\frac{\partial d}{\partial b}$$
$$= d \times 1 + c \times 1$$
$$= 2 \times 1 + 3 \times 1$$
$$= 5$$

从图 10-10 中可以看出，b 对 e 的影响，其实是"兵分两路"：（1）b 影响 c，然后通过 c 影响 e；（2）b 影响 d，然后通过 d 影响 e。这就是多维变量链式法则的"路径加和"原则。简单来说，这种求导方法可总结为：**同一条路径上所有边相乘，然后将最终所有抵达的路径加和。**

这个原则看起来很简单明了，但其实蕴藏着巨大代价。这是因为，当网络结构庞大时，这样的路径加和原则很容易产生组合爆炸问题。例如，如图 10-11 所示的有向图，如果 X 到 Y 有三条路径（即 X 分别以 α、β 和 χ 的比率影响 Y），Y 到 Z 也有三条路径（Y 分别以 δ、ε 和 ξ 的比率影响 Z）。

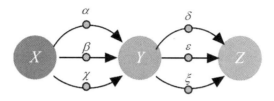

图 10-11　路径加和规则演示

于是，很容易根据路径加和原则得到 X 对 Z 的偏导数：

$$\frac{\partial Z}{\partial X} = (\alpha\delta + \alpha\varepsilon + \alpha\xi) + \\ (\beta\delta + \beta\varepsilon + \beta\xi) + \\ (\chi\delta + \chi\varepsilon + \chi\xi) \tag{10-4}$$

前文用到的求偏导数方法，称之为**"前向模式微分（Forward-mode Differentiation）"**，如图 10-12（a）所示。好在这个网络简单，即使 X 到 Z 的每一个路径都被遍历一遍，总共才有 $3 \times 3 = 9$ 条路径，但一旦网络的规模上去了，这种前向模式微分，就会让求导计算的次数和神经元个数的平方成正比。这个 n^2（n 为神经元个数）计算量就可能成为机器"难以承受的计算之重"。

有道是"东方不亮西方亮"。为了避免这种海量求导模式，数学家们另辟蹊径，提出了一种**"反向模式微分（Reverse-mode Differentiation）"**。取代公式（10-4）的那种简易的表达方式，我们用公式（10-5）的表达方式来求 X 对 Z 的偏导：

$$\frac{\partial Z}{\partial X} = (\alpha + \beta + \chi)(\delta + \varepsilon + \xi) \tag{10-5}$$

或许你会不屑一顾，把公式（10-4）恒等变换为公式（10-5），这有什么难的？它有什么用呢？

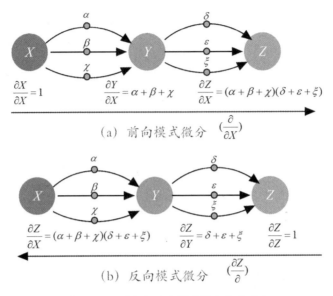

图 10-12 前向与反向模式微分方法对比

别急,这背后大有玄机,且听我慢慢道来。

前文提到的前向模式微分方法,的确就是我们通常在高等数学课堂上学习的求导方式。在这种求导模式中,强调的是某一个输入(比如 X)对某一个节点(如神经元)的影响。因此,在求导过程中,偏导数的分子部分,根据不同的节点总是不断变化,而分母则锁定为偏导变量"∂X",保持不变(观察图 10-12(a))。

相比而言,反向模式微分方法则有很大不同。首先在求导方向上,它是从输出端(output)到输入端(input)反向进行求导。其次,在求导方法上,它不再是对每一条路径加权相乘然后求和,而是针对节点采纳"合并同类路径"和"分阶段求解"的策略。

拿 10-12(b)所示的例子来说,先求 Z 节点对 Z 节点的影响,即求 Z 相对于 Z 的偏导:

$$\frac{\partial Z}{\partial Z} = 1$$

这个步骤看起来没有意义,但对于算法而言,它是规范化的起点,相当于算法的初始值,值得给出。

然后,求 Y 节点对 Z 节点的影响,即求 Z 相对于 Y 的偏导:

$$\frac{\partial Z}{\partial Y} = \frac{\partial Z}{\partial Y} \frac{\partial Z}{\partial Z} = (\delta + \varepsilon + \xi) \cdot 1$$

再求节点 X 对节点 Z 的影响，即求 Z 相对于 X 的偏导：

$$\frac{\partial Z}{\partial X} = \frac{\partial Y}{\partial X}\frac{\partial Z}{\partial Y}\frac{\partial Z}{\partial Z} = (\alpha + \beta + \chi) \cdot (\delta + \varepsilon + \xi) \cdot 1$$

在上述求导过程中，我们利用乘法规则来求 X 对 Z 的影响 $(\alpha+\beta+\chi)(\delta+\varepsilon+\xi)$。观察等号（=）最左端可发现，在求导形式上，偏导数的分子部分（比如说 ∂Z 节点）不变，而分母部分总是随着节点不同而变化，即 $\frac{\partial Z}{\partial}$。

还有一个值得注意的细节是，假设 X、Y 和 Z 代表的是不同网络的单元，当用后向模式求导时，求后一层单元的导数，它需要利用前面一层的求导结果，而前面层的求导值已经得到，是现成的，这就大大节省了计算成本！

下面再用图 10-10 所示的原始例子，对比二者的求导过程，这能帮助你进一步理解其中的差异。为方便理解，我们将图 10-10 重新绘制为图 10-13 所示的样子。

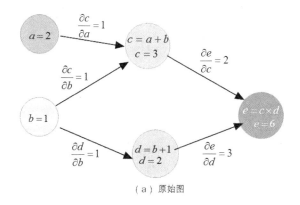

（a）原始图

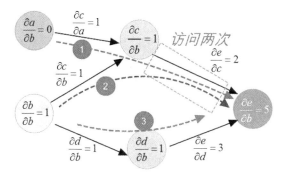

（b）前向模式微分

图 10-13　前向模式微分方法

下面，我们使用前向模式微分方法，以求变量 b 偏导数的流程，来说明这种方法的求导过程。根据加法规则，对于求偏导值 $\dfrac{\partial e}{\partial b}$ 的步骤可以分两步走：（1）求得所有输入（包括 a 和 b）到终点 e 的每条路径上的偏导值乘积；（2）对所有路径的导数值进行加和操作。

从图 10-13 中可看出，对于两个输入 a 和 b，它们共有 3 条路径抵达终点 e（分别计为❶、❷和❸）。

对于第❶条路径而言，输入 b 对 e 的影响为：

$$\frac{\partial e}{\partial b} == 0 \times 1 \times 1 \times 2 = 0$$

对于第❷条路径而言，输入 b 对 e 的影响为：

$$\frac{\partial e}{\partial b} = 1 \times 1 \times 1 \times 2 = 2$$

对于第❸条路径而言，输入 b 对 e 的影响为：

$$\frac{\partial e}{\partial b} = 1 \times 1 \times 1 \times 3 = 3$$

所以在整体上，输入 b 从三条路径上对 e 施加的影响为：0+2+3=5.

或许读者已经注意到了，有些路径已经被冗余遍历了，比如在图 10-13 中，a→c→e（第❶条路）和 b→c→e（第❷条路）就都走了路径 c→e。

此外，对于求 $\dfrac{\partial e}{\partial a}$，上述三条路径，它们同样还是"一个都不能少"地走一遍，这到底得有多少冗余啊！

这种冗余，对于简单的网络而言可能无关紧要。但对于互联"阡陌纵横"、神经元个数动辄数百万甚至上亿级别的深度学习模型来说，带来的额外计算量，计算机往往是难以承受的。

可能你会产生疑问，对于 $\dfrac{\partial e}{\partial b}$，第❶条路径明明可以不走的呀？这种明智，是对人的观察而言的，且是对于简单网络而言的。因为，如果网络极其复杂，人们可能就没法识别其中的路径冗余了。

此外，对于计算机而言，相对于整体操作的规范化批量操作，局部操作的优化顶多算得上"雕虫小技"，其优势可忽略不计。有过大规模并行编程经验的读者，对这一点可能会有更深的认知。

然而，同样是利用链式法则，反向模式微分方法就非常机智地避开了这种冗余（下面即将讲到的 BP 算法，就是这么做的，因此才有其优势）。在这种方法中，它能做到对于每一条路径只遍历一次，这是何等的高效！下面我们来看看它是如何工作的。

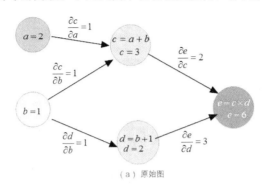

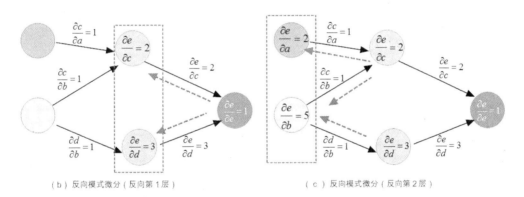

图 10-14　反向模式微分方法

相比于前向模式微分法正向遍历每一条可能的路径，反向模式微分法逐层分阶段求导，然后汇集合并同类路径。

以图 10-14（b）为例，在反向求导的第 1 层，对于节点 c 有：

$$\frac{\partial e}{\partial c} = \frac{\partial (c \times d)}{\partial c} = d = 2$$

类似的，对于节点 d 有：

$$\frac{\partial e}{\partial d} = \frac{\partial (c \times d)}{\partial d} = c = 3$$

在阶段性地求解完第 1 层的导数之后，开始求解第二层神经元变量的偏导。以图 10-14(c)

为例，在反向第 2 层，对于节点 a 有如图 10-15（Ⅰ）所示的求导模式。

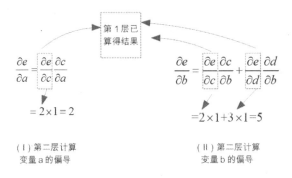

图 10-15　反向模式微分方法的推演

特别需要注意的是，图 10-15（Ⅰ）所示的表达式 $\frac{\partial e}{\partial c}\frac{\partial c}{\partial a}$ 中左部的 $\frac{\partial e}{\partial c}$，已经在第 1 层求解过了，并存储在神经元 c 中。此时，我们采用"拿来主义"，拿来就能用！这是反向模式微分的精华所在！

类似的，在反向求导第 2 层，对于节点 b，由于它汇集"两路兵马"的影响，所以需要合并同类路径，有如图 10-15（Ⅱ）所示结果。

这样一来，如图 10-15 所示的反向模式微分方法，仅仅对每个路径遍历一次（更确切地说，每个神经元只访问一次），就可以求得所有输出（如 e 节点）对输入（如 a 或 b 节点）的偏导，干净利落，没有冗余！

在前面的章节中，我们提到，"BP 算法把网络权值纠错的运算量，从原来的与神经元数目的平方成正比，下降到只和神经元数目本身成正比。"其功劳，正是得益于这个反向模式微分方法节省的计算冗余！

10.4　误差反向传播

有了前面的链式求导的知识做铺垫，下面我们开始讲解 BP 算法的反向传播部分。反向传播算法，在本质上，就是链式求导法则的应用。然而，这个如此简单且显而易见的方法，却是在康奈尔大学心理学教授弗兰克·罗森布拉特（Frank Rosenblatt）提出感知机算法（1958 年）近三十年之后才被应用和普及。对此，深度学习大家约书亚·本吉奥（Yoshua Bengio）是这样评价的："现在很多看似显而易见的想法，只有在事后才变得如此显而易见。"

本节内容参考了卡耐基梅隆大学汤姆·米切尔（Tom Mitchell）教授的经典著作《机器学习》[3]和人工智能专家米洛斯拉夫·库巴特（Miroslav Kubat）的《机器学习导论》[4]。下面将给出 BP 算法的详细公式推导，对公式不感兴趣的读者，在第一遍阅读时，可直接跳到图文解释部分（10.4.4 节），等有了一定的感性认识后，再来阅读这部分公式的推演会有更深的理解。

10.4.1 基于随机梯度下降的 BP 算法

在 BP 算法的反向传播过程中，利用了前面章节讲解过的随机梯度下降（SGD）策略。具体来说，对于样例 d，如果它的预期输出（即教师信号）和实际输出之间存在"误差" E_d，BP 算法利用这个误差信号 E_d 的梯度修改权值。假设权值 w_{ji} 的校正幅度为 Δw_{ji}（需要说明的是，w_{ji} 和 w_{ij} 是同一个权值，表示的都是神经元 j 的第 i 个输入神经元之间的连接权值，这里之所以把下标 "j" 置于 "i" 之前，仅仅想表示这是一个反方向更新的过程）。其实，在前一章的讲解中，我们已经给出了 SGD 算法的误差评估函数（亦称之为损失函数）：

$$E_d(\vec{w}) = \frac{1}{2}(t_d - o_d)^2 \tag{10-6}$$

对于权值 w_{ji}，针对其损失函数 $E_d(\vec{w})$，它的梯度可表示为 $\frac{\partial E_d}{\partial w_{ji}}$，而对应的梯度递减，即它的反方向可表示为 $-\frac{\partial E_d}{\partial w_{ji}}$，但倘若以此幅度调节 Δw_{ji}，可能会因为"步子大了"而错失极小值。因此，通常会在这个幅度上加一个步子权重 $\eta \in (0,1]$ 来调节 Δw_{ji} 的幅度，它是一个超参数，即是由人来设定的，而非学习得到，可视为一个常数。综合起来，Δw_{ji} 权值的更新幅度为：

$$\Delta w_{ji} = -\eta \frac{\partial E_d}{\partial w_{ji}} \tag{10-7}$$

因此，对于 w_{ji} 的权值更新法则为：

$$w_{ji} \leftarrow w_{ji} + \Delta w_{ji} = w_{ji} - \eta \frac{\partial E_d}{\partial w_{ji}} \tag{10-8}$$

在公式（10-8）中，箭头（←）右端的 w_{ji} 表示"老的"权值，而箭头左边的 w_{ji} 表示更新后的权值，公式的核心所在，就是要求得梯度 $\frac{\partial E_d}{\partial w_{ji}}$，以便在梯度下降规则中方便使用它。

如前所述，E_d 表示的是训练集中第 d 个样例的误差。公式（10-6）描述的情况是输出层只有一个变量。如果输出层变量不止一个（比如说多分类），则可用输出向量表示，那么 E_d 可更全面地表示为公式（10-9）：

$$E_d(\vec{w}) = \frac{1}{2} \sum_{k \in outputs} (t_k - o_k)^2 \qquad (10\text{-}9)$$

当 $k = 1$ 时，模型就"退化"为公式（10-6），因此，公式（10-6）可视为公式（10-9）的特例。其中：

t_k 表示的是神经元 k 的目标输出值（可视为一个教师信号）。

o_k 表示的是神经元 k 的实际输出值（即模型的实际预测值）。

outputs 表示的是输出层神经元集合（其数量等于输出神经元的个数）。

首先，我们注意到，权值 w_{ji} 仅存在于神经元 i 和神经元 j 之间，它只能通过 net_j 影响其他相连的神经元，如图 10-16 所示。

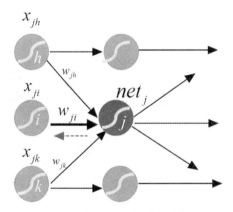

图 10-16　神经元权值的影响范围

这里，net_j 是神经元 j 的外部输入加权之和，可以表述为公式（10-10）：

$$net_j = \vec{w_j} \cdot \vec{x_j} = \sum_i w_{ji} x_{ji} \qquad (10\text{-}10)$$

其中，x_{ji} 表示的是神经元 j 的第 i 个输入，w_{ji} 是对应的权值。具体到图 10-16 所示的例子，有：

$$net_j = x_{jh} w_{jh} + x_{ji} w_{ji} + x_{jk} w_{jk} \qquad (10\text{-}11)$$

此外，E_d 是 net_j 的函数，而 net_j 又是 w_{ji} 的函数。因此，根据链式求导法则有：

$$\frac{\partial E_d}{\partial w_{ji}} = \frac{\partial E_d}{\partial net_j} \frac{\partial net_j}{\partial w_{ji}}$$

$$= \frac{\partial E_d}{\partial net_j} \frac{\partial (x_{jh}w_{jh}+...+x_{ji}w_{ji}+...+x_{jk}w_{jk})}{\partial w_{ji}} \quad (10\text{-}12)$$

$$= \frac{\partial E_d}{\partial net_j} x_{ji}$$

很显然，在公式（10-12）中，net_j 对 w_{ji} 求偏导时，与 w_{ji} 没有关联的变量，都可视为常数而被"过滤"掉（因为求其偏导等于零），最后只留下 w_{ji} 的系数 x_{ji}。

需要注意的是，这里的 x_{ji} 是统称。实际上，在反向传播过程中，它可视为神经元 j 的"前驱"，在经历输出层、隐含层和输入层时，它的标记可能有所不同。

下面的任务就是，需要推导出一个便于计算的 $\frac{\partial E_d}{\partial net_j}$ 表达式。$\frac{\partial E_d}{\partial net_j}$ 的物理含义在于，神经元 j 加权输入——net_j 变化一点，误差 E_d 变化有多少。事实上，神经元 j 所处的位置不同（在输出层还是在隐含层），对 E_d 的影响也不同，至少表达形式不同，所以下面我们分别给出不同的求导表达式。

10.4.2　输出层神经元的权值训练

首先，假设神经元 j 处于输出层，为了区分，我们干脆给它重新取一个新的名称 o_j，如图 10-17 所示。

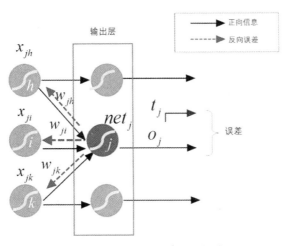

图 10-17　输出层的神经元权值

在这种情形下，net_j 已经属于"强弩之末"了，它只能通过节点 j 的输出来影响 o_j，进而影响 E_d，也就是说，E_d 是关于 o_j 的函数，而 o_j 又是 net_j 的函数。因此，我们再次利用链式求导法，有：

$$\frac{\partial E_d}{\partial net_j} = \frac{\partial E_d}{\partial o_j}\frac{\partial o_j}{\partial net_j} \tag{10-13}$$

首先，我们分析公式（10-13）等号（=）右侧的第一项：

$$\frac{\partial E_d}{\partial o_j} = \frac{\partial}{\partial o_j}\frac{1}{2}\sum_{k \in outputs}(t_k - o_k)^2 \tag{10-14}$$

在公式（10-14）中，虽然求和符号 Σ 里看似有一堆烦琐的数据，但和 o_j 相关的部分只有一处，即当 $k = j$ 时有关联。因此，这些无关部分对 o_j 求偏导，都可将它们视为常数，等于 0。所以公式（10-14）又可以简化为：

$$\begin{aligned}\frac{\partial E_d}{\partial o_j} &= \frac{\partial}{\partial o_j}\frac{1}{2}(t_j - o_j)^2 \\ &= \frac{1}{2} \times 2(t_j - o_j)\frac{\partial}{\partial o_j}(t_j - o_j) \\ &= -(t_j - o_j)\end{aligned} \tag{10-15}$$

现在，我们再回去考虑公式（10-13）等号（=）右侧的第二项。由于神经元 j 的加权汇总之和是 net_j，它最终还需要通过激活函数 σ "加工处理"后，向外展现自己的输出，也就是说，$o_j = \sigma(net_j)$。所以，结合公式（10-15），公式（10-13）可表示为：

$$\begin{aligned}\frac{\partial E_d}{\partial net_j} &= -(t_j - o_j)\frac{\partial o_j}{\partial net_j} \\ &= -(t_j - o_j)\sigma(net_j)'\end{aligned} \tag{10-16}$$

在输出层，公式（10-16）是通用公式。需要注意的是，如果采用不同的激活函数，那么公式（10-16）将有不同的最终表现形式。

为了方便后面公式的表达，我们约定神经元 j 的输入加权之和 net_j，相对于误差 E_d 的梯度递减，用来描述神经元的纠偏"责任"，记做 δ_j，有：

$$\delta_j = -\frac{\partial E_d}{\partial net_j} \tag{10-17}$$

因此，结合公式（10-16），公式（10-17）可表示为：

$$\delta_j = -\frac{\partial E_d}{\partial net_j} = (t_j - o_j)\frac{\partial o_j}{\partial net_j} \\ = (t_j - o_j)\sigma(net_j)' \tag{10-18}$$

如果激活函数 σ 采用的是 Sigmoid 函数，那么对该函数的求导形式比较简单，参考公式（10-1），有：

$$\sigma(net_j)' = \frac{\partial o_j}{\partial net_j} = \frac{\partial \sigma(net_j)}{\partial net_j} \\ = \frac{\partial \text{sigmoid}(net_j)}{\partial net_j} \\ = \sigma(net_j)(1 - \sigma(net_j)) \\ = o_j(1 - o_j) \tag{10-19}$$

以公式（10-15）和公式（10-19）做支撑，将它们分别带入公式（10-13），有：

$$\frac{\partial E_d}{\partial net_j} = -(t_j - o_j)o_j(1 - o_j) \tag{10-20}$$

最后，再结合公式（10-7）和公式（10-12），便可给出输出单元的随机梯度下降法则：

$$\Delta w_{ji} = -\eta \frac{\partial E_d}{\partial w_{ji}} \\ = -\eta \frac{\partial E_d}{\partial net_j} x_{ji} \\ = \eta(t_j - o_j)o_j(1 - o_j)x_{ji} \\ = \eta o_j(1 - o_j)e_j x_{ji} \tag{10-21}$$

在公式（10-21）中，$(t_j - o_j)$ 是第 j 个目标期望值与实际预测值的差异程度，记作 e_j。这个差值被乘以一个系数 $o_j(1 - o_j)$，即 Sigmoid 函数的导数。注意，Sigmoid 函数的值域是 [0, 1]，所以 $o_j(1 - o_j)$ 的值总是非负数。这个系数在 $o_j = 0$ 或 $o_j = 1$ 时，达到最小值（此时 $\Delta w_{ji} = 0$，表明权值无须再更新），这可视为对样本 d 是否归属于第 j 类表达了"最强硬的判定"。而当 $o_j = 0.5$

时，$o_j(1-o_j)$ 达到最大值，在这种情况下，可视为中立的判定意见，对归类不置可否，此时 Δw_{ji} 调整幅度反而最大。

于是，结合公式（10-17）的简记符号，输出单元的随机梯度递减的幅度 Δw_{ji}，公式（10-21）可简记为：

$$\Delta w_{ji} = \eta \delta_j^{(1)} x_{ji} \tag{10-22}$$

这里，$\delta_j^{(1)}$ 的上标（1）的含义是，它表示第 1 类（即在输出层）神经元的"责任"。如果上标为（2），表示的是第 2 类（即在隐含层）神经元的"责任"，详见下面的描述。

10.4.3 隐含层神经元的权值训练

我们下面的核心任务是推导出在隐含层的 $\dfrac{\partial E_d}{\partial net_j}$ 表达式。为了表述方便，我们首先约定部分符号的表述方式。对于隐含层的任意神经元 j 来说，将与其相连的所有直接下游单元记作 $Downstream(j)$，如图 10-18 所示（为了清晰起见，我们仅画出部分神经元之间的连接）。对于全连接网络而言，处于第 n 层的神经元 j，它的 $Downstream(j)$ 就是下一层（$n+1$ 层）的所有神经元。例如，在图 10-18 中，神经元 j 的直接下游单元就是 h、k 和 i。

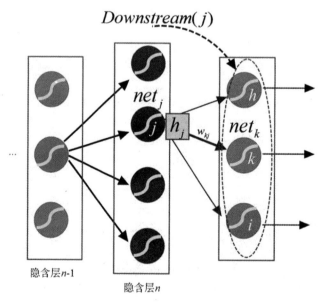

图 10-18　与隐含层神经元 j 相连的所有直接下游单元

观察图 10-18 可以发现，神经元 j 的加权输入 net_j 在激活函数 σ 的作用下输出，其输出用 h_j 表示。之所以启用符号 h_j，就是为了区分输出层神经元的标记 o_j（在本质上，二者是一致的，都是某个神经元的输出）。

h_j 通过影响 $Downstream(j)$ 集合中的神经元来影响整个网络，进而影响整个网络的误差 E_d。类似于 net_j 的定义，设 net_k 是 $Downstream(j)$ 直接下游节点 k 的加权输入。需要说明的是，在图 10-18 中，为了简化起见，仅仅画出 net_k 的一条输入（$j \to k$），而实际上，它的输入有多条。

由于 E_d 是 net_k 的函数，而 net_k 又是 net_j 的函数。因此利用链式求导法则，有：

$$\frac{\partial E_d}{\partial net_j} = \sum_{k \in Downstream(j)} \frac{\partial E_d}{\partial net_k} \frac{\partial net_k}{\partial net_j} \tag{10-23}$$

遵循公式（10-17）的符号简记，公式（10-23）可简化为：

$$\begin{aligned}\frac{\partial E_d}{\partial net_j} &= \sum_{k \in Downstream(j)} -\delta_k \frac{\partial net_k}{\partial net_j} \\ &= \sum_{k \in Downstream(j)} -\delta_k \frac{\partial net_k}{\partial h_j} \frac{\partial h_j}{\partial net_j}\end{aligned} \tag{10-24}$$

类似于公式（10-11）的描述，对于 net_k 而言，$h_j w_{kj}$ 仅仅是它加权输入的一个线性单元部分。因此，net_k 相对于 h_j 的偏导容易求得，因为其他分量相对于 h_j 而言，可视为常量（即偏导为零），故此有：

$$\frac{\partial net_k}{\partial h_j} = \frac{\partial(\ldots + h_j w_{kj} + \ldots)}{\partial h_j} = w_{kj} \tag{10-25}$$

将公式（10-25）带入公式（10-24），有：

$$\frac{\partial E_d}{\partial net_j} = \sum_{k \in Downstream(j)} -\delta_k w_{kj} \frac{\partial h_j}{\partial net_j} \tag{10-26}$$

需要注意的是，h_j 是激活函数下的输出，而对于神经元 j 而言，激活函数是关于 net_j 的函数。也就是说，$\frac{\partial h_j}{\partial net_j}$ 实际上是激活函数的偏导数。类似于公式（10-16）描述的求导方式，公式（10-26）可改写为：

$$\frac{\partial E_d}{\partial net_j} = \sum_{k \in Downstream(j)} -\delta_k w_{kj} \sigma(net_j)'$$
$$= -\sigma(net_j)' \sum_{k \in Downstream(j)} \delta_k w_{kj} \qquad (10\text{-}27)$$

参考公式（10-17）的标记，我们把隐含层神经元 j 的纠偏"责任"也标记为 $\delta_j = -\frac{\partial E_d}{\partial net_j}$。将其带入公式（10-27）可得：

$$\delta_j = -\frac{\partial E_d}{\partial net_j} = -\sigma(net_j)' \sum_{k \in Downstream(j)} \delta_k w_{kj} \qquad (10\text{-}28)$$

由于神经元 k 是神经元 j 的下游，其实也可以把神经元 k 看作神经元 j 的输出，这样一来，δ_k 可被看作输出层的纠偏责任。请注意，这里的"输出层"是相对于神经元 j 而言的，而非整个网络的输出层。又因为误差是反向传播的，等到更新神经元 j 的权值时，神经元 k 所在的层，其权值等参数其实已计算得到。

遵循我们前面提及的标记，输出层的纠错责任记作 $\delta^{(1)}$，隐含层的纠偏责任记作 $\delta^{(2)}$，所以公式（10-28）可记作：

$$\delta_j^{(2)} = -\frac{\partial E_d}{\partial net_j} = \sigma(net_j)' \sum_{k \in Downstream(j)} \delta_k^{(1)} w_{kj} \qquad (10\text{-}29)$$

之所以利用上标（1）或（2）来标记，还有一层含义，那就是从误差的反向传播角度来看，后面一层（也就是标记为（2）的一层）的纠偏责任（即更新权值），依赖于前一层（也就是标记为（1）的一层）的计算，这就是一个层层递进的关系。隐含层神经元的纠偏职责，是通过计算反向传播过程中前一步中得到的神经元"责任"来实现的。这就是误差的反向传播。

需要注意的是，这里每层神经元的"责任"，或者更为确切地说是"纠偏责任"，应用的就是前文介绍过的"分阶段求解"策略。而 $\sum_{k \in Downstream(j)} \delta_k^{(1)} w_{kj}$ 实现的就是前文提及的"合并同类路径"。

公式（10-29）就是求解隐含层梯度的通用公式。假设激活函数依然选择的是 Sigmoid 函数，参考公式（10-1）所示的 Sigmoid 的求导法则，有：

$$\begin{aligned}\sigma(net_j)' &= \frac{\partial h_j}{\partial net_j} \\ &= \frac{\partial \text{sigmod}(net_j)}{\partial net_j} \\ &= \text{sigmod}(net_j)(1-\text{sigmod}(net_j)) \\ &= h_j(1-h_j)\end{aligned} \quad (10\text{-}30)$$

结合前面公式的推演，在特定激活函数 Sigmoid 作用下，公式（10-29）最终可表述为：

$$\frac{\partial E_d}{\partial net_j} = -h_j(1-h_j)\sum_{k\in Downstream(j)}\delta_k w_{kj} \quad (10\text{-}31)$$

在明确了各个神经元"纠偏"的职责之后，下面就可以依据类似感知机学习，通过如下加法法则更新权值。

参考公式（10-22），对于输出层神经元，权值更新法则有：

$$w_{ji}^{(1)} \leftarrow w_{ji}^{(1)} + \Delta w_{ji}^{(1)} = w_{ji}^{(1)} + \eta\delta_i^{(1)}o_{ji} \quad (10\text{-}32)$$

类似的，对于隐含层神经元有：

$$w_{jk}^{(2)} \leftarrow w_{jk}^{(2)} + \Delta w_{jk}^{(2)} = w_{jk}^{(2)} + \eta\delta_j^{(2)}x_{jk} \quad (10\text{-}33)$$

在这里，箭头"←"表示赋值方向，在其右边为旧值，而左边则为更新后的新值。$\eta\in(0,1)$ 表示学习率。在实际操作过程中，为了防止错过极值，η 通常取小于 0.1 的值。x_{jk} 表示的是神经元 j 的第 k 个下游单元。

上面的公式依然比较抽象，难以理解。下面我们还是以前面的神经网络拓扑结构为例，用实际运算过程给予详细说明，以期望给读者一些感性的认识。

10.4.4　BP 算法的感性认知

现在让我们重回图 10-7 所示的前向传播运行场景。从上面的描述可知，针对输出层的神经元 3，它的实际输出值 o_1 为 0.65，而期望输出值 t_1 为 1，二者是存在"误差"的：$e_1 = t_1 - o_1 = 1 - 0.65 = 0.35$。

根据前文的约定，我们把神经元根据误差调参的责任记为 δ，那么，根据公式（10-8）和公式（10-20），神经元 3 的责任可表示为：

$$\delta_3^{(1)} = o_1(1-o_1)(t_1-o_1) = o_1(1-o_1)e_1$$

由此可以看到，"纠偏职责" $\delta_3^{(1)}$ 和它感知的误差 e_1 之间并不直接画等号，而是有一个系数 $o_1(1-o_1)$，由于激活函数通常采用 Sigmoid，它的输出值域在（0,1），这个系数 $o_1(1-o_1)$ 有两个特征：（1）它的值一定为正，也就是说神经元的误差纠偏"元元有责"；（2）这个系数的大小也是在（0,1）之间，这表明纠偏责任是"有限责任"。因此，可将该系数简单地理解为"责任分摊"系数。

从上面的分析可知，对于处于输出层的神经元 3 而言，我们很容易计算出它的"纠偏责任" $\delta_3^{(1)}$ 的值，示意图如 10-19 所示：

$$\begin{aligned}\delta_3^{(1)} &= o_1(1-o_1)e_1 = o_1(1-o_1)(t_1-o_1)\\ &= 0.65\times(1-0.65)(1-0.65)\\ &= 0.0796\end{aligned}$$

于是，就此可反向更新 $w_{31}^{(1)}$ 的权值为：

$$\begin{aligned}w_{31}^{(1)} &= w_{31}^{(1)} + \eta\Delta w_{31}^{(1)}\\ &= w_{31}^{(1)} + \eta\delta_3^{(1)}h_1\\ &= 1 + 0.1\times 0.0796\times 0.12\\ &= 1.00096\end{aligned}$$

在图 10-19 中，$h_1 = f_1$ 为前向传播时计算出来的神经元 1 的输出（之所以用 h_i 代替 f_i，主要是标识在反向传播及在前面的公式推演过程中，该变量为已知参数）。η 为学习率，此处取值为 0.1。

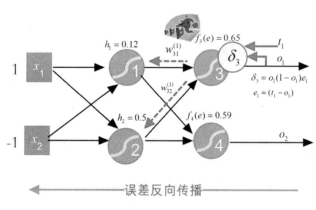

图 10-19 误差反向传播计算神经元 3 的"责任"

类似的，我们可以反向更新 $w_{32}^{(1)}$ 的权值：

$$\begin{aligned}
w_{32}^{(1)} &= w_{32}^{(1)} + \eta \Delta w_{32}^{(1)} \\
&= w_{32}^{(1)} + \eta \delta_3^{(1)} h_2 \\
&= 1 + 0.1 \times 0.0796 \times 0.5 \\
&= 1.00398
\end{aligned}$$

同样的操作，可以计算出神经元 4 的"纠偏责任" $\delta_4^{(1)}$，如图 10-20 所示。

$$\begin{aligned}
\delta_4^{(1)} &= o_2(1-o_2)e_2 = o_2(1-o_2)(t_2-o_2) \\
&= 0.59 \times (1-0.59)(0-0.59) \\
&= -0.1427
\end{aligned}$$

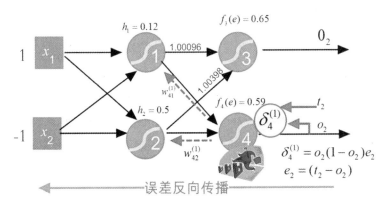

图 10-20　误差反向传播计算神经元 4 的"责任"

从而可以反向更新 $w_{41}^{(1)}$ 的权值：

$$\begin{aligned}
w_{41}^{(1)} &= w_{41}^{(1)} + \eta \Delta w_{41}^{(1)} \\
&= w_{41}^{(1)} + \eta \delta_4^{(1)} h_1 \\
&= -1 + 0.1 \times (-0.1427) \times 0.12 \\
&= -1.0017
\end{aligned}$$

同样，也可以反向更新 $w_{42}^{(1)}$ 的权值：

$$\begin{aligned}
w_{42}^{(1)} &= w_{42}^{(1)} + \eta \Delta w_{42}^{(1)} \\
&= w_{42}^{(1)} + \eta \delta_4^{(1)} h_2 \\
&= 1 + 0.1 \times (-0.1427) \times 0.5 \\
&= 0.9929
\end{aligned}$$

这里，$h_2 = f_2$ 为前向传播时计算出来的神经元 2 的输出。在反向更新完输出层的权值后，下面我们开始反向更新隐含层的网络权值，示意图如图 10-21 所示。

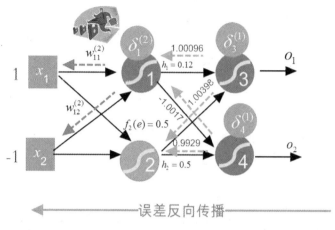

图 10-21 误差反向传播计算神经元 1 的责任

如果我们把反向传播误差的职责（即 δ_j）也看作一种特殊信息的话，那么在隐含层的每个神经元都会有一个加权和影响，记为 Δ_j。实际上，这里的 Δ_j 就是前文提到的 $Downstream(j)$ 加权求和，即公式（10-27）所示的 Σ 部分，其实也就是"合并同类路径"。

对于隐含层神经元 1，则有：

$$\Delta_1 = \delta_3^{(1)} w_{31}^{(1)} + \delta_4^{(1)} w_{41}^{(1)} = 0.0796 \times 1 + (-0.1427) \times (-1) = 0.2223$$

有了这个加权之和，我们就可以很容易地计算出神经元 1 承担的责任 $\delta_1^{(2)}$：

$$\delta_1^{(2)} = h_1(1-h_1)\Delta_1 = 0.12 \times (1-0.12) \times 0.2223 = -0.0235$$

在计算出计算神经元 1 承担的责任之后，就可以更新与神经元 1 相连的两个输入变量的权值（请读者注意，下面表达式中权值的第 2 个下标表示输入神经元的编号，如 w_{12} 表示隐含层神经元 1 到输入层神经元 x_2 之间的连接权值。下同）：

$$\begin{aligned} w_{11}^{(2)} &= w_{11}^{(2)} + \Delta w_{11}^{(2)} \\ &= w_{11}^{(2)} + \eta \delta_1^{(2)} x_1 \\ &= -1 + 0.1 \times (-0.0235) \times 1 \\ &= -1.0024 \end{aligned}$$

$$w_{12}^{(2)} = w_{12}^{(2)} + \Delta w_{12}^{(2)}$$
$$= w_{12}^{(2)} + \eta \delta_1^{(2)} x_2$$
$$= 1 + 0.1 \times (-0.0235) \times (-1)$$
$$= 1.0024$$

用类似的流程（示意图如图 10-22 所示）可以求得神经元 2 的累计加权影响 Δ_2，有：

$$\Delta_2 = \delta_3^{(1)} w_{32}^{(1)} + \delta_4^{(1)} w_{42}^{(1)} = 0.0796 \times 1 + (-0.1427) \times 1 = -0.0631$$

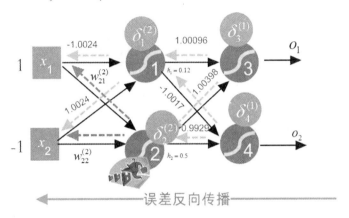

图 10-22　误差反向传播计算神经元 2 的责任

于是，可计算神经元 2 承担的责任 $\delta_2^{(2)}$：

$$\delta_2^{(2)} = h_2(1-h_2)\Delta_2 = 0.5 \times (1-0.5) \times (-0.0631) = 0.0158$$

同样，计算出神经元 2 承担的责任之后，我们就可以更新与神经元 2 相连的两个输入变量的权值：

$$w_{21}^{(2)} = w_{21}^{(2)} + \Delta w_{21}^{(2)}$$
$$= w_{21}^{(2)} + \eta \delta_2^{(2)} x_1$$
$$= 1 + 0.1 \times (0.0158) \times 1$$
$$= 1.0016$$

$$w_{22}^{(2)} = w_{22}^{(2)} + \Delta w_{22}^{(2)}$$
$$= w_{22}^{(2)} + \eta \delta_2^{(2)} x_2$$
$$= 1 + 0.1 \times (0.0158) \times (-1)$$
$$= 0.9984$$

从上面的推导过程可以看到，经过一轮误差逆传播，神经网络的权值前后确有不同。但由于学习率（即步长）很小（仅为 0.1），所以更新前后的权值变化并不大，如图 10-23 所示（注：括号内的值为原始权值）。

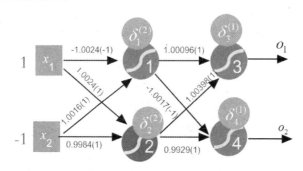

图 10-23　一轮 BP 算法之后前后权值的对比

如此一来，整个网络的权值就全部得以更新了。接下来，网络就可接受下一个训练集合中的样例继续训练了，直到输出层的误差小于预设的容忍度。

10.4.5　关于 BP 算法的补充说明

通过前文的理论推导和实际案例演示，我们大概知道了一个前馈全连接神经网络连接权值是如何得到的。关于 BP 算法，还有几点补充说明：

（1）神经网络是一个黑箱模型，之所以说它黑箱，是因为即使它能给出很好的输出结果，但为什么这么好，其实是缺乏解释性的。对于这个模型，权值就是模型的参数。作为机器学习的一个重要分支，**神经网络体现出来的"学习"特性，就表征在这些权值参数上**。

（2）除了权值参数，确定一个神经网络模型的参数还远不止这些，比如连接方式（除了前馈全连接，还可以有反馈式的，比如 RNN）、网络到底设计多少层、每层的神经元个数有多少等，这些参数可不是神经网络自己学习出来的，而是人为事先根据经验设置的。对于非学习的参数，称之为**超参数**，也可叫作神经网络的"元参数"。

（3）前面的理论推演和实际案例都是基于激活函数为 Sigmoid 函数的，如果激活函数不是这个，推演出来的更新计算公式会有所不同。之所以会使用 Sigmoid 函数，最重要的原因莫过于，它具有很好的求导特性，因此在学术讨论上，常常使用这个激活函数来说明问题。

然而，在实际应用中，这个函数的性能"难堪大用"。观察 Sigmoid 函数的图形就可以发现（参见图 10-24（a）），在很窄的自变量范围内，Sigmoid 的梯度（狭义讲，就是曲线的斜率）就趋近于零，也就是说，它很容易导致梯度弥散问题。[①]所以，在实际工程应用中，很少采用Sigmoid，反倒是Tanh函数用得更为广泛（图10-24（b））。后期人们研究发现，ReLU（修正线性单元）作为线性单元，在特别深的神经网络上具有更佳的性能（主要是其导数为常数，不存在梯度递减问题），因此它被广泛应用于深度学习项目中。这是后话，我们后面再细说。

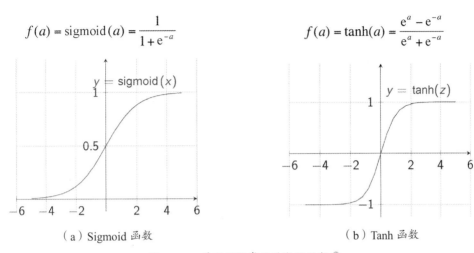

（a）Sigmoid 函数　　　　　　　　　（b）Tanh 函数

图 10-24　神经网络常用的激活函数 [②]

最后我想说的是，BP 算法在很多场合的确非常有用。集"BP 算法"之大成者，当属扬·勒丘恩（Yann LeCun）。1989 年，LeCun 等人就用 BP 算法在手写邮政编码识别上有着非常成功的应用[5]，训练好的系统，手写数字错误率只有 5%。LeCun 借此还申请了专利，开了公司，发了一笔小财。1998 年，LeCun 等人提出了卷积神经网络（CNN）[6]。由于其特殊的结构，这个网络在一些数据集上（如手写体数字识别）取得了极佳的效果，一时风光无限。但如前所述，BP 算法的缺点也很明显，在神经网络的层数增多时，很容易陷入局部最优解，亦容易过拟合。20世纪 90 年代，万普尼克（Vladimir Vapnik）提出了著名的支持向量机（Support Vector Machine，SVM）。虽然 SVM 是一个特殊的两层神经网络，但因该算法性能卓越，具有可解释性，且没有局部最优的问题，使得很多神经网络的研究者转向 SVM 的研究，从而导致多层前馈神经网络的研究逐渐受到冷落。

在发表 BP 算法之后的 30 年，2006 年，辛顿教授等人在有关"深度信念网"的经典论文中

[①] 根据 Sigmoid 函数输入与输出的映射特点，当输入的值变化时，输出会有很小的变化。又因为上一层的输出将作为后一层的输入，而输出经过 Sigmoid 后更新速率会逐步衰减，直到输出层变化基本为零。

[②] 需要注意的是，前文公式推导中的 e 表示误差（error），此处两个激活函数中的 e 表示自然常数，是一个约等于 2.718281 的无理数。

指出[7]，**深度信念网（DBN）**的组成元件就是受限玻尔兹曼机（Restricted Boltzmann Machines，RBM）。而 DBN 的构建其实是分两步走的：（1）单独"无监督"地训练每一层 RBM 网络，以确保特征向量在映射到不同特征空间时，能够尽可能多地保留特征信息；（2）在 DBN 的最后一层，设置 BP 网络，用以接收 RBM 的输出特征向量作为它的输入特征向量，然后"有监督"地训练实体关系分类器，从而对网络权值实施微调。

现在你看到了，BP 算法的影响力一直渗透到深度学习的骨子里！这就是我为什么在讲深度学习时，仍然绕不过 BP 算法的原因。

10.5 BP 算法实战详细解释

下面我们转入实战部分，详细讲解基于 Python 的反向传播算法实现，本节部分内容参考了参考资料[8]。

10.5.1 初始化网络

首先，让我们先搭建一个小型的网络，感性认知一下神经网络。在物理世界里，真实的生物神经元是具有长突起的细胞。神经网络是由神经元构成的，它们之间由树突（细胞体延伸出来的细长部分）连接而成。树突是接受从其他神经元传入信息的入口。树突接受上一个神经的轴突释放的化学物质（递质）使该神经产生电位差形成电流传递信息。

那在计算机世界中，具体来说，在代码层面是如何表现人工神经网络的呢？首先来说神经元，我们通过感知它的特征，来感知它的存在。一个人工神经元存在特征，就是它有若干有待更新的权值，这些权值可以用列表表示，也可以用字典表示。列表或字典中的不同权值，通过在特定规则（激活函数、BP 算法等）下更新，这种数值之间的相互作用（相互影响），可以被想象为神经元之间的连接。

在前面的章节中，我们已经提到，这个过程有点像哲学家笛卡儿的"我思故我在"。按照这个逻辑，如果换一个应用场景，这些列表也好、字典也罢，它们内部的值，代表的可能就是另一番景象。简单来说，意义是想象出来的，是人为赋予的。从这种意义上讲，古希腊哲学家普罗泰格拉（Protagoras）那句名言，"人是万物的尺度"，是有一定道理的。

好了，言归正传，现在我们接着讨论人工神经网络的具体实现。在网络中，每个神经元都有自己的职责，比如，它维护着输入神经元的权值以及自身的偏置（bias）的更新、计算自己的输出等。

在编程实现上，这里我们利用一个字典来描述一个神经元与其他神经元连接的权值，其中"weights"是字典的"key"，具体的权值是字典的"value"部分，value 部分用一个列表实现，里面有不同的值，表示的是该神经元与其他多个神经元之间的连接。如果某一层中有多个神经元，则用多个这样的字典表示。然后将不同层追加叠放在一起，用一个更大的列表来存放它们，这样就构成了一个神经网络的雏形。

实际上，输入层对应的就是训练集中某个具体实例。实例中的各个特征值，对应着不同的输入神经元。所以，第一个"真正"意义上的网络层，就是隐含层。最后，紧跟 n（$n \geq 1$）个隐含层之后的是输出层。对于监督学习而言，输出层神经元的个数，对应于分类的个数。

下面我们设计一个 initialize_network() 来创建一个小网络，它接受三个参数：输入神经元的数量（n_inputs）、隐含层神经元的个数（n_hidden），以及输出神经元的个数（n_outputs）。

对于一个只有一个隐含层（2个神经元）和输出层（2个神经元）的神经网络，它的初始化代码如范例 10-1 所示。

【范例 10-1】初始化神经元网络（initializeNet.py）

```
01  from random import seed
02  from random import random
03  # 初始化网络
04  def initialize_network(n_inputs, n_hidden, n_outputs):
05      network = list()
06      hidden_layer = [{'weights':[random() for i in range(n_inputs + 1)]} for
        i in range(n_hidden)]            // 初始化隐含层
07      network.append(hidden_layer)            // 将隐含层添加到网络中
08      output_layer = [{'weights':[random() for i in range(n_hidden + 1)]} for
        i in range(n_outputs)]           // 初始化输出层
09      network.append(output_layer)            // 将输出层添加到网络中
10      return network
11
12  if __name__ == '__main__':
13      seed(1)
14      network = initialize_network(2, 2, 2)
15      for layer in network:
16          print(layer)
```

【运行结果】

[{'weights': [0.13436424411240122, 0.8474337369372327, 0.763774618976614]},
{'weights': [0.2550690257394217, 0.49543508709194095, 0.4494910647887381]}]
[{'weights': [0.651592972722763, 0.7887233511355132, 0.0938595867742349]},
{'weights': [0.02834747652200631, 0.8357651039198697, 0.43276706790505337]}]

【代码分析】

以上输出的各个层的权值，就是神经网络的"存在性"表示。这里需要说明的是，对于隐含层和输出层的每一个神经元来说，如果它有 n 个输入，我们要给它预留 $n+1$ 个权值，多出来的 1 个是留给偏置的（可以把偏置视为输入值固定为 1 的哑元），以便批量统一处理（具体体现在第 06 和 08 行）。之所以对每个神经元多分配一个权值，主要是为偏置所用。

在这个神经网络中，虽然我们指定了输入层的维度是 2 个神经元（第 14 行），但这里仅仅演示了一个网络的初始化，暂时没有用到输入层。在随后的前向传播示例中，当使用了训练数据，自然也就会有输入层的表示。

在第 06 行，所谓的"隐含层"就是由不同的神经元构成的，而不同的神经元的存在，是通过它与其他神经元之间的连接权值体现出来的。在开始时，这些权值是随机的，所以用到了随机函数 random()，这里我们给予每个连接权值一个 0 到 1 的小随机数。

而所谓的神经网络的学习，主要体现在神经元之间的权值确定上，让"随机"的权值变得不随机，以让它们能最大程度地拟合训练数据，达到实际输出值与预期输出值之间的误差最小化的目的。

10.5.2 信息前向传播

网络构建好之后，下面我们要做的是让信号（训练数据的信息）前向传播。前向传播要做的第一步是，给定一系列输入，计算一个输出。这里的输入，实际上就是训练数据集合中的一行数据（每一行数据的特征个数，对应输入神经元个数）。对于隐含层而言，它的输入就是上一层的输出。

在前文中，我们把激活函数看作一个过程。实际上，它包括两个子过程：（1）求出输入的加权和，激活神经元；（2）在传递函数的作用下输出。为了使代码更加清晰可读，我们分别用两个函数表示各个部分。

首先，神经元激活函数就是计算输入的加权和，它在形式上非常像前面提到的线性规划，激活函数的设计如下所示：

```
01  def activate(weights, inputs):
02      activation = weights[-1]
03      for i in range(len(weights)-1):
04          activation += weights[i] * inputs[i]
05      return activation
```

这里需要注意的是第 02 行代码，它实际上的物理意义应该为：weights[-1]*1，这是什么意思呢？由于我们把偏置视为一个特殊的权值，它的输入可视为固定值 1，即 inputs[-1] = 1，这里 "-1" 表示倒数第一个数据。因此，weights[-1] 表示倒数第一个权值，即偏置，它作为加权和的初始值。第 03~04 行，以 weights[i] * inputs[i] 的模式计算加权。如果追求格式统一的话，可提前设置 inputs[-1] = 1，然后让偏置也参与 for 循环运算。

一旦神经元被激活，它的输出取决于传递函数的特性。因此，下面的工作就是设计传递函数。如前文所言，传递函数有多种，如 Sigmoid、Tanh 或 ReLU 等。为简单起见，我们还是选择传统的 Sigmoid，它的定义非常简单，如下所示：

```
01  def transfer_derivative(output):
02      output = 1 / (1+exp(-1.0 * output))
03      return output
```

前向传播的流程比较直观。下面，我们设计一个前向传播函数 forward_propagate()，它把原始数据的每一行作为一个输入，然后计算一次输出。我们利用一个数组 new_inputs，记录前一层的输出，然后让其作为下一层新的输入，如范例 10-2 所示。

【范例 10-2】BP 算法的前向传播（forward_propagate.py）

```
01  from math import exp
02  # 计算神经元的激活值（加权之和）
03  def activate(weights, inputs):
04      activation = weights[-1]
05      for i in range(len(weights)-1):
06          activation += weights[i] * inputs[i]
07      return activation
```

```
08
09   # 神经元的传递函数，此处使用 Sigmoid 函数
10   def transfer(activation):
11       return 1.0 / (1.0 + exp(-activation))
12
13   # 计算神经网络的正向传播
14   def forward_propagate(network, row):
15       inputs = row
16       for layer in network:
17           new_inputs = []
18           for neuron in layer:
19               activation = activate(neuron['weights'], inputs)
20               neuron['output'] = transfer(activation)
21               new_inputs.append(neuron['output'])
22           inputs = new_inputs
23       return inputs
24
25   if __name__ == '__main__':
26       # 测试正向传播
27       network = [[{'weights': [0.13436424411240122, 0.8474337369372327,
                   0.763774618976614]}, {'weights': [0.2550690257394217,
                   0.49543508709194095, 0.4494910647887381]}],
28                  [{'weights': [0.651592972722763, 0.7887233511355132,
                   0.0938595867742349]}, {'weights': [0.028347476522000631,
                   0.8357651039198697, 0.43276706790505337]}]]
29       row = [1, 0, None]
30       output = forward_propagate(network, row)
31       print(output)
```

【运行结果】

[0.7473771139195361, 0.733450902916955]

【代码分析】

这里首先需要说明的是，原本我们用字典这样的数据结构表示某个神经元，它的属性仅仅

包括权值，等需要计算输出时，需要添加它的另外一个属性"output"（第 20 行）。在 Python 中，为字典添加一个新属性，不需要提前声明，而是直接给出新的"key"（例如这里的"output"），然后赋值，即指定"value"（如激活函数输出值为 transfer(activation)）。

为了简化起见，我们并没有把范例 10-1 中的网络初始化部分的代码添加到此处。在代码第 27~28 行，我们直接用了范例 10-1 初始化的权值代表网络。实际上这两行代码是一行，之所以写成两行，主要是想表明它们是不同的网络层。前者代表隐含层，后者代表输出层。

代码第 29 行，表明这是一个样本，它有两个特征，代表输入层有两个神经元，它们的特征值分别是"1"和"0"，最后一个值为"None"，表示预期的输出值。由于本例主要示范前向传播过程，所以暂时用不上这个值。在后续的反向传播时，它就非常有用，因为它们将作为教师信号（即标签信息），衡量与实际输出的差异，即用来计算误差。

代码第 30 行，调用正向传播函数。第 31 行打印输出。

10.5.3 误差反向传播

在计算出网络的正向输出后，下面就该计算误差了。这里的误差是指预期输出（可视为一个常数）和前向传播的实际输出之间的差值。这个差值作为网络权值调控的信号，反向传递给各个隐含层，让其按照预定的规则更新权值。关于这个规则，前文已经给出了详细的推导，这里不再赘述。

反向传播过程中要用到传递函数的导数。如前文所言，当我们采用 Sigmoid 作为传递函数时，它的求导形式是非常简单的，如下所示：

```
01    def transfer_derivative (output):
02        return output * (1 - output)
```

下面我们根据前文介绍的反向传播过程，将一些公式表达的规则代码化，如范例 10-3 所示。

【范例 10-3】BP 算法的误差反向传播（bp-simple.py）

```
01    # 计算激活函数的导数
02    def transfer_derivative(output):
03        return output * (1.0 - output)
04
05    # 反向传播误差信息，并存储在神经元中
```

```python
06  def backward_propagate_error(network, expected):
07      for i in reversed(range(len(network))):
08          layer = network[i]
09          errors = list()
10          if i != len(network)-1:
11              for j in range(len(layer)):
12                  error = 0.0
13                  for neuron in network[i + 1]:
14                      error += (neuron['weights'][j] *neuron['responsibility'])
15                  errors.append(error)
16          else:
17              for j in range(len(layer)):
18                  neuron = layer[j]
19                  errors.append(expected[j] - neuron['output'])
20          for j in range(len(layer)):
21              neuron = layer[j]
22              neuron['responsibility'] = errors[j] * transfer_derivative(neuron['output'])
23  
24  if __name__ == '__main__':
25      # 测试反向传播
26      network = [[{'weights': [0.13436424411240122, 0.8474337369372327,
                    0.763774618976614], 'output': 0.7105668883115941},{'weights':
                    [0.2550690257394217, 0.49543508709194095,
                    0.4494910647887381], 'output': 0.6691980263750579}],
27              [{'weights': [0.651592972722763, 0.7887233511355132, 0.0938595867742349],
                    'output': 0.7473771139195361}, {'weights':
                    [0.02834747652200631, 0.8357651039198697,
                    0.43276706790505337], 'output': 0.733450902916955}]]
28      expected = [0, 1]
29      backward_propagate_error(network, expected)
30      for layer in network:
31          print(layer)
```

【运行结果】

```
[{'weights': [0.13436424411240122, 0.8474337369372327, 0.763774618976614],
'output': 0.7105668883115941, 'responsibility': -0.01860577502351945},
{'weights': [0.2550690257394217, 0.49543508709194095, 0.4494910647887381],
'output': 0.6691980263750579, 'responsibility': -0.014996444841496356}]
[{'weights': [0.651592972722763, 0.7887233511355132, 0.0938595867742349],
'output': 0.7473771139195361, 'responsibility': -0.14110820977007524},
{'weights': [0.02834747652200631, 0.8357651039198697, 0.43276706790505337],
'output': 0.733450902916955, 'responsibility': 0.05211052864753572}]
```

【代码分析】

类似于范例 10-2 的风格，为了代码的清晰，我们把范例 10-2 中的正向输出结果直接当作网络目前的一个状态（代码 26~27 行），拿来演示网络的反向传播。而第 28 行，直接给出预期的输出值，它和输出层的实际输出相减，即可计算出输出误差（第 17~19 行）。

利用这些误差和激活函数的导数，按照公式（10-18）计算出输出层纠偏的责任（responsibility）（第 22 行）。然后这些输出层的责任，反向传播到隐含层进行加工处理（第 07~15 行）。具体来说，在第 13~15 行计算每个神经元的"加权误差"，然后跳到（第 20~22 行），计算隐含层神经元的纠偏责任，这个过程，正是公式（10-28）的代码化表现。

从输出层到隐含层，每个神经元的纠偏责任也被存储在神经元中，体现在代码层面，就是在表示神经元的字典中添加了一个名为"responsibility"的 key，然后把具体的责任值作为该字段的"value"（见代码第 22 行）。

从输出结果可以看出，反向传播后，网络的权值并没有发生变化。这是因为为了简化网络的反向传播过程，我们并没有添加权值更新的操作。

权值的反向传播过程可以另行定义函数 update_weights( ) 来实现，在后面的训练网络中，我们会使用这个函数，并会给出详细实现。

```
01    def update_weights(network, row, l_rate):
02        for i in range(len(network)):
03            inputs = row[:-1]
04            if i != 0:
05                inputs = [neuron['output'] for neuron in network[i - 1]]
```

```
06              for neuron in network[i]:
07                  for j in range(len(inputs)):
08                      neuron['weights'][j] += l_rate * neuron['responsibility'] * inputs[j]
09                  neuron['weights'][-1] += l_rate * neuron['responsibility']
```

10.5.4 训练网络（解决异或问题）

"罗马不是一天建成的"，同样，神经网络的参数也不是一下子就能"练"成的。下面我们先介绍一个在神经网络中常用的专业词汇——周期（Epoch），它可能会在后面的章节中反复出现。

"周期"的含义是，利用训练数据集合中的所有样本，完整地完成一轮训练（包括向前传播和向后传播）。如果这一轮训练的结果达不到预期结果，再来一轮，也就是拿相同的训练集合再训练一遍。

我们可以自由选择训练网络的周期数。通常来说，周期数越多，神经网络的准确性就越高。当然，这样一来，网络的训练也需要更长的时间。还有一点需要注意——过犹不及，如果周期数太高，神经网络可能会对训练数据产生过拟合，从而对新数据的预测就没有那么准确，这就违背了我们设计神经网络的初心——对新数据实施预测，而不是在训练数据上"玩得欢"。

结合前面的分析，下面我们给出 BP 算法的全部代码（参见范例 10-4），这里包括权值更新函数 update_weights( )。训练的数据就是前面我们反复提及的"异或"真值表，然后我们用这个训练好的网络，来测试它的正确性。

【范例 10-4】利用 BP 算法训练神经网络（解决异或问题）

```
01  from math import exp
02  from random import seed
03  from random import random
04
05  # 初始化神经网络
06  def initialize_network(n_inputs, n_hidden, n_outputs):
07      network = list()
08      hidden_layer = [{'weights':[random() for i in range(n_inputs + 1)]} for
                       i in range(n_hidden)]
09      network.append(hidden_layer)
10      output_layer = [{'weights':[random() for i in range(n_hidden + 1)]} for
```

```
                              i in range(n_outputs)]
11      network.append(output_layer)
12      return network
13
14  # 计算神经元的激活值（加权之和）
15  def activate(weights, inputs):
16      activation = weights[-1]
17      for i in range(len(weights)-1):
18          activation += weights[i] * inputs[i]
19      return activation
20
21  # 定义激活函数
22  def transfer(activation):
23      return 1.0 / (1.0 + exp(-activation))
24
25  # 计算神经网络的正向传播
26  def forward_propagate(network, row):
27      inputs = row
28      for layer in network:
29          new_inputs = []
30          for neuron in layer:
31              activation = activate(neuron['weights'], inputs)
32              neuron['output'] = transfer(activation)
33              new_inputs.append(neuron['output'])
34          inputs = new_inputs
35      return inputs
36
37  # 计算激活函数的导数
38  def transfer_derivative(output):
39      return output * (1.0 - output)
40
41  # 反向传播误差信息，并将纠偏责任存储在神经元中
42  def backward_propagate_error(network, expected):
43      for i in reversed(range(len(network))):
```

```python
44              layer = network[i]
45              errors = list()
46              if i != len(network)-1:
47                  for j in range(len(layer)):
48                      error = 0.0
49                      for neuron in network[i + 1]:
50                          error += (neuron['weights'][j] * neuron['responsibility'])
51                      errors.append(error)
52              else:
53                  for j in range(len(layer)):
54                      neuron = layer[j]
55                      errors.append(expected[j] - neuron['output'])
56              for j in range(len(layer)):
57                  neuron = layer[j]
58                  neuron['responsibility'] = errors[j] * transfer_derivative(neuron ['output'] )

59  # 根据误差，更新网络权重
60  def update_weights(network, row, l_rate):
61      for i in range(len(network)):
62          inputs = row[:-1]
63          if i != 0:
64              inputs = [neuron['output'] for neuron in network[i - 1]]
65          for neuron in network[i]:
66              for j in range(len(inputs)):
67                  neuron['weights'][j] += l_rate * neuron['responsibility'] * inputs[j]
68              neuron['weights'][-1] += l_rate * neuron['responsibility']
69
70  # 根据指定的训练周期训练网络
71  def train_network(network, train, l_rate, n_epoch, n_outputs):
72      for epoch in range(n_epoch):
73          sum_error = 0
74          for row in train:
75              outputs = forward_propagate(network, row)
76              expected = [0 for i in range(n_outputs)]
```

```python
77                 expected[row[-1]] = 1
78                 sum_error += sum([(expected[i]-outputs[i])**2 for i in
                            range(len(expected))])
79                 backward_propagate_error(network, expected)
80                 update_weights(network, row, l_rate)
81             print('>周期=%d, 误差=%.3f' % (epoch, sum_error))
82 
83 def predict(network, row):
84     outputs = forward_propagate(network, row)
85     return outputs.index(max(outputs))
86 if __name__ == '__main__':
87     # 测试BP网络
88     seed(2)
89     dataset = [[1,1,0],
90                [1,0,1],
91                [0,1,1],
92                [0,0,0]]
93     n_inputs = len(dataset[0]) - 1
94     n_outputs = len(set([row[-1] for row in dataset]))
95     network = initialize_network(n_inputs, 2, n_outputs)
96     train_network(network, dataset, 0.5, 2000, n_outputs)
97     for layer in network:
98         print(layer)
99     for row in dataset:
100         prediction = predict(network, row)
101         print('预期值=%d, 实际输出值=%d' % (row[-1], prediction))
```

【部分输出结果】(训练周期=2000)

......

>周期=1997, 误差=0.016

>周期=1998, 误差=0.016

>周期=1999, 误差=0.016

[{'weights': [6.760213267107475, 6.845859398922657, -3.020138835687081],
'output': 0.04655659079915929, 'responsibility': -0.0014546841697759812},

```
{'weights': [4.7240705956883655, 4.743824004111027, -7.247497596394518],
'output': 0.0007114383524156149, 'responsibility': 2.5001561484447685e-05}]
[{'weights': [-7.131845626428916, 7.653693691897049, 3.2893250698010803],
'output': 0.9508080815553778, 'responsibility': 0.0023008080302315387},
{'weights': [7.135674526034585, -7.65711342750886, -3.2913363677605], 'output':
0.04910595755781907, 'responsibility': -0.002292981203822174}]
```

预期值=0，实际输出值=0

预期值=1，实际输出值=1

预期值=1，实际输出值=1

预期值=0，实际输出值=0

【部分输出结果】（训练周期=20 000）

......

>周期=19997，误差=0.001

>周期=19998，误差=0.001

>周期=19999，误差=0.001

```
[{'weights': [7.712477744545059, 7.744090097574688, -3.5650021384039157],
'output': 0.027519364165896093, 'responsibility': -8.376641916462022e-05},
{'weights': [5.856492971486765, 5.863470997939692, -8.960096811842472],
'output': 0.00012841729893459778, 'responsibility': 4.2298137208055463e-07}]
[{'weights': [-9.737063526653921, 10.247803365255386, 4.615279578784387],
'output': 0.987239489131048, 'responsibility': 0.00016075283551528197},
{'weights': [9.737461040040085, -10.24823169595781, -4.615466538222716],
'output': 0.012758292571173604, 'responsibility': -0.00016069731064246142}]
```

预期值=0，实际输出值=0

预期值=1，实际输出值=1

预期值=1，实际输出值=1

预期值=0，实际输出值=0

【代码分析】

在代码第 89~92 行，我们把训练数据换成了"异或"运算的真值表。从输出结果可以看出，在训练周期为 2000 时，我们训练的神经网络虽然有误差，但已经能完成正确的预测。当训练周期扩大到 20 000 时，网络的整体误差变小了，预测结果也是正确的，但如前文所言，要警惕过度训练，会让网络的泛化性减弱。

如果利用 BP 算法，仅仅是解决一个"异或"问题，自然没有太大的价值。事实上，BP 算法的用途很广，下面我们利用前面构建的网络，列举一个更加实用的案例——利用 BP 算法预测小麦品种的分类。

10.5.5 利用 BP 算法预测小麦品种的分类

作为有监督学习的算法代表，BP 算法有两大用途，一是离散输出用作分类，二是连续输出用作回归。在本节我们仅仅定位于 BP 算法的分类用途。

有监督学习算法都要用到训练集。这里我们采用的是加州大学埃文分校（UCI）的机器学习数据仓库，该仓库维护了大约 300 多个机器学习的常用数据集。本次使用的数据集是小麦种子数据。[①]该数据集把小麦种子分为三个品类：Canadian、Kama 和 Rosa，分别用数字 1、2 和 3 表示。评判的依据是小麦种子的 7 个特征，它们依次是：面积（area, A）、周长（perimeter, P）、紧密度（compactness, $C = 4\pi A / P^2$）、麦粒核的长度（length of kernel）、麦粒核的宽度（width of kernel）、偏度系数（asymmetry coefficient）、麦粒槽长度（length of kernel groove）。这个数据集合共有 210 条数据，下面是从数据集合中随机抽取的 6 条数据。

```
13.89   14.02   0.888    5.439   3.199   3.986   4.738   1
13.78   14.06   0.8759   5.479   3.156   3.136   4.872   1
19.13   16.31   0.9035   6.183   3.902   2.109   5.924   2
19.14   16.61   0.8722   6.259   3.737   6.682   6.053   2
12.46   13.41   0.8706   5.236   3.017   4.987   5.147   3
12.19   13.36   0.8579   5.24    2.909   4.857   5.158   3
```

该数据集合是以文本文件 seeds_dataset.txt 的形式提供的（不同数据项之间用制表符 Tab 隔开）。为了便于使用 Python 的 CSV 处理包，我们下载该数据集合后，需要将其转换为 CSV 格式。一种简单的转化方式是，打开下载的文本文件 seeds_dataset.txt，将其内容复制到一个打开的新 Excel 文件中，然后另存为 seeds_dataset.csv 文件即可。

本例中的小麦种子，共有 7 个特征，所以输入层就设计为 7 个神经元。因为我们的输出是小麦的三个分类，因此输出层的神经元个数就设定为 3。现在主要的工作集中在如何设计合理

[①] http://archive.ics.uci.edu/ml/datasets/seeds

的隐含层。为简单起见,这里暂时仅设计一个隐含层,该层中的神经元个数为 5。这样的设定其实并没有太多的道理可言,更多凭借的是设计者的(调参)经验,它们可被视为一种超参数。

为了验证算法的正确性,我们利用交叉验证的方法,把 210 个数据样本等分为 5 份,训练集和测试集彼此轮流互换,最后计算出的误差分数以其大小作为衡量算法准确性的度量(自然,这个值越小越好)。代码如范例 10-5 所示。

【范例 10-5】 BP 算法在小麦种子分类中的应用

```
01  from random import seed
02  from random import randrange
03  from random import random
04  from csv import reader
05  from math import exp
06
07  class Database():
08      def __init__(self, db_file):
09          self.filename = db_file
10          self.dataset = list()
11
12          # 导入 CSV 文件
13      def load_csv(self):
14          with open(filename, 'r') as file:
15              csv_reader = reader(file)
16              for row in csv_reader:
17                  if not row:    #判定是否有空行,如有,则跳到下一行
18                      continue
19                  self.dataset.append(row)
20
21      #将 n-1 列的属性字符串列转换为浮点数,第 n 列为分类的类别
22      def dataset_str_to_float(self):
23          col_len = len(self.dataset[0]) - 1
24          for row in self.dataset:
25              for column in range(col_len):
26                  row[column] = float(row[column].strip())
```

```
27
28          # 将最后一列 (n) 的类别转换为整型,并提取有多少个类
29          def str_column_to_int(self, column):
30              class_values = [row[column] for row in self.dataset]    #读取指定列的数字
31              unique = set(class_values)         #用集合来合并类
32              lookup = dict()
33              for i, value in enumerate(unique):
34                  lookup[value] = i
35              for row in self.dataset:
36                  row[column] = lookup[row[column]]
37          # 找到每一列(属性)的最小值和最大值
38          def dataset_minmax(self):
39              self.minmax = list()
40              self.minmax = [[min(column), max(column)] for column in zip(*self.dataset)]
41
42          # 将数据集合中的每个(列)属性都规整化到 0~1
43          def normalize_dataset(self):
44              self.dataset_minmax()
45              for row in self.dataset:
46                  for i in range(len(row)-1):
47                      row[i] = (row[i] - self.minmax[i][0]) / (self.minmax[i][1] -
                              self.minmax[i][0])
48
49          def get_dataset(self):
50              # 构建训练数据
51              self.load_csv()
52              self.dataset_str_to_float()
53              self.str_column_to_int(len(self.dataset[0])-1)
54              self.normalize_dataset()
55              return self.dataset
56
57      class BP_Network():
58          # 初始化神经网络
59          def __init__(self, n_inputs,n_hidden,n_outputs):
```

```python
60          self.n_inputs = n_inputs
61          self.n_hidden = n_hidden
62          self.n_outputs = n_outputs
63          self.network = list()
64          hidden_layer = [{'weights':[random() for i in range(self.n_inputs
                            + 1)]} for i in range(self.n_hidden)]
65          self.network.append(hidden_layer)
66          output_layer = [{'weights':[random() for i in range(self.n_hidden
                            + 1)]} for i in range(self.n_outputs)]
67          self.network.append(output_layer)
68
69      # 计算神经元的激活值（加权之和）
70      def activate(self, weights, inputs):
71          activation = weights[-1]
72          for i in range(len(weights)-1):
73              activation += weights[i] * inputs[i]
74          return activation
75
76      # 定义激活函数
77      def transfer(self, activation):
78          return 1.0 / (1.0 + exp(-activation))
79
80      # 计算神经网络的正向传播
81      def forward_propagate(self, row):
82          inputs = row
83          for layer in self.network:
84              new_inputs = []
85              for neuron in layer:
86                  activation = self.activate(neuron['weights'], inputs)
87                  neuron['output'] = self.transfer(activation)
88                  new_inputs.append(neuron['output'])
89              inputs = new_inputs
90          return inputs
91
```

```python
92      # 计算激活函数的导数
93      def transfer_derivative(self,output):
94          return output * (1.0 - output)
95
96      # 反向传播误差信息,并将纠偏责任存储在神经元中
97      def backward_propagate_error(self, expected):
98          for i in reversed(range(len(self.network))):
99              layer = self.network[i]
100             errors = list()
101             if i != len(self.network)-1:
102                 for j in range(len(layer)):
103                     error = 0.0
104                     for neuron in self.network[i + 1]:
105                         error += (neuron['weights'][j] * neuron['responsibility'])
106                     errors.append(error)
107             else:
108                 for j in range(len(layer)):
109                     neuron = layer[j]
110                     errors.append(expected[j] - neuron['output'])
111             for j in range(len(layer)):
112                 neuron = layer[j]
113                 neuron['responsibility'] = errors[j] * self.transfer_derivative (neuron['output'])
114
115     # 根据误差,更新网络权重
116     def _update_weights(self, row):
117         for i in range(len(self.network)):
118             inputs = row[:-1]
119             if i != 0:
120                 inputs = [neuron['output'] for neuron in self.network[i - 1]]
121             for neuron in self.network[i]:
122                 for j in range(len(inputs)):
123                     neuron['weights'][j] += self.l_rate * neuron['responsibility'] * inputs[j]
```

```python
124                    neuron['weights'][-1] += self.l_rate * neuron ['responsibility']
125
126        # 根据指定的训练周期训练网络
127        def train_network(self, train):
128            for epoch in range(self.n_epoch):
129                sum_error = 0
130                for row in train:
131                    outputs = self.forward_propagate(row)
132                    expected = [0 for i in range(self.n_outputs)]
133                    expected[row[-1]] = 1
134                    sum_error += sum([(expected[i]-outputs[i])**2 for i in range(len(expected))])
135                    self.backward_propagate_error(expected)
136                    self._update_weights(row)
137                print('>周期=%d, 误差=%.3f' % (epoch, sum_error))
138
139        #利用训练好的网络,预测"新"数据
140        def predict(self, row):
141            outputs = self.forward_propagate(row)
142            return outputs.index(max(outputs))
143
144        # 利用随机梯度递减策略训练网络
145        def back_propagation(self,train, test):
146            self.train_network(train)
147            predictions = list()
148            for row in test:
149                prediction = self.predict(row)
150                predictions.append(prediction)
151            return(predictions)
152        # 将数据库分割为 k 等份
153        def cross_validation_split(self, n_folds):
154            dataset_split = list()
155            dataset_copy = list(self.dataset)
156            fold_size = int(len(self.dataset) / n_folds)
```

```python
157
158        for i in range(n_folds):
159            fold = list()
160            while len(fold) < fold_size:
161                index = randrange(len(dataset_copy))
162                fold.append(dataset_copy.pop(index))
163            dataset_split.append(fold)
164        return dataset_split
165
166    # 用预测正确百分比来衡量正确率
167    def accuracy_metric(self, actual, predicted):
168        correct = 0
169        for i in range(len(actual)):
170            if actual[i] == predicted[i]:
171                correct += 1
172        return correct / float(len(actual)) * 100.0
173
174    #用每一个交叉分割的块（训练集合，测试集合）来评估 BP 算法
175    def evaluate_algorithm(self, dataset, n_folds, l_rate, n_epoch):
176        self.l_rate = l_rate
177        self.n_epoch = n_epoch
178        self.dataset = dataset
179        folds = self.cross_validation_split(n_folds)
180        scores = list()
181        for fold in folds:
182            train_set = list(folds)
183            train_set.remove(fold)
184            train_set = sum(train_set, [])
185            test_set = list()
186            for row in fold:
187                row_copy = list(row)
188                test_set.append(row_copy)
189                row_copy[-1] = None
190            predicted = self.back_propagation(train_set, test_set)
```

```
191                actual = [row[-1] for row in fold]
192                accuracy = self.accuracy_metric(actual, predicted)
193                scores.append(accuracy)
194            return scores
195
196    if __name__ == '__main__':
197        #设置随机种子
198        seed(2)
199        # 构建训练数据
200        filename = 'seeds_dataset.csv'
201        db = Database(filename)
202        dataset = db.get_dataset()
203        # 设置网络初始化参数
204        n_inputs = len(dataset[0]) - 1
205        n_hidden = 5
206        n_outputs = len(set([row[-1] for row in dataset]))
207        BP = BP_Network(n_inputs,n_hidden,n_outputs)
208        l_rate = 0.3
209        n_folds = 5
210        n_epoch = 500
211        scores = BP.evaluate_algorithm(dataset, n_folds, l_rate, n_epoch)
212        print('评估算法正交验证得分：%s' % scores)
213        print('平均准确率：%.3f%%' % (sum(scores)/float(len(scores))))
```

【运行结果】

\>周期=0，误差=164.437

\>周期=1，误差=112.430

\>周期=2，误差=107.603

……

\>周期=498，误差=0.344

\>周期=499，误差=0.343

评估算法正交验证得分：[97.61904761904762, 90.47619047619048, 95.23809523809523, 100.0, 97.61904761904762]

平均准确率：96.190%

【代码说明】

为了让程序的结构更加清晰，我们用面向对象的编程范式把整个处理流程封装成两部分：数据读取（代码 07~55 行）和 BP 网络训练（代码 57~194 行）。面向对象编程的核心特征在于，它把数据以及对数据的操作（即函数）捆绑封装在一起，类中的成员函数可以直接访问类中的数据成员，而无须在函数参数列表中体现。而面向过程的代码设计，很多信息不得不通过函数参数列表来显式传递。所以，类中的成员函数相比于面向过程的同名函数，参数列表要精简很多。

鉴于数据的读取部分和范例 9-2 非常相似，这里不再赘述。BP 网络的训练部分，在前文中也做了详细的解读。

为了完成交叉验证，我们把全部数据（210 条）分为 5 等份，其中 1 份用于测试，4 份用于训练，每一份都用一个列表来存储。数据库分割的函数是 cross_validation_split( )，参见代码第 153~164 行。但是，我们最终需要把除了测试集合的剩余 4 份合在一起作为训练集合，分割容易，合并不太容易。

为了达到合并 4 份数据的目的，这里使用 Python 的内置函数 sum（见代码 184 行）。sum 函数的本意是求和，但在一些特殊的场景下，它还可以完成连接可迭代对象的功能。例如：

```
>> list1 =[[1],[2],[3]]
>>> print(sum(list1,[]))
[1, 2, 3]
```

上述代码的第 1 行定义了一个嵌套列表。第 2 行表示的是将 list1 和一个空列表连接在一起，并打印出来。因此，sum 实际上是把 list1 中的每个子列表的元素都提取出来，连接在一起，就形成了一个新的列表。范例 10-5 中的第 184 行代码，就是用这个思想把 4 份数据重新提取出来，打包成一份数据，这样就完成了数据的合并。

10.6　本章小结

在本章中，我们详细解释了反向传播（BP）算法。通过学习我们知道，BP 算法其实并不仅仅是一个反向算法，而是一个双向算法。也就是说，它其实是分两步走：(1) 正向传播信号，输出分类信息；（2）计算误差，反向传播误差，调整网络权值。如果没有达到预期目的，迭代重复执行步骤（1）和步骤（2）。

然后，在实战部分，我们详细讲解了构建 BP 神经网络的每个环节，以期望让读者对神经网络学习有一个感性认识。

BP 算法很成功，但我们也要看到 BP 算法的不足，比如会存在梯度弥散现象，其根源在于，对于非凸函数，梯度一旦消失，就没有指导意义了，导致它可能限于局部最优。而且梯度弥散现象会随着网络层数增加而愈发严重，也就是说，随着梯度的逐层减小，导致它对网络权值的调整作用越来越小，故此，BP 算法多用于浅层网络结构（通常小于等于 3），这就限制了 BP 算法的数据表征能力，从而也就限制了 BP 的性能上限。

再比如，虽然 BP 算法降低了网络参数的训练量，但其网络参数的训练代价不小，耗时非常可观。就拿 Yann LeCun 的识别手写邮编的案例来说，其训练耗时可达 3 天之久。

再后来，与 Yann LeCun 同在一个贝尔实验室的同事 Vladimir Vapnik（弗拉基米尔·万普尼克），提出并发扬光大了支持向量机（Support Vector Machine，简称 SVM）算法。

SVM 作为一种分类算法，对于线性分类，自然不在话下。在数据样本线性不可分时，它使用了所谓"核机制（kernel trick）"，将线性不可分的样本映射到高维特征空间，从而使其线性可分。自 20 世纪 90 年代初开始，SVM 逐渐大显神威，在图像和语音识别等领域获得了广泛而成功的应用。

在手写邮政编码的识别问题上，LeCun 利用 BP 算法把错误率降到 5% 左右，而 SVM 在 1998 年就把错误率降低至 0.8%，这远超越同期的传统神经网络算法。在某种程度上，万普尼克又把神经网络研究送到了一个新的低潮！

10.7 请你思考

通过本章的学习，请你思考如下问题：

（1）正是由于神经网络具有强大的数据表征能力，BP 算法常常遭遇过拟合，它可能会把噪声当作有效信号，你知道有什么策略来避免过拟合吗？

（2）利用梯度递减策略，BP 算法常停止于局部最优解，而非全局最优解，这好比"只因身在此山中"，却不知"人外有人，山外有山"，你知道有什么方法可以改善这一状况吗？

（3）在 BP 算法流程中，我们看到的是反反复复的权值调整，而杰弗里·辛顿在参考资料[9]中提到的特征表示（representation），体现在什么地方？

本书定位为深度学习入门图书，本章是这个入门系列的重要分水岭，学习完本章，也标志着上半部分的结束。在上半部分，我们带领读者掌握了机器学习、神经网络的基本概念、Python 编程的基础知识，并让读者有能力动手解决一些简单的问题（比如线性规划、聚类、手写数字识别等）。一旦有了这些基础知识的铺垫，下半部分的学习就容易多了。

在本书的下半部分中，我们将着重介绍更多"深度"学习的内容，"深度"意味着网络层数的大幅增加，这会给神经网络的学习带来更为强大的问题解决能力，但随之也会带来更多的问题。如果不全面理解这些问题以及它们的解决方案，也谈不上对深度学习的入门。

在本书的上半部分中，我们之所以事无巨细地"重造轮子"，目的在于，让读者感性地认识神经网络的基本原理，知其然，并知其所以然，有了这部分感性知识的铺垫，会辅助我们更加扎实地掌握深度学习框架。因此，在本书的下半部分，我们的策略有所变化：不再强调一切都从头手动实现，而是尽可能地利用已有的成熟框架。

目前，工业界和学术界已经提供了很多开源的神经网络实现，比如，Facebook 开发的 Caffe[①]、Google 出品的 TensorFlow[②]、深度学习大家 Yoshua Bengio 等人主持的 Theano[③]（目前已经停止更新，逐渐退出历史舞台）、Francois Chollet 提出的 Keras[④]、近年新兴的 PyTorch[⑤]，这些框架的功能非常强大。因此，事实上，我们并不需要事必躬亲地去实现自己的神经网络，底层的实现细节（如求偏导等）交给框架就好了，在框架的规范下，我们可以定义自己的需求，能解决问题就好。

存在即合理。每一种深度学习框架之所以能存在，并为一部分用户所认可，一定有其合理性。也就是说，每一种框架都有其他框架所没有的优秀特性。因此，针对具体问题，选择合适的框架是明智的。相比而言，目前，最为成熟、社区基础最为雄厚的深度学习框架，非 Google 出品的 TensorFlow 莫属。这就是我们下一章要讨论的主题。

[①] http://caffe.berkeleyvision.org/

[②] https://www.tensorflow.org/

[③] http://deeplearning.net/software/theano/

[④] https://keras.io/

[⑤] http://pytorch.org/

参考资料

[1] Paul J. Werbos. Beyond Regression: New Tools for Prediction and Analysis in the Behavioral Sciences[M]. PhD thesis, Harvard University, 1974.

[2] Christopher Olah. Calculus on Computational Graphs: Backpropagation. http://colah.github.io/posts/2015-08-Backprop/.

[3] Tom Mitchell 著. 曾华军等译. 机器学习[M]. 北京: 机械工业出版社, 2007.

[4] Miroslav Kubat 著. 王勇等译. 机器学习导论[M]. 北京: 机械工业出版社, 2016.

[5] LeCun Y, Boser B, Denker J S, et al. Backpropagation applied to handwritten zip code recognition[J]. Neural computation, 1989, 1(4): 541-551.

[6] Lecun Y, Bottou L, Bengio Y, et al. Gradient-based learning applied to document recognition[J]. Proceedings of the IEEE, 1998, 86(11):2278-2324.

[7] Hinton G E, Osindero S, Teh Y W. A fast learning algorithm for deep belief nets[J]. Neural computation, 2006, 18(7): 1527-1554.

[8] Jason Brownlee. How to Implement the Backpropagation Algorithm From Scratch InPython. https://machinelearningmastery.com/implement-backpropagation-algorithm-scratch-python/.

[9] Williams D, Hinton G. Learning representations by back-propagating errors[J]. Nature, 1986, 323(6088): 533-538.

Chapter eleven

第 11 章　一骑红尘江湖笑，TensorFlow 谷歌造

如果是工艺品，手工打造可能更有韵味。但如果需要量产，非得工厂化不可。开发深度学习项目，亦是如此。为了提高深度学习项目的开发效率，由谷歌荣誉出品的 TensorFlow 计算框架，横空出世，技压群雄。这正是本章我们要讨论的重点。

11.1 TensorFlow 概述

在计算机相关的很多领域（如大数据处理、分布式计算、智能搜索等），Google 公司都有卓越的表现，为世界贡献了很多划时代的产品。在人工智能领域，它也不例外。2011 年，Google 公司开发了它的第一代分布式机器学习系统 DistBelief[1]。著名计算机科学家杰夫·迪恩（Jeff Dean）和深度学习专家吴恩达（Andrew Y. Ng）都是这个项目的核心成员。

除了吴恩达先生在深度学习领域声名赫赫之外，这位杰夫·迪恩也非常了得，在"牛人"辈出的谷歌公司，也可属"人中翘楚"。正所谓人牛轶事多，在著名问答网站Quora上，一则"杰夫·迪恩都有哪些奇闻轶事"的问答中 ①，就有人开玩笑说，"编译器从不会给杰夫·迪恩警告，杰夫·迪恩会警告编译器（Compilers don't warn Jeff Dean. Jeff Dean warns compilers）"。言外之意，他比编译器还厉害，其技术水平可见一斑。

通过杰夫·迪恩等人设计的 DistBelief，Google 可利用数据中心数以万计的 CPU 核，并以此建立深度神经网络。借助 DistBelief，Google 的语音识别正确率比之前提升了 25%。除此之外，DistBelief 在图像识别上也大显神威。2012 年 6 月 25 日，《纽约时报》报道了 Google 通过向 DistBelief 提供数百万份 YouTube 视频，来让该系统学习猫的关键特征（参见图 11-1）。

图 11-1 《纽约时报》对 DistBelief 的报道

---

① https://www.quora.com/Jeff-Dean/What-are-all-the-Jeff-Dean-facts

DistBelief 系统之所以引人注目，是因为这个神经网络自己学会了识别猫。用杰夫·迪恩自己的话说，"在训练中我们从没说过这是一只猫，从本质上讲，神经网络自己发明了'猫'这个概念。"

很显然，DistBelief 具备一定程度的自学习能力。当然，这套系统的计算开销亦不容小觑，它由 1000 台机器组成，共包括 16 000 个内核，训练的神经网络参数高达 1 000 000 000 个。

作为一家商业公司，为了保证自己在技术上的领先优势，Google 对自己"独门绝技"的态度，通常是要创意（idea）可以，但延迟给；要具体实现（implementation），门都没有！比如，支撑 Google 分布式系统核心业务的老三驾马车：GFS（Google File System，谷歌文件系统）、MapReduce（映射-规约计算范式[①]）和 BigTable（俗称大表），都是在 Google 内部用了多年之后，其核心思想才被允许以论文的形式公开发表出来。然后，开源社区才"照猫画虎"，弄出来一系列对应的开源软件，如 HDFS（Hadoop 文件系统）、Hadoop 及 HBase 等。

一开始，DistBelief 作为谷歌 X-实验室的"黑科技"也是闭源的。可能是 Google 想让开源社区来维护 DistBelief，群策群力力量大，所以在 2015 年 11 月，Google 将它的升级版实现正式开源，协议遵循 Apache 2.0。而这个升级版的 DistBelief，也有了一个新的名称，它就是本章的主角——TensorFlow[2]，其图标如图 11-2 所示。

图 11-2　TensorFlow 的图标

为什么要取这么一个名字呢？这自然也是有讲究的。TensorFlow 的命名源于其运行原理，"Tensor"的本意是"张量"，"张量"通常表示多维矩阵。[②]在深度学习项目中，数据大多都高于二维，所以利用深度学习处理的数据的核心特征来命名，是有意义的。"Flow"的本意就是"流动"，它意味着基于数据流图的计算。合在一起，"TensorFlow"的意思就是，张量从数据流图的一端流动到另一端的计算过程。它生动形象地描述了复杂数据结构在人工神经网络中的流动、传输、分析和处理模式（参见图 11-3）。

---

① MapReduce 亦是杰夫·迪恩的大作之一。
② 在机器学习中，数值通常由 4 种类型构成：
  （1）标量（scalar）：即一个数值，它是计算的最小单元，如"1"或"3.2"等。
  （2）向量（vector）：由一些标量构成的一维数组，如[1, 3.2, 4.6]等。
  （3）矩阵（matrix）：由标量构成的二维数组。
  （4）张量（tensor）：由多维（通常 $n \geq 3$）数组构成的数据集合，可理解为高维矩阵。

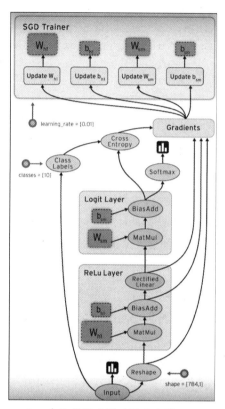

图 11-3　TensorFlow 中的数据流图（图片来源：TensorFlow 官网）

TensorFlow 是一款优秀的深度学习框架，它在诸多方面都有着卓越的表现。比如，设计神经网络结构的代码非常简洁，部署也比较便利。特别是有技术实力雄厚的 Google 为其"站台"，拥趸者众多，也在很大程度上保证了其社区的活跃度，从而也导致 TensorFlow 在技术演化之路上更新迭代非常快，基本上每周都有上万行代码的提交。

TensorFlow 的优点主要表现在如下 3 个方面：

（1）TensorFlow 有一个非常直观的构架。顾名思义，它有一个"张量流"。用户可以很容易地、可视化地看到张量流动的每一个环节（需要借助 TensorBoard，在后面的章节会有所提及）。

（2）TensorFlow 可轻松地在 CPU/GPU 上部署，进行分布式计算，为大数据分析提供计算能力的支撑。

（3）TensorFlow 跨平台性好，灵活性强。TensorFlow 不仅可在 Linux、Mac 和 Windows 系统中运行，甚至还可在移动终端下工作。

当然，TensorFlow 也有不足之处。主要表现在，它的代码比较底层，需要用户编写大量的代码，而且有很多相似的功能，用户不得不"重造轮子"。但瑕不掩瑜，TensorFlow还是以雄厚的技术积淀、稳定的性能，一骑红尘，"笑傲"于众多深度学习框架之巅。在本章，我们主要讨论TensorFlow的基本用法。[①]

11.2 深度学习框架比较

"工欲善其事，必先利其器。"事实上，适用于深度学习的"器"有很多，如Theano、Keras、Caffe及Pytorch等，它们各有特色。下面我们对这几款比较流行的深度学习框架分别给予简单的介绍，以期给读者提供一个宏观的认知。

11.2.1 Theano

Theano 是一个偏向底层的深度学习框架，它开启了基于符号运算的机器学习框架的先河。Theano 支持自动的函数梯度计算，带有 Python 接口，并集成了 NumPy。所以，从严格意义上来说，Theano 就是一个基于 Python 和 NumPy 而构建的数值计算工具包。

相比于 TensorFlow、Keras 等框架，Theano 更显学术范儿，它并没有专门的深度学习接口。比如，Theano 并没有神经网络的分级。因此，用户需要从底层开始，做许多工作，来创建自己需要的模型。

框架毕竟就是一个框架，最终要能出活，才是硬道理。受限于其底层特性，Theano 在出活效率上，表现得"不过尔尔"，当开发效率更高的后起之秀蜂拥而出时，也该是它退出江湖之日。

Theano的开发始于 2007 年，早期的开发者包括当今深度学习大家约书亚·本吉奥（Yoshua Bengio）和他的学生伊恩·古德费洛（Ian Goodfellow，1987 年出生的"80 后"，GAN框架的提出者）。在 2017 年 9 月 29 日，本吉奥宣布，在发布 1.0 版本后，Theano将光荣退休（图 11-4 为其退休信）。[②]

[①] 这里需要说明的是，如同本书并非专门介绍 Python 的书籍一样，本书亦不属于专门介绍 TensorFlow 用法的图书，本章所做工作的动机，更多属于抛砖引玉的性质，为读者铺垫一定的基础知识。有关 TensorFlow 实战方面的介绍，读者朋友可参阅相关书籍，如黄文坚先生编著的《TensorFlow 实战》或喻俨先生主编的《深度学习原理与 TensorFlow 实战》等。

[②] 更多信息请参见 https://groups.google.com/forum/?spm=5176.100239.blogcont255175.25.VgtC6r#!msg/theano-users/7Poq8BZutbY/rNCIfvAEAwAJ。

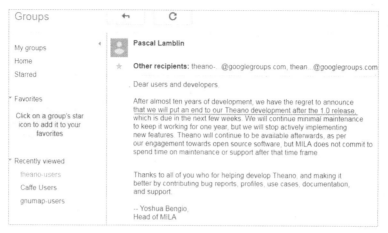

图 11-4　Theano 的退休信

虽然 Theano 已开始淡出历史舞台，但其功绩不可磨灭。其最大的"技术遗产"在于，它极大地启迪或培养了其他深度学习框架。在某种程度上，TensorFlow、Keras 都继承了它的部分基因。

11.2.2　Keras

Keras 是一个纯 Python 编写的深度学习库，它提供很多高级神经网络 API，通过一系列的配置，它可以工作在 CNTK（微软公司开发的一款深度学习开发框架）、Theano 和 TensorFlow 等框架之上。因此，Keras 可被视为在上述框架下的二次封装。也就是说，如果想用 Keras，必须预先安装上述框架的一种或多种。

Keras 的语法简洁，用户可以直观地了解它的指令、函数和每个模块之间的连接方式。作为极简主义的代表，Keras 经过高度封装，在一些场景下，仅需几行代码就能构建一个能够正常工作的神经网络，或用十几行代码就能搭建一个 AlexNet 网络（2012 年 ImageNet 竞赛冠军获得者 Alex Krizhevsky 设计的卷积神经网络）。这种高效性是其他深度学习框架难以企及的。Keras 的图标与口号如图 11-5 所示。

图 11-5　Keras 的图标与口号

这样看来，Keras 简直太棒了。Keras 的宣传口号是 "You have just found Keras."（你才发

现 Keras），有点"相见恨晚"的味道。但不要过于乐观，有时候，某个事物的优点也恰是它的缺点，就看你从哪个角度来审视它了。

Keras 的高度封装性的确让用户的开发效率变得很高，但就如同用"傻瓜照相机"拍照一样，轻轻一按，甚至无须对焦，就能拍出效果还能接受的照片，但如果你想手动调节相机参数，拍出个性化、高质量的照片，那"傻瓜照相机"就如同"傻瓜"一样，无能为力。因为它的高度封装性，已不容你置喙于它的个性化设置。

Keras 的缺点就在于，它的封装性（可视为黑盒）带来了一定程度上的不灵活性，导致用户难以订制，且运行速度也不甚理想。此外，相比于 TensorFlow 社区的"热火朝天"，Keras 社区不太活跃，这导致它的部分文档可读性不高。

11.2.3 Caffe

Caffe 的成名，最早源于在加州大学伯克利分校（University of California, Berkeley）博士生贾扬清撰写的一篇论文——*Caffe: Convolutional architecture for fast feature embedding*[3]。顾名思义，它的主要用途体现在"用于快速特征提取的卷积架构"。这篇有关 Caffe 的论文，一经面世，就受到世人的极大关注，"谷歌学术"上显示它的引用次数已超过 5000 次，可见其受关注程度之高。目前它已被广泛应用在工业界和学术界，Caffe 的图标如图 11-6 所示。

图 11-6　Caffe 的图标

设计之初，Caffe 仅仅关注计算机视觉领域的处理，因此，可将其视为一个面向图像处理的专用卷积神经网络（CNN）框架。但随着它的开源（遵循 BSD 协议），社区人员不断"添砖加瓦"，让它的通用性日臻完美，它也开始在文本、语音及时间序列数据等领域，有着非凡的表现。

Caffe 的一个突出优势是，它有一个模型百宝箱——Model Zoo（模型动物园），在这个园子里，汇集了大量已经训练好的经典模型，如 AlexNet、VGG、Inception、ResNet 等。这样一来，一些常用模型根本无须用户训练，挑好拿来就可用，节省了大量的模型训练时间。如果说高度封装性成就了 Keras 的"极简主义"，那么 Model Zoo 成就了 Caffe 的"极速主义"。

"黄金无足色，白璧有微瑕"，Caffe 自然也有其不足之处。首先，它不够灵活，模型虽然可以拿来就用，但倘若需要做一些小的变更，都需要用户利用 C++和 CUDA 更新底层代码。

其次，源于其诞生基因，它天生对卷积神经网络（Convolutional Neural Network，CNN）有着卓越的支持，但对于递归神经网络（Recurrent Neural Network，RNN）和 LSTM（Long Short-Term Memory，长短期记忆）的支持，表现不佳。

11.2.4　PyTorch

PyTorch，是由 Torch7 团队开发的一款深度学习框架，它是非常有潜力的后起之秀。从历史渊源上来讲，它脱胎于另一款深度学习框架——Torch。Torch 本身也很优秀，但它的编程语言是 Lua，这是一门用 C 语言编写的、可扩展的轻量级编程语言。正由于 Lua 语言的小众化，导致 Torch 的受众也有限，这成为 Torch 发展的一大障碍。

目前，深度学习社区的编程语言，绝大多数以 Python 实现为主。在这个大趋势下，"识时务者为俊杰"，Torch7 团队改用 Python 重新开发了 Torch，取名为 PyTorch，其图标如图 11-7 所示。

图 11-7　PyTorch 的图标

PyTorch 非常年轻，2017 年 3 月才开源发布。一经发布，PyTorch 就受到了社区的热烈支持。PyTorch 的设计思路是线性的，代码直观易用，调试方便。它的主要优点还在于，它能够支持动态神经网络。我们知道，对于 Caffe 和 TensorFlow 等框架，如果想改变网络结构，就必须一切从头开始，需要重新把前面的轮子再造一遍。不同于这些框架，PyTorch 通过一种反向自动求导计数，可以让用户零延迟地改变神经网络的行为。

当然，PyTorch 也有不足。它最大的不足之处就是"太年轻"。2017 年 12 月面世的还是 beta 测试版，因此它在整体上不甚成熟。由于太新，也导致社区力量不够强大。但后生可畏，不容小觑。

事实上，有关深度学习的计算框架层出不穷，远远不止前文提及的这几个。比如，比较出名的框架还有 MXNet（亚马逊 AWS 官方推荐的深度学习引擎，早期主要开发者以李沐先生为核心）、Deeplearning4j（国外创业公司 Skymind 的一款产品，"4j"的含义就是"for Java"，顾名思义，这是一个专为 Java 用户编写的深度学习框架）、Lasagne（一个基于 Theano 的轻量级的神经网络库）、Neon（Nervana Systems 开发的深度学习框架，在麦克斯韦架构的 GPU 下提速较快）、DIGITS（Deep Learning GPU Training System，是一个针对 GPU 的 Caffe 高级封装，能在浏览器中完成 Caffe 相关操作）、Chainer（由日本公司 Preferred Networks 于 2015 年发布的一个深度学习库）、Leaf（一款基于 Rust 语言的跨平台深度学习库）。诸如此类，不再一一列举。

根据"存在即合理"的哲学理念，之所以这些框架能存在、能发展，肯定是因为它们各自找到了有自己存在价值的细分市场。所以，读者朋友需要根据自己的应用场景来选择适合自己的计算框架，不必拘泥于本章的主要讲解对象 TensorFlow。比如，如果你公司的产品主要通过 Java 开发，并以 Java Web 的形式发布，那么 TensorFlow 未必就是最适合的（当然 TensorFlow 也提供 Java 接口），而相对小众的 Deeplearning4j，或许才是你更佳的选择。

11.3 TensorFlow 的安装

在介绍完几个主流的深度学习框架之后，下面让我们把视角重新拉回到 TensorFlow 上，介绍一下 TensorFlow 的安装过程。由于 TensorFlow 并非全部由 Python 编写，它的很多底层代码仍然是由高性能的 C++ 甚至 CUDA 编写而成，所以它的安装过程比较烦琐。这种特性可能会导致部分初学者不能一次性安装成功。

TensorFlow 提供了 CPU 和 GPU 两个版本。由于本书主要是面向初学者（而非生产环节的读者），因此在学习深度学习基本原理和 TensorFlow 的初级操作上，CPU 版本已经够用。

此外，由于 TensorFlow 目前对 Linux 和 Mac 支持较好，而对 Windows 支持较弱（这是因为，大部分有关深度学习的项目都运行在类 UNIX 环境之中），所以在下文，我们仅介绍 Linux（以 Ubuntu 为载体）下 TensorFlow CPU 版本的安装（Mac 环境下的安装和 Linux 环境下的安装基本类似，不再赘述）。

为了避免安装过程中的软件依赖牵制，我们推荐读者使用 Anaconda 来完成后续的所有软件的安装。

11.3.1 Anaconda 的安装

下面我们首先介绍 Anaconda 的安装。首先，在浏览器中访问 https://www.anaconda.com/download/#linux，单击下载 Anaconda 的 Python 3.6 版本（64 bit，525MB），如图 11-8 所示。[①]

[①] 对于国内用户来说，清华大学的开源软件镜像站点下载速度更快。访问链接为：https://mirrors.tuna.tsinghua.edu.cn/help/anaconda/。

图 11-8　Anaconda 的下载界面

如果不指定下载路径，下载完毕后，它将保存在用户家目录（即/home/username，此处 username 为用户名，不同读者这个名称是不同的）下的"Download"文件夹中。通常，我们用波浪号"~"代替具体的家目录，在终端，我们可以用"ls"命令查看下载的文件。

```
yhilly@ubuntu:~/Downloads$ ls
Anaconda3-5.1.0-Linux-x86_64.sh
```

其中，Anaconda3-5.1.0-Linux-x86_64.sh 就是我们所需安装的文件。下载完毕后，为了防止文件在下载过程中"缺斤少两"，有一个可选操作就是检查文件的完整性：md5sum/path/filename。这里，"md5sum"命令表示 MD5 校验和，"/path/filename"表示下载 Anaconda 的实际存放路径。

从文件的后缀名".sh"可以看出，这是一个 shell 文件。运行这类文件，通常需要 bash（一个为 GNU 计划编写的 UNIX shell）来解释执行，如下所示。

```
bash ~/Downloads/Anaconda3-5.0.1-Linux-x86_64.sh
```

在安装过程中，需要按回车键（Enter）来阅读并确认同意 Anaconda 的服务条款，过程中还要手动输入"yes"，明确表示同意该条款。之后，Anaconda 才正式进入安装过程。

Anaconda 的默认安装路径是"/home/<username>/anaconda3"。这里的<username>表示用户名，不同的 Linux 用户，安装路径稍有不同。

在安装尾声，程序会询问是否将安装路径"/home/<username>/.bashrc"添加到 PATH 环境变量中，输入"yes"。这样以后就可以直接在终端使用诸如 ipython、spyder 等命令了（这些好用的命令，均来自 Anaconda 环境）。

打开家目录下的"/.bashrc"文件，可以发现，这个文件的最后两行有如下所示的环境变量添加记录：

```
# added by Anaconda3 installer
export PATH="/home/<username>/anaconda3/bin:$PATH"
```

在上述环境变量中，<username>可根据不同的用户名做相应调整。最后，当屏幕输出"Thank you for installing Anaconda 3!"字样时，就表明 Anaconda 安装完毕了。

Anaconda 可视为 Python 的一个发行版。如果把 Python 比作一款纯净 Linux 的话，那么，Anaconda 可视为集成若干软件的 Ubuntu 或 CentOS。利用它，可有效解决 Python 开发者的两大痛点：

第一，Anaconda 提供 Python 环境下若干软件包的管理功能。这点类似于 pip（或 pip3）。我们知道，在 Python 生态圈中，很多软件包之间相互依赖，如有不慎，弄错了安装次序，就可能导致安装失败，但 Anaconda 可有效解决这些冲突。

第二，Anaconda可解决多版本Python并存的问题。因为它提供虚拟环境管理，其功能类似于Virtualenv（用来建立虚拟的Python环境，提供项目专属的Python环境[①]）。

安装 Anaconda，可一并解决 pip 和 Virtualenv 所能解决的问题。

11.3.2　TensorFlow 的 CPU 版本安装

Anaconda 的核心命令就是 conda。conda 既是一个包管理器，又是一个环境管理器。作为包管理器，它可以协助用户查看或安装软件包。如果当前运行的 Python 环境不止一个时，我们还可以借助 conda 搭建特定程序适用的 Python 版本，这就是 conda 的环境管理器功能。下面我们就借助这个功能，为 TensorFlow 配置专有的运行环境。

11.3.2.1　配置 Python 环境

为了确保 conda 是否已经正确安装好了，可在终端窗口输入如下指令：

```
yhilly@ubuntu:~$ conda --version
conda 4.4.10
```

---

① https://virtualenv.pypa.io/en/stable/

如果 conda 安装成功，它会返回用户安装的 Anaconda 版本号。下面我们为 TensorFlow 配置一个它专属的 Python 3.6 运行环境（事实上，这一步并非必选项），在命令行终端输入如下指令：

```
conda create -n tensorflow python=3.6
```

这里的"-n"参数，用以指明环境的名称（name），"tensorflow"仅为环境的名称而已，并没有安装 TensorFlow。按照 Linux 参数设置的惯例，我们可以用单横线加单字母的参数选项"-n"，也可以用双横线加单词全称的形式"--name"来代替。

需要注意的是，在配置环境参数时，Python 的版本号要明确给出（如 python=3.6），否则配置会失败。配置 TensorFlow 环境，可能需要若干软件的支持，这时 conda 卓越的软件包管理器功能就充分发挥出来了，它会自动辅助我们下载各类支撑软件，如图 11-9 所示。在安装过程中，还需要我们手动输入"y"来同意安装流程继续，或者直接按回车键，方括号"[ ]"内的选项，就是回车键的默认值。

图 11-9 配置 TensorFlow 的环境

在下载当前环境所需软件时，由于官方网速较慢，建议国内用户添加清华大学 TUNA 提供的 Anaconda 仓库镜像。在终端使用如下命令可完成这一镜像源的添加：

```
$ conda config --add channels https://mirrors.tuna.tsinghua.edu.cn/anaconda/pkgs/free/
$ conda config --set show_channel_urls yes
$ conda install numpy     #测试是否添加成功
```

从图 11-10 所示的安装 NumPy 的流程可见，TUNA 下载速度的确远高于 Anaconda 官方的速度。

```
Proceed ([y]/n)? y
conda-env-2.6.  100% |##############################| Time: 0:00:00 461.44 kB/s
libgfortran-3.  100% |##############################| Time: 0:00:00   2.35 MB/s
mkl-2017.0.3-0  100% |##############################| Time: 0:00:23   5.87 MB/s
anaconda-custo  100% |##############################| Time: 0:00:00   2.79 MB/s
mkl-service-1.  100% |##############################| Time: 0:00:00  15.97 MB/s
numpy-1.13.1-p  100% |##############################| Time: 0:00:02   3.33 MB/s
numexpr-2.6.2-  100% |##############################| Time: 0:00:00   3.66 MB/s
scipy-0.19.1-n  100% |##############################| Time: 0:00:09   4.13 MB/s
scikit-learn-0  100% |##############################| Time: 0:00:01  11.45 MB/s
conda-4.3.30-p  100% |##############################| Time: 0:00:00  14.08 MB/s
```

图 11-10 从清华大学 TUNA 仓库下载 NumPy 软件

当然，我们可以多次利用 "conda create -n myenv python=x.x" 来创建不同 Python 版本的运行环境（这里的 myenv 是指某个环境名称，多个环境彼此不重名即可）。

11.3.2.2 激活与反激活环境

假设上述环境已配置成功，如果想使用这个环境，还需要在终端利用下面的命令显式激活它：

```
source activate tensorflow
```

一旦环境被激活，该环境的名称（如 tensorflow）会出现在提示符前端，如下所示：

```
(tensorflow) yhilly@ubuntu:~$
```

需要说明的是，这里的 "tensorflow" 是我们任意设定的，具有可读性和辨识性即可，读者完全可用其他环境名代替它（比如 tf 等）。在激活的环境下，可用 which 指令查询 Python 的路径：

```
(tensorflow) yhilly@ubuntu:~$ which python
/home/yhilly/anaconda3/envs/tensorflow/bin/python
```

也可以查询该环境下的 Python 版本号：

```
(tensorflow) yhilly@ubuntu:~$ python --version
Python 3.6.2 :: Anaconda, Inc.
```

如果我们创建了多个环境，可以利用"conda info --envs（或者 conda env list）"指令来查询当前环境信息：

```
conda info --envs
# conda environments:
tensorflow            *  /home/yhilly/anaconda3/envs/tensorflow
root                     /home/yhilly/anaconda3
```

当然，如果后期不想再用当前特定的环境了（或者想替换一个环境），还可以利用下面的命令撤销激活（即反激活）该环境：

```
source deactivate
```

如果彻底不想用某个环境了，还可以从操作系统中移除（remove）它。比如，如果想移除前文显示的环境"tensorflow"，使用如下指令即可完成相关移除操作：

```
conda remove -n tensorflow --all
```

上述参数中的"--all"，表示卸载这个环境（tensorflow）的所有安装包。为了确认是否卸载成功，可以再次使用"conda info --envs"来查询运行环境是否被移除了。

11.3.2.3 寻找 TensorFlow 安装源

在配置完 conda 的环境之后，我们来介绍如何在当前环境下安装 TensorFlow。由于网络环境不同，用一种方法安装 TensorFlow，可能会因莫名原因而失败。下面我们先后介绍 3 种方式来安装，相信总有一种方式适合你。

（1）conda 软件源安装

利用 conda 安装，也有两种方式。第一种方式是在终端直接输入命令：

```
conda install tensorflow
```

这种方法简单，conda 会自动查找安装源的"最新"版本来安装。这里"最新"二字之所以打上引号，就是表明它可能并非是真正的最新，而是 Anaconda 软件仓库里最新的。比如，假设使用了清华大学 TUNA 提供的镜像，它的最新版本可能是"1.8"，而实际最新的版本可能是"1.9"。

假设我们需要和团队其他成员配合工作，故需下载指定（并非最新）版本的 TensorFlow，该怎么办呢？这时就要利用第二种方式，使用命令搜索当前可用的 TensorFlow 版本，如下所示：

```
anaconda search -t conda tensorflow
```

部分结果显示如下所示：

```
yhilly@ubuntu:~$ anaconda search -t conda tensorflow
Using Anaconda API: https://api.anaconda.org
Packages:
    Using Anaconda API: https://api.anaconda.org
    Packages:
    Name                        | Version  | Package Types | Platforms            | Builds
    GlaxoSmithKline/tensorflow  | 0.12.0   | conda         | linux-64             | py27hb0d0e74_0
    HCC/tensorflow              | 1.5.0    | conda         | linux-64             | py34_1, py27_1,
    HCC/tensorflow-cpucompat    | 1.5.0    | conda         | linux-64             | py27_0, py36_0,
    HCC/tensorflow-fma          | 1.5.0    | conda         | linux-64             | py27_1, py34_1,
    HCC/tensorflow-tensorboard  | 1.5.0    | conda         | linux-64             | np113py36_0,
    anaconda/tensorflow-base    | 1.4.1    | conda         | linux-64             | py36hd00c003_2,
    anaconda/tensorflow-gpu     | 1.4.1    | conda         |                      |
    aaronzs/tensorflow          | 1.7.0    | conda         | linux-64, , osx-64, win-64 |
    anaconda/tensorflow         | 1.7.0    | conda         | linux-ppc64le, linux-64, osx-64,
                                                             win-64
    lwalkling/tensorflow-gpu    | 1.8.0rc1 | conda         | win-64               | 0         :
......
Found 74 packages
Run 'anaconda show <USER/PACKAGE>' to get installation details
```

从上面的信息可知，有支持 CPU、GPU 设备的各类 TensorFlow 版本共计 74 个。利用上述提示信息的最后一行指令，可查询我们感兴趣的 TensorFlow 安装包。比如，TensorFlow 1.8rc 是 Anaconda 中最新的版本（截至 2018 年 5 月）。由于最新版本还处于测试阶段，所以这里我们还是选择相对稳定的 1.7 版本。假设我们选择 aaronzs/tensorflow 版本来安装，即可按照上述提示信息的最后一行获取安装信息，如图 11-11 所示。

```
anaconda show aaronzs/tensorflow
```

```
yhilly@ubuntu:~$ anaconda  show  aaronzs/tensorflow
Using Anaconda API: https://api.anaconda.org
Name:     tensorflow
Summary: TensorFlow helps the tensors flow
Access:  public
Package Types:  conda
Versions:
   + 1.3.0
   + 1.4.0rc0
   + 1.4.0rc1
   + 1.4.0
   + 1.5.0
   + 1.6.0
   + 1.7.0

To install this package with conda run:
     conda install --channel https://conda.anaconda.org/aaronzs tensorflow
```

图 11-11 查询 aaronzs/tensorflow 版本及安装信息

然后，再根据图 11-11 所示的最后一行信息复制该指令，在命令行下安装这个版本的 TensorFlow，如图 11-12 所示。

```
conda install --channel https://conda.anaconda.org/aaronzs tensorflow
```

```
yhilly@ubuntu:~$ conda install --channel https://conda.anaconda.org/aaronzs tensorflow
Fetching package metadata ...............
Solving package specifications: .

Package plan for installation in environment /home/yhilly/anaconda3:

The following NEW packages will be INSTALLED:

    absl-py:     0.2.0-py36_0           defaults
    astor:       0.6.2-py36_0           defaults
    gast:        0.2.0-py36_0           defaults
    grpcio:      1.11.0-py36hf484d3e_0 defaults
    tensorboard: 1.7.0-py36_0           aaronzs
    termcolor:   1.1.0-py36_0           https://mirrors.tuna.tsinghua.edu.cn/anaconda/pkgs/free

The following packages will be UPDATED:

    libprotobuf: 3.4.0-0                https://mirrors.tuna.tsinghua.edu.cn/anaconda/pkgs/free --> 3.5.2-h6f1eeef_0       defaults

    numpy:       1.13.1-py36_0          https://mirrors.tuna.tsinghua.edu.cn/anaconda/pkgs/free --> 1.13.3-py36ha266831_3 defaults

    protobuf:    3.4.0-py36_0           https://mirrors.tuna.tsinghua.edu.cn/anaconda/pkgs/free --> 3.5.2-py36hf484d3e_0  defaults

    tensorflow:  1.4.1-0                anaconda                                                --> 1.7.0-py36_0           aaronzs

The following packages will be SUPERSEDED by a higher-priority channel:

    conda-env:   2.6.0-h36134e3_1       anaconda                                                --> 2.6.0-0                https://mirrors.tu
na.tsinghua.edu.cn/anaconda/pkgs/free

Proceed ([y]/n)? y

conda-env-2.6. 100% |##########################################################################################| Time: 0:00:00 437.83 kB/s
libprotobuf-3.   7% |######                                                                                    | Time: 0:00:00 481.95 kB/s
```

图 11-12 利用 conda 安装 TensorFlow

接着，在安装过程中，输入“y”同意继续，即可安装与 TensorFlow 相关的一系列软件。

请读者注意，利用 Anaconda 安装 TensorFlow，安装的版本可能稍稍滞后于 TensorFlow 的最新版本。其实，这对普通读者来说影响并不大。如果你就想安装最新版本，不妨查询最新的 PyPI（Python Package Index，这是 Python 官方认定的第三方软件库），然后使用 pip3 进行安装（Python 2 的安装包指令为 pip）。

第 11 章 一骑红尘江湖笑，TensorFlow 谷歌造

（2）pip3 安装

第二种常见的安装 TensorFlow 的方式是使用 pip3 安装。使用 pip3 的前提是，要确保它已经被安装了。在 Ubuntu 环境下，输入如下指令，很容易安装 pip3（安装过程中要输入 root 密码）：

```
sudo apt install python3-pip
```

当然，如果你不能确定之前安装的 pip 是否是 pip3，还可以利用下面的指令强制 python3 再安装一次（不管它之前有没有被安装过）：

```
python3 -m pip install --upgrade pip --force-reinstall
```

运行结果如图 11-13 所示（如果先前已经安装过 pip3，则该指令会先卸载它，再重新安装）。

图 11-13　强制安装 pip3

pip3 安装完毕后，就可使用 pip3 安装一个 TensorFlow 的"二进制版（即编译过的版本）"了。在此之前，还需要先找到 TensorFlow 的安装源。在浏览器中输入链接：https://pypi.python.org/pypi/tensorflow，选择"Download files（下载文件）"项，就可看到如图 11-14 所示的若干下载源。

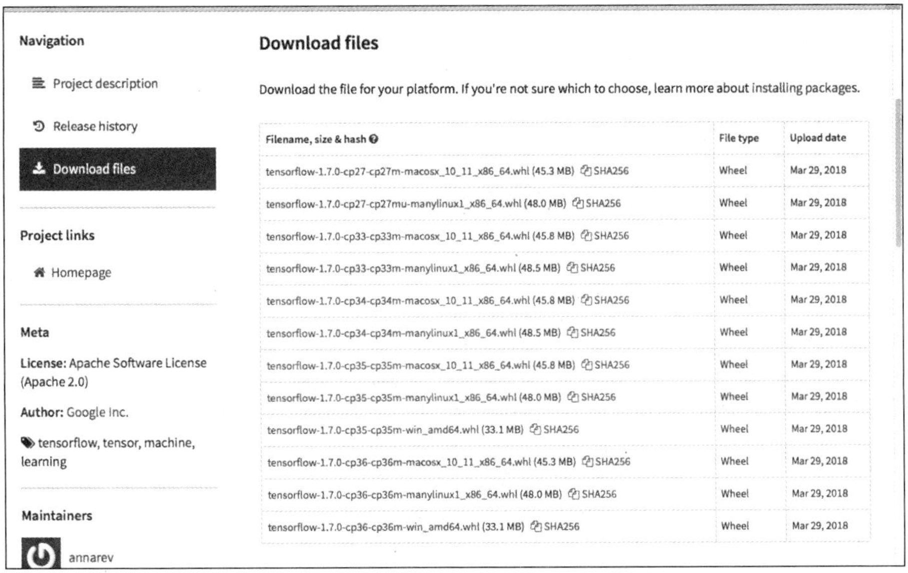

图 11-14　TensorFlow 的下载源

然后，根据使用的操作系统版本，选择对应的安装源。这里我们选择图 11-14 中所示的倒数第二个安装源，即 Linux 64 位的 Python 3.6 的安装源。

有两种方式来使用这个安装源。一种方式是直接在线安装，即在图 11-14 所示倒数第二个安装源位置，单击鼠标右键，复制下载链接（如 https://files.pythonhosted.org/packages/38/4a/42ba8d00a50a9fafc88dd5935246ecc64ffe1f6a0258ef535ffb9652140b/tensorflow-1.7.0-cp36-cp36m-manylinux1_x86_64.whl），然后在命令行用 "pip install url" 命令安装即可，在线安装的过程可能较慢，这取决于下载速度。如果出现下列字样，则表示安装成功：

```
Successfully installed tensorflow-1.7.0
```

另一种方式是，单击下载这个安装包（tensorflow-1.7.0-cp36-cp36m-manylinux1_x86_64.whl）到指定的位置（比如 "~/Downloads"）。然后，在下载路径下，在终端输入如下命令，即可完成安装任务：

```
pip install tensorflow-1.7.0-cp36-cp36m-manylinux1_x86_64.whl
```

11.3.2.4　测试 TensorFlow 是否安装成功

上述安装是否成功，需要测试一下才知道。下面我们就用 "Hello World" 版的程序，来测试 TensorFlow 是否安装成功。

在终端输入 "python"（请注意，在 Mac/Linux 环境下，"python" 必须全部小写），进入 Python 的交互模式（Python shell）。然后依次输入如下 4 条语句。

```
01    >>> import tensorflow as tf
02    >>> hello = tf.constant("Hello, TensorFlow!")
03    >>> sess = tf.Session()
04    >>> print(sess.run(hello))
b'Hello, TensorFlow!'
```

我们暂不解释上述语句，后文在讲解 TensorFlow 语法时，会详细介绍。在交换模式下，如果输入第 01 行代码没有提示信息，那么恭喜你，TensorFlow 安装成功。

但通常好事多磨。如果我们用 Anaconda 安装 TensorFlow，Python 的最新版本是 3.6，而 TensorFlow 的官方编译版还停留在 Python 3.5，那么会导致出现如下警告信息：

```
RuntimeWarning: compiletime version 3.5 of module 'tensorflow.python.framework.
```

```
fast_tensor_util' does not match runtime version 3.6
  return f(*args, **kwds)
```

上述警告信息其实并不影响输出结果。当然，对于有"警告洁癖"的读者，可重新利用 conda 创建一个 Python 3.5 的环境，在这个环境中重新安装 TensorFlow，问题就可迎刃而解。

在解决第 01 行语句带来的警告之后，在输入第 03 行语句时，TensorFlow 也可能给出如下警告：

```
I tensorflow/core/platform/cpu_feature_guard.cc:140] Your CPU supports
instructions that this TensorFlow binary was not compiled to use: AVX2 FMA
```

这个问题的出现源于 TensorFlow 的默认发布版是一个普适版本，它没有构建于 CPU 的扩展版指令之上。这样做的目的在于，它可以兼容更多类型的 CPU，尽量寻求支持各类 CPU 型号的最大交集，所以诸如 SSE（Streaming SIMD Extensions，单指令多数据流扩展）、AVX（Advanced Vector Extensions，高级向量扩展指令集）、FMA（Fused Multiply–Add，积和熔加运算）等提高 CPU 效率的高级指令，默认发布版是不支持的。而对于机器学习任务来说，诸如并行化或向量化编程，能大大提升机器学习的效率，所以还是很值得拥有的。

处理这类警告信息有两种策略。第一种策略是"鸵鸟策略"，即对警告信息"视而不见"，因为毕竟仅是"警告信息"，而非错误，TensorFlow 程序可照常运行。但这样做的坏处在于，如果用户的 CPU 本身性能很好，这种方式就难免让高端的 CPU 有劲使不上。

为了缓解上述情况的发生，还可以下载 TensorFlow 的源码，放到本地机器上编译一下。热爱"折腾"本就是工程师的优秀品质之一。下面我们就再接着"折腾"一番，介绍 TensorFlow 的第三种安装方式——下载源码编译。

11.3.3　TensorFlow 的源码编译

为了编译 TensorFlow 的源代码，除了要有 gcc（版本不低于 4.8）支持之外，还需要安装 Google 自产的编译工具 Bazel。

11.3.3.1　安装 Bazel

安装 Bazel，需要 Java JDK 8 或更高版本的支持，所以接下来我们要做的第一项工作就是要确定 Java 8/9 是否已经安装（可用"java -version"命令来查询）。如果没有安装，则可以通过如下流程进行安装。[1]

（1）利用Ubuntu的PPA（Personal Package Archives，个人软件包仓库，）安装Java 8。[2]

```
sudo add-apt-repository ppa:webupd8team/java                    #添加 PPA
sudo apt-get update && sudo apt-get install oracle-java8-installer   #安装 Java8
```

在安装过程中，需要选择同意 Oracle 公司的许可协议（用 Tab 键选择<YES>，并按回车键确认）。待上述流程执行完毕，输入如下命令检查 Java 8 是否成功安装。

```
yhilly@ubuntu:~$ java -version
java version "1.8.0_151"
Java(TM) SE Runtime Environment (build 1.8.0_151-b12)
Java HotSpot(TM) 64-Bit Server VM (build 25.151-b12, mixed mode)
```

从提示信息中可看出 Java 8 已成功安装。需要注意的是，虽然 Java 9 已经面世，但和 Java 9 相关的软件生态还没有形成，盲目追新会让很多软件运行不了。比如，Bazel 暂时还没有"与时俱进"发布与 jdk 1.9 相匹配的版本，所以，我们选择让"Java 9 飞一会儿"，暂时还使用稳定版本 jdk 1.8。

（2）将 Bazel 发布版的 URI 设置为软件源

输入如下两条指令可设置软件源：

```
echo "deb [arch=amd64] http://storage.googleapis.com/bazel-apt stable jdk1.8" | sudo tee /etc/apt/sources.list.d/bazel.list
curl https://bazel.build/bazel-release.pub.gpg | sudo apt-key add -
```

（3）安装并更新 Bazel

使用下面的指令更新并安装 Bazel（下面的指令实际上是两条，用"&&"连接一下，可让多条命令同处一行）[3]。

---

[1] 更多详情可参见 Bazel 官方文档：https://docs.bazel.build/versions/master/install-ubuntu.html。

[2] 对于 CentOS 用户而言，安装 Bazel 也不复杂，请参考资料 https://docs.bazel.build/versions/master/install-redhat.html。

[3] 需要注意的是，如果 Ubuntu 的软件源无法提供下载，如出现"Some index files failed to download. They have been ignored, or old ones used instead."的提示信息，请尝试在/etc/apt/sources.list 文件中修改国内软件源的地址，如阿里云的软件源 deb http://mirrors.aliyun.com/debian wheezy main contrib non-free。具体配置信息请查阅相关资料。

```
sudo apt-get update && sudo apt-get install bazel
```

在命令行输入“bazel version”，如果有正常的反馈信息输出，则表明Bazel安装完毕。[①]

```
Extracting Bazel installation...
Build label: 0.12.0
Build target: bazel-out/k8-opt/bin/src/main/java/com/google/devtools/build/
lib/bazel/BazelServer_deploy.jar
Build time: Tue Aug 4 01:22:27 +50246 (1523462001747)
Build timestamp: 1523462001747
Build timestamp as int: 1523462001747
```

11.3.3.2　下载 TensorFlow 的源码

编译工具准备好之后，我们要做的工作就是下载 TensorFlow 的源代码。为了获取在 GitHub 上的 TensorFlow 源码，比较方便的方式是使用 git 工具（一款免费开源的分布式版本控制系统），Ubuntu 中并没有预装这个工具，可使用下面的命令进行安装：

```
sudo apt install git
```

在输入 root 密码后，apt 就会自动安装 git 工具。这里稍微说明一下，对于较新版本的 Ubuntu，通常可使用简化版的“apt”命令来代替“apt-get”，事实上，为了兼容性，老版本的“apt-get”指令在新版本 Ubuntu 中依然有效，不过是新命令更加简单好记罢了。

接下来，我们利用 git 命令：git clone https://github.com/tensorflow/tensorflow，把远程的 TensorFlow 代码“克隆”（复制）到本地目录（如：~/tensorflow），如图 11-15 所示。

```
yhilly@ubuntu:~/tensorflow$ git clone https://github.com/tensorflow/tensorflow
Cloning into 'tensorflow'...
remote: Counting objects: 345914, done.
remote: Total 345914 (delta 0), reused 0 (delta 0), pack-reused 345913
Receiving objects: 100% (345914/345914), 160.25 MiB | 1.05 MiB/s, done.
Resolving deltas: 100% (273811/273811), done.
Checking connectivity... done.
Checking out files: 100% (11133/11133), done.
```

图 11-15　远程克隆 TensorFlow 源代码

然后进入家目录（~）下的 TensorFlow 下载路径。

---

① 此次需要说明的是，“追新”是有风险的，当你下载的 Bazel 是最新的版本，如 0.12.0，它很有可能与 TensorFlow 的代码编译有冲突。此时一个稳妥的解决方法是，下载它的前一个稳定版本 0.11.0。

```
cd ~/tensorflow
```

可利用 "ls" 命令查看一下 TensorFlow 的相关文件，如图 11-16 所示。

```
ACKNOWLEDGMENTS     CODEOWNERS          models.BUILD    tools
ADOPTERS.md         configure           README.md       util
arm_compiler.BUILD  configure.py        RELEASE.md      WORKSPACE
AUTHORS             CONTRIBUTING.md     SECURITY.md
BUILD               ISSUE_TEMPLATE.md   tensorflow
CODE_OF_CONDUCT.md  LICENSE             third_party
```

图 11-16 TensorFlow 的源码文件夹

接下来，我们进入 TensorFlow 源码文件夹，利用 "git checkout" 检出 TensorFlow 版本 1.7。

```
yhilly@ubuntu:~/tensorflow$ git checkout r1.7
Branch r1.7 set up to track remote branch r1.7 from origin.
Switched to a new branch 'r1.7'
```

11.3.3.3　配置编译文件

在使用 Bazel 编译源代码之前，还需要在 TensorFlow 源代码路径下，在命令行中运行 configure 文件，做一些必要的配置：

```
./configure
```

接下来，配置系统会给出各种询问，以确认编译时的配置参数，下面挑选几个比较重要的参数进行解释。

```
yhilly@ubuntu:~/tensorflow$ ./configure
You have bazel 0.12.0 installed.
Please specify the location of python. [Default is /home/yhilly/anaconda3/envs/tensorflow/bin/python]:
```

上面提示的意思是，Bazel 让我们选择 Python 的安装路径，只要确保是 Anaconda 的 Python 路径即可，直接按回车键（Enter）表示使用默认值。

```
Do you wish to build TensorFlow with jemalloc as malloc support? [Y/n]:
jemalloc as malloc support will be enabled for TensorFlow.
```

上面的选项表示是否使用 jemalloc 代替传统的 malloc 来管理内存。jemalloc 是杰森·埃文斯（Jason Evans）于 2006 年开发的用于取代传统低性能的 malloc 内存管理模块而开发的一款内存管理模块[4]。埃文斯并非等闲之辈，他是 FreeBSD 项目（一种类 UNIX 操作系统）的重要维护者之一。

　　jemalloc 先被 Firefox 浏览器采用，后来又被 Facebook 在其自己的各类应用上广泛使用，一战成名。好技术当然要用！直接按回车键，确认默认值 Y（默认值通常就是被大写的选项）。

```
Do you wish to build TensorFlow with Google Cloud Platform support? [Y/n]: n
No Google Cloud Platform support will be enabled for TensorFlow.
```

　　这个选项询问是否采用 Google 云平台来支持 TensorFlow。国内通常无法访问这个云平台，建议输入"n"。有条件的读者，可直接按回车键确认使用。

```
Do you wish to build TensorFlow with Hadoop File System support? [Y/n]: n
No Hadoop File System support will be enabled for TensorFlow.
```

　　这个选项询问是否使用 Hadoop 文件系统（HDFS）来支持 TensorFlow。如果搭建了 Hadoop 集群，有读取 HDFS 数据需求的用户，可以按回车键确认。如果没有需求，手动输入"n"。

```
Do you wish to build TensorFlow with Amazon S3 File System support? [Y/n]: n
No Amazon S3 File System support will be enabled for TensorFlow.
```

　　类似的，这个选项询问 TensorFlow 是否支持亚马逊的 S3 文件系统。读者根据自己的需要来选择"Y"或"n"。如果用不着，建议选择"n"。

```
Do you wish to build TensorFlow with Apache Kafka Platform support? [y/N]:
No Apache Kafka Platform support will be enabled for TensorFlow.
```

　　Kafka 是由 Apache 软件基金会开发的一个开源流处理平台，是一种高吞吐量的分布式发布订阅消息系统。如果没有这个需要，建议选择默认值"N"。

```
Do you wish to build TensorFlow with XLA JIT support? [y/N]: n
No XLA JIT support will be enabled for TensorFlow.
```

　　这个选项询问是否开启 XLA JIT 编译支持。XLA（Accelerated Linear Algebra，加速线性代数）目前还是 TensorFlow 的实验项目，XLA 使用 JIT（Just in Time，即时编译）技术来分析用户在运行时（runtime）创建的 TensorFlow 图。作为一项新技术，JIT 编译技术还不甚成熟，爱折腾的"极客"读者可以选"y"，否则就选择默认值"N"。

```
Do you wish to build TensorFlow with CUDA support? [y/N]:
No CUDA support will be enabled for TensorFlow.
```

这个选项询问是否使用 CUDA。CUDA 是一种由 NVIDIA 推出的通用并行计算架构，该架构使 GPU 能够解决复杂的计算问题。如果用户配备有 NVIDIA 的 GPU，可以选择"y"，如果仅使用 TensorFlow 的 CPU 版本，按回车键确认"N"。

```
Do you wish to build TensorFlow with MPI support? [y/N]:
No MPI support will be enabled for TensorFlow.
```

这个选项询问是否使用 MPI。MPI（Message Passing Interface，消息传递接口）是实现进程级别的并行程序的通信协议，它在进程之间进行消息传递。如果不是基于 TensorFlow 做并行程序开发，建议按回车键确认选择默认值"N"。

```
Please specify optimization flags to use during compilation when bazel option
"--config=opt" is specified [Default is -march=native]:
```

这个选项是指定 CPU 编译优化选项。默认值是"-march=native"。这里的"m"表示"machine（机器）"，"arch"是"architecture"的简写。"march"合在一起表示机器的结构，如果选择"-march=native"，则表示选择本地(native)CPU，如果本地 CPU 比较高级，就可以支持 SSE4.2、AVX 等选项。这里建议选默认值。

```
Would you like to interactively configure ./WORKSPACE for Android builds? [y/N]:
```

这个选项询问是否进入 Android 的工作空间进行配置，如果不用手机版的 TensorFlow 开发，则选择默认值"N"。

之后，当显示"Configuration finished"（配置完成）字样时，表示配置顺利完成。

11.3.3.4 编译源文件

配置完 Bazel 的编译选项之后，就可以使用如下指令编译 TensorFlow 的源代码了：

```
bazel build --config=opt //tensorflow/tools/pip_package:build_pip_package
```

如果想获得 GPU 支持，需要加入编译选项"--config=cuda"。上述指令将在"/tensorflow/tools/pip_package"路径下构建一个 pip 包文件。

倘若上述命令导致编译失败，一个可能的原因是，Bazel 作为并行编译器会耗费非常多的系统资源，特别是对利用虚拟机安装 Linux 的用户而言，虚拟机本身配置的资源就非常有限，一旦系统资源耗尽，编译自然失败。

下面的编译指令是对线程数、内存等资源做了限制，且一旦编译失败，让 Bazel 给出详细的错误信息。

```
bazel build -c opt --jobs 1 --local_resources 2048,0.5,1.0 --verbose_failures //tensorflow/tools/pip_package:build_pip_package
```

不过，一旦对编译资源做了限制，编译速度将会非常缓慢，可能耗时若干小时！而在配置较高的机器上，这个过程可能就需要几分钟。当显示"INFO: Build completed successfully, 4574 total actions"等类似字样时，表示编译成功。通过使用"ls"命令进行查看（如图 11-17 所示），可发现在 TensorFlow 文件夹下会多出若干个与 Bazel 相关的文件夹。到此，工作还没有结束，我们还需要构造一个 Python 的安装包（pip）。

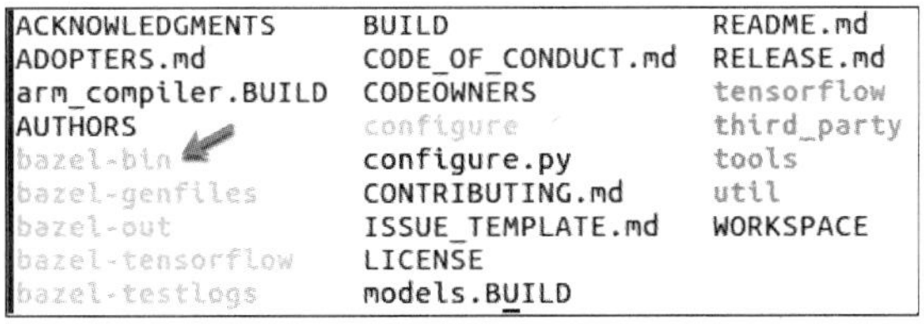

图 11-17　编译成功后的 TensorFlow 文件夹

在"bazel-bin"文件夹下，有我们需要的打包工具 build_pip_package。假设我们把这个打包的位置定位为"~/tensorflow_pkg"文件夹，则使用如下指令：

```
bazel-bin/tensorflow/tools/pip_package/build_pip_package ~/tensorflow_pkg
```

当然，上述指令中的打包生成路径（"~/tensorflow_pkg"中的"~"表示家目录"/home/username/"），实际上是可以任意指定的。比如，可以放到系统根目录下的临时文件夹（/tmp/tensorflow_pkg）中。当然，如果放在根目录下，则需要加 sudo 权限，否则可能会因为权限不足而导致创建文件夹失败。

打包完毕后，我们就可以在打包生成路径（如"~/tensorflow_pkg"）中，查看到我们的劳动成果（用"ls"命令查看）了，其中"tensorflow-1.7.0-cp36-cp36m-linux_x86_64.whl"就是我们折腾半天的回报，它就是支持本地 CPU 优化适配的 Python 3.6 编译版本。

11.3.3.5 测试编译结果

编译完毕后，我们还得安装上述"轮文件"（wheel file，以.whl 为扩展名）。这里稍微介绍一下这个所谓的"轮文件"。"轮文件"是 Python 用以取代"蛋文件（egg file）"的一类新式安装包，支持 pip 1.4 或 setuptools 0.8 以上的版本。

Python 之所以不再用"蛋文件"，自然是因为"轮文件"能带来更多的便利。最直观的便利是，对于纯 Python 文件或 C 扩展文件（比如 Objective-C）的编译作品，它的安装速度更快。它还能创建一个".pyc"文件，将其集成到安装文件中，用以确保与 Python 解释器更加匹配，并能在跨平台、跨机器的安装中保证软件的一致性。"wheel"本身还有"方向盘"的含义，或许之所以取这样的名字，可能因为它的存在，能给用户更大的"掌控感"吧，"轮文件"示意图如图 11-18 所示。

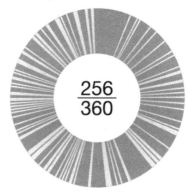

图 11-18 Python 的"轮文件"示意图

下面要做的工作是，利用 pip 来安装我们亲手编译的 TensorFlow 二进制文件：

```
pip install ~/tensorflow_pkg/tensorflow-1.7.0-cp36-cp36m-linux_x86_64.whl
```

当出现下面的字样时，就表明安装成功了。

```
Installing collected packages: tensorflow
Successfully installed tensorflow-1.7.0
```

一旦 TensorFlow 安装成功，我们要做的就是重新进入 Python 的交互式环境，测试运行一下前文提到的"Hello World"版本的 TensorFlow 程序，看看有没有警告信息。这里需要介绍一个经验，不要从 TensorFlow 的源文件目录下进入 Python，否则，Python 可能会因为误以为当前目录中的 Tensorflow 就是要导入的模块，从而导致装载失败。换一个目录进入 Python，就可以解决此问题。

```
yhilly@ubuntu:~$ python
ython 3.6.2 |Continuum Analytics, Inc.| (default, Jul 20 2017, 13:51:32)
[GCC 4.4.7 20120313 (Red Hat 4.4.7-1)] on linux
Type "help", "copyright", "credits" or "license" for more information.
>>> import tensorflow as tf
>>> hello = tf.constant("Hello, TensorFlow!")
>>> sess = tf.Session()
>>> print(sess.run(hello))
b'Hello, TensorFlow!'
```

还可以通过下面的指令查询 TensorFlow 的安装版本和路径：

```
>>> tf.__version__              #单词 version 左右各两个下画线
'1.7.0'
```

11.3.3.6　卸载 TensorFlow

如果不想再使用 TensorFlow，或者想更换一个新的运行环境，可以利用 pip3（或 pip）命令卸载之前的 TensorFlow，具体指令如下所示：

```
pip3 uninstall tensorflow       #卸载 TensorFlow
```

至此，我们把 TensorFlow 的"生（安装）"和"死（卸载）"都介绍了一遍。之所以还大费周章地把 TensorFlow 源代码的编译流程讲解一遍，其实是想借助这个案例把 Linux 生态下的源码下载（使用 git 指令）、Bazel 编译与打包、Python 的安装与卸载顺便讲解一下，这些流程在其他环境下也可能用到，所以还是值得学习的。

11.4　Jupyter Notebook 的使用

11.4.1　Jupyter Notebook 的由来

为了让读者对 TensorFlow 的语法有更形象的认识，下面我们准备采用 Jupyter Notebook 来完成相关知识的介绍。

为什么要使用Jupyter Notebook呢？在介绍Jupyter Notebook之前，我们先介绍一位计算机领域的大侠——斯坦福大学终身教授Donald Knuth（高德纳·克努特）。"高德纳"这个中文名字是他自己认可的，[①]国内有些媒体将其翻译成"唐纳德"，显然没有尊重高德纳本人的意愿。

高德纳的确是一个"高人"，他不仅是排版软件TeX（学术论文撰写的利器）和字形设计系统Metafont的发明人，还是《计算机程序设计的艺术》(The Art of Computer Programming)的作者。《计算机程序设计的艺术》堪称计算机科学理论与技术的经典巨著。有评论认为，它甚至可与爱因斯坦的《相对论》[②]、理查·费曼的《量子电动力学讲义》[③]等经典理论和图书比肩而立。高纳德也因此而荣获1974年度的图灵奖。

那高德纳和我们今天要介绍的 Jupyter Notebook 有什么关系呢？关系自然是有的！高纳德提出了一个至今看来仍然很有吸引力的编程方法——文学化编程（Literate Programming）。

传统的编程方式让人们完全"屈就"于计算机的逻辑来编写代码。与此相反的是，文学化编程则是让人们按照自己的思维逻辑来开发并描述程序。简单来说，文学化编程的读者是人，而非机器。

这种模式的转换，让我们从仅写出让机器能读懂的代码，过渡到向人解释如何让机器实现我们的想法。这种解释，除了包括让机器识别的"中规中矩"的代码，还有人自己"喜闻乐见"的叙述性的文字、图表等内容。而且这些代码的运行和结果展示，并不需要离开当前文字描述的平台，也就是说，文学化编程支持现场交互式呈现。这难道不是数据分析人员所需要的编程风格吗？

是的，这种编程风格非常酷！如果说高德纳提出了文学化编程的设想，那么 Jupyter Notebook 就是实现这一设想的工具之一。Jupyter Notebook 可让我们"左手程序员，右手作家"的梦想更加现实。

Jupyter脱胎于IPython项目。[④]IPython是一个Python的交互式shell，它比默认的Python shell好用很多，而IPython正是Jupyter的内核所在。

[①] 名字的来源是这样的：1977 年，高德纳就作为专家来中国访问，临行前他想起一个中文名字，于是，图灵奖获得者姚期智的夫人便给他起了这个名字。其个人主页地址为：http://www-cs-faculty.stanford.edu/~knuth/。

[②] ［美］阿尔伯特·爱因斯坦著. 易洪波，李智谋译. 相对论[M]. 江苏：江苏人民出版社，2011.

[③] ［美］费曼（Feynman R.P.）著. 张邦固译. 量子电动力学讲义[M]. 北京：高等教育出版社，2013.

[④] https://jupyter.org/

说到词源，Jupyter 是 Julia（一门面向科学计算的高性能动态高级程序设计语言）、Python 以及 R（统计分析、绘图的语言和操作环境）的组合，字形相近于木星（Jupiter），而它现在支持的语言也远超这三种，C++、C#、MATLAB、Spark（Scala）等超过 40 种编程语言都被 Jupyter 所支持，如图 11-19 所示。

图 11-19　Jupyter 支持的主要语言

11.4.2　Jupyter Notebook 的安装

事实上，我们在前面安装 Anaconda 时，Jupyter Notebook 已被默认安装了。如果没有安装，在 conda 环境中，可使用如下命令进行安装：

```
conda install jupyter notebook
```

或者直接通过 pip（或 pip3）安装：

```
pip install jupyter notebook
```

如果安装了 Python 3，还可以通过 python3 命令安装（注意 python3 首字母小写，且与数字"3"之间没有空格）：

```
python3 -m pip install --upgrade pip        #升级 pip
python3 -m pip install jupyter              #安装 Jupyter
```

下面，我们先创建一个名为"tf-notebook"的目录，用来存放与 Jupyter Notebook 有关的文件，然后在控制台中用"jupyter notebook"命令启动 Jupyter Notebook 的服务器，相关指令如下所示：

```
yhilly@ubuntu:~$ mkdir tf-notebooks
yhilly@ubuntu:~$ cd tf-notebooks/
yhilly@ubuntu:~/tf-notebooks$ jupyter notebook
```

其中第 3 条指令将在默认的网页浏览器中开启一个新的工作空间。如果想要新创建笔记，单击页面右上角的"New"按钮，然后选择"Python 3"项，如图 11-20 所示。具体选择哪个版本的 TensorFlow，取决于我们启动 Jupyter Notebook 的虚拟环境（就是终端提示符前方的环境名称）。

图 11-20　启动 Jupyter Notebook

新创建的笔记会自动打开，如图 11-21 所示。此时，笔记并没有被命名，所以被系统自动命名为"Untitled1"（未命名）。

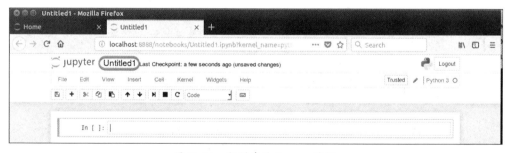

图 11-21　新创建的 Jupyter 笔记

单击"Untitled1"会弹出重命名对话框，如图 11-22 所示，在文本框中输入合适的文件名（如 myFirstBook），然后单击"Rename（重命名）"按钮，即可完成笔记的重命名工作。Jupyter Notebook 笔记文档的扩展名为 .ipynb。

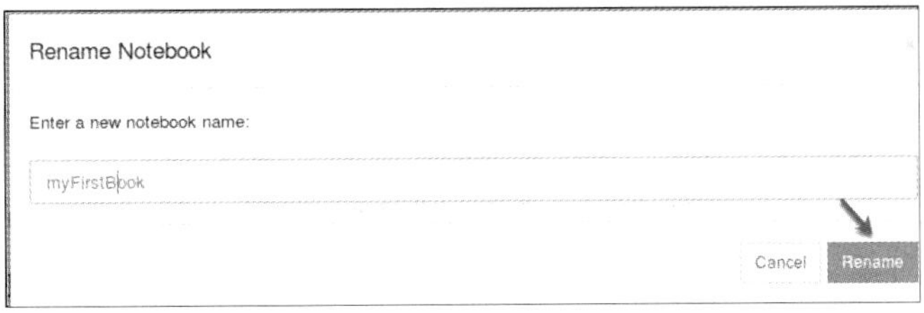

图 11-22　重命名 Jupyter 笔记

在图 11-21 中，注意左边有一个标识为 "In[ ]:" 的代码单元格，它提示我们这是一个输入代码的区域，可以在其中输入任意合法的 Python 语句。

由于 Jupyter Notebook 的交互式效果很大一部分是由绘图呈现的，而绘图功能通常是由 matplotlib 这个包来提供的，如果事先没有安装这个包，则可以通过如下指令进行安装。

```
conda install matplotlib
```

前期的工作完成后，就可以检测代码的输入了。

```
01  import tensorflow as tf
02  import numpy as np
03  import matplotlib.pyplot as plt
04  %matplotlib inline
05  a = tf.random_normal([2,30])
06  sess = tf.Session()
07  out = sess.run(a)
08  x,y = out
09  plt.scatter(x, y)
10  plt.show()
```

代码输入完毕后，按下 Shift + Enter（回车键）组合键或者单击图中箭头所指按钮，即可运行该段代码，运行结果如图 11-23 所示。

如果 Jupyter 的功能仅限于此，那它和普通的 IDE 环境也没有太大的区别。事实上，Jupyter 的"文学化编程"到此并没有体现出来。如何才能体现呢？这就要用到 Notebook 文档的另外一种单元——Markdown。

先来简单介绍一下 Markdown。它是一种可以使用普通文本编辑器编写的标记语言，通过简单的标记语法，它可以使普通文本内容具有一定的格式。由于它的功能比纯文本强大，因此也有很多人用它来写博客。

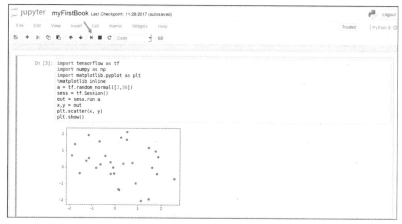

图 11-23　在 Jupyter 中运行代码

在 Jupyter 的文本编辑单元格中，采用的就是 Markdown 的语法规范，因此它可以设置文本格式，插入链接、图片甚至数学公式（类似于 LaTeX，编辑公式非常漂亮），如此一来，整个文档看起来就是图文并茂的了。同样可使用 Shift + Enter 组合键运行 Markdown 单元来显示格式化的文本，如图 11-24 所示。

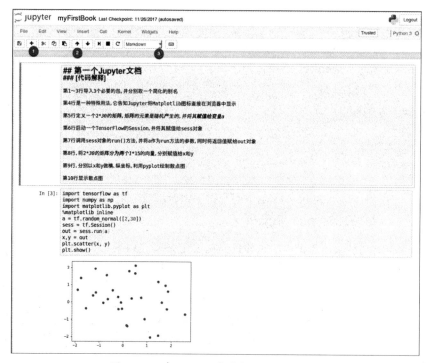

图 11-24　在 Jupyter 中添加 Markdown 块

在图 11-24 中，我们按照标号次序，先添加一个模块（+），然后选择模块位置上移（↑），最后单击小按钮选择单元格格式——Markdown。在图 11-24 中输入我们对代码的解释。简单解释一下，在 Markdown 中，两个"#"表示二级标题，三个"#"表示三级标题，依此类推。

在文本编辑块中按下 Shift + Enter（回车键）组合键即可格式化显示该段文件，如图 11-25 所示，图文+代码并茂的文档便呈现在我们面前（图 11-24 所示的若干个#，就变成条理清晰的若干级标题）。如果想再次编辑对应的编辑方格（cell），用鼠标单击选中对应的方块，然后直接按回车键即可进入编辑模式。

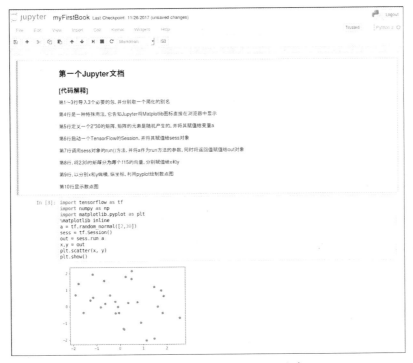

图 11-25　格式化显示 Markdown 文本

当然，Jupyter 的功能及使用技巧远远不止上面简短的介绍，要了解更多相关知识，请自行参考相关图书或网络上的资料。

在铺垫好基础知识之后，下面我们将正式介绍 TensorFlow 的基础用法。

11.5　TensorFlow 中的基础语法

虽然 TensorFlow 可直接使用 Python 来编写程序，但由于它的一些个性化规定之琐碎，新概念之层出不绝,**用户甚至都可以把它视为一种新语言来学习**。这个有点相当于 CUDA 之于 C/C++（仅仅懂 C/C++，也是玩不转 CUDA 的）。基于这个原因，我们有必要介绍一下 TensorFlow 的核心语法。

11.5.1 什么是数据流图

在本章开篇处，我们就介绍了 TensorFlow 名字的来历。TensorFlow 最基本的一次计算流程通常是这样的：首先它接受 n 个固定格式的数据输入，通过特定的函数，将其转化为 n 个张量（Tensor）格式的输出。

一般来说，某次计算的输出很可能是下一次计算的（全部或部分）输入。整个计算过程其实是一个个 Tensor 数据的流动过程。在这其中，TensorFlow 将这一系列的计算流程抽象为一张数据流图（Data Flow Graph）。简单来说，**数据流图，就是在逻辑上描述一次机器学习计算的过程**。下面我们以图 11-26 为例，来说明 TensorFlow 中的几个重要概念。

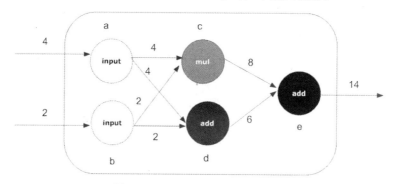

图 11-26　TensorFlow 的数据流图

构建数据流图时，需要两个基础元素：节点（node）和边（edge）。

- 节点：在数据流图中，节点通常以圆、椭圆或方框表示，代表对数据的运算或某种操作。例如，在图 11-26 中，就有 5 个节点，分别表示输入（input）、乘法（mul）和加法（add）。

- 边：数据流图是一种有向图，"边"通常用带箭头的线段表示，实际上，它是节点之间的连接。指向节点的边表示输入，从节点引出的边表示输出。输入可以来自其他数据流图，也可以表示文件读取、用户输入。输出就是某个节点的"操作（Operation，下文简称 Op）"结果。在图 11-26 所示的例子中，节点 c 接受两个边的输入（2 和 4），输出乘法的（mul）结果 8。

本质上，TensorFlow 的数据流图由一系列链接在一起的函数构成，每个函数都会输出若干个值（0个或多个），以供其他函数使用。在图 11-26 中，a 和 b 是两个输入节点（input）。这类节点并非可有可无，它的作用是传递输入值，并隐藏重复使用的细节，从而可对输入操作进行抽象描述。

除了上述两个概念之外，下面 3 个概念也很重要，在后面的章节中会详细介绍，这里仅做简单介绍。

（1）Session（会话）：根据上下文，会话负责管理协调整个数据流图的计算过程。光有数据流图还不够，如果想执行数据流图所描述的计算，还得配备一个专门的会话负责图计算。

（2）Op（操作）：数据流图中的一个节点，代表一次基本的操作过程。

（3）Tensor（张量）：在 TensorFlow 中，所有计算数据的格式，都是一个 n 维数组，如 t = [[1, 2, 3], [4, 5, 6], [7, 8, 9]]，就是一个二维张量。

11.5.2　构建第一个 TensorFlow 数据流图

通过前面的介绍，下面我们就构建一个与图 11-26 相匹配的数据流图，具体代码如下范例 11-1 所示。

【范例 11-1】TensorFlow 数据流图（first_graph.py）

```
01  import tensorflow as tf
02
03  a = tf.constant(4, name = "input_a")
04  b = tf.constant(2, name = "input_b")
05  c = tf.multiply(a,b, name ="mul_c")
06  d = tf.add(a,b, name = "add_d")
07  e = tf.add(c,d, name = "add_e")
08
09  sess = tf.Session()
10  print(sess.run(e))
11  sess.close()
```

在 Jupyter Notebook 中按 Shift + Enter 组合键，结果如图 11-27 所示。

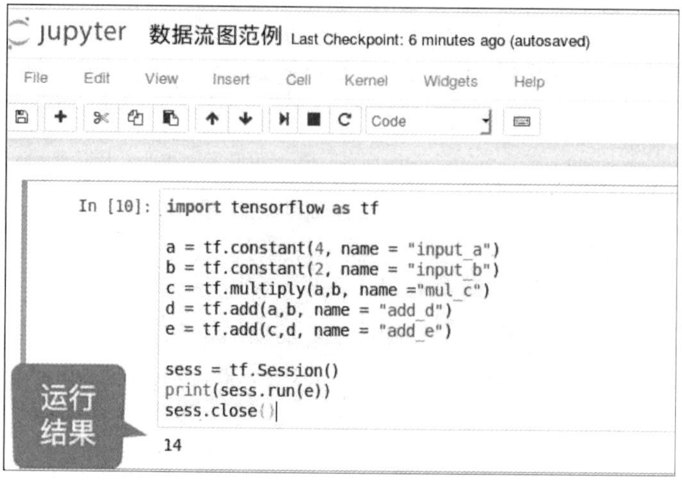
jupyter 数据流图范例 Last Checkpoint: 6 minutes ago (autosaved)
File Edit View Insert Cell Kernel Widgets Help
Code
In [10]:
import tensorflow as tf
a = tf.constant(4, name = "input_a")
b = tf.constant(2, name = "input_b")
c = tf.multiply(a,b, name ="mul_c")
d = tf.add(a,b, name = "add_d")
e = tf.add(c,d, name = "add_e")
sess = tf.Session()
print(sess.run(e))
sess.close()
运行结果
14

图 11-27　数据流图计算结果

整体来说，TensorFlow 的程序由两大部分构成：

（1）构建计算流图（如范例 11-1 的第 03~07 行）。

（2）运行计算流图（如范例 11-1 的第 09~11 行）。

下面我们来详细解析一下上述代码。

第 01 行代码是 Python 的经典用法，它的作用是导入 TensorFlow 库，并给它取一个简短的别名 tf，方便后面引用。

第 03 和 04 行代码定义了两个输入节点 a 和 b，在 TensorFlow 中，它要以数据流图的形式完成计算，所以不能像 Python 一样直接赋值。比如 a = 4 或 b = 2，这在 TensorFlow 计算中都是错误的，必须通过一个“操作（Operation，简称 Op）”使其变成一个数据流图的节点。tf.constant( ) 就是要创建一个常量操作，constant( )函数本身有多个参数，其函数原型如下所示：

```
constant(
    value,
    dtype=None,
    shape=None,
    name='Const',
    verify_shape=False
)
```

第 1 个参数是常量数值（value）；第 2 个参数是数据类型（dtype），指定返回张量的数据类型；第 3 个参数 shape 是可选项，表明设置张量的形状（即张量的维度）；第 4 个参数是 name，是可选项，用于指定这个操作（Op）的名称，默认值为"Const"，在本范例代码中，我们给出特定的名称，这是为了方便后期绘制流程图；第 5 个参数是一个布尔值，它表明是否要验证张量的形状，默认值为"False"，不进行验证。这 5 个参数除了第 1 个参数外，都有默认值，用户可以根据自己的需要指定第 2~5 个参数的值。

第 05 行代码实施乘法操作。与前面介绍的类似，在 TensorFlow 中，乘法也是一个标准的 Op，multiply() 函数的原型为：

```
multiply(
    x,
    y,
    name=None
)
```

在参数中，x 和 y 是两个标准的张量（可以是下列类型中的任何一种，half、float32、float64、uint8、int8、uint16、int16、int32、int64、complex64、complex128），返回值是 x*y 的值，对这个 Op 也可以取一个名称 name，默认值是"None"。在本范例中，我们取名为 mul_c。

这里需要说明一点，在 TensorFlow 1.0（2017 年 2 月发布）以后，tf.mul（乘法）、tf.sub（减法）和 tf.neg（取负值）等 API 都已过时，分别被 tf.multiply、tf.subtract 和 tf.negative 取代。

由于 TensorFlow 的社区非常活跃，用户提交了很多有价值的代码，因此它的版本迭代速度非常快，所以如果读者在看到本书时，发现部分 API 过时了，版本号不是最新的，无须惊讶，因为这就是 TensorFlow 的特性。对于此类情况，多多查看 TensorFlow 的官方文档（https://www.tensorflow.org/api_guides/python/），把握最新动态，才是正道。

第 06~07 行，表明加法操作，add( ) 函数的原型为：

```
add(
    x,
    y,
    name=None
)
```

参数的含义和乘法类似，这里不再赘述。

当整个数据流图构建完毕后，虽然它在语法上不报错，但 TensorFlow 并不会实质性地去执行数据流图描述的计算。这是因为，我们还需要给这个数据流图添加一个会话（Session）。

第 09 行，定义了一个会话。Session 可理解为数据流图的运行环境。

第 10 行，把数据流图的终点 e 作为会话运行 run( )的参数，然后利用 print 打印 run()的返回值。

由于开启了一个会话，可能会耗费部分系统资源，一个良好的编程习惯就是用完一个会话之后，要关闭它，第 11 行做的就是这个工作。

当然，我们可以利用"with"上下文管理器在用完之后自动关闭它，第 09~11 行代码可变更为：

```
with tf.Session() as sess:
    print(sess.run(e))
```

现在我们总结一下 TensorFlow 的工作流程，实际上它体现出来的是一个"惰性"方法论。

（1）构建一个计算图。图中的节点可以是 TensorFlow 支持的任何数学操作。

（2）初始化变量。为前期定义的变量赋初值。

（3）创建一个会话。这才是图计算开始的地方，也是体现它"惰性"的地方，也就是说，仅仅构建一个图，这些图不会自动执行计算操作，还要显式提交到一个会话中去执行，即它的执行是滞后的。

（4）在会话中运行图的计算。把编译通过的合法计算流图传递给会话，这时张量（tensor）才真正"流动（flow）"起来。

（5）关闭会话。当整个图无须再计算时，则关闭会话，以回收系统资源。

在有了活动状态的 Session 对象之后，下面我们还可以利用 TensorBoard 来可视化这个数据流图。

11.5.3　可视化展现的 TensorBoard

人们在训练庞大而复杂的深度神经网络时，经常会出现难以理解的运算。而人类是有"视觉青睐"的，也就是说，人们通常更善于理解图片带来的信息。为了迎合这一特性，也为了更方便理解、调试与优化程序，TensorFlow 提供了一个非常好用的可视化工具——TensorBoard，它能够可视化机器学习的流程，绘制图像生成的定量指标图以及附加数据。

下面我们就以范例 11-1 这个简单的程序来说明如何利用TensorBoard。[①]首先，我们要让TensorFlow把运行时的数据快照写到磁盘，以方便在TensorBoard中读取。我们需要利用一个Python类，叫FileWriter，它是summary的子类。改写范例 11-1，添加有关可视化的语句，如范例 11-2 所示。

【范例 11-2】将数据流数据写入磁盘（TensorBoard.py）

```
01  import tensorflow as tf
02
03  a = tf.constant(4, name = "input_a")
04  b = tf.constant(2, name = "input_b")
05  c = tf.multiply(a,b, name ="mul_c")
06  d = tf.add(a,b, name = "add_d")
07  e = tf.add(c,d, name = "add_e")
08
09  with tf.Session() as sess:
10      print(sess.run(e))
11      writer = tf.summary.FileWriter('./my_graph/1')
12      writer.add_graph(sess.graph)
```

相比于范例 11-1，本例添加了第 11~12 行代码。第 11 行代码的功能是设置数据流图中数据的写入路径 "./my_graph/1"（当然，这个目录并非是固定的，读者需要根据自己的图日志数据存储而做相应的调整）。第 12 行代码将当前会话的图数据写入指定路径下的文件中（读者无须关心文件名，TensorFlow 有自己的一套文件命名方式）。

按 Shift+Enter 组合键，在 Jupyter 中运行这个程序。可以发现，程序的运行结果并没有发生任何改变，依然是 "14"，但有关图运行的事件日志数据已经被写入到指定路径。

```
yhilly@ubuntu:~/tf-notebooks$  pwd                    #查看当前工作目录
/home/yhilly/tf-notebooks
yhilly@ubuntu:~/tf-notebooks$ ls  my_graph/1/         #显示指定目录的文件
```

[①] 我们推荐读者查看单迪伦·马内（Dandelion Mane）在 2017 年 2 月 TensorFlow 开发者峰会上做的有关 TensorBoard 的宣讲，里面有很多有关 TensorBoard 的炫技式展现，访问链接为 https://youtu.be/eBbEDRsCmv4。

events.out.tfevents.1511860910.ubuntu

通过"ls"命令，可以显示指定目录的文件，其中以"events"开始的文件 events.out.tfevents.1511860910.ubuntu，就是所谓的事件日志数据。如果我们想一探究竟，还可以用 vim 编辑器打开它，如图 11-28 所示。

图 11-28　TensorFlow 生成的图数据

或许你会疑惑，这个文件中的内容有点看不明白啊。是的，这些内容都是使用 Protocol Buffer 协议序列化之后的数据，它的设计目的并不是让"人"来看懂的，懂它的是 TensorBoard，它可以帮助我们总结出来要义。下面我们就调用 TensorBoard 来解析它。在终端命令行模式下输入如下指令：

```
yhilly@ubuntu:~/tf-notebooks$ tensorboard --logdir=./my_graph/1
    TensorBoard 1.7.0 at http://ubuntu:6006 (Press CTRL+C to quit)
```

从 TensorBoard 的启动参数选项 "--logdir" 可知，其后跟随的参数就是 tf.summary.FileWriter 写入事件日志文件的目录路径。请注意，这里指定的是日志文件（Event Files）所在的"目录"，而非具体的"日志文件"。

这是因为，TensorBoard 在加载日志文件时，会把日志目录下的所有事件文件全部读取出来，一并分析。这样做是有原因的，因为深度学习项目在训练过程中，会因各式各样的错误停止，而后又重新执行，这样每次都会生成一个事件文件，一并读取出来的好处在于，有参照对比的作用。这就好比，人们在看病时，为了准确诊断病情，医生还希望看到以前的诊断记录。

实际上，除了前面讲到参数"--logdir"之外，TensorBoard 还有其他启动参数，下面一并给予简单介绍。

- --port：设置 Web 服务的端口号，如果不设置，默认值是 6006。
- --event_file：指定一个特定的事件日志文件。
- --reload_interval：Web 服务后台重新加载数据的间隔，默认值为 120 秒。

从 TensorBoard 启动后显示的提示信息可知，由于我们并没有手动设置服务端口号，TensorBoard 会在后台自动开启了一个端口号为 6006 的 Web 服务。该服务进程能从事件日志文件中读取必要的数据流图的概要信息，然后将这些信息绘制成能在网页中显示的图片。

在浏览器地址栏中输入 http://ubuntu:6006，即可访问这个服务。实际上，这个"ubuntu"仅是笔者 localhost（本机）的主机名，所以也可以在浏览器地址栏中输入 http://localhost:6006，二者的效果是一样的。读者应根据 TensorBoard 的提示信息，灵活地调整在地址栏中输入的链接地址。

范例 11-2 中的数据流图（部分）如图 11-29 所示。可以用鼠标拖动这个图的显示区域，还可以利用鼠标滚轮放大或缩小该图。

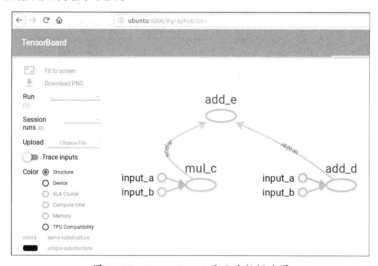

图 11-29　TensorBoard 显示的数据流图

如果想停止 TensorBoard 的服务，可在开启这个服务的终端窗口中，按下 CTRL+C 组合键。请注意，这里的"C"表示的是"Cancel（取消）"，而非我们常用的"Copy（复制）"。

事实上，除了前面介绍的可生成上述计算结构图（使用 tf.summary.FileWriter），还可生成如下 4 类概要数据，分别简介如下。

（1）标量数据，如代价损失值、准确率等，这时需要使用 tf.summary.scalar 算子。

（2）参数数据，参数矩阵（weights）、偏置（bias）矩阵等，可使用 tf.summary.histogram 直方图算子。

（3）音频数据，使用 tf.summary.audio 算子。

（4）图像数据，使用 tf.summary.image 算子。

所有这些记录摘要算子，因为它们没有被其他计算节点所依赖，所以不会自动触发执行。因此，要想运行它们，必须手动在 Session.run() 中主动触发。

11.5.4　TensorFlow 的张量思维

仔细观察图 11-29，细心的读者能够发现，在有向边上标着"scalar（标量）"字样。在前文中，我们已经粗略介绍了标量的含义，它表示一个数值，是 TensorFlow 计算中的最小单元，如数值"1"或"3.2"等。下面我们从"阶（rank）"的角度，来重新审视一下 TensorFlow 中的张量类型。简单来说，阶可以理解为张量的维数。如表 11-1 所示。

表 11-1　TensorFlow 中的张量类型

阶	名称与解释	Python 对应的实例
0	标量（scalar），只有一个值	s = 3.2
1	向量（vector），标量构成的一维数组	v = [1, 2, 3, 4]
2	矩阵（matrix），由向量构成的二维数组，可视为一个有行有列的数据表	m=[[1, 2, 3],[4, 5, 6],[7, 8, 9]]
3	张量（tensor），可视为数据立方体，类似于三维数组	t = [[[1, 2, 3],[4, 5, 6],[7, 8, 9]], [[10, 12, 13],[14, 15, 16],[17, 18, 19]]]
n	n 阶张量，当 $n \geq 3$ 时，可理解为高维矩阵，超出一般人的想象空间，直接称为 n 阶张量（或 n 维张量）	……

我们可以利用 TensorFlow 中的 rank( ) 函数来返回某个张量的阶，请参考范例 11-3。

【范例 11-3】TensorFlow 中的 rank( ) 函数（rank.py）：

```
01  import tensorflow as tf
02  t = tf.constant([[[1, 1, 1], [2, 2, 2]], [[3, 3, 3], [4, 4, 4]]])
03  tensor_rank = tf.rank(t)  # [2, 2, 3]
```

```
04   with tf.Session() as sess:
05       print(sess.run(tensor_rank))        #输出结果为 3
```

在上述代码的第 03 行使用了 rank() 函数，其原型为：

```
rank(
   input,
   name=None
)
```

其中，第一个参数 input，表示输入数据，第二个参数 name，是可选项，默认值为 None。事实上，rank 还有很多同义词，例如，order、degree、ndim 等，它们表示的其实都是同一个含义。

在 TensorFlow 中，除了用"阶（Rank）"来表示数据的结构，还可以用"形状（Shape）"或"维度（Dimension）"来表示，它们之间有异曲同工之妙，如表 11-2 所示。

表 11-2 TensorFlow 中的数据形状和维度

阶（Rank）	形状（Shape）	维度（Dimension）	解释
0	[]	0 维	一个 0 维的张量，即标量[]
1	[D0]	1 维	一个 1 维的张量，如 shape [5]（这里表示 1 维数组，里面包括 5 个数据，下同）
2	[D0, D1]	2 维	一个 2 维的张量，如 shape[3,4]
3	[D0, D1, D2]	3 维	一个 3 维的张量，如 shape[2, 2,3]（参加下面的代码）
n	[D0, D1, …Dn-1]	n 维	一个 n 维的张量，如 shape [D0, D1, …Dn-1]

数据的形状（shape）可通过 Python 中的整数列表或元组来表示，也可用 TensorFlow 中的 shape 函数表示。改造范例 11-3 中的示例代码，得到范例 11-4。

【范例 11-4】TensorFlow 中的 shape 函数（shape.py）：

```
01   import tensorflow as tf
02   t = tf.constant([[[1, 1, 1], [2, 2, 2]], [[3, 3, 3], [4, 4, 4]]])
03   tensor_shape = tf.shape(t)   # [2, 2, 3]
04   with tf.Session() as sess:
```

```
05      print(sess.run(tensor_shape))
```

【输出结果】

```
[2 2 3]
```

在范例 11-4 代码的第 03 行，shape 函数的原型为：

```
shape(
    input,
    name=None,
    out_type=tf.int32
)
```

其中，参数 input 表示输入的数据，name 表示输出结果的名称（可选项，默认值为 None），输出类型是 TensorFlow 内置的 32 位整型数。

那么，问题来了。在 Python 下编写 TensorFlow 程序，TensorFlow 的内置数据类型和 Python 的内置数据类型之间，到底有什么关系呢？下面我们来讨论这个问题。

11.5.5 TensorFlow 中的数据类型

11.5.5.1 Python 基本数据类型与 TensorFlow 的关系

在 TensorFlow 中，可以直接接受 Python 基本数据类型或由它们构成的列表。单个 Python 数值将会转换为 0 阶张量（也就是标量），Python 数值类型的列表将被转化为 1 阶张量（也就是向量），由列表构成的将被转化为 2 阶向量（也就是矩阵），依此类推。下面举例说明。

```
tensor_0 = 1                                              #视为 0 阶张量
tensor_1 = [b"Tensor", b"flow", b"is", b"great"]          #视为 1 阶张量
tensor_2 = [[False, True, False],                         #视为 2 阶张量
            [True, True, False]]
tensor_3 = [[[0, 0, 0], [0, 0, 1]],                       #视为 3 阶张量
            [[1, 0, 0], [1, 0, 1]],
            [[2, 0, 0], [2, 0, 1]]]
......
```

上述代码的功能比较直观，不再赘述。这里需要简单解释一下，在上述示例中，1 阶张量

中字符串前的字符"b"的含义。在 Python 中，字符串是一类很特殊的数据，字符串前面加一个字母，以明确告知编译器，要以什么样的处理方式来处理它。通常，在字符串前面有三类字符前缀（prefix），它们分别是"b/B""u/U"和"r/R"。

- b/B：表示引号中的若干字符都是字节数组（byte），而非字符串。在 Python 3.x 中，默认的格式是字符串（更确切地说，它是 str 类定义下的一个对象，把若干字符放在一起，当作一个整体来看）。但有时候，我们却希望字符串中的字符能被单独一一处理，这时，就需要在字符串前面加上修饰符"b/B"。在 Python 2 中，这个前缀字符被忽略，因为它默认的类型就是字节数组。

- u/U：表示字符串是 Unicode 编码，这在 Python 3 中是默认的编码方式，所以一般来说，在 Python 3 中，不加这个标识符也没有关系，但如果把 Python 3 的程序放到 Python 2 中运行，可能就会出现问题，比如编码转换出现乱码等。

- r/R：表示非转义的原始字符串。如果不加这个前缀标识符，Python 在遇到反斜杠"\"加上对应字母时，就按转义字符来处理。比如，它看见"\n"表示换行，"\t"表示制表符等。但如果是以 r/R 为前缀，则说明后面的字符都是普通的字符，即如果看到"\n"，那么它表示的就是两个普通字符——一个反斜杠字符"\"和另一字符"n"。

下面，我们在 Python 3 的交互式模式（Python shell）下，来验证这三种不同的字符串类型，如下所示。

```
>>> import tensorflow as tf
>>> type('Hello,Tensorflow!')           #与 TensorFlow 无关，这是普通的字符串 str 类型
<class 'str'>
>>> type(tf.constant('Hello,Tensorflow!'))   #作为 TensorFlow 的常量，属于张量类型
<class 'tensorflow.python.framework.ops.Tensor'>
>>> type(tf.Session().run(tf.constant('Hello, TensorFlow!')))
<class 'bytes'>                         #作为 TensorFlow 的输出，字节数组类型
```

根据 TensorFlow 的官方文档介绍，输入类型为张量'Hello,Tensorflow!'，在输出时，它借助了 NumPy 的 ndarray 数组，这种数组是不能处理和输出 Python 默认的 str 对象的，而只能处理更为原生态的字节数组。

这也在某种程度上解释了，前面我们在验证第一个"Hello World"版本的 TensorFlow 程序

时，输出结果（b'Hello, TensorFlow!'）前面为什么要多一个字符"b"，它仅仅表明输出的是字节数组类型。

11.5.5.2 TensorFlow 自定义的数据类型

如果 Python 原生数据类型已经够用，那就太好了。这样，TensorFlow 无非做一些将 Python 数据类型转换成 Tensor 对象的工作。

但事实上，Python 原生数据类型在机器学习方面也存在很多"捉襟见肘"的地方。这就好比，Python 是一个规模巨大、功能齐全的普通兵集团，而 TensorFlow 则是一骑任务定向、功能特殊的特种兵。特种兵的确是从普通兵中来，但装备肯定要升级或者说要订制化。

举例来说，对于 Python 原生数据类型来说，所有整型都是一样的，但为方便对数据的处理，TensorFlow 把整型数据分为 8 位（bit）整型、16 位整型、32 位整型、64 位整型等（这明显带有 C++/C 语言的烙印）。

从上面的分析可看出部分端倪，Python 原生数据类型在功能上是有所欠缺的，为了弥补这方面的缺陷，TensorFlow 必须另起炉灶，包装出一套自己独有的数据（Tensor）类型体系，如表 11-3 所示。

表 11-3　TensorFlow 中的数据类型

数据类型	TensorFlow 定义	描述
DT_FLOAT	tf.float32	32 位浮点数
DT_DOUBLE	tf.float64	64 位浮点数
DT_INT64	tf.int64	64 位有符号整型
DT_INT32	tf.int32	32 位有符号整型
DT_INT16	tf.int16	16 位有符号整型
DT_INT8	tf.int8	8 位有符号整型
DT_UINT8	tf.uint8	8 位无符号整型
DT_STRING	tf.string	可变长度的字节数组，每一个张量元素都是一个字节数组
DT_BOOL	tf.bool	布尔型
DT_COMPLEX64	tf.complex64	由两个 32 位浮点数组成的复数：实数和虚数
DT_QINT32	tf.qint32	用于量化 Ops 的 32 位有符号整型
DT_QINT8	tf.qint8	用于量化 Ops 的 8 位有符号整型

这里还需说明的是，TensorFlow 除了拥有上述数据类型，还有一个 half 类型，即半精度浮点数（tf.float16）。在高性能计算（如 GPU）中，如果对数据精度要求不那么高，可以将传输数据转换为 float16 类型，这样可以大大提升数据的传输效率。

11.5.5.3　TensorFlow 与 NumPy 数组

NumPy 是 Numerical Python（数值 Python）的简称，是著名的、久经考验的、高性能计算和数据分析基础包。TensorFlow 的"面子工程"，自然是做机器学习任务，但从第一性原理来看，它还是做数值计算的，如果 TensorFlow 不想重造轮子，自然就得充分借力 NumPy。事实上，TensorFlow 正是这么做的。

TensorFlow 的很多数据类型完全就是基于 NumPy 的数据类型设计的。我们可以在 Python 的交互模式下用下列代码验证一下：

```
>>> import tensorflow as tf
>>> import numpy as np
>>> np.int8==tf.int8
True
>>> np.int16==tf.int16
True
>>> np.int64==tf.int64
True
```

从上面的测试结果可以看出，TensorFlow 的数据类型和 NumPy 是一致的。因此，任何合法的 NumPy 类型，都可以传递给 TensorFlow，成为 TensorFlow 的各类张量，验证代码如范例 11-5 所示。

【范例 11-5】TensorFlow 的张量类型（tensor_type.py）

```
01   import tensorflow as tf
02   import numpy as np
03
04   n0 = np.array(20, dtype = np.int32)
05   n1 = np.array([b"Tensor", b"flow", b"is", b"great"])
06   n2 = np.array([[True, False, False],
07                  [False, True,False]],
```

```
08                  dtype = np.bool)
09   tensor0D = tf.Variable(n0, name = "t_0")
10   tensor1D = tf.Variable(n1, name = "t_1")
11   tensor2D = tf.Variable(n2, name = "t_2")
12   init_Op = tf.global_variables_initializer()
13
14   with tf.Session() as sess:
15       sess.run(init_Op)
16       print(sess.run(tensor0D))
17       print(sess.run(tensor1D))
18       print(sess.run(tensor2D))
```

【运行结果】

```
20
[b'Tensor' b'flow' b'is' b'great']
[[ True False False]
 [False  True False]]
```

【代码分析】

第 04~06 行分别定义了 NumPy 的 0D、1D 和 2D 张量 n0、n1 和 n2，然后在第 09~11 行，分别定义了 3 个 TensorFlow 变量 tensor0D、tensor1D 和 tensor2D，并分别用 n0、n1 和 n2 初始化它们。第 12 行定义了一个全局变量初始化操作。

如前文所言，以上都是一个计算流图的"构思"，事实上，它们都没有被真正实施，直到进入一个会话环境（Session）（第 14~18 行）。所以第 15 行是必需的，否则，在第 09~11 行所做的初始化都是无效的。然后我们分别运行并打印输出 tensor0D、tensor1D 和 tensor2D 变量的值，从运行结果可以看出，用 NumPy 张量对 TensorFlow 张量赋值是可行的。

但反之不然。由于 TensorFlow 的张量可能做了部分个性化的"改良"，所以，我们不建议用 TensorFlow 的张量去初始化一个 NumPy 数组。

当然，当操作的数据并不都是 NumPy 数组时，我们还可以利用一个特殊的函数 tf.convert_to_tensor()，将不同的数据类型转换成符合要求的张量。比如，可以让普通的 Python 数组转成张量，也可以让列表转化成张量。请参见范例 11-6 中的代码。

【范例 11-6】 Python 数组与张量类型转换（tensor_convert.py）

```
01  import tensorflow as tf
02  import numpy as np
03  A = list([1,2,3])
04  B = np.array([4, 5, 6], dtype=np.int32)
05  C = tf.convert_to_tensor(A)
06  D = tf.convert_to_tensor(B)
07  E = tf.add(C, D)
08  with tf.Session() as sess:
09      print(type(A))
10      print(type(B))
11      print(type(C))
12      print(type(D))
13      print(sess.run(E))
```

【运行结果】

```
<class 'list'>
<class 'numpy.ndarray'>
<class 'tensorflow.python.framework.ops.Tensor'>
<class 'tensorflow.python.framework.ops.Tensor'>
[5 7 9]
```

从运行结果可以看出，A 和 B 的原生数据类型分别是列表（list）和 NumPy 数组（ndarray），经过显式类型转换（第 05～06 行），C 和 D 分别是合法的 Tensor 类型。

读者朋友可尝试把第 05 行和第 06 行注释掉，直接实施 tf.add(A, B)，看看结果是怎样的，并分析一下原因。

11.5.6 TensorFlow 中的操作类型

前面我们提到了 TensorFlow 的数据类型，但真正对数据实施加工处理的是各类操作（Op）。在 Op 的作用下，计算完成后，会返回零个或多个张量（Tensor），这些张量可在后续的数据流中充当数据输入源。

在前文中，我们已经"牛刀小试"了部分 Op，下面结合前面的有关 NumPy 数组的描述，介绍一下 TensorFlow 中的其他类型的操作，请参考如下代码：

```
>>> import tensorflow as tf
>>> import numpy as np
>>> a = np.array([1,2], dtype = np.int32)
>>> b = np.array([3,4], dtype = np.int32)
>>> c = tf.add(a,b)          #使用 add()来实施加法 Op
>>> sess = tf.Session()
>>> sess.run(c)
array([4, 6], dtype=int32)
```

除了使用函数名来表达诸如加、减、乘、除等各类 Op，事实上，TensorFlow 还对很多常见的数学运算符进行了重载，例如，在上述代码后面追加如下代码：

```
>>> d = a + c          #使用加号"+"实施加法 Op
>>> sess.run(d)
array([5, 8], dtype=int32)
```

从上面的代码可以看出，使用运算符重载可让各类 Op 的描述更加简单。为了方便读者查阅，我们给出可用于张量的重载运算符列表，表 11-4 中列出的是一元运算符，表 11-5 中列出的是二元运算符。

表 11-4　TensorFlow 中的一元运算符

运算符重载	函数操作	功能描述
-x	tf.negative(x)	返回 x 的相反数
~x	tf.logical_not(x)	返回 x 中每个元素的逻辑非。x 的 dtype 类型只能是 tf.bool 的 Tensor 对象
abs(x)	tf.abs(x)	返回 x 中的每个元素的绝对值

表 11-5　TensorFlow 中的二元运算符

运算符重载	函数操作	功能描述
x&y	tf.logical_and(x,y)	将张量 x 和 y 中的元素逐个对应求 x&y 的真值表
x|y	tf.logical_or(x,y)	将张量 x 和 y 中的元素逐个对应求 x|y 的真值表

续表

运算符重载	函数操作	功能描述
x^y	tf.logical_xor(x,y)	将张量 x 和 y 中的元素逐个对应求 x^y 的真值表
x+y	tf.add(x, y)	将张量 x 和 y 中的元素逐个对应相加
x-y	tf.subtract(x,y)	将张量 x 和 y 中的元素逐个对应相减
x*y	tf.multiply(x,y)	将张量 x 和 y 中的元素逐个对应相乘
x/y	tf.truediv(x,y)	将张量 x 和 y 中的元素逐个对应相除（浮点数）
x//y	tf.floordiv（x,y）	将张量 x 和 y 中的元素逐个对应向下取整除法，不返回余数
x%y	tf.floormod(x,y)或 tf.mod(x,y)	将张量 x 和 y 中的元素逐个对应取模
x**y	tf.pow(x,y)	将张量 x 和 y 中的元素逐个对应求 x^y
x<y	tf.less(x,y)	将张量 x 和 y 中的元素逐个对应求 x<y 的真值表
x<=y	tf.less_equal(x,y)	将张量 x 和 y 中的元素逐个对应求 x<=y 的真值表
x>y	tf.greater(x,y)	将张量 x 和 y 中的元素逐个对应求 x>y 的真值表
x>=y	tf.greater_equal(x,y)	将张量 x 和 y 中的元素逐个对应求 x>=y 的真值表

需要注意的是，虽然重载运算符能让程序看起来更加简单，但正所谓"一利必有一弊。"函数式 Op 虽然看起来复杂一些，但却多了一个属性 name，它可以设置 Op 的名称，从而让可视化数据流图更具可读性。

在 TensorFlow 中，除了上述有关数值计算的操作算子之外，还有很多其他的算子支撑着 TensorFlow 丰富多彩的图计算世界。比如关于数组的操作，有 concat（连接）、slice（分片）、split（分割）、shuffle（混洗）等。比如关于矩阵计算的操作，有 matmul（矩阵乘）、matrix_inverse（矩阵的逆）、matrix_determinant（矩阵行列式）等。有关状态的操作，有 variable（变量）、assign（变量赋值）、assign_add（变量加赋值）。再比如有关神经网络的相关操作，有 nn.softmax、nn.sigmoid、nn.relu、nn.convolution 等。

使用这些函数，犹如查询字典一般。没有必要将它们全部记住，在用得着的时候，用相关概念的英文全称，到TensorFlow的官方网站搜索便是，[①]通常都能找到相关的函数介绍。

[①] https://www.tensorflow.org/api_docs/python/

11.5.7 TensorFlow 中的 Graph 对象

在前文，我们多次提到数据流图，但"只见图声，不见图身"。在有了一定的感性认识之后，下面我们就正式聊聊 TensorFlow 中的 Graph（图）对象。

TensorFlow 的图计算，自然离不开图对象。而创建图对象并不复杂，请参考范例 11-7 所示的代码。

【范例 11-7】创建图对象（simple_graph.py）

```
01  import tensorflow as tf
02  import numpy as np
03
04  a = tf.constant(123)
05  print(a.graph)
06  print(tf.get_default_graph())
```

【运行结果】

```
<tensorflow.python.framework.ops.Graph object at 0x7f58ed257b00>
<tensorflow.python.framework.ops.Graph object at 0x7f58ed257b00>
```

在范例 11-7 中，我们并没有定义任何图，但从第 05 行和第 06 行的输出可以看到，它们分别成功地打印出 a 的图对象以及当前默认的图对象。

进一步分析发现，a 的图对象就是当前默认的图对象。是这样的，当 TensorFlow 库被加载时，即使用户没有显式地创建一个图，它也会自动创建一个图对象，并将其作为默认的数据流图。在大多数 TensorFlow 应用程序中，只使用默认的数据流图就够了。这就是为什么在前面几个范例中，我们并没有显式构建图对象却也能成功运行程序的原因。

如果想显式创建一个图，该怎么办呢？这也不难，请参考范例 11-8。

【范例 11-8】创建显式图（create_graph.py）

```
01  import tensorflow as tf
02  import numpy as np
03
04  g = tf.Graph()
05  with g.as_default():
```

```
06      a = tf.constant(123)
07      print(a.graph)
08      print(tf.get_default_graph())
```

上述代码的运行结果完全等同于范例 11-7。在代码中的第 04 行，我们显式创建了一个图对象 g，第 05 行将 g 设置为默认图对象。

as_default() 函数的作用在于，返回一个上下文管理器，使得当前图对象成为当前默认的图对象。当想在一个进程中创建多个图对象时（这些图对象互不依赖），这个函数非常有用。

get_default_graph() 函数是获取当前默认图对象的句柄（这里的句柄，可简单理解为某个事物的唯一标识，有些像身份证号码）。那如何创建多个图呢？请参考范例 11-9。

【范例 11-9】创建多个图（create_MulGraph.py）

```
01  import tensorflow as tf
02  import numpy as np
03
04  g1 = tf.Graph()
05  g2 = tf.Graph()
06  with g1.as_default():
07      a = tf.constant(123)
08      print(a.graph)
09      print(tf.get_default_graph())
10
11  with g2.as_default():
12      b = tf.multiply(2,3)
13      print(b.graph)
14      print(tf.get_default_graph())
```

【运行结果】

```
<tensorflow.python.framework.ops.Graph object at 0x7f58ed180860>
<tensorflow.python.framework.ops.Graph object at 0x7f58ed180860>
<tensorflow.python.framework.ops.Graph object at 0x7f58ed1807f0>
<tensorflow.python.framework.ops.Graph object at 0x7f58ed1807f0>
```

从运行结果可以看出,Tensor 对象 a 和 b 所属的图对象已经不再一样了,而是随着 as_default() 的值的改变而改变。

11.5.8 TensorFlow 中的 Session

在前文中,我们已经涉及了 TensorFlow 中的 Session(会话),但并没有系统地进行讲解,下面我们将对其进行详细描述。

11.5.8.1 Session 的三个参数

TensorFlow 的内核使用更加高效的 C++作为后台,以支撑它的密集计算。TensorFlow 把前台(即 Python 程序)与后台程序之间的连接称为"会话(Session)"。

Session 作为会话,主要功能是指定操作对象的执行环境。在前面的代码中,我们并没有使用任何参数,事实上,Session 类的构造函数有三个可选参数,它们分别如下所述。

- target(可选):指定连接的执行引擎。对于大多数 TensorFlow 应用程序来说,使用默认的空字符串,即使用 in-process(进程间)引擎。如果这个值不为空,多用在分布式环境中的案例。

  比如,如果我们想创建一个 TensorFlow 集群,需要在集群中的各台机器上分别创建一个 TensorFlow 服务端。当客户端创建一个分布式 Session 时,需要将集群中某台机器的网络地址作为参数传入,如下代码所示。

  ```
  with tf.Session("grpc://example.org:2222") as sess:
      # 调用 sess.run(...)
  ```

  一旦调用会话的 run()方法,当前节点就会成为集群中的主机(master),它把图的 Op 分发到集群中的各个从节点(slave)上。这里的"grpc"是指 gRPC(Google Remote Procedure Call),即"谷歌远程过程调用",它是分布式 TensorFlow 底层的通信协议。

- graph(可选):指定要在 Session 对象中参与计算的图(graph)。默认值是"None",表示使用默认图。当在同一个进程中用了很多图时,需要为不同的图使用不用的 Session。在这种情况下,要显式指定 graph 参数。

- config(可选):这个参数可辅助配置 Session 对象所需的参数,如果要限制 CPU 或 GPU 的使用数目,为数据流图设置优化参数以及设置日志选项等,则可使用该选项。

11.5.8.2　run 方法的使用

一旦 Session 对象创建完毕，便可以使用它最重要的方法 run()来启动所需要的数据流图进行计算了。run()方法有 4 个参数，如下所示：

```
run(
    fetches,
    feed_dict=None,
    options=None,
    run_metadata=None
)
```

其中后两个参数还属于 TensorFlow 探索阶段的参数，这里暂不做介绍。前两个参数简介如下。

（1）fetches 参数

run( )方法的第一个参数为"fetches"，其本意就是"取得之物"，它表示数据流图中能接收的任意数据流图元素，要么是各类 Op，要么是各种 Tensor 对象。如果是前者，run()将返回 None。如果是后者，run()将输出为 NumPy 数组。请参考范例 11-10 所示的代码。

【范例 11-10】run()方法中的 fetches 参数（fetches.py）

```
01   import tensorflow as tf
02   from collections import namedtuple
03
04   a = tf.constant([10, 20])
05   b = tf.constant([1.0, 2.0])
06   session = tf.Session()
07
08   v1 = session.run(a)
09   print(v1)
10   v2 = session.run([a, b])
11   print(v2)
12   session.close()
```

【运行结果】
```
[10 20]
[array([10, 20], dtype=int32), array([ 1.,  2.], dtype=float32)]
```

从运行结果可以看出，run()方法的 fetches 可以是单个张量值（第 08 行），它的返回值是一个 NumPy 数组（见第 09 行的输出），也可以是 Python 的列表，包括两个 NumPy 的 1 维矩阵（见第 11 行的输出）。

一般来说，fetches 获取的对象大多是张量类型，如果非要是 Op 类型也可以。可以尝试再追加两行代码加以测试：

```
v3 = session.run(tf.global_variables_initializer())
print(v3)            #输出 None
```

在上述代码中，global_variables_initializer()就是一个 Op，其功能是初始化所有全局变量。当这个 Op 作为 run()方法的参数时，其返回值是"None"。

（2）feed_dict 参数

这个参数是可选项。它的主要功能是给数据流图提供运行时数据。feed_dict 的数据结构就是 Python 中的字典，其元素就是各种键值对。这里的"key"（键）就是各种 Tensor 对象的句柄（即唯一标识符），而字典的"Value"（值）则非常广泛，可以是字符串、列表，也可以是 NumPy 数组等。但这些"值"的选取是有限制的，它必须和"键"的类型相匹配，或能转换为同一类型。请参见范例 11-11 中的代码。

【范例 11-11】run()方法中的 feed_dict 参数（feed_dict.py）

```
01  import tensorflow as tf
02
03  a = tf.add(1,2)
04  b = tf.multiply(a,2)
05  session = tf.Session()
06  v1 = session.run(b)
07  print (v1)
08
09  replace_dict = {a:20}
10  session.run(b, feed_dict = replace_dict)
```

【运行结果】
6
40

显然，在第 03 行代码实施加法操作之后，已经悄然确定了 a 的值是 3。第 04 行的乘法操作，确定了 b 的值是 6。

但在运行时，如果想临时替换 a 的值，然后重新再计算一次，该怎么办呢？这时，feed_dict 的功能就发挥出来了。在第 09 行，我们创建了一个简单的字典 replace_dict，其中 key 为 a，value 为 20，然后在第 10 行中，将这个字典添加到 run() 方法的 feed_dict 参数中。输出结果 b 的值自然也是 a 的两倍，不过现在 a 的值被替换为 20，那么 b 的值自然就是 40。

事实上，在配合占位符 placeholder 输入特定值的场合，feed_dict 参数的应用更为广泛，下面给予简单介绍。

11.5.9　TensorFlow 中的 placeholder

在之前的范例中，我们对 TensorFlow 中的数据流图进行赋值，基本上都是或 3 或 5 的常量。但如果需要在运行时动态设置某个变量的值，该怎么办呢？

为了完成这个功能，TensorFlow 设计了占位符（placeholder）的概念。为了维护数据流图的完整性，可以先用一个占位符，提前占据数据流图的对应位置，虚位以待，等运行时再动态给这个占位符"喂"数据。

这个流程有点像同学们在图书馆上自习，用文具盒之类的物品先占一个座位，这个位置虽然暂时没人，但后期会有人到来。这个文具盒就好比一个占位符。

占位符的行为和普通的 Tensor 对象一致，但在创建初期，并没有指定特定的值。其作用在于，为将来某个 Tensor 对象预留位置，换个角度来说，它实际上变成了一个"输入"节点，确保了能在运行时动态设置数据。

创建一个占位符并不复杂，使用 tf.placeholder 操作即可。请参考范例 11-12 中的代码。

【范例 11-12】TensorFlow 中的占位符（placeholder.py）

```
01    import tensorflow as tf
02
03    a = tf.placeholder(tf.float32, name = "input_1")
```

```
04    b = tf.placeholder(tf.float32, name = "input_2")
05    output = tf.multiply(a, b, name = "mul_out")
06
07    input_dict = {a : 7.0, b : 10.0}
08
09    with tf.Session() as session:
10        print(session.run(output, feed_dict = input_dict))
```

【运行结果】

70.0

在代码第 03 行和第 04 行，分别定义了两个张量 a 和 b，仅仅指明了它们的类型，但 a 和 b 的值都没有确定，暂时各用一个 placeholder 占据，每个占位符都可以有一个名称。该函数的原型如下所示：

```
placeholder(
    dtype,
    shape=None,
    name=None
)
```

该方法预期达到的功能，可以理解成为运行方法 run( ) 定义一个形参，其参数含义分别如下所述。

- dtype：用于指定占位符的类型，该参数是必需的，因为要避免出现类型不匹配的错误。
- shape：用于指定所要传入 Tensor 对象的形状（即数组维度）。默认值是 None，表示可以接受任意形状的张量。也可以是多维，比如[2,3]或[None, 3]，[None, 3]表示列数是 3，行数量不确定（或者说任意）。
- name：和其他 Op 一样，可为占位符操作指定一个名称标识符。

为了给占位符传入一个实际可用的值，必须借用 Session.run()中的 feed_dict 参数。从 "feed_dict" 这个词的本意可以看出，它可以完成给 TensorFlow "喂" 数据的功能。feed_dict 是一个字典结构，也就是说，它必须以 "键值对"（key: value）的形式为不同的占位符指定值。

在第 07 行定义了一个字典 input_dict，它们分别指定了 a 和 b 的值，然后在运行时（第 10

行），作为 Session 的 feed_dict 参数。这样就完成了运行时给数据流图"喂"数据的功能。

如果没有第 07 行的赋值，第 10 行会运行失败。这是因为，如前所述，a 和 b 的身份是"占位符"，它相当于 run() 函数的形参。我们知道，一个函数要想运行，形参必须被实参赋值才行。

需要说明的是，在前面的范例中，由于案例过于简单，并没有体现出 TensorFlow 中的"Flow"（流动）特性。范例 11-12 已经显现出部分端倪了。比如，在第 10 行，我们仅想求出 output 的结果，而"output"是一个乘法结果，它的结果依赖于乘数 a 和 b，这样 Tensor 就 Flow 到 a 和 b 上。a 和 b 是占位符，它们的值在字典 input_dict 中得到赋值。当 a 和 b 得到值后，output 的值就可以计算得到。从这个简单的案例可知，TensorFlow 中的"Flow"（流动）特性，就是数据计算的"依赖性"。

11.5.10　TensorFlow 中的 Variable 对象

我们知道，数据流图有两大组成部分，一个是 Tensor 对象，另一个是 Op 对象。这二者的特性都是不可变的（immutable）。而且，在数据流图中，对于普通 Tensor 来说，经过一次 Op 操作后，就会转化为另一个 Tensor。当前一个 Tensor 的使命完成后，就会被系统回收。

但在机器学习任务中，某些参数（如模型参数）可能需要长期保存，它们的值还需要不断迭代更新，也就是说，它必须是可变的。

这该怎么办呢？机器学习的本质决定了 TensorFlow 想要运转得开，在它关闭了一扇门之后，就必须开启另外一扇窗，来处理这类问题。

而这扇窗就是变量（Variable）。本质上，Variable 就是一个常驻内存、不会被轻易回收的 Tensor。Variable 对象的创建并不复杂，通过 Variable 类的构造方法 tf.Variable() 即可完成。请参考范例 11-13 中的代码。

【范例 11-13】TensorFlow 中的 Variable 对象（variable.py）

```
01  import tensorflow as tf
02
03  my_state = tf.Variable(0, name = "counter")
04  one = tf.constant(1)
05  new_value = tf.add(my_state, one)
06  update = tf.assign(my_state, new_value)
07
```

```
08    init_Op = tf.global_variables_initializer()
09
10    with tf.Session() as sess:
11        sess.run(init_Op)
12        print(sess.run(my_state))
13        for _ in range(3):
14            sess.run(update)
15            print(sess.run(my_state))
```

【运行结果】
0
1
2
3

第 03 行,创建一个 Op 变量 my_state,并初始化为 0(请注意,这里的初始化仅仅是一个构思,还没有形成事实)。第 04 行,创建一个常量 Op,并为其赋值为 1。第 05 行的 Op 完成 my_state 的+1 操作。第 06 行,通过 assign( )函数的操作,将 new_value 的值赋给 my_state。

第 08 行,tf.global_variables_initializer()会返回一个操作,初始化计算图中所有 TensorFlow 中的 Variable 对象。(请注意,这里的初始化 Op,也仅仅是一个构思)。

代码运行至第 10 行,这是一个分水岭。在第 10 行之前,所有行为仅仅是数据流图的构想。只有在构建会话(Session)之后,构想才给予实施。在 Session 之内,第 11 行实施初始化操作,即将 my_state 初始化为最初的状态 0,Session 会记录下 Variable 的变化。

第 12 行输出这个初始值。第 13~15 行是一个 for 循序,用来更新变量 my_state 的值。如前所述,本来在第 06 行就对 my_state 进行了赋值操作(其实,仅仅是一个意愿而已),但并没有真正执行,直到在 Session 中完成赋值和更新。

其中,第 13 行,for 循环里有一个下画线变量"_",这里可将它理解为"垃圾箱变量",这是因为虽然它可以用来接收变量,但并不准备用它,这里我们看重的是整个 for 循环的次数。

从运行结果可以看出,3 次循环,每次都让变量 my_state 的值加 1,从而完成了 Variable 对象的值更新。

11.5.11　TensorFlow 中的名称作用域

在典型的 TensorFlow 应用程序中，可能会有数以千计的节点。如此多的节点汇集到一起，难以分析，甚至无法使用标准的图表工具来展示它们。为简单起见，一个有效的方法就是，为 Op/Tensor 划定名称范围。

在 TensorFlow 里，这个机制就叫"名称作用域（name scope）"。它的作用有点像 C++ 中的"命名空间（namespace）"，或 Java 中的"包（package）"。使用名称作用域之后，就可以将一些 Op 或 Tensor 划分到某个指定的名称作用域空间，以达到"划片管理"、各司其职的效果。

这样一来，在 TensorBoard 中也可以获得更好的可视化效果。请参考范例 11-14 中的代码。

【范例 11-14】TensorFlow 中的名称作用域（name_scope.py）

```
01   import tensorflow as tf
02
03   with tf.name_scope('hidden') as scope:
04       a = tf.constant(5, name='alpha')
05       print(a.name)
06       weights = tf.Variable(tf.random_uniform([1, 2], -1.0, 1.0), name='weights')
07       print(weights.name)
08       bias = tf.Variable(tf.zeros([1]), name='biases')
09       print(bias.name)
10
11   with tf.name_scope('conv1') as scope:
12       weights = tf.Variable([1.0, 2.0], name='weights')
13       print(weights.name)
14       bias = tf.Variable([0.3], name='biases')
15       print(bias.name)
16
17   sess = tf.Session()
18   writer = tf.summary.FileWriter('./my_graph/2', sess.graph)
```

【运行结果】

```
hidden/alpha:0
hidden/weights:0
```

```
hidden/biases:0
conv1/weights:0
conv1/biases:0
```

首先,我们分别设置了两个名称作用域 hidden(代码第 03 行)和 conv1(代码第 11 行)。然后,我们故意让这两个作用域中的两个变量名(weights 和 biases)及操作(Op)名称相同,看它们是否会产生命名冲突。从运行结果可以看出,程序正常输出它们的名称。不过在它们名称的前面,都加上了作用域名称,并用反斜杠"/"隔开。这表明,有了名称作用域,我们在变量命名上可以更"任性"一点,特别是工程比较大的时候,名称作用域可以减少命名冲突。

如果我们再运行一次,结果会有小小的变化,如下所示:

```
hidden_1/alpha:0
hidden_1/weights:0
hidden_1/biases:0
conv1_1/weights:0
conv1_1/biases:0
```

相比于第一次的运行结果,各个名称作用域名称后面分别多加上了下画线和标号"_1"。如果我们再次运行,就会发现名称作用域后面分别多加上了下画线和标号"_2"。

为什么呢?这是因为,执行完 with 内的语句,hidden 和 conv1 这两个命名作用域已然还保留在内存中(且除非 Python 内核停止运行,否则它们一直都会保留内存当中)。这时,如果我们再次执行上面的代码,内存中就会重新再造一个同名的作用域。如果不改名,势必造成这两个作用域名称冲突的情况。于是,TensorFlow 就用原来的作用域名,外加编号的方式来重新命名新作用域,从而解决这个命名冲突。

代码最后两行(第 17 行和第 18 行)的功能是把数据流图写入运行当前程序的子文件夹"./my_graph/2"中。然后我们在命令行输入如下指令,即可启动 TensorBoard 来查看相应的可视化图:

```
tensorboard --logdir=./my_graph/2
```

启动 TensorBoard 后台服务器后,可以在浏览器的地址栏中输入"localhost:6006"进行查看,结果如图 11-30 所示。

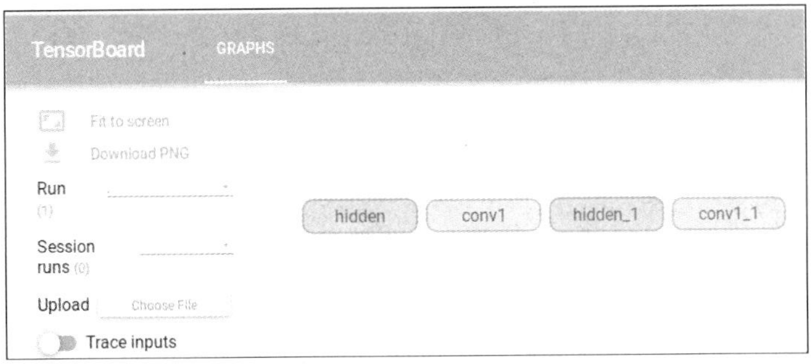

图 11-30　名称作用域的可视化图

在图 11-30 中你会发现，hidden 和 conv1 出现在 TensorBoard 的可视化区域。令人疑惑的是，第二次运行的结果 hidden_1 和 conv1_1 也出现在了可视化区域。为什么会这样？这样做有什么意义？

意义还是有的。这样做最明显的作用就是，TensorBoard 除了有可视化展示的用途之外，还有程序"错误诊断"的功能。这就好比，病人去医院拍 CT 检查病情，通常还会把前期拍过的 CT 片子带上，这样方便医生对比诊断。

双击 "hidden" 和 "conv1" 图标右上方的加号 "+"，即可展开名称作用域（将鼠标光标移动到该位置时才会显示 "+"），如图 11-31 所示。

图 11-31　名称作用域展开后的变量

当然，我们还可以进一步双击图 11-31 中所示的三个节点，以展开这三个节点更深层次的细节，读者朋友可以自行尝试一下。如果想要恢复缩略图，则单击图中右上方的减号 "–"。

从上面的介绍可知，有了名称作用域的概念之后，我们就可以像使用电子地图一样，缩小或放大局部区域，从而可更好地感知可视化图带来的信息。

11.5.12　张量的 Reduce 方向

在并行计算中，如在 CUDA 或 MPI 中，常有"约减"（Reduce，亦有资料将其译作"规约"）的提法。它表示将一批数据，在多进程或多线程的处理下，按照某种操作（Op），将众多（可能是分布于不同节点的）数据合并到一个或几个数据之内。约减之后，数据的个数在总量上是减少的（这里"约减"的"减"的主要含义是数量的减少，而非"减法"，最常见的结果是，约减到一个数据）。

下面举例说明约减的过程。如图11-32所示，假设我们有一个向量[10, 1, 8, -1, 0, -2, 3, 5, -2, -3, 2, 7, 0, 11, 0, 2]，在多线程并行求和过程中，第一轮，分别在0，2，4，…，14号线程约减处理下，两两求和，得到第2轮的计算向量[11, 7, -2, 8, -5, 9, 11, 2]。然后，第二轮，分别在0，4，8，12号好线程的处理下，两两求和，得到第三轮的计算向量[18, 6, 4, 13]。接着，在0号和8号线程的作用下，两两求和，得到第4轮的计算向量[24, 17]。最后，在0号线程的作用下，得到最终的约减结果为41。

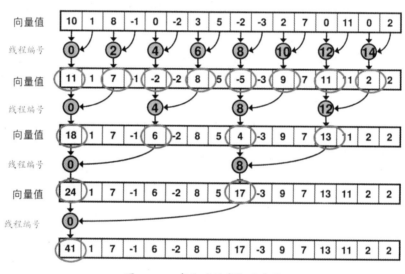

图 11-32　求和"约减"示意图

当然，如果我们没有使用多线程（多进程）技术，也可以使用单线程（进程）来完成这个任务。例如，可以利用一个普通的 for 循环把最后的加和约减出来，但是效率要低一些，计算复杂度由并行算法的 $O(\log_2 n)$ 变成串行算法的 $O(n)$。

但在这里，我们仅想说明"约减"的概念，并不想强调其具体实现细节。那么问题来了，当向量扩展到一般意义上的张量（Tensor）时，比如，对于二维张量 $\begin{bmatrix} 1 & 1 & 1 \\ 1 & 1 & 1 \end{bmatrix}$ 进行求和约减，这个约减该从何约起呢？是从水平方向约减为 $\begin{bmatrix} 3 \\ 3 \end{bmatrix}$，还是从垂直方向约减为 $[2\ 2\ 2]$，亦或从两个方向一同约减为 $[6]$？的确，对于多维张量而言，约减的方向是一个需要明确的问题。

第 11 章 一骑红尘江湖笑，TensorFlow 谷歌造

在 TensorFlow 中，提供了很多关于约减的函数，如 tf.reduce_sum( )、tf.reduce_mean、tf.reduce_max、tf.reduce_min 等函数，它们的约减原理都是一样的，即从一大批数据中，不断减少数据量，直到找到满足要求（如求和、均值、最大值、最小值等）的数据。

下面我们就用比较常用的 tf.reduce_sum( ) 来说明张量的约减方向。

tf.reduce_sum( )的功能就是对张量中的所有元素进行求和 Σ，它的函数原型如下所示：

```
reduce_sum(
    input_tensor,
    axis=None,
    keep_dims=False,
    name=None,
    reduction_indices=None
)
```

在 reduce_sum( )函数的众多参数中，只有第一个参数 input_tensor 是必需的。对张量（多维数组）而言，约减是有方向性的。所以它的第二个参数 axis，决定了约减的轴方向。

如果 axis 的值为 0，我们可以简单粗暴地将其理解为从垂直方向进行约减。如果 axis 的值为 1，则可以简单理解为从水平方向进行约减，示意图如图 11-33 所示。

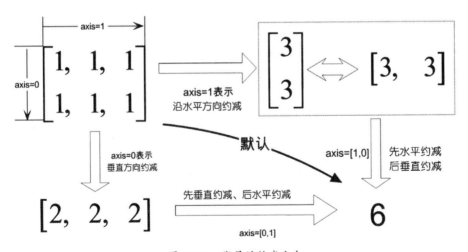

图 11-33 张量的约减方向

对于张量而言，约减是可以有先后顺序的。因此，axis 的值可以是一个向量，比如 axis=[1,

0]，它表示先水平方向约减，再垂直方向约减。反之，axis=[0, 1]，表示先垂直方向约减，再水平方向约减。如果 axis 没有指定方向，那么将采用默认值 None，None 表示所有维度的张量都会被依次约减，最终值为[6]。

如果参数 keep_dims 为真（True），那么每个维度的张量被约减到长度为 1，即保留了维度信息。

参数 name 是可选项，表示为这个 Op 取一个名称。需要注意的是，参数 reduction_indices 已经过时，它已完全被 axis 取代，此处保留的目的仅为兼容旧代码。结合图 11-33，请理解如下代码及其运行结果。

```
x = tf.constant([[1, 1, 1], [1, 1, 1]])
tf.reduce_sum(x)                         #默认值，两个维度都实施 reduce, 结果为 6
tf.reduce_sum(x, 0)                      #结果为[2, 2, 2]
tf.reduce_sum(x, 1)                      # [3, 3]
tf.reduce_sum(x, 1, keep_dims=True)      # [[3], [3]]
tf.reduce_sum(x, [0, 1])                 # 结果为 6, 等同于 tf.reduce_sum(x, [1, 0])
```

图 11-33 所示的解释虽然直观，但有很大的局限性。这是因为，这种轴的概念，在维度小于 2 时，比较容易理解，且对于 0 表示垂直方向，1 表示水平方向，是人为强加的。当在维度≥3 时，我们难以找到直观可理解的方向。

所以，更加普适的解释应该是按张量括号层次的方式来理解。张量括号由外到内，对应从小到大的维数。比如，对于这样一个三维数组：[[[1, 1, 1], [2, 2, 2]], [[3, 3, 3],[4, 4, 4]]]，它有三层括号，其 rank（维度）由外到内分别为[0,1,2]。

当我们指定 reduce_sum 函数的 axis=0 时，就是在第 0 个维度的元素之间进行 sum 操作，也就是除掉最外层括号后对应的两个元素，即[[1, 1, 1], [2, 2, 2]]和[[3, 3, 3], [4, 4, 4]]，然后对同一个括号层次下的这两个张量实施加法约减操作，即张量[[1, 1, 1], [2, 2, 2]]和张量[[3, 3, 3], [4, 4, 4]]整体相加，其结果为[[4, 4, 4], [6, 6, 6]]。没有被约减的维度，其括号层次保存不变。

如前所述，由于 NumPy 的数组和 TensorFlow 的张量具有相似性，我们很容易在 Python 中用如下代码模拟这两个张量相加的结果：

```
>>> import numpy as np
>>> a = np.array([[1,1,1],[2,2,2]])
```

```
>>> b = np.array([[3,3,3],[4,4,4]])
>>> c = a + b
>>> print(c)
[[4 4 4]
 [6 6 6]]
```

类似的，当 axis=1 时，就是在第 1 个维度的元素之间进行 sum 操作，也就是去掉中间层括号对应的元素[1, 1, 1]、[2, 2, 2]和[3, 3, 3]、[4, 4, 4]。需要注意的是，**原来在同一个括号层次内的张量两两相加**，即[1, 1, 1]和[2, 2, 2]向量相加，[3, 3, 3]和[4, 4, 4]向量相加。没有被约减的维度，其括号保存不变，结果得到[[3, 3, 3],[7, 7, 7]]。

当 axis=2 时，就是除掉最内层的括号（rank=2），然后在最内层括号的元素之间实施 sum 操作，即 1+1+1=3、2+2+2=6、3+3+3=9、4+4+4=12。实施约减操作之后，该层次括号消失，其他维度的括号保留。结果得到[[3, 6], [9, 12]]。需要注意的是，为了便于区分，这里我们用逗号 "," 将同一层次的不同元素隔开，实际上在 TensorFlow 或 NumPy 中，不同元素是用空格隔开的。

事实上，每一个维度的约减，在实施之后，该维度都会消失。这是容易理解的，约减的过程就有点像刘慈欣先生在《三体》小说中描述的概念——降维攻击。

"降维攻击"的维度由 axis 参数来指定，比如将 axis 指定为 0 时，就是把 0 维干掉。如何干掉呢？在这个维度上进行 sum 等操作（Op）！完整表述就是对 0 维进行 sum 操作，从而达到约减（reduce）第 0 维的效果。其他维度的解释类似，不再赘述。

下面我们用一个简单的程序来验证上面的描述，如范例 11-15 所示。

【范例 11-15】约减的方向（axis.py）

```
01   import tensorflow as tf
02   x1 = tf.constant([
03            [[1, 1, 1], [2, 2, 2]],
04            [[3, 3, 3], [4, 4, 4]]
05            ]
06   )
07
08   z0 = tf.reduce_sum(x1, 0)
09   z1 = tf.reduce_sum(x1, 1)
10   z2 = tf.reduce_sum(x1, 2)
```

```
11    z3 = tf.reduce_sum(x1)        #如果不指定维度，即 None，表示在各个维度都实施约减
12
13  with tf.Session() as sess:
14      re0 = sess.run(z0)
15      print("==========\n",re0)
16      re1 = sess.run(z1)
17      print("==========\n",re1)
18      re2 = sess.run(z2)
19      print("==========\n",re2)
20      re3 = sess.run(z3)
21      print("==========\n",re3)        #输出为 30
```

【运行结果】

```
==========
 [[4 4 4]
 [6 6 6]]
==========
 [[3 3 3]
 [7 7 7]]
==========
 [[ 3  6]
 [ 9 12]]
==========
 30
```

至此，我们已把 TensorFlow 的相关基础知识做了简要介绍。下面，结合 TensorFlow 的官方文档，我们开始介绍一个 TensorFlow 的经典实战项目——MNIST 手写识别。从这个项目中，我们还能顺便复习一下前面所学的知识。

11.6　手写数字识别 MNIST

对于构建任意一个机器学习模型，实施起来，通常都遵循以下 5 个步骤：（1）加载数据；（2）定义模型；（3）构建损失函数并选择合适的优化器；（4）训练模型参数；（5）评估模型性

能。针对手写数字识别 MNIST 项目，它也遵循上面的流程[7]。下面我们分别给予说明。

11.6.1　MNIST 数据集简介

MNIST 是"Modified National Institute of Standards and Technology database"的简写，它是著名的手写数字机器视觉数据库，被广泛应用在各种图像分类与识别任务中。MNIST 的发起人是当前著名深度学习大家 Yann LeCun[①]，在 Yann LeCun 的官网上[②]，我们可以下载如下 4 类压缩文件。

```
train-images-idx3-ubyte.gz:   training set images (9912422 bytes)
train-labels-idx1-ubyte.gz:   training set labels (28881 bytes)
t10k-images-idx3-ubyte.gz:    test set images (1648877 bytes)
t10k-labels-idx1-ubyte.gz:    test set labels (4542 bytes)
```

这 4 类文件分别是训练集图像文件（train-images-idx3-ubyte.gz）、训练集标签文件（train-labels-idx1-ubyte.gz）、测试集图像文件（t10k-images-idx3-ubyte.gz）和测试集标签文件（t10k-labels-idx1-ubyte.gz）。

具体到神经网络学习而言，训练集的目的是拟合模型参数，比如求各个神经元的 W（权重）和 b（偏置）。

测试集的功能是测试模型的最终效果。但在实际训练中，还可能用到验证集。验证集（Validation Set）存在的意义在于，防止过拟合。当模型在训练集上的精确度不断提高，但在验证集上并没有同步提升甚至下降的时候，就要及早停止训练，俗称早停（Early Stopping）。这意味着，此时发生了过拟合现象。

MNIST 的训练集合中共有 60 000 个手写训练样本，测试集合中有 10 000 个测试样本。但测试集合的前 5000 个样本完全是从训练集合中抽取的，后 5000 个样本才真正来自测试样本集合（后者样本的质量低于前者）。

在 MNIST 中，每个样本图像由 28×28 像素的手写数字组成。这些图片只包含灰度信息和它对应的标签（label）信息（也就是它的正确分类信息），如图 11-34 所示。

[①] Yann LeCun 的中文翻译有很多。2017 年 3 月，Yann LeCun 在清华大学的一次演讲中，大张旗鼓地给自己取了一个中文名字"杨立昆"。为尊重其本人意愿，在后续章节中，凡涉及他的中文名字，一律以"杨立昆"代替。

[②] http://yann.lecun.com/exdb/mnist/

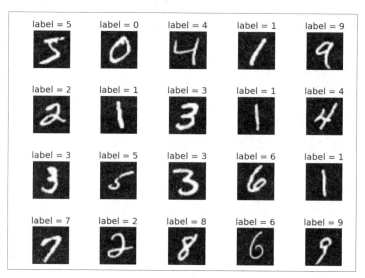

图 11-34　MNIST 手写数字图片及标签

事实上，这些文件并非标准的图像格式，而是二进制文件，它的每个像素被转成了 0~255 的数值，0 代表白色，255 代表黑色。通过归一化处理，根据颜色的深浅，又转化为 0~1 之间的取值。例如，数字 1 的信息示意图如图 11-35 所示。

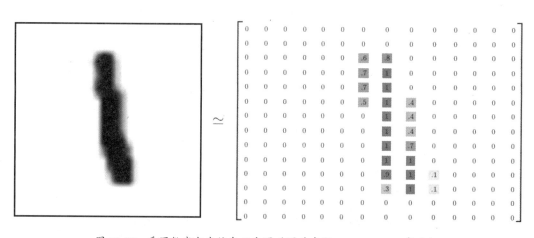

图 11-35　手写数字灰度信息示意图（图片来源：TensorFlow 官网）

在下面的例子中，我们采用的数据集合就是 MNIST 手写数字集，项目的目的是要实现一个简单的手写字体识别模型，将这些手写数字图片实施分类，即将其标记为 0~9 的数字。

11.6.2 MNIST 数据的获取与预处理

MNIST 数据的获取有两个途径。第一个途径是直接从 Yann LeCun 教授的官方主页上下载，下载链接为 http://yann.lecun.com/exdb/mnist/。第二个途径是直接使用 TensorFlow 的官方案例。在安装 TensorFlow 时，TensorFlow 已经把这些案例包含在内了，使用范例 11-16 所示的代码就可以直接下载并读取 MNIST 数据库。

【范例 11-16】读取 MNIST 数据（read_data.py）

```
01  import tensorflow as tf
02  from tensorflow.examples.tutorials.mnist import input_data
03  mnist = input_data.read_data_sets("MNIST_data/", one_hot = True)
04
05  print(mnist.train.images.shape, mnist.train.labels.shape)
06  print(mnist.test.images.shape, mnist.test.labels.shape)
07  print(mnist.validation.images.shape, mnist.validation.labels.shape)
08
09  import matplotlib.pyplot as plt
10  n_samples = 5
11  plt.figure(figsize=(n_samples * 2, 3))
12  for index in range(n_samples):
13      plt.subplot(1, n_samples, index + 1)
14      sample_image = mnist.train.images[index].reshape(28, 28)
15      plt.imshow(sample_image, cmap="binary")
16      plt.axis("off")
17
18  plt.show()
```

【运行结果】

```
Extracting MNIST_data/train-images-idx3-ubyte.gz
Extracting MNIST_data/train-labels-idx1-ubyte.gz
Extracting MNIST_data/t10k-images-idx3-ubyte.gz
Extracting MNIST_data/t10k-labels-idx1-ubyte.gz
(55000, 784) (55000, 10)
(10000, 784) (10000, 10)
```

(5000, 784) (5000, 10)

这里简单解释一下上述代码。在第 02 行，我们从 tensorflow.examples.tutorials.mnist 中导入数据读取模块 input_data。这个 input_data 也可以直接在安装目录 examples/tutorials/mnist 下看到，事实上，它就是一个 Python 文件。

如果你想查看这些数字图片是什么样子的，可用第 09~18 行代码将其绘制出来（图 11-36 仅显示了 5 个样本图像）。

图 11-36　MNIST 中的手写数字图像

当然，我们也可以利用下面的语句输出这些图像数字对应的"标签（label）"：

mnist.train.labels[:n_samples]   #输出 0~ n_samples 之间的标签

输出结果为：

array([7, 3, 4, 6, 1], dtype=uint8)

请注意，其中 05~18 行并非 MNIST 手写数字识别的核心代码，它们在这里仅起辅助说明之用，理解代码后可删除。下面详细解释代码，在第 03 行代码中，利用 read_data_sets()函数，将 MNIST 的数据下载到当前文件夹（即运行上面 Python 程序的目录）的子文件夹 MNIST_data/下。

read_data_sets()函数的第一个参数用于指定下载数据的路径，它的第二个参数也很有讲究。此处，我们让"one_hot = True"。那么，这个"one_hot"是什么意思呢？

one_hot 编码，又称为一位有效编码或独热编码，它的主要思想非常简单，类似于位状态寄存器，在对状态进行编码时，只有一位有效，设值为 1，其他位均为 0。

在本例中，我们就用一个 1×10 的"one_hot"向量代表数字 0~9 的标签信息，数字 n 对应第 n 位为 1。举例来说，数字 0 对应的向量是[1,0,0,0,0,0,0,0,0,0]，数字 1 对应的向量就是[0,1,0,0,0,0,0,0,0,0]，数字 2 对应的向量就是[0,0,1,0,0,0,0,0,0,0]，依此类推。

从运行结果可以看出，代码第 02~03 行完成了 MNIST 中 4 类数据的获取并自动解压。

代码第 05~07 行，是测试代码，主要用于输出各类 Tensor 数据的形状信息（在实际训练中，这三行代码是可以删除的）。需要注意的是第 05 行代码，它输出了训练集样本的形状为：

55 000×784。

我们先解释这个 "55 000" 的含义，它表示共有 55 000 个训练样本。这就有点奇怪了，在前文中，我们说 MNIST 的训练集合样本数为 60 000。实际上这并不矛盾，TensorFlow 把其中的 5 000 个样本用作了验证集，所以就变成 55 000 了。从第 07 行代码的输出可以验证这一点。

下面再解释一下数字 "784" 的由来。我们知道，在 MNIST 集合中，每张图片是 28×28 像素，这本是一个二维的图片，但为了简化模型，这里用了降维处理。通过降维，把一个二维的图片拉成了一个包含 28×28=784 个特征的一维向量，也就是把二维矩阵的第 2 行、第 3 行、第 4 行……依次接到第一行的后面。

这样做的不足之处显然是损失了原来图片的 2D 结构信息，但却带来了任务的简化（在后期的项目中，我们会用更为复杂的模型来利用 MNIST 样本的 2D 信息）。

第 06~07 行代码，其分别输出测试集和验证集的形状信息。相关数据的含义，在前文已有描述，不再赘言。

如此一来，训练集合的特征实际上就是一个 55 000×784 的张量（Tensor）。这个张量的第一个维度的信息是图片的编号，第二个维度的信息是图片中每个像素的索引值，如图 11-37 所示。

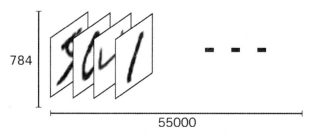

图 11-37　MNIST 训练数据的特征张量（图片来源：TensorFlow）

训练数据对应的标签（也就是教师信号）是一个 55 000×10 的张量，如图 11-38 所示。前面的数字 55 000 还是表明训练集合有 55 000 个样本，而其后的 "10" 表示每个图片的标签是一个包括 10 个种类的 one_hot 编码。

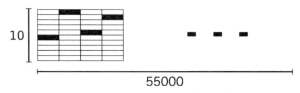

图 11-38　MNIST 训练集合中的标签张量（图片来源：TensorFlow）

11.6.3 分类模型的构建——Softmax Regression

实验数据准备好之后，下一步就是要准备分类算法了。对于每个 28×28 像素的 MNIST 灰度图片来说，最简单的分类模型莫过于将 28×28=784 像素作为输入，通过神经网络进行加工处理，然后在输出层直接给出一个 0~9 的数字分类，如图 11-39 所示。请注意，这个简化的模型和传统神经网络的区别在于，它没有隐含层。少了隐含层，意味着这个模型的表达能力要受到一定程度的限制，因此分类正确率可能会有所下降，这在我们的预期之内。

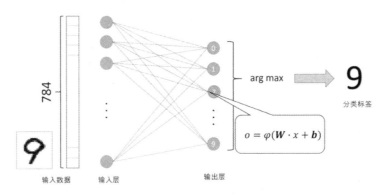

图 11-39 MNIST 中的数字分类

在如图 11-39 所示的全连接神经网络中，每个输出神经元都与输入层的 784 个输入神经元相连，它们之间的连接权值标记为 W。神经元的输出取决于两部分：一个来自各个输入神经元的加权和（weighted sum），另一个来自偏置（bias），这两部分之和在某个非线性激活函数的作用下，最终给出一个 0~9 的分类信息。

在满足上述要求的分类模型中，最简单的模型莫过于 Softmax Regression（Softmax 回归）。那什么是 Softmax 回归呢？下面我们就讨论这个问题。

11.6.3.1 Softmax 回归简介

在讲解"Softmax 回归"之前，让我们先回顾与"回归"相关的概念。事实上，在第 5 章中，我们已经学习过"线性回归"的概念。线性回归，实际上，就是通过对多个自变量进行曲线拟合，然后依据最佳拟合的线性模型 $Y = W^\mathrm{T} X + b$ 来实施预测。

线性回归与分类虽然都属于有监督学习的范畴，但二者是有区别的。最明显的区别在于，分类的预测值是离散的，仅仅涉及少数几个类。相比而言，线性回归的预测值是连续的，或者说是任意实数。

很自然的，我们会想，如果线性回归能预测连续值的结果，能不能设定一个阈值 a，让它也能完成非连续的分类问题呢？比如，判断二分类的问题：$y^{(i)} \in \{0,1\}$，判断邮件是否为垃圾邮件。事实上，的确可以。这就是逻辑回归的核心思想所在。

设阈值为 a，如果 $Y \geq a$，它属于 0 类，否则它属于 1 类。这样的阈值分类具有跳跃性，不够"圆润"（即连续但不可导）。有没有一种既能完成 {0,1} 这样的二分类，又是连续可导的阈值函数呢（请注意，这里的 0 和 1 泛指两个不同的类）？

当然有！它就是 logistic 函数。由于 logistic 函数在坐标轴上的外形与字母 S 相似，所以它也被称为 Sigmoid 函数（Sigma 等价于 S 的希腊字母）。

这个 Sigmoid 函数，我们并不陌生，在前面的章节中，反复提及并使用过它，其形式化描述如公式：$f(x) = 1/(1+e^{-x})$。

这样一来，原来线性回归函数的连续输出 Y，变成了 Sigmoid 函数的输入。Sigmoid 函数是一个合格的阈值函数，首先它具有良好的可导性。其次，通过 Sigmoid 函数，可以将输入 $W^T X + b$ 的输出值的变换映射到 (0,1) 之间，从而可近似得到某个分类的概率。它以 0.5 为界限，把对象分为两类，如果输出值更靠近 1 则分为第 1 类，否则就分为第 0 类。

在本质上，逻辑回归模型依然属于线性分类模型，它是广义线性模型的一种。因为除去 Sigmoid 函数作为分类映射函数（也称之为激活函数）之外，参数的求解步骤都与线性回归的算法基本类似（比如，都可以用梯度递减来求解）。从某种程度上来说，逻辑回归是以线性回归作为理论支持的。

逻辑回归借助 Sigmoid 函数可轻松处理二分类问题。但如果要处理更多分类，$y^{(i)} = \{1,2,...,K\}$，$K \geq 3$。比如，在 MNIST 数字手写识别中，我们要识别的是 10 个类别的数字（数字 0~9），这时，逻辑回归就"捉襟见肘"了。

是时候请"Softmax 回归"出场了。Softmax 回归可视为逻辑回归在多分类问题上的推广。说到它的关键词"Softmax（软最大值）"，势必有与之对应的 Hardmax（硬最大值）。的确有 Hardmax 这个概念。Hardmax 其实就是我们通常用的 max 函数，假如有 3 个数：z_1、z_2 和 z_3，现在想求这三者的最大值，如果直接比较这 3 个值的本身大小，大就是大，小就是小，没有回旋的余地，所以称之为"硬"最大值。

如果不是直接比较数值本身的大小，而是计算这些值出现的概率，而且这个概率和它们原本的取值大小是正相关的。最后，概率大者将被选中，这种经过变换的最大值称之为软最大值

（Softmax）。

之所以说"软"，是因为它是前面提到的概率。既然是概率，就说明存在一定的不确定性。比如 1 和 3，在硬最大值约束下，"3"确定无疑是大于"1"的，而在软最大值的情况下，出现"1"的概率（哪怕很小）也有可能大于"3"出现的概率。

那么，这个 Softmax 是如何定义的呢？假设一个向量 C 有 k 个元素，z_i 表示 C 中的第 i 个元素，那么它的 Softmax 值可定义为公式（11-1）：

$$\text{softmax}(z_i) = \frac{e^{z_i}}{\sum_j e^{z_j}} \quad (j = 1, 2, 3..., k) \tag{11-1}$$

在数学上，Softmax 函数又称为归一化指数函数。如果应用在分类领域，假设向量 C 中有 k 个元素，它就是 k 分类。对于机器学习领域常用的 SVM（支持向量机）分类器，它在分类计算的最后会对一系列的标签如"猫""狗""船"等，输出一个具体分值，如[4, 1, -2]，然后取最大值（如 4）作为分类评判的依据，这个过程有点像硬最大值。

而 Softmax 函数有所不同，它会把所有的"备胎"分类都进行保留，并把这些分值实施规则化（Regularization），也就是说，将这些实数分值转换为一系列的概率值（信任度），如[0.95, 0.04, 0.0]，最后选择概率最大的作为分类依据，如图 11-40 所示。由此可见，其实 SVM 和 Softmax 是相互兼容的，不过是表现形式不同而已。

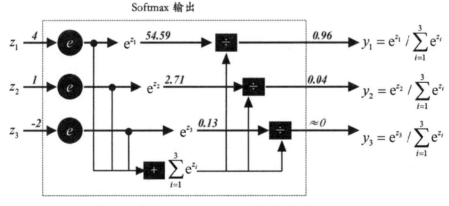

图 11-40　Softmax 输出层示意图

对于一个长度为 k 的向量 $[z_1, z_2, ... z_k]$，利用 Softmax 回归函数可以输出一个长度为 k 的向量 $[p_1, p_2, ..., p_k]$。如果一个向量想成为一种概率描述，那么它的输出至少要满足两个条件：一是每个输出值 p_i（即概率）都在[0,1]之间；二是这些输出向量之和 $\sum_j p_j = 1$。

对于向量 $[z_1,z_2,...z_k]$，为什么 Softmax 要取指数 exp 来做值映射呢？这里主要有 3 个原因：

（1）便于模拟概率值。因为概率不能为负值，而对于特征值 z_i，其本身的值可正可负，但通过 exp 函数的映射，都变成正值。即通过公式（11-1）的变换，所有的概率都变成正值。

（2）为了计算方便，我们需要寻找一个可导的函数。这个原因和为什么用 Sigmoid 函数取代不可导的阶跃函数是一样的。exp 函数和 sigmoid(x) 函数不仅可导，而且求导形式极其简单，这极大方便了在损失函数中的求导计算。

（3）最重要的是，exp 函数是单调递增的，它能很好地模拟 max 的行为，而且它能让"大者更大"。其背后的潜台词是让"小者更小"，这有点类似马太效应，强者愈强、弱者愈弱。这个特性对于分类来说尤为重要，它能让学习效率更高。

举例来说，在图 11-40 中，原始的分类分值（或者说特征值）是[4, 1, -2]，其中"4"和"1"的差值看起来没那么大，但经过 Softmax "渲染"之后，前者的分类概率接近 96%，而后者则仅在 4% 左右。而分值为"-2"的概率就更惨了，直接趋近于 0。这正是 Softmax 回归的魅力所在[6]。

11.6.3.2　MNIST 中的 Softmax 回归模型

如前所述，在 Softmax 回归中，主要有两个步骤：第一，基于输入，计算出一个用于判定分类的加权特征值。第二，将这个特征值转为一个概率值。

计算每个分类的加权特征值，其逻辑并不复杂。比如，如果某个像素的灰度值大，如果它有助于标识它是某个数 n，那么输出单元和这个像素之间的连接权值就是正值。反之，如果某个像素灰度值大，但却不是数字 n，那么它们之间的连接权值就是负值。

这些权值的起起伏伏，都是在教师信号（标记）的指导下，通过诸如 BP 算法训练学习得到的。由于一个图像只能激活一部分神经元，因此特定图像会激活特定神经元（某种程度上，可称之为"物体记忆"），这类似于人脑对于图像的识别。

图 11-41 所示的是不同数字的权值可视化分布，其中明亮区域（在彩色图中显示为红色）代表的权值为负值，灰色区域（在彩色图中显示为蓝色）则代表的是正的权值[6]。这种特征的可视化很神奇，理论上对此还没有很好的解释，但是实验和实际应用的效果都很好。

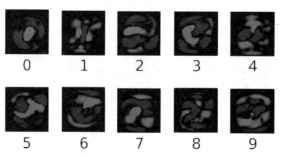

图 11-41　不同数字具有不同的特征权值（图片来源：TensorFlow）

对于某张特定图片，我们可以把这些特征（或者说分类的证据）用公式表示出来，如公式（11-2）所示。

$$evidence_i = \sum_j W_{i,j} x_j + b_i \quad (11\text{-}2)$$

其中，$evidence_i$ 表示第 i 类的证据。x_j 表示图片中第 j 个像素值，$W_{i,j}$ 表示第 j 个像素值与第 i 个分类之间连接的权值。b_i 表示成为第 i 个分类的偏置（bias）。

这里所谓的"偏置"，其实就是成为某个数字的倾向，比如大部分图片都是数字"1"，那么成为"1"的证据偏置就会较大。事实上，偏置也可以视为一种特殊的权值，可通过学习得到。

在计算完每个数字的证据分值之后，接下来，要将这些分值转化为 Softmax 值，如公式（11-3）所示。

$$\begin{aligned} y_i &= \text{softmax}(evidence_i) \\ &= \text{normalize}(\exp(x_i)) \end{aligned} \quad (11\text{-}3)$$

如前描述，每个 Softmax 值实际上都是一个指数函数（exp），它的功能相当于一个激活函数或连接函数，它把原来线性函数的输出变成我们想要的模式，即 10 个分类的分布概率。

为了计算这个概率，还需要对这些 exp 值进行标准化处理，具体过程如公式（11-1）所示。这个 Softmax 回归的可视化流程如图 11-42 所示。其中，$[x_1, x_2, x_3]$ 是输入向量（在 MNIST 项目中，就是被拉成 1D 的像素值），$[y_1, y_2, y_3]$ 是输出向量，各个向量元素分别是多分类概率，如 [0.95, 0.04, 0.0]。

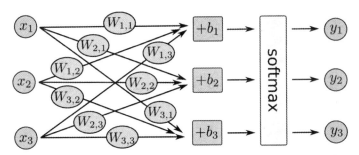

图 11-42　Softmax 回归的可视化流程（图片来源：TensorFlow）

如果将图 11-42 的可视化流程，变成更加形式化的公式，可得到如图 11-43 所示的公式描述。

$$\begin{bmatrix} y_1 \\ y_2 \\ y_3 \end{bmatrix} = \text{softmax} \begin{pmatrix} W_{1,1}x_1 + W_{1,2}x_2 + W_{1,3}x_3 + b_1 \\ W_{2,1}x_1 + W_{2,2}x_2 + W_{2,3}x_3 + b_2 \\ W_{3,1}x_1 + W_{3,2}x_2 + W_{3,3}x_3 + b_3 \end{pmatrix}$$

图 11-43　Softmax 回归的公式描述（图片来源：TensorFlow）

如果再对图 11-43 所示的公式做向量化处理，就可以得到图 11-44 所示的公式描述。

$$\begin{bmatrix} y_1 \\ y_2 \\ y_3 \end{bmatrix} = \text{softmax} \left(\begin{bmatrix} W_{1,1} & W_{1,2} & W_{1,3} \\ W_{2,1} & W_{2,2} & W_{2,3} \\ W_{3,1} & W_{3,2} & W_{3,3} \end{bmatrix} \cdot \begin{bmatrix} x_1 \\ x_2 \\ x_3 \end{bmatrix} + \begin{bmatrix} b_1 \\ b_2 \\ b_3 \end{bmatrix} \right)$$

图 11-44　Softmax 回归的向量矩阵描述（图片来源：TensorFlow）

事实上，为了简单起见，图 11-44 所示的公式，可用简化版公式（11-4）代替。

$$y = \text{soft max}(Wx + b) \tag{11-4}$$

其中，W 表示权值矩阵，x 表示输入（像素）向量，b 表示偏置向量。

11.6.3.3　Softmax 回归的 TensorFlow 实现

前面理论层面的回顾，暂告一段落。接下来，让我们把视角重新回到 TensorFlow 的实战上来。在前文中，我们已经阐述了如何从 MNIST 读取数据集，下面是时候构建模型了。请参考范例 11-17 中的代码。

【范例 11-17】Softmax 回归的 TensorFlow 实现（softmax.py）

```
01  import tensorflow as tf
02  from tensorflow.examples.tutorials.mnist import input_data
```

```
03    mnist = input_data.read_data_sets("MNIST_data/", one_hot = True)
04
05    x = tf.placeholder(tf.float32, [None, 784])
06    W = tf.Variable(tf.zeros([784, 10]))
07    b = tf.Variable(tf.zeros([10]))
08    y = tf.nn.softmax(tf.matmul(x, W) + b)
```

代码前三行已在前文中做了解释,不再赘言。代码的第 05 行,创建了一个占位符。如前所述,占位符实际上就是给 TensorFlow "喂" 数据的地方。placeholder( )的第一个参数表明,输入数据的类型为 32 位浮点数。第二个参数列表[None, 784],表示输入的 Tensor 的形状,也就是数据的维度。None 表示不限数据的条数,而 784 表示每条数据都是一个 784 维的向量。

第 06~07 行代码声明了两个变量(Variable)对象——权值和偏置。通过前面的介绍,我们知道,Variable 对象在本质上就是一个常驻内存,在每轮迭代中都能更新的 Tensor。其中权值 W 的矩阵的维度是 784×10,其中的 784 就是特征的维度,而后面的 "10" 表示有 10 个分类(观察图 11-42 有助于这个维度值的理解)。类似的,偏置 b 的维度和分类个数是一致的,它是一个 1×10 的向量。此处我们把 W 矩阵和偏置向量 b 的初值都设置为 0,因此用到了 tf.zeros()函数,其函数原型如下所示:

```
zeros(
    shape,
    dtype=tf.float32,
    name=None
)
```

tf.zeros()函数的功能是,把形状为 shape 的张量全部初始化为 0。

第 08 行按照公式(11-4)构建了 Softmax 回归模型。其中 softmax()是 tf.nn 神经网络框架下的一个模型。这里的 "nn" 就是 "Neural Network(神经网络)" 的简写。在 tf.nn 框架下,有大量预制好的神经网络的组件。

只要我们定义好损失函数,它就会把常见的操作,比如,在前向或后向传播过程中的自动求导、梯度下降部分都自动完成。框架把实现细节都隐藏了起来,仅对外提供应用程序接口(API),用户只需要一句代码就能完成 Softmax 回归模型的构建,这就是 TensorFlow 框架的力量!

在第 08 行中,还有一个函数 tf.matmul( ),它是 TensorFlow 的矩阵乘法(matrix multiplication)函数。

11.6.3.4 损失函数之交叉熵

在模型构建完毕后,下面的工作就是定义损失函数。损失函数的功能在于,衡量实际输出值和预期输出值之间的差异程度,并借此调节网络的参数。

对于多分类问题,最常用的损失函数就是交叉熵函数(Cross-entropy)。那什么是交叉熵呢?说到交叉熵,就不得不提一下"熵"的概念。熵的概念源自热力学。它是系统混乱度的度量,越有序,熵越小。反之,越杂乱无序,熵就越大。

在信息领域,信息论的开创者香农(Claude Shannon)在他的一篇经典论文"通信的数学原理(*A mathematic Theory of Communication*)"中,借用了热力学的"熵",提出了"信息熵"的概念。

简单来说,"信息熵"描述了这样一件事情:一条信息的信息量和它的不确定程度有密切关系。比如,我们要搞清楚一件非常不确定的事情,就得知道关于这件事的大量信息。相反,如果我们已经对某件事情了如指掌,那么就不需要掌握太多的信息就能把它搞明白。所以,从这个角度来看,信息量就等于一个系统的不确定性程度。用大白话来说,熵就是一个从"不知道"变成"知道"的差值。

那么,如何衡量事件的不确定程度呢? 香农发明了一个叫"比特(bit)"的概念,并给出了信息熵的计算公式(11-5):

$$H(X) = -\sum_{i=1}^{n} p(x_i) \log p(x_i) \qquad (11\text{-}5)$$

其中 $P(x_i)$ 代表随机事件 X 为 x_i 的概率。简单来说,信息量的大小跟随机事件发生的概率有关。越小概率的事情发生了,不确定程度越高,产生的信息量越大。从信息论的角度来看,$-\log p(x_i)$ 表示的是编码长度(如果 log 是以 2 为底,长度单位就是比特),$-\log p(x_i) \times p(x_i)$ 其实就是在计算加权长度(权值为概率)。所以,对于编码而言,信息熵的意义就是最小的平均编码长度。

举例说明,对于单词"HELLO",我们可根据上述描述来计算它的熵:

$$p('H') = p('E') = p('O') = 1/5 = 0.2$$
$$p('L') = 2/5 = 0.4$$
$$H('HELLO') = -0.2 \times \log_2(0.2) \times 3 - 0.4 \times \log_2(0.4) = 1.9293$$

通过上面的计算可知，如果采用最优编码方案的话，"HELLO"中的每个字符大致需要 2 个比特来编码。

上面熵的计算，是基于每个字符出现的真实概率 p_i 计算得到的。假设在对字符编码时，采用的不是真实概率 p_i，而采用的是其他概率 q_i 来近似 p_i。现在的问题是，如果用概率分布 p_i 近似概率 q_i，那么该如何评价这个"近似"的好与坏呢？这就要用到相对熵（Relative Entropy）的概念了。

相对熵的理论基础是 KL 散度（Kullback-Leibler Divergence），也称 KL 距离。它可以用来衡量两个随机分布之间的距离，记为 $D_{KL}(p\|q)$：

$$\begin{aligned} D_{KL}(p\|q) &= \sum_{x \in X} p(x) \log \frac{p(x)}{q(x)} \\ &= \sum_{x \in X} p(x) \log p(x) - \sum_{x \in X} p(x) \log q(x) \\ &= -H(p) - \sum_{x \in X} p(x) \log q(x) \end{aligned} \quad (11\text{-}6)$$

参考公式（11-5）可知，公式（11-6）的第一部分就是 p 的负熵，记作 $-H(p)$。

假设 p 和 q 代表两种不同的分布，它们在给定样本集合中的交叉熵（Cross Entropy，简称 CE）可描述为公式（11-7）（即公式 11-6 的第二部分）：

$$CE(p,q) = -\sum_{x \in X} p(x) \log q(x) \quad (11\text{-}7)$$

这里的"交叉"之意，主要用于描述这是两个事件之间的相互关系。通过对公式（11-6）实施变形，很容易推导出交叉熵和相对熵之间的关系，如公式（11-8）所示：

$$CE(p,q) = H(p) + D_{KL}(p\|q) \quad (11\text{-}8)$$

从公式（11-8）可知，交叉熵和相对熵之间相差了一个熵 $H(p)$。如果当 p 为已知时，$H(p)$ 是一个常数，此时交叉熵与 KL 距离（即相对熵）在意义上是等价的，它们都反映了分布 p 和 q 的相似程度。最小化交叉熵，实质上就等价于最小化 KL 距离。它们都在 $p = q$ 时，取得最小值 $H(p)$，因为此时 $D_{KL}(p\|q) = 0$。

如果信息熵是一种最优编码的体现，那么交叉熵的存在，它允许我们以另外一种"次优"编码方案来计算同一个字符串编码所需的平均最小位数。如前文描述，$-\log q(x_i)$ 表示编码的长度，下面还以字符串"HELLO"为例来说明这个"次优"编码方案。

我们知道，ASCII 编码表有 256 个不同的字符，如果对每个字符都赋予相同的概率，那么这个概率 $q_i = 1/256$。于是，根据公式（11-7），"HELLO" 的交叉熵计算如下：

$$q('H') = q('E') = q('O') = q('L') = 1/256$$

$$CE('HELLO') = -0.2 \times \log_2(1/256) \times 3 - 0.4 \times \log_2(1/256) = 8$$

也就说，如果采用 ASCII 编码时，每个字符需要 8 位，这与 ASCII 所用的实际编码长度是相符合的。在当前条件下，编码长度远大于它的最优编码（约等于 2 位）。

从前面的分析可知，如果真实概率与预测概率相差很小，那么交叉熵就会很小。反之，如果二者相差较大，则交叉熵就较大。假设某个神经网络的输出值和预期值都是概率，交叉熵岂不是一个绝佳的损失函数？

的确是这样。对于多分类问题，在 Softmax 函数的"加工"下，它的实际输出值就是一个概率向量，如[0.96, 0.04, 0]，设其概率分布为 q。而实际上，它的预期输出值，就是标签的 one_hot 编码。

从本质上看，one_hot 操作就是把具体的标签空间，变换到一个概率测度空间（设为 p），如[1, 0, 0]。可以这样理解这个概率，标签分类的标量输出为 1（即概率为 100%），其他值为 0（即概率为 0%）。现在要做的工作是，利用交叉熵评估实际输出的概率分布 q，与预期概率的分布 p 之间的差异程度。如果差别较大，就接着调节网络参数，直至二者的差值小于给定的阈值。

11.6.3.5 模型的构建

有了前面的理论铺垫，在 TensorFlow 中实现交叉熵就不难了，请参见范例 11-18 中的代码。

【范例 11-18】基于交叉熵的模型训练（cross_entropy.py）

```
01  import tensorflow as tf
02  from tensorflow.examples.tutorials.mnist import input_data
03
04  mnist = input_data.read_data_sets("MNIST_data/", one_hot = True)
05
06  x = tf.placeholder(tf.float32, [None, 784])
07  W = tf.Variable(tf.zeros([784, 10]))
08  b = tf.Variable(tf.zeros([10]))
09  y = tf.nn.softmax(tf.matmul(x, W) + b)
```

```
10    y_ = tf.placeholder(tf.float32, [None, 10])
11    cross_entropy = tf.reduce_mean(-tf.reduce_sum(y_ * tf.log(y), 1))
12    train_step = tf.train.GradientDescentOptimizer(0.5).minimize(cross_entropy)
```

为了让读者对代码有全局感，我们并没有把范例 11-17 前面的代码删除，但已讲过的部分，不再赘言。

在代码的第 10 行，我们先定义了一个占位符，它用于输入真实的分类标签，为后续计算交叉熵（第 12 行）奠定基础。

第 11 行代码较为复杂，我们分开来讲。y_ * tf.log(y)对应公式（11-7）中的 $p(x)\log q(x)$ 部分。tf.reduce_sum( )的功能就是对张量中的元素进行求和。在 11.5.12 节中，我们已经对此做了较为详细的介绍，这里不再赘言。

同在 11 行中的函数 tf.reduce_mean( )中的"reduce"也有约减之意，它表示从一批（Batch）数据中求一个均值（mean）。

事实上，我们通常并不直接使用范例 11-17 中第 09~11 行所示的自行定义交叉熵的计算方式，取而代之的是更加专业化的如下几行代码：

```
09    output = tf.matmul(x, W) + b                          #构建输出层
10    y_ = tf.placeholder(tf.float32, [None, 10])           #获取预期分类标记
11    cross_entropy = tf.reduce_mean(tf.nn.softmax_cross_entropy_with_logits
                    (labels=y_, logits=output))             #定义交叉熵损失函数
```

这样做的主要原因是出于数值计算稳定性的考虑。也就是说，在 TensorFlow 中，官方提供了更加健壮的计算交叉熵的函数——tf.nn.softmax_cross_entropy_with_logits( )，它会帮助我们处理数值不稳定的问题。

到目前为止，我们构建了 Softmax 回归模型的定义，同时又定义了损失函数——交叉熵。下面要做的工作就是定义一个优化算法来训练网络参数。最常见的优化算法就是随机梯度下降法（Stochastic Gradient Descent，SGD）。

在定义好优化函数之后，TensorFlow 会根据我们定义的计算流图来训练模型，TensorFlow 会自动帮我们完成求导、反向传播等工作，我们要做的就是为 TensorFlow 提供的优化器提供某些超参数，比如学习率等。

代码第 12 行，我们使用了梯度下降算法来减小交叉熵的值，并设置了超参数——学习率为

0.5（所谓超参数，就是人为设定的、无法通过训练获得的参数）。TensorFlow 使用梯度下降算法，每次微调网络参数（两个 Variable 对象：W 和 b），使其朝着最小化交叉熵的方向前进。

11.6.3.6 参数的训练

前面的工作基本上都属于纸上谈兵。接下来的工作是构建一个会话（Session），让参数的训练跑起来，请参见范例 11-19。

【范例 11-19】参数的训练（mnist_train.py）

```
01  import tensorflow as tf
02  from tensorflow.examples.tutorials.mnist import input_data
03  mnist = input_data.read_data_sets("MNIST_data/", one_hot = True)
04
05  x = tf.placeholder(tf.float32, [None, 784])
06  W = tf.Variable(tf.zeros([784, 10]))
07  b = tf.Variable(tf.zeros([10]))
08
09  output = tf.matmul(x, W) + b
10  y_ = tf.placeholder(tf.float32, [None, 10])
11   cross_entropy = tf.reduce_mean(tf.nn.softmax_cross_entropy_with_logits(labels=y_, logits=output))
12  train_step = tf.train.GradientDescentOptimizer(0.5).minimize(cross_entropy)
13
14  sess = tf.InteractiveSession()
15  tf.global_variables_initializer().run()
16  for _ in range(1000):
17      batch_xs, batch_ys = mnist.train.next_batch(100)
18      sess.run(train_step, feed_dict={x: batch_xs, y_: batch_ys})
```

在代码第 14 行，我们先创建了一个新的 InteractiveSession（交互式会话）。这个 InteractiveSession 和前面介绍的普通 Session（会话）有什么不同呢？

最大的不同之处就在于，InteractiveSession 在构建会话时，会自动将自己设置为默认会话。这在交互式 shell 或 IPython notebook 环境下尤为方便，因为我们不必为运行各类操作（Op）而显式地传递一个 Session 对象。比如，完成相同的功能（乘法之后输出都为 30），请对比表 11-6

中所示的代码。

表 11-6　代码对比

使用普通 Session 代码	使用 InteractiveSession

import tensorflow as tf
a = tf.constant(5.0)
b = tf.constant(6.0)
c = a * b
#显式传递 Session 对象
with tf.Session():
　print(c.eval())
	import tensorflow as tf
	sess = tf.InteractiveSession()
	a = tf.constant(5.0)
	b = tf.constant(6.0)
	c = a * b
	# 无须显式传递 Session 对象
	print(c.eval())
	sess.close()

　　上述代码中涉及一个函数 eval()，这里简单介绍一下。eval()本是 Python 的内置函数，用于表达式求值，用到这里含义有所不同，对于某个张量 t，t.eval()相当于 tf.get_default_session().run(t) 的简化写法。

　　此外，由于交互式会话没有用 "with … as" 上下文环境，所以在调用完 InteractiveSession 后，需显式调用 close()函数，以关闭会话回收资源。

　　在代码第 15 行，tf.global_variables_initializer()是一个计算图的全局变量初始化器，这里直接调用它的 run()方法，完成第 06~07 行的变量初始化。

　　接下来，我们开始在交互式会话中运行 train_step。

　　在神经网络训练中，经常会碰到"批（batch）"的概念，这里也顺便解释一下。最理想的情况是，每次都用全部数据来训练网络，这样就不存在抽样的有偏性，但这样做的计算代价太高，耗时太长，通常并不采用。

　　更为通用的方法是，每次训练仅采用全集的某个子集，即"批"。另外一个要注意的考量因素是，随着数据集的海量增长和内存容量的限制，一次性将所有训练数据载入内存，变得越来越不可行，所以"分批"加载数据，势在必行。

　　为了更好地理解这个概念，现举例说明，假设我们有 550 个样本，如果设置 batch_size 等于 100，这个 100 就是 min_batch，算法则会首先从训练集中取第一批数据，即前 100（1~100）个数据；下一批接着取（101~200），依此类推，直到把所有的训练样本都取到。对于后面的 50

个样本可单独拿出来训练一次，这样总共迭代 6 次训练网络参数。

如果每次随机抽取小块的"batch"数据来训练网络，我们称之为随机训练（stochastic training）。在本例中，我们使用了随机梯度训练方法（stochastic gradient descent）。

代码第 16~18 行描述了训练的过程，循环 1000 次，每次随机从训练样本中抽取 100 条数据，构成一个 mini-batch（第 17 行），mnist.train.next_batch()函数返回的值实际上是一个包括两个元素的列表，分别赋值给 batch_xs（输入的像素数据）和 batch_ys（标签数据）。

在代码第 18 行，这两个数据通过 feed_dict 字典分别"喂"数据给第 05 行描述的占位符（x）和第 10 行描述的占位符（y_）。

11.6.3.7 模型的评估

通过前面的工作，我们已经完成了模型的训练。但训练的效果如何呢？我们并不知道，还需要进一步对准确率实施验证。相关的代码如范例 11-20 所示。

【范例 11-20】模型的评估（model_eva.py）

```
01  import tensorflow as tf
02  from tensorflow.examples.tutorials.mnist import input_data
03  mnist = input_data.read_data_sets("MNIST_data/", one_hot = True)
04
05  x = tf.placeholder(tf.float32, [None, 784])
06  W = tf.Variable(tf.zeros([784, 10]))
07  b = tf.Variable(tf.zeros([10]))
08
09  output = tf.matmul(x, W) + b
10  y_ = tf.placeholder(tf.float32, [None, 10])
11  cross_entropy = tf.reduce_mean(tf.nn.softmax_cross_entropy_with_logits
(labels=y_, logits=output))
12  train_step = tf.train.GradientDescentOptimizer(0.5).minimize(cross_entropy)
13
14  sess = tf.InteractiveSession()
15  tf.global_variables_initializer().run()
16  for _ in range(1000):
17      batch_xs, batch_ys = mnist.train.next_batch(100)
```

```
18       sess.run(train_step, feed_dict={x: batch_xs, y_: batch_ys})
19
20   correct_prediction = tf.equal(tf.argmax(output,1), tf.argmax(y_,1))
21   accuracy = tf.reduce_mean(tf.cast(correct_prediction, tf.float32))
22   print(sess.run(accuracy, feed_dict={x: mnist.test.images, y_: mnist.test.labels}))
```

【运行结果】

```
Extracting MNIST_data/train-images-idx3-ubyte.gz
Extracting MNIST_data/train-labels-idx1-ubyte.gz
Extracting MNIST_data/t10k-images-idx3-ubyte.gz
Extracting MNIST_data/t10k-labels-idx1-ubyte.gz
0.9199
```

从运行结果可以看出，分类预测准确率在92%左右，对于一个简化版的入门级的分类模型，这个准确率是可以接受的。如果使用更为复杂的模型，最好的结果可达到99.7%左右。

下面我们简要分析一下代码 20~22 行的含义。为了统计预测的准确率，我们首先要获得实际预测的分类标签。第 20 行用到了一个函数 tf.argmax()，其原型如下所示：

```
argmax(
    input,
    axis=None,
    name=None,
    dimension=None,
    output_type=tf.int64
)
```

tf.argmax()是一个非常有用的函数，它的核心功能是在 axis 方向返回张量 input 中的最大值。关于 axis 的用法，前面已经做过介绍，请参考图 11-33。比如，tf.argmax(output, 1)表示的就是在"axis=1"方向获取张量 output 的最大值的索引（index），而这里的 output 就是模型的实际输出标签。

类似的，tf.argmax(y_, 1)是在"axis=1"方向获得张量 y_的最大值的索引。而这里的 y_表示的是预期的分类标签。这个分类标签实际上就是 one_hot 编码，例如 y_=[1,0,0,0,…,0,0,0]（向量元素为 10 个），那么 tf.argmax(y_,1)=0。因为上述向量的最大值"1"所在的索引位置是 0。

假设实际输出分类标签向量标记为 output，假设 output= [0.92,0.01,0.02,…,0.03]（向量元素为 10 个）。很显然，tf.argmax(output,1)=0，原因是类似的，因为 output 向量的最大值"0.92"所在的索引位置是 0。

当 output 的最大值索引（即第 n 个分类概率最大）和预期的分类标签 y_的最大值索引（即第 n' 个 one_hot 编码为 1）一致时，即 $n = n'$，那么说明预测准确，预测准确数加 1。判断两个张量中的元素是否相等，这里用到了另外一个函数 tf.equal( )，其函数原型如下所示：

```
equal(
    x,
    y,
    name=None
)
```

在 equal( )函数中，参数 x 和 y 都是张量，该函数的功能是对 x 和 y 中的元素一一对应地进行比较，看是否相等。如果对等的元素相等，则返回 true，否则返回 false。

如果 r1 = tf.argmax(output,1)输出的向量为[7, 2, 3, 1]，而 r2 = tf.argmax(y_,1)输出的向量为[7, 4, 3, 1]，那么 equal(r1, r2)的返回值是一个布尔张量，即[True, False, True, True]，这表明张量 r1 和张量 r2 之间的第 0 个、第 2 个和第 3 个元素分别对应相等，而第 1 个元素是不对应相等的（索引标号从 0 开始计数）。

所谓的准确率，就是预测的正确数和预测的总个数之间的比值。但布尔变量是不能直接计数的，所以在计算准确率之前，需要把布尔类型的数据，如[True, False, True, True]进行强制类型转换，转换为 tf.float32 格式，如[1.0, 0.0, 1.0, 1.0]。所以需要利用 tf.cast( )函数（参见代码第 21 行）。该函数的原型如下所示：

```
cast(
    x,
    dtype,
    name=None
)
```

cast 的本意是"铸造"，这里取义为"强制类型转换"。在参数列表中，x 是要被强制进行类型转换的张量，dtype 是要被转换为的类型。

当所有布尔类型的值都转换为或"1.0"或"0.0"的浮点数时，利用 tf.reduce_mean() 可以很容易计算出它们的均值（代码第 21 行），这个均值恰好就是准确率，如[1.0, 0.0, 1.0, 1.0]，它表示共预测 4 次，有 3 次预测正确，正确率为 3/4=0.75。而在 tf.reduce_mean() 的处理下，这个张量的"均值"恰好就是 0.75。

在代码的第 22 行中，通过 sess.run(accuracy)，激活了求解 accuracy 数据流图的会话，而通过 feed_dict 指定了占位符的数据输入。然后通过 Python 的内置函数 print 输出了 accuracy 的值。

11.7　TensorFlow 中的 Eager 执行模式

11.7.1　Eager 执行模式的背景

在前面，我们讨论了 TensorFlow 常规的使用方法。常规的 TensorFlow 有一个很大的用户"槽点"：必须把用户所有的计算都构建成一个静态图（Static Graph）。这意味着，针对 TensorFlow 所用的静态声明策略，用户需要首先定义计算图（Computation Graph，即计算过程的符号表示），然后训练样本会被传递给执行该计算的引擎并实施计算。而且，在训练模型时，这个静态计算图的拓扑结构是固化不变的。

这种基于静态图开发的 TensorFlow 程序，调试起来非常困难。哪怕一个简单的输出，也得提前声明，静态地构建一个计算图，然后在会话中输出，非常烦琐。

Yann LeCun 就不止一次吐槽说，TensorFlow 是"昔日黄花式的深度学习框架"。

因此，支持类似 PyTorch 和 DyNet（一个支持动态声明的神经网络工具包[8]）的深度学习框架动态图功能，一直是 TensorFlow 社区的呼声。

2017 年 10 月 31 日，Google 终于为 TensorFlow 引入了动态图机制 Eager Execution。①

Eager Execution 常被译成"即时执行"，这是贴切的。因为 Eager Execution 是一个命令式的、由运行定义的接口，TensorFlow 的 API 一旦被调用，可被立即执行并获得相应的结果。这个过程有点类似在 Python 的 IDLE 中开发程序，这使得开发工作变得更直观且高效。

根据 Google 研发团队的博客文章，"即时执行"模式的优点包括：

---

① https://research.googleblog.com/2017/10/eager-execution-imperative-define-by.html

- 能与 Python 工具进行有机整合，提供即时错误报告，极大方便了调试。
- 可方便使用 Python 的控制流，支持动态计算模型。
- 支持自定义、高阶梯度计算。
- 适用于目前绝大部分 TensorFlow 操作。

但缺点在于，目前 Eager Execution 仍处于试用阶段，可靠性尚不稳定。

11.7.2　Eager 执行模式的安装

Eager 执行模式的安装非常方便，无须源代码编译，TensorFlow 官方已经为用户准备了预编译的安装包。Eager 执行模式提供 Linux、Mac OS 和 Windows 等三大平台的支持。

CPU 版本的安装方式：

```
pip install tf-nightly
```

GPU 版本的安装操作类似：

```
pip install tf-nightly-gpu
```

这里我们仅演示 CPU 版本的安装，部分安装流程如下所示：

```
yhilly@ubuntu:~$ pip install tf-nightly
Collecting tf-nightly
Downloading
https://files.pythonhosted.org/packages/da/89/d505d96b23e68de94bab17e3fc1351
895cffeb1be89f49f733e8eeb47f52/tf_nightly-1.8.0.dev20180331-cp36-cp36m-manyl
inux1_x86_64.whl (48.6MB)

……
Successfully installed tb-nightly-1.8.0a20180424 tf-nightly-1.8.0.dev20180331
```

11.7.3　Eager 执行模式的案例

下面我们先看一个关于 Eager 执行模式的简单案例，如范例 11-21 所示。

【范例 11-21】Eager 执行模式（test-eager.py）

```
01  import tensorflow as tf
02  import tensorflow.contrib.eager as tfe
03  tfe.enable_eager_execution()
04
05  x = [[2.]]
06  m = tf.matmul(x, x)
07  print(m)
```

【运行结果】

```
tf.Tensor([[ 4.]], shape=(1, 1), dtype=float32)
```

程序本身的功能很简单，就是对一个只有一个元素（即 2）的矩阵求互乘。程序运行结果也正如我们的预期。

从代码的构成可以看出，这和我们以往写的 TensorFlow 程序有较大不同。从导入的包来看，除了要导入常规的 TensorFlow 包（第 01 行），还要导入 eager（第 02 行），同时要开启 Eager 执行模式（第 03 行）。

一旦开启了 Eager 模式，TensorFlow 程序会从原先的声明式编程模式，变成命令式编程模式。也就是说，当写下第 06 行语句之后，任何以 tf 开头的函数，都将如在 IDLE 运行普通 Python 代码一样，可逐行执行操作，并立即取得相应的计算结果，而不再像之前那样，先构建一个计算流图，然后再生成一个会话，通过 sess.run() 才能拿到计算结果。

这个程序体现出来的意义在于，我们终于可以直接使用 print 或者 Python 调试器检查程序的中间结果了。

下面我们再用常规的 TensorFlow 编码方式来实现一下上述矩阵相乘的功能，参见范例 11-22。对比二者的区别，可加深对 Eager 执行模式的理解。

【范例 11-22】没有使用 Eager 执行模式的 TensorFlow 程序（not-eager.py）

```
01  import tensorflow as tf
02
03  x = tf.placeholder(tf.float32, shape=[1,1])
04  m = tf.matmul(x,x)
```

```
05
06  with tf.Session() as sess:
07      m_out = sess.run(m, feed_dict = {x:[[2.0]]})
08
09  print(m_out)
```

【运行结果】

[[4.]]

对比范例 11-21 和范例 11-22 可以发现，前者使用即时执行模式，和 Python 更加契合，无须占位符，无须一个专门的会话来计算并返回一个结果。

此外，即时执行模式还可以更好地与 Python 的控制流相结合，如范例 11-23 所示。

【范例 11-23】"即时执行模式"中的控制流程（eager-control.py）

```
01  import tensorflow as tf
02  import tensorflow.contrib.eager as tfe
03  tfe.enable_eager_execution()
04
05  a = tf.constant(12)
06  counter = 0
07  while not tf.equal(a, 1):
08      if tf.equal(a % 2, 0):
09          a = a / 2
10      else:
11          a = 3 * a + 1
12      print(a)
```

【运行结果】

tf.Tensor(6.0, shape=(), dtype=float64)
tf.Tensor(3.0, shape=(), dtype=float64)
tf.Tensor(10.0, shape=(), dtype=float64)
tf.Tensor(5.0, shape=(), dtype=float64)
tf.Tensor(16.0, shape=(), dtype=float64)

```
tf.Tensor(8.0, shape=(), dtype=float64)
tf.Tensor(4.0, shape=(), dtype=float64)
tf.Tensor(2.0, shape=(), dtype=float64)
tf.Tensor(1.0, shape=(), dtype=float64)
```

需要特别注意的是，Eager 执行模式必须在程序的开头开启（第 03 行），且一旦被开启就不能被关闭，除非关闭或重启 IDLE 环境或 IDE 环境（即关闭 Python 内核）。

在 IDE 环境下（如 Spyder），第一次可以成功运行该程序。在不关闭 Spyder 的情况下，在第二次运行时，可能就会得到如下错误：

```
ValueError: tfe.enable_eager_execution has to be called at program startup.
```

这是因为，Eager 执行模式在第一次运行时已经开启，并在内存中保留这种模式。如果再次运行范例 11-23，就会二次启动 tfe.enable_eager_execution（第 03 行）的运行。

在命令式编程模式中，第二次运行第 03 行代码，相当于在其前面已经运行了第一次运行的第 12 行代码，再加上第二次运行的两行代码，自然会导致出现上述错误提示。一个变通的方法是，第二次运行时，把第 03 行代码注释掉，因为它已经在第一次运行时开启了，无须再次启动。还有一种变通的方式，就是强制重启 Python 内核（如在 Spyder 中，在控制台中按下 "Ctrl+." 组合键）。

11.7.4　Eager 执行模式的 MNIST 模型构建

下面我们用 Eager 执行模式改写前面详细讲解过的 MNIST 手写数字识别。在本节，我们着重体会一下 Eager 执行模式带来的编程范式的不同，如范例 11-24 所示。

【范例 11-24】Eager执行模式的MNIST模型构建（eager-mnit.py）[1]

```
01   import tensorflow as tf
02   import tensorflow.contrib.eager as tfe
03   tfe.enable_eager_execution()
04   from tensorflow.examples.tutorials.mnist import input_data
05
06   class MNIST:
```

---

[1] 范例参考了开源代码：https://github.com/hzy46/TensorFlow-Eager-Examples。

```python
07      def __init__(self):
08          self.mnist = input_data.read_data_sets("data/MNIST_data/",
            one_hot=True)
09          self.train_ds = tf.data.Dataset.from_tensor_slices\
            ((self.mnist.train.images, self.mnist.train.labels))\
10              .map(lambda x, y: (x, tf.cast(y, tf.float32)))\
11              .shuffle(buffer_size=1000)\
12              .batch(100)
13          self.W = tf.get_variable(name="W", shape=(784, 10))
14          self.b = tf.get_variable(name="b", shape=(10, ))
15
16      def softmax_model(self,image_batch):
17          model_output = tf.nn.softmax(tf.matmul(image_batch, self.W) + self.b)
18          return model_output
19
20      def cross_entropy(self, model_output,label_batch):
21          loss = tf.reduce_mean(
22              -tf.reduce_sum(label_batch * tf.log(model_output), axis=[1]))
23          return loss
24
25      @tfe.implicit_value_and_gradients          #函数装饰器
26      def cal_gradient(self, image_batch, label_batch):
27          return self.cross_entropy(self.softmax_model(image_batch), label_batch)
28
29      def train(self):
30          optimizer = tf.train.GradientDescentOptimizer(0.5)
31
32          for step, (image_batch, label_batch) in enumerate(tfe.Iterator
            (self.train_ds)):
33              loss, grads_and_vars = self.cal_gradient(image_batch, label_batch)
34              optimizer.apply_gradients(grads_and_vars)
35              print("step: {}  loss: {}".format(step, loss.numpy()))
36
37      def evaluate(self):
```

```
38          model_test_output = self.softmax_model(self.mnist.test.images)
39          model_test_label = self.mnist.test.labels
40          correct_prediction = tf.equal(tf.argmax(model_test_output, 1),
            tf.argmax(model_test_label, 1))
41          self.accuracy = tf.reduce_mean(tf.cast(correct_prediction, tf.float32))
42
43          print("test accuracy = {}".format(self.accuracy.numpy()))
44
45  if __name__ == '__main__':
46      mnist_model= MNIST()
47      mnist_model.train()
48      mnist_model.evaluate()
```

【部分运行结果】

```
Extracting data/MNIST_data/train-images-idx3-ubyte.gz
Extracting data/MNIST_data/train-labels-idx1-ubyte.gz
Extracting data/MNIST_data/t10k-images-idx3-ubyte.gz
Extracting data/MNIST_data/t10k-labels-idx1-ubyte.gz
step: 0  loss: 2.4997897148132324
step: 1  loss: 2.1040356159210205
step: 2  loss: 2.622384548187256
……
step: 548  loss: 0.11884637922048569
step: 549  loss: 0.2975543737411499
test accuracy = 0.9117000102996826
```

【代码分析】

范例 11-24 在功能上和 11.6 节介绍的案例并没有本质区别，不过在语法上，本例使用了面向对象的编程范式实现，其原因在于，在命令式编程模式中，尽量让成员变量的生命周期随对象消失而消失，否则调试起来可能会因为变量冲突而增加困难。

下面总结一下 Eager 模式的优缺点，优点主要有如下几项。

（1）构建模型更加方便：在 Eager 模式出现之前，构建一个模型需要认真记下张量每一步的形状和意义，然后再操作。现在可以边搭建边测试，忘记张量的形状或者含义时，可直接利用 print 语句进行输出核对。此外，流程控制可使用 Python 的内建语法，更加直观。

（2）调试时不再需要"会话"。在此之前，调试输出某个张量的信息时，必须加上 sess.run()，非常烦琐，现在可直接把变量 print 出来。当然，也可以使用 IDE 的监控工具进行单步调试。

（3）可直接把 tf.开头的 TensorFlow API 函数当作普通函数调用。在此之前，如果想在自己的程序中调用 tf.开头的函数，需手动开启"会话"，将结果的张量转换成 NumPy 数组，或使用官方提供的函数修饰器。

有利必有弊。Eager 模式也有其不好的一面。首先，开启 Eager 模式之后，它并不能和之前的代码完全兼容，如果想让它高效地工作，无疑增加了用户的一些框架学习成本。

比如，对训练数据的读取，不能再采用占位符的方式，而是要启用较新的API——用Dataset的方式读入数据[①]（参见代码 09 行）。再比如，要用tf.get_variable()或者tfe.Variable()来创建变量，而不能用常规的tf.Variable创建（参见代码第 13~14 行）。

11.8 本章小结

本章对 TensorFlow 的基础知识进行了简要介绍，需要读者理解的内容比较多，现在我们对本章的部分知识进行一下总结。

使用 TensorFlow 编写程序，需要了解如下基本要义：

（1）用张量（Tensor）来描述数据。

（2）用变量（Variable）来维护状态。

（3）用 Graph（数据流图）来描述计算过程。

（4）在 Session（会话）的上下文中执行图。

（5）用占位符配合 feed_dict 对各种 Op 输入数据。

（6）用会话的 run()从各种 Op 中获取数据。

[①] https://www.tensorflow.org/programmers_guide/datasets

以 MNIST 项目为例，利用神经网络解决分类问题，需要大致遵循的流程如下：

（1）构建模型（如 Softmax 回归），也就是定义神经网络从输入层到输出层的前向传播计算。

（2）定义好损失函数（如交叉熵），并选定优化器（如梯度下降）。

（3）在训练集合上，训练模型参数。

（4）在测试集或验证集上，评估模型的性能（如使用分类准确率）。

11.9　请你思考

通过前面的学习，请你思考如下问题：

（1）利用 TensorFlow 解决简单数学问题或机器学习问题，简捷而直观。例如前文介绍的 MNIST 分类的开源代码，所有代码不过 20 行。你能利用所学的 TensorFlow 知识实现多层感知机模型吗？

（2）在 TensorFlow 1.4 以后，类似于 PyTorch 动态图，TensorFlow 引入了 Eager Execution 机制。在本质上，这是一个命令式接口。相比于 Graph 的声明式的惰性执行，Eager 能让相关 Op 立即在 Python shell 中执行，而无须启动一个会话，这非常便于 TensorFlow 的调试和与用户的交互。

请你思考一个技术演化问题，在未来，是诸如 PyTorch 这样新兴的深度学习框架取代 TensorFlow 呢？还是"家大业大"的 TensorFlow 通过演化和改良，兼收并蓄掉 PyTorch 呢？推荐阅读布莱恩·阿瑟的《技术的本质》。

从上面的分析可知，范例 11-19 中虽然只有 20 行左右的代码编程量，但在其背后铺垫的理论知识和编程技巧，远远不是 20 行代码解释所能涵盖的。言外之意，如果我们想写出高效而又言简意赅的 TensorFlow 代码，还需要继续夯实理论基础和练习编码能力。

（3）在本章之前，我们使用的人工神经网络都是全连接的。"全连接"神经网络有很多缺陷，除了前面章节提到的，它带来了海量的连接权值难以训练之外，你知道它还有哪些缺陷吗？（提示：另外一个重要的缺陷是，它很难提取到有用的特征。虽然第 2 章中提到的"通用近似定理"能在理论上确保一个全连接神经网络，只需 1 个包含 n 个节点的隐含层，就能把任意光滑函数拟合到 $1/n$ 的精度（n 越大，拟合的近似度就越高）。然而，该理论的价值更多的在于象征意义，因为人工智能讲究实用主义，即使它在理论上模拟得再"惟妙惟肖"，而在实际运用时，特征归纳能力如此之差，仍难堪大用。那么，哪种网络能肩负起高效的特征抽取重担呢？它就是我们下一章即将讲到的主角——卷积神经网络。）

延续上面的思路，在下一章中我们将学习深度神经网络中的一个核心网络——卷积神经网络（Convolutional Neural Network，CNN）。

参考资料

[1] Dean J, Corrado G, Monga R, et al. Large scale distributed deep networks[C]//Advances in neural information processing systems. 2012: 1223-1231.

[2] Abadi M, Barham P, Chen J, et al. TensorFlow: A System for Large-Scale Machine Learning[C]//OSDI. 2016, 16: 265-283.

[3] Jia Y, Shelhamer E, Donahue J, et al. Caffe: Convolutional architecture for fast feature embedding[C]//Proceedings of the 22nd ACM international conference on Multimedia. ACM, 2014: 675-678.

[4] Evans J. A scalable concurrent malloc (3) implementation for FreeBSD[C]//Proc. of the bsdcan conference, Ottawa, Canada. 2006.

[5] Sam Abrahams, Danijar Hafner, et al. 段菲，陈澎译. 面向机器智能的 TensorFlow 实践[M]. 北京：机械工业出版社，2017.

[6] 黄文坚，唐源. TensorFlow 实战[M]. 北京：电子工业出版社，2017.

[7] TensorFlow. MNIST For ML Beginners. https://www.tensorflow.org/get_started/mnist/beginners.

[8] Neubig G, Dyer C, Goldberg Y, et al. Dynet: The dynamic neural network toolkit[J]. arXiv preprint arXiv:1701.03980, 2017.

Chapter twelve

第12章 全面连接困何处，
卷积网络显神威

"此情可待成追忆"，可"记忆"到底是什么呢？如果我告诉你，"记忆"就是一种"卷积"，你可别不信。卷积并不神秘，它就在你我的生活中，它就在深度学习里！

在第 10 章中，我们介绍了反向传播（Back Propagation，简称 BP）算法。在本质上，BP 算法的应用对象是一种全连接神经网络。BP 算法的确也有很多成功的应用案例，但只能适用于"浅层"网络（通常小于 7 层），因此限制了它的特征表现能力，进而也就局限了它的应用范围。

为什么它难以"深刻"呢？在很大程度上，问题就出在它的"全连接"上。难道"全连接"不好吗？它更全面啊，难道全面反而是缺陷？

我们暂时不讨论这个问题，等你阅读完本章，答案自然就会了然于胸。在本章，我们讨论一种应用范围更为广泛的网络——卷积神经网络（Convolutional Neural Network，简称 CNN），它在图像、语音识别等众多任务（比如，AlexNet、VGGNet、Google Inception Net 及微软的 ResNet 等）上表现神勇，近几年深度学习大放异彩，CNN 可谓功不可没。

可为什么 CNN 能这么生猛呢？答案还得从历史中追寻。著名人类学家费孝通先生曾指出[1]，我们所谓的"当前"，其实包含着从"过去"历史中拔萃出来的投影和时间选择的积累。历史对于我们来说，并不是什么可有可无的点缀之饰物，而是实用的、不可或缺的前行之基础。

下面，我们就先聊聊卷积神经网络的历史，希望能从中找到一点启发。在回顾历史之前，我们先尝试思考这样一个看似题外话而实则不然的问题：为什么几乎所有低级动物的双眼都是长在头部两侧？

12.1 卷积神经网络的历史[①]

12.1.1 眼在何方？路在何方？

的确，如果你仔细观察，低级动物的双眼大多都长在两侧。从进化论的角度来看，"物竞天择，适者生存"。大自然既然这么选择，自然有它存在的道理。其中一种解释是，那些低级动物正是因为这样的"造物安排"，所以能够同时看到上下左右前后等各个方向，从而不存在视觉盲区。这确实是一种极为安全的配置，有了安全性，它们才能更好地在地球上生存。

可这样的配置又有什么局限呢？相比于低级动物（如青蛙），人的双眼可都是长在面部正前方的（参见图 12-1）。这样的分布，肯定不能全方位地观察周遭的一切，这岂不是很糟糕？但事实上，只有人类进化成为这个地球上最高级的动物。

[①] 本节部分内容已于 2017 年 8 月 1 日发表于阿里云-云栖社区：全面连接困何处，卷积网络见解深，https://yq.aliyun.com/articles/152935。

（a）青蛙的双眼

（b）人类的双眼

图 12-1　低级动物的双眼和人类的双眼位置

有人是这样解释的（当然，这个解释的意义更多来自感性，而非生物学，所以读者也无须深究）：低级动物无死角的眼睛配置，虽然能够更全面地关注周围，但副作用在于，它们没办法把自己的目光集中在某一处，自然也没有办法仔细、长期地观察某个点，于是它们也就不可能进化出深入思考的能力。而人类却因为眼睛的缺陷（接受了视野中的盲区）而能注视前方，从而能对事物进行深刻洞察。高级动物就是这么"练就"出来的。

换句话说，肤浅的全面观察有时候不如局部的深入洞察。想一想，那个著名的蝴蝶效应是怎么回事，它以统筹全局的视角来解释天气的变化：亚马孙雨林中一只蝴蝶的翅膀偶尔振动，也许两周后就会引起美国得克萨斯州的一场龙卷风。可在现实生活中，又有谁真的用"蝴蝶效应"解决了天气变化问题呢？我们还不是挥起一把芭蕉扇，利用局部的空气流动来让自己在酷暑之下获得一丝凉意？

可这和我们今天的主题——卷积神经网络又有什么联系呢？当然有联系，这个联系体现在方法论层面，且听我慢慢道来。

12.1.2　卷积神经网络的历史脉络

我们知道，所谓动物的"高级"特性，其表象体现在行为方式上。而更深层的，它们会体现在大脑皮层的进化上。1968 年，神经生物学家大卫·休伯尔（David Hunter Hubel）与托斯坦·威泽尔（Torsten N. Wiesel）在研究动物（先后以猫和人类的近亲——猴子为实验对象）视觉信息处理时，有两个重要而有趣的发现[2]：

（1）对于视觉的编码，动物大脑皮层的神经元实际上是存在局部感受域的，具体来说，它们是局部敏感的且具有方向选择性（论文如图 12-2 所示）。

（2）动物大脑皮层是分级、分层处理信息的。在大脑的初级视觉皮层中存在几种细胞：简单细胞（Simple Cell）、复杂细胞（Complex Cell）和超复杂细胞（Hyper-complex Cell），这些不同类型的细胞承担着不同抽象层次的视觉感知功能。

正是因为这个重要的生理学发现，使得休伯尔与威泽尔二人获得了 1981 年的诺贝尔医学奖。而这个科学发现的意义，并不仅局限于生理学，它也间接促成了人工智能在五十年后的突破性发展。

RECEPTIVE FIELDS AND FUNCTIONAL ARCHITECTURE OF MONKEY STRIATE CORTEX

BY D. H. HUBEL AND T. N. WIESEL

From the Department of Physiology, Harvard Medical School, Boston, Mass., U.S.A.

(*Received* 6 *October* 1967)

SUMMARY

1. The striate cortex was studied in lightly anaesthetized macaque and spider monkeys by recording extracellularly from single units and stimulating the retinas with spots or patterns of light. Most cells can be categorized as simple, complex, or hypercomplex, with response properties very similar to those previously described in the cat. On the average, however, receptive fields are smaller, and there is a greater sensitivity to changes in stimulus orientation. A small proportion of the cells are colour coded.

2. Evidence is presented for at least two independent systems of columns

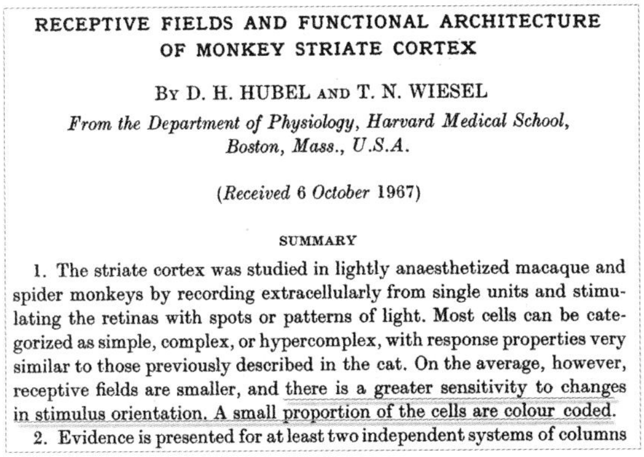

图 12-2　休伯尔与威泽尔的经典论文

休伯尔等人的研究成果意义重大，它对人工智能的启发意义在于，人工神经网络的设计可以不必考虑使用神经元的“全连接”模式。如此一来，可以大大降低神经网络的复杂性。

受该理念的启发，1980 年日本学者福岛邦彦（Fukushima）提出了神经认知机（Neocognitron，亦译为“新识别机”）模型[3]，这是一个使用无监督学习训练的神经网络模型，其实也就是卷积神经网络的雏形，如图 12-3 所示。从图中可以看到，神经认知机借鉴了休伯尔等人提出的视觉可视区分层和高级区关联等理念。

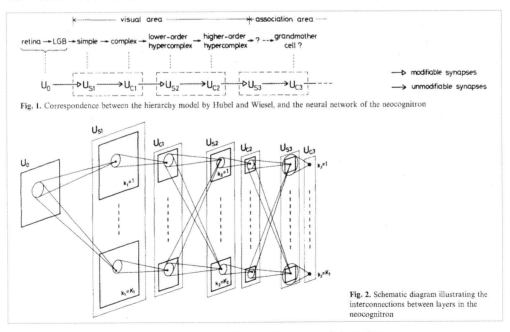

图 12-3　神经认知机的结构（图片来源：参考资料[3]）

自此之后，很多计算机科学家先后对神经认知机做了深入研究和改进，但效果却不尽如人意。直到 1990 年，在 AT&T 贝尔实验室工作的 Yann LeCun 等人，把有监督的反向传播（BP）算法应用于福岛邦彦等人提出的架构，从而奠定了现代 CNN 的结构[4]。

在传统的机器学习任务中，性能的好坏很大程度上取决于特征工程。特征工程往往是非常耗时耗力的，在图像、语言和视频中提取有效特征更是难上加难。倘若工程师能成功提取有用的特征，前提条件通常是，要在特定领域摸爬滚打很多年，对领域知识有非常深入的理解。举例来说，对于一个海葵鱼的识别，需要经过"边界""纹理""颜色"等特征的抽取，然后再经过"分割"和"部件"组合，最后构建出一个分类器，如图 12-4 所示。

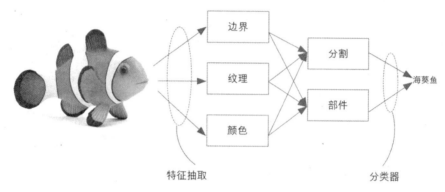

图 12-4　传统机器学习的特征抽取

相比于传统的图像处理算法，LeCun 等人提出的 CNN，避免了对图像进行复杂的前期处理（即特征抽取）。它能够直接从原始图像出发，经过非常少的预处理，就能从图像中找出视觉规律，进而完成识别分类任务，其实这就是端到端（end-to-end）的含义。

还拿海葵鱼分类的例子来说，如图 12-5 所示。在卷积神经网络中，输入层就是构成海葵鱼图片的各个像素，它们充当输入神经元，然后经过若干隐含层的神经元加工处理，最后在输出层直接输出海葵鱼的分类信息。在这期间，整个神经元网络需要大量的权值调整。即使成功输出海葵鱼的分类信息，但这些权值的意义和可解释性是不足的。人们不知道为何而调参，因此 CNN 也被人诟病为"黑箱"模型。然而，从实用主义的角度出发，管用就好！因此 CNN 还是被学术界和工业界广泛使用。

基于 CNN 的工作原理，在手写邮政编码的识别问题上，如图 12-6 所示，LeCun 等人把错误率降低到 5% 左右。有了相对完善的理论基础，并有成功的商业案例应用为之支撑，一下子就让卷积神经网络在学术界和产业界引爆开来。

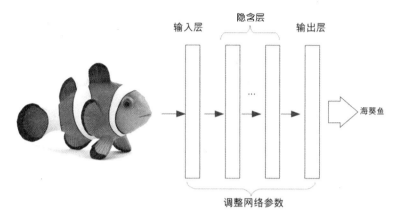

图 12-5　卷积神经网络在图像分类中的应用

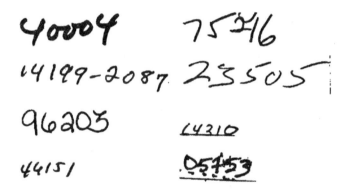

图 12-6　识别手写邮政编码（图片来源：参考资料[4]）

LeCun 把自己的研究网络命名为 LeNet。几经版本的更新，最终定格在 LeNet 5[5]。在当时，LeNet 架构可谓风靡一时，但它的核心业务主要用于字符识别，比如前文提到的读取邮政编码、数字等。

可问题来了，从 1990 年到现在，差不多三十年过去了。为什么三十年前的技术，到现在突然又以深度学习的面目粉墨登场，重新火爆起来了呢？

对于深度学习，吴恩达（Andrew Y. Ng）先生有一个形象的比喻：深度学习的过程就犹如发射火箭。火箭想"发飙"，依靠两法宝：一是发动机，二是燃料。而对深度学习而言，它的发动机就是"大计算"，它的燃料就是"大数据"。

而在三十年前，LeCun 等人虽然提出了 CNN，但其性能严重受限于当时的大环境：没有大规模的训练数据，也没有跟得上的计算能力，这导致了当时 CNN 网络的训练过于耗时且识别效果有上限。

在 Yann LeCun 给自己取中文名——杨立昆之前（2017 年），有人把"Yann LeCun"翻译成"严乐春"。的确，"三十年河东，三十年河西"，当"大计算"和"大数据"不再是问题的时候，严乐春用了三十年迎来了自己的又一"春"。LeCun 现在风光无限，以深度学习大家的身份出席各大会议，做了一场又一样的主题报告，他用自己的亲身经历，生动地演绎了"形势比人强"。

LeCun 提出的 LeNet，在推进深度学习的发展上功不可没，他极大地启发了现代 CNN 结构的设计。LeNet-5 共有 7 层（不包括输入层），每层都包含不同数量的训练参数。各层的结构如图 12-7 所示。

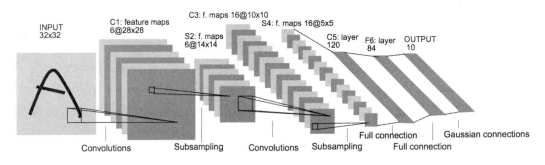

图 12-7　LeNet 的网络架构（图片来源：参考资料[5]）

在 LeNet-5 中，主要有卷积层（Convolutions）、亚采样层（Subsampling，又叫下采样层或池化层）和全连接层（Full connection）3 类连接方式。这几个层的概念，这里暂不展开讲，在本章后面的内容中会逐步深入讲解这些概念。

12.1.3　那场著名的学术赌局

LeCun 与同在贝尔实验室的 Vapnik（万普尼克），可谓是一对"老冤家"。除了 Vapnik 发明并发扬光大了支持向量机（SVM），暂时终结了 LeNet-5 的"一枝独秀"情境之外，他们还一起设计了一场关于神经网络的著名赌局，值得我们说道说道。

当年大名鼎鼎的贝尔实验室就坐落在新泽西州霍姆德尔市。据LeCun回忆[①]，在该实验室的自适应系统研究部（Adaptive Systems Research Department），卷积神经网络和SVM先后在 1988 年和 1992 年分别被LeCun和Vapnik为代表的两骑人马提出。当时的部门主管是Larry Jackel。这

---

① https://plus.google.com/+YannLeCunPhD/posts/CR18UPiemYB

位 Jackel 并非泛泛之辈，他也是著名的人工智能专家，亦是 LeCun 和 Vapnik 的伯乐，因为这二人都是被 Jackel 招进贝尔实验室的。

伯乐归伯乐，但在学术观点上，Jackel 明显偏向于 LeCun。那时（1995 年），Jackel 认为，到 2000 年（即 5 年之后），人们能够在理论上明确解释人工神经网络的工作机理。也就是说，它将会和 SVM 一样，有很好的理论支撑。

但 Vapnik 并不认可这个观点。在谁也不能说服谁的情况下，1995 年 3 月 14 日，二人决定打赌定输赢，赌注是一顿奢华大餐。LeCun 是赌局的见证人之一。空口无凭，立字为据，他们很正式地起草了打赌文书，图 12-8 就是三人在赌局文书上的签字。

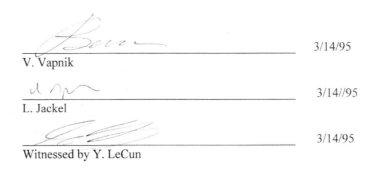

图 12-8　Vapnik 和 Jackel 的赌局签字

光阴荏苒，时间很快就到了 2000 年 3 月 14 日。很显然，那年，神经网络并没有找到自己的理论解释框架（其实到现在也没有），Jackel 输了。

但事情并不算完，赌局还有下半段。Vapnik 和 Jackel 还同时打赌说（赌注也是一顿奢华大餐），就算到 2005 年 3 月 14 日（打赌之日的 10 年后），任何思维正常的人，都不会再像 1995 年的人们那样使用神经网络。他还声称，到那时，每个人都将使用理论解释优美的 SVM。

显然，Vapnik 预测对了前头，却没有猜到后头。到 2005 年，依然有不少人在研究神经网络，SVM 却犹如"昔日黄花"。

有一个执着的学者，把学术的冷板凳做了几十年，坚持不懈地研究神经网络几十年，并于 2006 年，在著名学术期刊《科学》上发表了一篇后来很著名的文章 *Reducing the Dimensionality of Data with Neural Networks*。或许你已经猜到了，他就是 Geoffrey E. Hinton。他的这篇文章也开启了深度学习在学术界和工业界"拓疆扩土"的浪潮。

就这样，Vapnik 也输了，只有 LeCun 赢了。因为作为见证人，只有他赢得了一顿免费的大餐。赌注的兑现是在 2000 年 4 月 9 日新泽西州红岸暹罗花园餐厅。由于 Vapnik 和 Jackel 在赌局上各失一局，他们非常"友好地"平摊了账单。

或许有细心的读者发现，这赌注的兑现，为什么不是发生在 2005 年呢？这个外人就很难得知了，或许是出于文化人的面子，赌局进行到一半时，对未来的趋势大家彼此心知肚明，不失和气地结束这个赌局，岂不更好？

12.2 卷积神经网络的概念①

12.2.1 卷积的数学定义

在前文中，我们简要地介绍了卷积神经网络的来龙去脉。接下来，我们将逐一解析它的核心要素。卷积神经网络的名字，就来自其中的卷积操作。因此说到卷积神经网络，它最核心的概念可能莫过于"什么是卷积"？

脱离卷积神经网络这个应用背景，"卷积"其实是一个标准的数学概念。早在 6.4 节，我们就已经提及"卷积"的概念：所谓卷积，就是一个函数和另一个函数在某个维度上的加权"叠加"作用。为了更好地理解卷积操作的数学意义，下面我们再列举一个具体的案例来加以说明[6]。

假设我们的任务是实时监控一艘宇宙飞船，这艘宇宙飞船带有激光发射器。激光发射器在任意时刻 t 都实时输出信号 $f(t)$，这里 $f(t)$ 表示飞船在任意时刻 t 所处的位置。通常来说，激光信号中都夹杂有噪声信号 $g(t)$。为了能更加准确地测量飞船的位置，需要减少噪声的影响，因此我们需要对获取的距离信号 $x(t)$ 进行平滑处理。

很显然，对于相邻时间的不同输出结果，距离当前时间较近的输出，它们对结果的输出影响也较大（分配较大的权值）。反之，距离当前时间越远，它们对当前结果的影响也就越小（分配较小的权值）。因此，加权平均后的飞船位置 $s(t)$ 可以用如下公式表示：

$$s(t) = \int_{-\infty}^{\infty} f(a) * g(t-a) \mathrm{d}a \tag{12-1}$$

其中，函数 f 和函数 g 是卷积对象，a 为积分变量，星号"*"表示卷积。公式（12-1）所

---

① 本节部分内容于 2017 年 8 月 2 日发表于阿里云-云栖社区：卷地风来忽吹散，积得飘零美如画，https://yq.aliyun.com/articles/156269。

示的操作，被称为连续域上的卷积操作。这种操作通常也被简记为如下公式：

$$s(t) = f(t) * g(t) \tag{12-2}$$

在公式（12-2）中，通常把函数 f 称为输入函数，g 称为滤波器或卷积核（Kernel），这两个函数的叠加结果称为特征图或特征图谱（Feature Map）。

在理论上，输入函数可以是连续的，因此通过积分可以得到一个连续的卷积。但实际上，在计算机处理场景下，它是不能处理连续（模拟）信号的。因此需要把连续函数离散化。

事实上，一般情况下，我们并不需要记录任意时刻的数据，而是以一定的时间间隔（也即频率）进行采样即可。对于离散信号，卷积操作可用公式（12-3）表示：

$$s(t) = f(t) \times g(t) = \sum_{a=-\infty}^{\infty} f(a)g(t-a) \tag{12-3}$$

当然，对于离散卷积的定义可推广到更高维度的空间上。例如，二维的公式可表示为公式（12-4）：

$$s(i,j) = f(i,j) \times g(i,j) = \sum_{m}\sum_{n} f(m,n)g(i-m,j-n) \tag{12-4}$$

12.2.2 生活中的卷积

卷积的概念好像比较抽象，理论来源于现实的抽象。为了便于理解这个概念，我们可以借助现实生活中的案例来辅助说明这个概念。

在前面章节的描述中，我们已经提到，函数就是功能，功能就是函数。函数的加权叠加作用，更通俗地讲，就是功能的叠加作用。如果说函数是抽象的，那么功能就是具体的。我们很容易从生活中找到卷积的影子，从而能帮助我们更加形象地解释这个概念。在这方面，李德毅院士是高手。

在 2015 年中国计算机大会特邀报告上，笔者有幸聆听了中国人工智能学会理事长李德毅院士的主题报告。在报告中，李院士便提到了卷积的理解问题，非常有意思[7]。

李院士说，什么叫卷积呢？举例来说，在一根铁丝某处不停地弯曲，假设发热函数是 $f(t)$，散热函数是 $g(t)$，此时此刻的温度就是 $f(t)$ 跟 $g(t)$ 的卷积。在一个特定环境下，发声体的声源函数是 $f(t)$，该环境下对声源的反射效应函数是 $g(t)$，那么在这个环境下感受到的声音就是 $f(t)$ 的

和 $g(t)$ 的卷积。

类似的，记忆其实也是一种卷积的结果。假设认知函数是 $f(t)$，它代表对已有事物的理解和消化，遗忘函数是 $g(t)$，那么人脑中记忆函数 $h(t)$ 就是函数 $f(t)$ 跟 $g(t)$ 的卷积，可用如下公式表示。

$$h_{记忆}(t)$$
$$= f_{认知}(t) * g_{遗忘}(t)$$
$$= \int_0^{+\infty} f_{认知}(\tau) g_{遗忘}(t-\tau) d\tau$$

最后，李德毅院士又讲道，计算机工作者要了解卷积，就要了解卷积神经网络。这个观点和今天讲到的主题很应景，下面我们言归正"卷"，接着讲卷积神经网络。

12.3 图像处理中的卷积

12.3.1 计算机"视界"中的图像

图像识别是卷积神经网络大显神威的"圣地"，所以下面我们就以图像处理为例，来说明卷积的作用。

对于如图 12-9 所示的左侧的图像，正常人很容易判定出，图像中分别是一个数字"8"和一只猫。但是，对于计算机而言，它们看到的是数字矩阵（每个元素都是 0 到 255 之间的像素值），至于它们据此能不能判定出是数字"8"和猫，这要依赖于计算机算法，这也是人工智能的研究方向。

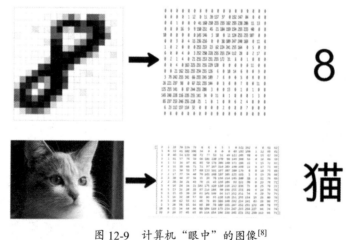

图 12-9 计算机"眼中"的图像[8]

在如图 12-9 所示的矩阵中，每个元素表示的是该像素中的亮度强度。在这里，0 表示黑色，255 表示白色，数字越小，越接近黑色。在灰度图像中，每个像素值仅表示一种颜色的强度。也就是说，它只有一个通道。而在彩色图像中，可以有 3 个通道，即 R、G、B（红，绿，蓝）。在这种情况下，把三个不同通道的像素矩阵堆叠在一起，即可描述彩色图像。

在图像处理中应用卷积操作，其主要目的是，利用特征模板对原始信号（即输入图像）进行滤波操作，从而达到提取特征的目的。[①]卷积可以很方便地通过从输入的一小块数据矩阵（也就是一小块图像）中学到图像的特征，并能保留像素间的相对空间关系。下面举例说明在二维图像中使用卷积的过程。

12.3.2　什么是卷积核

在卷积神经网络中，通常利用一个局部区域（在数学描述上就是一个小矩阵）去扫描整张图像，在这个局部区域的作用下，图像中的所有像素点会被线性变换组合，形成下一层的神经元节点。这个局部区域被称为卷积核。

在图 12-10 中，为了便于读者理解，图像数据矩阵的像素值分别用诸如 a、b、c、d 这样的字母代替，卷积核是一个 2×2 的小矩阵。需要注意的是，在其他场合，这个小矩阵也被称为"滤波器（Filter）"或"特征检测器（Feature Detector）"。

如果把卷积核分别应用到输入的图像数据矩阵上，按照从左到右、从上到下的顺序分别执行卷积（点乘）运算，就可以得到这个图像的特征图谱（Feature Map）。在不同的学术论文中，"特征图谱"也被称为"卷积特征（Convolved Feature）"或"激活图（Activation Map）"。

从图 12-10 体现出来的计算可以看到，在本质上，**离散卷积就是一个线性运算。因此，这样的卷积操作也被称为线性滤波。**这里的线性是指，我们用每个像素的邻域的线性组合来代替这个像素。

卷积操作保留了图像的空间特征。由于空间是共享的，即每一次用的卷积核相同，在不同位置的同一物体的形状就可以被同样识别，而不需要针对每个位置都进行学习。

[①] 事实上，同样也可以训练前馈神经网络来识别图像。这样一来，表达图像的每一个像素（将会被从左到右、从上往下）被拉成一条很长的线，即平整化，以此作为网络的输入神经元，很明显，这样丧失了空间位置的相关性。在 11.6 节所示的案例中就是这么做的。显然，此时，如果待识别图像的位置发生变化，则无法有效识别网络。这是因为，对于全连接的前馈神经网络来说，图像位置的变化意味着输入发生了变化，原来训练的网络参数是无法适应"新输入"的。解决之道是，利用大量处于不同位置的数据进行训练，甚至需要增加隐含层数量，以增强其学习能力。这样做的缺点是效率不高，因为相比而言，同一物体出现在不同位置，对于人来说，识别起来是没有差别的，因而不需要重新学习。

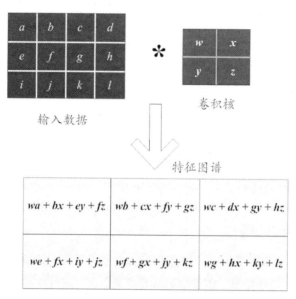

图 12-10 二维图像数据上的卷积操作实例

现在，让我们思考一个问题，为什么这个卷积核（或称滤波器）能够检测出特征呢？一种通俗的解释为，在图像中，相比于背景，描述物体的特征的像素之间的值差距较大（比如物体的轮廓），变化明显，通过卷积操作，可以过滤掉变化不明显的信息（即背景信息）。

对于 3 通道 RGB 图像来说，在二维卷积中，卷积核在宽度（width）、高度（height）这两个维度上是局部连接的，而在深度（depth）上是全连接的。就像切馅饼一样，在长和宽这两个维度上是局部切成块，在深度上是一刀切到底。

我们可以用多个卷积核来探测图像的不同特征。于是卷积的输出就如同一个多维的长方体"馅饼"，每卷积一次，"馅饼"就要增加一层。如果有多个卷积层，越靠后的长方体深度就越深（可提前参看图 12-19 加深理解）。这也体现了深度学习之深。

一图胜千言。下面我们用更为浅显易懂的示意图来说明这个卷积过程。正如前文所说，每张图片都可视为像素值的矩阵。对于灰度图像而言，像素值的范围是 0~255，为了简单起见，我们考虑一个 5×5 的图像，它的像素值仅为或 0 或 1。类似的，卷积核是一个 3×3 的矩阵，如图 12-11 所示。

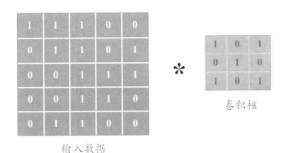

图 12-11　简化版本的图像矩阵和卷积核

下面我们来看一下卷积计算是怎样完成的。我们用卷积核矩阵在原始图像（图 12-11 左图）上从左到右、从上到下滑动，每次滑动 s 个像素，滑动的距离 s 称为"步幅"。在每个位置上，我们可以计算出两个矩阵间的相应元素乘积，并把"点乘"结果之和存储在输出矩阵（即卷积特征）中的每一个单元格中，这样就得到了特征图谱（或称为卷积特征）矩阵，如图 12-12 所示。

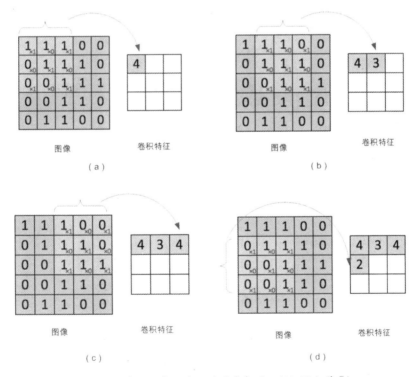

图 12-12　卷积的实现过程（图片来源：斯坦福大学[①]）

---

① http://deeplearning.stanford.edu/wiki/index.php/Feature_extraction_using_convolution

现在，让我们看看卷积特征矩阵中的第一个元素"4"是如何来的（参见图 12-12（a））。它的计算过程是这样的：$(1\times1+1\times0+1\times1)+(0\times0+1\times1+1\times0)+(0\times1+0\times0+1\times1)=2+1+1=4$。乘号（×）前面的元素来自原始图像数据，乘号（×）后面的元素来自卷积核，它们之间做点乘，就得到了所谓的卷积特征。其他卷积特征值的求解方式类似，这里不再赘述。

12.3.3 卷积在图像处理中的应用

到目前为止，我们只做了一些简单的矩阵运算，CNN 的好处体现在哪里，好像还不十分明确。简单来说，这样做的用途在于，将图像相邻子区域的像素值与卷积核执行"卷积"操作，可以获取相邻数据之间的统计关系，从而可挖掘出图像中的某些重要特征，从而提高学习算法的鲁棒性（健壮性）。

这样说来，似乎还是非常抽象，这些特征到底是什么？下面我们还是用几个图像处理的案例来形象说明这个概念[9]。卷积在图像处理中是一种常用的线性滤波方式，使用卷积可以达到图像降噪、边界检测、锐化等多种滤波效果，如图 12-13 所示。

操作	卷积核（滤波器）
同一化	$\begin{bmatrix} 0 & 0 & 0 \\ 0 & 1 & 0 \\ 0 & 0 & 0 \end{bmatrix}$ 
边界检测	$\begin{bmatrix} -1 & -1 & -1 \\ -1 & 8 & -1 \\ -1 & -1 & -1 \end{bmatrix}$ 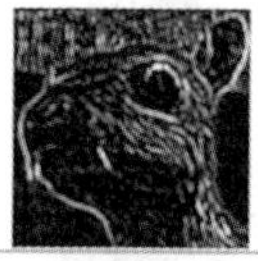
锐化	$\begin{bmatrix} 0 & -1 & 0 \\ -1 & 5 & -1 \\ 0 & -1 & 0 \end{bmatrix}$ 
均值模糊化	$\frac{1}{9}\begin{bmatrix} 1 & 1 & 1 \\ 1 & 1 & 1 \\ 1 & 1 & 1 \end{bmatrix}$ 

图 12-13 "神奇"的卷积核

简单来说，利用卷积核对输入图片进行处理，可以获得鲁棒性更高的特征。下面我们简单介绍一下常用的、"久经考验"的卷积核。

需要说明的是，这些卷积核都是超参数，也就是说，属于人们长期摸索而成的先验知识，而不是神经网络学习得到的。

（1）同一化核（Identity）。从图 12-13 可见，这个滤波器什么也没有做，卷积后得到的图像和原图是一样的。因为这个核只有中心点的值是 1，邻域点的权值都是 0，所以滤波后的取值没有任何变化。

（2）边缘检测核（Edge Detection），也称为高斯-拉普拉斯算子。需要注意的是，这个核矩阵的元素总和值为 0（即中间元素为 8，而周围 8 个元素之和为-8），所以滤波后的图像会很暗，而只有边缘位置是有亮度的。

（3）图像锐化核（Sharpness Filter）。图像的锐化和边缘检测比较相似。首先找到边缘，然后再把边缘加到原来的图像上，如此一来，强化了图像的边缘，使得图像看起来更加锐利。

（4）均值模糊（Box Blur /Averaging）。这个核矩阵的每个元素值都是 1，它将当前像素和它的四邻域的像素一起取平均，然后再除以 9。均值模糊比较简单，但图像处理得不够平滑。因此，还可以采用高斯模糊核（Gaussian Blur），这个核被广泛用在图像降噪上。

事实上，还有很多有意思的卷积核，比如浮雕核（Embossing Filter），它可以给图像营造出一种艺术化的 3D 阴影效果，如图 12-14 所示。浮雕核将中心一边的像素值减去另一边的像素值。这时，卷积出来的像素值可能是负数，我们可以将负数当成阴影，而把正数当成光，然后再对结果图像加上一定数值的偏移即可。

 * $\begin{bmatrix} -2 & -1 & 0 \\ -1 & 1 & 1 \\ 0 & 1 & 2 \end{bmatrix}$ =

原始图片　　　　卷积核（滤波器）　　　　卷积后的图像

图 12-14　浮雕核的应用

从上面的操作可以看出，所谓的卷积核，实质上就是一个权值矩阵。它用于处理单个像素与其相邻元素之间的关系。卷积核中的各个权值相差较小，实际上就相当于每个像素与其他像素取了平均值，因此有模糊降噪的功效（请参见图 12-13 中的"均值模糊化"）。如果卷积核中的权值相差较大（以卷积核中央元素来观察它与周边元素的差值），就能拉大每个像素与周围像素的差距，也就能达到提取图像中物体边缘或锐化的效果（请参见图 12-13 中的"边缘检测"核和"锐化"核）。

上述各种图像的卷积效果可用 OpenCV 库[①]轻易实现。OpenCV 是一个基于 BSD 许可（开源）发行的跨平台计算机视觉库，它提供了 Python、Ruby、MATLAB 等语言的接口，实现了很多图像处理和计算机视觉等领域的通用算法。读者朋友可以在 Python 中安装这个库，并自行尝试一番。

12.4 卷积神经网络的结构[②]

很多年前，著名物理学家爱因斯坦说过一句名言：Everything should be made as simple as possible, but not simpler（越简单越好，但是还不能过分简单）。

我把爱因斯坦搬出来，自然不是想唬人，而是因为他的话和我们本节要讲的主题相关。我们知道，相比于全连接的前馈网络，卷积神经网络的结构要简单得多，可是它并不是那么简单。套用爱因斯坦的话说，它简单得"恰如其分"。要不然，借助深度卷积神经网络加上蒙特卡洛搜索的 AlphaGo，也不会那么轻易地碾压人类顶级的棋手。

在本节我们将重点讨论卷积神经网络的拓扑结构，一旦理解清楚它的设计原理，再动手在诸如 TensorFlow、Keras 等深度学习的框架下写一个卷积神经网络的实战项目，自然就能深刻地理解卷积神经网络的内涵。

下面，我们先感性认识一下卷积神经网络中的几个重要结构，如图 12-15 所示。

在不考虑输入层的情况下，一个典型的卷积神经网络通常由若干个卷积层（Convolutional Layer）、激活层（Activation Layer）、池化层（Pooling Layer）及全连接层（Fully Connected Layer）组成。下面先给予简单的介绍，后文会逐个进行详细介绍。

- **卷积层**：它是卷积神经网络的核心所在。在卷积层，通过实现"局部感知"和"参数共享"这两个设计理念（后面会详细介绍这两个概念的来龙去脉），可达到两个重要的目

[①] https://opencv.org/

[②] 本节部分内容已于 2017 年 8 月 6 日发表于阿里云-云栖社区：局部连接来减参，权值共享肩并肩，https://yq.aliyun.com/articles/159710。

的，降维处理和提取特征。

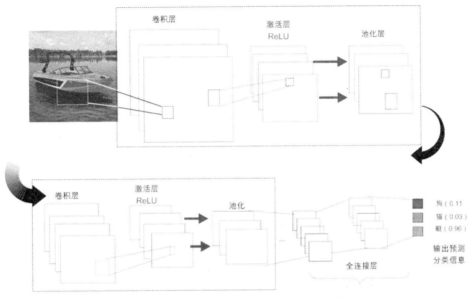

图 12-15　典型卷积神经网络的结构

- **激活层**：其作用在于将前一层的线性输出，通过非线性的激活函数进行处理，这样用以模拟任意函数，从而增强网络的表征能力。前面章节中介绍的激活函数，如挤压函数 Sigmoid 也是可用的，但效果并不好。在深度学习领域，ReLU（Rectified-Linear Unit，修正线性单元）是目前使用较多的激活函数，主要原因是它收敛更快，次要原因在于它部分解决了梯度消失问题。[①]

- **池化层**：有些资料也将其称为子采样层或下采样层（Subsampling Layer）。简单来说，"采样"就意味着可以降低数据规模。巧妙的采样还具备局部线性转换不变性，从而增强卷积神经网络的泛化处理能力。

- **全连接层**：这个网络层相当于多层感知机（Multi-Layer Perceptron，简称 MLP），其在整个卷积神经网络中起到分类器的作用。通过前面多个"卷积-激活-池化"层的反复处理，待处理的数据特性已有了显著提高：一方面，输入数据的维度已下降到可用传统的

[①] 严格来讲，ReLU 也仅是在一定程度上能够防止梯度消失，但防止梯度消失并不是应用它的核心原因，核心原因在于，它求导数简单。前面所言的"一定程度"是指，在 ReLU 函数的右端，它不会趋近于饱和，因为对它求导为常数且不为 0，从而梯度不消失。但左端问题依然存在，因为一旦函数变量陷入负值（左侧）区域，由于其导数为 0，梯度同样会消失。所以很多学者提出了很多改进版的 ReLU，后文中有详细论述。

前馈全连接网络来处理了；另一方面，此时的全连接层输入的数据已不再是"泥沙俱下、鱼龙混杂"，而是经过反复提纯过的结果，因此输出的分类品质要高得多。

事实上，我们还可以根据不同的业务需求，构建出不同拓扑结构的卷积神经网络，常见的架构模式如图 12-16 所示。

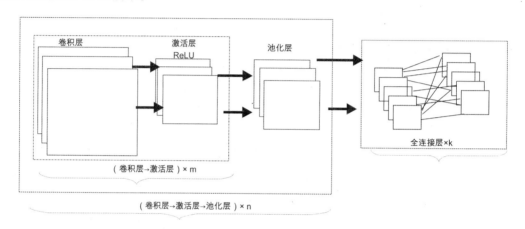

图 12-16 卷积神经网络的拓扑结构

也就是说，可以先由 m 个（$m \geqslant 1$）卷积层和激活层叠加，然后（可选）进行一次池化操作，重复这个结构 n 次，最后叠加 k 个全连接层。

通过前面的层层堆叠，将输入层导入的原始数据逐层抽象，形成高层语义信息，送到全连接层做分类，这一过程便是"前馈运算"（Feed-forward）。最终，全连接层将其目标任务（分类、回归等）形式化表达为目标函数（或称损失函数）。通过计算输出值和预期值之间的差异，得到误差或损失（loss），然后再通过前面章节讲到的反向传播算法（即 BP），将误差逐层向后反馈（Back-forward），从而更新网络连接的权值。多次这样的"前馈计算""反馈更新"，直到模型收敛（即误差小于给定值）。如此这般，一个 CNN 模型就训练完成了。下面我们一一详细讲解卷积神经网络中这几个层的设计理念。

12.5 卷积层要义

12.5.1 卷积层的设计动机

在剖析卷积层结构之前，我们先来聊聊卷积层设计的 3 个动机[6]。

（1）生物学模拟的可行性

卷积神经网络属于人工神经网络的一种。而在本质上，人工神经网络力图以"仿生"的姿态来模拟大脑处理数据的机制。我们知道，大脑是通过"可视域（Visual Field）"和"感知域（Receptive Field）"来和外部世界打交道的，但大脑感知的这个世界是局部的和残缺的。此外，按照 Hubel 和 Wiesel 的研究表明，不同功能的大脑细胞，对外部世界的特征有显著差异的局部敏感性。有些细胞对运动数据敏感但对色彩不敏感，它能识别可视域中的运动物体但却选择性地忽略色彩的差别，而有些则相反。

《礼记·大学》中有一句名言："心不在焉，视而不见"。这可不仅仅是一个态度问题，它还有很强的生物学解释：当你的大脑细胞在"忙别的（心不在焉）"时，即使有外物闯入你的"可视域"，但相关的可视化细胞"无暇"被唤醒，那么这个外物就难以被大脑感知到。

大脑很了不起的地方在于，它让不同功能的脑细胞"各司其职"，据此"各究其责"（不同的神经元，提取不同的特征图谱），然后再将其有机地汇总起来，集体向外展现的功能就不同凡响了。大脑的这种局部信息处理方式，为卷积神经网络的设计提供了很多启发。

顺便多说一句，"仿生"这个理念是非常有价值的，因为它时常会给计算机工作者以启迪。例如，在后面我们会讲到，神经网络可利用 Dropout 机制来避免过拟合。2014 年，Hinton 教授提出这个设计思路时，就提到这个思路实际上也有其生物学意义上的剖析。

（2）减少参数数量的必要性

前面我们提到过，传统的基于全连接的前馈神经网络有一个致命的缺点，那就是可扩展性非常差，原因非常简单，就是因为它难以承受参数太多之痛。

举例来说明上述观点。在 CIFAR-10 训练集中，所有图片的大小都只有 32×32×3，即 32 像素宽，32 像素高，RGB（红、绿、蓝）3 色通道。对于计算机而言，每张图片都是一个 32×32×3 的数值矩阵。按照全连接的前馈神经网络的处理模式，在输入层就得有 32×32×3（3072）个对应的神经元，到了第一个隐含层，由于是全连接，所以每一个神经元都会有 3072 个权值连接。

于是，在整体上，在不考虑偏置参数的情况下，在 Same padding（等大填充，详见 12.5.3.3 节内容）模式下，隐含层的神经元个数也为 32×32×3，那么输入层到隐含层之间就会有（32×32×3）×（32×32×3）（=9 437 184）个连接。这个数字对于计算机而言，似乎是可以接受的，但显然，全连接模式很难适用于更大的图片以及更深的网络拓扑。

假设我们分析的是高清图片，输入的是 1000×1000×3 的彩色图片，那么对于前馈全连接的神经网络来说，输入层到隐含层的参数权值就达到（$3×10^3×10^3$）×（$3×10^3×10^3$）=$9×10^{12}$ 个之多。

这还是在只有一个隐含层的情况下，可想而知，如果网络中具有多个隐含层，那全连接就会产生组合爆炸问题。

海量级别的参数训练是极其耗时的。而事实上，这样的全连接模式也是极其浪费的。因为有些神经元（比如色彩神经元）对其他神经元（比如轮廓神经元）的影响是微乎其微的，强拉到一起相互影响，就如同你真的用"蝴蝶效应"来预测天气变化问题一样，实际上并没有太大意义。更何况，调节的参数量过大，也很容易产生过度拟合问题。因此，如果能有效减少神经网络的参数个数，对提高网络训练效率和泛化能力，都是大有裨益的。

这里，我们有必要补充介绍一下大名鼎鼎的 CIFAR-10 图像集。CIFAR-10 是 Hinton 教授联合他的博士生 Alex Krizhevsky 与 Vinod Nair 等人一起收集的用于普适物体识别的微型图像数据集。该数据集由 60 000 张 32×32 像素的 RGB 彩色图片构成，共 10 个大分类，其中 50 000 张图片用作训练，另外随机抽取 10 000 张用作测试（交叉验证），如图 12-17 所示。[①]

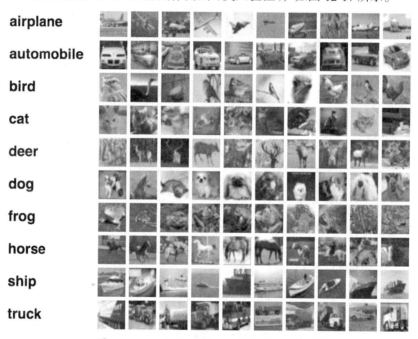

图 12-17　从 CIFAR-10 随机抽取的 10 类图像

CIFAR-10 数据集最大的特点在于，它将识别的范围扩大到普适物体。相比于已非常成熟的人脸识别，普适物体的识别更具有挑战性，因为数据集中含有大量特征各异的物体，甚至还包

[①] http://www.cs.toronto.edu/~kriz/cifar.html

括不同程度的噪声，且待识别物体的大小比例不一，这都为物体的识别增加了挑战性。

CIFAR-10 在深度学习领域颇有名气，它是很多深度学习初学者练手的起点。它的存在，在客观上加速推动了深度学习的普及进程。可以这么说，Hinton 教授的功劳，不仅仅体现在他对深度学习算法的创新上，还体现于他对深度学习的普及上。

（3）提取深层特征的重要性

如果我们不再以肤浅的视角来观察整个网络，而是有针对性地对某些重要特征做文章，那么效果肯定会更好。事实上，卷积神经网络就是这么干的。那么问题来了，卷积神经网络又是如何有效提取特征，从而提升网络性能的呢？长期以来，研究人员总是在理论上强调卷积层是如何重要，但人们心里总是有点"将信将疑"。

要知道，人是视觉动物，人类的很多重要理解和决策都是以"眼见为实"为基础的（即使它也有很多缺陷）。想象一下，在险象丛生的远古时代，并不强壮的人类，是通过眼睛快速环视周遭而决定跑还是不跑，还是思考片刻再跑呢？深入思考是好事，但这样的智人或许在没跑之前早被其他动物吃掉了，留下来（进化下来）的都是视觉动物。

这也是为什么可视化一直都是非常热门的研究课题的原因之一。数据可视化本质的目的有两个：一是更好地分享和传达数据信息，二是通过视觉之美有效地缩短信息的传达距离。

2014 年，纽约大学柯朗研究所（Courant Institute，New York University）的研究人员马修·瑞勒（Matthew Zeiler）和罗伯·费格斯（Rob Fergus）提出通过反卷积（Deconvnet）操作的方式，可视化卷积过程中每一层提取的特征[10]。

通过瑞勒等人的研究，可以形象地观察到卷积神经网络是如何从第一层的边缘特征提取开始，通过不断地抽象和组合，得到更加复杂而真实的高级特征的，如图 12-18 所示。在这张图中，我们可以清楚地看到每层的可视化结果。第一层就是简单的像素块。第二层显示了物体的边缘和轮廓以及颜色特征。第三层有更为复杂的不变性，主要是显示相似的纹理（例如，第 1 行第 1 列的网络结构，第 2 行第 4 列的花纹结构）[①]。第四层显示了不同组重构特征存在巨大差异，类与类之间的区别开始得以凸显，比如，在这一层第 1 行第 1 列是小狗的鼻子和眼睛，第 4 行第 2 列是小鸟的腿。第五层重组的特征更加完整地汇集在某个物类之上，类与类之间显示出更多的差异性。在这一层，你可以非常清楚地识别第 1 行第 3 列是一个键盘，第 4 行第 3 列是一只狗。

---

① 行和列的计数方向为从上到下，从左到右，即每一层的左上角为计数原点。

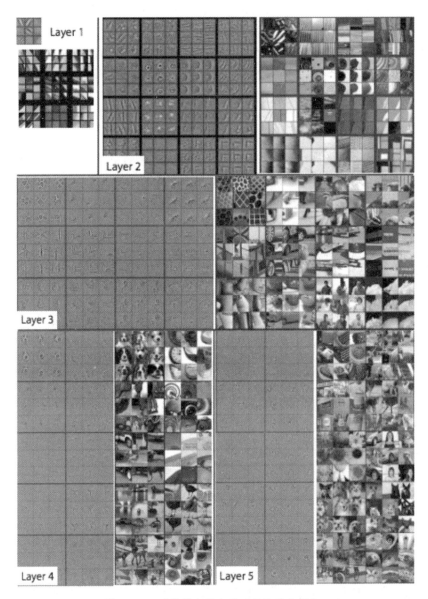

图 12-18 瑞勒等人的分层可视化卷积网络

瑞勒等人的工作还能帮助我们通过观察调整卷积核的参数,提取不同的特征信息,将多个不同的卷积核进行组合,从而进一步提升网络的抽象能力(也就是特征表达能力)。

有了上面的工作的铺垫,下面我们来聊聊卷积层的三个核心概念:局部连接、空间位置排列及权值共享。

12.5.2 卷积层的局部连接

局部连接（Local Connectivity）也称为局部感知或稀疏连接。让我们再次以 CIFAR-10 图像集为输入数据，来探究一下局部连接的工作原理。

在卷积神经网络中，具体到每层神经元网络，它可以分别在长（width）、宽（height）和深度（depth）等三个维度上分布神经元。请注意，这里的"深度"并不是整个卷积网络的深度（层数），而是在单层网络中神经元分布的三个维度。因此，width×height×depth 就是单层神经元的总个数。

通过前面的介绍可知，每一幅 CIFAR-10 图像都是 32×32×3 的 RGB 图（分别代表长、宽和高，此处的高度就是色彩通道数）。也就是说，在设计输入层时，共有 32×32×3=3072 个神经元。

对于隐含层的某个神经元，如果还按全连接前馈网络中的设计模式，它不得不和前一层的所有神经元（3072）都保持连接，也就是说，每个隐含层的神经元需要有 3072 个权值。如果隐含层的神经元也比较多，那整个权值总数是巨大的。

但现在不同了。通过局部连接，对于卷积神经网络而言，隐含层的某个神经元仅仅需要与前层部分区域相连接。这个局部连接区域有一个特别的名称叫"感知域"，其大小等同于卷积核的大小（比如 5×5×3），如图 12-19 所示。

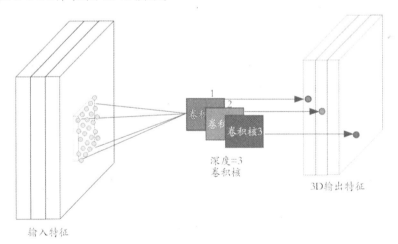

图 12-19 局部连接示意图

对于隐含层的某一个神经元，它的前向连接个数由全连接的 32×32×3 个减少到稀疏连接的 5×5×3 个。连接的数量要比原来的稀疏很多。因此，局部连接也被称为"稀疏连接（Sparse Connectivity）"。

需要注意的是，这里的稀疏连接，指卷积核的感知域（5×5）是相对于原始图像的高度和宽度（32×32）而言的，但卷积核的深度（depth）需要与原始数据保持一致。

在这里，卷积核的深度实际上就是卷积核的个数。对于图 12-19 所示的示例而言，为简单起见，如果我们只在红色、蓝色和绿色三个通道提取特征，那么此时的卷积核的深度就是 3。

请读者思考，为了提取更多特征，如果卷积核的深度不是 3 个，而是 100 个，又会发生什么？很显然，这样一来，局部连接带来的参数个数减少量就要大打折扣了。

12.5.3　卷积层的 3 个核心概念

在前面，我们讲解了局部连接的原理。下面再来谈谈决定卷积层（ConvNet）空间排列的 4 个参数，它们分别是：卷积核的大小、深度、步幅及补零。其中，卷积核的大小（通常多是 3×3 或 5×5 的方矩阵），我们已经在前一小节做了讨论，这里仅对另外三个概念进行说明。

12.5.3.1　卷积核的深度（depth）

如前所述，卷积核的深度对应的是卷积核的个数。每个卷积核都只能提取输入数据的部分特征。显然，在大部分场景下，单个卷积核提取的特征是不充分的。这时，我们可以通过添加多个卷积核，来提取多个维度的特征。每一个卷积核与原始输入数据执行卷积操作，都会得到一个卷积特征。把多个这样的特征汇集在一起，称为特征图谱。

事实上，每个卷积核提取的特征都有各自的侧重点。因此，通常来说，多个卷积核的叠加效果要比单个卷积核的分类效果好得多。例如在 2012 年的 ImageNet 竞赛中，Hinton 和他的学生 Krizhevsky 构造了第一个"大型的深度卷积神经网络"，也即现在众所周知的 AlexNet，成为第一个应用深度神经网络的应用，在这个夺得冠军的算法中，使用了 96 个卷积核！可以说，自从那时起，深度卷积神经网络一战成名，逐渐被世人瞩目。

12.5.3.2　步幅

步幅（stride），指的是在输入矩阵上滑动滤波矩阵的像素单元个数。设步幅大小为 s，当 s 为 1 时，滤波器每次移动一个像素的位置。当 s 为 2 时，滤波器每次移动 2 个像素。以一维数据为例，当卷积核为（1，0，-1），步幅分别为 1 和 2 时，图 12-20 显示了卷积层的神经元分布情况。从图中可以看出，s 越大，得到的特征图将会越小。

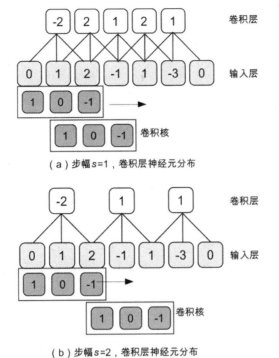

图 12-20 当步幅为 1 和 2 时，输入层和卷积层的神经元空间分布

12.5.3.3 补零

在有些场景下，卷积核的大小并不一定刚好被输入数据矩阵的维度大小整除。[①]因此，就会出现卷积核不能完全覆盖边界元素的情况，这时部分边界元素将无法参与卷积运算。

此时，该如何处理这类情况呢？处理的方式通常有两种。第一种叫"valid padding（有效填充）"。在这种策略下，直接忽略无法计算的边缘单元，实际上就是 padding = 0，不填充。在步幅 $s = 1$ 时，图像的输入和输出维度关系如公式（12-5）所示。

$$H_{out} = H_{in} - H_{kernel} + 1$$
$$W_{out} = W_{in} - W_{kernel} + 1$$

(12-5)

这里，H_{in} 和 H_{out} 分别表示图像的输入和输出高度（Height），H_{kernel} 表示卷积核的高度。类似的，W_{in} 和 W_{out} 分别表示图像的输入和输出宽度（Width），W_{kernel} 表示卷积核的宽度。

---

① 与是否整除相比，使用 padding 更重要的好处在于，它可使卷积前后的图像尺寸保持相同，可以保持边界的信息。换句话说，如果没有 padding 策略，边界元素与卷积核卷积的次数，可能会少于非边界元素。

比如，对于一个 800×600 像素的图片，我们用 3×3 的卷积核来卷积，利用公式（12-5），很容易就能计算出，卷积核可以有效处理的图片范围为 798×598。也就是说，原图的上下左右均减少一个像素。

在"valid padding（有效填充）"中，每次卷积核所处理的图像的确都是"有效的"，但原图也被迫做了裁剪——变小了。这种策略犹如削足而适履，所以还有第二类常用的填充方式。

第二种处理方式叫"same padding（等大填充）"。在这种处理模式下，在输入矩阵的周围填充若干圈"合适的值"，使得输入矩阵的边界处的大小刚好和卷积核大小匹配。这样一来，输入数据中的每个像素都可以参与卷积运算，从而保证输出图片与原图保持大小一致（这也是"same padding"名称的由来）。

这里所说的"合适的值"，有两类。第一类是填充最邻近边缘的像素值，即就近取材，重复利用，或者认为图片是无限循环的，用镜像翻转图片作为填充值。第二类更简单，直接填充为 0，称之为零值填充（zero-padding）。这样的填充，相当于对输入图像矩阵的边缘进行了一次滤波。

事实上，零值填充通常应用更为广泛。使用零值填充的也叫作泛卷积（wide convolution），不适用于零值填充的，叫作严格卷积（narrow convolution）。

下面举例说明这个概念。假设步幅 s 的大小为 2，为了简单起见，我们假设输入数据为一维矩阵[0, 1, 2, -1, 1, -3]，卷积核也是一维矩阵[1, 0, -1]。在移动两次后，此时输入矩阵边界多余一个"-3"，如图 12-21（a）所示。此时，便可以在输入矩阵填入额外的 0 元素，使得输入矩阵变成[0, 1, 2, -1, 1, -3, 0]，这样一来，所有数据都能得到处理。

图 12-21 是以一维数据为例来说明问题的。对于二维数据，零值填充就是围绕原始数据的周边来补零的圈数。在构造卷积层时，对于给定的输入数据，如果确定了卷积核的大小、步幅以及补零个数，那么卷积层的空间安排就能确定下来。当补零的数目和步幅对输出都有影响时，输出的特征图谱的高度和宽度可用公式（12-6）计算得出：

$$H_{out} = \left\lfloor \frac{H_{in} + 2H_{padding} - H_{kernel}}{H_{stride}} \right\rfloor + 1$$
$$W_{out} = \left\lfloor \frac{W_{in} + 2W_{padding} - W_{kernel}}{W_{stride}} \right\rfloor + 1$$
（12-6）

其中，$\lfloor \cdot \rfloor$ 操作表示向下取整。$H_{padding}$ 表示在垂直维度上的补零高度，H_{stride} 表示在垂直维度上的步幅大小。$W_{padding}$ 表示在水平维度上的补零宽度，W_{stride} 表示在水平维度上的步幅大小。

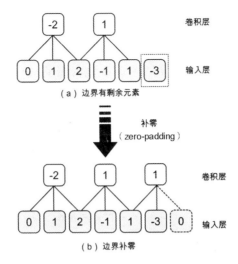

图 12-21 在输入矩阵边界处补零

对于更高维的数据而言,对每一个维度的数据都可以参照公式(12-6)进行计算。图 12-22 是一个关于"same padding"零值填充的示意图,在这个二维矩阵中,我们在其周围填充了一圈 0,在步幅为 1 的情况下,它可以确保原始矩阵的任何一个元素都能成为卷积核中心点,从而能保证卷积前后的图像大小是一致的。

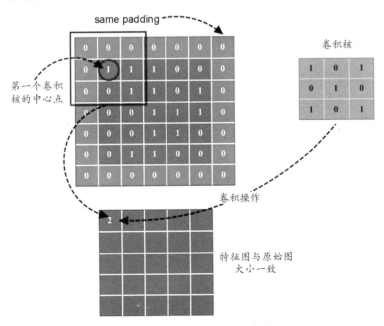

图 12-22 same padding 示意图

12.5.3.4 卷积层的权值共享

卷积层设计的第三个核心概念是权值共享（Shared Weights），由于这些权值实际上就是相邻两层不同神经元之间的连接参数，所以有时候也将权值共享称为参数共享（Parameter Sharing）。

为什么要设置权值共享呢？其实也是无奈之举。前文我们提到，通过局部连接处理后，神经元之间的连接个数已经有所减少。可到底减少了多少呢？还以 CIFAR-10 数据集合为例，一个原始的图像大小为 32×32 像素，假设有 100 个卷积核，每个卷积核的大小为 5×5，步幅为 1，没有补零。先单独考虑一个卷积核，根据公式（12-6），可以很容易计算得到每一个卷积核对应的特征图谱大小是 28×28 像素。也就是说，这个特征图谱对应有 28×28 个神经元。

在特征图谱层（即隐含层）中，每个神经元以卷积核大小（5×5）连接前一层的感知域，又由于彩色图片是 3 色通道的，即卷积核的深度是 3。因此，前后两层的连接参数个数为（28×28）×（5×5×3）。为了提高分类性能，假设有 100 个卷积核，那么所有的连接参数个数为（5×5×3）×（28×28）×100=5 880 000。

那么全连接的参数个数又是多少呢？仅仅考虑两层网络的情况，其连接个数为（32×32×3）×（32×32×3）=9 437 184。对比这二者的数字可以发现，局部连接虽然降低了连接的个数，如果卷积核比较多，整体上下降的幅度并不大，因此还是无法满足高效训练的需求。

而权值共享就是来解决这个问题的。该如何理解权值共享呢？我们可以把每个卷积核（也称为过滤核）当作一种特征提取方式，这种方式与图像的位置无关。这里隐含的假设是：图像的统计特性和其他部分是一样的。

这就意味着，对于同一个卷积核，它在一个部分提取到的特征也能应用于其他部分。因此，每一个卷积核对应生成的特征图谱神经元，都共享一个参数列表。基于这个思想，我们就把同一个卷积核的所有神经元，用相同的权值来与输入层神经元相连，如图 12-23 所示。

在图 12-23 中，假设输入层是一维的，神经元有 7 个，x=[$x1, x2, x3, x4, x5, x6, x7$]。隐含层的神经元有 3 个，$h$=[$h1, h2, h3$]，权值向量 w=[$w1,w2,w3$]=[1,0,-1]。这个权值向量用于计算隐含层的 $h1$、$h2$ 和 $h3$：

$$h_1 = w \cdot x[1:3] = 0 \times 1 + 1 \times 0 + 2 \times (-1) = -2$$
$$h_2 = w \cdot x[3:5] = 2 \times 1 + (-1) \times 0 + 1 \times (-1) = 1$$
$$h_3 = w \cdot x[5:7] = 1 \times 1 + (-3) \times + 0 \times (-1) = 1$$

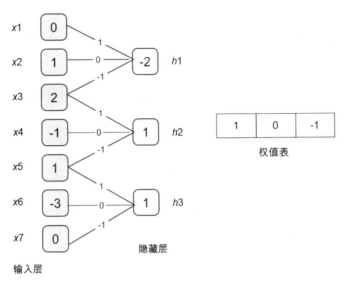

图 12-23 权值共享示意图

从上面的计算过程可以看出，在计算隐含层元素 $h1$、$h2$、$h3$ 时，权值向量都是一样的，换句话说，它们的权值都是彼此共享的。细心的读者可能看出来了，图 12-21 和图 12-23 非常类似。的确是这样，我们前面反复提及的卷积核，其实就是这里的共享权值表。

如果单从数据特征上来看，我们可以把每个卷积核（即过滤核）当作一种特征提取方式，而这种方式与图像等数据的位置无关。这就意味着，对于同一个卷积核，它在一个区域提取到的特征，也能适用于其他区域。

基于权值共享策略，将卷积层神经元与输入数据相连，同属于一个特征图谱的神经元，将共用一个权值参数矩阵，如图 12-24 所示。经过权值共享处理后，CIFAR-10 的连接参数一下子锐减为 $5×5×3×1×100 = 7500$。

权值共享保证了在卷积时只需要学习一个参数集合即可，而不是对每个位置都再学习一个单独的参数集合，因此参数共享也被称为绑定的权值。

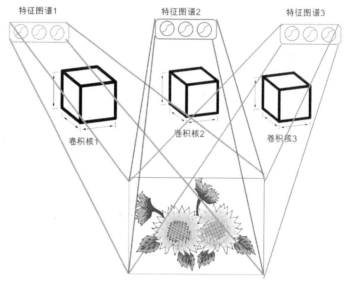

图 12-24 权值共享策略

12.6 细说激活层①

12.6.1 两个看似闲扯的问题

在开讲本节内容之前，请先思考两个问题：第一个问题，你能用直线画出一张漂亮的笑脸吗？第二个问题是，你知道那副著名的对联：诸葛一生唯谨慎，吕端大事不糊涂，说的是什么典故吗？

如果你不故意抬杠的话，我想第一个问题你的答案应该是，不能。因为直线的表现力非常有限，只有曲线才能画出更美的线条。因此，才有英国画家和美学家威廉•荷加兹（William Hogarth，1697—1764）的这个结论："世界上最美的线条是曲线"。

第二个问题中的"诸葛"当然是指诸葛亮，其人掌军理政之谨慎，史家已有共识。但过于谨慎是有代价的，那就是面临新情况做决策时，考虑因素过多，思前顾后，从而使其判断力（或称之为预测力）大打折扣。而同样身居高位的吕端则不同。吕端是宋朝一个名宰相，别看他平时糊里糊涂的，很多鸡零狗碎之事，他从不斤斤计较。但一旦涉及原则性、关键决策点时，吕

---

① 本节部分内容于 2017 年 8 月 11 日发表于阿里云-云栖社区：激活引入非线性，池化预防过拟合，https://yq.aliyun.com/articles/167391。

端从不马虎，其风格有点像"大行不顾细谨"，示意图如图 12-25 所示。

图 12-25　诸葛亮的"过度拟合"

12.6.2　追寻问题的本质

前面我们提出的两个问题，看似闲扯，其实不然，因为它们的答案都和本节的主题相关。问题一的答案，其实是想说明一个结论，线性的事物表达能力不强，而非线性则相反。我们知道，从宏观来讲，在本质上，人工神经网络分为两个层次：显层和隐层（隐含层）。"显层"就是我们能感知到的输入层和输出层，而"隐含层"则是除了输入层和输出层之外的无法被我们感知的层，它可以理解为数据的内在表达[11]。

在前面的章节中我们已经提到，如果"隐含层"有足够多的神经元，那么神经网络能够以任意精度逼近任意复杂度的连续函数，这就是大名鼎鼎的通用近似定理（Universal Approximation Theorem）。

从第 9 章 BP 算法的讲解中我们可以看到，神经元与神经元的连接都是基于权值的线性组合。我们知道，线性的组合依然是线性的，那网络的表达能力就非常有限了。换句话说，如果全连接层没有非线性部分，那么在模型上叠加再多的网络层，意义都非常有限，因为这样的多层神经网络最终会"退化"为一层神经元网络。

这样一来，通用近似定理又是如何起作用的呢？这就得请"激活函数"出马了。神经元之间的连接是线性的，但激活函数可不一定是线性的，有了非线性的激活层，多么玄妙的函数，我们都能近似表征出来。加入（非线性的）激活函数之后，深度神经网络才具备了分层的非线性映射学习能力。因此，激活函数是深度神经网络中不可或缺的部分。

第二个问题的答案，其实是想说明深度学习训练的两大难点：过拟合和欠拟合。那什么是过拟合和欠拟合呢？图12-26形象地说明了这两个概念的差别。

图12-26　过拟合与欠拟合的直观类比

欠拟合比较容易理解，就是样本不够，或学习算法不精，连已有数据中的特征都没有学习好，当面对新样本做预测时，效果肯定也好不到哪里去。比如，在图12-26中（右下图），如果仅把样本中的"四条腿"当作青蛙的特征，这种"欠缺"的特征就会把一只四条腿的壁虎也当作青蛙。其实，欠拟合比较容易克服，比如在决策树算法中扩展分支，再比如在神经网络中增加训练的轮数，从而可以更加"细腻"地学习样本中的特征。

相比而言，要克服过拟合相对困难得多。在过拟合中，构建的模型必须一丝不苟地反映已知的所有数据，但这样一来，它对未知数据（新样本）的预测能力就会比较差。

这是因为，所谓的"已知"数据，其实也是有误差的！精准的拟合会把这些数据的误差放大，从而导致拟合得越精确，面对新样本时，预测的效果反而会越糟糕，也就是说泛化能力很差。比如在图12-26中（右上图），误把背上斑点当作青蛙的特征，当新来的样本青蛙由于背上没有斑点（不同于样本数据），就被判定为非青蛙，这岂不是很荒诞？"吕端大事不糊涂"说的就是，小事情上"难得糊涂"，大事情上"毫不含糊"。遇到新情况，吕端不会受很多细节所左右。用机器学习的术语来讲，吕端的"泛化能力"比较强。

卷积神经网络也追求泛化（即防过拟合）能力，它是如何做到的呢？自然也是学习"吕端"

的行为——别管那么多!

针对神经网络，就是再次降低数据量，让系统少学点，不要认为训练数据越全面越好，想一想人类的学习就知道是怎么回事了。当孩子还小正处于学习阶段时，妈妈的浓浓爱意，总想通过事无巨细的照顾表达出来，但在这种环境下培养出来的孩子，适应新环境的能力会差很多，并不值得提倡。神经网络也是如此。

那该如何降低数据量呢？最简单的策略自然就是采样（sampling）了。其实，**采样的本质就是力图以合理的方式"以偏概全"**。这样一来，数据量自然就降低了。

在卷积神经网络中，采样是针对若干个相邻的神经元而言的，因此也称为"亚采样（Subsampling）"。你可能觉得"亚采样"这个词的"气场"不够吧，于是研究者又给它取了一个更难懂的名字：池化（Pooling），意为从一个区域（称之为"池"）提取一个典型代表来表征整体。

接下来，我们就详细说一说激活层和池化层到底是怎么回事。

12.6.3 ReLU 的理论基础

通过前面的铺垫，现在我们应该知道，激活层存在的最大目的莫过于引入非线性因素，以增加整个网络的表征能力。

这时，选取合适的激活函数就显得非常重要了。在前面的章节中，我们提到了常用的激活函数 Sigmoid，它是可用的，如图 12-27 所示。

$$\text{sigmoid}(x) = \frac{1}{1+e^{-x}} \tag{12-7}$$

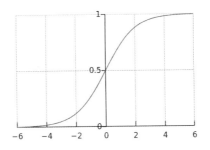

图 12-27　激活函数 Sigmoid

Tanh 函数同样也是可取的，它的形式化描述为：

$$\mathrm{Tanh}(x) = \frac{\mathrm{Sinh}(x)}{\mathrm{Conh}(x)} = \frac{e^x - e^{-x}}{e^x + e^{-x}} = 2\mathrm{sigmoid}(2x) - 1 \qquad (12\text{-}8)$$

从公式（12-8）可见，Tanh 函数实际上是 Sigmoid 函数的线性变换，二者具有一定的相似性。下面我们以 Sigmoid 函数来分析它们的优缺点。

Sigmoid 之类的激活函数，有一个很大的缺点，那就是它的导数值很小。比如，Sigmoid 函数的导数取值范围仅为[0, 1/4]。且当输入数据（x）很大或者很小的时候，它们的导数都趋近于 0。这就意味着，很容易产生所谓的梯度消失现象。要知道，如果没有了梯度作为指导，那么神经网络的参数训练就如同"无头的苍蝇"，毫无方向感而言。①

因此，如何防止深度神经网络陷入梯度消失的境地，或说如何提升网络的训练效率，一直都是深度学习非常热门的研究课题。目前，在卷积神经网络中，最常用的激活函数就是修正线性单元 ReLU（Rectified Linear Unit）。

这个激活函数是由 Krizhevsky 和 Hinton 等人在 2010 年提出来的[12]。标准的 ReLU 函数非常简单，即 $f(x) = \max(x, 0)$。简单来说就是，当 $x > 0$ 时，输出为 x；当 $x \leq 0$ 时，输出为 0。如图 12-28（a）所示，请注意，这也是一条曲线，只不过它在原点处不够那么圆润而已。

为了让它在原点处圆润可导，Softplus 函数也被提出来了，它的函数形式为 $f(x) = \ln(1 + e^x)$。Softplus 是对 ReLU 的平滑逼近解析形式，图形如图 12-28（b）所示。更巧的是，Softplus 函数的导数恰好就是 Sigmoid 函数。由此可见，这些非线性函数之间还存在着一定的联系。

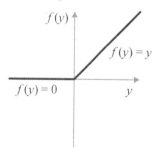
（a）ReLU 激活函数

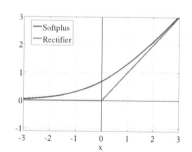
（b）Softplus 激活函数（曲线部分）

图 12-28　激活函数 ReLU 和 Softplus

不要小看这个看起来有点简陋的模型，它的优点很多。相比于 Sigmoid 类激活函数，ReLU

---

① 凡事都有两面性。虽然 Sigmoid 函数的饱和性会导致梯度消失，但也有其有利的一面。例如，它在物理意义上最接近生物神经元。而且它输出的值域在(0, 1) 之间，还可以用于表示概率，或用于输入的归一化处理。比如第 11 章中提到的交叉熵损失函数，就用到了 Sigmoid 函数的这个输出特性。

激活函数的优点主要体现在如下三个方面。

（1）**单侧抑制**。观察图 12-28，当输入小于 0 时，神经元处于抑制状态。反之，当输入大于 0 时，神经元处于激活状态。激活函数相对简单，求导计算方便。这导致 ReLU 得到的 SGD（随机梯度递减）的收敛速度比 Sigmoid/Tanh 快得多。

（2）**相对宽阔的兴奋边界**。观察图 12-27 和图 12-28，Sigmoid 的激活状态（即 $f(x)$ 的取值）集中在中间的狭小空间，而 ReLU 则不同，只要输入大于 0，神经元一直都处于激活状态。

（3）**稀疏激活性**。相比于 Sigmoid 之类的激活函数，稀疏性是 ReLU 的优势所在[4]。Sigmoid 把抑制状态的神经元设置为一个非常小的值，但即使这个值再小，后续的计算也少不了它们的参与，计算负担很大。但观察图 12-28 可知，ReLU 直接把抑制态的神经元"简单粗暴"地设置为 0，这样一来，使得这些神经元不再参与后续的计算，从而造就了网络的稀疏性，如图 12-29 所示。

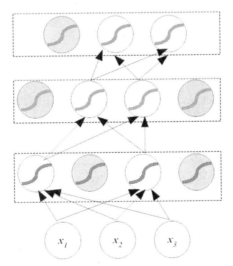

图 12-29　ReLU 激活函数产生稀疏连接关系

正是因为这些原因，那个圆润可导的近似函数 Softplus 在实际任务中并不比"简单粗暴"的 ReLU 效果更好，因为 Softplus 带来了更多的计算量。

这些细小的变化，让 ReLU 在实际应用中大放异彩，它能有效缓解梯度消失问题。这是因为，当 $x > 0$ 时，它的导数恒为 1，保持梯度不衰减，从而缓解梯度消失问题。

除此之外，ReLU 还减少了参数的相互依存关系（因为网络瘦身了不少），使其收敛速度远远快于其他激活函数，最后还在一定程度上缓解了过拟合问题的发生（对 Dropout 机制比较熟悉的读者可能会发现，图 12-29 和 Dropout 的迭代过程十分像）。ReLU 的卓越表现，让深度学习的三位大师 Yann LeCun、Yoshua Bengio 和 Geoffery Hinton 在 2015 年表示，ReLU 是深度学习领域最受欢迎的激活函数。

前面的描述可能还过于抽象，下面我们再用一个更为生动的案例来理解 ReLU 的操作，图 12-30 演示了 ReLU "修正" 前后的特征图谱。

(a)原始特征图谱

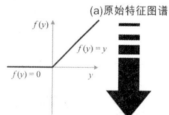

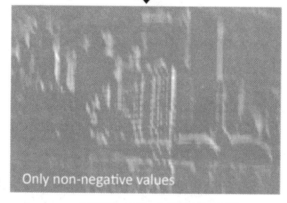

(b)经过ReLU加工之后的特征图谱

图 12-30　ReLU "修正" 前后的特征图谱

ReLU 激活函数有如此神奇的作用，其实还有一个原因，那就是这样的模型正好暗合生物神经网络工作机理（当然，这种解释有点"事后诸葛亮"的味道）。2003 年纽约大学教授 Peter Lennie 的研究发现[13]，大脑同时被激活的神经元只有 1%~4%，即神经元同时只对输入信号的少部分进行选择性响应，大量信号被刻意屏蔽了，这进一步表明神经元工作的稀疏性。

其实，这是容易理解的，因为生物运算也是需要成本的。进化论告诉我们，作为人体最为耗能的器官，大脑要尽可能节能，才能在恶劣的环境中生存。

12.6.4　ReLU 的不足之处

虽然 ReLU 有不少优点，但 ReLU 的这种简单直接的处理方式也会带来一些副作用。突出的问题就是，它有过于宽广的兴奋域。Sigmoid 函数和 Tanh 函数都会对输入数据的值域上界进行限制，比如前者的值域在(0, 1)，后者的值域在(-1,1)，它们都是饱和型非线性函数。

然而，ReLU 则完全不会限制。当 $x > 0$ 时，它会一直无止境地"发飙"下去，也就是说，ReLU 是非饱和型线性函数。但随着训练的推进，一个非常大的梯度流过一个 ReLU 神经元，更新过参数之后，部分输入会落入硬饱和区[①]，即大数导致数值不稳定，计算值溢出，变成负值，这时 ReLU 的输出永远为 0。如果发生了这种情况，那么这个神经元的梯度就永远都被锁定为 0。从而进一步导致该神经元永远无法对权值实施更新，相当于这个神经元死掉了。因此，此时的 ReLU 也被戏称为"死掉的 ReLU（dying ReLU）"。有研究表明，如果学习率很大，甚至有可能会让神经网络中的 40%的神经元都被迫"死掉"。

事实上，一些第三方函数库（比如说 TensorFlow）在实现 ReLU 时已经考虑到这些问题，它们对这个函数的上界做了一定的限制。比如一个名叫 ReLU6 的经验函数[②]就此诞生，它的表达式如公式（12-9）所示。

$$f(x) = \min(6, \frac{|x|+x}{2})　　　　（12-9）$$

经验公式自然来自经验最丰富的人，这个人就是前文提到的 Alex Krizhevsky。他是 AlexNet 的提出者，也是 Hinton 教授的高徒，他在参考资料[14]中提出了这个公式。

目前，还有一些研究工作对 ReLU 实施了改进，提出了一系列诸如 leaky-ReLU、random ReLU 及 PReLU[15]等优化方案，有兴趣的读者可自行前往查阅相关资料。

[①] 在 $x < 0$ 时，ReLU 陷入硬饱和区。

[②] https://www.tensorflow.org/api_docs/python/tf/nn/relu6

12.7 详解池化层

说完了激活层,下面我们再聊聊池化层。池化层亦称子采样层,它也是卷积神经网络的另外一个"神来之笔"。通常来说,当卷积层提取目标的某个特征之后,我们都要在两个相邻的卷积层之间安排一个池化层。

池化就是把小区域的特征通过整合得到新特征的过程。以如图12-31所示的二维数据为例,如果输入数据的维度大小为 $W \times H$,给定一个池化过滤器,其大小为 $w \times h$。池化函数考察的是在输入数据中,大小为 $w \times h$ 的子区域之内,所有元素具有的某一种特性。常见的统计特性包括最大值、均值、累加和及 L_2 范数等。池化层函数力图用统计特性反映出来的1个值来代替原来 $w \times h$ 的整个子区域。

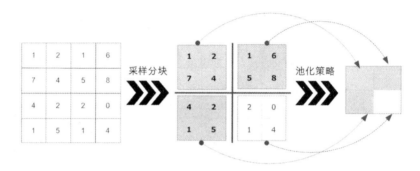

图 12-31 池化操作

因此可以这么说,池化层设计的目的主要有两个。最直接的目的就是降低下一层待处理的数据量。比如,当卷积层的输出大小是 32×32 时,如果池化层过滤器的大小为 2×2,那么经过池化层处理后,输出数据的大小为 16×16,也就是说,现有的数据量一下子减少到池化前的 1/4。当池化层最直接的目的达到后,那么它的间接目的也就达到了:减少了参数数量,从而可以预防网络过拟合。

下面我们举例说明常用的最大化和平均化池化策略是如何工作的。我们以一维向量数据 [1, 2, 3, 2] 为例来说明两种不同的池化策略在正向传播和反向传播中的差异[6]。

(1)最大池化函数(max pooling)

前向传播操作: 取滤波器最大值作为输出结果,因此有 forward(1, 2, 3, 2) = 3。

反向传播操作: 滤波器的最大值不变,其余元素置为 0,因此有 backward(3) = [0, 0, 3, 0]。

(2)平均池化函数(average pooling)

前向传播操作:取滤波器范围内所有元素的平均值作为数据结果,因此有 forward(1, 2, 3, 2) = 2。

后向传播操作:滤波器中所有元素的值都取平均值,因此有 backward(2) = [2, 2, 2, 2]。

有了上面的解释,我们很容易得出图 12-32 所示的池化策略前向传播的结果,如图 12-32 所示。

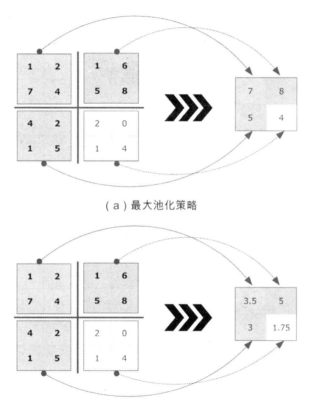

(a)最大池化策略

(b)均值池化策略

图 12-32 两种不同的池化策略结果的对比图

阅读到此,读者可能会有疑问,对于处理图片而言,如果池化层的过滤器大小是 2×2,就相当于将上一层 4 个像素合并为 1 个像素。如果过滤器的大小是 6×6,那就相当于将上一层 36 个像素合并为 1 个像素,这岂不是让图像更加模糊了。

的确是这样,卷积和池化都是为了突出实体的特征,而非提升图像的清晰度。

通过池化操作后,原始图像就好像被打上了一层马赛克,如图 12-33 所示。对池化如何影响可视化图像的理论分析，感兴趣的读者可参阅 LeCun 团队的论文[16]。

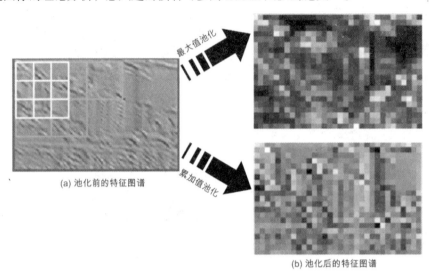

图 12-33　池化前后的特征图谱变化①

图 12-33 给出了池化之后的"马赛克"状的图片。很显然，人类是不喜欢这样模糊图片的。但请注意，计算机的"视界"和人类完全不同，池化后的图片，丝毫不会影响它们对图片的特征提取。

这么说是有理论支撑的。这个理论就是局部线性变换的不变性（invariance）。②它说的是，如果输入数据的局部进行了线性变换操作（如平移或旋转等），那么经过池化操作后，输出的结果并不会发生变化。局部平移不变性特别有用，尤其是我们关心某个特征是否出现，而不关心它出现的位置时。例如，在模式识别场景中，当检测人脸时，我们只关心图像中是否具备人脸的特征，而并不关心人脸是在图像的左上角还是右下角。

因为池化综合了（过滤核范围内的）全部邻居的反馈，即通过 k 个像素的统计特性而不是单个像素来提取特征，自然这种方法能够大大提高神经网络的健壮性[9]。

---

① 绘图参考了 Facebook 团队的资料，http://mlss.tuebingen.mpg.de/2015/slides/fergus/Fergus_1.pdf。
② 需要说明的是，凡事都有两面性。这类池化操作也带来了信息的损失，比如特征之间的空间层次关系丢失了。这也是 Hinton 教授诟病 CNN 的地方。Hinton 的看法是，我们需要的是同变性，而非不变性。就此，他提出了神经胶囊的概念以弥补 CNN 的短板。详见第 16 章。

12.8 勿忘全连接层

前面我们讲解了卷积层、激活层和池化层。但别忘了，在卷积神经网络的最后，还有一个或多个至关重要的"全连接层"。"全连接"意味着，前一层网络中的所有神经元都与下一层的所有神经元相连接。

如果说前面提及的卷积层、池化层和激活函数层等操作，是将原始数据映射到隐含层特征空间的话，那么全连接层的设计目的在于，它将前面各个层预学习到的分布式特征表示，映射到样本标记空间，然后利用损失函数来调控学习过程，最后给出对象的分类预测。

实际上，全连接层是就是传统的多层感知机（类似于我们在第 9 章学过的 BP 算法，不熟悉的读者可以返回进行复习）。

不同于基于 BP 算法的全连接网络的是，卷积神经网络在输出层使用的激活函数不同，比如，它使用 Softmax 函数。在第 11 章我们详细解释了这个函数，这里不再赘述。

有一点需要说明的是，观察图 12-15 可知，在 CNN 的前面几层是卷积层和池化层交替转换，这些层中的数据（即连接权值）通常都是多维度的。但全连接层比较"淳朴"，它的拓扑结构就是一个简单的 $n \times 1$ 模式的、犹如一根擎天的金箍棒。所以 CNN 前面的层在接入全连接层之前，必须先将多维张量拉平成一维的数组（即形状为 $n \times 1$），以便于和后面的全连接层进行适配，这个额外的多维数据变形工作层，亦有资料称之为平坦层（Flatten Layer）。然后，这个平坦层成为全连接层的输入层，其后的网络拓扑结构就如同普通的前馈神经网络一般，后面跟着若干个隐含层和一个输出层，如图 12-34 所示。

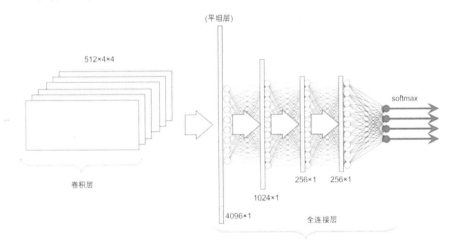

图 12-34　全连接层示意图

虽然全连接层处于卷积神经网络最后的位置，看起来貌不惊人，但由于全连接层的参数冗余，导致该层的参数总数占据整个网络参数的大部分比例（有的可高达 80%）。

这样一来，稍有不慎，全连接层就容易陷入过拟合的窘境，导致网络的泛化能力很难尽如人意。因此，在 AlexNet 中，不得不采用 Dropout 措施，随机抛弃部分节点来弱化过拟合现象。

12.9 本章小结

在本章中，我们主要回顾了卷积神经网络的发展史，从历史的脉络中，我们可得出一个结论：深而洞察的专注可能要胜过广而肤浅的观察。这也从方法论上部分解释了深度学习的成功所在。

接着，我们给出了卷积的数学定义，然后借用生活中的相近案例来反向演绎了这个概念。最后我们用几个著名的卷积核演示了卷积在图像处理中的应用。

随后，我们讨论了卷积神经网络的拓扑结构，并重点讲解了卷积层的设计动机和卷积层的三个核心概念：空间位置排列、局部连接和权值共享。前者确定了神经网络的结构参数，而局部连接和权值共享等策略显著降低了神经元之间的连接数。

示意图 12-35 演示了三种不同的连接类型带来的参数变化，从图中可以看出，全连接（不包括偏置的权值连接）的参数为 15 个，局部连接为 7 个，而权值共享的参数为 3 个（即点画线、实线及点线分别共用一个参数）。

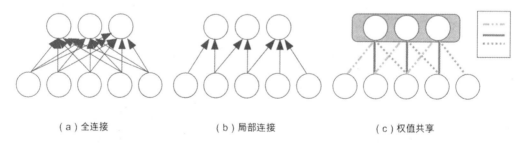

图 12-35　神经元连接的三种类型

空间位置排列确定了神经网络的结构参数，局部连接和权值共享大大降低了神经网络的连接权值个数，这为提高卷积神经网络的性能奠定了坚实基础。

到此为止，我们介绍完了卷积神经网络的所有核心层。各个层各司其职，概括一下，卷积层从数据中提取有用的特征；激活层在网络中引入非线性，通过弯曲或扭曲映射，来实现表征能力的提升；池化层通过采样减少特征维度，并保持这些特征具有某种程度上的尺度变化不变性；在全连接层实施对象的分类预测。

12.10 请你思考

通过前面的学习，请你思考如下问题。

（1）我们常说的分布式特征表示，在卷积神经网络中是如何体现的？

（2）除了本文中描述的常见卷积核，你还知道哪些常用于图像处理的卷积核？

（3）现在非常流行计算机作画，不论是谷歌团队的 Inceptionism（"盗梦主义"[18]），还是 David Aslan 正在使用的"深度风格（Deep Style）"[19]，如图 12-36 所示，都是一种基于神经网络的有意思的艺术画风。你知道它们都使用了什么样的卷积核吗？

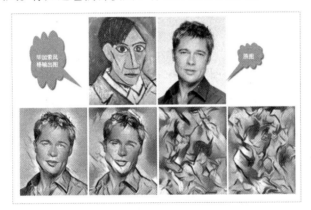

图 12-36　深度风格的画风

（4）虽然参数共享大大降低了卷积层（隐含层）与输入层之间的权值调整的个数，但并没有提升前向传播速度，你知道有什么策略来加速这一策略吗？

（5）全连接层的性能不尽如人意，为此很多研究人员对其做了改进。比如，现任 360 公司首席科学家颜水成教授的团队曾发表了论文"网中网（Network In Network，NIN）"[20]。文中提出了用全局均值池化策略（Global Average Pooling，GAP）取代全连接层，从而提高网络的表达能力。你知道它的工作原理是什么吗？

（6）前文我们提到"肤浅而全面"的全连接，不如"深邃而局部"的部分连接。2016 年，商汤科技团队在 ImageNet 图片分类比赛中勇夺冠军，其网络深度已达到 1207 层。那么，深度学习是不是越深越好？为什么？

在本章中，我们详细解读了 CNN 的各个要素，但仅限于纸上谈兵阶段。要对 CNN 有更深入的理解，还得进入实战训练，这就是下一章的主题。

参考资料

[1] 费孝通. 乡土中国[M]. 北京: 北京大学出版社, 2012.

[2] Hubel D H, Wiesel T N. Receptive fields and functional architecture of monkey striate cortex[J]. The Journal of physiology, 1968, 195(1): 215-243.

[3] Fukushima K, Miyake S. Neocognitron: A self-organizing neural network model for a mechanism of visual pattern recognition[M]//Competition and cooperation in neural nets. Springer, Berlin, Heidelberg, 1982: 267-285.

[4] LeCun Y, Boser B E, Denker J S, et al. Handwritten digit recognition with a back-propagation network[C]//Advances in neural information processing systems. 1990: 396-404.

[5] LeCun, Yann, et al. "Gradient-based learning applied to document recognition." Proceedings of the IEEE 86.11 (1998): 2278-2324.

[6] 黄安埠. 深入浅出深度学习[M]. 北京: 电子工业出版社, 2017.

[7] 李德毅. 从脑认知到人工智能. 中国计算机大会, 2015.

[8] Savan Visalpara. How do computers see an image? https://savan77.github.io/blog/how-computers-see-image.html?spm=5176.100239.blogcont112502.10.xbLGB5.

[9] Ujjwal Karn. An Intuitive Explanation of Convolutional Neural Networks. https://ujjwalkarn.me/ 2016/08/11/intuitive-explanation-convnets/.

[10] Zeiler M D, Fergus R. Visualizing and understanding convolutional networks[C]//European conference on computer vision. Springer, Cham, 2014: 818-833.

[11] 周志华. 机器学习[M]. 北京: 清华大学出版社, 2016.

[12] Nair V, Hinton G E. Rectified linear units improve restricted boltzmann machines[C]//International Conference on International Conference on Machine Learning. Omnipress, 2010:807-814.

[13] Lennie P. The Cost of Cortical Computation[J]. Current Biology Cb, 2003, 13(6):493-7.

[14] Krizhevsky, Alex, and G. Hinton. "Convolutional deep belief networks on cifar-10." Unpublished manuscript 40 (2010).

[15] He K, Zhang X, Ren S, et al. Delving Deep into Rectifiers: Surpassing Human-Level Performance on ImageNet Classification[C]// IEEE International Conference on Computer Vision. IEEE, 2015:1026-1034.

[16] Boureau Y L, Ponce J, Lecun Y. A Theoretical Analysis of Feature Pooling in Visual Recognition[C]// International Conference on Machine Learning. DBLP, 2010:111-118.

[17] Ian Goodfellow, Yoshua Bengio, Aaron Courville. 深度学习[M]. 北京: 人民邮电出版社, 2017.

[18] Alexander Mordvintsev, Christopher Olah, Mike Tyka. Inceptionism: Going Deeper into Neural Networks. https://research.googleblog.com/2015/06/inceptionism-going-deeper-into-neural.html.

[19] David Aslan. How Artists Can Use Neural Networks to Make Art. https://artplusmarketing.com/how-artists-can-use-neural-networks-to-make-art-714cdab53953?spm=5176.100239.blogcont 74383.17.W1CmXH.

[20] Lin M, Chen Q, Yan S. Network in network[J]. arXiv preprint arXiv:1312.4400, 2013.

Chapter thirteen

第13章 纸上谈兵终觉浅，绝知卷积要编程

陆放翁说，"纸上得来终觉浅，绝知此事要躬行。"的确，纸面上理解"卷积神经网络"是容易的，也是廉价的。正如 Linus Torvalds 说的那样，"Talk is cheap. Show me the code"。真正透彻理解卷积神经网络，"多说无益，放'码'过来"。在本章，我们将详细探讨基于 TensorFlow 的卷积神经网络的实践。

在第 12 章中,我们详细讨论了卷积神经网络的理论部分。在本章,我们将着重考虑它的技术实现。与前面章节一脉相承的是,我们依然利用 TensorFlow 框架来实现卷积神经网络(Convolutional Neural Network,简称 CNN)。

TensorFlow 框架虽然以搭积木的方式来构建深度学习框架,但它也有自己独特的"表达方式"——拥有特定的 API。下面我们先讲解 TensorFlow 部分与卷积神经网络相关的 API,然后辅以两个由浅入深的实战项目,帮助你掌握 TensorFlow 的实践要义。

13.1 TensorFlow 的 CNN 架构

在技术实现上,除了输入层之外,一个简单的 CNN 架构通常有卷积层(常用 API 为 tf.nn.conv2d);非线性变化层,也就是激活层(常用 API 为 tf.nn.relu);池化层(常用 API 为 tf.nn.max_pool)及全连接层(常用 API 为 tf.nn.matmul)。在全连接层,图像被抽象成信息含量更高的特征,再经过神经网络完成后续分类等任务,其结构如图 13-1 所示。

图 13-1 CNN 的简易架构

CNN 在图像处理与分类上具有独特的优势。下面以图像为输入数据来说明 CNN 输入层的表达,代码如范例 13-1 所示。

【范例 13-1】CNN 数据的输入(input.py)

```
01  import tensorflow as tf
02  input_batch = tf.constant([
03      [   #第一张图片:3×2 像素
```

```
04        [[0, 255, 0],[0, 255, 1],[0, 255, 2]],
05        [[1, 255, 1],[1, 255, 1],[1, 255, 2]]
06      ],
07      [    #第二张图片：3×2像素
08        [[1, 255, 0],[1, 255, 0],[1, 255, 0]],
09        [[255, 0, 0],[255, 0, 0],[255, 0, 0]]
10      ]
11  ])
12  print(input_batch.get_shape())
```

【运行结果】

(2, 2, 3, 3)

【代码讲解】

第 02~11 行，用一个 TensorFlow 的 constant（常量）对象构建了一个输入数据，其中包括两幅图片，每幅图片的维度均是 3×2 像素的，且为 RGB 三色通道。

get_shape()函数输出的结果是 constant 对象的"形状"信息：(2, 2, 3, 3)。它是一个 4D 矩阵，第一个数字"2"表示图像的数量，随后的数字"2"和"3"对应图像的尺寸（高和宽），最后一个数字"3"表示颜色通道。

13.2 卷积层的实现

13.2.1 TensorFlow 中的卷积函数

虽然 TensorFlow 中提供了各种版本的卷积运算，但应用较多的还是 tf.nn.conv2d( )，这是搭建卷积神经网络比较核心的一个函数，有必要详细解释一下，其函数原型如下所示：

```
conv2d(
    input,
    filter,
    strides,
    padding,
```

```
use_cudnn_on_gpu=None,
data_format=None,
name=None
)
```

该函数的功能在于，在一个给定的 4 维输入张量中计算 2 维卷积。它的各个参数分别简介如下。

- **input（输入）**：类型为 tf.float32 或 tf.float64。通常指需要做卷积的输入图像，它要求是一个张量（Tensor），维度为 4，是[batch, in_height, in_width, in_channels]这样的"形状（shape）"（请参见范例 13-1 的输出）。这 4 个维度的参数的含义分别是[参与训练的一批（batch）图片的数量，输入图片的高度，输入图片的宽度，输入图像的通道数]。

- **filter（过滤核）**：类型为 tf.float32 或 tf.float64。实际上就是 CNN 中的卷积核，它是一个张量，其形状和 input 一样，同样是 4D 维度，分别是[filter_height, filter_width, in_channels, out_channels]，其含义分别是[卷积核的高度，卷积核的宽度，输入图像通道数，卷积核个数]。需要注意的是，filter 的第三个参数 in_channels 就是参数 input 的第四个维度。

- **strides**：表示卷积时在图像每一维上的步长，它是一个一维向量，长度为 4，分别表示 input 参数中的每一个维度的滑动窗口距离。维度的次序取决于后面的参数"data_format"的设置。

- **padding**：填充类型，string 类型，只能是"SAME"或"VALID"其中之一，它决定了卷积方式是"一致性填充（SAME）"还是"有效填充（VALID）"。在第 12 章中，我们已经对这个参数进行了详细介绍，前者能确保输入图像和输出图像保持大小一致，而后者事实上不填充，可能会裁剪图片。

- **use_cudnn_on_gpu**：可选参数，布尔类型。表示是否在 GPU 上使用 cudnn 加速，默认值为 true。

- **data_format**：可选参数，string 类型，只能是"NHWC"或"NCHW"，默认值是前者。如果是"NHWC"[①]，数据的存储次序分别是[batch, height, width, channels]，如果是"NCHW"，则数据的存储次序分别是[batch, channels, height, width]。

---

① 这 4 个大写字母都是有含义的：N 表示一批张量的数量（Number），即 batch_size。H 表示每个张量的高度（Height），W 表示每个张量的宽度（Width），C 表示张量的通道数（Channels）。

- name：可选项。给这个卷积操作取一个名称。

最后，函数计算后返回一个 2D 张量，其形状信息为[filter_height * filter_width * in_channels, output_channels]。这个张量就是我们常说的特征图。

下面我们用范例 13-2 来说明这个函数的使用。

【范例 13-2】conv2d 的使用（conv2d.py）

```
01  import tensorflow as tf
02  # 输入数据（也可以是一幅图像）
03  temp = tf.constant([0, 1, 0, 1, 2, 1, 1, 0, 3, 1, 1, 0, 4, 4, 5, 4], tf.float32)
04  temp2 = tf.reshape(temp, [2, 2, 2, 2])
05  # 卷积核
06  filter = tf.constant([1, 1, 1, 1, 0, 0, 0, 0, 0, 0, 0, 0, 0, 0, 0, 0], tf.float32)
07  filter2 = tf.reshape(filter, [2, 2, 2, 2])
08  # 在 4D 矩阵上执行卷积操作
09  convolution = tf.nn.conv2d(temp2, filter2, [1, 1, 1, 1], padding="SAME")
10  # 初始化会话
11  session = tf.Session()
12  tf.global_variables_initializer()
13  # 计算所有值
14  print("输入数据：")
15  print(session.run(temp2))
16  print("卷积核：")
17  print(session.run(filter2))
18  print("卷积特征图：")
19  print(session.run(convolution))
```

【运行结果】

输入数据：
[[[[0. 1.]
   [0. 1.]]
  [[2. 1.]
   [1. 0.]]]
 [[[3. 1.]

```
   [ 1.  0.]]
  [[ 4.  4.]
   [ 5.  4.]]]]
```
卷积核：
```
[[[[ 1.  1.]
   [ 1.  1.]]
  [[ 0.  0.]
   [ 0.  0.]]]
 [[[ 0.  0.]
   [ 0.  0.]]
  [[ 0.  0.]
   [ 0.  0.]]]]
```
卷积特征图：
```
[[[[ 1.  1.]
   [ 1.  1.]]
  [[ 3.  3.]
   [ 1.  1.]]]
 [[[ 4.  4.]
   [ 1.  1.]]
  [[ 8.  8.]
   [ 9.  9.]]]]
```

【代码分析】

对于 4D 矩阵来说，为了区分每一个维度的数据，我们需要嵌套很多层括号，而且这些括号还得精确匹配，对人而言，比较容易出错。所以我们可以先输入一个比较便于标识的 1D 数据（如代码第 03 和 06 行），然后利用 tf.reshape(tensor, shape, name=None) 函数，将一个张量转变为我们需要的维度（如代码第 04 和 07 行）。reshape() 函数的作用是将一个给定张量变换为参数 shape 的形式。

第 09 行执行了 conv2d 操作。其中使用了 "SAME" 填充，对比一下输入的维度和输出的特征图维度，它们二者是一致的。如果将填充的参数改为 "VALID"，那么卷积特征图的输出如下所示：

卷积特征图：

```
[[[[ 1.  1.]]]
 [[[ 4.  4.]]]]
```

很明显，输出的是卷积特征图大小，相比于原始的输入图像，被"裁剪"了很多。

上面范例的卷积核是任意给定的（代码 06~07 行），事实上，有很多经典的卷积核值得我们品位，下面给予简单描述。

13.2.2 图像处理中的常用卷积核

为了让读者有一个直观的感受，下面我们把第 12 章中图 12-13 所示的几个常用的卷积核演示一番。在图片处理领域，OpenCV 可谓是佼佼者，如果要使用这个库，需要提前安装它。我们可以在 https://pypi.python.org/pypi/opencv-python 找到对应版本的 whl 文件：opencv_python-3.3.0.10-cp36-cp36m-manylinux1_x86_64.whl (md5)，如图 13-2 所示。

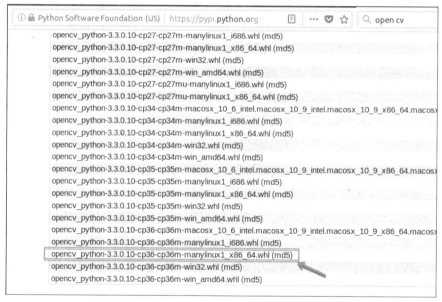

图 13-2 下载 OpenCV 软件包文件

下载完毕后，在终端命令行利用 pip 命令安装这个软件包即可。

```
pip install opencv_python-3.3.0.10-cp36-cp36m-manylinux1_x86_64.whl
```

在安装了 OpenCV 软件包之后，我们就可以在范例 13-3 中测试各种常见的卷积核了。

【范例 13-3】图像处理中的常见卷积核

```
01  import cv2 as cv
02  import numpy as np
03  #读取原图
04  image = cv.imread("animal.jpg")
05  # 图像锐化核
06  kernel = np.array([
07      [0, -2, 0],
08      [-2, 9, -2],
09      [0, -2, 0]])
10  #卷积操作
11  sharpen = cv.filter2D(image, -1, kernel)
12  #锐化后将图像写入磁盘
13  cv.imwrite('sharpen.jpg', sharpen)
14
15  #边界检测核
16  kernel = np.array([
17      [-1, -1, -1],
18      [-1, 8, -1],
19      [-1, -1, -1]])
20  edges = cv.filter2D(image, -1, kernel)
21  cv.imwrite('edges.jpg', edges)
22
23  #图像模糊化核
24  kernel = np.array([
25      [1, 1, 1],
26      [-1, 1, 1],
27      [1, 1, 1]]) / 9.0
28
29  blur = cv.filter2D(image, -1, kernel)
30  cv.imwrite('blur.jpg', blur)
31
32  #图像浮雕核
33  kernel = np.array([
34      [-2, -1,0],
```

```
35         [-1, 1, 1],
36         [0, 1, 2]])
37  emboss = cv.filter2D(image, -1, kernel)
38  emboss = cv.cvtColor(emboss, cv.COLOR_BGR2GRAY)
39  cv.imwrite('emboss.jpg', emboss)
```

【运行结果】

上述代码运行的结果与图 12-13 显式的结果是类似的，如图 13-3 所示。

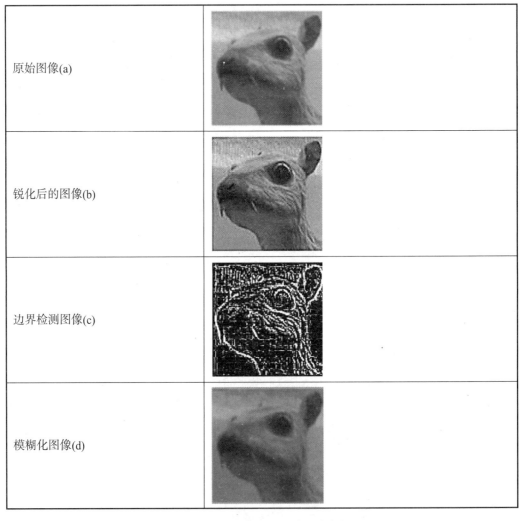

图 13-3　不同卷积核的作用（续）

浮雕图像(f)

图 13-3　不同卷积核的作用

【代码分析】

需要注意的是，虽然我们安装的是最新版 OpenCV 3，但是作为模块导入时，它的名字仍然是 cv2（代码第 01 行）。可以利用如下代码进行测试：

```
>>> import cv2
>>> print(cv2.__version__)
3.3.0
```

第 04 行，imread()函数的作用是读取图像。第 11 行，filter2D()函数利用内核实现对图像的卷积运算，它有 7 个参数。[①]这里我们仅使用了 3 个，第一个参数src表示源图像；第二个参数ddepth表示目标图像的深度，当其值为-1 时，则表示目标图像和原图像深度保持一致；第三个参数kernel表示卷积核。

代码第 13 行，imwrite()函数的功能是将特定图像对象（以数组的形式表示）以指定的文件名写入磁盘。

代码第 38 行，cvtColor( )函数将 RGB 图像转化为灰度格式。该转化函数的原型为：

```
cvtColor( image,
gray_image,
CV_BGR2GRAY )
```

其中，image 表示源图像；gray_image 表示目标图像，用于保存转换图像；CV_BGR2GRAY 是附加参数，用于指定转换的类型。

从上面的案例可见，对于图像处理而言，卷积操作是非常重要而强大的工具，配合 OpenCV，

---

① https://docs.opencv.org/3.3.1/d4/d86/group__imgproc__filter.html#ga27c049795ce870216ddfb366086b5a04

短短几行代码就能达到与专业级图像处理软件（如 PhotoShop）类似的效果。

13.3 激活函数的使用

如前面章节的描述，激活函数的主要功能在于非线性变换。这里的非线性主要是指，输入和输出之间的映射关系。如果没有激活函数（或者说非线性变化层），就没有所谓的"深度"神经网络，因为，线性的组合依然是线性的，多层神经网络就可能会"退化"为一层神经元网络。

在 TensorFlow 中提供了多种激活函数，如 tf.sigmoid、tf.tanh、tf.nn.relu 及 tf.nn.dropout 等，下面分别给予简单介绍。

13.3.1 Sigmoid 函数

Sigmoid 函数是我们的"老相识"了，在前面的章节中曾反复提及。如前所述，Sigmoid 函数的值域位于(0.0,1.0)之间。当输入较大值时，tf.sigmoid() 会返回一个接近于 1 的值，反之，如果输入值较小，返回值将接近于 0.0。正因为这个特性，Sigmoid 函数的输出有时候被当作概率使用。

tf.sigmoid()函数的原型非常简单，如下所示：

```
sigmoid(
    x,
    name=None
)
```

其中 x 就是输入值，name 就是对这个操作取一个名称（可选项）。tf.sigmoid()函数的使用如范例 13-4 所示。

【范例 13-4】tf.sigmoid()函数的使用（sigmoid.py）。

```
01    import tensorflow as tf
02    features = tf.range(-1,3)
03    features2 = tf.to_float(features)
04
05    with tf.Session() as sess:
06        print(sess.run([features2,tf.sigmoid(features2)]))
```

【运行结果】

```
[array([-1.,  0.,  1.,  2.],dtype=float32),array([ 0.26894143,  0.5,  0.7310586,
0.88079703], dtype=float32)]
```

【代码分析】

第 02 行代码，利用 tf.range( ) 函数产生 [-1, 3) 的整型数。但作为 tf.sigmoid() 函数的输入，它必须为 float32 类型，所以第 03 行利用 tf.to_float( ) 函数做了强制类型转换。第 06 行，分别输出浮点数特征（作为输入）和 tf.sigmoid() 加工后的结果。

13.3.2 Tanh 函数

如前面的章节所述，双曲正切函数 Tanh 实际上是 Sigmoid 函数的线性组合，所以它的一些特性与 Sigmoid 类似。不同于 tf.sigmoid() 的是，前者的值域在 [0,1.0] 之间，而 tf.tanh() 的值域在 [-1.0,1.0] 之间。在某些神经网络中，输出负值也有其用途。tf.tanh() 函数的使用如范例 13-5 所示。

【范例 13-5】tf.tanh 函数的使用

```
import tensorflow as tf
features = tf.range(-1,3)
features2 = tf.to_float(features)

with tf.Session() as sess:
   print(sess.run([features2,tf.tanh(features2)]))
```

【输出结果】

```
[array([-1.,  0.,  1.,  2.], dtype=float32), array([-0.76159418,  0.          ,
0.76159418,  0.96402758], dtype=float32)]
```

【代码说明】

范例 13-5 和范例 13-4 基本一致。所不同的是激活函数由 sigmoid() 变成了 tanh()，所以输出的范围在 [-1.0, 1.0] 之间。

13.3.3 修正线性单元——ReLU

在一些文档中，修正线性单元 ReLU 也被称为斜坡函数。因为该函数的外形和斜坡非常相似。标准的 ReLU 函数为 $f(x) = \max(x, 0)$，即当 $x > 0$ 时，输入和输出一样，均为 x；当 $x \leq 0$ 时，输出 0。

ReLU 的优点在于，当 $x > 0$ 时，其导数恒为 1，梯度不衰减，因此排除了梯度弥散的影响。其缺点在于，当使用较大的学习率时，部分输入会落入硬饱和区，[①]从而导致部分神经元"死亡"。范例 13-6 演示了 ReLU 函数的使用。

【范例 13-6】ReLU 函数的使用

```
01  import tensorflow as tf
02  features = tf.range(-3,4)
03
04  with tf.Session() as sess:
05      feature = sess.run(features)
06      result_relu_feature = sess.run(tf.nn.relu(features))
07      print('feature :{} \nrelu(feature): {}'.format(feature,result_relu_feature))
```

【运行结果】

```
feature :[-3 -2 -1  0  1  2  3]
relu(feature): [0 0 0 0 1 2 3]
```

【代码分析】

代码第 02 行产生了一个整型的一阶张量[-3, -2, -1, 0, 1, 2, 3]。代码第 06 行，在 tf.nn.relu( ) 函数的作用下，小于或等于 0 的值全部变成 0，大于 0 的值，则维持不变，即输出为 [0, 0, 0, 0, 1, 2, 3]。

13.3.4 Dropout 函数

Dropout（随机丢弃，也有资料将其译作"随机失活"），实际上是一个防止过拟合的正则

[①] 硬饱和是指，某阶段一阶导数等于 0，例如 ReLU 的负值区域。与之对应的概念还有软饱和性，它指的是，当取值为无穷大时，一阶导数趋近于 0，容易产生梯度消失，例如 Sigmoid 函数。

化技术[1]。在神经网络学习中,它以某种概率暂时丢弃一些单元,并抛弃和它相连的所有节点的权值,若某节点被丢弃(或称为抑制),则输出为 0。Dropout 的工作示意图如图 13-4 所示,左图为原始图,右图为 Dropout 后的示意图,很明显,Dropout 之后的网络"瘦"了很多,由于少了很多连接,所以网络也清爽了很多。

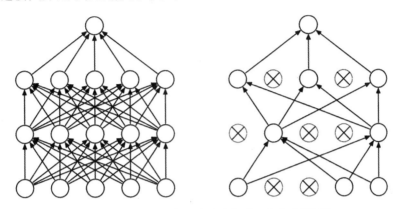

图 13-4　Dropout 示意图(图片来源:参考资料[1])

TensorFlow 提供了一个 tf.nn.dropout()函数来完成此项功能,其函数原型如下所示:

```
dropout(
    x,
    keep_prob,
    noise_shape=None,
    seed=None,
    name=None
)
```

其中,第 1 个参数 x,表示输入张量。第二个参数 keep_prob,为 float 类型,它表示每个元素被保留下来的概率。但"无缘无故"地抛弃部分单元,可能让整个网络变得"物是网非",于是为了对原始网络进行补偿,该函数把所有保留下来的单元值变大了,变大的比例是 y_new=y_old × 1/keep_prob。

比如 keep_prob = 0.5,网络中的单元有 50%的概率被保留,也就是说,有 50%的概率被随机丢弃。作为补偿,留下来的每个神经元的值都被放大 1/keep_prob = 2 倍。一言以蔽之,使用 Dropout 技术,它在数量上把网络中神经元减少的比例,反过来,变成留下来的单元值的放大倍数。这样一除一乘,至少在表面上看来,网络的"对外效应"并没有太大变化(即保持 x 的整体期望值不变)。

通常来说，在训练时，可以让 keep_prob 的初始值是 0.5，这样就保留了一半的神经元。而在测试时，可把 keep_prob 值设为 1.0，这样可保留所有神经元，以最大程度检测模型的泛化能力。

第 3 个参数 noise_shape，它表示一个 1 维的 int32 张量，代表随机产生"保留/丢弃"标志的"形状（维度信息）"。这个参数比较难以理解，下面给予简单介绍。在默认情况下，每一个元素的保留或丢弃都是随机的，但是一旦加入 noise_shape 信息，它就会让某些行或列元素的去留变得不那么随机，这种操作在有些场合也是必要的。

noise_shape 是如何影响某些行的去留的呢？假设 noise_shape[i] == shape(x)[i]（即噪声形状的某个维度和原始张量形状的某个维度，在数值上彼此是相等的），那么这个维度是独立的。

比如，假设原始张量 x 的形状信息为 $[k, l, m, n]$，现在 noise_shape 的形状信息为 $[k, 1, 1, n]$。x 的第一个维度（对于 4D 张量来说，第一个维度的参数是 batch）和 noise_shape 的第一个维度是一致的，都为 k。这就是说，原始张量的第一个维度的去留是随机的，但这个随机的"粒度（granularity）"不再是以"元素"为单位，而是以这个"维度"为整体，以 keep_prob 为概率，要么一起都留下来，要么一起都丢弃。被丢弃的整行或整列元素都为 0。

同样，对于第四个维度（即通道信息），noise_shape 的形状和原始张量 x 都是 n。因此，这个维度的元素的去留也是独立的。但第二个形状参数，它们是彼此不同的，一个是字母"l"，一个是数字"1"。请注意，如果某个维度不相等，noise_shape 在该维度的值只能为 1。类似的，第三个形状参数也是不同的。

第 4 个参数 seed 是整型变量，表示随机数种子。第 5 个参数 name，是这个操作的名称（可选项）。下面举例说明上述参数的使用，代码如范例 13-7 所示。

【范例 13-7】dropout 函数的使用

```
01  import tensorflow as tf
02  with tf.Session() as sess:
03      sess.run(tf.global_variables_initializer())
04      d = tf.constant([[1.,2.,3.,4.],
05                       [5.,6.,7.,8.],
06                       [9.,10.,11.,12.],
07                       [13.,14.,15.,16.]])
08      print(sess.run(tf.shape(d)))
```

```
09      print(sess.run(d))
10      print("-------按元随机-----------\n")
11      dropout_d = tf.nn.dropout(d, 0.5)
12      result_dropout_d = sess.run(dropout_d)
13      print(result_dropout_d)
14      print("------按行随机---------\n")
15      dropout_d41 = tf.nn.dropout(d, 0.5, noise_shape = [4,1])
16      result_dropout_d41 = sess.run(dropout_d41)
17      print(result_dropout_d41)
18      print("--------按列随机--------\n")
19      dropout_d14 = tf.nn.dropout(d, 0.5, noise_shape = [1,4])
20      result_dropout_d14 = sess.run(dropout_d14)
21      print(result_dropout_d14)
```

【运行结果】

```
[4 4]
[[  1.   2.   3.   4.]
 [  5.   6.   7.   8.]
 [  9.  10.  11.  12.]
 [ 13.  14.  15.  16.]]
-------按元随机-----------
[[  2.   4.   0.   0.]
 [ 10.   0.  14.  16.]
 [  0.  20.   0.   0.]
 [ 26.   0.  30.  32.]]
------按行随机---------
[[  0.   0.   0.   0.]
 [  0.   0.   0.   0.]
 [ 18.  20.  22.  24.]
 [  0.   0.   0.   0.]]
--------按列随机---------
[[  0.   0.   6.   8.]
 [  0.   0.  14.  16.]
 [  0.   0.  22.  24.]
 [  0.   0.  30.  32.]]
```

【代码分析】

第 11 行，由于没有添加 noise_shape 参数的说明，这表明 dropout 按照默认的方式（按元素为单位）随机丢弃元素，简称"按元随机"。需要特别注意的是，虽然这里的保留概率 keep_prob 为 50%，但并不一定保证有一半的数据被保留下来。在极端的情况下，对于具有 n 个元素的张量，或许所有元素都被保留下来。只不过这种事件发生的概率较小而已，为 $1/2^n$。

第 15 行 noise_shape 的形状信息为[4,1]，而原始张量的形状信息为[4,4]，也就是说，第一个维度（即行）是独立的，现在以"行"为粒度，去留概率为 50%，即要同为 0（丢弃数据）或同不为 0（保留数据）。如果不为 0，该行的数据被保留下来，但它们的值却变更为原来值的 2 倍（这个倍数取决于 keep_prob 的倒数）。出于上面解释过的同样原因，保留概率为 50%，并不能必然保证有一半的行被保留下来。

类似的，在第 19 行，noise_shape = [1,4]，它的第二个维度（即列）和原始张量的形状信息是相同的，所以 dropout 以列为单位，要么全部丢弃（全部为 0），要么全部保留（值为原来值的 2 倍）。

还有一点需要注意，不论是"按元丢弃"，还是"按列（按行）丢弃"，由于都是随机丢弃的，所以范例 13-7 每次运行的结果都不是唯一的。

13.4 池化层的实现

对于网络训练而言，数据多了并不见得是好事，因为它容易产生过拟合，而且过多的数据也会导致计算量非常大。能不能合理地减少输入数据，还不失输入数据的特性呢？

放到卷积神经网络中，这就是所谓的池化操作。池化操作就是利用一个矩阵窗口（过滤核）在张量上进行扫描，通过取最大值或者平均值等，保留每个矩阵中最显著的特征，以减少元素的个数，并提升模型的泛化能力。

池化有一个非常好的优点，即在特征提取时，具有"平移不变性"。什么是"平移不变性"呢？举例来说，对于张量[1, 2, 3, 4]而言，最大值池化是 4，平均值池化是 2.5。现在，改变一下数据的顺序，如[1, 4, 3, 2]，它的最大值池化依然是 4，平均值池化依然是 2.5。

如果这些数据是像素的话，它们发生了几个像素的偏移，利用最大值池化或均值池化，依然可以获得稳定的特征组合。因此，平移不变性对于物体识别十分重要。

具体到 TensorFlow 中，池化操作就是较为常见的 tf.nn.max_pool 函数和 tf.nn.avg_pool 函数，下面分别给予简单介绍。

在 TensorFlow 中，tf.nn.max_pool() 中的 4 个参数和卷积 tf.nn.conv2d() 的参数相似，其函数原型如下所示：

```
max_pool(
    value,
    ksize,
    strides,
    padding,
    data_format='NHWC',
    name=None
)
```

下面简单介绍一下其中的参数。

- **第 1 个参数** value 是一个输入的待池化 4D 张量，其中的数据类型为 tf.float32。由于池化层一般接在卷积层后面，所以它的输入通常是特征图谱，特征图谱的张量"形状"信息依然是[batch, height, width, channels]。

- **第 2 个参数** ksize 是一个长度大于等于 4 的整型列表，表示池化窗口的大小。对于一个 4D 窗口，如果不想在 batch 和 channels 维度上做池化，就把这两个维度设为 1，ksize 为[1, height, width, 1]。

- **第 3 个参数** strides 是一个长度大于等于 4 的整型列表，表示每一个维度上滑动的步长。在 4D 窗口中，由于通常设置不在 batch 和 channels 维度上做池化，所以 strides 上的维度一般也是[1, stride,stride, 1]。

- **第 4 个参数** padding 是字符串类型的，和卷积类似，可取 VALID（有效填充，图大小被裁剪）或者 SAME（一致填充，图大小被保持）。

- **第 5 个参数** data_format 是字符串类型的，用以表明数据的格式（数据的呈现次序），可以取值为 NHWC 或 NCHW，其含义前文已有描述，不再赘言。

- **第 6 个参数为** name，这是可选项，表示此操作的名称。

作为整体，max_pool() 函数运行成功后将返回一个 tf.float32 类型的张量 Tensor，在形式上该张量遵循data_format约定的格式，默认的data_format采取的是NHWC，即[batch, height, width, channels]。

tf.nn.max_pool()函数的使用，请参考范例13-8。

【范例13-8】最大值池化函数的使用（max_pool.py）

```
01  import tensorflow as tf
02
03  layer_input = tf.constant([
04          [
05              [[1.0],[2.0],[1.0],[6.0]],
06              [[7.0],[4.0],[5.0],[8.0]],
07              [[4.0],[2.0],[2.0],[0.0]],
08              [[1.0],[5.0],[1.0],[4.0]]
09          ]
10      ])
11
12  batch_size     = 1
13  input_height   = 2
14  input_width    = 2
15  input_channels = 1
16  ksize = [batch_size, input_height, input_width, input_channels]
17  pooling=tf.nn.max_pool(layer_input,ksize,[1,2,2,1],padding='VALID')
18
19  with tf.Session() as sess:
20      print("origin_data:")
21      image = sess.run(layer_input)
22      print (image)
23      print("pool_reslut:")
24      result = sess.run(pooling)
25      print (result)
```

【运行结果】

```
[[[[ 1.]
   [ 2.]
```

```
   [ 1.]
   [ 6.]]
  [[ 7.]
   [ 4.]
   [ 5.]
   [ 8.]]
  [[ 4.]
   [ 2.]
   [ 2.]
   [ 0.]]
  [[ 1.]
   [ 5.]
   [ 1.]
   [ 4.]]]]
pool_reslut:
[[[[ 7.]
   [ 8.]]
  [[ 5.]
   [ 4.]]]]
```

【代码分析】

代码第 03~10 行，构造了一个如图 12-32 所示的输入矩阵。需要注意的是，在图 12-32 中，矩阵是二维的，但是放到 TensorFlow 里，必须按照四维张量来构造。第 12~16 行，构造了核的大小，由于我们没有在 batch 和 channels 维度上做池化，就把这两个维度设为 1，ksize 为[1, 2, 2, 1]。

第 17 行是整个范例的关键。tf.nn.max_pool( )完成了池化操作。这里需要注意的是，如果想要达到如图 12-32 的池化效果，需将 strides 滑动维度设置为[1, 2, 2, 1]。

最后，代码第 24~25 行输出了池化的效果，虽然核心数值和图 12-32 一致，但输出的形式是一个四维张量。

均值池化 tf.nn.avg_pool()的用法和 tf.nn.max_pool( )函数完全一样。读者可以尝试把第 17 行替换为如下代码，即可感受如图 12-32 所示的均值池化效果：

```
pooling=tf.nn.avg_pool(layer_input,ksize,[1,2,2,1],padding='VALID')
```

13.5 规范化层

13.5.1 为什么需要规范化

如前面章节所述，在机器学习中，数据的规范化（Normalization）非常重要。[①]这是因为，不同样本可能有多个特征，而不同特征的取值尺度（Scale）不同。例如，对于一棵树，1000cm都不算高，但对于一枚花瓣，10cm都不算小。所以如果不做规范化处理，不论是计算损失函数（如神经网络学习），还是计算距离（如K-means算法），量纲巨大的差异可能导致整个模型失效。

因此，为了让机器学习的模型更加适合实际情况，需要对样本的不同特征做规范化处理。规范化的目标之一就是，数据经过处理后（通过某种特定算法）限制在一个合理的范围内，从而能让机器学习算法更容易学习到数据中的规律。

在另外一个层面，在神经网络学习中，数据经过多个不同网络层的处理（如激活函数的非线性变化）之后，原始数据的分布特性（如方差和均值）会发生偏移，也就是说，数据分布空间发生变化了，但数据标签（即教师信号）依然没变。因此，最终的分类效果可能因此失准。

这么说还是比较抽象。下面我们用具体案例来说明这个观点。

在神经网络中，比如某个神经元 x 的值为2，设它的权值 W 的初始值为0.1，为简化起见，暂时不考虑神经元的偏置，这样后一层神经元的计算结果就是 $Wx = 0.2$。再比如，考虑 $x = 2$ 或 $x=200$，Wx 的结果就分别为2或20，如图13-5所示。到现在为止，还看不出有什么问题。

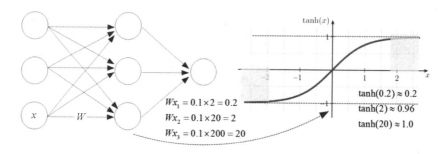

图 13-5 激活函数带来的梯度消失

[①] 亦有资料将 Normalization 译作"归一化"，但归一化比较狭义，通常特指将有量纲的表达式进行变换，化为无量纲的表达式，使其成为标量，标量的取值范围为[0, 1]。但"规范化"更为广义，它指的是把输入数据映射到一个合理的范围内，但不限于[0, 1]范围。

但为了增加网络层的表征能力，我们通常都会对神经元的输出做非线性处理，即加一层激活函数。如此一来，上述三个值在激活函数的作用下，问题立马就显现出来了，参见范例 13-9。

【范例 13-9】激活函数带来的副作用（tanh-not-work.py）

```
import tensorflow as tf
with tf.Session() as sess:
    print("tanh(0.2):", sess.run(tf.tanh(0.2)))
    print("tanh(2.0):", sess.run(tf.tanh(2.0)))
    print("tanh(20.0):", sess.run(tf.tanh(20.0)))
```

【运行结果】

```
tanh(0.2): 0.197375
tanh(2.0): 0.964028
tanh(20.0): 1.0
```

从运行结果可以看出，如果使用像 Tanh 之类的激活函数，Wx 的激活值在[-2,2]区间，Tanh 函数还比较敏感，但一旦超出这个范围，它的输出值就接近于 1（或-1），即达到饱和阶段。也就是说，在非饱和范围之外，在正值方向，无论 x 怎么扩大，Tanh 激活函数的输出值都趋近于 1。类似的，在负值方向，无论 x 怎么减小（向负值方向扩展），Tanh 激活函数的输出值都趋近于-1。这样输出值就没了"落差"，从而也就没有了梯度变化。没有梯度变化，实际上就是产生"梯度弥散"。一旦产生了"梯度弥散"，神经网络的调参就没有了方向感。

换句话说，神经网络对那些绝对值比较大的 x 特征"无感"。这样很糟糕，这就像某人被拍打一下和被重重拍打一下，他居然没感觉到其中的差别，这只能表明他的感觉系统失常了。

更重要的是，在多层神经网络中，这个"失常"的输出，将会作为下一层的输入，每一层都会把绝对值较大的值"无感"掉，久而久之，网络的数据分布特征肯定会发生变化，基于这样的数据分布来判断分类，性能肯定大打折扣。

于是，我们不禁要问，能不能每一层都做一次数据处理，把激活函数不敏感的值映射到它的敏感区呢？能不能尽可能地维持原来数据的分布特征呢（即均值和方差不变）？当然可以！这正是规范化要做的工作，规范化也是防止过拟合的一种方法。

根据数据处理算法的不同，在 TensorFlow 中封装了若干类规范化的函数，如表 13-1 所示。

表 13-1 TensorFlow 中的规范化函数

函数名	功能描述
tf.nn.l2_normalize()	L_2 范式规范化 [1]
tf.nn.local_response_normalization() [2]	局部响应规范化
tf.nn.sufficient_statistics()	计算与均值和方差有关的充分统计量
tf.nn.moments() [3]	计算均值与方差,mean 表示一阶矩,variance 则表示二阶中心矩
tf.nn.weighted_moments()	计算频率加权的均值与方差
tf.nn.batch_normalization()	批规范化

由于局部响应规范化（LRN）和批规范化（BN）应用相对较多，也相对难理解一些，下面我们着重对这两个概念对应的函数给予说明。

13.5.2 局部响应规范化

局部响应规范化（Local Response Normalization，简称 LRN）最早是由 Krizhevsky 和 Hinton 等人在 AlexNet 中提出来的[2]。

我们知道，人工神经网络，在某种程度上，是在模拟生物神经网络。局部响应规范化就是在模拟视觉神经系统中的侧抑制（Lateral Inhibition）。我们知道，视网膜由许多微小的光敏神经细胞组成。许多生物学家认为，单独激活一个细胞是不可能的，某个细胞的激活总会影响邻近的细胞，但与之相邻细胞的反应会减弱。这种现象发生在视网膜上一种叫作侧细胞丛的结构上，被称为"侧抑制"。

在看物体的边角和轮廓时，侧抑制能辅助视觉系统增强反差，透出边缘，这样有利于视觉从背景中分出对象。这个有点类似于前文讲到的边界检测核，观察边界检测核的特征，可以发现，核中央部分值最大，而围绕核中间的其他数值都比较小。

侧抑制对信息预处理也有一定的启发性。比如，侧抑制的功效可以视作一个高通滤波器，它能将较大的输入变化范围压缩到网络本身的动态范围之内。这个特性就是局部响应规范化的生物学特性。

---

[1] L_2 范数是指向量各元素的平方和然后开方。对应的，L_2 范式正则化是指 output = x / sqrt(max(sum(x**2), epsilon))。

[2] 亦简称为 tf.nn.lrn()。

[3] 请注意，此处的"moments"表示的并不是常用的"时刻、片刻"之意，其单数形式"moment"是标准的数学术语，表示统计特征——矩。常用的"矩"有一阶矩——均值、二阶矩——方差等。

规范化的特性，在本质上，也是"抑制"，它将较大的输入"抑制"到指定范围之内。在卷积神经网络中为什么需要 LRN 呢？正如我们在 13.3.3 节已经提及的，由于 ReLU 是无边界函数，我们希望能利用某些形式的规范化，将无边界的 ReLU 输出"抑制"到有界范围，从而提升高频特征的提取效率。

根据参考资料[2]，这个特定的规则可用公式（13-1）表示。

$$b_{x,y}^i = a_{x,y}^i / \left(k + \alpha \sum_{j=\max(0,i-n/2)}^{\min(N-1,i+n/2)} (a_{x,y}^j)^2 \right)^\beta \quad (13\text{-}1)$$

其中，$a_{x,y}^i$ 表示第 i 个核在位置 (x,y) 处运用 ReLU 非线性神经元的输出。$b_{x,y}^i$ 就是被规范化的输出。N 为该层中所有卷积核的总数量，n 为在同一位置上邻近的核谱（kernel maps）数量。假设当前卷积核编号为 i，$n=5$，那么 $n/2 = 5/2 = 2$。于是，以第 i 个核为中心，前后各两个核，这 5 个相邻的卷积核 $i-2, i-1, i, i+1, i+2$，构成一组核谱。

k（为偏移量，AlexNet 取值为 2。总体来看，就是在特征图谱的最后一个维度上做局部规范化）、n（AlexNet 取值为 5）、α（alpha，而非字母 a，为比例因子，默认值为 1，通常为正值，AlexNet 取值为 10^{-4}）和 β（AlexNet 取值为 0.75），这些参数都属于人为设定的超参数（即在开始学习过程之前设置值的参数，需要预先定义，它们无法通过训练学习得来），它们的设置通常是有效的，但具体为什么有效，很多参考资料亦语焉不详，可视为一种来自经验的超参数[3]，通常需要通过验证集测试来选择。

通过分析公式（13-1）中的特性可知，如果某个神经元周边的值都很大，通过局部响应规范化，这些值将都变得比较小。而如果神经元周围的值相差比较大，那么大的值会被放大，小的值会被缩小，甚至被淹没。从这个意义来看，LRN 的设计就是为了显现相对大的神经元。根据参考资料[2]，使用了这个策略，在 Top-1 和 Top-5 的分类错误率分别得以降低 1.4%和 1.2%。

随后，很多学者研究发现，LRN的效果并不明显，即使性能可能稍有提高，但付出的代价是增加了内存消耗和计算量，所以它并非是一种高性价比的策略，故此，LRN也就渐渐淡出研究者的视线。①

在 TensorFlow 中，使用 tf.nn.local_response_normalization()函数来实现局部响应规范化，请参见范例 13-10。

【范例 13-10】局部响应规范化函数的使用

```
01    import tensorflow as tf
02    import numpy as np
```

---

① Simonyan K, Zisserman A. Very deep convolutional networks for large-scale image recognition[J]. arXiv preprint arXiv:1409.1556, 2014.

```
03  input_data = np.array([i for i in range(0,32)])
04  reshape_data = tf.reshape(input_data , [2,2,2,4])
05  reshape_data2 = tf.to_float(reshape_data)
06
07  lrn = tf.nn.local_response_normalization(
08          input = reshape_data2,
09          depth_radius = 2,
10          bias = 0,
11          alpha = 1,
12          beta = 1)
13
14  with tf.Session() as sess:
15      print(reshape_data2.eval())
16      print('----------After LRN------------------------')
17      print(lrn.eval())
```

【运行结果】
```
[[[[ 0.   1.   2.   3.]
   [ 4.   5.   6.   7.]]
  [[ 8.   9.  10.  11.]
   [12.  13.  14.  15.]]]
 [[[16.  17.  18.  19.]
   [20.  21.  22.  23.]]
  [[24.  25.  26.  27.]
   [28.  29.  30.  31.]]]]
----------After LRN------------------------
[[[[ 0.          0.07142857  0.14285715  0.21428573]
   [ 0.05194805  0.03968254  0.04761905  0.06363636]]
  [[ 0.03265306  0.02459016  0.0273224   0.03642384]
   [ 0.02357564  0.01771117  0.01907357  0.02542373]]]
 [[[ 0.01841197  0.01382114  0.01463415  0.01950719]
   [ 0.01509434  0.01132686  0.01186623  0.01581843]]
  [[ 0.01278636  0.00959325  0.00997698  0.01330049]
   [ 0.01108911  0.00831899  0.00860585  0.01147298]]]]
```

【代码分析】

对于 tf.nn.local_response_normalization()而言，它的第一个参数 input 必须是 float32 类型的 4D 张量，通常这个 input 来自 ReLU 的输出，即它是一个特征图谱，所以这个 4D 和前面特征图谱的维度信息类似，分别指[batch, height, width, channels]。

在第 03 行产生 0~31 的整型张量后，要分别进行变形（reshape，代码第 04 行）和类型转换（代码第 05 行）。

第 07~12 行就是公式（13-1）的代码化。其中，input 就是特征图谱。第二个参数 depth_radius，就是公式（13-1）中的 $n/2$，这是一个超参数，需要自己设定。第三个参数 bias，就是公式（13-1）中的 k。第四个参数 alpha，就是公式（13-1）中的 α，第五个参数 beta，是公式中的 β。

该函数的返回值是新的规范化之后的特征图谱，它和原来的特征图谱应有相同的形状特征。

13.5.3　批规范化

13.5.3.1　批规范化的理论由来

使用 LRN 之后，虽然分类正确率能提高 1%~2%，但如前所述，使用 LRN 的性价比并不高。于是，谷歌的工程师 Ioffe 等人并没有采用局部响应规范化，取而代之的是，提出了新的批规范化（Batch Normalization，简称 BN）的策略[4]。

"批规范化"中的"批"是指，把全体训练数据分割成一小批一小批的输入数据，然后利用这些批量数据，实施随机梯度递减策略求极值。在前向传播中，一旦数据陷入激活函数的饱和区，就容易导致梯度弥散问题，进一步也导致训练速度变慢。

具体来说，问题产生过程如下：在进入隐含层之后，在层层激活函数的作用下，网络训练过程中的参数不断改变，导致后续每一层输入的分布都可能发生变化，而学习的过程又要使每一层适应输入的分布，因此不得不降低学习率、"谨小慎微"地进行初始化，以适应各个维度、各个层面尺度大小不一的数据特性。

参考资料[4]的作者将数据分布发生的变化称为"内部协变量迁移（Internal Covariate Shift，简称 ICS）"。ICS 的发生不利于神经网络参数的拟合，进而导致训练速度变慢，因此，"批规范化"还要能做到数据分布的"纠偏"。

在理解上，"批规范化"也可以被看作一个特殊的层。通常，全连接层会在激活函数作用下输出，成为下一层的输入。现在引入了"批规范化"，它可被视为在每一个全连接和激活函数之间添加的一个数据预处理层，如图 13-6 所示。

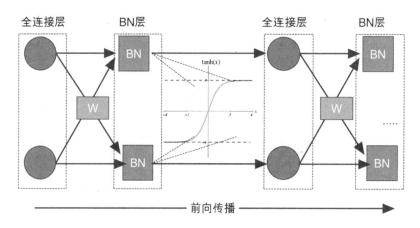

图 13-6　BN 所处的位置与作用

根据参考资料[4]的描述，在每次随机梯度递减（SGD）操作之前，先通过 mini-batch（最小批）来对相应的输入数据做 BN 规范化操作，使得 BN 的输出结果（在各个维度上）的均值为 0，方差为 1。

参考资料[4]使用了类似 Z-Score 的标准化方式[①]，即每一维度减去自身均值，再除以自身维度的标准差。由于使用的是随机梯度下降作为优化器，这些均值和方差也只能在当前迭代的"批数据"中计算。因此，这个算法被命名为批规范化（Batch Normalization）。该算法的计算流程大致如算法 13-1 所示。

算法 13-1　批规范化

输入：来自最小批数据 B，x 为 B 中的样本：$B = \{x_{1...m}\}$

需要学习而来的参数 γ, β

输出：$\{y_i = BN_{\gamma,\beta}(x_i)\}$

$$\mu_B \leftarrow \frac{1}{m}\sum_{i=1}^{m} x_i \qquad \text{//mini-batch 的均值}$$

[①] Z-Score（Z 分数），亦称标准分数（standard score）。作为一种标准化方式，它的含义是指，一个分数与平均数的差，再除以标准差。公式表示为：$z=(x-\mu)/\sigma$。其中 x 为某个具体分数，μ 为均值，σ 为标准差。Z 值的大小代表原始分数和母体平均值之间的距离，它以标准差为单位计算。

$$\sigma_B^2 \leftarrow \frac{1}{m}\sum_{i=1}^{m}(x_i - \mu_B)^2 \qquad \text{//mini-batch 的方差}$$

$$\hat{x}_i \leftarrow \frac{xi - \mu_B}{\sqrt{\sigma_B^2 + \varepsilon}} \qquad \text{//规范化}$$

$$y_i \leftarrow \gamma \hat{x}_i + \beta \equiv BN_{\gamma,\beta}(x_i) \qquad \text{//伸缩与平移（scale and shift）}$$

算法 13-1 的前 3 步，流程基本类似于 Z-Score，就是标准化的基本工序，相当于将输出值强行做一次高斯规范化（Gaussian Normalization）。第 4 步是将标准化后的数据进行伸缩和平移，这个操作是因训练所需而"刻意"加入的，它使得 BN 能够有可能还原到最初的输入。

如果不使用 γ（用作缩放）和 β（用作平移），参见图 13-6，以激活函数为 Tanh 举例，激活值被大致规范化至[-0.9，0.9]这个区域。在这个区域，激活函数的确非常敏感，但在这个区域，tanh()也表现出近似线性的特性，这将导致整个网络的表征能力下降。因为这与深度神经网络所要求的"多层非线性函数逼近任意函数"的要求不符，所以引入 γ 和 β，对规范化后的神经元输出做了一次非线性映射，使得最终输出落在非线性区间的概率大一些，是有必要的。

如果激活函数是 ReLU，γ 的缩放作用并不明显，因为 ReLU 是分段线性函数，对数值进行伸缩并不能影响 ReLU 取 x 还是取 0。但 β 的平移作用就比较大了。试想一下，如果没有 β，经过批规范化层的处理，还要满足均值为 0 的期望，就不得不强制 ReLU 的输出有一部分是 0（此时 x 取负值），而另外一部分非 0（此时 x 取正值）。这种强制性，显然是有违我们初心的，我们的初心是，希望神经网络自行学习决定在什么位置设定这个阈值。

在批规范化中，由于所有的操作都是平滑可导的，这使得在后向传播过程中，可让神经网络自己去学着使用和修改缩放参数 γ 和平移参数 β。通过学习反馈，神经网络就能"感知"出前面的规范化操作，到底有没有起到优化的作用。如果没有起到作用，就利用缩放参数 γ 和平移参数 β，来抵消一些规范化的操作。

最后，我们来对比观察一下神经网络输出值分布示意图（参见图 13-7）。从图中我们可以看到，如果没有做规范化处理，数据在正向传播过程中，慢慢变得"面目全非"，这样做参数拟合无疑更加困难。而使用了 BN 规范化之后，在输入层，它让数据尽可能落在激活函数的敏感区，而对后续每一层的输出值都可以保障数据分布特征不会"太走样"，从而使数据得以逐层有效传递下去[5]。

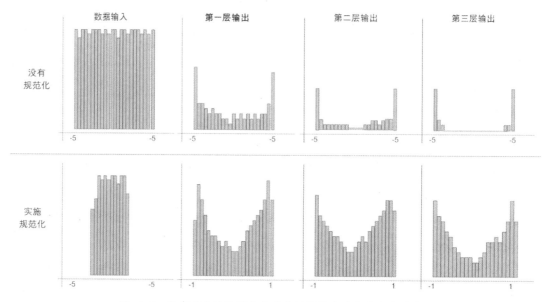

图 13-7　没有实施批规范化和实施批规范化的输出分布对比

批规范化对神经网络训练的优势，主要体现在两个方面[①]：一是提升了学习率。由于BN规范化了每一层和每个维度的尺度，所以它可以在整体上使用一个较高的学习率，而不必像以前那样，迁就较小尺度的维度（而降低学习率）。这样就在一定程度上提高了训练速度；二是整体上提高了分类的准确率。规范化数据之后，它使得更多的数据落在激活函数的敏感区，并最大程度上维护了原始数据的分布特征（均值和方差）。数据分布不走样，即避免了"内部协变量迁移"，分类自然更有底气。

13.5.3.2　批规范化的 TensorFlow 实现

批规范化的原理并不复杂，我们当然可以自己动手来实现它。但有了 TensorFlow 这个深度学习框架，我们就不必这么折腾了。

在 TensorFlow 中，有关"批规范化"的函数主要有两个，分别是 tf.nn.moments 和 tf.nn.batch_normalization。下面分别给予简单的介绍。

（1）tf.nn.moments 函数

tf.nn.moments 函数的主要功能是求得输入张量的均值（mean）和方差（variance），它们分别就是所谓的一阶矩（the first moment）和二阶矩（the second moment）。该函数的原型如下所示：

---

① https://www.quora.com/Why-does-batch-normalization-help

```
moments(
    x,
    axes,
    shift=None,
    name=None,
    keep_dims=False
)
```

其中，参数 x 是输入的张量，形如[batchsize, height, width, kernels]。

axes 表示在哪个维度上求解均值和方差，它本身是一个 list 整型数组。name 就是为这个 Op 起一个名字。keep_dims 的含义是是否保持维度。其中 axes 和 keep_dims 的理解可参考图 11-33。

（2）tf.nn.batch_normalization 函数

tf.nn.batch_normalization 函数可实现算法 13-1 描述的功能。其函数原型如下所示：

```
batch_normalization(
    x,
    mean,
    variance,
    offset,
    scale,
    variance_epsilon,
    name=None
)
```

针对输入张量 x，在批样本数据的均值（mean，第 2 个参数）和方差（variance，第 3 个参数）指示下，函数返回被规范化的张量 $\hat{x}$。第 4 个参数 offset（平移）和第 5 参数 scale（缩放），分别是算法 13-1 描述的参数 β 和 γ，它们用来修正 $\hat{x}$。第 6 个参数 variance_epsilon，是一个非常小的数值，为了防止某个数除以 0。第 7 个参数 name，就是为这个 Op 配一个名称，是可选项。

13.6 卷积神经网络在 MNIST 分类器中的应用

13.6.1 数据读取

不同于 11.6 节直接利用单层神经网络实现 MNIST 分类（准确率仅为 92%），本节我们利用卷积神经网络来实现相同的任务。利用更为高阶的模型，我们期待 MNIST 分类准确率会更高（大概在 99% 以上，虽然不是最高水准，但也已经非常可观了）。案例参考了 TensorFlow 提供的官方案例。[1]

首先，我们同样要加载 MNIST 数据集，如范例 13-11 中的代码所示（与 11.6 节中的代码类似，不再赘言解释）。

【范例 13-11】简单卷积神经网络的实现（cnn-mnist.py）

```
01  import tensorflow as tf
02  from tensorflow.examples.tutorials.mnist import input_data
03  mnist = input_data.read_data_sets('MNIST_data', one_hot=True)
04  sess = tf.InteractiveSession()
```

第 04 行中的 InteractiveSession（交互式会话）在运行于没有指定会话对象的情况下运行变量。可以简单理解为，在没有显式指定会话时，它就是默认会话，这为交互式环境提供了便利。

接下来，为创建卷积神经网络，我们需要创建大量的权值（weights）和偏置（bias）。对于这些参数，在初始化时，我们需要制造一些随机噪声来打破它们的完全对称性，以防止零梯度的产生。比如，我们可以用标准方差为 0.1 的截断正态分布来完成这个任务。[2]

13.6.2 初始化权值和偏置

在本示例中，我们使用 ReLU 作为激活函数。为了避免出现死亡神经元，我们也要给偏置添加一些小的正值（比如说 0.1）。为了完成这两个功能，有必要构造两个函数 weight_variable() 和 bias_variable()，以便我们后期多次调用。代码如范例 13-11 的后续代码所示。

---

[1] https://www.tensorflow.org/get_started/mnist/pros
[2] 截断正态分布（Truncated Normal Distribution），亦有资料将其翻译为"截尾正态分布"。正态分布可认为是不进行任何截断的，因为 x 的取值可以从负无穷到正无穷。截断正态分布是指限制变量 x 取值范围的一种分布。例如，限制 x 在 0 到 30 之间取值，即 {0<x<30}。在截断范围之外，函数值为 0。

```
05  def weight_variable(shape):
06      initial = tf.truncated_normal(shape, stddev=0.1)
07      return tf.Variable(initial)
08
09  def bias_variable(shape):
10      initial = tf.constant(0.1, shape=shape)  #构建一个形状为 shape 的、数值为 0.1 的常量
11      return tf.Variable(initial)
```

在代码第 06 行，截断正态分布函数 truncated_normal( )的原型如下所示：

```
truncated_normal(
    shape,          //1D 整型张量或 Python 数组，用以确定输出张量的形状
    mean=0.0,
    stddev=1.0,
    dtype=tf.float32,
    seed=None,
    name=None
)
```

在代码第 10 行，tf.constant( )函数的原型如下：

```
constant(
    value,
    dtype=None,
    shape=None,
    name='Const',
    verify_shape=False
)
```

该函数的功能就创建一个满足形状为 shape 维度的常量张量。例如：

```
#用列表构建一个 1D 常量张量 tensor
tensor = tf.constant([1, 2, 3, 4, 5, 6, 7]) => [1 2 3 4 5 6 7]
tensor = tf.constant(-1.0, shape=[2, 3])
```

```
#创建一个 2 行 3 列的值为-1 的 2D 张量：[[-1. -1. -1.]
                                    [-1. -1. -1.]]
```

13.6.3 卷积和池化

TensorFlow 中提供了非常方便的卷积和池化操作。在这两个操作中，我们要考虑如何处理边界填充和滑动的步幅。针对卷积操作，具体到本示例中，我们使用简易版本：步幅为 1，零值等大填充（same padding），这样的填充，能让处理后的图像和原始图像等大。针对池化操作，我们使用最大值池化，池化核形状信息为 2×2。由于我们不在 batch 和 channels 做池化，所以 strides 上的维度一般是[1, 2, 2, 1]。

类似的，步幅在 4D 维度上为[1, 2, 2, 1]，表示在水平和垂直方向上的步长为 2。如果每个维度的步长都为 1，通过池化，我们得到图像还是和原图一样大。

由于卷积核和池化操作会被经常调用，为了代码的简单，我们也可以将其分别设计为两个函数，如范例 13-11 的后续代码所示。

```
12   def conv2d(x, W):
13     return tf.nn.conv2d(x, W, strides=[1, 1, 1, 1], padding='SAME')
14
15   def max_pool_2x2(x):
16     return tf.nn.max_pool(x, ksize=[1, 2, 2, 1],
17                           strides=[1, 2, 2, 1], padding='SAME')
```

13.6.4 构建第一个卷积层

在设计卷积层之前，要做部分铺垫工作。首先我们要给网络"喂"数据，由于数据在没有运行时还不确定，所以用占位符在计算流图中"占个位"。这里的占位符主要有两个，一个是输入张量 x，就是 MNIST 数据集。另外一个是数据的标签 y_，如范例 13-11 的后续代码所示：

```
18   x = tf.placeholder(tf.float32, [None, 784])
19   y_ = tf.placeholder(tf.float32, [None, 10])
20   x_image = tf.reshape(x, [-1, 28, 28, 1])
```

因此，第 18 行读取的张量的维度为 1×784，这是一个 1D 张量。卷积神经网络可以利用图片的 2D 信息，这样可以利用图片的结构信息，更加有利于分类，所以在第 20 行，利用 reshape( )

函数，将 1×784 "变形" 为 28×28。reshape( ) 函数的第一个参数是 "-1"，它表示数量样本不固定，最后一个参数为 "1"，它表示颜色的通道为 "1"，即此处使用灰度单色图。如果图像是 RGB 彩色图片，通道数则为 "3"。

接下来，我们定义第一个真正意义上的卷积层，如范例 13-11 的后续代码所示：

```
21   W_conv1 = weight_variable([5, 5, 1, 32])
22   b_conv1 = bias_variable([32])
23   h_conv1 = tf.nn.relu(conv2d(x_image, W_conv1) + b_conv1)
24   h_pool1 = max_pool_2x2(h_conv1)
```

代码第 21 行，定义了一个权值变量，它的维度信息是[5, 5, 1, 32]，其中前两个参数表示卷积核大小为 5×5。随后的 "1" 表示有 1 个输入通道，"32" 表示有 32 个输出通道，即有 32 个卷积核，提取 32 种特征，每个卷积核在卷积之后都会有一个输出。

第 22 行，设置一个偏置向量，它包含 32 个元素，即为每一个输出通道配备一个偏置。

第 23 行，使用 conv2d( )完成图像和权值之间的卷积。卷积的结果加上偏置，其结果在 ReLU 激活函数的作用下，返回第一层的卷积效果 h_conv1。

为了防止过拟合，第 24 行对 h_conv1 做 max_pool_2x2 最大值池化操作。

13.6.5　构建第二个卷积层

为了构建深度神经网络，我们可以多迭代几次第一层卷积网络的结构。比如，在第二层，除了部分参数不同之外，基本和第一层相同，如范例 13-11 的后续代码所示：

```
25   W_conv2 = weight_variable([5, 5, 32, 64])
26   b_conv2 = bias_variable([64])
27   h_conv2 = tf.nn.relu(conv2d(h_pool1, W_conv2) + b_conv2)
28   h_pool2 = max_pool_2x2(h_conv2)
```

在代码第 25 行，我们设置第二层的网络结构为[5, 5, 32, 64]。其中，卷积核的尺寸依然是 5×5。由于前一层的输出就是后一层的输入，第一层的卷积层有 32 个输出通道，所以在随后的卷积层有 32 个输入通道，它们前后一定要对接一致。

在这个卷积层中，我们把卷积核定义为 64 个，也就是说，在这一层，我们将提取 64 种特征，即有 64 个输出通道，所以第 25 行代码的最后一个参数为 64。

第 26 行，偏置同样也设置为一个包含 64 个元素的偏置变量。第 27 行和第 28 行与前面的第 23 行和第 24 行，功能完全一样，所以不再赘言。

13.6.6　实现全连接层

为了简单起见，假设经过两次卷积就进入了全连接层。因为前面经历了两次步幅为 2×2 的最大值池化，所以图像的维度都被缩减为原来的 1/4，即从原来的 28×28 变成了 7×7，因此全连接的数量大幅减少。全连接层的实现如范例 13-11 的后续代码所示：

```
29   W_fc1 = weight_variable([7 * 7 * 64, 1024])
30   b_fc1 = bias_variable([1024])
31   h_pool2_flat = tf.reshape(h_pool2, [-1, 7*7*64])
32   h_fc1 = tf.nn.relu(tf.matmul(h_pool2_flat, W_fc1) + b_fc1)
```

在代码第 29 行，全连接层的权值变量参数为[7 * 7 * 64, 1024]，其中"7*7"的含义，上面已经解释了。现在解释"64"的由来，由于第二层的输出通道为 64，为了做好衔接，全连接层的输入通道数也要乘上 64，最后设置全连接层的神经元为 1024 个。[1]也就是说，每个神经元要有 7 * 7 * 64=3136 个权值训练，这个数量其实是相当可观的，不容小觑。

在代码第 30 行，偏置变量的数量要与隐含层（即全连接层）的神经元个数一致，所以也设置为 1024 个。

在代码第 31 行，由于第二个卷积层的输出的"形状"是一个 4D 矩阵，而全连接层是一个 1D 的向量，为了方便第二个卷积层和全连接层神经元对接，需要将第二个卷积层的输出 h_pool2，拉平变形为 h_pool2_flat（可以参考图 12-34 来增强理解），其形状为[-1, 7*7*64]，这里"-1"表示不限样本数，和前面的样本数一致，"7*7*64"也在前面进行了解释，不再赘述。

在代码第 32 行，我们可以想象相邻两层很多神经元彼此全连接，相互作用。而在实际编程中，全连接层的表示就是一个矩阵乘法 tf.matmul(h_pool2_flat, W_fc1)，在计算完矩阵之后，相当于计算出每个神经元的加权和，然后它还要加上自己的偏置。每个神经元对外发挥作用，还需要经过激活函数的加工，这里的激活函数采用的是 ReLU。

---

[1] 请注意，这个 1024 是超参数，即由用户凭经验自行设置的，没有太多的"道"和"理"可言。

13.6.7　实现 Dropout 层

全连接层的参数非常多，训练起来很容易在样本集合中产生过拟合，为了减少这种情况的发生，我们在全连接层后面再加一层 Dropout。Dropout 的详细用法，我们已经在 13.3.4 节中做了介绍。Dropout 的输入参数，自然就是前面全连接层的输出张量，不容置喙，我们可以左右的就是神经元的保留概率 keep_prob。为了能动态改变这个参数，可使用占位符在数据流图中占据位置。代码如范例 13-11 的后续代码所示：

```
33   keep_prob = tf.placeholder(tf.float32)
34   h_fc1_drop = tf.nn.dropout(h_fc1, keep_prob)
```

如前所述，在训练时，我们可以设置小于 1 的保留概率 keep_prob，以减轻过拟合。但训练完毕后，用这个模型做预测时，通常将 keep_prob 设置为 1，即让所有神经元"全民上阵"，以提高预测准确率。

13.6.8　实现 Readout 层

数据读取层（Readout）其实就是前面提到的 Softmax 回归层，最后得到分类的概率，如范例 13-11 的后续代码所示：

```
35   W_fc2 = weight_variable([1024, 10])
36   b_fc2 = bias_variable([10])
37   y_conv = tf.matmul(h_fc1_drop, W_fc2) + b_fc2
```

代码第 35 行，权值张量的维度信息为[1024, 10]，其中 1024 是为了和全连接层对应（前者的输出就是本层的输入）。第二个参数"10"，表示数字分类为 10（即 0~9），即采用 10 个神经元分布输出每个数字的概率。

第 36 行设置的偏置数量要和神经元数量相等，都是 10 个。

第 37 行，这就是一个逻辑回归的代码表达。

13.6.9　参数训练与模型评估

这一部分工作与 11.6 节中的参数训练和模型评估基本类似，但有以下 3 处不同。

（1）优化器不同。在第 11 章中，MNIST 分类识别采用的是更为陡峭的随机梯度递减优化器，而在本章中，我们采用的是更为复杂的但效果更佳的 ADAM（Adaptive Moment Estimation，自适应矩估计，按惯例通常简写为 Adam）优化器。

简单介绍一下Adam的来龙去脉。Adam算法最开始是由OpenAI[①]的Diederik Kingma 和多伦多大学的Jimmy Ba于 2014 年在"学习表示国际会议"（ICLR）中提出的[6]。

Adam 算法根据损失函数对每个参数的梯度的一阶矩估计和二阶矩估计，动态调整针对每个参数的学习率。本质上，Adam 算法的工作也是基于梯度下降方法的，但在迭代过程中，学习率（亦称学习步长）都在一个确定的范围内，不会因为梯度大就导致学习率高，参数的取值比较稳定。

参考资料[6]的研究表明，在 MNIST 手写字符识别数据集和 IMDB 情感分析数据集上应用逻辑回归算法，在 MNIST 数据集上应用多层感知机算法和在 CIFAR-10 图像识别数据集上应用卷积神经网络，在这些场景下，Adam 算法都可以在优化流程上发挥重要作用，辅助主体算法（即逻辑回归算法、卷积神经网络等）以快速达到收敛。

（2）"喂"数据的参数不同。在 feed_dict 中，添加额外的 keep_prob 用以控制"随机丢弃"神经元的比率。

（3）输出信息不同。由于训练迭代次数达到 20 000 轮，为了让用户感知训练的效果，每 100 次训练输出日志信息，实施监控模型的性能。

参数训练与模型评估的实现如范例 13-11 的后续代码所示：

```
38    cross_entropy = tf.reduce_mean(
39        tf.nn.softmax_cross_entropy_with_logits(labels=y_, logits=y_conv))
40    train_step = tf.train.AdamOptimizer(1e-4).minimize(cross_entropy)
41    correct_prediction = tf.equal(tf.argmax(y_conv, 1), tf.argmax(y_, 1))
42    accuracy = tf.reduce_mean(tf.cast(correct_prediction, tf.float32))
43
44    sess.run(tf.global_variables_initializer())
45    for i in range(20000):
46        batch = mnist.train.next_batch(50)
47        if i % 100 == 0:
```

[①] OpenAI 是 2015 年由伊隆·马斯克（Elon Musk）等人联合建立的人工智能非营利组织，该组织希望能够预防人工智能的灾难性影响，推动人工智能发挥积极的作用。

```
48          train_accuracy = accuracy.eval(feed_dict={
49              x: batch[0], y_: batch[1], keep_prob: 1.0})
50          print('step %d, training accuracy %g' % (i, train_accuracy))
51      train_step.run(feed_dict={x: batch[0], y_: batch[1], keep_prob: 0.5})
52
53  print('test accuracy %g' % accuracy.eval(feed_dict={
54      x: mnist.test.images, y_: mnist.test.labels, keep_prob: 1.0}))
55  sess.close()
```

代码第 38~39 行，此处使用数值计算更加"健壮"的交叉熵函数——tf.nn.softmax_cross_entropy_with_logits( )作为损失函数[1]，然后将其返回的结果提交给函数tf.reduce_mean( )，它表示从一批（Batch）数据中求一个均值（mean）。

第 40 行，就是把交叉熵cross_entropy作为AdamOptimizer的参数，该函数以最小化交叉熵为目标。关于tf.train.AdamOptimizer函数更详细的使用说明，请读者参阅官方文档。[2]在训练时为了配合Dropout，keep_prob取值为 0.5（代码第 51 行），而在预测时，keep_prob取值为 1.0（代码第 49 行和第 54 行）。

运行后的部分结果如下所示：

```
Extracting MNIST_data/train-images-idx3-ubyte.gz
Extracting MNIST_data/train-labels-idx1-ubyte.gz
Extracting MNIST_data/t10k-images-idx3-ubyte.gz
Extracting MNIST_data/t10k-labels-idx1-ubyte.gz
step 0, training accuracy 0.1
step 100, training accuracy 0.92
……
test accuracy 0.99
```

由于这个迭代周期比较长，训练时长取决于计算机的性能，一般而言，需要耗时半个小时以上。还需要注意的是，在代码第 53~54 行，使用的是整个测试集来检测模型的准确率，在100%

---

[1] 需要说明的是，tf.nn.softmax_cross_entropy_with_logits( )函数已经过时，在 TensorFlow 未来的版本中将被去除，取而代之的是 tf.nn.softmax_cross_entropy_with_logits_v2( )。

[2] https://www.tensorflow.org/api_docs/python/tf/train/AdamOptimizer

保留神经元的模式下，内存消耗在数 GB 以上，如果读者的机器内存较小，很可能会出现 "terminate called after throwing an instance of 'std::bad_alloc' what(): std::bad_alloc" 这样的出错信息。解决这个问题通常有两个办法，要么增加硬件内存，要么减小全连接层的规模。

13.7　经典神经网络——AlexNet 的实现

学习任何一个学科，行之有效的学习方法之一就是研究经典。在深度学习网络体系中，AlexNet 可当属经典中的经典，其地位可谓是坚若磐石。[①]这是为何呢，且听我慢慢道来。

在 AlexNet 出现之前，深度学习沉寂良久。终于，在 2012 年出现了转机，Hinton 和他的博士生 Alex Krizhevsky 等人提出了 AlexNet，并一举拿下当时 ImageNet 比赛的冠军。相比于前一年的冠军，Top-5 的错误率一下子下降了 10 个百分点（达到 16.4%），而且远远超过当年的第二名（26.2%），可见其功力非同一般，从而也确立了深度学习（确切来说是深度卷积神经网络）在计算机视觉领域的统治地位。

当然，成绩是一时的，但它的面世给深度学习留下的冲击与希望却是巨大的。它不仅继承了 LeNet 的优点，并将其应用到更深、更宽的网络中，并将其发扬光大。也正是因为 AlexNet 的出现，人们更加相信深度学习可以被应用于机器视觉领域，点燃了深度学习的热情，因为在那之后，更多更深的神经网络被提出来，如 VGG、Inception 等。

AleNetx 除了提出新的网络架构之外，它还提出了几项全新的技术，如 ReLU、Dropout 及 LRN 等。与此同时，AlexNet 还使用当时"最潮"的硬件 GPU 来实施加速，并开源了他们的 CUDA 代码。

13.7.1　AlexNet 的网络架构

1998 年，Yann LeCun 等人提出的 LeNet，已经把 CNN 的应用推到了一个很高的位置。而 AlexNet 更是继承并发扬了 LeNet 的思想，它把 CNN 的基本原理应用到了更深更广的网络当中。

在讲解 TensorFlow 框架来实现 AlexNet 之前，我们有必要大概了解一下 AlexNet 的主要创新点及整体结构，如图 13-8 所示。

[①] 从 2012 年面世，在不到 6 年的时间里（截至 2018 年 2 月），谷歌学术单篇引用近 1.9 万次，这在学术界是非常罕见的。

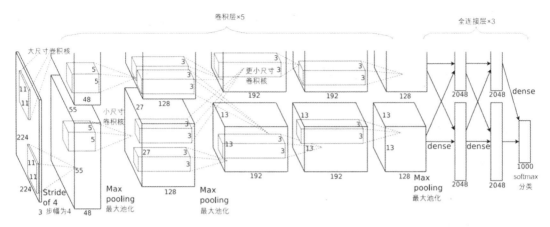

图 13-8　AlexNet 的整体架构图（图片来源：参考资料[7]）

AlexNet 的应用创新，主要存在于如下 6 个方面[8]。

（1）成功应用了 ReLU 激活函数。虽然 ReLU 并非 AlexNet 的原创，最早（2000 年）在《自然》（*Nature*）中的一篇文章中就被提出来了[9]，后来被 Hinton 等人（2010 年）借鉴到神经网络体系当中[10]，但真正能发挥神奇功效、并被世人所知的时间节点，还要当属它在 AlexNet 中的成功应用[7]。

（2）成功使用了 Dropout 机制。在 AlexNet 中的最后几个全连接层（FC），Dropout 都被用来减轻过拟合。

（3）使用了重叠的最大池化（Max pooling）。此前的 CNN，通常使用平均池化，而 AlexNet 全部使用最大池化，成功避免了平均池化带来的模糊化效果。①此外，AlexNet 让步长比池化核的尺寸小一些，这样做的好处在于，池化层的输出彼此有重叠和覆盖，这丰富了特征提取的多样性。

（4）提出了 LRN 层。前面已有论述，不再赘言。

（5）使用 GPU 加速训练过程。以前 Yann LeCun 等人之所以止步于"收割"CNN 的红利，其中很大的一个原因是，CNN 受限于当时计算机硬件的"算力"。

（6）使用了数据增强（Data Augmentation）策略。

数据增强是指，通过少量的计算从原始图片变换得到新的训练数据。深度学习项目，通常

---

① 话分两说。在这一章，我们说最大池化属于 AlexNet 的一种成功。但事实上，它也破坏了识别对象的"同变性"。Hinton 等人对 CNN 最大的诟病之处就在于此。为此，Hinton 提出了神经胶囊的概念，详见第 16 章。

需要大量的数据作为支撑,但是在现实中,我们很难找到数量庞大的数据集合来满足训练需求。另一方面,如果训练数据量太少,通常会造成欠拟合等问题。

这该如何是好呢?数据增强通过技术手段,根据现有的数据集合,合法地"伪造"(增强)数据。这些手段包括但不限于:水平/竖直翻转、随机裁剪、修改"颜值"、仿射/旋转变换及添加噪声等。

针对 AlexNet 本身,它采取了随机裁剪,从 256×256 的原始图像,随机截取 224×224 大小的区域,并辅以水平镜像翻转,这相当于数据集合"凭空"增加了 $(256-224)^2 \times 2=2048$ 倍。除此之外,AlexNet 还采用"PCA Jittering"(PCA 抖动)策略,即对图像的 RGB 数据做主成分分析(PCA),并对主成分做标准差为 0.1 的高斯扰动,增加噪声,以形成新的图片样本。

AlexNet 一共分为 8 层,包括 5 个卷积层和 3 个全连接层,在每个卷积层后面都跟着一个最大值下采样层和一个局部响应规范化层(LRN)。在前两个全连接层后面都会连着一个 Dropout 层,如图 13-8 所示。

大家可能会问,AlexNet 的架构为什么分为上下并行的两层?这是因为,AlexNet 当时使用的 GPU 是 GTX 580,没有现在 GPU 这么强大,一个 GTX 580 GPU 只有 3GB 内存,而当时用于训练 AlexNet 网络的样本数有 120 万个,单个 GPU 的内存无法容下所有的样本,所以当时只能采取这种两个 GPU 并行计算的架构来实现。这种方式实际上比我们想象中的要复杂(涉及数据的交互与同步),感兴趣的读者可以去查看相关的论文。

这里,我们将使用单个计算引擎的方式来实现。所以,下面的描述也按照单个计算引擎的结构方式来展开。

另外,为了简单易理解,我们使用的数据集是更加普适的 MNIST 数据集,相比 ImageNet 比赛中的数据集,MNIST 数据集识别任务难度较小,所以我们的实现并不是严格复盘原来的 AlexNet,而是学习其先进的思想,体现其主要的特点,而对细节实现采取适当的简化(如将原来网络架构中的 5 个卷积层减少到 3 个卷积层,缩小卷积核尺寸等),以适应我们实际的应用场景。事实上,这种根据实际需求来修改模型的能力,是我们必须掌握的。

13.7.2 数据读取

首先,我们加载 MNIST 数据集,如范例 13-12 所示。这个流程和范例 13-11 类似,这里不再赘述。

【范例 13-12】AlexNet 的实现（alexnet-mnist.py）

```
01   import tensorflow as tf
02   from tensorflow.examples.tutorials.mnist import input_data
03   mnist = input_data.read_data_sets('MNIST_data', one_hot=True)
04   sess = tf.InteractiveSession()
```

13.7.3　初始化权值和偏置

接着，定义两个函数 weight_variable( ) 和 bias_variable( ) 来初始化网络权值和偏置。

```
05   def weight_variable(shape):
06       initial = tf.truncated_normal(shape, stddev=0.1)
07       return tf.Variable(initial)
08
09   def bias_variable(shape):
10       initial = tf.constant(0.1, shape=shape)   #构建一个形状为shape、数值为0.1的常量
11       return tf.Variable(initial)
```

其中第 06 行的 tf.truncated_normal(shape, mean, stddev) 函数，其功能是产生截断的正态分布张量，其参数 shape 表示生成张量的维度，mean 是均值，stddev 是标准差。在 13.6.2 小节中，我们已经对这部分类似代码做了详细介绍，所以不再赘言。

13.7.4　卷积和池化

在池化层的实现上，AlexNet 全部采取最大值池化层，其好处是避免了平均池化层的模糊化效果。有意思的是，AlexNet 的最大值池化层的参数，并不是常用的步幅与较小尺寸的池化核（如 size=2*2，strides=[2, 2]），而是采取一种池化区域有重叠的最大值池化层，这样能够提升特征提取的丰度，通俗来说，就是能带来更多的纹理特征。从下面的代码可以看到，我们采取的最大值池化层的核大小为 3*3，步幅大小为[2, 2]。

```
13   def conv2d(x, W):
14       return tf.nn.conv2d(x, W, strides=[1, 1, 1, 1], padding='SAME')
15
16   def max_pool_3x3(x):
```

```
17      return tf.nn.max_pool(x, ksize=[1, 3, 3, 1],
18                            strides=[1, 2, 2, 1], padding='SAME')
```

13.7.5 局部响应归一化层

对于 LRN，我们前面已经介绍了其原理。在 TensorFlow 中，tf.nn.local_response_normalization() 函数封装了 LRN 的实现，我们先来看看其函数原型：

```
local_response_normalization(
    input,              //一个4维的32位的浮点数张量
    depth_radius=5,     //可选项，默认为5，对应公式(13-1)中的n/2，即同一位置上邻近的
                        //  核谱（kernel maps）数量的一半
    bias=1,             //可选项，偏移值，对应公式(13-1)中的k
    alpha=1,            //可选项，比例因子，对应公式(13-1)中的 α，通常为正数
    beta=0.5,           //可选项，指数，对应公式(13-1)中的 β，通常为正数
    name=None
)
```

实际上，为了编码方便，tf.nn.local_response_normalization() 也可写成 tf.nn.lrn，它是前者的函数别名。LRN 层通常接在池化层的后面，池化层的输出便是 LRN 层的输入，所以 lrn 函数的 input 参数接收的是一个 4D 张量，即[batch, height, width, channel]。

为了调用方便，我们对 tf.nn.lrn 再做一层封装：

```
20  def norm(x, lsize=4):
21      return tf.nn.lrn(x, lsize, bias=1.0, alpha=0.001 / 9.0, beta=0.75)
```

不过，对于 LRN，除了 AlexNet 自己采用之外，其他经典的卷积神经网络大多都不采用 LRN（主要是效果不明显）。

13.7.6 构建卷积层

输入层的定义与范例 13-11 的代码几乎完全相同，代码第 25 行中的 keep_prob 的定义对应范例 13-11 的第 33 行，表示 Dropout 层中的神经元的保留概率。

```
23  x = tf.placeholder(tf.float32, [None, 784])
```

```
24    y_ = tf.placeholder(tf.float32, [None, 10])
25    keep_prob = tf.placeholder(tf.float32)
26    x_image = tf.reshape(x, [-1, 28, 28, 1])
```

接下来是三个卷积层的实现。这里卷积核的前两个维数都为[3, 3]，核个数分别为 64、128 和 256。在卷积层后面，依次跟着最大值池化层（第 31 行）和 LRN 层（第 32 行）。这里的最大值池化层的池化核大小为 3×3，步幅为 2。对于池化层的输出，利用 LRN 层对其进行局部响应归一化，n 的大小为 4。根据公式（13-1），此处的 n 表示在同一位置上邻近的核谱（kernel map）数量。

```
28    W_conv1 = weight_variable([3, 3, 1, 64])
29    b_conv1 = bias_variable([64])
30    h_conv1 = tf.nn.relu(conv2d(x_image, W_conv1) + b_conv1)
31    h_pool1 = max_pool_3x3(h_conv1)
32    h_norm1 = norm(h_pool1, lsize=4)
33
34    W_conv2 = weight_variable([3, 3, 64, 128])
35    b_conv2 = bias_variable([128])
36    h_conv2 = tf.nn.relu(conv2d(h_norm1, W_conv2) + b_conv2)
37    h_pool2 = max_pool_3x3(h_conv2)
38    h_norm2 = norm(h_pool2, lsize=4)
39
40    W_conv3 = weight_variable([3, 3, 128, 256])
41    b_conv3 = bias_variable([256])
42    h_conv3 = tf.nn.relu(conv2d(h_pool2, W_conv3) + b_conv3)
43    h_pool3 = max_pool_3x3(h_conv3)
44    h_norm3 = norm(h_pool3, lsize=4)
```

13.7.7 实现全连接层和 Dropout 层

原 AlexNet 网络采取了 5 个卷积层，这里我们仅采用 3 个卷积层就已经够用了，然后 CNN 网络进入全连接层。全连接层的实现如范例 13-12 的后续代码所示：

```
46    W_fc1 = weight_variable([4*4*256, 1024])
47    b_fc1 = bias_variable([1024])
```

```
48  h_norm3_flat = tf.reshape(h_norm3, [-1, 4*4*256])
49  h_fc1 = tf.nn.relu(tf.matmul(h_norm3_flat, W_fc1) + b_fc1)
50  h_fc1_drop = tf.nn.dropout(h_fc1, keep_prob)
51
52  W_fc2 = weight_variable([1024, 1024])
53  b_fc2 = bias_variable([1024])
54  h_fc2 = tf.nn.relu(tf.matmul(h_fc1_drop, W_fc2) + b_fc2)
55  h_fc2_drop = tf.nn.dropout(h_fc2, keep_prob)
```

在代码第 46 行，全连接层的权值变量参数为[4 * 4 * 256, 1024]，"4*4" 主要是因为三个最大值池化层对图片大小进行了改变，由 28*28 变成 4*4，256 则是由最后一个卷积层的卷积核数量决定的。其他部分与范例 13-11 相同，不多赘言。

13.7.8 实现 Readout 层

这部分实现与范例 13-11 相同，请参阅前文解释。

```
57  W_fc3 = weight_variable([1024, 10])
58  b_fc3 = bias_variable([10])
59  y_conv = tf.matmul(h_fc2_drop, W_fc3) + b_fc3
```

13.7.9 参数训练与模型评估

这部分实现与范例 13-11 相同，请参阅前文解释。

```
61  cross_entropy = tf.reduce_mean(
62      tf.nn.softmax_cross_entropy_with_logits(labels=y_, logits=y_conv))
63  train_step = tf.train.AdamOptimizer(1e-4).minimize(cross_entropy)
64  correct_prediction = tf.equal(tf.argmax(y_conv, 1), tf.argmax(y_, 1))
65  accuracy = tf.reduce_mean(tf.cast(correct_prediction, tf.float32))
66
67  sess.run(tf.global_variables_initializer())
68  for i in range(20000):
69      batch = mnist.train.next_batch(50)
70      if i % 100 == 0:
```

```
71        train_accuracy = accuracy.eval(feed_dict={
72            x: batch[0], y_: batch[1], keep_prob: 1.0})
73        print('step %d, training accuracy %g' % (i, train_accuracy))
74    train_step.run(feed_dict={x: batch[0], y_: batch[1], keep_prob: 0.5})
75
76 print('test accuracy %g' % accuracy.eval(feed_dict={
77        x: mnist.test.images, y_: mnist.test.labels, keep_prob: 1.0}))
78 sess.close()
```

运行的部分结果如下所示：

```
Extracting MNIST_data/train-images-idx3-ubyte.gz
Extracting MNIST_data/train-labels-idx1-ubyte.gz
Extracting MNIST_data/t10k-images-idx3-ubyte.gz
Extracting MNIST_data/t10k-labels-idx1-ubyte.gz
step 0, training accuracy 0.08
step 100, training accuracy 0.74
step 200, training accuracy 0.84
step 300, training accuracy 0.96
step 400, training accuracy 0.88
……
step 19900, training accuracy 1
test accuracy 0.9918
```

从运行结果可以看到，测试精度接近达到100%[①]，结果也是在我们预料之中的。一是因为MNIST数据集识别比较简单，二是因为这次我们采用的AlexNet模型更加先进。由于参数量较大，模型相对复杂，相比范例13-11，每个批次的训练运行时间更长，导致整体运行时间增加不少。但其实，step大约在6500左右时，训练精度已经达到1（即100%）。所以，我们可以把训练次数设置为7000或8000（代码第68行），这样可减少大量训练时间。

13.8 本章小结

在本章，我们从实践的角度，首先讨论了用TensorFlow实现了卷积神经网络的各个常用层。

[①] 预测准确度在训练集合上达到100%，其实并一定就是好事，因为网络很可能陷入过拟合状态。

除了输入层之外，卷积层常用 tf.nn.conv2d() 实现，激活层常用 tf.nn.relu() 来实现，池化层常用 tf.nn.max_pool() 来实现，全连接层常用 tf.nn.matmul() 来实现。

为了让机器学习的模型更加适合实际情况，需要对样本的不同特征做规范化处理。同时，为了在卷积神经网络的层层转换中保证数据的分布特性，通常也需要做规范化处理。常用的规范化处理有局部响应规范化（使用的 API 为 tf.nn.local_response_normalization()）和批规范化（使用的 API 为 tf.nn.batch_normalization()）。

为了让读者有更深刻的认知，我们先后讨论了 MNIST 分类器、简化版的 AlexNet TensorFlow 实现。

13.9 请你思考

通过本章的学习，请你思考如下问题：

（1）首先在技术层面，通过前面的铺垫知识，请尝试实现其他经典的卷积神经网络，如 LeCun 命名的 LeNet、VGGNet（牛津大学计算机视觉研究组和谷歌 DeepMind 团队联合开发的深度卷积神经网络）、ResNet（微软研究院提出的残差神经网络）等（提示，这些经典网络，在互联网环境下，都能找到开源实现。这些网络的详细解读，可以参阅口碑不错的参考资料，如黄文坚和唐源先生所著的《TensorFlow 实战》）。

（2）虽然我们使用 TensorFlow 作为实现卷积神经网络的深度学习框架，但不要拘泥于此，Cafe 2、Keras 及 PyTorch 等框架都值得去学习，因为它们各有所长。

（3）虽然卷积神经网络取得令人炫目的成绩，但对于技术而言，"长江后浪推前浪，前浪死在沙滩上"的趋势，势不可挡。你知道有可能让卷积神经网络"死在沙滩上"的推手是谁吗？（提示，Hinton 提出的神经胶囊网络，参见第 16 章）。

参考资料

[1] Srivastava N, Hinton G E, Krizhevsky A, et al. Dropout: a simple way to prevent neural networks from overfitting[J]. Journal of machine learning research, 2014, 15(1): 1929-1958.

[2] Krizhevsky A, Sutskever I, Hinton G E. Imagenet classification with deep convolutional

neural networks[C]//Advances in neural information processing systems. 2012: 1097-1105.

[3] Perpetual Enigma. What Is Local Response Normalization In Convolutional Neural Networks. https://prateekvjoshi.com/2016/04/05/what-is-local-response-normalization-in-convolutional-neural-networks/.

[4] Ioffe S, Szegedy C. Batch normalization: Accelerating deep network training by reducing internal covariate shift[C]//International Conference on Machine Learning. 2015: 448-456.

[5] 周沫凡. 什么是批标准化 (Batch Normalization). https://morvanzhou.github.io/tutorials/machine-learning/torch/5-04-A-batch-normalization/.

[6] Kingma, Diederik, and Jimmy Ba. "Adam: A method for stochastic optimization." arXiv preprint arXiv:1412.6980 (2014).

[7] Krizhevsky A, Sutskever I, Hinton G E. Imagenet classification with deep convolutional neural networks[C]//Advances in neural information processing systems. 2012: 1097-1105.

[8] 黄文坚, 唐源. TensorFlow 实战[M]. 北京：电子工业出版社, 2017.

[9] Hahnloser R H R, Sarpeshkar R, Mahowald M A, et al. Digital selection and analogue amplification coexist in a cortex-inspired silicon circuit[J]. Nature, 2000, 405(6789): 947.

[10] Nair V, Hinton G E. Rectified linear units improve restricted boltzmann machines[C]//Proceedings of the 27th international conference on machine learning (ICML-10). 2010: 807-814.

Chapter fourteen

第14章 循环递归RNN，序列建模套路深

一部电影，看了20分钟，发现是一部烂片，这时你会不会中途退场?如果退场了，那么恭喜你，因为你具备了与阿尔法狗一样的"马尔科夫链思维"。如果不退场，那也恭喜你，因为你是一个真人类。事实上，"套路"很深的循环神经网络（RNN），就是这样模仿你的!

14.1 你可能不具备的一种思维

2017 年，吴京主演的电影《战狼 II》大获好评。走进电影院的你，看得如痴如醉，外加一把爱国泪，绝不肯错过冷锋（男一号）的每一个镜头。

假设情况不是这样的，仅想打发无聊时光的你，随机选择了一部电影，碰巧，电影是一部烂片，电影播到 20 分钟时，你会怎么办？是当机立断地拂袖而去呢，还是强打精神看下去（毕竟电影票花了你 80 块人民币啊）？

在经济学领域，有一个重要的概念，叫"沉没成本"。说的是，有选择就有成本，没有选择就没有成本。当我们没办法再做选择时，就不存在成本，这就是著名论断"沉没成本不是成本"的含义。

要知道，一旦电影开播，影城绝不会退给你票款。因此，这 80 块人民币就属于你付出的沉没成本。如果你真能践行"沉没成本不是成本"的话，那么你的最佳决策应该是，立马走人。可问题是，又有几人能做到？

是的，能践行这个论断的，只属于理性经济人，不属于正常人。包括经济学家在内的绝大多数人，离开理论假设，在现实生活中，真的很难无视沉没成本。

其实，很多学科都是这样的。如果用计算机术语来说，上面的含义可以表述为，人们真的很难采用"马尔科夫链"（Markov chain）思维。那什么是马尔科夫链呢？所谓马尔科夫链，通俗来讲，就是未来的一切仅与当下有关，而与历史无关。人们常说"要活在当下"，话虽这样说，实际上做到是很难的。因为通常人们的每一个决策，都是基于历史行为和当前状态叠加作用做出的。

因此，有人就说，不管是李世石，还是柯洁，他们不仅败在计算机的"数据""算法"和"算力"上，而且还败在思维方式上。因为人类不具备马尔科夫链思维（示意图如图 14-1 所示）。也就是说，人类不可避免地要受到历史的影响，人们善于追求前后一致，首尾协调，逻辑一贯。换句话说，人类的行为，通常是历史的产物、习惯的奴隶。

而阿尔法狗在棋盘上的表现，发挥稳定，且时有跳脱之举。其实，原因很简单，这些"机器狗"在下每一步棋时，都能做到，以当下的棋局为起点，过往不念，不受历史逻辑一贯性的指引及与之相伴的约束。

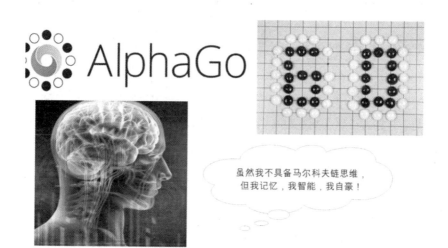

图 14-1 人类难以具备马尔科夫链思维

那么,现在问题来了。对于历史,到底是"念"好呢,还是"不念"好呢?我们知道,虽然这些"机器狗"下棋能力很强,但仍然属于弱人工智能(Artificial Narrow Intelligence,简称 ANI)范畴。不然的话,你让阿尔狗给婴儿换个纸尿裤试试?

弱人工智能进一步的发展方向自然就是强人工智能(Artificial General Intelligence,简称 AGI)。所谓强人工智能,就是那种能够达到人类级别的人工智能。人工智能的现状可以用一句话来概括:"强在弱人工智能,弱在强人工智能。"

这强、弱人工智能的一个重要差别是,弱人工智能不具备很多"常识"。而所谓"常识",就是常见的知识,它是人类历史经验的一种凝结。比如,你向天空抛一个皮球,一两岁的小孩子都知道它会落下来(常识),然后等它落地之后,再屁颠屁颠地去追皮球。而这等领域之外的常识,阿尔法狗是不具备的。

如果你认可人类智能还是强过当前机器的"人工智能"的话,那么你就知道前面问题的答案了:还是需要研究"历史",因为历史是未来前进的基石!

既然还是人类的大脑好使,既然历史在人类决策中有重要作用,既然人工神经网络是对生物神经网络的模拟,那么,当前有没有哪种人工神经网络,能模拟人脑利用历史信息来做决策呢?

当然有!这就是我们本章要讲的主题——循环神经网络(Recurrent Neural Network,RNN)。

看到这儿,或许你都乐了,绕了这么大的圈子,就为引入这个主题啊。是的,我就是想告诉大家,倘若论下围棋,阿尔法狗稳操胜券。但倘若从差异性很强的领域穿越,还得是作为人类的我们啊!

14.2 标准神经网络的缺陷所在

言归正传,我们为什么要引入 RNN 呢?前面我们学习了那么多神经网络的结构,难道它们就不能胜任吗?

还真不能!下面我们就简单说说标准神经网络有什么不足。深度信念网络(Deep Belief Network[1],简称 DBN)和卷积神经网络(Convolutional Neural Network,简称 CNN)等标准神经网络,它们都能充分挖掘输入数据的局部依赖性,因此得以在很多领域披荆斩棘,成就非凡。

尽管如此,标准神经网络依然有着不容忽视的内在缺陷。其中最显著的不足莫过于,它们模型的构建,都基于这样一个假设,即训练集和测试集彼此都是独立的。

如果数据之间真是彼此独立的倒也无妨,但在真实的世界里,很多样例之间彼此有千丝万缕的关联。比如,从视频中抽取的一帧帧图像,从音频中截取的一段段话语,从语句中提取的一个个单词,它们怎么可能是真正相互独立的呢?

如果假设的基础存在问题,以此为基础构建的模型自然也难以成立。因此 DNN 和 CNN 很难在数据依赖的场景下胜出。

前文我们说过,现在的人工智能,在很大程度上是模仿人类智能的(即有点类似于"鸟飞派")。而人类的智能很多都具有"承前启后"的特征。例如,当我们在思考问题时,都是在先前经验和已有知识的基础之上,结合当前实际情况,综合给出决策,而不会把过往的经验和记忆都"弃之如敝履"。

再比如,在电影《战狼Ⅱ》中,当那个中美混血的漂亮女主角出现时,后面的情节即使不看,我们大致也能预测到,无非是"英雄救美女,美女爱英雄"。看到最后,果不其然。如果连这都猜不到,我们"过往"看过的那么多电影,也就白看了。①

再比如,如果我们试图预测一下,"天空飞过一只__",这句话的最后一个词是什么?利用前面输入的一连串的历史信息:"天 空 飞 过 一 只",我们就能大致猜出最后一个词可能是"小鸟",也可能是"蜻蜓"之类的飞行动物,但定然不能是"人"或"坦克"(这是因为,常识告诉我们,人和坦克都不能飞,参见图 14-2)。

---

① 事实上,在《千面英雄》一书中,美国著名比较神话学家约瑟夫·坎贝尔指出,千百年来,所谓英雄的序曲,不过是历史的不断重复,他们的套路都是一个三部曲范式:新手出发,历险长大,荣归故里。

图 14-2　历史常识预测单词

对比 RNN 的特性，我们来点评一下它的"竞品"——CNN。CNN 非常擅长图像的识别，它在使用池化策略时，能够带来空间的平移不变性，借此 CNN 也提升了分类的鲁棒性。

但文本数据和图像数据差别非常大，最明显的差别莫过于，文本数据对文字的前后次序非常敏感。比如，中文对"辣"的三字感受就非常能说明问题："不怕辣""辣不怕""怕不辣"及"怕辣不"，它们使用完全相同的字符，不过不同的排列，意义迥然不同。而对位置不太敏感的 CNN，在处理此类问题时，就显得有点"笨手笨脚"。

除了对有依赖特征的数据处理起来比较困难之外，标准神经网络还存在一个短板，即标准神经网络（前馈神经网络、CNN 和 DNN 等）的输入，都是标准的等长向量。比如，如果输入层有 10 个节点，就只能接受 10 个元素，多了或少了都不行。

而文本（视频、音频）等数据的长度并不固定，可长可短。即使通过截取、填充等技术手段勉强将文本（视频、音频）数据"归一化"到一个固定长度，但由于标准网络的输入节点之间是独立的，它无法感知相邻数据（或者说在时间序列数据）之间的依赖关系。

因此，我们需要在这些领域拓展神经网络的处理能力。循环神经网络（RNN）就是在这种背景下呼之欲出的。

14.3　RNN 简史

谈到 RNN，这里需要讲明，它其实是两种不同神经网络的缩写。一种是时间递归神经网络（Recurrent Neural Network，简称 RNN），另一种是结构递归神经网络（Recursive Neural Network，亦简称 RNN）。请注意，很多资料也分别将它们称为"循环神经网络"和"递归神经网络"。在下文中，如果不特别注明，在提及 RNN 时，我们指的是"时间递归神经网络"，即"循环神经网络"。

前文我们提到，RNN 的核心诉求之一，是能将以往的信息连接到当前任务之中。过往的知识，对于我们推测未来，是极有帮助的，不可轻易抛弃。顺应这个思路，我们也顺便回顾一下 RNN 的发展历史，或许能从中觅寻部分启迪。

14.3.1 Hopfield 网络

追根溯源，RNN 最早是受 Hopfield 网络启发变种而来的[2]。该网络模型是 1982 年由约翰·霍普菲尔德（John Hopfield）提出的。Hopfield 是一名物理学家，也是一个实干派，他强调工程实践的重要性。当时还没有合适的计算机算法来描述他的思想，于是他就利用电阻、电容和运算放大器等元件组成的模拟电路实现了对网络神经元的描述[3]。Hopfield 网络是一种循环神经网络，从输出到输入有反馈连接，示意图如图 14-3 所示。

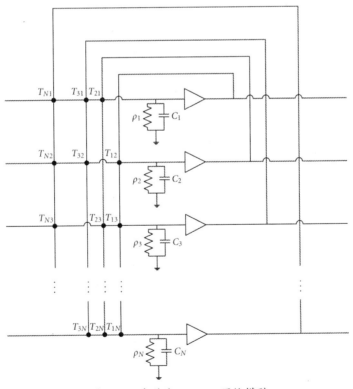

图 14-3 典型的 Hopfield 网络模型

Hopfield网络在反馈神经网络中引入了能量函数的概念，从而把最优化问题的目标函数，转换成Hopfield神经网络的能量函数，并通过网络能量函数最小化来寻找对应问题的最优解。① 能量函数的提出，为判定反馈型神经网络的运行稳定性提供了依据。

Hopfield 网络提供了模拟人类记忆的模型。该模型的一个重要特点是，它可以实现联想记忆功能，即作为联想存储器。通过学习训练，当网络的权值系数确定之后，即便输入的数据不完整或部分正确，网络就可通过联想记忆给出完整的正确输出。事实上，Hopfield 网络还是玻尔兹曼机（Boltzmann Machine）和自动编码器（Auto-encoder）的探路者。

14.3.2 Jordan 递归神经网络

1986 年，迈克尔·乔丹（Michael Jordan，的确，他就叫这个名字，但他可不是那位 NBA 篮球之神，而是著名人工智能学者、美国科学院院士、深度学习大家吴恩达的导师）借鉴了 Hopfield 网络的思想，正式将循环连接拓扑结构引入神经网络[4]。

Jordan 提出的网络结构是一种前馈网络，其包括单个隐含层，输出节点将输出值反馈给一种特殊的单元，即上下文单元（Context，图 14-4 中间层右边的 3 个单元），下一个时间步，它们负责把接收到的输出层的值，反馈给隐含层单元（图 14-4 中间层左边的 3 个单元）。

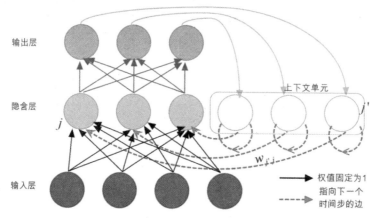

图 14-4　Jordan 提出的循环神经网络结构

如果输出层的值是某种"行为（Action）"，那么这些特殊单元就允许网络记住前一个时间步发生的行为。而且这些特殊单元还是自连接的。直观上来看，这些边允许跨多个时间步发送信息，且不会干扰当前时间步的正常输出。

---

① Hopfield 神经网络将物理学的相关思想（如动力学的能量模型）引入神经网络的构造中。事实上，Hopfield 教授本人正是一位物理学家。

14.3.3 Elman 递归神经网络

1990年，杰弗里·埃尔曼（Jeffrey Elman）又在Jordan的研究基础上做了部分简化，正式提出了RNN模型（参见图14-5），不过那时RNN还叫SRN（Simple Recurrent Network，简单循环网络）[5]。由于引入了循环，RNN具备有限短期记忆的优势。

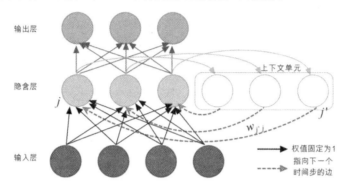

图 14-5 Elman 提出的循环神经网络结构

类似于Jordan网络，在Elman网络中，每个隐含层的单元都配有专职"秘书"——上下文单元。每个这样的"秘书单元"j'都负责记录它的"主人单元"——隐含层神经元j的前一个时间步的输出。"秘书单元"和"主人单元"的连接权重$w_{j'j}=1$，这意味着"秘书单元"作为一个普通的输入边，会把接收到的前一个时间步的值，作为输入送回隐含层的单元。这种结构，可视为一个简化版的RNN，它的每一个隐含层神经元又有"上下文单元"带有自连接的循环边。这种为隐含层神经元配备固定权重的自连接循环构思，其实也是"长短期记忆网络"（Long Short-Term Memory，简称LSTM）的重要理论基础。LSTM是RNN的一种高级变种[6]，在下一章，我们会详细讲解，这里暂且按下不表。

我们知道，根据通用近似定理，一个三层的前馈神经网络，在理论上，可以学到逼近的任意函数。那RNN又如何呢？1995年，Siegelmann和Sontag已经证明了带有Sigmoid激活函数的RNN，是"图灵完备"（Turing-complete）的[7]。这就意味着，如果给定合适的权值，RNN可以模拟任意计算的能力。然而，这仅仅是一种理论上的情况，因为给定一个任务，我们很难找到完美的权值。

事实上，第一代RNN网络并没有引起世人瞩目，就是因为RNN在利用反向传播调参过程中，产生了严重的梯度消失或梯度爆炸（即连乘的梯度趋于无穷大，造成系统不稳定）问题。随后，直到1997年，才出现了重大突破，如LSTM等模型的提出，才让新一代的RNN获得蓬勃发展。

14.3.4 RNN 的应用领域

RNN 最先是在自然语言处理（Natural Language Processing，简称 NLP）领域中被成功用起来的。例如，2003 年，约书亚·本吉奥（Yoshua Bengio）把 RNN 用于优化传统的"N 元统计模型（N-gram Model）"[8]，提出了关于单词的分布式特征表示，较好地解决了传统语言处理模型的"维度诅咒（Curse of Dimensionality）"问题。

自然语言处理有两大经典问题：文本理解和文本生成。文本理解又称文本语义分析，典型的应用场景包括文本分类、情感分析、自动文摘。文本生成是指让计算机自动输出符合人类习惯的文本。典型的应用场景包括"机器翻译""人机对话"，甚至包括机器智能写作等。

到后来，RNN 的作用越来越大，并不限于自然语言处理，它还在"机器翻译""语音识别应用（如谷歌的语音搜索和苹果的 Siri）""个性化推荐"等众多领域大放光彩，成为深度学习的三大模型之一。另外两个模型分别是卷积神经网络（CNN）和深度信念网络（DBN）。

14.4 RNN 的理论基础

14.4.1 Elman 递归神经网络

循环神经网络（RNN）之所以称为"循环（Recurrent）"，就是因为它的网络表现形式有循环结构，从而使得过去输出的信息能够作为"记忆"被保留下来，并可应用于当前的输出计算之中。也就是说，RNN 的同一隐含层之间的节点是有连接的（这一点和前馈神经网络有显著不同）。

图 14-6 所示的是传统的 Elman RNN 网络模型的展开结构图。无论是循环图，还是展开图，都有其示意作用。循环图（左图）RNN 的折叠形式比较简洁，而展开图则能表明其中的计算流程。

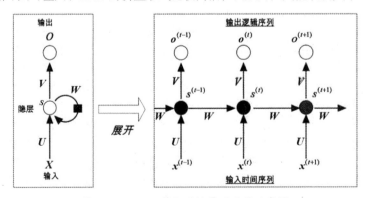

图 14-6 Elman 神经网络展开后的示意图

在图 14-6 的左图中，有一个黑色的方块，它描述了一个延迟连接，即从上一个时刻的隐含状态 $s^{(t-1)}$ 到当前时刻隐含层状态 $s^{(t)}$ 之间的连接。

观察图 14-6 可知，Elman RNN 网络模型除了 X 向量表示输入层的值、向量 O 表示输出层的值之外，它还提供了三类参数矩阵：U、V 和 W，它们分别又代表什么意思呢？

假设输入层神经元的个数为 n，隐含层神经元的个数为 m，输出层神经元的个数为 r，那么 U 表示的是输入层到隐含层的权重矩阵，形状（shape）为 $n \times m$ 维；V 表示的是隐含层到输出层的权重矩阵，形状为 $m \times r$ 维。前面这两个参数矩阵和普通的前馈神经网络完全一样，它们代表的是"现在"。

那么，W 又是什么呢？通过前面的介绍，我们知道，隐含层 $s^{(t)}$ 的值，不仅取决于当前输入 x，还取决于上一次隐含层的反馈值 $s^{(t-1)}$。如此一来，W 表示的就是，用隐含层上一次的输出值来作为本次输入的权重矩阵，大小为 $m \times m$ 维，它代表的是"历史"。

从图 14-6 中还可以看到，在理论上，这个模型可以扩展到无限维，也就是说，可以支撑无限时间序列。但实际上，并非如此，就如同人脑的记忆力是有限的一样。下面我们对 Elman RNN 网络的结构和符号进行形式化定义。我们先用一个函数 $f^{(t)}$ 演示经过 t 步展开后的循环，如公式（14-1）所示。

$$s^{(t)} = f^{(t)}(x^{(t)}, x^{(t-1)}, x^{(t-2)}, ..., x^{(2)}, x^{(1)})$$
$$= \begin{cases} 0, & t = -1 \\ \sigma(s^{(t-1)}, x^{(t)}; \theta) & t \geq 0 \end{cases} \quad (14\text{-}1)$$

函数 $f^{(t)}$ 将过去到现在的所有序列 $X = (x^{(t)}, x^{(t-1)}, x^{(t-2)}, ..., x^{(2)}, x^{(1)})$ 作为输入，从而生成当前的状态，其中 σ 表示激活函数，θ 表示激活函数中所有涉及的参数集合。$x^{(t)}$ 表示序列中第 t 时刻或第 t 时间步的输入数据，它通常也是一个向量；向量 $s^{(t)}$ 表示隐含层的值，如图 14-7 所示。

从图 14-7 可以看出，隐含层是 RNN 模型最核心的模型，也是处理"记忆"信息的地方。事实上，不同类型的循环网络的设计，其差别体现在隐含层设计的不同上。

在公式（14-1）中，激活函数 σ 是一个平滑的、非线性的有界函数，它可以是前面章节中提到的传统的 Sigmoid 函数、Tanh 函数，也可以是新兴的 ReLU 等。一般来讲，我们还需要设定一个特殊的初始隐含层 $s^{(-1)}$，表示初始的"记忆状态"，通常将其置为零。

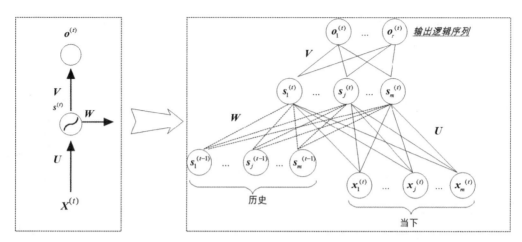

图 14-7 Elman 网络模型在每一个时间步的网络拓扑图

不论是从图 14-7，还是从公式（14-1）都可以看到，第 t 时刻的记忆信息，是由前（t-1）个时间步累计而成的结果 $s^{(t-1)}$ 和当前的输入 $x^{(t)}$ 共同决定的。这些信息保存在隐含层中，不断向后传递，跨越多个时间步，共同影响每个新输入信息的处理结果[9]。

这种循环处理信息的机制让 RNN 与人类大脑记忆的过程非常类似。人类的记忆，何尝不是在多次循环且不断更新中，逐渐沉淀下来，慢慢形成日常生活中的先验知识。

14.4.2 循环神经网络的生物学机理

RNN 利用环路（即当前隐含层的上次输出）当作本层的部分输入，其机制与人类大脑的工作机制非常类似。人们常说："书读百遍，其义自见"。书为什么要读百遍呢？这里的"百遍"自然是虚词，表示很多遍，它表示一种强化记忆的动作。那什么叫强化呢？就是在前期留下记忆的基础之上再和本次"读书"重新输入的知识，叠加起来，逐渐沉淀下来，最终成为我们的经验知识。

众所周知，大脑中包含数亿万个神经元，这些神经元又通过更高数量级的突触（Synapse）相互连接。尽管揭示大脑的全部奥秘"路漫漫其修远兮"，但曙光已显现。2015 年，美国贝勒医学院（Baylor College of Medicine）的研究者在著名学术期刊《科学》(Science) 上撰文表示，在大脑皮层中，局部回路的基本连接可以被一系列的互联规则所捕获（参见图 14-8），而且这些规则在大脑皮层中处于不断循环之中[10]。

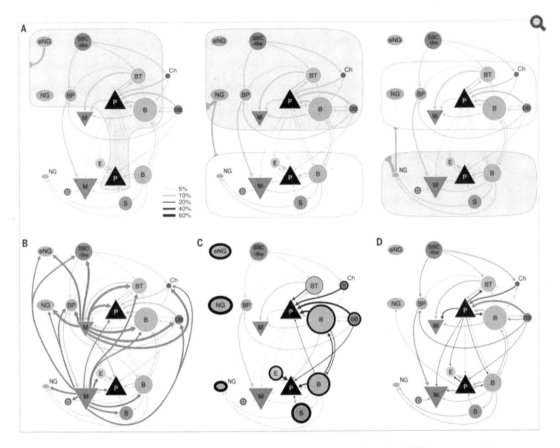

图 14-8　贝勒医学院的研究成果（图片来源：参考资料[10]）

RNN 通过使用带有自反馈的神经元，能够处理理论上任意长度的（存在时间关联性的）序列数据。相比于传统的前馈神经网络，RNN 更符合生物神经元的连接方式，也就是说，如果以模仿大脑作为终极目标的话，它更有前途。这在某种程度上，也说明了近几年 RNN 研究异常火爆的原因。

14.5　RNN 的结构

针对不同的业务场景，RNN 有很多不同的拓扑结构。从输入、输出是否为固定长度来区分，它可以被分为 5 类：one to one（一对一）、one to many（一对多）、many to one（多对一）、many to many（多对多，异步）及 many to many（多对多，同步），如图 14-9 所示。

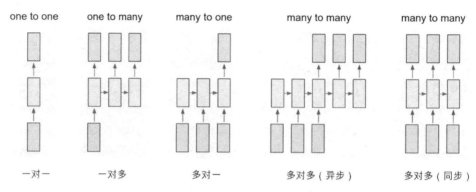

图 14-9　RNN的拓扑结构[1]

在图 14-9 中，每个方块都代表一个向量，底层的方块代表输入向量，顶层的方块代表输出向量。中间的方块代表 RNN 的隐含层状态向量。此外，图中的每个箭头都代表施加在向量之上的运算，我们也可以理解为张量（Tensor）的流动（Flow）方向。

下面我们来分别解释一下这 5 种结构的含义。one to one（一对一）的含义是，单输入单输出。请注意，这里的"单（one）"，并非表示输入的向量的长度为 1，而是指输入的长度是固定的。one to one（一对一）更严格的解释是"from fixed-sized input to fixed-sized output（从固定输入到固定输出）"，这种结构，事实上就是传统的 CNN 结构，比如图像分类，"一张"图片对应"一个"分类。

再比如，文本分类，文章的 n 个特征向量为 $(f_1, f_2, ..., f_n)$，将这些特征向量输入网络后，得到 c 个分类的概率 $(p_1, p_2, ..., p_c)$。这里，n 和 c 都是大于 1 的数字，但由于它们的值是设计网络拓扑结构时就固定下来的，所以它依然属于 one to one（一对一）结构范畴。

one to many（一对多）结构也是容易理解的。它表示输入为定长，输出为变长的结构。在字典模式中，这种 RNN 结构非常适用。比如，给定一个词"中国"（固定长度为 2），输出解释为"初时本指河南省及其附近地区，后来华夏族、汉族活动范围扩大，黄河中下游一带也被称为'中国'"（以上解释来自新华字典网络版。输出长度可长可短，取决于解释的详细程度）。

many to one（多对一）结构也是很常见的。它表示输入为可变长度的向量，输出为固定长度的向量。比如，在情感分析场景下，输入为长度可变的文章、留言等，而输出为某一个情感（如积极或消极）的概率。

---

[1] 绘图参考资料：Andrej Karpathy. The Unreasonable Effectiveness of Recurrent Neural. Networks.http://karpathy.github.io/2015/05/21/rnn-effectiveness/。

many to many（多对多）有两种结构，第一种属于异步结构，也就是输出相对于输入如"流水线排空期"。比如经典的"Encoder-Decoder（编码-解码）"框架，它的特点就是把"不定长的"输入序列，通过编码器的加工后，获得新的内部表示，然后再基于这个表示进行解码，生成新的"不定长的"序列输出。这两个"不定长"可以不相同。其典型应用场景是"机器翻译"。比如说，使用 RNN 进行英文对中文的翻译，在输入为"I can't agree with you more"时，如果机器同步翻译的话，在同步到"I can't agree with you"时，将会翻译成"我不同意你的看法"，而全句的意思却是"我太赞成你的看法了"。所以对于翻译而言，需要一定的"滞后"（即异步）来捕捉全句的意思，如图 14-10 所示。

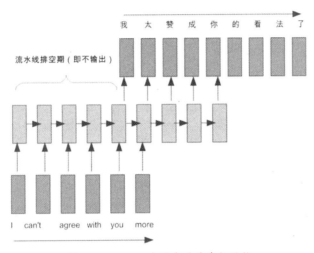

图 14-10　RNN 多对多（异步）结构

相对而言，many to many（多对多）的另一种结构是同步的。它的特点是输入和输出元素一一对应，输入长度是可变的，输出长度也跟随而变，且不存在输出延迟。这种结构的典型应用场景是"文本序列标注（Text Sequence Labeling）"。例如，我们可以利用 RNN 对给定文本的每个单词进行词性标注，假设句子为"She is pretty"，那么"She""is""pretty"三个单词，可以同步被标注为"r（pronoun，代词）""v（verb，动词）"和"a（adjective，形容词）"，如图 14-11 所示。

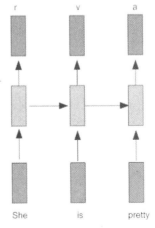

图 14-11　RNN 多对多（同步）结构

14.6 循环神经网络的训练

RNN 的结构确定下来之后，接下来的核心工作就是训练 RNN 了。也就是说，如何找到一个"好"的权值矩阵，或如何来优化这些权值？

训练 RNN 的算法叫作时间反向传播（BackPropagation Through Time，简称 BPTT）。看到 BP 这两个字母，就知道它和传统的反向传播算法有类似之处，它们的核心任务都是利用反向传播调参，从而使得损失函数最小化。

BPTT 算法包括三个步骤，分别简要介绍如下。

14.6.1 问题建模

在后续章节中，你会发现，RNN 有很多变种，其模型变来变去，但变动的范围都集中在隐含层的设计上。在 Elman 递归模型中，隐含层的设计比较简单。其基本原理就是把当前输入和反馈回来的记忆数据进行线性组合，然后利用非线性的激活函数进行处理。

为了调整网络中的权值参数，需要构建损失函数。而构建损失函数的前提是，先确定损失函数的形式。损失函数就是衡量预期输出和实际输出的差异度函数。作为教师信号，预期输出可视为常量，因为它们很早就待在那里了。因此，问题建模的首要任务就是，分别确定隐含层和输出层的输出函数。

假设隐含层用的激活函数是 Sigmoid（当然也可以用其他激活函数，比如 Tanh 等），那么在任意第 t 时间步，隐含层的输出 $s^{(t)}$ 可表示为公式（14-2）：

$$s^{(t)} = \begin{cases} 0, & t = -1 \\ \text{sigmoid}(U^T \times x^{(t)} + W^T \times s^{(t-1)} + b), & \text{otherwise} \end{cases} \quad (14\text{-}2)$$

其中 U 和 W 是网络中的两类权值矩阵,隐含层的神经元结构可用简化版的图 14-12 来描述。

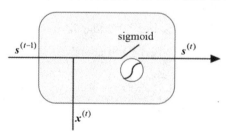

图 14-12　Elman 隐含层设计示意图

在图 14-12 中，sigmoid()函数的作用有些类似门电路，当前输入 $x^{(t)}$ 和前一时间步的反馈 $s^{(t-1)}$ 在"压缩"处理下，可控输出 $s^{(t)}$。把某个激活函数的作用比作"门电路"的做法，在 LSTM 中广泛应用。

在第 t 时间步的输出层 $o^{(t)}$ 可表示为公式（14-3）：

$$o^{(t)} = V^T \times s^{(t)} + c \tag{14-3}$$

公式（14-2）中的 b 和公式（14-3）中的 c，都是神经元的偏置参数向量。与输入层和隐含层不同的是，输出层的设计更加灵活多变，它并不要求每个时间步都必须有输出。比如，在面向文本分析的情感分类案例中，输入可以是一系列的单词，但输出只是整个句子的情感，它和单词之间并不是一一对应的关系，它只需给出整体的判定分类即可。

经过 Softmax 函数处理后，最终"修饰"后的输出 $y^{(t)}$ 可用公式（14-4）表示。

$$y^{(t)} = \text{softmax}(o^{(t)}) = \text{softmax}(V^T \times s^{(t)} + c) \tag{14-4}$$

14.6.2　确定优化目标函数

基于公式（14-1）~公式（14-4）刻画出模型，接下来的工作就是构建损失函数，然后设法求得损失函数的最小值，这就形成了我们所需优化的目标函数 $J(\theta)$。这里为了方便计算，我们使用了负对数似然函数（即交叉熵）：

$$\begin{aligned} \min J(\theta) &= \sum_{t=1}^{T} loss(\hat{y}^{(t)}, y^{(t)}) \\ &= \sum_{t=1}^{T} \left(-\left[\sum_{j=1}^{m} y^{(t)}(j) \cdot \log(\hat{y}^{(t)}(j)) + (1 - y^{(t)}(j)) \cdot \log(1 - \hat{y}^{(t)}(j)) \right] \right) \end{aligned} \tag{14-5}$$

其中，$\hat{y}^{(t)}$ 为预期输出向量，$y^{(t)}$ 为实际输出向量。$y^{(t)}(j)$ 表示预测值为 j 的概率。参数 θ 表示激活函数 σ 中的所有参数集合 $[U, V, W; b, c]$。

14.6.3　参数求解

和传统反向传播算法一样，BPTT 算法的核心也是求解参数的导数，然后利用梯度下降等优化方法来指导参数的迭代更新。所不同的是，BPTT 算法中的参数有 5 类，如公式（14-6）所示：

$$\left[\frac{\partial J(\theta)}{\partial V}, \frac{\partial J(\theta)}{\partial c}, \frac{\partial J(\theta)}{\partial W}, \frac{\partial J(\theta)}{\partial U}, \frac{\partial J(\theta)}{\partial b}\right] \tag{14-6}$$

在确定目标函数之后，我们就利用随机梯度下降等优化策略来指导网络参数的更新。限于篇幅，本文省略了公式（14-6）的偏导数求解推导过程，感兴趣的读者，可以参考黄安埠先生的著作[9]。

由于 RNN 中采用的激活函数是 sigmoid()，其导数值域锁定在[0,1/4]范围之内。故此，每一层反向传播过程，梯度都会以前一层 1/4 的速度递减。可以想象，随着传递时间步数的不断增加，梯度会呈指数级递减趋势，直至梯度消失，如图 14-13 所示。假设当前时刻为 t，那么在(t-3)时刻，梯度将递减至 $(1/4)^3 = 1/64$，依此类推。

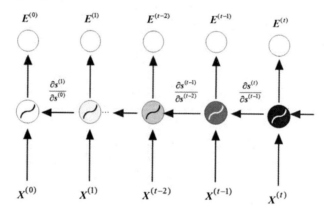

图 14-13 BPTT 梯度递减示意图

一旦梯度消失（或梯度趋近于 0），参数调整就没有了方向感，从而 BPTT 的最优解也就无从获得，RNN 的应用就受到了局限。

14.7　基于 RNN 的 TensorFlow 实战——正弦序列预测

前面我们提及了 RNN 的理论部分。接下来，我们利用 TensorFlow，亲自动手实践一个简单的 RNN 案例——正弦序列预测。

什么是正弦序列预测呢？下面我们给予简单解释。假设随机给出一个点 k（一个浮点数），顺延这个随机点，以 1 为步长，连续给出 n 个序列点，其值分别为 $\sin(r+k)(1 \leq k \leq n)$，这 n 个点构成一个列表，记作 x。$\sin(r+n+1)$ 为第 n+1 个点，记作 y。

实际上，x 与 y 共同构成了一个连续的长度为 n+1 的正弦序列，列表 x 包含前面 n 个序列点，而 y 则是第 $n+1$ 点，即最后一个序列点。我们希望通过训练，模型根据序列的前 n 个点，能成功预测出第 $n+1$ 点。简单来说，就是根据列表 x 预测 y。

为了增强读者的感性认识，我们给出一个实例来说明其中的逻辑。假设 $n=10$（该长度也称之为截断序列长度），我们给出两组数据，如表 14-1 所示，其对应的绘图如图 14-14 所示。

表 14-1　正弦序列数据样本

数据 1（如图 14-10（a））	$k = 7.53$ $x = [0.95, 0.78, -0.11, -0.89, -0.86, -0.03, 0.82, 0.92, 0.17, -0.73]$ $y = [-0.96]$
数据 2（如图 14-10（b））	$k = 37.78$ $x = [0.08, 0.88, 0.87, 0.06, -0.81, -0.93, -0.19, 0.71, 0.97, 0.33]$ $y = [-0.61]$

实际上，这个正弦序列体现了部分记忆功能（或者说是历史信息）。这就好比，在语言描述中，我们说出句子的前半部分，你就能猜出后半部分。如前面所举的例子，"天空飞过一只__"，通过大量的语言训练和熏陶，你十有八九能猜出最后一个字是"鸟"。而前面的"天空飞过一只__"就好比正弦序列的前 n 个数据（x 列表），"鸟"就好比是我们预测的第 $n+1$ 个数据（即 y）。

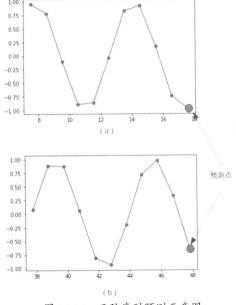

图 14-14　正弦序列预测示意图

14.7.1 生成数据

如果想正确预测正弦序列，就必须训练好模型。而训练模型的第一步就要构造一批数据样本用于训练和评估模型。范例 14-1 所示的就是生成训练和测试数据。

【范例 14-1】RNN 预测正弦序列的实现（rnn-sin.py）

```
01  import random                                  #导入 random 模块
02  import numpy as np
03  import tensorflow as tf
04  truncated_backprop_length = 10                 #设置反向传播截断序列长度
05  state_size = 10
06  batch_size = 10
07  def generateData(n):
08      x_seq = []
09      y_seq = []
10      for i in range(2000):
11          k=random.uniform(1,50)      #随机生成下一个实数, 范围在(1,50)之间。
12          x_seq =[np.sin(k+j) for j in range(0,n)]
13          y_seq =[np.sin(k+n)]
14          xs.append(x_seq)
15          ys.append(y_seq)
16      train_x=np.array(xs[0:1500])
17      train_y=np.array(ys[0:1500])
18      test_x=np.array(xs[1500:])
19      test_y=np.array(ys[1500:])
20      return train_x,train_y,test_x,test_y
21  train_x,train_y,test_x,test_y=generateData(truncated_backprop_length)
```

【代码分析】

代码第 10~15 行，用于创建 2000 组正弦序列数据，并用 Python 的列表存储。样本中的每个 x 元素为一个长度为 n 的数组（如第 12 行所示），对应的 y 则是一个长度为 1 的数组（如第 13 行所示）。

第 16~19 行，将这 2000 组数据进行分割（每组数据均如表 14-1 的某一行所示），其中前 1500 组样本用于训练模型，剩余的 500 组样本用于评估训练模型的效果。

在代码第 4 行，我们将 truncated_backprop_length 定义为 10，那么在每个样本中，x 的长度就为 10。在代码第 21 行，我们通过调用 generateData() 函数，产生了 2000 个长度为 10 的样本。

14.7.2 定义权值和偏置

有了数据以后，接下来的工作就是构建模型的计算流图了。其核心代码如下所示：

```
22    X_placeholder = tf.placeholder(tf.float32, [None, truncated_backprop_length])
23    Y_placeholder = tf.placeholder(tf.float32, [None, 1])
24    init_state = tf.placeholder(tf.float32, [batch_size, state_size])
25    W = tf.Variable(np.random.rand(state_size + 1, state_size), dtype=tf.float32)
26    b = tf.Variable(np.zeros((1,state_size)), dtype=tf.float32)
27    W2 = tf.Variable(np.random.rand(state_size, 1),dtype=tf.float32)
28    b2 = tf.Variable(np.zeros(1), dtype=tf.float32)
```

X_placeholder（第 22 行）和 Y_placeholder（第 23 行）分别是 X 序列和 Y 序列的占位符。简单来讲，占位符就是为了读取训练数据而准备的。如前面章节所述，在代码实现技术上，所谓"占位符"相当于在会话（Session）中，run 函数的形参，实参需要在调用 run 函数时，在字典参数 feed_dict 中指定。需要注意的是，这两个占位符的第一个维度都是 None，这并不是表示没有维度，而是表示数据量不固定，或者说可以是任意大小。

读者可能会感到疑惑，初始状态 init_state（第 24 行）的作用是什么呢？为什么它也是一个占位符呢？我们知道，RNN 的关键在于，隐含层能够记录过去的输出，并且影响当前的输入。所以，我们需要构建一个数据矩阵来保存隐含层每次的输出，但在开始的时候，模型还没有历史输出，所以需要对其进行初始化，一般初始化为 0。在训练模型时，我们希望能够将上一个 batch 的隐含层输出作为当前 batch 的隐含层的初始状态，因此需要每次都进行指定，作为一个临时性的输入变量，所以此处将其定义为 placeholder。

如果不考虑循环因素，RNN 就是一个简单的全连接网络（如图 14-15 中实线部分所示），其模型可以用 $o = \varphi(W \cdot x + b)$ 来简单描述，参数 W（权值）和 b（偏置）是必备的训练变量。其中变量 W 被随机初始化（代码第 25 行），b 统一被初始化为 0（第 26 行）。需要说明的是，代码中的 W 是权值的总称，即包括图 14-7 中的 U 和 W 的合体，之所以这么做，是因为这在代码实现上比较方便。

图 14-15 所示的就是与代码适配的简化 RNN 图。下面我们分析一下这个 RNN 拓扑结构。

由于正弦序列比较简单，每个元素就一个特征（即数值本身），所以输入层节点就设计为一个。如果是比较复杂的序列，即每个元素的特征数不止一个的话，就要配置多个输入节点了。由于输出层就是要预测一个正弦值，自然，输出层的神经元也就是一个。

隐含层的设计相对而言比较人工化，它的设计参数（如神经元的个数）可被视为一个超参数，该参数的好坏主要依赖于设计者的经验。这里我们假设隐含层的神经元有 state_size 个，那么输入层到隐含层的权值（连接数）也为 state_size 个。对于 RNN 来说，隐含层的输出也会作为历史，重新作为另一部分"输入"分支，再次和隐含层神经元连接。为了简化起见，图 14-15 仅画出了隐含层神经元 1 和其他隐含层神经元的连接，事实上，隐含层的所有神经元都分别与其他神经元两两相连。由于"历史信息"是全连接，所以连接的权值个数为 state_size × state_size 个。

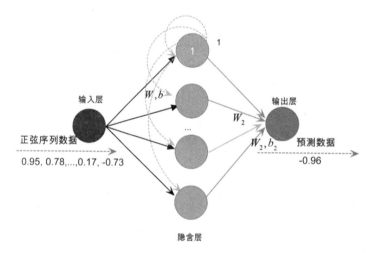

图 14-15 RNN 的网络简化图

通过前面的分析可知，隐含层神经元的前向连接共有（state_size+1）× state_size 个权值。在代码实现上，对于权值的定义，这里使用了一个技巧，就是将输入层与隐含层的连接权重（state_size 个）、隐含层与其自身的历史信息的全连接权重（state_size × state_size 个），整合到代码第 25 行的 W 里，所以 W 的维度为（state_size+1, state_size）。偏置 b 的维度取决于隐含层神经元个数，其维度信息就是(1,state_size)。

而 W2 则是隐含层与输出层的连接权重，因为输出层节点只有一个神经元（预测正弦值），所以 W2 的维度为(state_size, 1)（代码第 27 行），b2 的维度就是 1（代码第 28 行）。

14.7.3 前向传播

前面我们详细解释了 RNN 的拓扑结构。下面我们解释一下 RNN 的前向传播过程[11]。核心代码如下所示。代码中的 for 循环体现的正是 RNN 网络的核心部分——隐含层上一次的输出会参与到下一次的运算中。这样的连接通过代码中的 current_state 与 next_state 两个变量体现出来。在每次循环中，next_state 是隐含层当前的输出，然后赋值给 current_state，而 current_state 会参与到下一次的运算中。

```
29  inputs_series = tf.unstack(X_placeholder, axis=1)
30  current_state = init_state
31  for current_input in inputs_series:
32      current_input = tf.reshape(current_input, [batch_size, 1])
33      input_and_state_concatenated = tf.concat( [current_input, current_state], 1)
34      next_state = tf.tanh(tf.matmul(input_and_state_concatenated, W) + b)
35      current_state = next_state
```

下面详细解释一下上述代码，以便让读者对 RNN 的内涵体会更加深刻。

代码第 29 行，利用 tf.unstack() 将 X_placeholder 所代表的输入数据进行拆解。为什么要拆解数据呢？这是因为，原来的数据是一个 np.array，它是作为一个整体而存在的。但是，在训练模型时，我们需要一批一批地给模型"喂"数据。因此，拆解原来的矩阵数组，势在必行。tf.unstack() 的具体作用是，把一个 R 阶的张量，拆分为 $(R-1)$ 阶的向量。具体拆分哪个维度的向量，由其参数 axis 决定。给定一个 shape 为 (A, B, C, D) 的张量，如果 axis == 0，则第 0 维将会被拆解，每个输出分片（slice）的形状都是 (B, C, D)。依此类推，axis == 1，则第 1 维将会被拆解。下面我们用一个简单的程序来说明 unstack() 函数的作用，它对理解 RNN 算法的内在运行机制有非常重要的意义。

```
import tensorflow as tf
import numpy as np
n_array = np.array([
        [0.95, 0.78, -0.11, -0.89, -0.86, -0.03, 0.82, 0.92, 0.17, -0.73],
        [0.08, 0.88, 0.87, 0.06, -0.81, -0.93, -0.19, 0.71, 0.97, 0.33],
        [-0.99, -0.58, 0.36, 0.98, 0.69, -0.23, -0.944, -0.78, 0.095, 0.88],
        [-0.87, -0.88, -0.07, 0.80, 0.93, 0.21, -0.71, -0.97, -0.34, 0.61]
```

```
    ])
    a = tf.unstack(n_array,axis=1)
    with tf.Session() as sess:
        print('原始向量数据: ')
        print(n_array)
        print('以"1 维"的方式进行分解: ')
        print(sess.run(a))
```

【运行结果】

原始向量数据:
[[0.95   0.78 -0.11 -0.89 -0.86 -0.03   0.82   0.92   0.17 -0.73]
 [0.08   0.88   0.87   0.06 -0.81 -0.93 -0.19   0.71   0.97   0.33]
 [-0.99 -0.58   0.36   0.98   0.69 -0.23 -0.944 -0.78   0.095 0.88]
 [-0.87 -0.88 -0.07   0.8   0.93   0.21 -0.71 -0.97 -0.34   0.61]]
以"1 维"的方式进行分解:
[array([0.95,   0.08, -0.99, -0.87]), array([0.78,   0.88, -0.58, -0.88]),
array([-0.11,   0.87,   0.36, -0.07]), array([-0.89,   0.06,   0.98,   0.8]),
array([-0.86, -0.81,   0.69,   0.93]), array([-0.03, -0.93, -0.23,   0.21]),
array([0.82 , -0.19 , -0.944, -0.71]), array([0.92,   0.71, -0.78, -0.97]),
array([0.17 , 0.97 , 0.095, -0.34]), array([-0.73,   0.33,   0.88,   0.61])]

从运行结果可以看出，原来以行为主（Row Major）的序列，现在变成以列为主（Column Major）的序列，之所以这么做，是为了方便并行向量计算，同时还可以提高 CPU 的缓存性能。

由于范例 14-1 中第 29 行返回的结果是一系列的 list（列表），不能直接使用，所以第 32 行还要把 list 变形（reshape）为张量。为什么要做 reshape 呢？这是因为在构建图时，如果不进行变形，current_input 的 shape（维度信息）就是未知的，这样无法进行后面的张量操作（比如，第 33 行的 tf.concat 函数就不能正常执行）。

current_input 的维度为[batch_size, 1]，下面以[0.95, 0.08, -0.99, -0.87]来说明它的含义。此时 batch_size = 4，这表明 4 个序列数据同步参与运算（严格说是向量运算）。源程序中的 batch_size = 10，这表明 10 个序列同时参与运算。由于 batch_size 是超参数，当然也可以将它凭借经验设定为其他值。示意图如图 14-16 所示，数据被分割为若干列（每列是一个批次），箭头方向就是时间步方向。

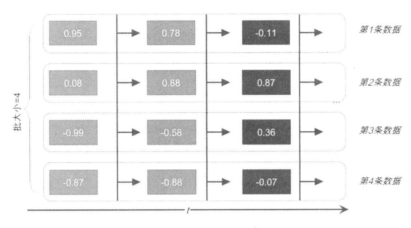

图 14-16　批处理示意图

范例 14-1 中的第 33 行代码比较关键，它完成了当前输入数据和历史状态数据的拼接，由于比较难以理解，我们用图来说明，如图 14-17 所示。

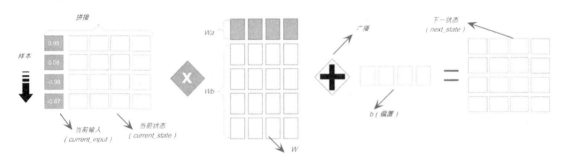

图 14-17　矩阵的拼接计算（第 33 行代码）

第 33 行代码完成的核心功能是 current_input * Wa + current_state * Wb +b。但为了便于矩阵乘法，它把这几部分合并了。输入数据（current_input）和历史信息（也就是隐含层上一次的输出，current_state）实施拼接，这里利用了 tf.concat()函数。

第 34 行代码完成了网络的矩阵操作（即权值的线性变换，通过 tf.matmul 矩阵乘法实现），并用激活函数（Tanh 函数）给出输出 next_state。这里的 W 不仅包含了与 current_input 相乘的权重参数 Wa，还包含了与 state_concatenated 相乘的权重参数 Wb。

为什么要将两个不同的矩阵合起来做呢？这是因为，把两次矩阵乘法合为一次，这样能够把两次矩阵相乘进行并行计算，如果大批量训练数据的话，这样能够加快计算速度，减少训练时间。这种技巧类似于把普通乘法的分配律和结合律用到矩阵乘法中。此外，偏置b（也是一个包括多个元素的张量）通过"广播（broadcast）"把不同的偏置元素传递给同一批次的各个不同样例。①

第 35 行代码的功能是把 next_state 赋值给 current_state，进入下一个 for 循环计算过程。

14.7.4 定义损失函数

在定义完前向传播过程之后，后面的工作就是定义损失函数。假设 logits 表示的是输出层的输出向量，这里我们将模型的输出 logits 与标签 Y_placeholder 间的平方差作为损失函数。核心代码如下所示。

```
36    logits = tf.matmul(current_state, W2) + b2
37    loss=tf.square(tf.subtract(Y_placeholder,logits))
38    train_step = tf.train.AdamOptimizer(1e-4).minimize(loss)
```

之所以选择平方差（tf.square）作为损失函数，是因为它足够简单，可完全应付本例的简单模型（代码第 37 行）。这里我们选择 AdamOptimizer 作为训练时的优化器（代码第 38 行）。

14.7.5 参数训练与模型评估

最后的工作是训练模型，并在每次 batch（数据批次）训练后对模型进行一次评估，使用的数据是从测试集 500 个样本中随机抽取出来的 10 个样本，这样能够保证每次用于测试的是不同的数据，更有说服力。

```
39    with tf.Session() as sess:
40        sess.run(tf.global_variables_initializer())
41        _current_state = np.zeros((batch_size, state_size))
42        for epoch_id in range(5000):
43            for batch_id in range(len(train_x)//batch_size):
44                begin = batch_id * batch_size
45                end = begin + batch_size
46                batchX = train_x[begin:end]
47                batchY = train_y[begin:end]
48                _train_step, _current_state = sess.run(
```

---

① https://docs.scipy.org/doc/numpy/user/basics.broadcasting.html

```
49                    [train_step, current_state],
50                    feed_dict={
51                        X_placeholder:batchX,
52                        Y_placeholder:batchY,
53                        init_state:_current_state
54                    })
55            test_indices=np.arange(len(test_x))
56            np.random.shuffle(test_indices)
57            test_indices=test_indices[0:10]
58            x=test_x[test_indices]
59            y=test_y[test_indices]
60            val_loss=np.mean(sess.run(
61                loss,
62                feed_dict={
63                    X_placeholder:x,
64                    Y_placeholder:y,
65                    init_state:_current_state
66                }))
67            print('epoch: %s'%epoch_id,', loss: %g'%val_loss)
```

【部分训练结果】:

```
epoch: 4992 , loss: 8.90727e-09
epoch: 4993 , loss: 2.90766e-08
epoch: 4994 , loss: 1.27688e-08
epoch: 4995 , loss: 1.42162e-08
epoch: 4996 , loss: 9.82387e-09
epoch: 4997 , loss: 3.4724e-08
epoch: 4998 , loss: 9.38362e-09
```

可以看到，模型的预测误差几乎小到可以忽略不计，说明我们的 RNN 对于正弦序列的预测是非常准确的。对 RNN 计算流程还存有困惑的读者，推荐阅读参考资料[12]，该资料用 Excel 文件的形式提供了 RNN 的每一步演算过程，颇有趣味。

14.8 本章小结

在本章，我们学习了循环神经网络（RNN）。它最大的特点是，网络的输出结果不仅和当前的输入相关，还和过往的输出相关。由于利用了历史信息，当任务涉及时序或与上下文相关时（如语音识别、自然语言处理等），RNN 就要比其他人工神经网络（如 CNN）的性能好很多。

但读者需要注意如下两点：（1）RNN 中的"深度"，不同于传统的深度神经网络，它主要是指时间和空间（如网络中的隐含层个数）特性上的深度。

（2）通过对第 12 章的学习，我们知道传统 CNN（卷积神经网络）的主要特点是"局部连接""权值共享"和"局部平移不变性"，其中"权值共享"意味着"计算共享"，它节省了大量计算开销。而 RNN 则不同，它是随着"时间"深度的加深，通过对参数实施"平流移植"来实现"计算共享"。

（3）在本章最后一节，我们从底层代码着手，实现了一个"Hello World"版的 RNN。从代码分析可以看出，涉及底层技术"触目皆新"，理解起来较为困难。实际上，TensorFlow 已经提供了 tf.nn.rnn 模块，我们完全可以借助这些 API，更加便捷地搭建 RNN 网络。但有利必有弊，借助 API 的确可提高 RNN 的开发效率，但如果想优化 RNN 的性能，还需要了解底层代码，这就取决于你的业务需求了。

14.9 请你思考

通过前面的学习，请你思考如下问题：

（1）梯度弥散问题在一定程度上阻碍了 RNN 的进一步发展，你能想到什么策略可在一定程度上抑制这个问题吗？（提示：初始化策略。）

（2）你能将范例 14-1 用 Eager 执行模式进行改写吗？

（3）除了梯度弥散问题之外，RNN 还存在什么问题呢？如何才能解决呢？

（提示：序列中时间特性的依赖关系可能也会引起长期依赖问题，也就是记忆能力受限。1997 年，RNN 引入了基于 LSTM 的架构后，性能取得了很大的突破。）

LSTM 正是我们下一章讨论的主题。

参考资料

[1] Hinton G E. Deep belief networks[J]. Scholarpedia, 2009, 4(5): 5947.

[2] Hopfield J J. Neural networks and physical systems with emergent collective computational abilities [J]. Proceedings of the National Academy of Sciences of the United States of America, 1982, 79(8):2554.

[3] 焦李成, 杨淑媛, 刘芳等. 神经网络七十年：回顾与展望[J]. 计算机学报, 2016, 39(8):1697-1716.

[4] Jordan M I. Serial order: A parallel distributed processing approach.[J]. ICS-Report 8604 Institute for Cognitive Science University of California, 1986, 121:64.

[5] Elman J L. Finding structure in time[J]. Cognitive Science, 1990, 14(2):179-211.

[6] Sepp Hochreiter; Jürgen Schmidhuber (1997). "Long short-term memory". Neural Computation. 9 (8): 1735–1780.

[7] Siegelmann H T, Sontag E D. On the computational power of neural nets[J]. Journal of computer and system sciences, 1995, 50(1): 132-150.

[8] Bengio Y, Vincent P, Janvin C. A neural probabilistic language model[J]. Journal of Machine Learning Research, 2003, 3(6):1137-1155.

[9] 黄安埠. 深入浅出深度学习[M]. 北京：电子工业出版社, 2017.

[10] Jiang X, Shen S, Cadwell C R, et al. Principles of connectivity among morphologically defined cell types in adult neocortex.[J]. Science, 2015, 350(6264):aac9462.

[11] Erik Hallström. How to build a Recurrent Neural Network in TensorFlow. https://medium.com/@erikhallstrm/hello-world-rnn-83cd7105b767.

[12] Dishashree Gupta. Fundamentals of Deep Learning – Introduction to Recurrent Neural Networks. https://www.analyticsvidhya.com/blog/2017/12/introduction-to-recurrent-neural-networks/.

Chapter fifteen

第15章　LSTM 长短记，
长序依赖可追忆

　　如果你还是单身，不要伤心，或许是因为你的记忆太好了。有时，遗忘是一件好事，它让你对琐碎之事不再斤斤计较。然而每当自己因记不住单词而捶胸顿足时，也确实能把人气得半死。于是，你懂得了如何控制好什么信息该保留，什么信息该遗忘。而长短期记忆网络（LSTM）就具有这样的能力，来看看是怎么回事吧。

15.1 遗忘是好事还是坏事

如果我问你，遗忘，是好事，还是坏事？

或许你会说，当然是坏事啊，我可羡慕记忆力好的人了。

可我要告诉你，如果你到现在还记得，两岁时，隔壁家的小女孩抢了你的棒棒糖，估计你现在还可能单身。如此记仇的人，不孤独也难啊？

的确，有时候，遗忘是好事，它会让大脑清理无用内存，然后让我们重新起航。此外，从生物学上来讲，记忆其实是一种生物运算，是需要消耗能量的。因此，从进化论的角度来看，如果大脑一直运算着长时间都用不着的"子程序"，是极不经济的。在物资并不丰裕的远古时代，这样的生物肯定会被"物竞天择"掉的！因此，遗忘，在某种程度上，是生物的一种自我保护机制。

那遗忘，是好事吗？或许你会问。

如果是好事，为什么当年背几个英文单词，都要绞尽脑汁？

嗯，是的，过犹不及。我们既需要记忆，也需要遗忘。我们既需要短期记忆，必要时，还要将这些短记忆拉长，留存下来，以备后用。

聪慧如你，一定猜到了。现在，我要引入本章的主题：长短期记忆（Long Short-term Memory，简称 LSTM）。这个名字有点怪，难道是又长又短的记忆？当然不是，请注意"Short-term"中间有一个短横线连接。这表明，在本质上，LSTM 还是短期记忆（Short-term Memory），只是它历经的时序较长而已。

15.2 施密德胡伯是何人

LSTM，名称很拗口，为了记忆，我把它记作"老（L）师（S）太（T）忙（M）"。如果于尔根·施密德胡伯（Jürgen Schmidhuber）知道我这么玩笑地称呼他的"宝贝"，会不会心里咒骂我啊？

施密德胡伯（名字太长，以下简称"胡伯"）又是何许人也？他的来头可不小。我们常说深度学习有三大巨头：约书亚·本吉奥（Yoshua Bengio）、扬·勒丘恩（Yann LeCun，又译作"杨立昆")和杰弗里·辛顿(Geoffrey Hinton)。如果把"三大巨头"扩展为"四大天王"的话,这位胡伯应可入围。论开创性贡献,他也算得上深度学习的先驱人物之一,他最杰出的贡献,莫过于 1997 年他和 Hochreiter 合作提出的 LSTM[1]。因此,胡伯也被尊称为"LSTM 之父"。

在前面,之所以我会问胡伯会不会在心里咒骂我,并不是说他真的会怪罪一个无名小辈,而是想说,这位老伯本领大,脾气也大啊。

有例为证。2015 年,前面提及的深度学习三巨头在著名学术期刊《自然》(*Nature*)上发表了一篇题为《深度学习》(*Deep Learning*)的综述文章[2],能在这等高水平学术期刊上发表计算机领域的论文是相当不易的。但有人就不乐意了,他指责这三位作者,并没有充分肯定自己工作的价值,而这个人就是胡伯。

有道是,有人的地方就有江湖,有江湖的地方就有纷争。

还有一例,值得说道一下。近几年,由伊恩·古德费勒(Ian Goodfellow)等人提出"生成对抗网络"(Generative Adversarial Network,简称 GAN)[3],在人工智能领域非常火爆,可称为非监督深度学习的典范之作。这位"好小伙(Goodfellow)"又是谁呢?他曾是深度学习三巨头之一的本吉奥(Bengio)的博士生,现就职于谷歌的人工智能团队。杨立昆更是对 GAN 称赞不已,称其为"二十年来机器学习领域最酷的想法"。古德费勒和胡伯的照片如图 15-1 所示。

伊恩·古德费勒(Ian Goodfellow)

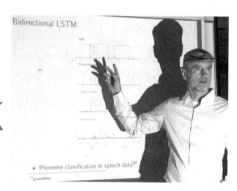
于尔根·施密德胡伯(Jürgen Schmidhuber)

图 15-1 胡伯与好小伙(Goodfellow)

可有人不这么看。2016 年 12 月,在知名学术会议 NIPS(Neural Information Processing Systems)大会上,古德费勒在做关于 GAN 的宣讲时就发生了尴尬的一幕。不待古德费勒在台上讲完,有位听众就迫不及待地站起来说,自己在 1992 年提出了一个叫作可预测性最小化(Predictability Minimization,简称 PM)的模型[4],说它能如何有效工作,然后话锋一转,问台上的古德费勒："你觉得我的这个 PM，跟你的 GAN 有没有什么类似之处啊？"

正所谓"来者不善，善者不来"，这个"来者"就是前面提到的胡伯。1987 年出生的好小伙古德费勒，初生牛犊不怕虎，当时就有点火大，和胡伯"怼"上了（感兴趣的读者，可前往视频围观[①]）。为何古德费勒会恼火？原因很简单，因为胡伯的言外之意就是，年轻人，你的创新并不新鲜，不过是拾我 20 多年前的"牙慧"罢了。

在这里，我之所以会说说胡伯的故事，原因有二：第一他是本章议题 LSTM 的提出者；二是想介绍一个"二元学习"的方法论。严伯钧老师曾说，如果你没有太多精力，但又想快速建立对一个新领域的感觉，那么最好的办法就是使用"二元学习法"。具体来说，就是找到两位这个领域的代表性人物，最好是针锋相对的代表人物，高手对决，精彩就会纷呈。比如，在古典音乐领域，听到莫扎特的音乐，就该去找贝多芬的经典曲目欣赏一下；在经济学领域，看到凯恩斯的著作，就该去找哈耶克的书看看。再比如，如果你想了解古德费勒的 GAN，就该找找胡伯的 PM 模型了解一番。

15.3 为什么需要 LSTM

言归正传，让我们回到 LSTM 的讨论上来。近年来，循环神经网络（RNN）在很多自然语言处理项目中取得突破性进展。如果光靠第一代 RNN 的功力，自然是办不到的。我们知道，传统 RNN 多采用反向传播时间（BPTT）算法。这种算法的弊端在于，随着时间的流逝，网络层数的增多，会产生梯度消失或梯度膨胀等问题。

"梯度消失"说的是，如果梯度较小的话（<1），多层迭代以后，指数相乘，梯度很快就会下降到对调参几乎没有影响了。想一想，$(0.99)^{100}$ 是不是趋近于 0？示意图如图 15-2 所示。

"梯度膨胀"说的是，反过来，如果梯度较大的话（>1），多层迭代以后，又导致了梯度大得不得了。想一想，$(1.01)^{100}$ 是不是也很大？

[①] 视频访问链接：https://channel9.msdn.com/Events/Neural-Information-Processing-Systems-Conference/Neural-Information-Processing-Systems-Conference-NIPS-2016/Generative-Adversarial-Networks。

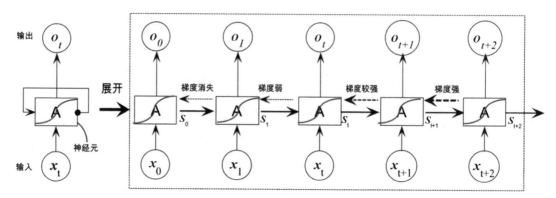

图 15-2　上下文较长，传统 RNN 无法利用历史信息

对于梯度膨胀问题，相对容易解决，我们可以将其强制截断或挤压。①但是，对于梯度消失，我们无能为力，而它的存在又会导致网络调参失去方向感，进而让整个网络学习失效。在这类场景下，会让BPTT望"参"兴叹。于是，它在呼唤一种新的策略让RNN复活。

这个策略就是胡伯在 1997 年提出的循环网络的一种变体，带有所谓长短期记忆单元（Long Short-Term Memory，简称 LSTM）。由于独特的设计结构，LSTM 可以很好地解决梯度消失问题，它特别适合处理时序间隔和延迟非常长的任务（甚至可以超过 1000 个时间步），而且性能奇佳。

比如，2009 年，用改进版的 LSTM，赢过国际文档分析与识别大赛（ICDAR）手写识别大赛冠军[5]。再后来，2014 年，本吉奥的团队提出了一种更加好用的 LSTM 变体 GRU（Gated Recurrent Unit，门控环单元）[6]，从而使得 RNN 的应用一发不可收拾。2016 年，谷歌公司利用 LSTM 来做语音识别和文字翻译[7]。同年，苹果公司使用 LSTM 来优化 Siri 应用[8]。作为非线性模型，LSTM 非常适合构造大型深度神经网络。

下面，我们就来剖析一下 LSTM 结构。

15.4　拆解 LSTM

15.4.1　传统 RNN 的问题所在

只有定位好问题所在，才有机会解决问题。因此，在讲解 LSTM 原理之前，让我们首先重

---

① 例如，在后面的范例 15-1 中，我们使用 TensorFlow 中的 clip_by_global_norm 函数来裁剪梯度。

温一下第一代 RNN 的问题所在。

原始 RNN 隐含层中的神经元只有一个状态，记为 h，它对短期输入非常敏感。在第 14 章中，我们已经说明，RNN 可利用历史信息（或者说上下文信息），把过去的输出，再次循环作为输入，从而达到更好的预测效果。比如，"天空中飞来一只__"，这个句子比较短，对于 RNN 来说，构建的网络层数比较浅，因此我们可以充分利用历史信息，能以较大概率来预测空白区域可能是"鸟"或"蜻蜓"之类的飞行动物。

然而，如果我们再接着预测如下句子的空白区域，传统的 RNN 就不那么灵光了。句子为"我在中国北京长大，我兄弟 5 人，我哥叫王 A，我还有三个弟弟分别叫王 C、王 D 和王 F，我排老二，因此大家都叫我王 B，我们都能说一口流利的__"。距离空白处最近的信息提示我们，该处可能要填一个语言名称。

但世界上的语言有上百种，如果想缩小语言名称的范围，自然需要利用这个词的上下文信息。但我们很快就会发现，关键词"中国北京"距离"说一口流利的__"这个短句太过遥远，RNN 难以胜任。的确，我们也可把 RNN 的结构做深一点，但限于前文提到的缺点，如梯度弥散等问题，前面网络层的信息如 x_0、x_1…"流淌"到当前层，有用的信息已所剩无几（参见图 15-2）。或者说，过去有用的信息已经被抛弃（遗忘）殆尽了。这种有用但又被抛弃的神经单元，也被称为泄漏单元（leaky unit）。

15.4.2　改造的神经元

从上面的分析可知，第一代 RNN 的问题主要出在神经元功能不健全上，它把该记住的遗忘了，又把该遗忘的记住了。那如何来改造它呢？这个时候，就要体现胡伯提出的 LSTM 的优势了。**LSTM 的核心本质在于，通过引入巧妙的可控自循环，以产生让梯度能够得以长时间可持续流动的路径。**

假如我们在原有神经元的基础上再增加一个状态，即 c，让它"合理地"保存长期的状态，不就解决问题了吗？其结构如图 15-3 所示。

假设称新增加的状态 c 为记忆单元状态（cell state），亦称记忆块（memory block），用以取代传统的隐含层神经元节点。它负责把记忆信息从序列的初始位置传递到序列的末端。下面我们把图 15-3 按照时间步展开，可得到如图 15-4 所示的示意图。

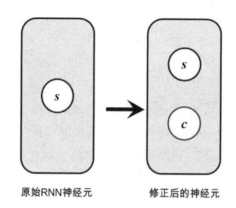

图 15-3　调整神经元的功能

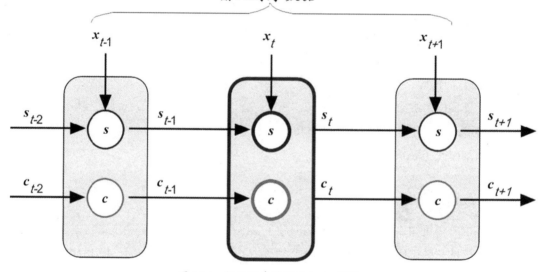

图 15-4　按时间步展开的 RNN 网络

从示意图 15-4 可看出，在 LSTM 结构中，在 t 时刻，当前神经元（即中间粗线标识的单元）的输入有三个：当前时刻输入值 x_t、前一时刻输出值 s_{t-1} 和前一时刻的记忆单元状态 c_{t-1}。输出有两个：当前时刻 LSTM 的输出值 s_t 和当前时刻的记忆单元状态 c_t。需要注意的是，这里的 x、s 和 c 都是向量，里面都包含多个参数值。

现在 LSTM 设计的关键之处来了，那就是如何有效控制这个长期状态 c 而为我所用呢？这里，LSTM 的设计思路是，设计了三个控制门开关（gate），从而打造一个可控记忆神经元，如图 15-5 所示。

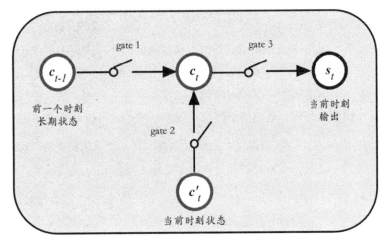

图 15-5　长期状态 c 的控制门的三个开关

第一个门开关，负责决定把前一个长期记忆 c_{t-1} 在多大程度上保留到 c_t 中，它可选择性地遗忘部分之前积累的信息；第二个门开关，负责控制以多大程度把当前时刻状态 c'_t 存入长期记忆状态 c_t；第三个开关，负责控制是否把长期状态 c_t 作为当前 LSTM 的输出。有了这三个好用的开关，记忆就如同酒保手中的酒，是勾兑可调的。简言之，LSTM 单元通过门开关，判定存储哪些信息，何时允许读取、写入或清除信息。

接下来，我们要聊聊在记忆单元中，内部状态 c 和输出 s 是如何计算的。

15.5　LSTM 的前向计算

前文描述的"门开关"，实际上是一个比喻。在真正的算法中，哪有什么所谓的"开关"可言？这里的"门开关"，实际上就是一个全连接网络层，它的输入是一个复杂的矩阵向量，而输出是一个 0 到 1 之间的实数向量（可理解为一个连续的模拟数值）。模拟数值的显著优点就是可导，因此适合反向传播调参。

请注意，由于"门"和"层"的关系是，一个是比喻，一个是实现，所以后文中我们可能混搭表述。实际上，LSTM 正是通过调控某些全连接层网络参数来达到调控输出目的的。如果输出可控，那么"门"的开和关，就可以模拟出来了。

假设 x 表示输入向量，W 是门的权重向量，b 为偏置向量，那么这个"门"可用公式（15-1）表示：

$$g(x) = \sigma(W \times x + b) \tag{15-1}$$

这里，激活函数 σ 可用 Sigmoid 函数的输出来控制门的开与关。由于 Sigmoid 函数的输出值域被控制在 0 到 1 之间，当激活函数输出为 0 时，任何向量与之相乘，结果都为 0，这就相当于"门"关上了；如果输出为 1，任何向量与之相乘都不会改变，这就相当于"门"完全开启。当输出值在 0 到 1 之间呢，这相当于门是半掩半开的，就可以调控"记忆"的留存程度。

还记得吗？在第 14 章中，我们说过，人们通常都不具备"马尔科夫链"思维，言外之意就是说，我们当前的内心感受，是历史的投射和当下的输入叠加在一起的结果。

类似的，LSTM 也设计了两个门控制记忆单元状态 c 的信息量：一个是遗忘门（forget gate）。所谓"遗忘"，就是"记忆的残缺"。它决定了"上一时刻"的单元状态有多少"记忆"可以保留到当前时刻；另一个是输入门（input gate），它决定了"当前时刻"的输入，有多少可以保存到单元状态 c 中。

在图 15-5 中，我们说过，LSTM 是由三个门来实现的。实际上，为了表述方便，很多资料中还多添加了一个门，叫作候选门（candidate gate），它控制着以多大比例勾兑"历史信息"和"当下"的刺激。

最后，LSTM 还设计了一个输出门（output gate），用来控制单元状态有多少信息输出。下面我们分别对这 4 个门进行详细介绍。

15.5.1 遗忘门

如前所述，遗忘门的目的在于，控制从前面的记忆中丢弃多少信息，或者说要继承过往多大程度的记忆。以音乐个性化推荐为例[9]，用户对某位歌手或某个流派的歌曲感兴趣，那么将诸如"点赞""转发"和"收藏"等这样的正向操作作为"记忆"进行加强（换句话说，就需要遗忘少一些）。反之，如果发生了"删除""取消点赞"或"取消收藏"等这类负向操作，对于推荐功能来说，它的信息就应该被遗忘多一些。

遗忘门可通过公式（15-2）所示的激活函数来实现。

$$f_t = \sigma(W_f^T \times s_{t-1} + U_f^T \times x_t + b_f) \tag{15-2}$$

在公式（15-2）中，σ 表示激活函数，通常为 Sigmoid。W_f^T 表示遗忘门权重矩阵，U_f^T 是遗忘门输入层与隐含层之间的权重矩阵，b_f 表示遗忘门的偏置，下标 f 是"遗忘（forget）"的首字母，仅是为了增强可读性而已。

从公式(15-2)可看出,遗忘门是通过将前一隐含层的输出 s_{t-1} 与当前的输入 x_t 进行线性组合,然后利用激活函数,将其输出值压缩到 0 到 1 的区间之内。输出值越靠近 1,表明记忆块保留的信息越多。反之,越靠近 0,表明保留的信息越少。遗忘门的工作过程可用图 15-6 表示。

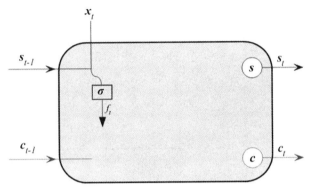

图 15-6　遗忘门的逻辑设计

15.5.2　输入门

输入门的作用在于,它决定了当前时刻的输入信息 x_t 以多大程度添加至记忆信息流中,它的计算公式几乎和遗忘门完全一致(除了下标和标识不同外),激活函数 σ 也使用 Sigmoid,如公式(15-3)所示:

$$i_t = \sigma(W_i^T \times s_{t-1} + U_i^T \times x_t + b_i) \quad (15\text{-}3)$$

由于和遗忘门功能类似,因此它们的示意图也是类似的,和遗忘门结合在一起,如图 15-7 所示。

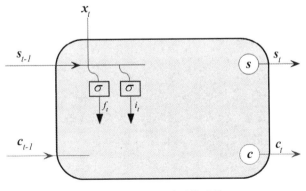

图 15-7　输入门的逻辑设计

15.5.3 候选门

候选门可视为一个"勾兑门",它主要负责"勾兑"当前输入信息和过去记忆信息,也就是候选门负责计算当前输入的单元状态 C'_t,如公式(15-4)所示。

$$C'_t = \tanh(W_c^T \times s_{t-1} + U_c^T \times x_t + b_c) \tag{15-4}$$

在这里,激活函数换成了 tanh(),它可以把输出值归整到-1 到 1 之间,示意图如图 15-8 所示。

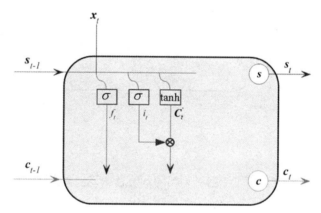

图 15-8 计算 LSTM 的内部状态

接下来,我们需要把记忆块中的状态从 C_{t-1} 更新到 C_t。记忆的更新,可由两部分组成:(1)通过遗忘门过滤掉不想保留的记忆,大小可记为:$f_t \times C_{t-1}$;(2)添加当前新增的信息,添加的比例由输入门控制,大小可记为:$i_t \times C'_t$。然后将这两个部分线性组合,得到更新后的记忆信息 C_t,如公式(15-5)所示。

$$C_t = f_t \times C_{t-1} + i_t \times C'_t \tag{15-5}$$

图 15-9 为输入门与候选门的组合示意图。

现在,我们来小结一下遗忘门和输入门的作用。由于遗忘门的存在,它可以控制保存多久之前的信息。由于输入门的存在,它又可以避免当前无关紧要的内容留在记忆当中。这样一来,该忘记的把它遗忘,该记住的把它记牢,二者相得益彰。

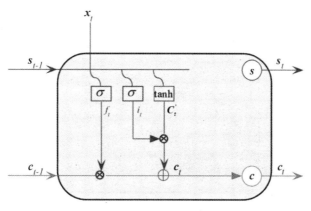

图 15-9 更新记忆状态 C_t

15.5.4 输出门

内部的记忆状态更新完毕之后，下面就要决定是不是要输出了。输出门的作用在于，它控制着有多少记忆可以用在下一层网络的更新中。输出门的计算可用公式（15-6）表示。

$$O_t = \sigma(W_o^\mathrm{T} \times s_{t-1} + U_o^\mathrm{T} \times x_t + b_o) \qquad (15\text{-}6)$$

这里激活函数依然是用 Sigmoid。通过前面的介绍可知，Sigmoid 函数会把 O_t 规则化为一个 0 至 1 之间的权值。

常言道，"话不能说得太满，满了，难以圆通；调不能定得太高，高了，难以合声"。这里的输出，也需要"悠着点"，不能"任性"地输出，因此还要用激活函数 tanh()把记忆值变换一下，将其变换为-1 至+1 之间的数。负值区间表示不但不能输出，还得压制一点，正数区间表示合理的输出。这样有张有弛，方得始终。最终输出门的公式如公式（15-7）所示。

$$s_t = O_t \times \tanh(C_t) \qquad (15\text{-}7)$$

最后，结合前面的门设计，完整的记忆神经元示意图如图 15-10 所示。

现在我们来总结一下 LSTM 单元的功能。图 15-10 中的众多细节看起来比较烦琐，可能妨碍了我们对 LSTM 的认知，因此避繁就简，我们把图 15-10 改画成图 15-11 所示的模样，让我们把目光仅仅聚焦在图 15-11 所示的水平粗线部分，它才是 LSTM 的核心所在。从图 15-11 可以看出，LSTM 中的记忆单元状态，就像一条传送带一般，让信息向量从记忆单元中流过，其中不过做了一些线性转换。

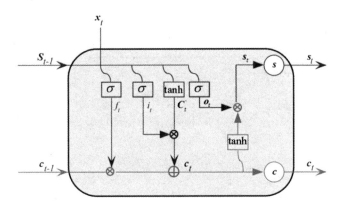

图 15-10　LSTM 隐含层单元的完整逻辑设计

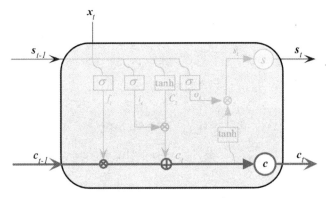

图 15-11　LSTM 核心要素

在线性转换过程中，包括了乘法（⊗）和加法（⊕）操作。LSTM 的记忆单元将乘法和加法赋予不同的角色。其中，加法就是 LSTM 的秘密所在。它看起来非常简单，但这个基本的改变能够帮助 LSTM 在必须进行深度反向传播时，维持恒定的误差（或者说保留损失信号）。而这个损失信号正是调参的向导，也就是说，正是有了这个"加法"操作，才可以避免梯度消失问题。而我们前面诟病传统 RNN 的问题，不正是 BPTT 存在严重的梯度消失问题吗？

LSTM 记忆单元中的乘法设计也非常重要。乘法操作的前端输入采用了 Sigmoid 激活函数。如前所言，Sigmoid 输出的元素值是一个在 0 到 1 之间的实数，它代表的是信息留存的权重（或者说比例）。比如，0 表示"不让任何信息通过"，而 1 表示"让所有信息通过"，中间值表示让部分信息通过。

于是，这样的一"加"一"乘"操作设计，既克服了损失信号的弥散，又控制了信息的留存比例。它们正是 LSTM 单元的精华所在。

至此，我们剖析了 LSTM 网络的标准设计流程。但请注意，图 15-10 所示的结构并不是 LSTM 唯一的设计方式。事实上，很多资料都会对标准的设计流程有所变更。比如，Chung 等人提出的门控循环单元（Gated Recurrent Unit，GRU）[6]就是其中的佼佼者。GRU 在 LSTM 的基础上进行了简化，它主要做了两个方面的改造：（1）提出了更新门的概念，也就是把输入门和遗忘门合并，形成一个新的更新门。（2）把记忆单元 c_t 和隐含层单元 s_t 实施了融合。

在图 15-12 中，（a）子图是 LSTM 单元的另一种画法，不再赘言。对比（a）和（b）两个子图可以看出，GRU 在本质上就是一个没有输出门的简化版 LSTM。因此，在每个时间步，它都会将记忆单元中的全部内容都写入整体网络。模型的简化，意味着运算上的简化，调参上的便捷。特别是在训练很多数据的情况下，GRU 能节省更多时间，从而更为用户所接受。

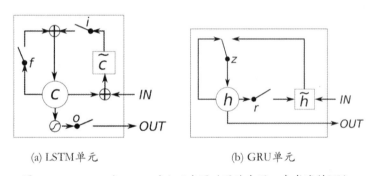

(a) LSTM 单元　　(b) GRU 单元

图 15-12　LSTM 与 GRU 对比示意图（图片来源：参考资料[6]）

15.6　LSTM 的训练流程

前面我们花了较多的篇幅讨论了 LSTM 的结构，实际上只是讨论了它的前向传播工作原理。事实上，我们还缺一个 LSTM 训练算法框架来调整网络参数。LSTM 的参数训练算法，依然是我们熟悉的反向传播（BP）算法。对于这类反向传播算法，它们遵循的流程类似，简单来说，主要有如下三个步骤：

（1）前向计算每个神经元的输出值。对于 LSTM 而言，依据前面介绍的流程，按部就班地分别计算出 f_t、i_t、c_t、o_t 和 s_t。

（2）确定优化目标函数。在训练早期，输出值和预期值会不一致，于是可计算每个神经元的误差项，借此构造出损失函数。

（3）根据损失函数的梯度指引，更新网络权值参数。与传统 RNN 相似的是，LSTM 误差项的反向传播也包括两个层面：一个是空间层面上的，将误差项向网络的上一层传播。另一个是时间层面上的，沿时间反向传播，即从当前 t 时刻开始，计算每个时刻的误差。

然后跳转到第（1）步，重新执行（1）、（2）和（3）步骤，直至网络误差小于给定值。

限于篇幅，我们没有给出详细的求导过程，感兴趣的读者，推荐阅读胡伯的开创性论文[1]和两篇非常优秀的英文博客[11][12]，国内大部分 LSTM 的介绍文章（包括本章），都或多或少地借鉴了参考资料[10]。参考资料[11]中有详细的 LSTM 的前向传播和后向传播的推导过程。

接下来我们准备用 LSTM 完成一个自然语言处理（Natural Language Processing，简称 NLP）的实战项目。但在此之前，为了便于理解，我们还需要先铺垫一些与自然语言处理相关的理论。

15.7 自然语言处理的一个假设

自然语言处理和语音识别研究的先驱之一——弗莱德·贾里尼克（Fred Jelinek）曾说过这样一句话："我每解雇一名语言学家，语音识别机器的表现就提高了一点（Every time I fire a linguist, the performance of our speech recognition system goes up.）。"这句话在业界流传甚广，基本上为每一个从事相关领域研究的人所熟知[12]。

《楞严经·卷二》中也记载了一个著名的佛学公案——指月指非月。这个短语中的第一个"指"是名词，表示"手指"，而第二个"指"是动词，表示"指向"。整个短语说的是，真理好比天上的明月，手指可以指出明月的所在，但手指并不是明月。它在某种程度上也道出了语言学家在自然语言处理上的尴尬。

我们知道，人类先有了语言，然后才有语言学家总结出所谓的的语言规则。人类语言的一大特点是，字词组合具有非常大的灵活性，同一个语义有多种表达方式，甚至二义性还是幽默的主要成分，是人类语言不可或缺的一部分。

这种灵活性，对普通人而言，可谓"信手拈来"，但对语言学家来说，则是灾难性的，因为他们归纳总结出来的语言规则，总是滞后的、局部的、静态的。更是没有哪一项规则，能适用于所有语言的特征描述。

这些规则，就好比"手指"，它在一定程度上帮助我们理解语言（好比明月），但它本身并不是语言。就如同看月，不一定非要通过手指，我们研究语言也不一定就必须遵循语言规则。但不幸的是，早期的自然语言处理和语言识别的研究，都是基于语言规则的。

大海航行靠舵手。如果让"理论跛脚"的语言学家成为自然语言处理和语言识别的舵手，那么航行势必会偏离目标。事实上正是如此。长期以来，基于规则的自然语言处理研究，基本都是失败的，难以为用。直到贾里尼克教授提出利用统计的方法，把 IBM 当时的语音识别率从 70%提升到 90%，才使得语音识别有可能从实验室走向实际应用。

前面贾里尼克的那句话，虽然有点夸张，但也道出了实情。它表明，在自然语言处理上，利用语言本身的统计数据[①]，完全可形成对语言规则的碾压。但追根溯源来讲，它实际上验证了自然语言处理的一个著名的假说——"统计语义假说（Statistical Semantics Hypothesis）"。这个假说表明：基于一种语言的统计特征，隐藏着语义的信息（statistical patterns of human word usage can be used to figure out what people mean）[13]。

这个一般性的假说是很多特定假说的基础。基于此，衍生出了诸如词袋模型假说（bag of words hypothesis）、分布假说（distributional hypothesis）、扩展分布假说（extended distributional hypothesis）及潜在关系假说（latent relation hypothesis）等。下面我们对前两个应用较多的假说做简要介绍。

先介绍"词袋模型假说"。在数学上，袋（bag）又称多重集（multiset），它很像一个集合，不过它允许元素重复。举例来说，{a,a,b,c,c,c}是一个包含 a、b 和 c 的袋，这个袋中，a 和 c 都是有重复的。在袋和集合中，有一个重要特性，即元素的顺序是无关紧要的。因此，袋{a,a,b,c,c,c}和袋{c,a,c,b,a,c}是等价的。

在信息检索中，词袋模型假说是这样描述的：通过把查询和文档都表示成词袋，我们可以计算一个文档和查询的切合程度。词袋模型假说认为，一篇文档的词频（而非词序）代表了文档的主题。这也是有现实支撑的。比如，如果一篇文章中经常出现诸如"足球""篮球""NBA"等词汇，你就能判断它是一则体育新闻。

下面，我们再讨论一下什么是"分布假说"。虽然当前统计语言模型占尽自然语言处理的风头，但提出规则的语言学家，并非一无是处。英国著名语言学家约翰·鲁伯特·弗斯（John Rupert Firth）也有一句名言，这句名言指导着计算机科学家构建更为适用的自然语言处理模型。名言是这么说的：

[①] 统计语言模型基于预先收集的大规模语料库，以人类真实的语言为指导标准，利用统计手段预测文本序列在语料库中出现的概率，并以此"概率"作为评判文本是否"合规"的标准。

"You shall know a word by the company it keeps."

大意是说"观词群，知词意"。这里的"company"表示"伴随"之意，强调某个词所处的环境。这句话并非完全原创，而是弗斯从英文俗语"You shall know a person by the company it keeps"变换而来的。类似的说法，中国也有。例如，在《孔子家语》中就有"不知其人视其友"的说法。

上面的论述都在强调一点，人类在认知上，不管是语言理解，还是识人观友，都离不开"分布"在其周围的环境。

弗斯等人的观点衍生了自然语言处理的另外一个假说——分布假说，即"相同语境出现的词，应具有相似的语义（words that occur in similar contexts tend to have similar meanings）"。

这个假说是在说明，单词的含义需要放在特定的上下文中去理解。因为具有相同上下文的单词，往往是有联系的。著名哲学家维特根斯坦（Wittgenstein）在他那本引导语言哲学新走向的著作《哲学研究》中也曾指出，"一个词的意义，就是它的用法"。

比如，在语料库中有这样的句子"The **cat** is walking in the bedroom"和"A **dog** was running in a room"。即使我们不知道"cat"和"dog"为何物，也能根据分布于它周围的语境，推测二者具有语义上的相似性。这是因为"the"对"a"，"walking"对"running"，"room"对"bedroom"，它们都有类似的语义，那"cat"和"dog"在某种程度上具有（语法或语义上的）相似性，几乎是肯定的。

如果将抽象的"分布假说"用于测量意义的相似性时，通常就会利用到单词的向量、矩阵和高阶张量。因此，分布假说和向量空间模型（Vector Space Model，简称VSM）有着密切的关联。事实上，当前最为流行的Word2Vec[①]工具，就是基于分布假说而设计的。下面我们就讨论一下，单词的向量空间表示。

15.8 词向量表示方法

在第12章讲解卷积神经网络时，我们提到过图片是如何在计算机中被表达的（参见图12-9）。对于图像和音频等数据而言，其内在的属性决定了它们很容易被编码并存储为密集向量形式。例如，图片是由像素点构成的密集矩阵，音频信号也可以转换为密集的频谱数据。

[①] 这里"2"是"to"的简化谐音。所以，Word2Vec的完整含义就是，从单词（Word）到（to）向量（Vector）。

类似的，在自然语言处理中，词，这个语言中的最小单位，也需找到便于计算机理解的表达方式，之后才能有效地进行接下来的操作。在自然语言处理领域，词的表达，常见的有 3 种方式，一是我们熟悉的独热编码表示，一种是分布式表示，还有一种是词嵌入表示。下面我们分别来讨论一下。

15.8.1 独热编码表示

在 Word2Vec 技术出现之前，词通常都表示成离散的独一无二的编码，也称为独热向量（One_Hot Vector）。为什么叫"One_Hot"呢？在前面的章节中，我们也曾讲过，独热编码有点"举世皆浊我独清，众人皆醉我独醒"的韵味。即在编码方式上，每个单词都有自己独属的"1"，其余都为 0，假设我们有 10 000 个不同的单词，排位语料库第一的冠词"a"，用向量[1,0,0,0,0,...]表示，即只有第一个位置是 1，其余位置（2~10 000）都是 0。类似的，排名第二的"abandon"，用向量[0,1,0,0,0,...]表示，即只有第二个位置是 1，其余位置都是 0，如图 15-13 所示。

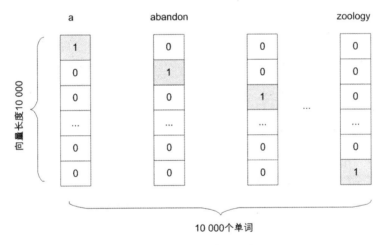

图 15-13　词的独热编码表示

从图 15-13 可见，在词的向量空间上，每个向量只有一个"1"和非常多的"0"。很显然，这样的表达方法，数据显得非常稀疏。独热编码策略导致每个词都是一个维度。因此，向量空间的维度就等同于词典的大小。比如，如果词典中有 10 000 个单词，那么向量维数就是 10 000，单个向量长度也是 10 000。

据资料显示，如果按照这种编码方式，语言识别的维度有 20K（即 2 万），PTB 大概有 50K，big vocab 大概有 500K，Google 1T 大概有 13M（即 130 万）。

此外，在独热编码表示中，每个词都有一个唯一的编码，且彼此独立。但正因如此，词之间的相似性难以衡量。下面举例说明。为简化起见，我们假设"motel（汽车旅馆）"和"hotel（宾馆）"的独热编码如图 15-14 所示。

图 15-14　独热编码没有相似性

在自然语言理解上，词"motel"和"hotel"都是指"提供客人住宿的地方"，即使它们有所不同，但语义肯定有相似的地方。但从图 15-14 可知，它们的"独热编码"没有任何交集（即二者向量的"与"操作等于 0）。显然，按照这种逻辑推演，对于中文句子"我老婆非常漂亮"和"俺媳妇十分好看"，它们也是没有任何相似性可言的。但事实上，这二者是一个意思。

我们知道，相似性是理解自然语言的重要方式。缺失相似性的度量，这可能是"独热编码"在自然语言理解上的最大缺陷之一。因此用它处理自然语言，肯定是"功力尚浅"。

下面我们举例说明这个观点[14]。为了简单起见，假设我们的语料库中只有 4 个单词，girl（独热编码为 1000）、woman（独热编码为 0100）、boy（独热编码为 0010）和 man（独热编码为 0001），尽管作为人类的我们，对它们之间的联系了然于胸，但是计算机并不知道，它想知道的话，需要学习。

在神经网络学习中，这 4 个词中的任意一词，在输入层都会被看作一个节点。我们知道，对于神经网络而言，所谓"学习"，就是找到神经元之间的连接权重。假设只看第一层的权重，隐含层只有三个神经元，那么，将会有 4×3=12 个权重需要学习，而且连接权值彼此独立，如图 15-15 所示。

图 15-15 演示的仅仅是 4 个词，在动辄上万甚至上百万词典的应用中，独热编码除了面临着巨大的维度灾难问题，在利用深度学习算法训练时，还会产生难以承受的参数之重。

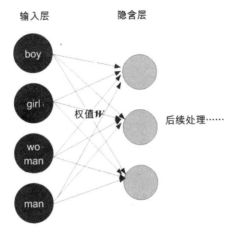

图 15-15 独热编码的神经网络示意图

15.8.2 分布式表示

针对独热编码的不足，人们自然就会设想，能否用一个连续的低维密集向量，去刻画一个词的特征呢？这样一来，人们不仅可以直接刻画词与词之间的相似度，而且还可以构建一个从向量到概率的平滑函数模型，使得相似的词向量可以映射到相近的概率空间上。这个稠密连续向量也被称为单词的"分布式表示"（Distributed Representation）。

再回到图 15-15 所示的 4 个词的讨论上来，我们知道，它们彼此之间，在语义上，的确是存在一定关联的。现在我们人为找到它们之间的联系，且不再使用独热编码，而是该热（1）的热（1），该冷（0）的冷（0）。假设我们使用两个节点，每个节点使用两位编码，其含义如表 15-1 所示。

表 15-1 词的分布式表达

编码位	0	1
Gender（性别）	Female（女性）	Male（男性）
Age（年龄）	Child（孩子）	Adult（成人）

如果我们规定这个分布式表示有两个维度的特征，第一个维度为 Gender（性别），第二个维度是 Age（年龄）。那么，girl 可以被编码成向量[0,0]，即"女性孩子"。boy 可以编码为[1,0]，即"男性孩子"。woman 可以被编码成[0,1]，即"成年女性"。man 可以被编码成[1,1]，即"成年男性"。这样我们使用优化后的输入节点，再次构造神经网络，如图 15-16 所示。

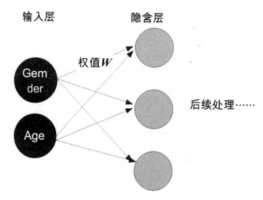

图 15-16　分布式编码的神经网络示意图

相比于图 15-15 所示的网络结构，图 15-16 所示的分布式编码神经网络要清爽很多。此时，需要学习的权重从 4×3=12 个，就缩小到 2×3=6 个。由于每个词都有两个节点编码，当输入训练数据"girl"时，与"girl"共享相同连接的其他样本，也可以得到训练，比如，它可以帮助到与其共享"female"的"woman"，以及和"boy"共享的"child"的权值训练。如此一来，参数的训练不再彼此孤立，而是彼此"混搭"，说学术点，就是参数共享。

前面我们提到，girl 可以被编码成向量[0,0]，boy 可以编码为[1,0]等，它们的编码都是或 0 或 1 的整数。实际上，更普遍的情况是，用更多不同实数的特征值表示。这种向量通常长成如下这个样子：

```
W("cat')=[0.19, -0.47, 0.72 ...]
W("mat')=[0.0, 0.6, -0.31, ...]
```

这样一来，我们可以把"词"想象成多维向量空间中的一个点。词的意义就由词的向量值来表征（Meanings are Vectors）。

现在你应该明白了，这里的"分布式表示"中的"分布"，是指每个词都可以用一个向量表达，而这个向量里包含多个特征，而非"独热编码"那么"独"。当然，这里的"多个"，也不能像"独热编码"那么多，其维度以 50 维到 100 维较为常见，相比于独热编码动辄成千上万的维度，分布式表示已经是低维表达了。

"分布式表示"最大的贡献在于，它提供了一种可能性，可以让相关或者相似的词，在距离上可度量。度量的标准可以是欧氏距离，也可以用余弦夹角来衡量。

"分布式表示"的概念，多少有点哲学中的"本体论（Ontology）"概念的影子。因为"本体"是用各种属性（或说特征）刻画出来的。如果我们通过机器学习算法把各种特征找出来，并精确地用数值表征出来，那么这个本体就呼之欲出了。

接下来，我们就要引入要讲到的重点——词嵌入（Word Embedding）了，它就是达到图 15-16 所示的神经网络所表示的结果，即从数据中自动学习到分布式表示。如前所述，如果分布式表示得以完成，那么就能显著降低向量空间的维度及减少训练所需的数据量。

15.8.3　词嵌入表示

下面首先介绍一下"词嵌入"（Word Embedding，亦有资料将其译为"词向量"）这个术语的来历。词嵌入技术最早起源于 2000 年。伦敦大学学院（University College London）的研究人员罗维斯（Roweis）与索尔（Saul）在《科学》（Science）上撰文[15]，提出了局部线性嵌入（Locally Linear Embedding，简称 LLE）策略，它被用来从高维数据结构中学习低维表示方法（其核心工作就是降维）。

随后 2003 年，机器学习著名学者（当前深度学习三大家之一）约书亚·本吉奥（Yoshua Bengio）等人发表了一篇开创性的论文：*A neural probabilistic language model*（一个神经概率语言模型）[16]。

在这篇论文里，本吉奥等人总结出了一套用神经网络建立统计语言模型的框架（Neural Network Language Model，简称 NNLM），并首次提出了"词嵌入"的理念（但当时并没有取这个名字）。

在自然语言处理中，"词嵌入"基本上是语言模型与表征学习技术的统称。从概念上讲，它是指把一个维数等于所有词数量的高维空间（例如前面提到的独热编码），"嵌入"到一个维数低得多的连续向量空间中，并使得每个词或词组都被映射为实数域上的向量。

那么，这个"嵌入"到底是什么意思呢？简单来说，在数学上，"嵌入"表示的是一个映射：$f: X \to Y$，也就是说，它是一个函数。不过这个函数有点特殊，要满足两个条件：（1）单射，即每个 Y 只有唯一的 X 与之对应，反之亦然。（2）结构保存，比如，在 X 所属的空间上有 $x_1 > x_2$，那么通过映射之后，在 Y 所属的空间上一样有 $y_1 > y_2$。

具体到"词嵌入"①，它就是要找到一个映射或函数，把词从高维空间映射到另外一个低维空间，其中这个映射满足前面提到的单射和结构保存特性，且一个萝卜一个坑，好像是"嵌入"

---

① 事实上，这个"嵌入"概念，不仅适用于"词嵌入"，还适用于"图像嵌入""语音嵌入"，只要满足高维到低维的变化，只要满足单射和结构保存特性，都可称为"嵌入"。

到另外一个空间中一样，即生成词在新空间上找到了低维表达方式，这种表达方式就称为词表征（Word Representation）。[①]

在 2010 年以后，"词嵌入"技术突飞猛进。布尔诺科技大学（捷克）的托马斯·米科洛维（Tomas Mikolov）等人提出了一种 RNNLM 模型[17]，用递归神经网络代替原始模型里的前向反馈神经网络，并将"嵌入层"与 RNN 里的隐含层合并，从而解决了变长序列的问题。

特别是在 2013 年，由米科洛维领导的谷歌团队再次发力，开发了 word2vec 技术实施词嵌入，使得向量空间模型（Vector Space Model，简称 VSM）的训练速度大幅提高[18][19]，并成功引起工业界和学术界的极大关注。

现有的向量空间模型可分为两大类。一类是计数模型，如潜在语义分析（Latent Semantic Analysis，LSA）。从字面上的意思理解，LSA 就是通过分析语义，发现文档中潜在的意思和概念。如果每个词仅表示一个概念，且每个概念仅被一个词所描述，那么 LSA 将非常简单。但问题并没有这么简单，因为同一个词可能有多个意思（即二义性），一个概念也有多种表达方式。为了简化问题，LSA 引入了一些重要的简化。比如，它将文档看作"一堆词（bags of words）"的堆积。在这种策略下，词在文档中出现的位置并不重要，LSA 只是统计某个词出现的频率，这就是它为什么被归属为计数类别的原因。这些统计出来的频率会被转化为小而密集的矩阵。

另一类是预测模型，比如神经概率语言模型（Neural Probabilistic Model）。这类模型，利用神经网络，根据某个词周围的词，来推测这个词及其向量空间。相对于基于计数的模型，基于预测的模型通常有更多的超参数，因此灵活性要强一些。

相比于独热编码的离散编码，VSM 模型可以将词语转为连续值，而且是意思相近的词，还会被映射到向量空间相近的位置。这样一来，词语之间的相似性（距离）就非常容易度量了。甚至我们可以发现，词嵌入向量（Embedding Vectors）具备类比特性。类比特性就是拥有类似于"A-B=C-D"这样的结构，可以让词向量中存在着一些特定的运算，例如：

$$W(\text{"china"}) - W(\text{"Bejing"}) \approx W(\text{"USA"}) - W(\text{"Wanshington"})$$

这个减法运算的含义是，北京之于中国，就好比华盛顿之于美国，它们都是所在国家的首都，这在语义上是容易理解的，但是通过数学运算表达出来，还是"别有一番风味"。

前面我们从词的向量表示角度出发，讨论了主流的 3 种方法。下面我们再从自然语言处理的统计语言模型出发，谈论一下它的三个发展阶段：NGram 语言模型、前馈神经网络模型（NNLM）

---

① http://sanjaymeena.io/tech/word-embeddings/

和循环神经网络模型（RNNLM）。

15.9 自然语言处理的统计模型

在自然语言处理的统计模型中存在一个基本问题，即在上下文语境下，如何计算一段文本序列在某种语言下出现的概率。之所以说它是一个基本问题，是因为它在很多自然语言处理任务中都扮演着重要的角色。下面的三种统计模型，都是围绕如何更快、更准地计算这个概率的。

15.9.1 NGram 模型

假定 S 表示某一个有意义的句子，这个句子由一连串有特定顺序的单词构成，即 $S = w_1, w_2, ..., w_T$。现在我们想知道 S 在文本中出现的概率，记作 $P(S)$：

$$\begin{aligned} P(S) &= P(w_1, w_2, ..., w_T) \\ &= P(w_1) \cdot P(w_2 | w_1) \cdot P(w_3 | w_1, w_2)...P(w_t | w_1, w_2, ..., w_{t-1}) \\ &= \prod_{t=1}^{T} p(w_t | w_1, w_2, ..., w_{t-1}) \end{aligned} \quad (15\text{-}8)$$

其中，$P(w_1)$ 表示第一个词 w_1 出现的概率；$P(w_2|w_1)$ 表示已知第一个词的前提下，第二个词出现的概率；依此类推。显然，到了第 t 个单词，它的出现概率取决于它前面的 t-1 个词。从公式（15-8）可以看出，单词序列（即句子）的联合概率可以转化为一系列条件概率的乘积。这样一来，问题就得以转换，它等价为，在给定 $t-1$ 词出现的情况下，去预测第 t 个词出现的条件概率 $p(w_t | w_1, w_2, ..., w_{t-1})$。

如果完全按照公式（15-8）来构建预测模型，那么将会带来巨大的参数空间，从而无法有效进行计算，进而导致这样的原始模型在实际中并没有什么用。通常，我们更多的是采用其简化版本——NGram 模型，也称为 N 元模型。该模型首先基于马尔科夫假设，即假设在一段文本序列中，第 n 个词出现的概率只和前面有限 n-1 个词相关，而与其他词无关，这里的 n 通常是远小于 t 的，也就是说对句子做了部分截断。

这样一来，计算 S 出现的概率就变得简单多了：

$$\begin{aligned} P(S) &= P(w_1, w_2, ..., w_T) \\ &\approx P(w_t | w_{t-n+1}, ..., w_{t-1}) \end{aligned} \quad (15\text{-}9)$$

常见的模型有：Bigram 模型（$n=2$）和 Trigram 模型（$n=3$）。由于模型复杂度的限制，人

们很少会考虑 $n>3$ 的模型。事实上，实验表明，大幅提高计算复杂度的四元模型，其实际效果并不比三元模型更好。

15.9.2 基于神经网络的语言模型

传统的 NGram 模型存在较大问题。首先，由于参数空间的爆炸式增长，它仅能对长度为两三个词的序列进行评估。其次，NGram 模型没有考虑词与词之间内在的联系性。

本质上，NGram 把词当作一个个孤立的原子单元去处理。这种处理方式对应到数学上的形式，实际上就是一个个离散的独热向量。关于独热编码的不足，前文已有讨论，这里不再赘言。

为了解决 NGram 面临的问题，前文提到的本吉奥等人通过引入词向量的概念，提出了基于神经网络的语言模型（Neural Network Language Model，简称 NNLM）。

NNLM 通过嵌入一个线性的投影矩阵（Projection Matrix），将原始的独热编码向量映射为一个个稠密的连续向量，并通过训练一个神经语言模型，去学习这些向量的权重。

简单来说，NNLM 模型的基本思想可以概括为如下 3 步[16]：

（1）为词表中的每一个词分配一个分布式的词特征向量。

（2）假定一个连续平滑的概率模型，输入一段词向量的序列，可以输出这段序列的联合概率。

（3）学习词向量的权重和概率模型里的参数。

词特征向量代表了词在不同维度上的属性，每个词都可以被映射到向量空间的某个点上。由于词特征的数量，远远小于词表的大小，从而达到了降维的目的。

在参考资料[16]中，本吉奥等人采用了一个简单的前向反馈神经网络，构造了一个函数 $f(w_t, w_{t-1}, ..., w_{t-n+2}, w_{t-n+1})$，拟合一个词序列的条件概率 $P(w_t | w_1, w_2, ..., w_{t-1})$，$w_t \in V$，这里 V 表示词汇表（Vocabulary）。我们知道，根据 Hornik 的通用近似定理，只需包括有足够多神经元的隐含层，多层前馈神经网络就能以任意精度逼近任意复杂度的连续函数。也就是说，拟合某个函数是前馈神经网络的拿手好戏。

NNLM 模型的网络结构如图 15-17 所示。宽泛来说，该模型依然属于 NGram 模型，因为它也是利用 $w_1, w_2, ..., w_{t-1}$ 前 n-1 个词，预测第 n 个词的 w_t。

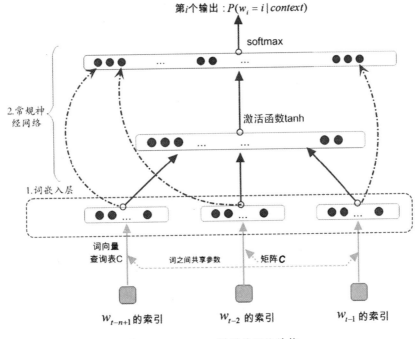

图 15-17 NNLM 模型的网络结构

对于图 15-17 所示的 NNLM 模型，我们可以将其拆分为两部分来理解。

首先，它有一个线性的嵌入层（Embedding Layer）。网络原始输入是各种不同的词，严格来说，是词在词表中的索引。鉴于索引的唯一性，它可以被看作特殊的 One_Hot 向量。嵌入层将输入的 $n-1$ 个 One_Hot 词向量，通过将一个共享的 $|V| \times m$ 的矩阵 C，映射为 $n-1$ 个分布式的词向量。其中，这里的 $|V|$ 是词汇表的大小，m 是嵌入向量的维度（这是一个先验参数），矩阵 C 中存储了需要学习的词向量。

词经过"嵌入"操作之后，维度高达数十万的稀疏向量可能被映射到数百维的密集向量中。在这个密集向量中，其每一个特征都可能有实际意义，这些特征可能是语义上的（比如，boy 和 man 虽然年龄上不同，但语义上都是男性），也可能是语法上的，如单复数（比如，girl 和 girls 的差别），也可能是词性（比如，是名词还是动词）以及时态上的（比如，teach 和 taught 都表达"教"的含义，但发生的时间不同），诸如此类。

除了嵌入层之外，NNLM 模型中还包含一个前向反馈神经网络 g，它由一个激活函数为 Tanh 的隐含层和一个 Softmax 输出层组成。当词被转化为用实数表示的词向量后，接下来的工作就如同普通前馈网络一样，使用 Tanh 作为激活函数，做非线性变换，最后再通过 Softmax 将输出

值归一化为概率 P，即在上文 context（即 $w_1, w_2, ..., w_{t-1}$）条件下计算接下来的词 w_i 的预测条件概率 $P(w_i = i | context)$：

$$\begin{aligned} P(w_i | w_1, w_2, ..., w_{t-1}) &\approx f(w_t, w_{t-1}, ..., w_{t-n+1}) \\ &= g(w_i, C(w_{t-n+1}), ..., C(w_{t-1})) \end{aligned} \quad (15\text{-}10)$$

然后，通过最小化一个交叉熵的正则化损失函数来调整模型的参数 θ：

$$L(\theta) = \frac{1}{T} \sum_t \log f(w_t, w_{t-1}, ..., w_{t-n+1}; \theta) + R(\theta) \quad (15\text{-}11)$$

需要注意的是，模型的参数 θ 既包括嵌入层矩阵 C 中的元素（即词向量），也包括前向反馈神经网络模型 g 里的权重。这是一个巨大的参数空间。待训练结束后，我们得到了神经网络的权值参数和词向量表达。

在这样的模型的协助下，我们就可以通过像普通神经网络一样，使用梯度下降算法进行优化，并通过训练得到最优参数解。

与传统的 NGram 语言模型相比，NNLM 的参数规模与词汇表规模 $|V|$ 及上下文依赖长度 n 呈线性增长。在同等规模的语料库基础上，NNLM 比 NGram 支持更长距离的上下文。在混乱度（Perplexity）这个性能指标上，在 APNews 和 Brown 数据集合上进行测试，NNLM 也比 NGram 降低 8%~24%。

当然，NNLM 并非完美，它存在两大缺点：一方面它处理的句子必须定长。这是因为，它使用了典型的前馈神经网络，而这类神经网络的输入层，神经元数量是固定的，这也决定了它能处理的句子长度也必须事先设置好并固定下来。对长短变化多端的自然语言来说，这个短板严重限制了 NNLM 的实际应用。

另一方面，它的训练速度较慢。特别是在神经网络部分，隐含层到输出层是全连接，需要学习的参数非常多，条件概率的计算负担非常大，这对动辄上千万甚至上亿的真实语料库来说，训练 NNLM 模型几乎是一个不可能完成的任务。

作为资深的机器学习专家，本吉奥并非不知道自己模型的弊端。他在论文[16]中指出，可使用延时神经网络或循环神经网络，或者二者的组合来解决 NNLM 的内在缺陷。

为什么要单独把这句话拎出来说一下呢？这是因为，本吉奥挖了一个坑，但并没有亲自去填上。大概过了 10 多年，他在论文中留下的这句话启迪了一位年轻后生，这位后生通过研究基于循环神经网络的语言模型（RNNLM）拿到了博士学位，并以此为敲门砖入职谷歌，然后又在谷歌带领团队折腾出大名鼎鼎的 word2vec。是的，他就是前文我们提到的托马斯·米科洛维（Tomas Mikolov）。下面我们就简单介绍一下由米科洛维推动的循环神经网络语言模型。

15.9.3 基于循环神经网络的语言模型

我们知道，对于深度学习而言，要解决的一个核心问题就是如何减少参数的个数，毕竟更少的参数，意味着更快的训练速度，从而可以有更快的收敛速度。对于基于神经网络的统计语言模型也不例外。

在前一小节中，我们提到，基于前馈神经网络的语言模型，在本质上，还是以 NGram 模型为基础的，即在预测第 n 个词的时候，需要依赖前 $n-1$ 个词的向量表示，这正是历史信息。

通过第 14 章的介绍我们知道，RNN 和其他神经网络结构最大的不同之处在于，通过循环，它引入了"记忆"元素，即在做预测时，它的输出不仅依赖于当前输入，还依赖之前的记忆（即历史信息）。

因此，RNN 和语言模型有天然默契的基因。在语言模型中，通过引入 RNN 的记忆因素，可消除词窗口[①]必须固定为 n 的限制。此外，相比普通前馈神经网络，RNN 的参数共享机制也可大幅减少参数的规模。

图 15-18 所示的是简化版本的循环网络语言模型（RNNLM），其中 t 表示时间。从图中可以看到，循环网络有一个输入层，用 $w(t)$ 表示，该单词的编码方式为 1-of-V，即 $w(t)$ 的维度为 $|V|$，$|V|$ 是词典大小，$w(t)$ 的分量只有一个为 1，表示当前单词，其余分量为 0。实际上这种编码方式就是前面我们提到的"独热编码"。

中间有一个隐含层 s，用于保存上下文状态 $s(t)$。$s(t-1)$ 代表的是隐含层的前一次输出。当前输入 $w(t)$ 和历史上下文 $s(t-1)$ 相结合，共同作用，形成当前隐含层的上下文 $s(t)$，然后在输出层 y 中，输出 $y(t)$，这里 $y(t)$ 表示 $P(w_t | w_t, s_{(t-1)})$。

之所以称之为循环神经网络，就是在 t 时刻，$s(t)$ 会留下一个副本，在 $t+1$ 时刻，$s(t)$ 会被送到输入层，相当于一个循环。将图 15-18 随时间 t 展开为图 15-19 所示的形式，或许能更容易明白为什么叫循环神经网络语言模型了。

[①] 通常，为预测第 $n+1$ 个词，我们需要利用前 n 个上文，随着预测序列的推进，这 n 个上文也随之滑动，类似于一个固定大小的窗口，故称之为"词窗口"。

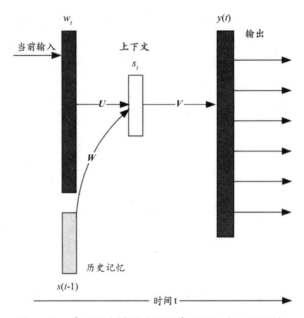

图 15-18 基于语言模型的循环神经网络（RNNLM）

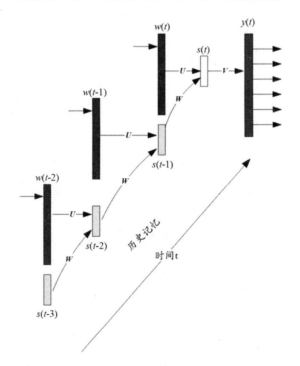

图 15-19 RNN 语言模型的展开形式

在图 15-19 中，上文信息($w1, w2,..., w(t-1)$)通过 RNN 编码为 $s(t-2)$，它是上一个隐含层，代表着对上文的历史记忆。$s(t-1)$和当前 $w(t)$相结合，得到($w1, w2,..., w(t-1), wt$)的表示形式 $s(t)$，$s(t)$再通过 RNN 的编码，得到预测的输出 $y(t)$。

从图 15-19 可以看出，只要我们愿意，RNN 语言模型可以无限展开历史信息，这意味着，这类模型彻底打破了 NGram 模型对词窗口大小的限制（即其上文可长可短，而非固定为 n），从而可充分利用完整的上文信息，相应的，将获得比其他语言模型更好的性能。

米科洛维的研究显示，即使采用最基础的 RNN 和最普通的截断 BPTT 优化算法（这里的"截断"表明 RNN 并非无限展开，而是仅仅展开若干个时间步，这样做的目的在于大幅降低训练的开销），其性能也比 NGram 模型好。

从前面的分析可知，RNNLM 可捕获更长的历史信息，从而获得更好的性能，这自然是其优势所在。但 RNNLM 也有其不足之处。首先它使用了 RNN，而我们知道，原生态的 RNN 容易产生梯度弥散问题，当然这个问题已经有解决方案了，那就是前文提到的 RNN 的升级版——LSTM。

其次，RNNLM 还容易犯几乎所有机器学习算法爱犯的毛病——"家里横"，实际上就是过拟合。哪怕使用了基于 LSTM 的语言模型，它也常常在训练集合（好比是在家里）中表现良好，但到测试集合（好比是在家外）中就犯"软骨病"，性能变差。

而治疗过拟合的良药，当然就是使用正则化（Regularization）技术。其中对神经网络比较有效的正则化技术是 Dropout。可以说，Dropout 是 CNN（卷积神经网络）中防止过拟合的一大利器，但用在 RNN（循环神经网络）上就不太灵光了。

这是为什么呢？细想一下也是容易理解的。见名知意，"Dropout"是对神经网络单元按照一定的概率，将其暂时从网络中"丢弃"。而成就 RNN 性能的正是它记忆的历史信息。如果历史信息被丢弃得零七八碎，还能指望它能很好地预测未来吗？在技术层面，使用 Dropout 技术，也会因为在 RNN 的循环结构中放大了输入的噪声，导致最终的正则化效果不甚理想。

那这么说，难道 Dropout 就不能应用于基于 LSTM 的语言模型了吗？

的确，若干年以来，RNNLM 的确面临着这样的窘境，直到等来了另一骑干将。他们就是来自谷歌的 Zaremba 等人。2014 年，Zaremba 等人提出了一种巧妙的正则化技术，很好地解决了上述问题[20]。

事实上，Zaremba 等人的研究成果，正是我们要在实战环节实现的项目（参见 15.10 节）。

前面铺垫了这么多，就等着它了！下面我们就简单聊聊 Zaremba 等人的研究工作。

15.9.4　LSTM 语言模型的正则化

15.9.4.1　什么是正则化

说到"正则化（Regularization）"，可能有人会和正则表达式（Regular Expression）中的"正则"混淆，它们是完全不同的概念。正则表达式描述了一种字符串匹配的模式，通常用来检索、替换那些符合某个模式（规则）的文本。

而机器学习中的"正则化"，如前所述，是一类"治疗"过拟合的良药。在机器学习中，有一个核心问题需要解决，那就是所设计的算法，不仅要在训练数据上性能表现上乘，还要在新输入的数据（测试数据）上表现良好，即对算法泛化能力存在很高的要求。没有过拟合算法，就是泛化能力强的算法。所以，在机器学习中，我们建议把"Regularization"翻译成"常规化"，因为这样更能达意？这里的"常规"表示算法的性能，不论是在训练集上，还是在测试集上，都能表现如常，而非大起大落。[①]

为了减少测试误差，目前人们提出了很多"正则化"策略。凡事有利必有弊，测试误差的减少，通常是以训练时的误差增加为代价。"正则化"的核心思想在于，它在训练时，不再刻意追求代价函数达到最小值，而是要求代价函数值达到相对较小，从而换来在处理测试样本时，能使代价函数的损失值也不会太大。

根据古德费勒和本吉奥等人所著的《深度学习》一书[21]，所谓正则化，就是适度修改算法，使其降低泛化误差，而非训练误差。算法的正则化非常重要，其重要程度仅次于算法的优化。

其实，这就是"天下没有免费午餐"的生动演绎。根据没有免费午餐定理（no free lunch theorem，简称NFL）[②]的说法，没有哪个算法，比其他算法在各种场景下都高效。因此，我们只能在特定任务上设计性能良好的机器学习算法。南京大学周志华教授认为，NFL定理最重要的寓意在于，它让我们清楚地认识到，脱离具体问题，空谈"什么学习算法更好"是毫无意义的[22]。

或许你会问，这NFL和前面讲到的正则化有什么关系呢？关系自然是有的。NFL清楚地阐明了没有所谓的最优算法，而正则化依附于算法，或者说是算法的一部分，自然也没有什么最

[①] 但鉴于很多中文文献已将"Regularization"翻译成"正则化"，因此强制更改既定事实的翻译方式，也会让部分读者感到困惑，所以下文依然采用"正则化"的译法。

[②] https://en.wikipedia.org/wiki/No_free_lunch_theorem

优的正则化方法。我们要做的是，针对具体问题，选择合适的正则化方法，即"没有最优，只有最合适"。

下面我们就简单讨论一下常见的正则化方法。

15.9.4.2 常规的正则化方法

机器学习算法的"正则化"，并非一个新鲜的议题，在深度学习出现之前，已经被用了数十年。"正则化"的方法有很多，一种方法就是对目标函数进行修正，在目标函数后面加上范式（包括 L^1 和 L^2）惩罚项，从而让拟合曲线变得更圆滑，算法有更强的泛化能力。

有的正则化策略是对输入源进行修正。我们知道，产生过拟合问题的最根本原因还是因为输入样本的丰度不够，不能涵盖所有的情况。对输入源进行扩充的方法也有不同的策略，其中一种策略就是对输入数据源加上满足一定分布律的噪声，然后把加上噪声后的输入源当作"伪"新训练样本。针对图片，还可以采取部分截取、角度旋转等数据增强手段（Data Augmentation）增加"新"样本。对于词表，可以增加单词的近义词，也能达到类似的效果。

正则化策略可通过对网络权值的修正来完成。神经网络的训练，对某些权值较为敏感。对权值稍微进行一些修改，训练的结果可能就迥然不同，所以为了保证网络的泛化能力，有必要对权值进行修正。具体的做法是，在网络的权值上加上符合一定分布规律的噪声，然后再重新训练网络，这样就增加了整个网络的"抗打击"能力，网络的输出结果就不会随数据源的变化而有很大变动。

其次，还可以采取"早停"（Early Stopping）策略。也就是说，提前停止训练。虽然接着训练可能会让训练误差变小，但让泛化误差更小，才是我们更高的目标。

除此之外，还可以集成方法，如 Bagging 策略，合并多个模型的结果，也叫作模型平均。

当然，还有其他正则化策略，如对抗训练（Adversarial Training）、权值共享（Parameter Sharing）及稀疏表示（Sparse Representation）等，这里不再一一介绍，感兴趣的读者，可以参阅相关资料。

15.9.4.3 在 RNN 之上的 Dropout 正则化

Dropout（随机失活）是近年来流行的一种正则化技术[23]，它是在 2014 年由 Hinton 教授的团队提出来的。在前面的章节里，我们也对 Dropout 做过简单介绍，与传统的 L_1 和 L_2 范式正则化不同，Dropout 并不会修改代价函数，而是直接修改深度网络本身。具体来说，在训练过程中，按照一定的概率对某些神经网络单元临时性地从原有网络中"丢弃"，故意让网络变得"似是而非"（参见图 13-4）。

对于随机梯度下降优化来说，由于 Dropout 是临时随机丢弃神经元，该部分神经元对应的参数不会更新，如同失活一般，因此，对每一个 mini-batch 的训练样本而言，都好像在训练不同的网络，最后把各个"不同的"小网络集成起来，作为最后的训练结果。的确，已有学者论证说，Dropout 可以被视为一种集成学习[24]。

Dropout 提供了一种巧妙的方式，通过减少权重连接来增加网络模型的泛化能力。那么 Dropout 技术又是如何应用在 RNN 语言模型上的呢？

显然，Dropout 丢弃了部分节点，从而破坏了神经元携带的历史信息，而这些信息恰好对于语言模型来说又至关重要，所以我们并不想抹掉这些信息。那该怎么办呢？

根据参考资料[20]，他们使用的 Dropout 策略并不复杂，简单来说，就是"有所丢弃，有所保留"，而不是完全随机地"丢弃"。如果说循环代表着历史的记忆，那么仅把 Dropout 操作应用于非循环连接，不就可以像 CNN 那样丢弃节点了吗？

在图 15-9 中，虽然我们给出了 LSTM 的设计轮廓图，但 RNN 中的循环结构表现得并不明显。图 15-20 给出了以"记忆单元"为核心的 LSTM 设计图，这使有关"记忆"的循环表现得更加清晰可见。

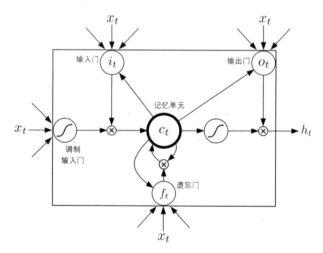

图 15-20　LSTM 中的记忆单元（图片来源：参考资料[25]）

在图 15-21 中，虚线箭头（垂直方向）代表的连接是可以应用 Dropout 的节点，而实线箭头（水平方向）不适用 Dropout。可以这样理解，从 t_i 时刻的状态传递到 t_j（$j>i$）时刻，它们代表的是记忆，而记忆是不能"丢弃"的。但在一个时刻 t，多层单元之间进行传递信息时，实施"丢弃"操作，无伤大雅。其中，图中 h_t^l 表示时间步 t 的第 l 层的隐含层单元，$l \in L$，此处 L 是 LSTM 的深度（层数）。

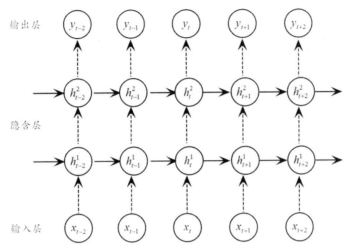

图 15-21　正则化多层的 RNN

我们知道，通过 Dropout 来达到正则化，其本质就是通过改变神经网络的结构，人为添加网络的不确定性，从而锻炼神经网络的泛化能力。换句话说，通过丢弃部分节点，让各个子网络变得不同。现在，我们把输入节点 x_i 到输出点 y_i 之间（即垂直方向）的某些连接，临时性地"丢弃"，而代表循环结构的水平方向的连接则保持不变。这样一来，同样也是改变了网络结构。请注意，这里所谓的"丢弃"，实际上是表示节点之间的连接权值在本次训练时不更新而已，并非真的丢弃了。

在时间维度上，图 15-22 显示了如何利用从第 $t-2$ 步开始的历史信息，预测 $t+2$ 时刻的预期输出。图中粗实线显示了信息的流动方向。通过在非循环结构中使用 Dropout 技术，LSTM 既受益于 Dropout 正则化的好处（即抗过拟合），又无须牺牲它最有价值的记忆能力，可谓是一举两得。

接下来，我们就以 Penn Tree Bank（简称 PTB）为语料库，利用 TensorFlow，实现基于 Dropout 正则化技术的 LSTM 语言模型。

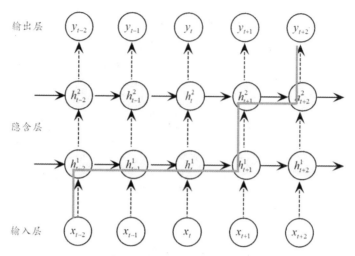

图 15-22　LSTM 中的信息流路径

15.10　基于 Penn Tree Bank 的自然语言处理实战

作为一个计算框架，TensorFlow 做了很多功能上的封装。比如，它能自动为我们计算每批数据的梯度，而且它提供了很多完善的 LSTM 的单元。这样我们就不需要从头开始重造轮子，下面以 PTB 为数据集，讲解基于 TensorFlow 的 LSTM 应用。

下面的程序来自 TensorFlow 官网的开源代码 ①，项目复现了 Zaremba 等人的研究成果[20]，该研究在 PTB 数据集上取得了非常好的效果，其数据预处理及 LSTM 网络流程如图 15-23 所示。

---

① https://www.tensorflow.org/tutorials/recurrent

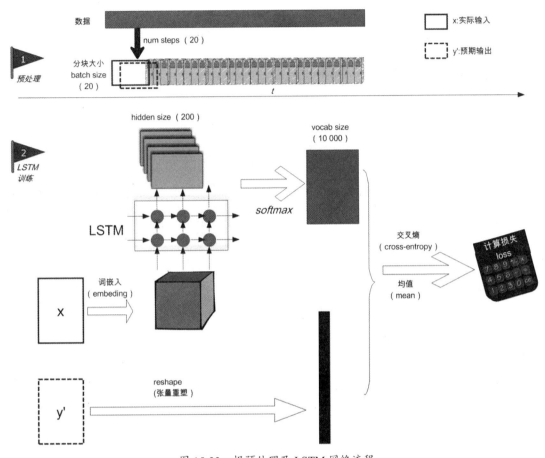

图 15-23　据预处理及 LSTM 网络流程

15.10.1　下载及准备 PTB 数据集

在自然语言处理领域，PTB 是非常流行的语料库，其语料来源为 1989 年的华尔街日报，语料库的规模为 100 万个单词，累计收集 2499 篇文章。该数据集常被用作衡量语言模型的性能基准。

首先，需要下载 PTB 数据集。下载链接为托马斯·米科洛维的个人主页：http://www.fit.vutbr.cz/~imikolov/rnnlm/simple-examples.tgz。下载后，在命令行使用如下命令将该文件夹解压到当前目录：

```
tar -xvf simple-examples.tgz
```

simple-examples/data/路径下的文件即为目标数据集。该数据集已经预先处理过，并且包含了 10 000 个不同的词语，其中包括语句结束标记符以及标记稀有词语的特殊符号。在"data/"文件夹下有 7 个文件，我们需要用到其中的 3 个：ptb.test.txt、ptb.train.txt、ptb.valid.txt。

接下来，我们还需要用到一个 Python 文件——reader.py，它的作用是读取 PTB 数据集。在 reader.py 中转换所有的词语，让它们各自都有唯一的整型索引（这个过程相当于为每个单词编配独热编码），以便神经网络处理。

reader.py 提供了两个函数用于读取和处理 PTB 数据集。其中读取数据的函数为 ptb_raw_data(DATA_PATH)。而函数 ptb_producer (raw_data, batch_size, num_steps)的功能是将数据分割为大小为 batch_size、长度为 num_steps 的块。此外，该函数工作时，需开启多个线程。

由于数据的读取并不是本节讨论的重点，所以，我们直接在 https://github.com/tensorflow/models/tree/master/tutorials/rnn/ptb 下载 reader.py 到当前目录即可。

15.10.2 导入基本包

导入基本包的代码如范例 15-1 所示。

【范例 15-1】LSTM 的 TensorFlow 实现（LSTM_PennTreeBank.py）

```
01   import numpy as np
02   import tensorflow as tf
03   import reader
```

【代码分析】

第 01~02 行代码导入 NumPy 包和 TensorFlow 包。

第 03 行代码导入 reader 模块，如前所述，我们已经把 reader.py 下载到当前目录，这里直接加载（import）即可。

15.10.3 定义相关的参数

下面我们设置一些模型运行的超参数，如下所示：

```
04   DATA_PATH = 'simple-examples/data/'
05   VOCAB_SIZE = 10000
06
```

```
07    HIDDEN_SIZE = 200
08    NUM_LAYERS = 2
09    LEARNING_RATE = 1.0
10    KEEP_PROB = 0.5
11    MAX_GRAD_NORM = 5
12
13    TRAIN_BATCH_SIZE = 20
14    TRAIN_NUM_STEP = 35
15
16    EVAL_BATCH_SIZE = 1
17    EVAL_NUM_STEP = 1
18    NUM_EPOCH = 2
```

【代码分析】

第 04~18 行是必要的参数设置。其中第 04~05 行是关于训练数据的参数设置,第 07~11 行是关于神经网络结构的参数设置,第 13~14 行是关于模型训练的参数设置,第 16~18 行是关于模型测试的参数设置。

具体来说,第 04 行,设置数据的存放路径。第 05 行,设置单词表中的单词数量,虽然 PTB 集合中有 100 万个单词,但为了训练方便,这里仅取其一部分,包括语句结束标识符和稀有单词标识符(<unk>),共 10 000 个不同词语。请注意,在 reader.py 读入单词时,已经将它们做了预处理,即让所有词语都有唯一的整型标识符,这个过程相当于对每个词实施了"独热编码",其目的在于便于 LSTM 的后续处理。

第 07 行,设置 LSTM 隐含层神经元的规模。第 08 行,设置 LSTM 结构的层数为 2。第 09 行,设置学习率为 1.0。第 10 行,设置节点 Dropout 的保留概率为 50%。第 11 行,设置用于控制梯度膨胀的参数。

第 13 行,设置训练数据的 batch 大小。第 14 行,设置训练数据的截断长度。

第 16 行,设置测试数据的 batch 大小。第 17 行,设置测试数据的截断长度。在测试时不需要使用截断,可将数据看作一个超长的序列。第 18 行,设置使用训练数据的轮数(epoch)。

15.10.4 语言模型的实现

下面通过设计一个 Python 类 PTBModel,来描述基于 LSTM 的语言模型。之所以利用面向对象的机制来完成这项工作，主要是因为这样做可以更加方便地维护循环神经网络中的状态，因为类中数据成员的生命周期会随着类对象的消亡而集体结束。

```
19  class PTBModel(object):
20      def __init__(self, is_training, batch_size, num_steps):
21  
22          self.batch_size = batch_size
23          self.num_steps = num_steps
24  
25          self.input_data = tf.placeholder(tf.int32, [batch_size, num_steps])
26          self.targets = tf.placeholder(tf.int32, [batch_size, num_steps])
27  
28          lstm_cell = tf.nn.rnn_cell.BasicLSTMCell (num_units = HIDDEN_SIZE, state_is_tuple = True)
29          if is_training:
30              lstm_cell = tf.contrib.rnn.DropoutWrapper ( lstm_cell, output_keep_prob = KEEP_PROB)
31          cell = tf.contrib.rnn.MultiRNNCell([lstm_cell] * NUM_LAYERS)
32  
33          self.initial_state = cell.zero_state(batch_size, tf.float32)
34          embedding = tf.get_variable("embedding", [VOCAB_SIZE, HIDDEN_SIZE])
35  
36          inputs = tf.nn.embedding_lookup(embedding, self.input_data)
37  
38          if is_training:
39              inputs = tf.nn.dropout(inputs, KEEP_PROB)
40          #定义输出层
41          outputs = []
42          state = self.initial_state
43          with tf.variable_scope("RNN"):
44              for time_step in range(num_steps):
45                  if time_step > 0: tf.get_variable_scope().reuse_variables()
46                  cell_output, state = cell(inputs[:, time_step, :], state)
47                  outputs.append(cell_output)
```

```
48          output = tf.reshape(tf.concat(outputs, 1), [-1, HIDDEN_SIZE])
            #定义softmax层
49          softmax_weight = tf.get_variable("softmax_w", [HIDDEN_SIZE, VOCAB_SIZE])
50          softmax_bias = tf.get_variable("softmax_b", [VOCAB_SIZE])
            #定义损失函数
51          logits = tf.matmul(output, softmax_weight) + softmax_bias
52
53          loss = tf.contrib.legacy_seq2seq.sequence_loss_by_example(
54              [logits],
55              [tf.reshape(self.targets, [-1])],
56              [tf.ones([batch_size * num_steps], dtype=tf.float32)])
57          self.cost = tf.reduce_sum(loss) / batch_size
58          self.final_state = state
59
60          if not is_training: return
61          trainable_variables = tf.trainable_variables()
62
63          grads, _ = tf.clip_by_global_norm(tf.gradients(self.cost,
                trainable_variables), MAX_GRAD_NORM)
64          optimizer = tf.train.GradientDescentOptimizer(LEARNING_RATE)
65          self.train_op = optimizer.apply_gradients(zip(grads, trainable_variables))
```

【代码分析】

第22~23行，接收从构造方法传递过来的batch大小和截断长度（即可处理的时间步）。出于计算上的便利，我们把数据分批次进行处理，最小批次记作batch_size。原始文本可视为一个超长一维向量，为了便于处理，我们设置了batch_size，把原始的大块头数据分割成一块块的小数据，然后为了能在TensorFlow中使用，这些小块数据需要"变形"（reshape）为batch_size*num_steps维度大小的张量，分批送入内存，以"各个击破"的方式处理每一个数据，从而达到训练模型的目的。

举例来说，假设batch_size = 2，即把整个语料库分割为两份，然后形成若干个维度为$2 \times m$的张量，这里m表示张量的长度，它取决于num_steps（时间步）的设置。当然输出向量也是相同维度大小的张量，如图15-24所示。

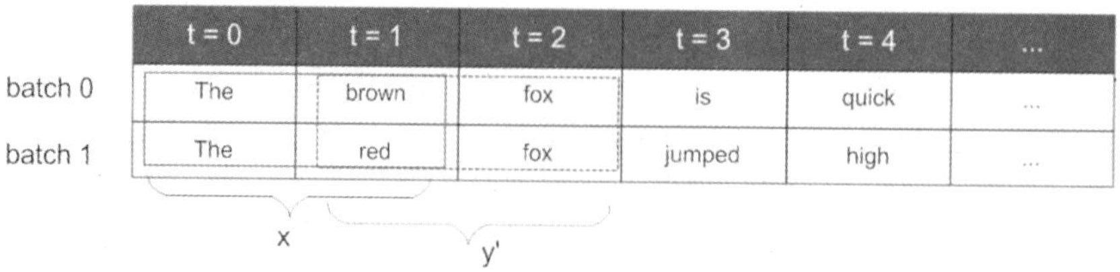

	t = 0	t = 1	t = 2	t = 3	t = 4	...
batch 0	The	brown	fox	is	quick	...
batch 1	The	red	fox	jumped	high	...

图 15-24　数据分割示意图

在图 15-24 中，在水平方向上（语句阅读方向上），每隔长度为 num_steps（本例设置为 2）就截断一次，于是先构成网络输入 x，即输入张量的形状为[batch_size, num_steps]=[2, 2]。然后将 x 右移一个位置，便可构成它的输出标签 y'（即预期输出）。在这里，y' 的每个元素都刚好为 x 的同位置单词的下一个词汇，因为本例的 LSTM 模型主要用于词汇的预测。

具体来说，针对上述两批数据，如果 num_step=2，则模型输入大小（此处指 RNN 展开之后的输入大小）为 2 个一组。当输入的词序列 x 为[The, brown]时，其对应的输出 y' 应为右移一位的词序列[brown,fox]，如下所示：

```
x=[[The, brown],
   [The, red],…]
y'=[[brown, fox],
   [red fox],…]
```

从上述演示的数据可以看出，当 x[0][0]的值为"The"时，它的标签（即预期输出）y'[0][0]的值为"brown"，当 x[0][1]的值为"brown"时，它的标签（即预期输出）y'[0][1]的值为"fox"，依此类推。

然后，我们再利用 LSTM 模型计算出实际的输出 y，如果 y' 和 y 有所不同，则可以利用二者的差异构建损失函数，然后再利用优化算法，快速找到最佳的网络参数，以减少误差。本项目的损失函数采用的是交叉熵（Cross Entropy）函数。

第 25~26 行定义了两个私有变量，分别命名为 self._input_data 和 self._targets，作为占位符，它们负责接收输入数据和预期目标输出。本范例要训练的模型是语言模型，PTB 内的数据也都是单词。即模型的任务就是，输入一定长度的"单词"串，然后预测随后出现的"单词"。如此一来，第 25~26 行的占位符类型都应是字符串型才对，为什么是整型呢？

实际上，原始数据的确是文本类型，但为了便于处理，如前所述，在利用 reader.py 程序读入文本时，所有单词都已被做了预处理，即把所有单词都转换为它们在单词表中的索引（index），这些索引值，就如同图书目录中的页码一样，都是整型的。

被编码后的文本，都是用一维向量表示的，也就是说，我们的工作步入到图 15-23 所示的第二阶段——LSTM 训练阶段。在该阶段，LSTM 是感知不到任何人类能识别的文本的，它能看到的只是一些"毫无情趣"的单词索引值。在后期，这些索引还会转换为密集的词嵌入向量。这个概念已经在 15.9.3 节做了简要说明，这里不再赘述。

如前分析，第 25 行，定义了输入层。输入层张量的形状被设置为[batch_size, num_steps]。第 26 行，定义了预期的输出，输出张量的形状信息和输入层是一致的。

第 28 行，定义了一个基本 LSTM 单元结构，该结构设置了网络的隐含状态数和输出特征维数都为 HIDDEN_SIZE。在 TensorFlow 中，那些所谓的遗忘门、输入门、候选门及输出门，都被封装在这样的一个基本记忆单元之中。别小看这个 LSTM 单元，它并不是一个单纯的神经单元，而是封装了若干个单元。HIDDEN_SIZE 就是用来设置它内置的隐含层神经单元个数的。因此，这里的 BasicLSTMCell 可视为一个包含多个神经单元的单层网络结构。

BasicLSTMCell 是最基础的 LSTM 类，没有实现梯度裁剪、映射层、窥视孔连接等 LSTM 的高级变种属性，仅作为一个基本结构存在。如果要使用这些高级变种，需要使用高端 API——tf.contrib.rnn.LSTMCell（这里需要额外说明的是，凡是在 contrib.下属的 API，都是 TensorFlow 的高层封装库）。

有了这些模块，我们就可以像搭积木一样，设置几个必要的参数，一个可用的循环神经网络就初具规模了。BasicLSTMCell 和 LSTMCell 的高度封装性，或许会让你"高度怀疑"前面所学 LSTM 理论的必要性。但需要说明的是，在工程实现上，这种封装性的确是高效的，但如果你还想定制自己的 LSTM（特别是用于学术研究），知其然，并知其所以然，就很有必要了。

第 29~30 行很重要，因为在 training（训练）阶段和 valid（验证）/test（测试）阶段，它们在参数设置上会有所不同。比如在训练阶段，要使用 Dropout 正则化技术提升模型的泛化能力，但其他阶段就不需要。这里（第 30 行）使用 DropoutWrapper 函数来实现 Dropout 功能，其中 output_keep_prob 控制输出的 Dropout 概率。为什么要用"Wrapper"（包裹器）这个词呢？是因为这个 API 在每一个 LSTM 单元外包了一层 Dropout 功能，从技术实现上来说就是，BasicLSTMCell 的输出成为 DropoutWrapper 函数的输入，经过 DropoutWrapper 的加工，其输出就是随机丢弃的 LSTM 单元。

第 31 行，使用 MultiRNNCell 类构建多层的 RNN 网络单元。其中，如前所述，第 28 行构建的 lstm_cell 实际上只是一个单层的网络结构，MultiRNNCell()可以让我们以 lstm_cell 为模板，复制若干次，形成多层 LSTM 网络。该函数中有两个参数，第一个参数是输入的 RNN 实例形成的列表（用[ ]标识），第二个参数是让状态成为一个元组，默认值为 state_is_tuple=True，所以不是特殊情况不用显式设置。

第一个参数列表被乘以 NUM_LAYERS，这个值表示我们设置的 lstm_cell 层。需要说明的是，这里的层是指实实在在的物理结构，前一层的 LSTM 的输出将作为后一层的输入。至此，LSTM 网络已经搭建好了。现在你看到了，利用深度学习计算框架非常省事（当然，如果用 Keras 搭建，这个过程可能更加快捷）！

接下来，在使用 LSTM 之前，我们还要对这个网络的状态进行初始化。第 33 行，利用 cell 对象的成员函数 zero_state( )，将输出状态 initial_state 全部初始化为零。

第 34 行，利用 tf.get_variable( )函数为词嵌入向量表 embedding，设置一个满足特定维度的张量。其维度的物理含义为：第一个维度 VOCAB_SIZE 为单词个数，第二个维度表示每个单词向量用 HIDDEN_SIZE 个维度来描述，因此词嵌入向量空间的维度为 VOCAB_SIZE × HIDDENZ_SIZE。

这里顺便介绍一下，tf.Variable()与 tf.get_variable()二者的共性和差别。在 TensorFlow 中，这两个函数都可以定义一个变量，也就是说，在功能上，它们是类似的，但在使用细节上有所不同。使用 tf.Variable()时，每次都创建新对象，如果检测到命名冲突，系统会自己进行处理。比如原来变量名定义为"abc"，然后再遇到其他同名的变量"abc"（由于 TensorFlow 的变量并不是随着程序运行完毕后，自动消亡，而是还保留在内存中，所以在二次运行程序时，同名的变量就会并存于内存之中），为了处理命名冲突，TensorFlow 会自动创建新的对象，并将它命名为"abc_1""abc_2"等。事实上，如果我们多次运行程序后，再使用 TensorBoard 可视化计算流图时，会发现有多个类似名称的计算流图。

但使用tf.get_variable()遇到重名时，系统不会处理命名冲突，而是直接报错。这样做是有目的的，TensorFlow想借助tf.get_variable()来保证变量命名的唯一性（本质上，自始至终就在内存中创建一个对象）。这样做的目的是，它可以实现变量共享（通过设置参数reuse=True）。我们知道，所谓"共享"，就是在不同代码区域共用同一个变量，那么这个变量自然就要做到"行不更名，坐不改姓"。[①]

[①] 需要说明的是，其实这样做也有不便之处，比如，二次运行程序时，哪怕程序是正确的，它都会报错。原因并不复杂，就是因为二次运行会产生同名变量（而上次程序运行完毕后，相关的变量并没有在内存中消失）。解决这个问题的一个笨办法是，每次运行前，都重启 Python 内核。如果在 Spyder 中，可在控制台使用"Ctrl +."组合键来完成重启。

第 36 行，利用 tf.nn.embedding_lookup( )函数将输入（第 25 行的 input_data）所代表的单词索引转化为词嵌入向量。该函数的原型为：

```
embedding_lookup(
    params,
    ids,
    partition_strategy='mod',
    name=None,
    validate_indices=True,
    max_norm=None
)
```

该函数的主要功能在于，按照 ids（多个索引值）的顺序，返回它们在 params 中的多个相应的行向量。其中，params 表示完整的嵌入张量表，它是一个类型为 int32 或 int64 的张量。比如，ids=[1,4,3]，那么这个函数返回的就是 params 中第 1、4、3 行向量。然后，由 1、4、3 行向量汇集成一个完成的张量。该过程的理论描述如图 15-25 所示。首先从 id（索引）找到对应的稀疏的独热编码（如前所述，该编码在读入文本时，已由 reader.py 完成了从文本到编码的转换），然后把图 15-25 中粗线（彩色图为红色线）所示的权值，经过查询，输出新的密集嵌入向量。

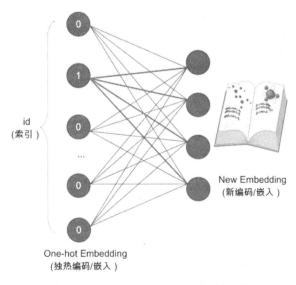

图 15-25　embedding_lookup 原理示意图

我们可以把这个 id 理解为一个独一无二的字，而 params 就是一个字典，而这个函数的作用就是根据字来查字典中所示的含义。所不同的是，这里的"意思"表示的是一个字的向量，ids 表示一次查询多个字的含义，而该函数也一次性返回多个字的意思。

第 38~39 行的功能非常明确，就是只在训练时，对字向量 inputs 进行"随机丢弃"操作，以保证训练模型的泛化特性。

第 41 行，定义了 LSTM 的输出列表。该列表可以将不同时候的 LSTM 结构的输出收集起来，再通过一个全连接层得到最终的输出。第 42 行，state 里存储不同 batch 中 LSTM 的状态，将其初始化为 0。

第 43 行，通过 tf.variable_scope()函数定义一个变量作用域"RNN"，通过不同的域来区别变量名。之所以使用该函数，主要是因为要和前文提到的 tf.get_variable()函数相互配合，以达到变量共享的目的。其实通过 tf.variable_scope()，还可达成一个解决目标：在 TensorBoard 可视化时，使用名称作用域进行封装后，可视化图会更清晰且有层次感。

在前面第 31 行，我们已经构造出一个空间维度上的多层 LSTM 网络，但它并不是一个真正意义上的 RNN，因为它暂时还没有考虑历史信息。现在我们要把这个网络在时间维度上展开。

第 44~47 行所示的 for 循环，就是用时间步（time_step）作为控制变量来完成历史信息采集工作。其中，第 45 行，通过 time_step 大于 0 为条件，来控制共享变量 inputs 是否能被复用。第 46 行实现了按顺序向 LSTM 网络输入文本数据，并使用 state 当作历史信息。LSTM 网络从初始状态开始运行，最终的输出为 cell_output，并根据这个输出状态得到新的状态。这里需要注意的是，由于这条语句在变量作用域"RNN"之中，如果想在 for 循环中多次调用，就必须使用 tf.get_variable_scope().reuse_variables()表明变量 cell_output 和 state 是可以被复用的，否则该语句就会产生同名网络节点而报错。

第 47 行，通过 append()函数把 LSTM 网络的输出结果（cell_output）按照时间步的顺序添加到输出队里。

由于 LSTM 的累计输出是存储在一个列表（outputs）之中的，该列表中的每一列元素都是 LSTM 的一次独立输出，各列元素彼此是孤立的。TensorFlow 操作的对象是各种类型的张量（Tensor），而非列表（List）。因此，下面的工作就是对这个列表的元素实施拼接，打通列表各列元素之间的"隔离"，将其融合为一个张量。代码第 48 行干的就是这项工作，我们利用 tf.concat(values, axis, name='concat')将输出队列（outputs）"粘贴"成形状为[batch,hidden_size*num_steps]的张量，其中该函数的第二个参数为 axis（轴）的方向，表明在哪一个维度上进行连接，此处将值设置为 1，表示在张量（values）的第 1 个维度上实施"粘贴"。参考以下代码，体会一下：

```
import tensorflow as tf
import tensorflow.contrib.eager as tfe
tfe.enable_eager_execution()          #使用即时执行模式

output1 = [[1, 2, 3], [4, 5, 6]]          #shape=(2,3)
output2 = [[7, 8, 9], [10, 11, 12]]       #shape=(2,3)

result0 = tf.concat([output1, output2], 0)  #dim 0 :2+2 = 4, shape (4,3)
result1 = tf.concat([output1, output2], 1)   #dim 1 :3+3 = 6, shape (2,6)

print("result0:\n", result0)
print("result1:\n", result1)
```

【运行结果】

```
result0:
 tf.Tensor(
[[ 1  2  3]
 [ 4  5  6]
 [ 7  8  9]
 [10 11 12]], shape=(4, 3), dtype=int32)
result1:
 tf.Tensor(
[[ 1  2  3  7  8  9]
 [ 4  5  6 10 11 12]], shape=(2, 6), dtype=int32)
```

tf.concat(values, axis, name='concat')可等价为 tf.stack(tensors, axis=axis)。

回到第 48 行的讨论，首先通过 tf.concat()实施列表元素的连接之后，再使用 reshape()函数（完成张量形状重塑），把 tf.concat()输出的张量变形为[batch*num_steps,hidden_size]的形状。

在输出张量形成之后，下面的工作就是把输出对接到 softmax 层。第 49~50 行分别定义了 softmax 层的两个变量的尺寸，它们表示线性分类器。

在 softmax 层，范例并没有显式地使用 tf.nn.softmax 函数，而只计算了 Wx+b 得到的结果（logits）。实际上，二者的功能是一样的，真正的 tf.nn.softmax 函数会把结果 logits 的值域变换到 0~1 之间（这样可以充当概率使用，在这里用不到）。第 51 行，通过矩阵乘法 tf.matmul 实现全连接层，得到最后的预测结果 logits。

得到输出结果（logits）后，第 53~56 行（实际上是一行语句）用到了 nn.seq2seq.sequence_loss_by_example 函数来计算所谓的 softmax 层的损失（loss，即输出值和预期值之间的差异）。其中参数[logits]表示预测分类置信度（第 54 行）。第 55 行，[tf.reshape(self.targets, [-1])]表示预期目标为"独热编码"类型的张量。第 56 行表示各类损失的计算权重均为 1，即"损失"一律平等。

由于这个"损失"是在整个批（batch）数据上累加的，需要除以"批大小"（batch_size），得到平均损失（第 57 行）。

在一批数据训练完毕之后，需要更新整个 LSTM 网络状态（第 58 行）。

第 60 行表示，如果是在验证（valid）或测试（test）阶段，计算出损失（loss）就停止任务。否则，如果是在训练阶段，还要执行随后的反向传播操作的各个流程（即执行 63~65 行代码）。

第 61 行的功能是，通过 tf.trainable_variables( )函数可以得到整个模型中所有 trainable=True 的变量。实际上，得到的结果（trainable_variables）是一个列表，在其中存有所有需要训练的变量。

第 63~65 行，设置了控制梯度大小、定义优化方法和应用梯度指导训练。其中，第 63 行有两个函数：tf.gradients()和 tf.clip_by_global_norm()。其中 tf.gradients()是求梯度的，而 tf.clip_by_global_norm()是控制梯度的。使用 tf.clip_by_global_norm()函数的主要目的是实施梯度裁剪，即让网络权重的更新限制在一个合适的范围，以防止梯度爆炸情况的发生。梯度爆炸和梯度弥散的原因类似，都是由于使用链式法则求导，导致梯度呈指数级衰减或猛增（前面的章节已经详细讨论过类似的问题）。为了避免梯度爆炸，需要对梯度进行裁剪。

前面的代码已经求得了合适的梯度，余下的工作就是使用这些梯度来更新参数的值。TensorFlow 提供了很多种优化器，其中最常用的优化器是梯度下降优化器（GradientDescentOptimizer），当然也可以使用 Adam 优化器（AdamOptimizer）。

第 64 行,利用 GradientDescentOptimizer()作为梯度递减优化器，并设置学习率，本例设置为 1，也就是采用实际的梯度（即没有打折扣的梯度）来指挥权值的更新。事实上，在大多数场景下，这个学习率要小于1，以免让学习过程产生动荡。

第 65 行也很重要，其功能是把设置的优化器应用到指定的变量上（trainable_variables）。只有优化模型被应用，才能对参数进行优化，否则一切都是"纸上谈兵"。

15.10.5　训练并返回 perplexity 值

在训练语言模型时，我们常用 perplexity（混乱度）作为模型的性能评估标准。这里的"混乱度"是指下一个单词的候选范围。显然，这个范围越大，"混乱"程度就越高，不确定程度也就越高。我们训练模型的目的是让这个混乱度变低。

以下代码定义了 run_epoch 函数，用来实施训练并返回训练的混乱度指标（perplexity）。

```
66  def run_epoch(session, model, data, train_op, output_log, epoch_size):
67      total_costs = 0.0
68      iters = 0
69      state = session.run(model.initial_state)
70
71      for step in range(epoch_size):
72          x, y = session.run(data)
73          cost, state, _ = session.run([model.cost, model.final_state, train_op],
74              {model.input_data: x, model.targets: y, model.initial_state: state})
75          total_costs += cost
76          iters += model.num_steps
77
78          if output_log and step % 100 == 0:
79              print("After %d steps, perplexity is %.3f" % (step, np.exp(total_costs / iters)))
80      return np.exp(total_costs / iters)
```

【代码分析】

第 66~80 行定义了一个 run_epoch 函数，它的主要功能是控制模型的训练过程。也就是说，使用前面构建好的模型（model），在训练集合（data）上运行指定操作（train_op），并返回在该数据训练集上的混乱度（perplexity）。

第 67~68 行，为计算混乱度设计了两个辅助变量：total_costs（整体代价）和 iters（迭代次数），并将其初始化为 0。第 69 行初始化模型的状态，由于它也是计算流图的一部分，所以要完成初始化工作，也需要将其操作显式放置于会话的run()方法内运行。

第71~76行，利用一个for循环完成一个指定轮数（epoch）的模型训练。每个epoch都会把训练集上的所有数据在模型上运行一遍。但由于训练数据其实是有限集合，运行一遍下来，训练出来的模型性能可能还欠佳。于是，我们还可以把训练集数据再在模型上运行一遍。因此，通常epoch的值都是大于1的。但epoch具体设置为多大为好呢，事先我们是不知道的，作为超参数的epoch，只能凭借用户的经验来设定。

其中，第72行的功能是，将训练数据（data）拆分为特征部分（x）和标签部分（y），这是为后续的训练做准备的。

第73~74行（在代码层面上，实际上是一行），其主要功能是把当前批次的数据（batch）放到模型上去训练（train_op），并计算损失代价。交叉熵损失函数计算的就是预测下一个单词为给定单词的概率。

在11.5.8.2节中，我们已经解释了会话（Session）的run()方法的使用方式，但为了更加透彻地理解第73~74行代码，有必要把的run()方法重新审视一番。其函数原型如下所示：

```
run(
    fetches,
    feed_dict=None,
    options=None,
    run_metadata=None
)
```

以前我们在用run()方法时，主要关注它的前两个参数fetches和feed_dict。其中fetches参数是数据流图中能接收的任意数据流图元素，既可以是各类Op（操作），也可以是各种张量（Tensor）对象。feed_dict参数为可选项，其主要功能是给数据流图提供运行时数据。

现在我们要关注的是run()方法的返回值。根据TensorFlow的官方文档介绍，run()方法的返回值要和参数fetches指定的变量，在类型和数量上匹配。如果fetches是各类Op，那么run()将返回None。如果fetches是各类张量，run()输出为同类型的NumPy数组。如果是二者的混合，我们可以把Op和张量打包成一个列表，传递给run()方法，那么run()会对等返回一个列表。

代码第73~74行所示的fetches的值为[model.cost, model.final_state, train_op]。那么在该行代码等号（=）的左侧，返回的就是一个匿名的列表。在前面的章节中，我们已经强调过，Python

区分是不是列表（list）的关键所在，是元素之间有没有用逗号（,）隔开，而非那个显眼的方括号 [ ]。

这样一来，为了接受 run() 方法返回的参数，在代码第 73~74 行等号（=）的左侧，必须设计三个对等的元素，它们分别是 "cost" "state" 和 "_"（否则，列表元素个数不等，就无法进行对等赋值）。值得一提的是，充当 fetches 参数列表的第三个元素是一个 Op（即 train_op），它在 run() 方法中的返回值是 None，所以我们设计了一个下画线（_）变量来接纳它。对于这种接受了没有用、但又不得不使用的变量，我们称之为"垃圾变量"，它们存在的目的就是"滥竽充数"。

现在回到代码第 75~76 行上。这两行代码的功能一目了然，分别是将不同时刻、不同批次代价（其实就是预测下一个单词出现的候选范围）和迭代次数累加起来，为后续计算混乱度（perplexity）做准备（第 80 行代码）。

第 78~79 行代码的功能就是，打印训练过程中的日志信息，以便用户把控训练过程。

语言模型的训练需要分层多轮（epoch）完成，所以 run_epoch 函数会被多次调用。每一轮都训练所有的数据，每次训练迭代的输入都为 batch_size *num_steps 维度大小的张量。

15.10.6 定义主函数并运行

通常，终止模型训练有 3 种方式：(1) 达到固定的迭代次数，强行终止。(2) 在验证数据集合中，性能指标达到预期，愉快终止。(3) 在验证集合中，连续多次的性能指标相差无几，且小于某个给定阈值，说明系统性能无法再提高，无奈终止。

第 (1) 种方式虽然粗暴，但简单好用。所以本项目采用的就是这种方式。

```
81  def main():
82      train_data, valid_data, test_data, _ = reader.ptb_raw_data(DATA_PATH)
83  
84      train_data_len = len(train_data)
85      train_batch_len = train_data_len // TRAIN_BATCH_SIZE
86      train_epoch_size = (train_batch_len - 1) // TRAIN_NUM_STEP
87  
88      valid_data_len = len(valid_data)
89      valid_batch_len = valid_data_len // EVAL_BATCH_SIZE
90      valid_epoch_size = (valid_batch_len - 1) // EVAL_NUM_STEP
```

```python
91
92      test_data_len = len(test_data)
93      test_batch_len = test_data_len // EVAL_BATCH_SIZE
94      test_epoch_size = (test_batch_len - 1) // EVAL_NUM_STEP
95
96      initializer = tf.random_uniform_initializer(-0.05, 0.05)
97      with tf.variable_scope("language_model", reuse=None, initializer=
        initializer):
98          train_model = PTBModel(True, TRAIN_BATCH_SIZE, TRAIN_NUM_STEP)
99
100     with tf.variable_scope("language_model", reuse=True, initializer=initializer):
101         eval_model = PTBModel(False, EVAL_BATCH_SIZE, EVAL_NUM_STEP)
102
103     with tf.Session() as session:
104         tf.global_variables_initializer().run()
105
106         train_queue = reader.ptb_producer(train_data, train_model.batch_size,
                train_model.num_steps)
107         eval_queue = reader.ptb_producer(valid_data, eval_model.batch_size,
                eval_model.num_steps)
108         test_queue = reader.ptb_producer(test_data, eval_model.batch_size,
                eval_model.num_steps)
109
110         coord = tf.train.Coordinator()
111         threads = tf.train.start_queue_runners(sess=session, coord=coord)
112
113         for i in range(NUM_EPOCH):
114             print("In iteration: %d" % (i + 1))
115             run_epoch(session, train_model, train_queue, train_model.train_op,
                True, train_epoch_size)
116
117             valid_perplexity = run_epoch(session, eval_model, eval_queue,
                tf.no_op(), False, valid_epoch_size)
118             print("Epoch: %d Validation Perplexity: %.3f" % (i + 1,
```

```
                    valid_perplexity))
119
120             test_perplexity = run_epoch(session, eval_model, test_queue,
                    tf.no_op(), False, test_epoch_size)
121             print("Test Perplexity: %.3f" % test_perplexity)
122
123             coord.request_stop()
124             coord.join(threads)
125      if __name__ == "__main__":
126             main()
```

【代码分析】

第 82 行，通过 reader.ptb_raw_data( ) 函数，根据路径读取原始数据集中的数据，该函数将返回 4 个值，分别是 train_data（训练数据）、valid_data（验证数据）、test_data 和词汇表大小（vocab_size），由于 vocab_size 在本例中暂时用不到，所以用"垃圾变量"（即一个下画线）接收它。

第 84~94 行，计算一个 epoch 需要训练的次数。其中第 84 行，计算数据集的大小。第 85 行，计算 batch 的个数。第 86 行，计算该 epoch 的训练次数。

我们知道，训练神经网络模型（包括 LSTM、CNN 等）的最终目的是训练得到一组最佳网络参数，从而使得目标函数取得最小值。因此，参数的训练很重要，但实际上参数的初始化也同样重要。好的初始化，可能让训练更加有效率。为达到此目的，TensorFlow 提供了很多初始化参数的类或方法。random_uniform_initializer( ) 就是其中的一个类，它能辅助生成均匀分布的随机数，其构造方法如下：

```
__init__(
    minval=0,
    maxval=None,
    seed=None,
    dtype=tf.float32
)
```

这四个参数分别用于指定随机数的最小值、最大值、随机数种子和类型（默认为 32 位浮点数）。代码第 96 行，就是生成随机数，然后分别用于 language_model 作用域中的变量初始化（第 97 行和第 100 行）。请注意，此时的初始化还仅仅是计算流图中的一个构思而已，真正要完成初始化行为，还需要在会话中完成（代码第 104 行）。

第 97~98 行，开启训练时用的模型。第 100~101 行，开启评估时用的模型。这两个模型的变量初始化，都使用第 96 行代码生成的随机数。

第 106~108 行，利用 reader.ptb_producer( )函数，分别生成训练数据序列（train_queue）、评估数据序列（eval_queue）及测试数据序列（test_queue）。这些训练除了把原始数据拆分为若干批（batch）之外，还把每批数据分拆为输入数据（input）和标签数据（target）。

代码第 110 行，利用 train.Coordinator()函数，创建一个协调器，以便管理多线程。这些多线程以异步的方式读入训练、评估和测试数据，并将其压入队列。

代码第 111 行，train.start_queue_runners()启动多线程，这样就可以并发生成 train_queue、eval_queue 和 test_queue 三个序列，以提高数据序列的生成速度。因此，第 106~108 行的预备工作，要先于多线程的开启。

第 113~118 行，使用训练数据训练模型。其中第 115 行，训练模型。第 117 行，使用验证数据评估模型。第 120~121 行，使用测试数据测试模型，并打印结果。

在训练、评估和测试模型完成之后，第 123 行，使用 request_stop()函数显式请求停止多线程。第 124 行，利用 coord.join()实现线程的同步，它一直等待，直到所有指定的线程（threads）都停止。

125~126 行是典型的 Python 用法，全局变量 __name__ 存放的就是当前模块的名称。__main__ 是顶层代码执行作用域的名字。如果当前运行的模块名为 __main__（即非 import 导入的模块），那么就运行 main()函数。

15.10.7　运行结果

运行平台：Ubuntu 15.04、Mac OS

运行环境：Python 3.6

TensorFlow 版本：1.5+

部分运行结果如下所示：

```
In iteration: 1
After 0 steps, perplexity is 9983.054
After 100 steps, perplexity is 1431.305
After 200 steps, perplexity is 1036.652
After 300 steps, perplexity is 867.841
……
After 1200 steps, perplexity is 452.131
After 1300 steps, perplexity is 434.928
Epoch: 1 Validation Perplexity: 255.521
In iteration: 2
After 0 steps, perplexity is 387.750
After 100 steps, perplexity is 264.003
After 200 steps, perplexity is 269.116
After 300 steps, perplexity is 269.778
……
After 1200 steps, perplexity is 247.166
After 1300 steps, perplexity is 244.418
Epoch: 2 Validation Perplexity: 199.840
Test Perplexity: 193.053
```

【结果分析】

从运行结果可知，刚开始迭代训练时，perplexity 的值为 9983.054，表示预测下一个单词的范围大概是 9983 个。在两轮训练结束后，训练数据上的 perplexity 降到了 193.053，这表明通过训练，预测下一个单词的范围从 9983 个减小到大约 193 个。当然我们还可以增加训练轮数，perplexity 值可能会进一步降低。

15.11 本章小结

现在，我们总结一下本章的主要内容。由于传统的 RNN 存在梯度弥散问题或梯度爆炸问题，导致第一代 RNN 很难把神经网络层数提上去，因此其表征能力非常有限，应用性能上也有所欠缺。于是，胡伯提出了 LSTM，通过改造神经元，添加了遗忘门、输入门和输出门等结构，让梯度能够长时间地在路径上流动，从而有效提升了深度 RNN 的性能。

由于 LSTM 对历史信息具有良好的记忆能力，这个特征非常适用于自然语言处理，因此，接下来，我们简单介绍了自然语言处理的词向量表示（包括独热编码表示、分布式表示和词嵌入表示），然后我们介绍了 3 类常见的统计语言模型（包括基于 NGram 的、基于神经网络的和基于 RNN 的）。

最后，我们详细解读了基于 PTB 的自然语言处理实战项目，该项目是基于深度学习框架 TensorFlow 的。通过项目实战，一方面让我们熟悉了 TensorFlow 框架的使用，另一方面让我们更加透彻地理解了 LSTM 的内涵。

15.12 请你思考

通过本章的学习，请你思考如下问题：

（1）LSTM 是如何避免梯度弥散的？它都使用了哪些手段？

（2）根据"无免费午餐原理（No free lunch theorem）"，在任何一个方面的性能提升，都是以牺牲另一方面的性能为代价的，请问 LSTM 付出的代价（或者说缺点）是什么？

参考资料

[1] Hochreiter S, Schmidhuber J. Long Short-Term Memory[J]. Neural Computation, 1997, 9(8):1735.

[2] Lecun Y, Bengio Y, Hinton G. Deep learning[J]. Nature, 2015, 521(7553):436-444.

[3] Goodfellow I J, Pouget-Abadie J, Mirza M, et al. Generative adversarial nets[C]// International Conference on Neural Information Processing Systems. MIT Press, 2014:2672-2680.

[4] Schmidhuber J. Learning Factorial Codes by Predictability Minimization[J]. Neural Computation, 1992, 4(6):863-879.

[5] Graves A, Liwicki M, FernãiNdez S, et al. A Novel Connectionist System for Unconstrained Handwriting Recognition[J]. IEEE Transactions on Pattern Analysis & Machine Intelligence, 2009, 31(5):855-868.

[6] Chung J, Gulcehre C, Cho K H, et al. Empirical Evaluation of Gated Recurrent Neural

Networks on Sequence Modeling[J]. Eprint Arxiv, 2014.

[7] Wu Y, Schuster M, Chen Z, et al. Google's Neural Machine Translation System: Bridging the Gap between Human and Machine Translation[J]. 2016.

[8] Smith, Chris. iOS 10: Siri now works in third-party apps, comes with extra AI features. BGR. , http://bgr.com/2016/06/13/ios-10-siri-third-party-apps/.

[9] 黄安埠. 深入浅出深度学习[M]. 北京: 电子工业出版社, 2017.

[10] Colah. Understanding LSTM Networks, http://colah.github.io/posts/2015-08-Understanding-LSTMs/.

[11] Arun. LSTM Forward and Backward Pass. http://arunmallya.github.io/writeups/nn/lstm/index.html#/.

[12] 吴军. 数学之美[M]. 北京: 人民邮电出版社, 2012.

[13] Turney P D, Pantel P. From frequency to meaning: Vector space models of semantics[J]. Journal of artificial intelligence research, 2010, 37: 141-188.

[14] YJango. LSTM 里 Embedding Layer 的作用是什么？知乎. https://www.zhihu.com/question/45027109.

[15] Roweis S T, Saul L K. Nonlinear dimensionality reduction by locally linear embedding[J]. science, 2000, 290(5500): 2323-2326.

[16] Bengio Y, Ducharme R, Vincent P, et al. A neural probabilistic language model[J]. Journal of machine learning research, 2003, 3(Feb): 1137-1155.

[17] Mikolov T, Kombrink S, Deoras A, et al. RNNLM-recurrent neural network language modeling toolkit[C]//Proc. of the 2011 ASRU Workshop. 2011: 196-201.

[18] Mikolov T, Sutskever I, Chen K, et al. Distributed Representations of Words and Phrases and their Compositionality[J]. Advances in Neural Information Processing Systems, 2013, 26:3111-3119.

[19] Mikolov T, Chen K, Corrado G, et al. Efficient estimation of word representations in vector space[J]. arXiv preprint arXiv:1301.3781, 2013.

[20] Zaremba W, Sutskever I, Vinyals O. Recurrent neural network regularization[J]. arXiv

preprint arXiv:1409.2329, 2014.

[21] Goodfellow I, Bengio Y, Courville A, et al. Deep learning[M]. Cambridge: MIT press, 2016.

[22] 周志华. 机器学习[M]. 北京: 清华大学出版社, 2016.

[23] Srivastava N, Hinton G, Krizhevsky A, et al. Dropout: A simple way to prevent neural networks from overfitting[J]. The Journal of Machine Learning Research, 2014, 15(1): 1929-1958.

[24] Hara K, Saitoh D, Shouno H. Analysis of dropout learning regarded as ensemble learning[C]//International Conference on Artificial Neural Networks. Springer, Cham, 2016: 72-79.

[25] Graves A. Generating sequences with recurrent neural networks[J]. arXiv preprint arXiv: 1308.0850, 2013.

Chapter sixteen

第 16 章　卷积网络虽动人，
　　　　　胶囊网络更传"神"

　　江山代有才人出，各领风骚数百年。但在计算机科学领域，"风骚"数十年都非常难。卷积神经网络在短短三十多年里，几起几落。别看它现在还如日中天，要知道，浪潮之巅的下一步，就是衰落。而推动这一趋势的，正是卷积神经网络得以雄起的大功臣——Geoffrey Hinton。他提出了全新的"神经胶囊"理论，这"胶囊"里到底装的是什么"药"？

16.1 从神经元到神经胶囊

在第 13 章中,我们讨论了卷积神经网络(CNN)的应用。在大计算和大数据的背景下,深度学习大行其道、大受欢迎,究其原因,卷积神经网络的出色表现,可谓居功至伟。尽管如此,卷积神经网络也有其局限性,如训练数据需求大、环境适应能力弱、可解释性差、数据分享难等不足。

2017 年 10 月,Hinton教授和他的团队在机器学习的顶级会议"神经信息处理系统大会(Conference and Workshop on Neural Information Processing Systems,简称NIPS)"上发表论文,超越了自己前期的理论研究——反向传播算法(BP)[1],提出了一种全新的神经网络——胶囊网络(CapsNet)[1]。

对于这篇论文,Hinton教授是有充分预热的。2017 年 9 月(论文发表的前一个月),在多伦多举行的人工智能会议上,Hinton对他参与构建的反向传播(BP)理论,表示了"深深的怀疑[2]"。在这次会议上,Hinton还引用了著名物理学家马克斯·普朗克(Max Planck)[2]的名言:"科学之道,不破不立(Science progresses one funeral at a time)",来支持自己的新理论。

在这次会议上,Hinton 最后总结:科学是踩着葬礼前行的,未来由质疑我所说的一切的那批学生所决定。

16.2 卷积神经网络面临的挑战

Hinton 对 CNN 的"深深的质疑"是有原因的。CNN 的内在缺陷主要体现在如下 3 个方面。

(1)CNN 生物学基础不足,难以"熟能生巧"

我们知道,人工神经网络,在很大程度上,是以模仿生物神经网络为基础的。但生物大脑对事物的认知过程,并不是一个神经元关注一个特征,而是一组神经元关注一个特征。在这里,一个和一组的区别在于,一个只能输出一个数值,而一组则可以输出一个向量。很显然,一组神经元输出的信息量,远远多于一个神经元输出的信息量,但它们并不是简单的加法关系。

---

① 普林斯顿大学的计算心理学家 Jon Cohen 甚至认为,反向传播可视为所有深度学习技术的基础,可见 BP 算法的重要性。

② 量子力学的重要创始人之一,1918 年物理学诺贝尔奖得主。

我们知道,生物大脑被相近实体反复刺激后,会建立特殊的联结块,以加快和改善它们对于该实体的识别。我们常说的"熟能生巧"就是这个意思,这里的"熟"表示多次训练,"巧"则表示大脑神经块对相同事物的快速处理。但当前的卷积神经网络结构并没有这样的"记忆"功能。

(2) CNN 全连接模式过于冗余而低效

在标准的 CNN 中,前几层是局部连接,最后几层通常是全连接层。不要小看这几个全连接层,它们占据参数总量的 70%~90%。对于一个 3 层的全连接层网络(假设分别是层 0、层 1 和层 2),处于中间第 1 层中的任意神经元,都可以访问第 0 层中的任意神经元,并且其本身也可以被第 2 层中的每个神经元所访问,但这种层与层之间的全连接模式,会带来海量的参数训练,但很多参数其实是冗余且不必要的。

换句话说,在 CNN 中,不同位置上相同的实体,可激活同一个神经元。而相同位置上不同的实体,也可激活不同的神经元。这句话有点令人费解,下面我们结合经典神经网络图来辅助说明,参见图 16-1。

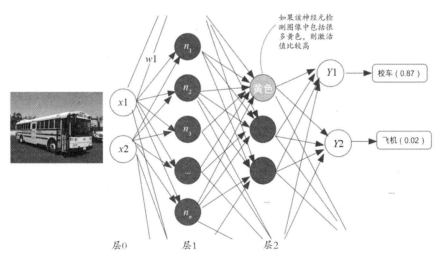

图 16-1 卷积神经网络中的神经元

在图 16-1 中,我们假设 x_1 和 x_2 是不同位置的像素,x_1 代表校车的黄色像素,而 x_2 代表地面的褐色像素。通常,生物神经元的功能是相对固定的,各个神经元彼此分工,各司其职。但在 CNN 中,假设第 1 层的神经元 n_1 负责感知黄色,处于不同位置的 x_1、x_2…都尝试激活 n_1,这是没有必要的。类似的,具体到同一个位置的 n_1,它也尝试激活第 2 层中除了负责黄色神经元的其他不同功能的神经元,这其实也是一种浪费和徒劳。即便利用了 Dropout 技术,随机抛弃了部分节点，也仅是缓解了这种现象，而不能消除这种现象。这就限制了全连接层既不能做到单层太大，也不能做成多层太深，否则参数太多，训练难以收敛。

然而，生物大脑的工作机理似乎并非如此，在大脑里，通常是相邻位置的实体激活同一组神经元。不同位置上即使有相同的实体（比如，校车的轮毂和车身都是黄色）也会激活不同的神经元。也就是说，生物大脑的模式识别具有位置和实体的通识性和变识性。

（3）CNN 胜在特征检测，但穷于特征理解

下面我们用人脸识别的伪代码例子来说明第（3）个观点。卷积神经网络的工作原理可简化描述如下[3]：

```
if (有一个鼻子 && 有一个嘴巴 && 两只眼睛)
    判断这是一张脸
```

在很大程度上，上面伪代码描述的逻辑是有道理的。即如果 CNN 能检测出某个对象的若干特征，那么就可以据此判定是这个对象。在很多场景下，基于这个逻辑，CNN 的分类也是靠谱的。

但如果细细推敲，就会发现问题。请参考图 16-2 的（a）和（b）两幅子图。左图是面目全"非"的五官画像，右图为毕加索的五官"错"位的女性画像。在这两幅图中，人脸的局部特征，比如眼睛、鼻子和嘴巴，它们都客观存在，如果单独拎出来看，还不难看，但放到一起，一般人都接受不了。为什么呢？它们的"错"与"非"在于，这些特征之间的相对位置不同于正常人。①

（a）面目全"非"的五官　　　　　　　（b）怪诞的毕加索名画

图 16-2　变换特征位置的"人"

如果用 CNN 来判断，对于图 16-2 所示的两幅图，分类算法可能会在很大概率上输出这是

---

① 很显然，如果仅基于特征来判断分类，卷积神经网络很容易受到白盒对抗攻击。所谓白盒对抗攻击，是指攻击者"心知肚明"机器学习所使用的算法及参数。因此，攻击者能"有的放矢"地产生对抗性攻击数据，以干扰机器学习的输出判断，图 16-2 就可算作一种白盒对抗攻击。

标准的人脸，但人类显然并不这么认为。这种与人类大脑的认知差距，说明卷积神经网络即使在大多数情况下工作正常，也不能掩饰它内在的缺陷。

再比如，CNN在使用池化策略时，它凭借"平移不变性"[①]可提升CNN分类的鲁棒性。比如，对于最大池化策略而言，每次池化操作只保留最大的激活值，也就是最显著的特征。由于池中的元素位置并不影响最大池化的效果，所以即使图片中的像素有所变化，也不会影响池化效果。例如，假设（1，3，4）不慎变成（1，4，3），它们的最大池化值都是数字"4"。这么做，对提升分类正确率自然是有益处的。

但问题的关键在于，不断提升分类的识别率，是正确的目标吗？显然，Hinton 教授并不这么认为。

在 Hinton 看来，一个更加理想的脸部识别算法应该是这样的：

```
if （有2个相邻的眼睛 && 眼下有鼻子 && 鼻下有嘴巴）
    判断这是一张脸
```

意思是说，算法除了能够识别出特征来，还要保留特征之间的空间层次关系。也就是说，分类算法的更高境界应该锁定在内容的良好表征上。

这是因为，一旦我们找到了内容的良好表征，就等于我们理解了内容。于是，这些内容就可以被用来进行模式识别、语义分析、构建抽象逻辑等，这才是更高级的目标。CNN 池化策略的"平移不变性"虽然带来了分类的鲁棒性，但为之付出的代价是，丢失了特征的空间层次信息，而这种信息恰恰有助于内容的良好表征。这就好比，我们"捡了芝麻，丢了西瓜"，而我们恰恰又以捡了更多粒芝麻，作为衡量我们劳动成果的尺度，这岂不是荒诞？

因此，CNN对如图 16-2 中人脸的误判就不足为怪了。也就是说，虽然CNN可以高效检测出特征，但对特征的"理解"几乎一无所知。[②]

[①] "平移不变性"的本质是说，当图片像素发生微小滑动时（包括小幅度的平移和旋转），CNN 依然能够稳定地识别对应内容，把最显著的特征保留下来。

[②] 以学习一篇文章为例，我们来对比说明不同神经网络的学习方式。
（1）**全连接网络**：全文记忆。不放过每一个字，需要观看的时间最长，耗费精力最大，学得也慢。如果文章偏长，学了后面会忘了前面。
（2）**卷积网络**：重点记忆。提取关键词，掌握大致概念，但有时候由于认识不全面，会混淆概念，甚至同一个概念换个说法就不明白了，或者把其他类似概念误认为是同一个概念。
（3）**胶囊网络**：理解记忆。它是有方向、有目标、有效果的学习，能够把学到的东西体系化、结构化、内化为自己的理解，并能够重建、复盘整个框架。而实际效果反映了并不是记得越多效果越好。

以至于 Hinton 评价说，CNN 分类正确率很高，看似一个大好局面，实则是一场灾难。据此 Hinton 也断言："卷积神经网络注定是没有前途的！"

16.3 神经胶囊的提出

如果 Hinton 仅仅是抛出一个问题，而没有给出对应的解决方案，那么这个问题的价值就会大打折扣，他也很容易被人用"你行你上"的话"怼"回去。

好在 Hinton 不是一般人，他在批判 CNN 不足的同时，已然备好了解决方案，这就是我们本章即将讨论的"胶囊神经网络（Capsule Network，简称 CapsNet）。"

前文已经提到，Hinton认为CNN的不变性并不理想，"同变性（Equivariance）"[①]才是我们想要的。下面我们来对比说明这两个概念[4]。

如前文所言，不变性指的是对象的表征，不随对象 X 的"变换"而变化。从计算机视觉的角度来看，这里的变换包括平移、旋转、缩放等，如图 16-3 所示。

图 16-3　不变性示意图

由于 CNN 具有不变特性，它对物体的平移、旋转和缩放等并不敏感。以狮子雕像为例，

[①] 感兴趣的读者可查阅 Geoffrey Hinton 的那篇著名报告：卷积神经网络到底错在何处（What is wrong with convolutional neural nets）？https://www.youtube.com/watch?v=rTawFwUvnLE&t=519s。

这类变化并不影响 CNN 对方框内狮子的识别。这自然大大提高了分类的鲁棒性。

然而，任何性能的提升，通常都以牺牲某项性能为代价（不是存在"天下没有免费午餐"定理吗）。CNN 对分类性能的提升，同样要付出成本。Hinton 认为，平移、旋转及缩放等变换之所以可以做到局部不变性，其实是以丢弃"坐标框架"为代价的。没有了坐标的约束，自然也就不用判断图像是否发生平移、旋转或缩放。

而"同变性"则不会丢失这些信息，它只是对内容做了一种变换。这就好比，画纸相当于坐标框架，当画家画了一张大小合适的嘴巴时，具有格局观的画家（抽象派除外），就能知道脸的大致位置和大小该怎么画。当嘴巴画斜了，脸自然也得倾斜才算是一张正常的脸。

类似的，在图 16-4 的（b）图中，当数字"7"的位置发生变化时，人的视觉系统会自动建立"坐标框架"，在此处，"坐标框架"属于先验知识。坐标框架会参与到识别过程中，识别过程受到了空间概念的支配，因此，它并不是一个独立的过程。

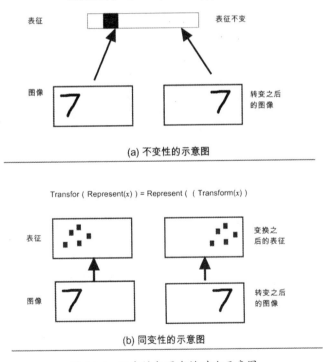

图 16-4　不变性与同变性对比示意图

图 16-4 给出了不变性和同变性的对比示意图。在（a）子图中，平移前的 7 和平移后的 7 的表征是一样的（可以通过 CNN 的池化操作达到该目的），位置变了我们依然能识别出是 7，

但代价是我们无法判断出 7 在图像中所处的位置。

图 16-4 的（b）子图顶部所示的公式描述的是，对象 x 的表征，在经过转换（平移）之后，其结果等同于转换之后对象的表征，这就是所谓的"同变性"。[①]具体说到数字"7"的平移，在平移前的 7 和平移后的 7 的表征里，包含位置信息（这个可以通过后文即将讲到神经胶囊做到），这样一来，我们不但能识别出 7，还能判断出 7 在图像中所处的位置。

于是，Hinton 教授提出了一个设想[②]：观察者和物体之间的关系（比如物体的姿态），应该由一整套激活的神经元来表征，而不是由单个神经元或一组粗编码（coarse-coded）的神经元表征。只有这样，有关"坐标框架"之类的先验知识才能有机会被表达出来。而这一整套神经元，Hinton 将其取名为"神经胶囊（Neuron Capsule，简称 NC）"。

那么在神经胶囊框架下，又是如何体现同变性的呢？Hinton 认为，同变性大致包括两种类型[5]：

（1）位置编码（place-coded）：当内容的位置发生较大变化时，则由不同的"胶囊"表示其内容。

（2）速率编码（rate-coded）：当内容的位置发生较小变化时，则由相同的"胶囊"表示其内容，但是内容有所改变。

二者的关联是，高层的"胶囊"有更广的域，低层的"位置编码"信息通过汇总，抵达高层变成"速率编码"。对这两种编码的理解，可以想象成两种不同比例尺的地图。"位置编码"相当于小比例尺的地图（比如街道级别），而"速率编码"相当于大比例尺的地图（比如地区级别）。

事实上，Hinton 教授早在 2011 年就提出了"神经胶囊"这个概念[6]，只可惜可能理念太超前，工程难以实现，Hinton 教授于 2011 年的第一炮并没有打响，应者寥寥。受益于 5 年多的潜心积淀和加盟谷歌之后与其合作的工程师具备一流工程能力，"神经胶囊"理论和技术日趋完善，2017 年 Hinton 在 NIPS 上的第二炮，放得异常响亮，因为实验效果上乘，一时拥趸云集。

相比 CNN，使用胶囊网络的一大优势在于，它需要的训练数据量远小于 CNN，而效果却毫不逊色于 CNN。从这个意义上来讲，神经胶囊实际上更接近人脑的行为。我们知道，为了学

[①] 简单来说，不变性指的是对象的表征不随变换而变化。同变性指表征的变换等价于变换的表征。

[②] 请读者注意，很多有关大脑工作机理的设想，仅仅具有统计上的显著性，但不一定具有生物学上的显著性。也就是说，Hinton 的设想，即使能有效工作，也不一定说明大脑真的就是如此这般工作的，其结论的验证还需要脑科学的进一步发展。

会区分阿猫阿狗，小孩子学习几十个例子就可以做到。而当前的 CNN，动辄需要几万甚至几十万的案例才能取得很好的效果。从这一点看起来，CNN 的工作更像是在暴力破解，其工作机理显然要比大脑低级，行为更是一点也不优雅。

此外，和其他模型相比，胶囊网络在不同角度的图片分类上，有着更好的辨识度。例如，在图 16-5 中，上一列和下一列的对应图片属于同一类，它们仅仅是呈现的视角不同。最新的研究论文表明，相比于其他同类算法，使用胶囊网络，错误识别率显著降低。

图 16-5　胶囊网络的多角度图片识别[①]

神经胶囊网络既然这么好使，势必有强大的理论为之支撑。那么，它的理论基础又是什么呢？下面我们就接着讨论一下这个话题。

16.4　神经胶囊理论初探

16.4.1　神经胶囊的生物学基础

我们知道，人工神经网络在很大程度上是模仿生物神经网络而来的。作为"仿生派"的代表人物 Hinton，他提出的"神经胶囊"同样受益于脑科学的研究进展。

目前，大多数神经解剖学研究都支持这样一个结论，即大部分哺乳类动物，特别是灵长类动物的大脑皮层中存在大量被称为皮层微柱（Cortical Minicolumn）的柱状结构，其内部包含上

[①] 图片的来源为 Hinton G, Frosst N, Sabour S. Matrix capsules with EM routing[J]. ICLR 2018。3D 图片集合来自 small NORB 数据集，下载连接为 https://cs.nyu.edu/~ylclab/data/norb-v1.0-small/。该数据集的图片是 3D 的，并且明显是由各个组件构成的，这点对于验证胶囊网络的观点非常有利。

百个神经元,并存在内部分层,如图 16-6 所示。

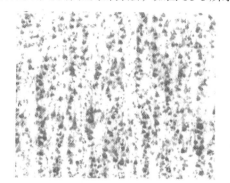 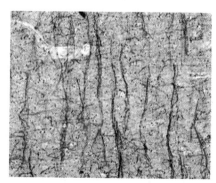

图 16-6　大脑中的皮层微柱(图片来源:参考资料[7])

这些小模块非常擅长处理不同类型的可视化刺激。生物学家推测,大脑一定有某种机制,以某些权重"穿针引线"般组合低层次的可视化特征,从而构建出我们"看到"的五彩缤纷的大千世界。

大脑皮层中普遍存在着皮层微柱这一研究发现,极大启发了 Hinton。于是,Hinton 提出了一个假想,物体和观察者之间的关系(比如,物体的姿态、色相、纹理等),应该由一整套(而非一个)激活的神经元表征。

于是,在人工神经网络中,Hinton 提出了一个对应的结构,它就是我们前面提到的神经胶囊。简单来说,神经胶囊是一组被打包的神经元①,它们在内部做了大量运算,而后仅输出一个被压缩的结果——即一个高维向量(后文会给出详细解释)。

16.4.2　神经胶囊网络的哲学基础

16.4.2.1　哲学中的本体论

科学大家走到最后通常有两个归宿。一个归宿是走向神学,比如牛顿,虽然他发现了三大定律,但也仅仅是解决了 How 的问题。当他实在无法回答 Why 时,只能找一个全能的上帝来安抚自己。

另一个归宿就是走向哲学。比如爱因斯坦,他就完全接纳哲学家波普尔的"证伪主义",从而成为半个哲学家。为什么会这样呢?因为这两个归宿,都试图在不同角度解释世界的本源问题。

其实,人工智能领域也是哲学家们最爱光顾的地方之一。因为说到"智能",就离不开"意

---

① 如果把之前的单个神经元看作标量神经元,那么神经胶囊就是一个向量神经元(它由多个神经元构成)。

识""存在性"等基本问题。而这类问题，本来就是哲学的传统地盘。

古话说，"形而下者为器，形而上者为道"。如果我们总是低头看路，看到的都是具体的"器"——即各种具体工具的发明和使用，比如如何用 TensorFlow 来编写分类算法等，那我们肯定难以看到哲学的影子。

但如果我们仰望星空，不再关注具体有形的事物，将研究视角提升到"道"的层面，Hinton 提出的神经胶囊，在哲学层面的意义，已然若隐若现。

Hinton 提出的神经胶囊网络到底和哲学有什么关联呢？如果从"马后炮"的角度来审视，Hinton 提出的理论，实际上体现了哲学中的"本体论（Ontology）"。

那什么又是"本体论"呢？简单来说，本体论研究的问题就是"什么是'存在'"。拿香蕉来举例，关于香蕉的描述有很多，我们可以用一张香蕉的图片、一段香蕉的视频，也可以用中文的"香蕉"、英文的"banana"来描述它。这些外在的描述都能让人理解正在表示的是"香蕉"这个存在性的东西。

这里，"香蕉"就是本体。而香蕉的图片、香蕉的视频、中文"香蕉"二字、英文单词"banana"等，都是描述"本体"的外在符号。于是，这个世界上的所有图像、音频、视频、语言等，都成为某种符号到实体的映射，这就是哲学意义上的"本体"。

16.4.2.2 神经胶囊中的本体论

事实上，哲学上的"本体论"对信息科学是有启发意义的。比如，语义网、面向对象编程、机器学习、自然语言处理等背后的方法论，都有本体论的影子。在本质上，它们都在做本体映射和推理，不过是表现的形式不同罢了。[①]

前面提到，"本体论"试图构建的是一种符号集合到本体的映射关系。再往深一层想，一旦我们建立了本体集合，就可以利用外在的符号映射去发掘本体之间深层的关系，比如"本体-属性"的关系、"本体-子类"的关系。

本体本身是稳定的，不会轻易发生变化。但被映射的符号却不是，映射的好坏，体现在机器学习中，那就是算法的优劣了。

言归正传，回到神经胶囊的讨论上来。我们知道，一个活动的胶囊内的神经元活动，表示了特定实体的各种属性。这些属性包括但不限于不同类型的实例化参数，例如前面提到的位姿

---

① 请参见知乎上王喆的"语义网所谓的'本体'的具体例子是什么？"一文，网址为 https://www.zhihu.com/question/19558514/answer/26323766。

（pose，包括位置、大小、方向等）、形变、速度、反照率、色相、纹理等。某些特殊属性的存在，就能表明某个类别实例的存在。

在机器学习领域，判断存在性的一个简易方法是，使用一个独立的逻辑回归单元，其输出值是连续的，输出范围在[0,1]之间，其大小是实体存在的概率。比如，0 表示肯定没出现，1 表示确定出现，中间值就是一个出现的概率。

有意思的是，Hinton 等人提出了一个更加巧妙的替代方法。他们提出的神经胶囊，其输出值是一个高维向量，通过归一化处理，可以用向量模长（length）表示实体存在的概率，同时用向量的各种"位姿"表示实体的各类属性。如果一个向量在各个方向表现得都很显著，那么它的模长自然也就越大，判定这个本体的存在性的概率就越高。

在这里面就蕴含了使用实体的属性来定义实体存在性的本体论精髓。如果发现一个实体的各种属性都有难以忽略的存在，那么该实体也就必然存在。据此做分类依据，自然也就非常靠谱。

在传统的深度学习模型（如CNN、RNN及DBN等）中，是没有这样的性质的。这是因为，在传统深度学习网络中，一个神经元的激活只能表示某个实体（如前所述，可理解为标量神经元），其维度的单一性，决定了神经元本身不能同时表示多个属性。于是，不得不退而求其次，事物的性质只能隐含到茫茫的网络参数之中。这样一来，网络的参数调整，动机就难以单纯，它必须顾及各类样本的输入，故此调参异常烦琐而耗时就在所难免了。而现在不同了，利用神经胶囊（或者说向量神经元），我们可以将判定实体存在的各种性质统统封装在一个胶囊之内，于是，调参的约束条件就会大大减少，自然而然的，调参变得优雅了，最佳的参数也容易获取了。①

16.5 神经胶囊的实例化参数

如前所述，在胶囊神经网络中，集团作战的"胶囊"输出的值是一个高维向量。②具体说来，它们是一系列的实例化参数。这个概念有点抽象，下面我们用一个比较形象的案例来逐步解析其内涵。③

---

① 请读者思考一下，这个思想是不是有点类似面向对象编程的"封装"的理念呢？而面向对象编程本身也是本体论的一种应用。这时，你可能发现，很多看似不搭界的知识，如果将其高度抽象，它们都有异曲同工之妙。

② 正是鉴于"神经胶囊"输出的特性，有人主张将"capsule"翻译为"向量神经元"，这是有道理的。文献来源：廖华东. 如何看待 Hinton 的论文 Dynamic Routing Between Capsules? 知乎. https://www.zhihu.com/question/67287444/answer/25146083.

③ Aurélien Géron. Capsule Networks (CapsNets) – Tutorial. https://www.youtube.com/watch?v=pPN8d0E3900.

在计算机图形学中，基于几何数据的内部分层表示，可构造出绚丽多彩的可视化图像，这个过程叫作渲染（Rendering）。首先我们来体会一下图 16-7 的含义，(a)子图表征了两个关于矩形和三角形的实例化参数，然后经过渲染函数，得到如(b)子图所示的可视化图像。

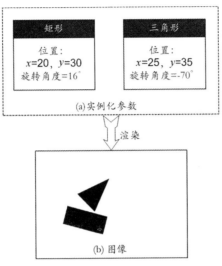

图 16-7　渲染：从参数到实物

图 16-7 演示的是二维图形。实际上，对三维图形的呈现，其过程也是类似的。在计算机内存中，并没有所谓的图形。图形不过是一系列实例化参数经过渲染之后的效果。

当我们把视角反过来，事情就有意思了。实际上，大脑更爱干的工作是一种逆向工程，Hinton 将其称为逆图形，如图 16-8 所示。即大脑把从眼睛接收到的视觉信息，解析成对周围世界的分层表示（相当于一系列的实例化参数）。**其中非常关键的一点是，大脑对外界物体的表征，并不依赖于观察事物的视角。**

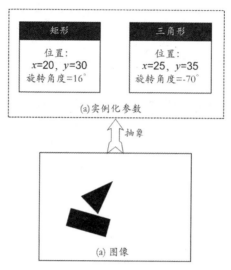

图 16-8 逆图形：从图像到参数

或许你会疑惑，这个过程和我们要讲的神经胶囊有关系吗？当然有！神经胶囊的提出，除了受益于神经解剖学和认知神经科学的发展，就数计算机图形学对 Hinton 启迪较多。

Hinton 认为，为了正确地分类和辨识对象，除了识别出关键部件之外，保留对象部件间的分层位姿关系（Hierarchical Pose Relationships）也非常重要，它结合了对象之间的相对关系，并以姿态矩阵 W 来表示。现在的问题是，如何在神经网络中建模分层关系呢？

答案可从计算机图形学中追寻。在计算机图形学中，有一个非常重要的性质，那就是使用了线性流形（Linear Manifold）[①]，它具有良好的视角不变性。也就是说，用视角变换矩阵作用到场景中，不改变场景中物体的相对关系。

神经胶囊的设计，部分借鉴了计算机图形学中的逆向渲染（即实例参数化）过程，如图 16-9 所示。更确切地说，Hinton 从计算机图形学中借鉴了一种更加巧妙的数据表征方式，这种表征方式结合了对象之间的相对关系，在数值上表示为 4D 位姿矩阵。

[①] 理论若再往上追溯，线性流形属于"矩阵论"的知识范畴，它的详细定义为：在 n 维空间 R^n 中，不经过原点的任意直线集合 M，可以看作某个经过原点的直线集合 V 适当平移而来，那么称 M 为 R^n 中的一个线性流形。

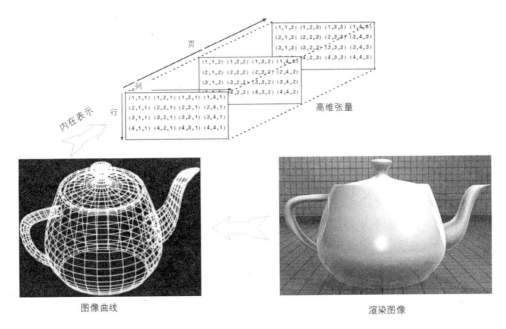

图像曲线　　　　　　　　　　　　渲染图像

图 16-9　计算机图形学中的逆向渲染与内在表示示意图

当对象之间（或对象的各个部件之间）的层次关系可以用内部数据表征时，这就厉害了。因为所构建的模型，可以很容易"理解"它以前见过的东西。这里所说的"理解"指的是，即使某个图像变化一下角度，我们依然能将其识别出来，这无疑可极大提高分类的准确率。

下面举例来说明，考虑图 16-10 所示的图片。对于人而言，我们可以轻易辨识出这是一尊石狮雕像（即分类正确），尽管所有图像显示的角度都不同。这是因为，人脑中关于石狮的内部表征，并不依赖事物本身呈现的视角。

图 16-10　不同视角下的石狮

16.6 神经胶囊的工作流程

16.6.1 神经胶囊向量的计算

通过前文的分析可知，那个被称为"胶囊"的输出，实际上是一组高维活动向量，它集体反映了某类特定实体（整体或是部分）的表征。活动向量的模长描述了该实体存在的概率。而活动向量的方向表征对应实例的参数，Hinton 称这些参数为"一般位姿"，包括位置、方向、尺度、速度、颜色等。

比如，在图 16-11 的（a）图中表示了三角形和矩形的存在，而在图 16-11 的（b）图中，表征了这个实体存在的网络，包括 32 个向量，代表 32 个胶囊（这里的 32，是一个泛泛而谈的范例数字，不必追问为什么是 32）。具体到本案例中，实线箭头表示的是找到矩形的向量，而虚线箭头表示的是找到三角形的向量。

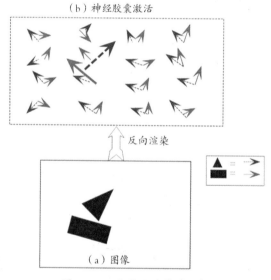

图 16-11　向量化的神经胶囊

在图 16-11（b）中，大部分的箭头都很小，这意味着它所代表的胶囊基本上检测不到实体（即低概率存在）。但有两个向量非常长，这意味着有很大概率在特定位置找到特定对象（本例分别指三角形和矩形）。

与此同时，激活向量的方向也有非常重要的意义，它也要被编码成实例化参数。比如，在本例中，向量的方向就代表物体的旋转角度。

在图 16-11 中，为了简单起见，我们主要关注它的旋转度参数。但在实际胶囊网络中，激活向量可能有 5 个、10 个甚至更多维度。比如，线条的浓淡、是否扭曲、扭曲的程度等都能表征在胶囊之中。

为了让胶囊输出向量的模长能较好地表示实体存在的概率，就得确保向量输出的模长不能超过 1，因此就需要通过应用一个非线性挤压函数，既要保证向量的方向保持不变，同时还要将模长的数值压缩至[0~1)区间（其实，你可以将其理解为模长的标准化）。该压缩函数的公式如公式（16-1）所示。

$$v_j = \frac{\|s_j\|^2}{1+\|s_j\|^2} \cdot \frac{s_j}{\|s_j\|} = \frac{\|s_j\|^2}{1+\|s_j\|^2} \hat{s}_j \tag{16-1}$$

其中，v_j 是压缩函数的输出向量，s_j 是输入向量。其中 $\frac{\|s_j\|^2}{1+\|s_j\|^2}$ 就是缩放向量的比例，$\hat{s}_j = \frac{s_j}{\|s_j\|}$ 就是保留的单位化向量，其输出曲线如图 16-12 所示。

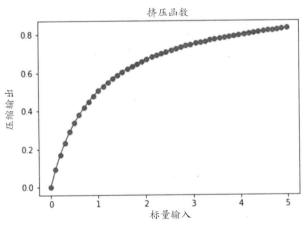

图 16-12 非线性挤压函数

从图 16-12 可以看出，这个挤压函数具有如下两个特点：

（1）向量模长 $\|\cdot\|$ 是一个大于等于 0 而小于 1 的数值。这是因为，$\frac{\|s_j\|^2}{1+\|s_j\|^2}$ 的分母部分永远比分子部分大 1。具体说来，如果向量 s_j 很长（说明这个向量表示的特征非常明显），例如，

$s_j = 100$，分子分母差不多大，结果约等于 1；而如果 $s_j = 0.01$（说明这个向量表示的特征微乎其微），分子远小于分母，结果约等于 0。这样一来，输出向量 v_j 的值域被锁定在[0,1]之间。因此，在某种程度上，把该长度的大小解释为具有某种特征存在的概率，具有合理性。

（2）该函数单调递增，且"压缩"模长较小的向量，而"鼓励"模长较长的向量。

也就是说，"胶囊"通过这个压缩函数（也称为激活函数）的加工，实际上完成了对向量在长度上的二次改造（归一化），但方向保持不变。

16.6.2 动态路由的工作机理

根据参考资料[1]，在胶囊神经网络中，每一层都有若干节点，每一个节点表示一个神经元胶囊（NC），低层的 NC 通过边连接到高一层的 NC，连接的权值在学习过程中会发生变化，由此引起节点之间连接强度的变化，这叫作动态路由（Dynamic Routing，后文有详细解释）。

灵活有序的动态路由机制，确保了胶囊的输出仅被发送到适当的父节点（如果说全连接网络是"全面撒网"，那动态路由就是"重点培养"）。在胶囊网络中，低层级的活跃胶囊 i，需要知道它以何种方式将自己的输出向量送达高层次胶囊 j。这时，就要用到一个标量权值 c_{ij} 来评估低层胶囊对高层胶囊的耦合系数（Coupling Coefficients，后面会细讲这个概念）。在 CapsNet 中，c_{ij} 蕴含概率层面的含义，所以它具有如下几个特征（示意图如 16-13 所示）：

（1）所有耦合系数均为非负值标量（即 $c_{ij} \geqslant 0$）。

（2）对于每一个低层级活跃胶囊 i 而言，它连接的所有高层胶囊 j，其耦合度之和为 1，即 $\sum_j c_{ij} = 1$。

（3）对于每一个低层级活跃胶囊 i，它发出的连接耦合度的个数等于它和其他高层神经胶囊之间的连接数。换句话说，如果低层级的胶囊 i 认为它与某些高层级胶囊之间没有"共同语言"，那它完全可以对高层胶囊置之不理。[①]

（4）耦合度系数 c_{ij} 的大小是动态变化的，它由动态路由算法确定。

[①] 在这里，与其说是"不理"，不如说是不"汇报"。如果把高级 NC 比作领导，低级 NC 比作员工，领导当然不是什么事都要管，而是更有效地进行"分管"。如果员工觉得这件事（特征）有必要向某个领导汇报，那么这个员工跟这个领导的连接强度就比较大，该连接分配到的标量权值 c 就比较大。形象点说就是，这件事很有必要向这位领导汇报，而其他领导则可以对此事不关心，所以低层 NC_i 就不用向他们汇报那么多，换句话说，NC_i 跟其他高级 NC 之间的连接认可度 c 就比较小。

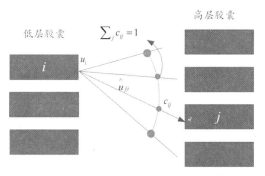

图 16-13　高低层神经胶囊加权连接示意图

对于高层级的任意神经胶囊 j 而言，它与若干个与它有"耦合"关系的低层神经胶囊相连。所以，其 s_j 的输入组成部分是，每个低层胶囊 i 对高层胶囊 j 的预测向量（Prediction Vector）$\hat{u}_{j|i}$，乘上对应的耦合系数 c_{ij}，然后加权求和，如公式（16-2）所示。

$$s_j = \sum_i c_{ij} \hat{u}_{j|i} \tag{16-2}$$

从上面的分析可知，耦合系数 c_{ij} 的分布，在某种程度上来看，就是一个概率分布。连接概率越大，就表示该低层胶囊对某个高层胶囊的"支持度"越高。

对于每个可能的父结点（即高层胶囊），低层胶囊通过将其自身的输出 u_i 乘以权重矩阵 W_{ij} 来计算"预测向量"，如公式（16-3）所示。

$$\hat{u}_{j|i} = W_{ij} u_i \tag{16-3}$$

预测结果被用来给更高层级的胶囊提供实例参数。当多个预测值达成一致时，高层级的胶囊就会被激活。在公式（16-3）中，W_{ij} 表示的是，低层第 i 个胶囊到高层第 j 个胶囊之间的连接权值矩阵，这个矩阵可通过传统的逐层训练（如 BP 反向传播）方法来获得。

前面我们提到耦合系数 c_{ij} 是一个标量概率，W_{ij} 是一个连接权值矩阵，二者容易混淆，那么耦合系数和权值矩阵有什么不同呢？下面我们用图 16-14 来说明这个问题。

假设面部图像由多个神经胶囊来表征，比如 u_3 就是其中一个表征嘴巴的神经胶囊，在这个胶囊里包含很多信息，比如嘴巴的存在性、嘴巴的位姿（包括位置、方向、尺度、颜色等）。

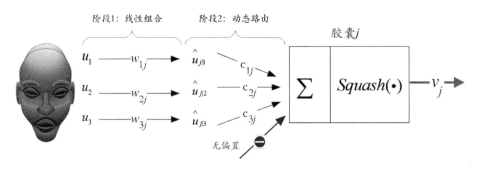

图 16-14 向量神经单元示意图

由于每个胶囊都是一个向量，因此多个胶囊组合起来就是一个高维向量。那么在这个高维向量空间里，每个胶囊都有一个权重，用以描述不同部位（如眼睛、鼻子和嘴巴等）的空间位置关系，这样的多个权值向量放在一起，就是一个权值矩阵，也称之为仿射变换矩阵（Affine Transform Matrix）。通过矩阵变换之后，我们得到一个"戴帽向量"（针对高层胶囊 j，u_3 变换矩阵经过加工后，用"$\hat{u}_{3|j}$"表示）。

接着，这个戴帽向量再和耦合系数 c_{ij} 相乘，形成高层向量 j 的一个输入分支，多个分支汇合，形成高层胶囊 j（比如，代表整个脸部的胶囊）。在高层胶囊 j 中，先通过公式（16-2）加工，得到输入加权和 s_j，然后在挤压函数 squash() 的作用下，得到该胶囊下一轮的输出 v_j。这里，v_j 也是一个高维向量，其中包含脸部的存在性及位姿。需要特别注意的是，相比于普通神经元，这个神经胶囊是没有偏置（bias）的。①

从上面的分析可知，对于某个中间层神经胶囊而言，其输入为向量，输出也为向量（即 Vector in, Vector out）。但对于它的输入过程，仔细观察，可分为以下两个阶段。

（1）线性组合

前文提到，Hinton 提出的"神经胶囊"概念，部分灵感来自计算机图形学，他主要借鉴了计算机图形学中的数据表征方式。这个数据表征方式，主要体现在矩阵的线性变换上，它通过"逆图像"策略将实例（如图像）参数化。

事实上，在传统的 CNN 网络中，也有神经元之间的线性组合，不过它们组合的对象是神经元，而现在组合粒度变得更大了，变成了神经胶囊——一组神经元。因此，胶囊间的连接权

---

① 仿射变换可简单概括为，"线性变换（权重）" + "平移（偏置）"。故此，前面提到"没有偏置"的说法，更准确地说，应该是偏置隐含在仿射变换矩阵中，只需要在线性变换矩阵中再添加一维来表示平移（偏置）的信息即可，这样就组成了新的权重矩阵。

值也不再是某个标量值,而是现在的向量形式——表现为矩阵形式。

简单来说,参考资料[1]的核心创新点之一,**就是把"标量神经元"进化为"向量神经元"。**通过线性组合,由低层标号为 i 的神经胶囊输出为 $\boldsymbol{u}_i$,变成了带帽向量 $\hat{\boldsymbol{u}}_i$,这个向量并不是直接送给高层神经胶囊 j 的,而是通过路由算法将其算成一个概率权值,用以强化或弱化向量神经元的影响。

(2)动态路由

动态路由部分的核心工作就是寻找最佳的权重值 c_{ij}。这个 c_{ij} 实际上就是前面提到的耦合系数,c_{ij} 决定了第 j 个胶囊与前层各胶囊 i 的关系密切程度。它是通过不断迭代动态路由算法获得的。简单来说,动态路由算法在每轮都重复操作:a. 归一化;b. 预测输出;c. 加权求和;d. 压缩向量;e. 更新权值。然后返回第 a 步,重复若干轮。下面给予详细说明。

概率系数 c_{ij} 是 b_{ij} 在 Softmax 函数下的加工结果[①],可使 c_{ij} 分布程序归一化,如公式(16-4)所示。

$$c_{ij} = \frac{\exp(b_{ij})}{\sum_k \exp(b_{ik})} \quad (16\text{-}4)$$

其中,b_{ij} 是低层神经胶囊 i 到高层神经胶囊 j 的先验概率。在深度学习的英文资料和源码中,b_{ij} 常以"logits"的面目出现[②],可将它视为一种未归一化的概率,一般都是作为 Softmax 层的输入。经过公式(16-4)的加工,b_{ij} 就变成"归一化"的概率 c_{ij}。

c_{ij} 以概率方式表明低层胶囊对高层胶囊的连接强度。c_{ij} 与其他权值(如 W_{ij})一样,也是可通过训练学习得到的,它取决于两个神经胶囊的所处位置和类型,正所谓"情投意合"就加强联系,否则,就相忘于江湖。

通过第 11 章的学习可知,Softmax 的处理会使分布更加尖锐化,形成马太效应,即只让少数 c_{ij} 取得较大的值,绝大多数 c_{ij} 由于 b_{ij} 太小而趋近于 0。这样就起到了路由的作用。

[①] 关于 Softmax 的讨论,请参见 11.6 节的内容。
[②] 严格来说,logit 是一种函数,它把某个概率 p 从[0,1]映射到[-inf, +inf](即正负无穷区间)。这个函数的形式化描述为:logit=$\ln(p/(1-p))$,正文中的 logits 表示返回多个类似的值(即 logits 向量)。而 Softmax 的工作则相反,它把一个系列数从[-inf, +inf]映射到[0,1]。除此之外,它还能让所有参与映射的值累计之和等于 1,也就是说,经过 Softmax 加工的数据可以当作概率来用。

这里，我们再回顾一下"路由（routing）"的含义。所谓路由，就是把信息从一个地方传送到另一个地方的行为和动作。这里隐含着一种"有所为，有所不为"的含义，而不是"雨露均沾"式信息送达，否则就不存在所谓的路由算法了。

而在 CapsNet 中，采用 Softmax 来处理胶囊之间的耦合系数，它保证了只有少数 $\hat{u}_{j|i}$ 获得较大的权重，从而保障它的输出可以有效贡献给某些而非全部高层神经胶囊。

寻找最佳路由的方法之一，就是要找到与高层胶囊的输出最相符合的输入。Hinton 将这个"符合度"称为"一致性"。从直觉上来看，高层胶囊的输入，就是低层胶囊的输出（参考图 16-13）。因此，这个"一致性"实际上就是低层胶囊的输出和高层胶囊输出的一致性。衡量前后两层神经胶囊输出的一致性，就是动态路由算法核心本质所在。

在计算上，假设将低层胶囊 i 和高层胶囊 j 之间的一致性记做 a_{ij}，那么它可以巧妙地利用前后两层输出向量之间的"点积"完成计算，即：

$$a_{ij} = \hat{u}_{j|i} \cdot v_j \tag{16-5}$$

这个公式计算出来的 a_{ij} 是一个标量，它就是前面提到的 b_{ij} 的重要组成部分，你可以将它理解为 Δb_{ij}，用于调节下一轮 b_{ij} 的值。b_{ij} 的迭代更新，主要依赖于 a_{ij} 的变化（参见算法 16-1 的第 07 行）。下面我们详细讨论这个路由算法，伪代码如算法 16-1 所示。

算法 16-1 动态路由算法

```
01    Procedure    ROUTING($\hat{u}_{j|i}$, r, l)
02        for 对所有 l 层的胶囊 i 及所有 (l+1) 层的胶囊 j，有：$b_{ij} \leftarrow 0$
03        for  r  in  迭代  do
04            for 对所有 l 层的胶囊 i，有：$c_{ij} \leftarrow \text{soft max}(b_{ij})$        #公式（16-3）
05            for 对所有 (l+1) 层的胶囊 j，有：$s_j \leftarrow \sum_i c_{ij} \hat{u}_{j|i}$        #公式（16-2）
06            for 对所有 (l+1) 层的胶囊 j，有：$v_j \leftarrow \text{squash}(s_j)$        #公式（16-1）
07            for 对所有在 l 层的胶囊 i 和 (l+1) 层的胶囊 j，有：$b_{ij} \leftarrow b_{ij} + \hat{u}_{j|i} \cdot v_j$
08        return  $v_j$
```

下面我们来逐行解读这个算法。第 1 行给出了这个路由算法的 3 个输入参数，其中，$\hat{u}_{j|i}$ 是从胶囊 i 到胶囊 j 的预测向量，r 表示路由算法的迭代次数，l 表示胶囊所处的层号。最后一行（第 08 行）给出高层胶囊的输出 v_j。从 l 层的输入计算 $(l+1)$ 层的输出，整个计算过程其实

就是一种前向传播过程。

第 02 行，将相连两层的先验概率系数 b_{ij} 初始化为 0。它的值将会用在 b_{ij} 的迭代更新上（参见第 07 行），一旦迭代过程完成，它将被存储在对应的 c_{ij} 之中。

第 04~07 行是路由算法的主体，它会被迭代执行 r 次。其中，第 04 行通过 Softmax 规则计算前后两层胶囊之间的耦合系数 c_{ij}。一开始，由于所有的 b_{ij} 都是相等的（为 0），所以通过公式（16-4）计算得出的耦合系数 c_{ij} 也是相等的。比如，假设高层胶囊有 2 个，那么所有的 c_{ij} 都等于 0.5，即低层胶囊对高层胶囊的耦合度都是对等的，低层胶囊的信息将会"无差别"地路由送达所有可能的父节点。

这种局面实际上是最为混沌的状态，存在着非常大的不确定性。即低层神经胶囊也拿不定主意支持谁。当然，这种初始混沌局面会在迭代中慢慢改变。

第 05 行，计算出高层神经胶囊的线性组合输入（即加权和 s_j），组合的权重就是前一步（第 04 行）计算出来的耦合系数 c_{ij}。

s_j 是有大小、有方向的向量，但其大小必须经过归一化处理，其长度才能视为一种概率。这里需要利用非线性挤压函数来完成这个归一化操作，它能保留向量的方向，同时把模长压缩至 1 以内。其输出就是高层神经胶囊的输出 v_j。第 06 行完成的就是这个工作。

第 07 行更新 b_{ij}，循环重新跳转至第 03 行，重新迭代。

需要注意的是，第 07 行表明，胶囊之间的耦合是动态调整的，其调整公式如（16-6）所示。

$$b_{ij} \leftarrow b_{ij} + \hat{u}_{j|i} \cdot v_j \tag{16-6}$$

很显然，$\hat{u}_{j|i} \cdot v_j$ 越大，也即 v_j 和 $\hat{u}_{j|i}$ 的方向越一致时，b_{ij} 的值越大，这样低层的第 i 个胶囊与高层的第 j 个胶囊之间的耦合程度就越大。因此这个算法倾向于把相似的东西归为一组，从而形成粒度更大的辨识模块。

为了进一步加深对上述描述的理解，我们用图 16-15 来说明向量点积操作。

我们知道，对于向量点积操作而言，输入是两个向量，但输出却是一个标量。对于给定长度的两个向量，向量的方向（即姿势的一部分）对点积的结果影响非常大。在图 16-15 的子图（a）中，两个向量方向相同，它们之间的"相似度"最高，因此，它们点积后将获得最大的正值；在子图（b）中，两个向量的方向大致相同，"相似度"较高，它们点积后将获得正值；在子图（c）中，两个向量"正交"，它们点积的结果为 0；在子图（d）中，两个向量的方向开始背离，"相似度"甚至是负的，所以它们点积的结果也为负值；在子图（e）中，两个向量在方向上完全是"背道而驰"，此时它们点积的结果为最大负值。从上面的分析可知，向量点积的结果的确可作为两个向量相似性的度量。正值越大，越相似，反之，负值越大，相似度就越低。

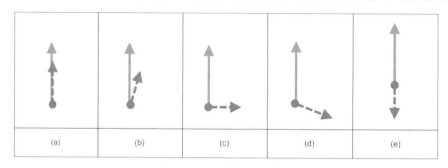

图 16-15　向量点积示意图

公式（16-6）也表明，如果预测向量 $\hat{u}_{j|i}$ 和其中一个父节点的输出 v_j 的点积很大，则存在自上而下的反馈，就应该加大与该父节点的耦合系数，并减小其他父结点耦合系数的效果（这是因为，所有耦合系数累加的总和为 1，某个耦合系数变大，其他耦合系数势必变小）。

这种类型的"按协议路由"，比通过最大池化实现的非常原始的路由形式更加有效，因为它除了保留本地最活跃的特征检测器外，还有选择地忽略下一层胶囊。

当经过 r 次迭代之后[①]，所有高层神经胶囊的输出都可以计算完毕，相关的路由权值也会建立起来。前向传播将进入 CapsNet 的下一个胶囊层。

16.6.3　判断多数字存在性的边缘损失函数

在 CapsNet 中，由于用实例化向量的模长表征某个实体存在的概率，当 CapsNet 有多个模长较大的向量，就表示可能有多个分类同时存在，这为同时识别多个对象奠定了理论基础。事实上，重叠图像或多物体识别是 CapsNet 的先天优势所在。

为了让学习过程得到控制，我们还需要一个损失函数来评估学习效果。很显然，传统的交叉熵损失函数是无法胜任此类工作的。这是因为，交叉熵损失函数使用的是独热编码，即只允许存在一个分类。

---

① 根据参考资料[1]，虽然增加迭代次数会提升准确率，但是会增加泛化误差，导致过拟合。在实际操作中，r=3 即可。

为了能判定一张图里出现的多个数字，Hinton 等人借鉴 SVM（支持向量机）中常用的损失函数，对每个数字胶囊 k，分别采用边缘损失函数（Margin Loss）作为模型优化的目标函数，如公式（16-7）所示。

$$L_k = T_k \max(0, m^+ - \|v_k\|)^2 + \lambda(1 - T_k)\max(0, \|v_k\| - m^-)^2 \qquad (16\text{-}7)$$

其中，k 为分类，T_k 是关于分类的函数，当且仅当类 k 出现时，有 $T_k = 1$，不存在时，$T_k = 0$。$\|v_k\|$ 表示向量 v_k 的模长，实际上就是数字 k 存在的概率。m^+ 和 m^- 都是阈值函数，表示胶囊之间的连接强度，大于 0.9 就认为是完全连接了，小于 0.1 认为已经不连接了。具体说来，m^+ 为上边缘阈值（通常取值为 0.9），惩罚假阳性，以应对预测存在而实际不存在分类的情况，即"误报"情况；m^- 为下边缘阈值（通常取值为 0.1），用以惩罚假阴性，即应对分类的确存在，但算法没有预测到的情况，即"漏报"情况。λ 为稀疏系数，调整两者比重，以调节参数调整步伐。

为了防止刚开始学习时，就把所有数字（0~9）胶囊的激活向量模长都压缩了，Hinton 等人建议选用 $\lambda = 0.5$。模型整体的损失就是简单地把每个数字胶囊的损失 L_k 加起来的总和。

16.6.4 胶囊神经网络的结构

图 16-16 所示的是一个简易的浅层 CapsNet 网络结构。这个结构有点"肤浅"，一共就有 4 层，即输入层、两个卷积层，外加一个全连接层。输入层就是数字图片本身，有时在分析时，不把它作为一层。后面三层分别记作 Conv1、PrimaryCaps 和 DigitCaps。虽然 CapsNet 的网络架构并不深，但由于它利用了向量神经元和动态路由等创新性技术，导致其性能已不逊于同类的深层卷积网络（见参考资料[8]）。下面我们来简要介绍后面的 3 个层。

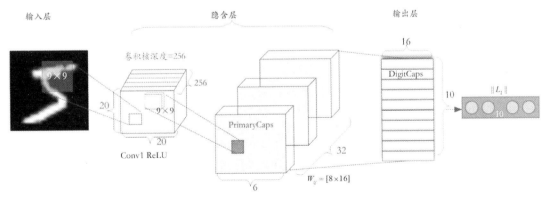

图 16-16 4 层 CapsNet 结构示意图（含输入层）

16.6.4.1 Conv1层

需要说明的是,在理论上,CapsNet 的第一层是输入层,其实它就是我们要输入的图像数据。不论你如何设计网络结构,它都会在那里客观存在着。因此,在提及神经网络结构设计时,我们通常不考虑它。在真正意义上能算作设计出来的第一个网络层,是 Conv1,它是一个标准的卷积层,有 256 个通道,每个通道均用 9×9 的卷积核,将输入层图片中的像素亮度转化成局部特征输出,作为 Conv1 层的输入。该层的激活函数是我们耳熟能详的 ReLU(修正线性单元)。

此外,需要注意的一点是,不同于普通的卷积层,此处 Conv1 的感知域(即卷积核)较大,在原始图片上的尺寸为 9×9。要知道,在普通 CNN 中,卷积核的大小通常为 3×3。这样设计是有原因的,因为在卷积层数少的情况下,将感知域放大一些,低层胶囊能感知的内容较多。但说到底,9×9 也是一个超参数,它是网络构建设计者(比如说 Hinton)摸索出来的。

具体来说,Conv1 层的参数取值如表 16-1 所示。

表 16-1 Conv1 层的参数

输入大小	卷积核大小	卷积步幅	通道数	填充大小	激活函数
28×28×1	9×9	1×1	256	[0,0,0,0]	ReLU

按照 TensorFlow 的规定,一个输入张量(Tensor)的"形状(shape)"通常是 4D 的,分别是[batch, in_height, in_width, in_channels]。这 4 个维度的参数含义分别是[待计算的批次数量,输入图片的高度,输入图片的宽度,输入图像的通道数]。如果将 batch 设置为 None,那么就表示不设限制。

有了前面的介绍,在 Conv1 层的加工下,输入张量和输出张量的形状变化情况如下所示:

[None, 28, 28, 1] → [None, 20, 20, 256]
输入张量   输出张量

对于输入张量的参数比较容易理解:None 表示不指定图片数量,28 表示图片的高度,28 表示图片的宽度,1 表示通道数就是一个(因为图片是单色灰度)。

对于 Conv1 的输出张量参数,就没有那么好理解了:None 依然表示不限制"批"的数量,随后的两个"20"表明,经过卷积之后,张量的高度和宽度尺寸发生了变化。变化的求解公式就是第 12 章的公式(12-6),为了方便读者查阅,我们不妨再次列出,如公式(16-8)所示:

$$H_{\text{out}} = \left\lfloor \frac{H_{\text{in}} + 2H_{\text{padding}} - H_{\text{kernel}}}{H_{\text{stride}}} \right\rfloor + 1$$
$$W_{\text{out}} = \left\lfloor \frac{W_{\text{in}} + 2W_{\text{padding}} - W_{\text{kernel}}}{W_{\text{stride}}} \right\rfloor + 1 \quad (16\text{-}8)$$

将各个参数值带入公式（16-8）可得：

$$H_{\text{out}} = \left\lfloor \frac{28 + 2 \times 0 - 9}{1} \right\rfloor + 1 = 20$$
$$W_{\text{out}} = \left\lfloor \frac{28 + 2 \times 0 - 9}{1} \right\rfloor + 1 = 20$$

最后，在 Conv1 中为什么使用 256 个通道呢？这是因为每一个卷积核都能提取图片的局部特征，卷积核个数多一些，提取的特征也就多一些。其实这也是一个超参数。它的数量多少也要有个度，过犹不及。过多的卷积核，除了带来更多的计算量之外，特征提取的效果也未必好。

或许你会疑惑，在前文中我们已经讨论了，好像 Hinton 并不看好 CNN，但为什么现在还要采用 CNN，而不全部都采用"胶囊"呢？

这么做是有原因的，看问题要一分为二。公正来讲，CNN 并非都是糟粕，它也有很多精华。CNN 的强项在于特征提取，在 CNN 网络层次中，Hinton 认为，池化层之前的结构（卷积层和激活层）都是好的，因为它们并没有破坏"同变性"。

因此，对待 CNN，最为稳妥之道，当是"批判与继承"。即去掉池化层，保留卷积层和激活层。保留卷积层是为了方便提取特征。保留激活层，是为了增强非线性。事实上，Hinton 正是这么做的。

既然卷积层擅长低级特征的抽取，那么让它作为 CapsNet 的第一层也在情理之中。事实上，我们可以把 Conv1 看作 CapsNet 的数据预处理层。

Conv1 的输出是一个 3 维数组。因此，我们需要重塑（reshape）这个数组，为每个维度构造一个合适的、有关位置的特征向量。

16.6.4.2 PrimaryCaps 层

由于一层卷积神经网络不足以抽取到合适的特征，因此，在 Conv1 之后，CapsNet 又加了一个卷积层，称为 Primary Capsules（简称 PrimaryCaps）。

如同我们把"Primary School"翻译成"小学(初级学校)"一样，那么"Primary Capsules"

可对应理解为"初级胶囊"。在 CapsNet 中，它以"逆图形"视角描述多维实体的低级阶段（即逆向渲染阶段）。

之所以说它是"低级阶段"，是因为从参考资料[1]给出的网络结构来看，目前 CapsNet 仅包含一个"胶囊网络"层。假以时日，不难想象，会有 CapsNet 的拥趸者来"填坑"，可能很快就会有多层胶囊网络的出现。

如果用"小学"来类比"PrimaryCaps"，那么对于 CapsNet 的第一层（即 Conv1），其功能是数据预处理（抽取局部特征），因此把它比喻成"幼儿园"也是合适的。因为幼儿园还不属于常规教育序列。而对于 Conv1 而言，它也不能算作正规的胶囊层，因为它内部没有一个胶囊（仅仅是处理像素的普通神经元），它如"移花接木"一般，把 CNN 的卷积层拿过来使用。

对于 PrimaryCaps 而言，它才是胶囊真正开始的地方。为了抽取特征，它依然属于卷积层，但不同于普通 CNN 卷积层的是，在 PrimaryCaps 层中，参与卷积操作的对象不再是单个神经元，而是粒度更大的神经胶囊。因此，可以将 PrimaryCaps 理解为"胶囊版本"的卷积层。

在 PrimaryCaps 层里，其输入输出参数如表 16-2 所示。

表 16-2　PrimaryCaps 层的参数

输入大小	卷积核大小	卷积步幅	通道数	填充大小	激活函数
20×20×256	9×9	2×2	32	[0,0,0,0]	squash（公式 16-1）

在 PrimaryCaps 层的加工下，输入张量和输出张量的形状变化情况如下所示：

[None, 20, 20, 256]　→　[None, 6, 6, 32]
　　输入张量　　　　　　　　输出张量

下面，我们解释一下上述参数的变化。PrimaryCaps 的输入就是 Conv1 的输出，所以它的输入维度等于 Conv1 的输出维度，即 20×20×256，这是很容易理解的。卷积核大小、卷积步幅、通道数都是超参数，这依赖于经验来指定，其实没有什么可讨论的。由这些参数和公式（16-8），我们可以计算出 PrimaryCaps 的输出张量尺寸：

$$H_{out} = \left\lfloor \frac{20 + 2 \times 0 - 9}{2} \right\rfloor + 1 = 6$$

$$W_{out} = \left\lfloor \frac{20 + 2 \times 0 - 9}{2} \right\rfloor + 1 = 6$$

或许你会有疑问，在Conv1层中，通道数为256，怎么在PrimaryCaps层中通道数变成了32，其他的通道跑到哪里去了呢？其实，总通道数不增不减，就在那里。不过是看待通道的角度变了。用TensorFlow的专业术语来说，它被"重塑（reshape）"了，并赋予了新的物理意义，如图16-17所示。

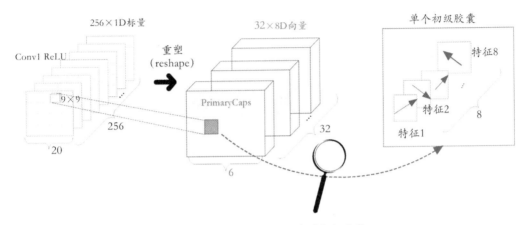

图16-17　PrimaryCaps层中的初级胶囊

我们可以这样理解，在Conv1层中有256个通道，每个通道有一个卷积核，可提取256个特征。而在PrimaryCaps层，输出的通道数的确变为32个，但每个通道包含8个卷积核。由于每个卷积核可提取一种特征，因此每个通道可提取8个特征（可视为8D向量），所以提取特征总数仍然是不变的（32×8 = 256）。在每个通道里，8个特征构成8个属性，形成一个长度为8的向量，被封装在一个初级胶囊里。在前文中，我们多次提及，胶囊就是一个向量版的神经元。如果不封装多个属性，何来向量呢？

由于在PrimaryCaps层中，单个通道的张量尺寸变成了6×6（即包括6×6个初级胶囊），通道总数有32个，因此在该层共有[6×6×32]个初级胶囊，每个胶囊的输出都是一个8D向量，如图16-17所示。

16.6.4.3　DigitCaps层

DigitCaps层是胶囊神经网络（CapsNet）的全连接层。在这一层里，因为要识别的就是10类数字（0~9），因此该层的胶囊个数共有10个。因为拓扑结构为全连接，所以每个胶囊都会接受前一层（即PrimaryCaps）所有胶囊的输出。

由于PrimaryCaps有32×6×6=1152个胶囊单元，而在DigitCaps层有10个胶囊单元，所以在这两个相邻的胶囊层之间,需要先建立一个 1152 个胶囊单元对 10 个数字单元之间的全连接网络。

又由于在 PrimaryCaps 层中,每个胶囊的输出向量 u_i 的维度为[8,1],而在 DigitCaps 层的每个胶囊的输出向量 v_j,其维度为[16,1]。根据公式(16-3),有 $\hat{u}_{j|i} = W_{ij} u_i$,$W_{ij}$ 的维度信息为[8×16],它表示相邻两层每两个胶囊之间的向量元素组合数。所以 PrimaryCaps 和 DigitCaps 两层之间有关胶囊的权值总个数为(1152×10)×(8×16),其中(1152×10)是相邻两层的胶囊组合数,后者就是权值张量 W 的维度。

W_{ij} 中的权值系数可通过自编码学习得到。此外,两层胶囊网络之间的耦合系数 c_{ij},其个数也和胶囊组合数成正比,达到 1152×10=11 520。

有了 c_{ij},就可以通过耦合公式(16-2)$s_j = \sum_i c_{ij} \hat{u}_{j|i}$ 计算出高层网络第 j 个胶囊的加权输入。最后,把输入 s_j 送入第 j 个胶囊,通过压缩整流函数(Squashing Rectified Linear Unit,SReLU),最后得到输出 $v_j = \frac{\|s_j\|^2}{1+\|s_j\|^2} \cdot \frac{s_j}{\|s_j\|}$。

按照神经胶囊的设定,DigitCaps 层中某个胶囊的输出向量的长度(即范数),表示该胶囊实体出现的概率,所以做分类时取输出向量的 L_2 范数即可,哪个数字的向量大,就说明它表征这个数字的概率大。很显然,不同神经胶囊的 L_2 范数的输出是独立的,也就是说,神经胶囊天然具有同时识别多个分类的能力,示意图如图 16-18 所示。

在第 12 章中,我们已经提到,对于一个全连接网络而言,它的每一层拓扑结构都是一个简单的 $n \times 1$ 的单维模式。所以卷积层在接入全连接层之前,必须先将其多维张量拉平成一维的数组(即形状为 $n \times 1$),以便于和后面的全连接层进行适配。因此在图 16-18 中,在 PrimaryCaps(初级胶囊)层和 DigitCaps(全连接胶囊)层之间,存在一个额外的数据矩阵维度重塑(reshape)过程。亦有资料将这个工作层称为平坦层(Flatten Layer)。

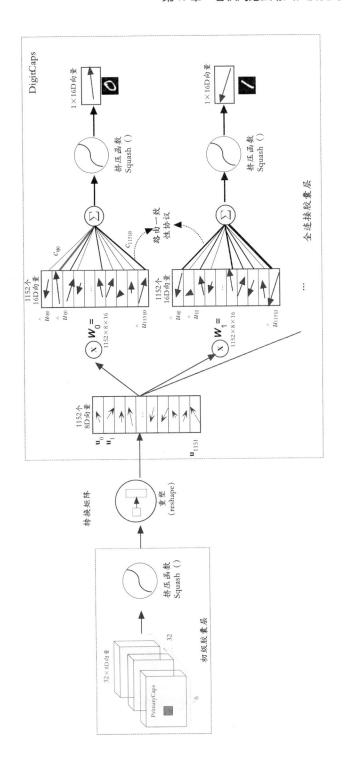

图 16-18 DigitCaps 层工作示意图

16.7　CapsNet 的验证与实验

16.7.1　重构和预测效果

CapsNet 为了允许多个数字同时存在，选择为每个数字计算边缘损失（Margin Loss）作为模型优化的目标（见公式 16-7）。除此之外，CapsNet 还附加了一个额外的图片重构（Reconstruction）环节，根据前面完成的实例化参数，重新构建输入的图片。在图片重构训练过程中，每次只将处于激活状态的胶囊实施三级全连接（Fully Connected，简称 FC）网络调参，其余未激活的胶囊被屏蔽（Mask），如图 16-19 所示。

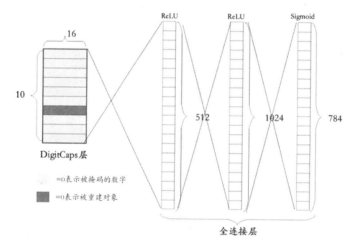

图 16-19　参与重构的三个全连接层

严格来说，重构图片部分由 4 层构成，第一层实际上就是前面提到的DigitCaps层，其胶囊单元数是（10×16）。外加随后的三个全连接层，它们的单元数分别是 512、1024 和 784[①]，相对应的激活函数分别是ReLU、ReLU和Sigmoid。

重构图片部分使用的损失函数利用L_2度量，即用重构图片和原始图片的平方差的和作为重构损失函数[②]，如图 16-18 所示。很显然，这用的是自编码器（AutoEncoder）的损失函数。

或许你会疑惑，对于 CapsNet 这个分类器而言，为什么还需要重构图片环节呢？这看起来的确好像是多此一举。但实际上，这是一个很有意思的验证环节。

[①]　注意到最终输出的维度是 784 = 28×28，正好是最初图像输入的维度。这就好比一个轮回，数字图片以什么形态进来的，就以什么样的形态重构回去。

[②]　总体损失 = 边缘损失 + α·重构损失。其中 α = 0.005，这表明，边缘损失函数占主导地位。

通过前面的分析可知，Hinton 一直有一个梦想（从 2011 年就开始有），这个梦想就是提出神经胶囊，胶囊里借用类似"逆图形"的理念，把一个实例（具体到本例就是数字图片）参数化，也就是找到一个满足"同变性"的数据表征方式。CapsNet 的前三层，本质上，都是为找到这个参数表征而服务的。

现在假设 Hinton 找到了这个数据表征方式，我们怎么验证它所表征的方式到底对不对呢？如果它是对的，很显然，我们可以通过"渲染"的方式（即与逆图形相反的过程），把参数化的实例重新构造为图片。如果这个过程是可逆的，这才能说明先前的实例参数化过程是成功的。无疑，Hinton 的策略是成功的，重构的图片如图 16-20 所示。

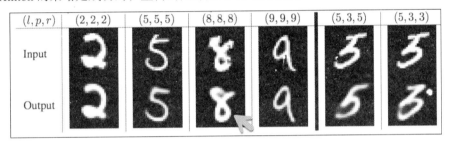

图 16-20　被重构的数字图片（图片来源：参考资料[1]）

在图 16-20 中，三组数字（l, p, r）分别表示标签（label）数字、预测（predict）数字和重构（reconstruct）数字。当然，对于干扰性比较强的数字，CapsNet 也有预测失败的，比如最后两个案例，预测为数字"5"，重构也是数字"5"，而标签为"3"。但公平地讲，我们还不能"求全责备"地要求 CapsNet，因为就算我们人类肉眼识别最后两个输入案例，都会觉得它们是数字"5"。

但最有意思的是，对于数字"8"（左起第 3 个）的重构，它不仅预测正确，而且重构出来的数字图片（同列第二行），居然比原本的输入（第一行）更加清晰。这说明，基于 CapsNet 的重构过程，具有平滑噪声的作用。这是否意味着，CapsNet 除了能用于分类预测，还能进行噪声处理呢？这个议题还有待研究者进一步挖掘。

这里，我们再简单解释一下参与重构的三个全连接层所用的算法——自编码器。所谓**自编码器，顾名思义**，即使用自身的高阶特征来编码自己。自编码器的输入和输出是一致的。或许有人会困惑，为什么训练这样一个神经网络模型，让其输入是 X，先进行隐含层的编码，然后再从隐含层完成解码，重构出 X'，最后让 X' 尽量近似 X，这一来一回意义何在？

意义当然还是有的！通过自编码，可以把隐含层看成原始数据 X 的另外一种特征表达（更严格来说，是高级表达，注意不是高维表达）。如果这个隐含层的表达比原始数据表达的维度更低，那它就有用武之地。比如，我们可以利用自编码实现类似主成分分析等数据降维、数据压缩等功能。

话说当年（2006 年），Hinton 在《科学》（*Science*）上发表了第一篇关于深度学习的文章。那时，神经网络并不受人喜欢，深度学习更是"犹抱琵琶半遮面"。于是，Hinton 不得不用类似"自编码器"的策略，打着为数据降维的"幌子"发表了那篇划时代的文章 *Reducing the dimensionality of data with neural networks*[9]。

16.7.2　胶囊输出向量的维度表征意义

在前文中我们提到，神经胶囊实质上可以被看作一个"向量版本"的神经元，即"向量进、向量出"（vector in, vector out）。在 CapsNet 的最后一层，即 DigitCaps 层的输出也是胶囊向量，向量个数为 10 个，分别对应 0~9 这 10 个数字，向量维度为 1×16。也就是说，每个数字胶囊都有 16 个特征（或者说属性），每个胶囊就是对一个实体的封装（encapsulation）。从"胶囊"（capsule）的词源上来看，它和"封装"是何其相似。而"封装"正是"面向对象"的一个核心概念。

大家可能会问，被封装进胶囊的 16 个特征具有可解释性吗？要知道，在早期，无论是 CNN、DBN 还是 RNN，深度学习网络都由若干个隐含层堆叠而成。通过多层处理，逐渐将初始的"低层"特征转换为"高层"特征。由此，在某种程度上，我们可以把深度学习理解为"特征学习"或"表征学习"[10]。

有一个细节值得注意，那就是这些网络学习出来的特征也好，表征也罢，人是看不懂的，它仅仅停留在机器的世界中。这种不可解释性，有时候让它的用户"爱恨交加"。"爱"它，是因为它的确有效。"恨"它，是因为它难以在可理解的情况下做调整。这就导致它的用户把"调参"变成了"蒙参"。

而这次不同，Hinton 在 CapsNet 中是有野心的。因为他力图让实体参数"历经千帆"，归来仍然"可解释"，请参考图 16-21。

Hinton 等人对 MNIST 数据集中的手写字体做了 16 维的特征参数化，这些参数大致是笔画粗细、倾斜或线条的宽度以及它们全局变化的组合。而有些维度表示数字的局部变化。在图片重构过程中，Hinton 等人对 CapsNet 中的各个维度的参数还人为添加了扰动，扰动的幅度间隔为 0.05，扰动的范围在[-0.25,0.25]，当参数改变时，重构的图片居然也能做对应的改变。

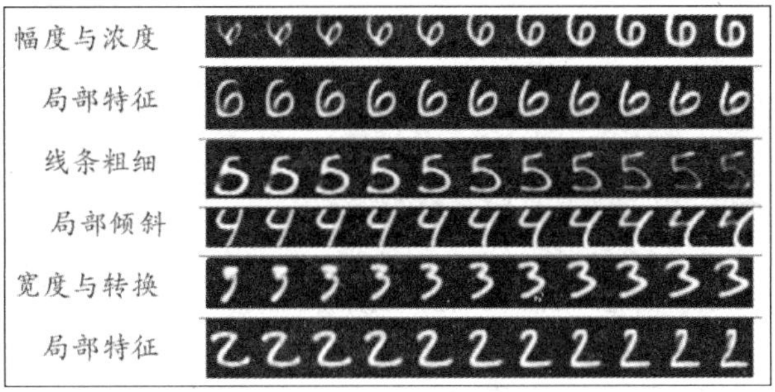

图 16-21　手写数字的维度扰动示意图

这说明什么呢？这说明这些参数是可以有物理意义的。换句话说，这些参数是可能有解释意义的。虽然这 16 维参数（特别是组合之后）并没有边界清晰的意义，但至少 Hinton 等人的工作开启了一个好头。神经网络可解释性的图画，还有待研究人员来续笔。

16.7.3　重叠图像的分割

CapsNet 最后一个值得称道的能力，就是神经胶囊具有非常强的像素分割能力。也就是说，对于重叠在一起的数字，它也能分割并识别出来。这在一定程度上解决了 CNN 难以识别重叠图像的问题，如图 16-22 所示。[①]

在图 16-22 中，每一行的上半部分是输入的图片，L:(l_1, l_2) 分别表示两个重叠数字的标签。每一行的下半部分是根据参数重构的图片，R:(r_1, r_2) 分别表示两个重构的数字。比如，第一行左起第一组数字，重叠的数字分别是 2 和 7，重构出来的数字也是 2 和 7。第一行左起第二组数字，重叠的数字分别是 6 和 0，重构出来的数字也是 6 和 0。这表明 CapsNet 具有很强的图像分割能力，并且拒绝重构不存在的对象（标记星号 "*" 的数字）。

---

① 为了有更好的阅读体验，请读者参阅参考资料[1]，可观看彩色图片。

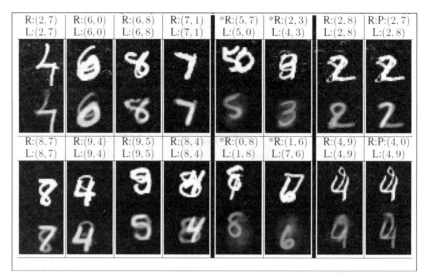

图 16-22　重叠数字的识别（图片来源：参考资料[1]）

16.8　神经胶囊网络的 TensorFlow 实现

本章的前几小节已经介绍了 Capsule 和动态路由的工作原理。本节以 MNIST 数据集为例来说明胶囊神经网络的结构是如何实现的。[①]

相比于当前业界最常用的深度 CNN，CapsNet 是一个非常浅的网络。如图 16-16 所示，中间只有两个卷积层 Conv1、PrimaryCaps 外加一个全连接层 DigitCaps。其结构可总结如下：

（1）图像输入到低级特征（卷积层 1：Conv1）。

（2）低级特征到 Primary Capsule（卷积层 2：Conv2）。

（3）Primary Capsule 到 Digit Capsule（全连接层：FC）。

（4）Digit Capsule 到最终输出。

下面我们用范例 16-1 来说明它对应的 TensorFlow 实现。

---

① 代码实现参考了开源代码：

　Aurélien Géron．https://github.com/ageron/handson-ml/blob/master/extra_capsnets.ipynb．
　事实上，Hinton 团队已于 2018 年 2 月开源了其代码，https://github.com/Sarasra/models/tree/master/research/capsules，该代码的实现过程更加全面，但实现过程的代码相对复杂。有兴趣的读者可前去查阅。

16.8.1 导入基本包及读取数据集

【范例 16-1】CapsNet 的 TensorFlow 实现（CapsNet-mnist.py）

```
01   import numpy as np
02   import tensorflow as tf
03
04   from tensorflow.examples.tutorials.mnist import input_data
05   mnist = input_data.read_data_sets("/tmp/data/")
```

【代码分析】

这 5 行代码的功能很简单，也很常见。第 01~02 行导入 NumPy 包和 TensorFlow 包，第 04~05 行加载 MNIST 数据集。

16.8.2 图像输入

在前面的章节中，我们已经提到，TensorFlow 在非 Eager 模式下，训练数据的导入通常都离不开占位符。代码如下所示。

```
06   X = tf.placeholder(shape=[None, 28, 28, 1], dtype=tf.float32, name="X")
```

【代码分析】

第 06 行定义特征 X，placeholder 用于创建占位符，等需要时再将真正的数据传入。placeholder 有三个参数：张量的形状（即维数）、数据类型、数据命名。其中，X 代表输入数据张量的形状（shape）为[None, 28, 28, 1]，其中 None 的位置是 batch_size，即图片的批数量，但由于图片的个数暂时并不确定，所以此处用 None（它表示数量不确定，而非表示没有）；图片均为 28×28 像素，每个像素用 float32 类型表示；图片是灰度图，因此通道维度是 1，如果是 RGB 三色图，此处的值为 3。

16.8.3 卷积层 Conv1 的实现

如前文所言，卷积层 Conv1 就是一个普通的卷积层，其主要功能是提取低级特征，实现代码如下所示。

```
07    conv1_params = {
08        "filters": 256,
09        "kernel_size": 9,
10        "strides": 1,
11        "padding": "valid",
12        "activation": tf.nn.relu,
13    }
14    conv1 = tf.layers.conv2d(X, name="conv1", **conv1_params)
```

【代码分析】

第 07~13 行的功能是，在字典 conv1_params 里定义卷积层 Conv1 的参数，比如卷积核（也就是过滤器）的个数为 256，卷积核大小为 9×9，步长为 1，填充方式为 valid，即不填充，激活函数用的是 ReLU。

第 14 行利用 TensorFlow 提供的标准 API 函数 conv2d 来构建第一个卷积层 conv1。其中，X 表示输入的张量数据，此处还是一个占位符，运行时由 feed_dict 喂入数据。

conv2d 参数列表有两个星号"**"，它表示可以传入 0 个或任意个含参数名的参数。这些关键字参数在函数内部会自动组合为一个字典，而这个字典正是第 14 行所示的字典类型变量 conv1_params（这个形式相当于在 C 语言中，利用结构体在函数中传递或返回多个参数）。最终，conv1 的 shape 是[None, 20, 20, 256]，其中 None（有时也用 "？" 表示）代表之后才确定的图片个数。

16.8.4 PrimaryCaps 层的实现

接下来，我们来搭建第 2 个卷积层 Conv2（即 PrimaryCaps 层）。由于都是卷积层，它的实现代码和 Conv1 类似，如下所示：

```
15    caps1_num = 32
16    caps1_dims = 8
17    conv2_params = {
18        "filters": caps1_num * caps1_dims,
19        "kernel_size": 9,
20        "strides": 2,
```

```
21          "padding": "valid",
22          "activation": tf.nn.relu
23      }
24  conv2 = tf.layers.conv2d(conv1, name="conv2", **conv2_params)
```

【代码分析】

由于第一层 Conv1 的输出就是第二个卷积层 Conv2 的输入,所以第二层的参数配置和第一层的输出密切相关。第 15~16 行,给出了第一个卷积层的输出通道参数,通道总数是 32 个(caps1_num),每个通道可提取 8 个特征(caps1_dims)。因为每个特征的提取都需要一个卷积核,因此共需要 32×8= 256 个卷积核。所以有第 18 行,卷积核个数为 filters=caps1_num * caps1_dims。其余的参数分别为:滤波器大小为 9×9、步长为 2、valid 表示不填充、激活函数为 ReLU。

由于使用了 9×9 的卷积核,且不填充,故经过卷积后,图像尺寸会变小,由 20×20 变换为 6×6 的特征图(在 16.7 节中有详细说明)。因此,conv2 的输出 shape 为[?, 6, 6, 256]。这里 256 就是 32 与 8 的乘积,具体含义参见 16.6.4.3 节。该层实际用了 32 个通道,每个通道使用 8 个不同的卷积核提取特征。

```
25  caps1_caps = caps1_num * 6 * 6
26  caps1_raw=tf.reshape(conv2, [-1, caps1_caps, caps1_dims], name="caps1_raw")
```

【代码分析】

在初级胶囊层,由于 caps1_num 是通道数(32 个),而每个通道的张量尺寸为 6×6,因此初级胶囊个数(caps1_caps)共有 6×6×32=1152 个(第 25 行)。

第 26 行,对卷积后的 conv2 张量实施维度变形(reshape)。结合上面的分析,其 shape 转变为[-1, 1152, 8]。其中 reshape 函数中的维度 "-1",并不是真的指维度为负值,因为这样做是毫无意义的,它指的是 reshape 函数根据另一个参数的维度,自动推算出张量的另外一个维度的数值,使得变换维度前后的元素总个数不变,这是一种把维度的换算工作转交给编译器的懒人做法。比如,原来矩阵的 shape 为[3,4],即 3 行 4 列共 12 个元素,现在 reshape(变形)为[2,-1],它表示目前张量的 "形状" 为 2 行,而这里 "-1" 代表的是 "12/2=6" 列。

由于 conv2 张量的 shape 为[?, 6, 6, 256],如果我们把 "?" 用具体 batch_size 代替,那么第 26 行处的 "-1",实际上可容易地计算得到(batch_size×6×6×256)/(1152×8)= batch_size。也就是

说，caps1_raw 的张量形状为[batch_size,1152, 8]。但是由于 batch_size 目前尚不能确定，我们还用"?"代替，其张量形状可记作[?,1152, 8]，下同。

接下来我们定义压缩函数 squash()，代码如下所示：

```
27    def squash(s, axis=-1, epsilon=1e-7):
28        s_sqr_norm = tf.reduce_sum(tf.square(s), axis = axis, keepdims=True)
29        V = s_sqr_norm /(1. + s_sqr_norm)/tf.sqrt(s_sqr_norm + epsilon)
30        return V * s
31    caps1_output = squash(caps1_raw)
```

【代码分析】

第 27~30 行，实现了参考资料[1]中提出的 squash()函数，该函数将压缩给定数组中的所有向量。压缩是有方向性的，这里用"轴"（axis）表示，如果不指定，则用最后一个维度来实施压缩，请注意，这里的"-1"另有含义，表示张量的倒数第一个维度。

需要说明的是，根据公式（16-1）的压缩函数：$\frac{\|s_j\|^2}{1+\|s_j\|^2} \cdot \frac{s_j}{\|s_j\|}$，由于代码中的$\|s\|$尚未定义，不能确保$\|s\|$一定不为零，为了计算数值的可靠性，不建议直接使用 TensorFlow 中的范数函数 tf.norm()，否则在训练过程中会出问题。解决方法是在分母$\|s\|$里加入一个微小常量 $\varepsilon = 10^{(-7)}$，即$\|s\| \approx \sqrt{\sum_i s_i^2 + \varepsilon}$，这样就可以防止分母为零（第 29 行）。

第 31 行，用 squash()函数将 caps1_raw 单位化得到 cap1_output。由于单位化仅仅是让向量长度规整到（0,1）之间，但维度本身并没有发生变化，故此其张量形状依然和 caps1_raw 一致，为[?,1152, 8]。

16.8.5 全连接层

DigitCaps 层是 PrimaryCaps 层的下游层，它们之间是一个全连接。在运算流程中，我们要计算预测向量$\hat{u}_{j|i} = W_{i,j} u_i$，即低层胶囊（PrimaryCaps）输出张量$u_i$，它是一个 8D 向量。而在 DigitCaps 层，每个胶囊是一个 16D 向量。一个 8D 向量若想连接一个 16D 向量，这中间需要一个维度为 8×16 的连接矩阵W_{ij}。

如果明确了W_{ij}和u_i，我们就可以使用常规的矩阵乘法，如使用 tf.matmul()来计算$\hat{u}_{j|i}$。但这仅仅是针对一个"胶囊对"之间的做法。

根据前文的分析，在 PrimaryCaps 层，共有 1152 个初级胶囊，在 DigitCaps 中共有 10 个数字胶囊。针对全连接模式，两层胶囊需要两两连接，共有 1152×10 个胶囊对。显然，一种朴素的计算方式就是利用 for 循环，重复执行 1152×10 次，每次都调用 tf.matmul() 来计算 $\hat{u}_{j|i}$。但这种计算方式显然没有充分利用张量乘法的优势。这里的张量是指维度大于三维的矩阵，自然也有点对不住 TensorFlow 的名号。

一种更加便捷的方法是，直接利用高维矩阵乘法，一次性完成 1152×10 次二维矩阵乘法。为了做到这点，需要对连接矩阵进行"升维"操作。

通过"升维"改造，W、u 和 $\hat{u}$ 的维度信息分别如下所示（请注意，这里的三个张量分别代表相关张量的整体，因此已经没有下标了）：

（1）第一个转换张量矩阵 W 的维度（shape）是[1152, 10, 8, 16]。

（2）第二个输出张量 u 的维度是[1152, 10, 8, 1]。

（3）第三个预测输出张量 $\hat{u}$（代码中记作 u_hat）的维度是[1152, 10, 16, 1]。

事实上这还不够，因为上述张量维度仅仅是针对一张手写数字图片而言的。如果我们想识别多张图片，怎么办呢？在不添加 for 循环的情况下，自然就需要为上述张量再添加一个维度 batch_size，表示图片数量。因此，在本小节的代码中要构造三个张量，其维度信息分别为：

- W：[batch_size, 1152, 10, 8, 16]
- u：[batch_size, 1152, 10, 8, 1]
- $\hat{u}$：[batch_size, 1152, 10, 16, 1]

下面给出这 3 个张量的实现代码。

16.8.5.1 计算连接权值张量 W

下面，首先给计算连接权值张量 W 的实现过程，如下代码所示。

```
32    caps2_caps = 10
33    caps2_dims = 16
34
35    init_sigma = 0.01
36
37    W_init = tf.random_normal(
```

```
38              shape=(1, caps1_caps, caps2_caps, caps2_dims, caps1_dims),
39              stddev=init_sigma, dtype=tf.float32, name="W_init")
40      W = tf.Variable(W_init, name="W")
41
42      batch_size = tf.shape(X)[0]
43      W_tiled=tf.tile(W,[batch_size,1,1,1,1],name="W_tiled")
```

【代码分析】

第 32~33 行配置了 DigitCaps 层的输出参数，该层包含 10 个胶囊（第 32 行），每个胶囊有 16 个维度特征（第 33 行）。根据前文的分析，对于这个保存所有的连接的矩阵（或说张量）W 来说，它的维度信息为[1152, 10, 16, 8]。

第 35~39 行，定义了一个随机变量 W_init，这个变量集合是标准偏差 sigma（σ）为 0.01 的随机正态分布，其维度信息（shape）为[1, 1152, 10, 16, 8]。然后利用这个变量 W_init，对 W 实施初始化（第 40 行）。

你可能会疑惑，前面提到 W 是一个 4D 张量，怎么又多了一个维度"1"，变成了 5D 张量呢？首先说明一下，对于 n+1 维的张量，如果有一个维度为 1，在本质上，其实它就"降维"至一个 n 维张量。所以，上面定义的维度[1152, 10, 16, 8]和[1, 1152, 10, 16, 8]，在本质上是一致的。

那为何又多此一举呢？如前所述，我们想为增加 batch_size 这个维度预留维度空间，为后面我们使用 tf.tile()实施"升维"张量做准备。

第 42 行，读取占位符 X 的第一个维度信息，其实它的值就是 batch_size，即训练过程中的一批图片的张数。第 43 行使用了 tf.tile() 函数，其作用在于将 W 在第 0 个维度复制 batch_size 倍，其他维度的张量保持不变（即该维度拼贴系数为 1），拼贴后的变量储存在变量 W_tiled 中，最终，它的 shape 是[?, 1152, 10,16, 8]。

下面我们详细介绍 tf.tile()函数的作用，其原型如下所示：

```
tile(
    input,              #输入张量
    multiples,          #同一维度上复制的倍数
    name=None           #Op 名称，可选项
)
```

其功能就像"铺瓦片"一般（可以想象宫殿琉璃瓦铺设的情节），通过复制来构造某个给定向量。该函数的第一个参数 input 表示输入张量，第二个参数 multiples 是一个列表，分别指定同一维度被复制扩展几倍，multiples 参数的维度与 input 的维度应一致。

这是什么意思呢？简单解释一下。例如，对于输入张量[1,2,3,4]，其维度为[4]，multiples 为[3]，于是通过复制，input 张量得到 3 倍的扩展，元素个数变为 12（4×3），即得到[1, 2, 3, 4, 1, 2, 3, 4, 1, 2, 3, 4]。

对于高维张量也是类似操作。比如，input 为[[1,2,3,4], [5,6,7,8]]，其维度为[2,4]，multiples 为[2,1]，那么输出张量的维度信息为[4,4]。具体来说，在 input 维度为 2 的方向上被扩展 2 倍（因为 multiples 在相同维度上的值为 2，该维度的元素个数为 2×2=4 个），而在输入张量为 4 的维度上被扩展 1 倍，实际上就是不扩充（因为 multiples 在相同维度上的值为 1，该维度的元素个数为 4×1=4 个），从而得到输出张量为[[1 2 3 4],[5 6 7 8],[1 2 3 4],[5 6 7 8]]。请体会如下代码，感知 tf.tile( )的用法：

```python
import tensorflow as tf
import tensorflow.contrib.eager as tfe
tfe.enable_eager_execution()
input1 = [1,2,3,4]
re1 = tf.tile(input1, [3])
input2 = [[1,2,3,4],
          [5,6,7,8]]
re2 = tf.tile(input2, [2, 1])
re3 = tf.tile(input2, [1, 2])
re4 = tf.tile(input2, [3, 2])
print("Tile1:\n", re1)
print("Tile2:\n", re2)
print("Tile3:\n", re3)
print("Tile4:\n", re4)
```

【运行结果】
```
Tile1:
 tf.Tensor([1 2 3 4 1 2 3 4 1 2 3 4], shape=(12,), dtype=int32)
Tile2:
```

```
tf.Tensor(
[[1 2 3 4]
 [5 6 7 8]
 [1 2 3 4]
 [5 6 7 8]], shape=(4, 4), dtype=int32)
Tile3:
tf.Tensor(
[[1 2 3 4 1 2 3 4]
 [5 6 7 8 5 6 7 8]], shape=(2, 8), dtype=int32)
Tile4:
tf.Tensor(
[[1 2 3 4 1 2 3 4]
 [5 6 7 8 5 6 7 8]
 [1 2 3 4 1 2 3 4]
 [5 6 7 8 5 6 7 8]
 [1 2 3 4 1 2 3 4]
 [5 6 7 8 5 6 7 8]], shape=(6, 8), dtype=int32)
```

通过上面的分析得知，tf.tile( )的核心作用是指定某一维度被复制扩展若干倍。其实它的"副作用"（褒义词）更有意义，那就是当被"铺贴"的张量维度合适时，便可做矩阵（张量）运算，从而实现更高效的 for 循环，请读者细细体会算法 16-1 中的 for 循环是在哪里体现的。

16.8.5.2　计算张量 u

接下来，我们需要利用类似的手法来计算张量 u。如前文所述，u 是一个复合型的张量，其维度信息为[batch_size,1152,10,8,1]。但在 PrimaryCaps 层中，输出张量记作 caps1_output，其维度为[batch_size,1152,8]，这两个张量之间存在维度上的差异，下面代码的目的在于，根据低维张量 caps1_output 来构造高维张量 u。代码如下所示：

```
44  caps1_output_expanded = tf.expand_dims(caps1_output, -1,
45                      name="caps1_output_expanded")
46  caps1_output_tile = tf.expand_dims(caps1_output_expanded, 2,
47                      name="caps1_output_tile")
48  caps1_output_tiled = tf.tile(caps1_output_tile, [1, 1, caps2_caps, 1, 1],
49                      name="caps1_output_tiled")
```

【代码分析】

为了构造目标张量，首先需要对 caps1_output 实施两次扩展。为了达成张量的维度扩展，需要用到 tf.expand_dims( )函数，其函数原型为：

```
expand_dims(
    input,              #输入张量
    axis=None,          #扩展维度轴
    name=None,          #Op 名称，可选参数
    dim=None            #弃用参数，使用 axis 参数代替
)
```

该函数的功能就是，在 input 张量的基础上，在 axis 为指引的维度上，增加一维。比如，在将图像维度降到二维[height, width]之后，如果要还原成四维[batch, height, width, channels]，就需要借助 expand_dims( )前后各增加一维。范例 16-1 中的应用场景与之类似。

第 44~45 行，需要在张量 caps1_output 的最后扩张一维，这里的"axis = -1"表示最后一维得到 caps1_output_expanded，该张量的 shape 是[batch size, 1152, 8, 1]。

接着，第 46~47 行，在 caps1_output_expanded 的基础上，在 axis=2（轴从 0 开始计数）上扩张一维，得到 caps1_output_tile 的 shape 是[batch size, 1152 , 1, 8,1]；

最后第 48~49 行，利用前文讲解的 tf.tile()函数在第三个 axis 上复制 caps2_caps（10）次，得到 caps1_output_tiled 的 shape 是[batch_size, 1152, 10, 8, 1]，达到我们目标设定的维度。如前文所言，batch_size 大小暂未可知，可用"？"表示。

16.8.5.3 计算张量 u_hat

当 W 和 u 设置好之后，$\hat{u}$（代码中记作 caps2_predicted）的形状（shape）也就呼之欲出了。通过计算 W 和 u 之间的高维矩阵乘法就可以得到，代码如下所示。

```
50    caps2_predicted = tf.matmul(W_tiled, caps1_output_tiled, name="caps2_predicted")
```

【代码分析】

第 50 行，函数 matmul 将高维数组中的两个矩阵元素相乘,其中 W_tiled 的 shape 为[?, 1152,

10, 16, 8],caps1_output_tiled 的 shape 为[?, 1152, 10, 8, 1],两矩阵的乘积 caps2_predicted（即 $\hat{u}$）的张量形状为[?, 1152, 10, 16, 1]。

到此，全连接层的数据流图构造完毕。下面的工作就是要利用路由协议算法来训练权值矩阵 W。

16.8.6 路由协议算法

下面我们来实现算法 16-1 描述的动态路由算法。核心代码如下所示：

```
51    raw_weights = tf.zeros([batch_size, caps1_caps, caps2_caps, 1, 1],
52                      dtype=tf.float32, name="raw_weights")
53    b = raw_weights
54    routing_num = 2
55    for i in range(routing_num):
56        c = tf.nn.softmax(b, axis = 2)
57        preds = tf.multiply(c, caps2_predicted)
58        s = tf.reduce_sum(preds, axis=1, keepdims=True)
59        vj = squash(s, axis=-2)
60
61        if i < routing_num - 1:
62            vj_tiled = tf.tile(vj, [1, caps1_caps, 1, 1, 1], name= "vj_tiled")
63            agreement= tf.matmul(caps2_predicted, vj_tiled, transpose_a = True,
                  name = "agreement")
64            b += agreement
65    caps2_output = vj
```

【代码分析】

第 51~53 行，初始化张量 b，其张量形状为[batch_size, 1152, 10, 1, 1]，将其全部初始化为 0。第 54 行，设置路由次数为 2 次，然后进入循环（第 55 行）。前后两轮执行的功能稍有不同，利用第 61 行做判定区分。

前文已经阐明，耦合系数 c_{ij} 决定了第 j 个胶囊与前层各胶囊 i 的关系密切程度。根据公式（16-4），c_{ij} 是 b_{ij} 在 Softmax 函数加工下的结果（第 56 行）。不过代码第 56 行是以张量的形式批量计算的，所以并没有所谓的下标区分。张量 c 的维度信息为[?, 1152, 10, 1, 1]，而且在第二个 axis（数轴）上做归一化操作，原因就是每一个 caps1 到所有 caps2 的概率总和为 1。

当 $\hat{u}$（即 caps2_predicted）和 c 都已经计算得到，那么根据公式（16-2）中的 $s_j \leftarrow \sum_i c_{ij} \hat{u}_{j|i}$，是时候计算数字胶囊的输出 s_j 了。这部分工作分两步走，第 57 行利用 tf.multiply( ) 求出了 $c_{ij} \hat{u}_{j|i}$，第 58 行利用 tf.reduce_sum 求这个点积之和 $\sum$（即 s）。

这里有一个重要的细节值得注意，第 57 行利用的函数是 tf.multiply()，而不是 tf.matmul()，这两个函数是有显著区别的。tf.matmul( )是普通的矩阵乘法，而 tf.multiply( )表示的是点积，也称为 Hadamard product（哈达玛积），即其返回值是对应元素与元素之间（element-wise）的乘法。对于一个 $m \times n$ 维的矩阵 $A = [a_{ij}]$ 与 $m \times n$ 维的矩阵 $B = [b_{ij}]$，它们的点积记为 $A \circ B$。新矩阵 C 的元素定义为矩阵 A、B 对应元素的乘积 $(A \circ B)_{ij} = a_{ij} * b_{ij}$，tf.multiply( )函数的原型为：

```
tf.multiply(
    x,
    y,
    name=None
)
```

在上述参数列表中，张量 x 和张量 y 必须是相同的数据类型，且具有相同的阶（rank），该函数支持参数广播（Broadcasting）。前面描述的技术细节非常重要。首先，tf.multiply()要求它实施点积的两个张量需要有相同的阶（即有相同的维度）。针对范例 16-1，这两个张量分别是 $\hat{u}$（即 caps2_predicted）和 c，前者 caps2_predicted 的张量形状为[batch_size, 1152, 10, 16, 1]（5D 张量），而后者 c 作为概率系数，仅仅与胶囊之间的连接数相关，即其张量形状应为[batch_size, 1152, 10]（3D 张量），但这显然和 caps2_predicted 的维度是不一致的，为了使二者的张量形状一致，张量 c 的维度被设置为[batch_size, 1152, 10, 1, 1]，后面"额外"的两个"1"维度，是人为"升维（变成 5D 向量）"的，又由于其第 4 维系数仅仅为"1"，而 caps2_predicted 在第 4 维的系数为 16，所以它们在元素个数上是不匹配的，难以做到元素对元素的乘法，这该如何处理呢？

这就要用到 tf.multiply()的参数广播（broadcasting）功能，c 被广播 16 次，以适配点积处理。那什么又是广播功能呢？下面我们举一个例子来说明这个概念。

假设 $A \circ B = \begin{bmatrix} 1,2,3 \\ 4,5,6 \end{bmatrix} \circ \overbrace{[10,20,30]}$，显然，张量 A 的形状（即维度）为[3,3]，张量 B 的形状为[3,1]，A 和 B 矩阵之间的元素个数是不匹配的，因此无法直接做点乘。但是通过"广播"功能，可以把矩阵 B 的一行元素进行复制，变化成为如下所示的矩阵。之所以叫作"广播"，可以从另外一个角度来理解，即 B 矩阵中的一行元素被"分发（或复制）"到 A 矩阵中的若干行，然后分别做点积操作。

$$A \circ B = \begin{bmatrix} 1,2,3 \\ 4,5,6 \end{bmatrix} \circ \overbrace{[10,20,30]} = \begin{bmatrix} 1,2,3 \\ 4,5,6 \end{bmatrix} \circ \begin{bmatrix} 10,20,30 \\ 10,20,30 \end{bmatrix} = \begin{bmatrix} 10,40,90 \\ 40,100,180 \end{bmatrix}$$

当 s 得以求出后，就可以调用 squash()函数实施向量压缩（第 59 行），计算出 vj 了。第 62~63 行，通过 tf.tile( )复制 caps1_caps 倍，然后再做矩阵乘法（并对 vj_tiled 做了转置），这实际上就实现了高效的 for 循环，分别计算出向量的 agreement（一致性）更新值增量。

第 64 行，对所有 PrimaryCaps 层和 DigitCaps 层之间的胶囊，实施更新一致性权值，即可求得 b。需要注意的是，这里 "+"（更新）操作对象都是张量，所以并没有所谓的变量下标。

事实上，对于路由协议算法，for 循环可以多设置几轮，这里为了简化，仅设置为两轮。

16.8.7 估计实体出现的概率

在求得 vj 之后，下面的工作就是要计算 vj 的长度。而它的长度，根据前文的约定实际上代表的是该实体出现的概率。

```
66   def safe_norm(s, axis=-1, epsilon=1e-7, keep_dims=False, name=None):
67       with tf.name_scope(name, default_name="safe_norm"):
68           squared_norm = tf.reduce_sum(tf.square(s), axis=axis, keepdims=keep_dims)
70           return tf.sqrt(squared_norm + epsilon)
71   y_proba = safe_norm(vj, axis=-2, name="y_proba")
72   y_proba_argmax = tf.argmax(y_proba, axis=2, name="y_proba")
73   y_pred = tf.squeeze(y_proba_argmax, axis=[1,2], name="y_pred")
```

【代码分析】

第 66~71 行，我们创建了自己的 safe_norm()函数，用于计算输出向量的长度。本来我们是可以用 tf.norm() 来计算它们的，但正如在讨论 squash() 函数时看到的那样，这样做是有风险的，所以"自己动手，丰衣足食"的方案，更适合本范例。

第 72 行，为了预测每个实例的类别，我们需要选择估计概率最高者为类依据。而要做到这一点，要使用 tf.argmax() 来找到预测概率向量 y_proba 中最大值的索引。该函数的功能是，返回输入向量在指定轴（axis）方向下的最大数值索引。请注意，此时张量 y_proba_argmax 的形状信息为[?, 1, 1]。

最后我们想要的是，对于每个数字实例，输出它最大概率值的索引，因此这是一个一维向量，所以在第 73 行，通过使用 tf.squeeze() "挤掉" y_proba_argmax 最后两个大小为 1 的维度。

前文我们提过，tf.expand_dims() 是把输入向量增加一个维度，而其相反的操作 tf.squeeze()，是把输入向量指定轴方向为 1 的维度删除（即挤压向量）。例如，对于形状为[1, 2, 1, 3, 1, 1]的张量 *t*，shape((squeeze(t,[2,4]))将得到[1, 2, 3, 1]，即把第 2（从 0 开始计数）维度和第 4 维度方向的 "1" 向量挤压掉。如果不指定特定轴，shape((squeeze(t,))将会把所有尺寸为 1 的维度挤掉，得到[2, 3]。

到此，我们已经求出了每个实例的胶囊网络的预测类别。

16.8.8　损失函数的实现

16.8.8.1　计算边缘损失（Margin Loss）

通过前面章节的学习，我们知道，如果想调参，势必要计算损失函数。下面我们来计算胶囊网络的边缘损失。核心代码如下所示：

```
74    y = tf.placeholder(shape=[None], dtype=tf.int64)
75
76    m_plus = 0.9
77    m_minus = 0.1
78    lambda_ = 0.5
79
80    T = tf.one_hot(y, depth=caps2_caps, name="T")
81
82    caps2_output_norm = safe_norm(caps2_output, axis=-2, keep_dims=True,
83                         name="caps2_output_norm")
```

```
84
85      present_error_raw = tf.square(tf.maximum(0., m_plus - caps2_output_norm),
86                              name="present_error_raw")
87      present_error = tf.reshape(present_error_raw, shape=(-1, 10),
88                              name="present_error")
89
90      absent_error_raw = tf.square(tf.maximum(0., caps2_output_norm - m_minus),
91                              name="absent_error_raw")
92      absent_error = tf.reshape(absent_error_raw, shape=(-1, 10),
93                              name="absent_error")
94
95      L = tf.add(T * present_error, lambda_ * (1.0 - T) * absent_error,
96              name="L")
97
98      margin_loss = tf.reduce_mean(tf.reduce_sum(L, axis=1), name="margin_loss")
```

【代码分析】

第 74 行，定义了 Labels 的占位符，用于输入手写数字的标签信息。Hinton 的论文中使用了一个特殊的边缘损失，以便能够检测每个图像中的两个或更多不同的数字，具体介绍可以参见 16.6.3 小节中的判断数字存在性的边缘损失函数。第 76~78 行设置了相关参数，参照公式（16-7）：

$$L_k = T_k \max(0, m^+ - \|v_k\|)^2 + \lambda(1 - T_k)\max(0, \|v_k\| - m^-)^2$$

范例中让 m^+=0.9、m^-=0.1、λ=0.5。

在上述公式的 T_k 中，要求实现的功能是，如果类 k 的数字存在，则 T 等于 1，否则在其他情况下都为 0，这碰巧就是独热编码的功能范畴。因此第 80 行，使用了 tf.one_hot()函数，但这里的 One_Hot 编码并不是用来计算交叉熵服务的。相反，它成为计算边缘损失函数的一部分。我们利用下面这段代码感受一下 tf.one_hot( )函数的使用：

```
import tensorflow as tf
import numpy as np
import tensorflow.contrib.eager as tfe
```

```
tfe.enable_eager_execution()
y = np.array([0, 1, 2, 3, 9])
T = tf.one_hot(y, depth=10, name="T")          # depth 表示数字种类为 10 个
print (T)
```

【运行结果】
```
tf.Tensor(
[[ 1. 0. 0. 0. 0. 0. 0. 0. 0. 0.]
 [ 0. 1. 0. 0. 0. 0. 0. 0. 0. 0.]
 [ 0. 0. 1. 0. 0. 0. 0. 0. 0. 0.]
 [ 0. 0. 0. 1. 0. 0. 0. 0. 0. 0.]
 [ 0. 0. 0. 0. 0. 0. 0. 0. 0. 1.]], shape=(5, 10), dtype=float32)
```

接下来，我们要计算每个输出胶囊和每个实例的输出向量的范数。第 82~83 行，由于张量 caps2_output 的形状为 shape=[?, 1, 10, 16, 1]，从中可以看出，16D 的输出向量在倒数第 2 维，所以在调用 safe_norm()函数时，我们使用 axis=-2。第 85~86 行，对照公式可知，完成计算 $\max(0, m^+ - \| v_k \|)^2$，得到原始数据误差 present_error_raw。

第 87~88 行，将上面计算的结果 present_error_raw 实施 reshape（变形）操作，以获得一个简单的矩阵 shape[batch size, 10]。

第 90~93 行，与上面类似，先计算 $\max(0, \| v_k \| - m^-)^2$，而后再实施张量变形操作。

第 95 行，将前面的计算合并，并添加上相应的系数，即完整计算每个实例和每个数字的损失：$T_k \max(0, m^+ - \| v_k \|)^2 + \lambda (1 - T_k) \max(0, \| v_k \| - m^-)^2$。

第 98 行，计算所有实例的平均值，最终得到边缘损失。

16.8.8.2 Mask 机制

为了验证胶囊网络的输出，Hinton 等人在前面介绍的胶囊网络的基础上，又添加了一个解码网络（Decoder Network）。它是一个三层全连接神经网络，将根据胶囊网络的输出学习重构输入图像。这将迫使胶囊网络在整个网络上保留重建数字所需的所有信息。

这个约束规范了模型：它减少了过度拟合训练集的风险。在训练过程中，并不是把胶囊网络的所有输出都发送到解码器网络，而是仅发送与目标数字对应胶囊的输出向量。也就是说，

在代码实践上，向量长度最长的那个向量，对应于被预测的数字，该向量被保留，用于重建目标数字，除此之外，其他所有输出向量都被屏蔽（Mask）。

```
99   mask_with_labels = tf.placeholder_with_default(False, shape=(),
100                       name="mask_with_labels")
101
102  reconstruction_targets = tf.cond(mask_with_labels,    # condition
103                       lambda: y,                       # if True
104                       lambda: y_pred,                  # if False
105                       name="reconstruction_targets")
106
107  reconstruction_mask = tf.one_hot(reconstruction_targets,
108                       depth=caps2_caps,
109                       name="reconstruction_mask")
110
111  reconstruction_mask_reshaped = tf.reshape(
112      reconstruction_mask, [-1, 1, caps2_caps, 1, 1],
113      name="reconstruction_mask_reshaped")
114
115  caps2_output_masked = tf.multiply(
116      caps2_output, reconstruction_mask_reshaped,
117      name="caps2_output_masked")
```

【代码分析】

我们知道，占位符实际上相当于会话中 run 方法的形参，它的位置会被 run 方法中的 feed_dict 实参所取代（也就是说，必须在执行时给占位符提供数据）。在第 99~100 行，我们需要一个带有默认值的占位符 tf.placeholder_with_default，它表示当占位符没有被字典 feed_dict 赋值时，它就用默认值代替，这有点像带有默认值的函数。参见如下代码：

```
import tensorflow as tf
x = tf.placeholder_with_default(input=[1, 2], shape=(2,))
y = tf.placeholder_with_default(False, shape=(), name = "test")
with tf.Session() as sess:
```

```
    print (sess.run(x))           #没有 feed_dict 参数，将采用 input=[1, 2]作为输入参数
print (sess.run(x, feed_dict={x:[10, 20]}))  #设置 feed_dict 参数，则采用之
print (sess.run(y))               #没有 feed_dict 参数，将 False 作为输入参数
```

【运行结果】
```
[1 2]
[10 20]
False
```

在理解了上述有关 placeholder_with_default()的简单示例后，现在我们再来看范例 16-1 的第 99~100 行，它的功能是告诉 TensorFlow，如果占位符 mask_with_labels 没有显式用字典赋值，那么它就采用默认值 False。

其实第 99~100 行代码给出的占位符，主要是想配合后续代码 tf.cond()（102~105 行），来实现一个条件判断：前文我们提到，为了重构数字，其他不相关的数字（也就是概率值低的数字）都将被屏蔽，但屏蔽的标准是什么呢？是根据数字的标签值来屏蔽输出向量呢，还是根据胶囊网络输出的预测值来屏蔽输出向量呢？

下面来解释一下函数 tf.cond()的用法。在 TensorFlow 中，tf.cond()有点类似于 C/C++语言中的 if...else...这个用来控制数据流向的语句，其函数原型为：

```
tf.cond(
    pred,                  #条件判断，布尔值：真或假
    true_fn=None,          #条件为真时，执行
    false_fn=None,         #条件为假时，执行
    strict=False,
    name=None,
    fn1=None,              #弃用参数
    fn2=None               #弃用参数
)
```

该函数的功能在于，对于判断条件 pred，如果为真，则执行 true_fn 函数，并返回其函数值，否则，执行 false_fn 函数并返回其函数值，请参见如下代码，以加深对 tf.cond()的理解：

```
import tensorflow as tf
```

```
import tensorflow.contrib.eager as tfe
tfe.enable_eager_execution()

a = tf.constant(2)
b = tf.constant(3)
x = tf.constant(4)
y = tf.constant(5)
z = tf.multiply(a, b)
result = tf.cond(x < y, lambda: tf.add(x, z), lambda: tf.square(y))
print(result)
```

【运行结果】
```
tf.Tensor(10, shape=(), dtype=int32)
```

在上述代码中，因为 x < y 条件成立，所以执行函数 lambda: tf.add(x, z)（在 Python 中，对于简单的函数，可用 lambda 表达式来实现），又根据数据流图的依赖关系，计算 x + z，z 必须被先计算出来，z 计算得到 6，然后加上 4，就得到运行结果中的 10。

通过前面的解释，再回到范例 16-1 中的第 102~105 行。配合第 99~100 行代码，mask_with_labels 的默认值为 False，通过使用 tf.cond()，默认使用 y_pred（即预测值）作为重建目标（reconstruction_targets）向量屏蔽的依据，比如说预测值为数字"3"，不论它预测得正确与否，除了"3"之外的向量，都会被屏蔽。否则，我们就选择标签值作为向量屏蔽的依据。

有了重建目标之后，下面我们就来完成重构掩码的任务。对于多分类而言，如果是目标类，它的值设置为 1.0，其他类都被屏蔽，设置为 0.0。完成此类任务，非独热编码莫属。所以在第 107~109 行，我们使用 tf.one_hot() 函数，其深度 depth 就是数字胶囊的个数 caps2_caps(10)。

由于 caps2_output 的形状是 [batch_size,1,10,16,1]，我们希望乘以 reconstruction_mask，因为 reconstruction_mask 是独热编码，只有目标向量为 1（相乘得以保留），其他数字为 0（相乘得以屏蔽），但是，由于变量 reconstruction_mask 的形状是 [batch_size,10]，二者的形状不匹配，无法相乘。所以，我们必须重塑 reconstruction_mask 成 [batch size,1,10,1,1]，以使它们能够相乘，第 111~113 行完成了这样的"重塑"工作。

将前面的张量形状重塑之后，接下来就可以通过矩阵相乘来完成数字向量的屏蔽与否。第 115~117 行的功能就是完成上述工作。请注意，这里的"乘法"依然是指前文提到的"点积"，所以使用的是 tf.multiply()函数。这时，相乘的双方，在张量维度上虽然都是 5D，但形状大小并不一致，这就要用到"广播"功能，前文已有描述，不再赘述。

相乘之后，caps2_output_masked 的维度信息为[?, 1, 10, 16, 1]。

16.8.8.3 解码器

通过前面的掩码屏蔽之后，就把目标"数字"保留了下来了。前面 CapsNet 网络中的各种参数，其实是这个数字的内在表达。那能不能把这个内在表达重新还原为数字呢？这就是解码器（Decoder）要做的工作，其实现的核心代码如下所示：

```
118  n_hidden1 = 512
119  n_hidden2 = 1024
120  n_output = 28 * 28
121
122  decoder_input = tf.reshape(caps2_output_masked,
123                             [-1, caps2_caps * caps2_dims],
124                             name="decoder_input")
125
126  with tf.name_scope("decoder"):
127      hidden1 = tf.layers.dense(decoder_input, n_hidden1,
128                                activation=tf.nn.relu,
129                                name="hidden1")
130      hidden2 = tf.layers.dense(hidden1, n_hidden2,
131                                activation=tf.nn.relu,
132                                name="hidden2")
133      decoder_output = tf.layers.dense(hidden2, n_output,
134                                       activation=tf.nn.sigmoid,
135                                       name="decoder_output")
```

【代码分析】

解码器由 3 个全连接层组成，第 118~120 行设置了全连接层的参数，两个隐含层大小分别为 512 和 1024，最后的输出层大小为 784。请注意，在 TensorFlow 代码中，全连接层由于连接权值众多，所以也被称为密集层。

如前文所言，caps2_output_masked 的维度信息为[?, 1, 10, 16, 1]，这里的"?"实际上就是"batch_size"。这个张量就是解码器的输入，但其形状并不适用于解码器，所以在第 122~124 行，重塑解码器的输入，以使其平坦化，于是得到一个数组[?, 160]。

构建全连接层需要用到 tf.layers.dense()函数，其核心参数就是输入张量、连接个数及激活函数。从第 126~135 行中可以看出 Decoder 的结构：有两个全连接的 ReLU 层，后面紧跟着一个 Sigmoid 输出层。

16.8.8.4 重构损失

在充分的训练下，可以通过前面提及的三层解码网络，把手写数字在 CapsNet 的内在表达中还原成数字，但这个还原出来的数字和原始的数字到底有没有不像的地方呢？

于是，衡量解码网络还原的数字与原始数字之间的差异，就成为我们要求解的重构损失（Reconstruction Loss）。作为有监督学习的反馈指标，它一方面指导着解码网络的参数训练，同时也是整个网络（包括 CapsNet 和 Decoder）损失函数的一部分，其实现代码如下所示：

```
136    X_flat = tf.reshape(X, [-1, n_output], name="X_flat")
137    squared_difference = tf.square(X_flat - decoder_output,
138                                   name="squared_difference")
139    reconstruction_loss = tf.reduce_sum(squared_difference,
140                                   name="reconstruction_loss")
```

【代码分析】

在代码第 06 行，我们用占位符 X 代替输入数据，该张量的形状为[None, 28, 28, 1]，它代表的就是原始数字，现在它被拿出来和解码器的输出（即重构数字）做比较，以计算重构的损失。但是张量 X 的形状和解码器的输出张量形状不一致，无法直接计算损失。所以第 136 行，把输入图像 X 进行变形重塑（reshape），将其输出维度变为 n_output，另外一个维度为"-1"，表示另外一个维度将由 TensorFlow 自动算出。

第 137~138 行，计算原始数字与重构数字之间的平方差。

第 139~140 行，对这些平方差实施求和操作，以此作为整体的重构损失。

16.8.8.5 最终损失

前面的边缘损失已经求得，重构损失也已经求得，下面需要按照一定的比例，将其"勾兑"

为整体的损失，代码如下所示：

```
141    alpha = 0.0005
142    loss=tf.add(margin_loss,alpha*reconstruction_loss,name="loss")
```

【代码分析】

第 141~142 行，最终损失（Final Loss）是边际损失和重建损失之和，重建损失乘以 0.0005 倍的系数使其值降低，以保证边际损失占主导地位。为什么是 0.0005，而不是其他值呢？其实它也是一个超参数，所以此处的值未必是最佳的，但它是目前多次尝试之后一个效果相对较好的设定值。

16.8.9 额外设置

到此为止，CapsNet 和 Decoder 的计算流图已经构造完毕，如前面的章节所言，这仅仅是"纸上谈兵"。如果想运行计算流图，还必须把它们添加到一个会话当中，为了让运行顺利进行，还需要设置额外的参数。代码如下所示：

```
143    correct = tf.equal(y, y_pred, name="correct")
144    accuracy = tf.reduce_mean(tf.cast(correct, tf.float32), name="accuracy")
145
146    optimizer = tf.train.AdamOptimizer()
147    training_op = optimizer.minimize(loss, name="training_op")
148
149    init = tf.global_variables_initializer()
150    saver=tf.train.Saver()
```

【代码分析】

第 143~144 行，设置精确度 accuracy。其中第 143 行，使用了 tf.equal()函数，它分别比较实际标签向量 y 和预测向量 y_pred 中的元素，是否一一相等。如果相等，则返回 True，如果不相等则返回 False。所以 tf.equal()函数的返回值是布尔张量，如[True, False, True, True]，这表明 x 张量和 y 张量之间的第 1 个、第 3 个和第 4 个元素是相等的，而第 2 个元素是不相等的。

但布尔值是不能直接相加的，因此需要把布尔类型的数据，如[True, False, True, True]强制转换为 tf.float32 格式，如[1.0, 0.0, 1.0, 1.0]，所以需要利用 tf.cast()函数（代码第 144 行）。转换之后，我们就可以用 tf.reduce_mean( )求出它们的均值，而这个均值就是所谓的准确率（在第 11 章，我们已经讲过这个议题，不再赘述）。

损失函数前面已经设计好了，接下来需要利用损失函数来调节网络的参数，但这部分工作已经不需要我们来做了，第 146 行，我们选择 Adam 优化器进行优化。第 147 行，我们设置优化器参数，把整体损失最小化作为优化目标。

第 149 行，要完成全局初始化。通观范例 16-1 中的代码，只有第 40 行有变量（Variable）需要初始化，但是，此处的 tf.global_variables_initializer()并不限于初始化。我们知道，对于机器学习项目而言，训练时长动辄几个小时甚至几天都是司空见惯的事。在训练过程中，因为意外而退出训练的情况，也是常见之事。

此时，再次重启训练，如果全部训练都从头开始，那么前面花费的功夫统统白费，这就会令人非常恼火。那能不能设置一个检查点呢？如果训练意外退出，下次重启训练时，至少可以从上次断点保存处重新开始。

这种需求，TensorFlow 早已替我们考虑到了。第 150 行的 tf.train.Saver()提供了简单的保存和恢复模型的方案，它实现的功能就是提供一个训练检查点保存机制。在我们重启训练时，要从磁盘或缓存中重启训练参数，这个时候也需要 tf.global_variables_initializer()的协助（第 149 行），它可以协助重新加载前面训练的参数。

16.8.10 训练和评估

在配置参数之后，接下来的工作就是常规的训练和评估了。为了简化起见，我们并不准备使用高级的超参数微调、Dropout 等技巧。核心代码如下所示：

```
152    n_epochs = 5
153    batch_size = 50
154    restore_checkpoint = True
155
156    n_iterations_per_epoch = mnist.train.num_examples // batch_size
157    n_iterations_validation = mnist.validation.num_examples // batch_size
158    best_loss_val = np.infty
159    checkpoint_path = "./my_capsule_network"
160
```

```python
with tf.Session() as sess:
    if restore_checkpoint and tf.train.checkpoint_exists(checkpoint_path):
        saver.restore(sess, checkpoint_path)
    else:
        init.run()

    for epoch in range(n_epochs):
        for iteration in range(1, n_iterations_per_epoch + 1):
            X_batch, y_batch = mnist.train.next_batch(batch_size)
            _, loss_train = sess.run(
                [training_op, loss],
                feed_dict={X: X_batch.reshape([-1, 28, 28, 1]),
                           y: y_batch,
                           mask_with_labels: True})
            print("\rIteration: {}/{} ({:.1f}%)  Loss: {:.5f}".format(
                      iteration, n_iterations_per_epoch,
                      iteration * 100 / n_iterations_per_epoch,
                      loss_train),
                  end="")

        loss_vals = []
        acc_vals = []
        for iteration in range(1, n_iterations_validation + 1):
            X_batch, y_batch = mnist.validation.next_batch(batch_size)
            loss_val, acc_val = sess.run(
                    [loss, accuracy],
                    feed_dict={X: X_batch.reshape([-1, 28, 28, 1]),
                               y: y_batch})
            loss_vals.append(loss_val)
            acc_vals.append(acc_val)
            print("\rEvaluating the model: {}/{} ({:.1f}%)".format(
                      iteration, n_iterations_validation,
                      iteration * 100 / n_iterations_validation),
                  end=" " * 10)
```

```
195            loss_val = np.mean(loss_vals)
196            acc_val = np.mean(acc_vals)
197            print("\rEpoch: {}  Val accuracy: {:.4f}%  Loss: {:.6f}{}".format(
198                epoch + 1, acc_val * 100, loss_val,
199                " (improved)" if loss_val < best_loss_val else ""))
200
201        if loss_val < best_loss_val:
202                save_path = saver.save(sess, checkpoint_path)
203                best_loss_val=loss_val


204 n_iterations_test = mnist.test.num_examples // batch_size
205
206 with tf.Session() as sess:
207     saver.restore(sess, checkpoint_path)
208
209     loss_tests = []
210     acc_tests = []
211     for iteration in range(1, n_iterations_test + 1):
212         X_batch, y_batch = mnist.test.next_batch(batch_size)
213         loss_test, acc_test = sess.run(
214             [loss, accuracy],
215             feed_dict={X: X_batch.reshape([-1, 28, 28, 1]),
216                        y: y_batch})
217         loss_tests.append(loss_test)
218         acc_tests.append(acc_test)
219         print("\rEvaluating the model: {}/{} ({:.1f}%)".format(
220             iteration, n_iterations_test,
221             iteration * 100 / n_iterations_test),
222             end=" " * 10)
223     loss_test = np.mean(loss_tests)
224     acc_test = np.mean(acc_tests)
225     print("\rFinal test accuracy: {:.4f}%  Loss: {:.6f}".format(
226         acc_test * 100, loss_test))
```

【代码分析】

第 152~154 行，此处的 n_epochs 设置为 5，batch_size 设置为 50，当然你可以修改这些参数值，增加训练的轮数。第 159 行很重要，它设置了"检查点"文件的存储路径。第 161~165 行，判断"检查点"文件是否存在，如果存在，它可以从上一个"检查点"恢复训练，否则从头开始。

接着，将循环往复地进行训练操作，显示损失，并在每一轮（epoch）结束时，计算验证集的准确性并显示出来，如果验证损失是到目前训练为止发现的最低值就保存这个模型。每次评估计算一个批次的损失和准确度并显示，最后计算平均损失和平均准确度。第 170~174 行，运行训练操作并测量损失。第 175~179 行显示评估过程的信息。第 181~199 行，每轮结束后，测量验证损失和精确度。第 201~203 行，如果模型的性能得以提高，则保存该模型，以便下次启用。

第 204~226 行，评估模型。具体来说，它需要从 "./my_capsule_network" 导入训练好的模型（207 行）。

16.8.11 运行结果

CapsNet 的训练属于计算密集型。如果你装配有 GPU 的话，训练过程可能仅需几分钟，但如果你仅有 CPU 的话，训练过程可能至少几个小时。部分运行结果如下所示。

```
Extracting /tmp/data/train-images-idx3-ubyte.gz
Extracting /tmp/data/train-labels-idx1-ubyte.gz
Extracting /tmp/data/t10k-images-idx3-ubyte.gz
Extracting /tmp/data/t10k-labels-idx1-ubyte.gz
Epoch: 1  Val accuracy: 99.3000%  Loss: 0.179428 (improved)
Epoch: 2  Val accuracy: 99.3200%  Loss: 0.173912 (improved)
Epoch: 3  Val accuracy: 99.3800%  Loss: 0.171009 (improved)
Epoch: 4  Val accuracy: 99.4000%  Loss: 0.164026 (improved)
Epoch: 5  Val accuracy: 99.4000%  Loss: 0.161676 (improved)
Final test accuracy: 99.4300%  Loss: 0.162981
INFO:tensorflow:Restoring parameters from ./my_capsule_network
Final test accuracy: 99.5300%  Loss: 0.006631
```

【结果分析】

从结果中可以看出，5 轮训练之后，验证集的准确率大概为 99.4% 左右，测试集上的准确度大概是 99.53%，这个结果是可以接受的。当然，我们还可以调大训练的轮数，但对一个已经接近满分的准确率，即使再提升 0.1%的性能，都是非常困难的。

至此，有关 CapsNet 的代码讲解完毕，下面我们对本章进行小结。

16.9 本章小结

本章首先以 Hinton 团队提出的"胶囊之间的动态路由算法"（*Dynamic Routing Between Capsules*）论文为蓝本[1]，详细讨论了它的提出背景、理论基础、工作原理及实验验证。

下面总结一下神经胶囊具有的特点。

优点：

（1）工作原理更接近人脑。在胶囊网络里，相同实体在不同的位置会由不同的胶囊感知，而近似的实体在相同的位置，会由同一个胶囊感知，因此可以识别实体的位置。这一点更接近人脑的认知过程，这是传统的 CNN 或 HMM（隐式马尔科夫模型）所不具备的。

（2）激活向量通常是可解释的。

（3）胶囊计算是并行的。可同时预测多个不同实体的不同仿射变换，这是 CNN 或 HMM 无法做到的。

（4）胶囊网络可以识别重叠的图像。

有待改善的地方：

（1）在 CIFAR-10 图片数据集上的准确性还不高。

（2）难以克服胶囊拥挤现象。在图像的每个位置，胶囊代表的实体类型至多为一个实例。这种假设是被称为"拥挤"的知觉现象。也就是说，多个胶囊对象彼此之间距离不能太近，否则就难以检测到同一类型的两个对象。而这在人类的视觉中是能观察到的。

CapsNet 网络框架的本质可由如下几个核心要点来说明：

（1）每层的神经元被分成组，即胶囊，这个分组与卷积的具体设计有关（但并不必然是这样）。

（2）将传统的神经元标量输出提升为胶囊的向量输出，因此表示的内容更丰富（同时表示实体的性质和方向）。

（3）将传统的网络池化（Pooling）方法，提升为路由一致性算法（即胶囊之间的耦合系数评估算法），这个方法保留了实体的位置以及其他信息。

（4）现在用边缘损失函数（参见公式 16-7）评价网络训练结果，取代了传统用的方差函数。

神经胶囊与传统神经元的区别如图 16-23 所示。一句话来概括二者的区别就是，传统神经元是"标量进，标量出（scalar in, scalar out）"，而神经胶囊可视为升级版的神经元，它的核心特征就是"向量进，向量出（vector in, vector out）"。

		胶囊神经元	对比	传统神经元
来自浅层胶囊神经元/传统神经元的输入		vector(u_i)		scalar(x_i)
操作	仿射变换	$\hat{u}_{j\|i} = W_{ij} u_i$ (16-3)		$a_{j\|i} = W_{ij} x_i + b_j$
	加权求和	$s_j = \sum_i c_{ij} \hat{u}_{j\|i}$ (16-2)		$z_j = \sum_{i=1}^{3} 1 \cdot a_{j\|i}$
	非线性激活函数	$v_j = \dfrac{\|s_j\|^2}{1+\|s_j\|^2} \dfrac{s_j}{\|s_j\|}$ (16-1)		$h_{w,b}(x) = f(z_j)$
输出		vector(v_j)		scalar(h)

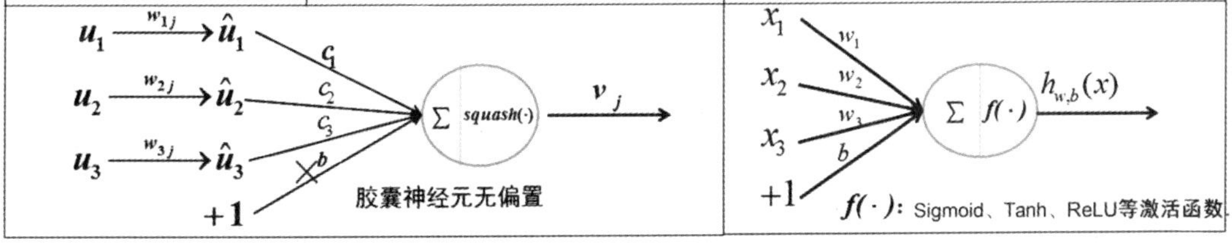

图 16-23 神经胶囊与传统神经元的区别 ①

（5）在 16.8 节中，我们详细讲解了胶囊网络的实现和评估过程。同时，通过"代码分析"，除了让大家加深对 CapsNet 工作机制的理解，也提升了大家对 TensorFlow 的实践能力。

16.10　请你思考

通过本章的学习，请你思考如下问题：

（1）神经胶囊可视为一个新版本的神经元结构，相比于神经元层级而言，它将传统神经元的标量输入/输出，扩展到向量输入/输出。未来会不会将"向量"再次扩展到更高维的"张量"

---

① 图片参考了 naturomics 的工作：https://github.com/naturomics/CapsNet-Tensorflow。

呢？这样能不能携带更多的信息呢？这有待进一步研究。

（2）神经胶囊之间的连接参数由"一致性路由"协议来更新，除了参考资料[1]中实现的方法，是否还有其他更加高效的方法呢？事实上，Hinton 团队的人已经开始使用最大期望算法（Expectation Maximization，简称 EM）来提升路由算法的性能。

（3）在应用层面，你能想出 CapsNet 还有哪些应用场景吗？比如，这个技术有望开发在语音混杂环境下的识别的功能（即多人同时讲话时达到语音识别）。人具有这个功能，但是目前没有一台机器可以。再比如，复杂人群中的人脸识别（人脸彼此高度重叠），也值得研究一番。

16.11 深度学习美在何处

至此，本书行文即将结束。现在我们来简单总结一下，深度学习的美体现在哪里？个人认为，深度学习之美，主要美在"能吃能干"上，它就如同一位邻家大叔，虽然饭量不小（深度学习需要大量数据训练），但一旦吃饱喝足（训练完毕），就能高效"出活"。当下，人工智能领域中很多抓眼球的成就都离不开深度学习的身影。因此，我把这种"能吃能干"的美，称为"健美"。

深度学习还有第二种美，那就是"真美"，这里的"真"表示"真实"。而所有的"真实"，都会"美中不足"。是的，深度学习并非人工智能的终极武器，它也有很多"毛病（局限性）"，比如它有点"贪吃"。我们知道，小孩子识别图片，仅仅需要几幅到几十幅图，而它动辄需要上万，甚至上百万幅，这个实在不太妙。

再比如，它还有点小"任性"。"任性"到它的"心思"需要我们来"猜"。是的，我是在说深度学习的"不透明"，这里的"猜"是指它的"调参"。深度学习网络，不仅要去学习海量的、我们无法理解的参数，还需要我们手工配置很多超参数。有时这些超参数带来的功效，甚至高于模型本身带来的价值。调参带来的痛楚，让我们对那句"有多少人工，就有多少智能"的调侃，多少有点感同身受。

还比如它有点"太痴"，痴即"无明"。我们知道，深度学习的结构虽"深"，但学习能力"尚浅"。比如，它没有足够的能力进行迁移，不能很好地与先验知识相结合，它也无法进行开放推理，更不能从根本上区分因果关系和相关关系等。

深度学习，犹如当前这个技术时代的"健美之人"（就简称"美人"吧）。正如 Hinton 所言，"科学是踩着葬礼前行的"，因为它在科技史上的定位，也不过是 "江山代有'美人'出，各领风骚就几年"。这种定位，既残酷，也很美！

毕竟，科技总是要向前发展的。

参考资料

[1] Sabour S, Frosst N, Hinton G E. Dynamic routing between capsules[C]//Advances in Neural Information Processing Systems. 2017: 3859-3869.

[2] Steve LeVine. AXIOS. Artificial intelligence pioneer says we need to start over. https://www.axios.com/ai-pioneer-advocates-starting-over-2485537027.html.

[3] Nick Bourdakos. Capsule Networks Are Shaking up AI — Here's How to Use Them. https://hackernoon.com/capsule-networks-are-shaking-up-ai-heres-how-to-use-them-c233a0971952.

[4] SIY.Z. 浅析 Hinton 最近提出的 Capsule 计划. 知乎. https://zhuanlan.zhihu.com/p/29435406.

[5] Geoffrey E Hinton, Alex Krizhevsky, and Sida D Wang. Transforming auto-encoders. In International Conference on Artificial Neural Networks, pages 44–51. Springer, 2011.

[6] Max Pechyonkin. Understanding Hinton's Capsule Networks. Part I: Intuition. https://medium.com/ai%C2%B3-theory-practice-business/understanding-hintons-capsule-networks-part-i-intuition-b4b559d1159b.

[7] Buxhoeveden, Daniel P., and Manuel F. Casanova. "The minicolumn hypothesis in neuroscience." Brain 125.5 (2002): 935-951.

[8] Chang, Jia-Ren, and Yong-Sheng Chen. "Batch-normalized maxout network in network." arXiv preprint arXiv:1511.02583 (2015).

[9] Hinton, Geoffrey E., and Ruslan R. Salakhutdinov. "Reducing the dimensionality of data with neural networks." science 313.5786 (2006): 504-507.

[10] 周志华. 机器学习[M]. 北京：清华大学出版社，2016.

后记

这本《深度学习之美：AI 时代的数据处理与最佳实践》，从构思、查阅资料、撰写及绘图、博客发表，到整理扩充为书，历时近一年。本书能得以面世，得益于多方面的帮助和支持，这里要一一表示感谢。

首先，我要感谢自己，感谢自己背后方法论的支撑，不然很难让我在长达近一年的写作过程中，执着地只干一件事。我有一个很管用的学习方法论，说出来也很简单，那就是"输出倒逼输入"。

这个方法论不新鲜，也不是我原创的，但非常对我胃口。具体到本书的写作，我是这样践行的：（1）先制订一个输出目标——写一本好懂、有趣的深度学习入门图书（最初的写作目标是博客，后期升级为图书）；（2）为了达成这个目标，我不得不强迫自己大量地输入——参考学习大量与目标相关的论文、图书、博客和视频等资料。在这个目标达成的过程中，我个人的认知体系也渐渐丰满起来。所以，在某种程度上，这本《深度学习之美》和我先前的一本拙作《品位大数据》，都可以算作我的自学笔记。我享受这样有点压迫感的学习过程，它在一次次子目标的交付过程中，提升了自己。

其次，我要感谢云栖社区及阿里云工作人员的支持。如果没有时任阿里云资深内容运营张勇老师（花名：身行；网名：我是主题曲哥哥）的盛情邀请和流量支持，就不会有任何有关"深度学习"博客的发表，自然更不会更新到 14 期。感谢他"容忍"我天马行空的写作风格。自然，也得感谢很多论文和网络资源的提供者，没有你们的先行探路，这个系列博客我也是写不出来的。同时，也感谢读者朋友的及时反馈，有了你们，本书才有与读者"内容共建"的基因。

然后，我还要感谢我的博士后导师——电子科技大学信息与软件工程学院的秦志光教授，感谢您一直以来对我的指导和提携。当然，我也要感谢我现在的工作单位——河南工业大学信息科学与工程学院，为我提供了工作、科研与生活的安身立命之地。这里，还要感谢我的家人在背后的默默付出。在长时间的写作过程中，我的小女儿广宁出生了。感谢你的面世，让我意识到我的责任重大，让你过上更好的生活，一直是我努力工作的源泉。

自然，这本图书的面世，还要感谢很多人的帮助。例如，电子工业出版社博文视点的孙奇俏编辑、刘舫编辑，还有我的学生杨庆、周俊兴和袁虎等人都对文稿进行了细心校对，在此表示深深的谢意。

最后，我要感谢如下基金提供的资金资助，它们分别是：自然科学基金青年项目（NO.61602154）、河南省科技厅自然科学项目（NO.152102210261、NO.162300410056）、河南省教育厅自然科学项目（NO.14A520018）和河南工业大学"省属高校基本科研业务费专项资金"项目（NO.2015QNJH17）、河南省高效科技创新团队支持计划（NO.17IRTSTHN011）、河南省社科联项目（NO.0898）、河南省社科规划项目（NO.2017BKS007）、河南省高等教育教学改革研究与实践项目（2017SJGLX002-4、2017SJGLX056）及河南工业大学高等教育教学改革研究项目（2016GJYJXJ01，2016GJYJXJ07）。

张玉宏
河南工业大学信息与工程学院
电子科技大学信息与软件工程学院

索引

A
Adam,486
AlexNet,488
Anaconda,60,155,313

B
Bazel,323
BGD,238
BP,250,273
半监督学习,45
步幅,417,428
补零,429
不变性,587,590
本体论,592

C
Caffe,311
CapsNet,588
Cross-entropy,385
CNN,405,451,585
传值,97
传引用,97

池化层,421,437,442,466
采样,437
长短期记忆网络,526
词袋模型假说,541
词嵌入,547
重构损失,638

D
Dropout,211,462,485,557
迭代法,118
多层前馈神经网络,205
丢弃学习,211
端到端,9,408
独热编码,376,543
动态路由,600

E
end-to-end,9,408
Eager 执行模式,394
Elman 递归神经网络,505,506

F
分布式特征表示,25,210,545

泛化，29
非监督学习，39

G

过拟合，29，436
关键字参数，95
归一化，140
感知机，167，180，242
规范化层，470

H

Hopfield 网络，503
还原主义，10
函数，93
回归系数，119
海明距离，142
后向传播，250
反向模式微分，259
候选门，536

J

Jupyter，331
Jordan 递归神经网络，504
机器学习，4，5，22
监督学习，34
教师信号，35
急切学习，38
集合，92
解析法，119
均方根误差，128
激活函数，167，175，460

激活层，421，434
卷积函数，176，412，452
卷积核，415
卷积层，421，482
集成学习，212
交叉熵，385
局部连接，427
局部响应规范化，472，492
截断正态分布，480
解码器，637

K

Keras，310
KL 散度，386
k-近邻算法，37，139
K 均值聚类，41

L

LSTM，526
逻辑回归，36
惰性学习，38
列表，86
链式法则，255

M

Matplotlib，59，121
MNIST，372，398，480
M-P 神经元模型，165
马可夫决策过程，50
默认参数，97
面向对象，102

曼哈顿距离，142
马氏距离，142
名称作用域，365

N
NumPy，58，351
Namescope，365
NGram 模型，549
内部协变量迁移，475

O
OOP，103
One Hot，543

P
Pandas，59
Penn Tree Bank，559
pip3，74
POP，102
Placeholder，361
Python，56，61
PyTorch，312
派生类，110
批量梯度递减，239
批规范化，475，478，521
皮层微柱，592
平坦层，445，612

Q
强化学习，49
前向模式微分，259

全连接层，422，445，446，484
权值共享，432
欠拟合，436
潜在语义分析，548

R
ReLU，421，437，441，462
Reduce 方向，367
RNN，498，530
人工智能，18
人工神经网络，25，165

S
Session，358
SVM，13
SciPy，58
Seaborn，59
Scikit-learn，61，155
Sigmoid，175，460
SGD，238
Softmax，378
深度学习，7，204
数据结构，81
数据类型，81
数据流图，338
收集参数，95
上下文管理协议，137
损失函数，213，227
熵，216
随机梯度递减，239
神经网络，24

神经认知机，407
神经概率语言模型，548，550
神经胶囊网络，583
时间反向传播，512
输入门，535
输出门，537

T

TensorFlow，305，451，514
TensorBoard，342
Theano，309
特征表示学习，7
通用近似定理，27
梯度，229
梯度弥散，215，231，529
梯度膨胀，529
统计语义假说，541
同变性，588

V

Variable 对象，363

W

误差反向传播，264

X

学习，4
线性回归，36，115，242
协方差，124
循环神经网络，500
向量空间模型，542，548

Y

元组，89
隐含层，202
遗忘门，534

Z

Z-Score，476
中庸之道，47
字典，91
最小二乘法，116
准确率，152
张量，307，346
自然语言处理，506，540
正则化，556
早停，557
自编码，615